Christian Lüders

Mobilfunksysteme

Kamprath-Reihe

Professor Dr. Christian Lüders

Mobilfunksysteme

Grundlagen, Funktionsweise, Planungsaspekte

Vogel Buchverlag

Prof. Dr. rer. nat. **Christian Lüders**
wurde 1959 in Hannover geboren. Das Studium der Physik an den Universitäten Göttingen und Osnabrück schloss er 1990 mit Promotion in Theoretischer Physik an der Universität Osnabrück ab. Dort war er im Fachbereich Physik von 1986 bis 1991 als wissenschaftlicher Mitarbeiter tätig. Von 1991 bis 1997 lag sein Hauptaufgabengebiet als Mitarbeiter der Siemens AG in München auf der Entwicklung und Untersuchung von kapazitätssteigernden Maßnahmen in GSM- und UMTS-Mobilfunknetzen.
Seit 1998 ist Herr Lüders Professor an der Fachhochschulabteilung Meschede der Universität-Gesamthochschule Paderborn, an der er insbesondere die Fächer Physik und Mobilfunk unterrichtet.

Die Deutsche Bibliothek – CIP-Einheitsaufnahme

Lüders, Christian
Mobilfunksysteme / Christian Lüders. –
1. Aufl. – Würzburg : Vogel, 2001
ISBN 3-8023-1847-1

ISBN 3-8023-1847-1
1. Auflage. 2001

Printed in Germany

Satzherstellung: Fotosatz-Service Köhler GmbH, Würzburg

Vorwort

Der Bereich Mobilfunk hat in den letzten Jahren eine stürmische Entwicklung verzeichnet, deren Ende bisher nicht absehbar ist. Dies betrifft nicht nur die Anzahl der Nutzer, sondern vor allem auch die Anwendungsmöglichkeiten und die zugrunde liegende Technik. Mit der wachsenden wirtschaftlichen Bedeutung des Mobilfunks, die sich nicht zuletzt bei der Versteigerung der UMTS-Lizenzen offenbart hat, steigt auch der Bedarf an Ingenieuren mit Kenntnissen auf diesem Gebiet.

Mein Anliegen ist es daher, mit diesem Lehrbuch einen fundierten und ausführlichen Einblick in die Grundlagen, die Funktionsweise und die Planungsaspekte der bedeutendsten Mobilfunksysteme zu geben und dabei aktuelle Entwicklungen einzubeziehen.

Der erste Teil des Buches vermittelt allgemeine und wesentliche Grundlagen für das Verständnis von Mobilfunksystemen. Diese umfassen Aspekte der Funkausbreitung, der Übertragungstechnik sowie der Einteilung und der Vergabe von Funkkanälen.

Der zweite Teil erläutert die Funktionsweise wichtiger Mobilfunksysteme. Im Mittelpunkt steht dabei das GSM-System mit seinen Weiterentwicklungen hinsichtlich neuer Datendienste und eines mobilen Internet-Zugangs. Da es sich bei GSM um den derzeit bedeutendsten Mobilfunkstandard handelt, werden Themen wie die Realisierung verschiedener Dienste, die Organisation eines Mobilfunknetzes, die Sicherheitsaspekte, der Verbindungsaufbau sowie die Mechanismen zum Zellwechsel und zur Steuerung von Funkverbindungen ausführlich anhand dieses Systems dargestellt. Anschließend werden diese Themen auch für andere wichtige Systeme behandelt. Dazu gehören das zukünftige Universal Mobile Telecommunications System (UMTS) und Systeme für die lokale drahtlose Vernetzung von z.B. Telefonen, Druckern, Videokameras und Computern (DECT, Bluetooth, HiperLAN, IEEE 802.11).

Der dritte Teil des Buches befasst sich mit Planungsaspekten. Dabei stehen folgende Fragestellungen im Vordergrund:

Welche Funkzellengröße kann man erzielen?
Wie viele Teilnehmer lassen sich versorgen?
Welche Maßnahmen kann ein Funknetzbetreiber ergreifen, um die Kapazität zu steigern?

Die einzelnen Kapitel sind so gestaltet, dass sie auch abweichend von der ursprünglichen Reihenfolge durchgearbeitet werden können. Bei wichtigen Voraussetzungen aus vorhergehenden Kapiteln sind entsprechende Verweise im Text zu finden.

Dieses Lehrbuch hat sich zum einen entwickelt aus Weiterbildungskursen, die ich während meiner Industrietätigkeit bei der Siemens AG gehalten habe, und zum anderen aus einer 2-semestrigen Vorlesung, die ich seit 1998 an der Fachhochschulabteilung Meschede der Universität-Gesamthochschule Paderborn für Studierende der Informations- und Kommunikationstechnik sowie des Wirtschaftsingenieurwesens anbiete. Dementsprechend richtet sich das Buch vornehmlich an Fachhochschulstudenten, aber auch an Ingenieure im Berufsleben, die sich mit neuen Entwicklungen im Bereich Mobilfunk vertraut machen wollen.

Bei der Gestaltung des Buches habe ich von den Anregungen und den Hinweisen meiner Zuhörer profitiert. Besonders bedanken möchte ich mich bei Herrn Eric Dietz und Herrn Matthias Grüne, die weite Teile des Manuskripts Korrektur gelesen haben. Ferner danke ich den ehemaligen Kollegen bei der Siemens AG – insbesondere Dr. K. Ivanov, Dr. W. Mohr, Dr. E. Schulz und Dipl. Ing. U. Rehfueß – für viele wertvolle Diskussionen. Zur Bereicherung des Buches haben weiterhin die Planungsbeispiele aus der Praxis beigetragen, die mir dankenswerterweise von der Mannesmann Mobilfunk GmbH, Niederlassung Nord-West, zur Verfügung gestellt wurden; namentlich nennen möchte ich Herrn M. Roheger, der die zugehörigen Bilder angefertigt hat.

Dem Vogel Buchverlag danke ich für die gute Zusammenarbeit bei der Erstellung des Manuskripts.

Meschede Christian Lüders

Adressen:
E-Mail-Adresse für Hinweise und Kommentare: mfs@fh-meschede.de
Homepage der Hochschule: http://www.fh-meschede.de

Inhaltsverzeichnis

Vorwort 5

1 Einleitung 13
1.1 Teilnehmerzahlen in Mobilfunknetzen in Deutschland 13
1.2 Allgemeine Entwicklungstrends im Mobilfunk 13
1.3 Grundlegende Begriffe 18
1.3.1 Beschreibung von Telekommunikationssystemen 18
1.3.2 Mobilität 22
1.3.3 Besonderheiten der Funkübertragung 24

2 Funkausbreitung 25
2.1 Übersicht über grundsätzliche Effekte der Funkausbreitung 25
2.2 Sender- und Empfängerkenngrößen 27
2.3 Freiraumausbreitung 30
2.4 Entfernungsabhängige Dämpfung 31
2.5 Abschattungen 31
2.6 Mehrwegeausbreitung 32
2.6.1 Wichtige Kenngrößen für die Mehrwegeausbreitung 32
2.6.2 Spezialfall: Zweiwegeausbreitung 35
2.6.3 Kurzzeitschwund 38
2.6.4 Maßnahmen gegen den Kurzzeitschwund 40
2.6.4.1 Zeitdiversität 40
2.6.4.2 Frequenzdiversität 41
2.6.4.3 Antennendiversität 42
2.6.5 Intersymbol-Interferenz 46
2.7 Der Einfluss des Wetters und der Atmosphäre auf die Funkausbreitung 47

3 Aspekte der Funkübertragungstechnik 49
3.1 Grundsätzliche Anforderungen an die Funkübertragungstechnik 49
3.2 Störfestigkeit eines Übertragungsverfahrens 50
3.3 Modulation 53
3.3.1 Allgemeines 53
3.3.2 Binäre Phasenumtastung 53
3.3.3 Höherwertige Modulationsverfahren 56
3.3.4 Gaußsches Minimum Shift Keying 59
3.4 Maßnahmen zum Fehlerschutz 60
3.4.1 Grundsätzliches 60
3.4.2 Das Prinzip der Fehlererkennung und -korrektur 62
3.4.3 Methoden der Vorwärtsfehlerkorrektur im Mobilfunk 63
3.4.4 Interleaving 66
3.4.5 ARQ-Verfahren 68
3.4.5.1 Fehlererkennung und -korrektur in hybriden ARQ-Verfahren 68
3.4.5.2 Protokolle für die Wiederholung fehlerhafter Datenblöcke 70
3.5 Sprachcodierung 71
3.6 Signalspreizung 71

4 Funkkanalzuteilung 77
4.1 Allgemeines 77
4.2 Multiplextechniken im Mobilfunk 77
4.2.1 Frequenzmultiplex 78

4.2.2 Zeitmultiplex . . . 80
4.2.2.1 Prinzip und Realisierungsformen des Zeitmultiplex . . . 80
4.2.2.2 Duplex-Verfahren für kombinierte TDM-FDM-Systeme . . . 81
4.2.2.3 Vorteile des Zeitmultiplex . . . 82
4.2.2.4 Beispiele für TDMA-Systeme . . . 83
4.2.2.5 Realisierung höherer Datenraten in TDMA-Systemen durch Bündelung von Kanälen . . . 85
4.2.2.6 Grenzen des TDMA-Verfahrens . . . 85
4.2.3 Codemultiplex . . . 86
4.2.3.1 Allgemeines Prinzip . . . 86
4.2.3.2 Orthogonalität von Codes . . . 86
4.2.3.3 Realisierung verschiedener Datenraten . . . 90
4.2.3.4 Störungen beim Codemultiplex . . . 90
4.2.3.5 Vor- und Nachteile des Codemultiplex-Verfahrens . . . 92
4.2.3.6 Kombinationen mit anderen Multiplex-Verfahren und Beispiele . . . 93
4.2.4 Orthogonales Frequenzmultiplex . . . 94
4.2.5 Raummultiplex . . . 96
4.3 Verteilung der Funkkanäle auf die Funkzellen . . . 97
4.4 Zuteilung der Funkkanäle für eine Verbindung . . . 98
4.4.1 Zugriffsverfahren . . . 98
4.4.1.1 Das Slotted-ALOHA-Protokoll . . . 99
4.4.1.2 Carrier Sense Multiple Access . . . 101
4.4.2 Kriterien für die Funkkanalwahl . . . 103
4.4.3 Vermittlungsprinzipien und Verbindungsarten . . . 104

5 Das GSM-System . . . 107
5.1 Zur Entwicklung des GSM-Standards . . . 107
5.1.1 Historisches . . . 107
5.1.2 Überblick über Dienste und Anwendungen . . . 108
5.1.3 Anmerkungen zur Gliederung des Kapitels . . . 109
5.2 Funkkanäle im GSM-System . . . 109
5.2.1 Physikalische Kanäle . . . 109
5.2.1.1 Frequenzbereiche für GSM . . . 109
5.2.1.2 Multiplex-Verfahren und elementare physikalische Kanäle . . . 110
5.2.1.3 Physikalische Kanäle bei Frequency Hopping . . . 112
5.2.1.4 Teilung und Bündelung elementarer physikalischer Kanäle . . . 114
5.2.2 Sprachkanäle . . . 115
5.2.2.1 Sprachcodierverfahren . . . 115
5.2.2.2 Das Transportformat bei der Sprachübertragung . . . 115
Aufbau eines normalen Bursts . . . 115
Kanalcodierung und Interleaving bei der Sprachübertragung . . . 117
Rahmenstruktur der Sprachkanäle . . . 119
5.2.2.3 Zusammenfassung . . . 120
5.2.3 Steuerungskanäle – Control Channels . . . 120
5.2.3.1 Broadcast Control Channels . . . 120
Broadcast Common Control Channel . . . 120
Frequency Correction Channel . . . 122
Synchronization Channel . . . 123
5.2.3.2 Common Control Channels . . . 123
Paging Channel . . . 123
Random Access Channel . . . 123
Access Grant Channel . . . 124
5.2.3.3 Dedicated Control Channels . . . 125
Stand Alone Dedicated Control Channel . . . 125
Slow Associated Control Channel . . . 126
Fast Associated Control Channel . . . 126
5.2.3.4 Zusammenfassung: Aufgaben und Transportformate von Steuerungskanälen . . . 127

5.2.4 Kanalkonfiguration einer Funkzelle . . . 127
5.2.4.1 Rahmenstruktur der Kontrollkanäle und allgemeine Regeln zur Konfiguration . . . 127
5.2.4.2 Beispiel für eine Kanalkonfiguration . . . 131
5.2.5 Allgemeine Gesichtspunkte bei der Beschreibung eines Funkkanals . . . 131
5.3 Architektur des GSM-Systems . . . 131
5.3.1 Netzelemente und deren Funktion . . . 131
5.3.1.1 Radio Sub-System . . . 133
5.3.1.2 Switching Sub-System . . . 135
5.3.1.3 Operation and Maintenance Sub-System . . . 136
5.3.1.4 Zusammenfassung zum Thema Netzelemente . . . 136
5.3.2 Teilbereiche eines GSM-Netzes . . . 136
5.3.3 Kennziffern und Adressen . . . 139
5.3.3.1 Kennziffern zum Auffinden und Identifizieren eines Teilnehmers . . . 139
5.3.3.2 Adressierung von Netzelementen und -bereichen . . . 140
5.3.3.3 Zusammenfassung: Kennziffern und Adressen . . . 140
5.3.4 Sicherheitsrelevante Netzfunktionen . . . 140
5.4 Prozeduren und Algorithmen . . . 143
5.4.1 Aktivierung der Mobilstation . . . 144
5.4.1.1 Identifikation gegenüber der SIM-Karte . . . 144
5.4.1.2 Zellwahl . . . 144
5.4.1.3 Netzwahl . . . 145
5.4.1.4 Anmeldung . . . 145
5.4.2 Aktivitäten der Mobilstation im Idle-Modus . . . 146
5.4.2.1 Abhören des Paging Channels . . . 146
5.4.2.2 Zellneuwahl . . . 147
5.4.2.3 Location Update . . . 148
5.4.3 Prozeduren beim Verbindungsaufbau . . . 150
5.4.3.1 Wegesuche auf der Festnetzseite . . . 150
5.4.3.2 Aufbau der Funkverbindung . . . 152
5.4.4 Prozeduren zur Verbindungssteuerung . . . 152
5.4.4.1 Messungen . . . 153
Messgrößen . . . 153
Nachbarzellmessungen . . . 154
Messwert-Reports . . . 154
Vorverarbeitung der Messwerte . . . 156
5.4.4.2 Handover . . . 156
Handover-Typen und -Phasen . . . 156
Beispiel für einen Handover-Algorithmus . . . 158
Durchführung eines Handovers – Signalisierung . . . 161
5.4.4.3 Power Control . . . 163
5.4.4.4 Regelung des Aussendezeitpunktes der MS . . . 165
5.4.4.5 Radio Link Failure . . . 165
5.4.5 Überblick über die Signalisierungsprotokolle in GSM . . . 166
5.5 Datendienste . . . 168
5.5.1 Übersicht über die Datenübertragung in GSM . . . 168
5.5.2 Leitungsvermittelte Datenübertragung – Circuit Switched Data . . . 170
5.5.2.1 Erläuterung von Begriffen und Unterscheidungsmerkmalen . . . 170
5.5.2.2 Leitungsvermittelte Datenübertragung am Beispiel des Full-Rate-Kanals TCH/F9.6 . . . 172
5.5.2.3 Mögliche Datenraten auf Full-Rate- und Half-Rate-Kanälen . . . 173
5.5.2.4 High Speed Circuit Switched Data . . . 173
Regeln für die Bündelung von Kanälen . . . 173
Aufbau einer HSCSD-Verbindung . . . 174
Steuerung einer HSCSD-Verbindung . . . 175
5.5.3 Short Message Service . . . 176
5.5.3.1 Der Short Message Service Point-to-Point . . . 177
5.5.3.2 Der Cell Broadcast Short Message Service . . . 179

5.5.4 General Packet Radio Service . . . 180
5.5.4.1 Allgemeine Anforderungen an den General Packet Radio Service . . . 180
5.5.4.2 Funkkanäle für GPRS . . . 181
Transportformat der Paketdatenkanäle . . . 181
Kontrollkanäle für die Paketdatenübertragung . . . 185
Kanalkonfiguration für GPRS . . . 186
5.5.4.3 GPRS-Systemarchitektur . . . 186
Netzelemente und Netzbereiche . . . 186
Adressen und Kennziffern . . . 189
5.5.4.4 Wesentliche Prozeduren und Algorithmen im GPRS-Netz . . . 189
Mobility-Management-Zustände . . . 189
Zellwahl im Idle- und Standby-Zustand . . . 191
GPRS-Anmeldung . . . 191
Aufbau einer Verbindung zu einem Datennetz . . . 193
Der Packet Transfer Mode: Übertragung von Datenpaketen . . . 194
Verfahren zur Steuerung der Verbindungsqualität . . . 196
5.5.4.5 Übersicht über die Protokolle für den GPRS-Nutzdatentransport . . . 199
5.5.5 Steigerung der Datenrate: Enhanced Data Rates for GSM Evolution (EDGE) . . . 200
5.6 Einige ausgewählte Anwendungen . . . 202
5.6.1 Gruppenrufe, Rundrufe und Prioritäten für den Bahnfunk und für andere professionelle Anwendungen . . . 202
5.6.2 Mobiler Internet-Zugang und das Wireless Application Protocol (WAP) . . . 204
5.6.3 Location Services . . . 207

6 Weitere bedeutende Mobilfunksysteme . . . 211
6.1 Digital Enhanced Cordless Telecommunications (DECT) . . . 212
6.1.1 Anmerkungen zur Entwicklung des DECT-Standards . . . 212
6.1.2 Systemarchitektur . . . 213
6.1.2.1 Anwendungsbereiche und Systemkonfigurationen . . . 213
6.1.2.2 Adressen und Kennziffern . . . 216
6.1.3 Funkkanäle . . . 217
6.1.3.1 Physikalische Kanäle . . . 217
6.1.3.2 Transportformate . . . 218
6.1.3.3 Sicherungsschicht . . . 220
6.1.3.4 Sprachkanäle . . . 220
6.1.3.5 Datenkanäle . . . 221
6.1.3.6 Kontrollkanäle . . . 221
6.1.4 Verbindungsaufbau . . . 222
6.1.5 Handover . . . 225
6.1.6 Vergleich zwischen GSM und DECT . . . 226
6.2 Bluetooth . . . 227
6.2.1 Anmerkungen zur Entwicklung des Industriestandards Bluetooth . . . 227
6.2.2 Netzkonfigurationen . . . 228
6.2.3 Funkübertragung . . . 229
6.2.4 Verbindungsaufbau und sicherheitsrelevante Netzfunktionen . . . 232
6.3 HiperLAN/2 . . . 233
6.3.1 Anmerkungen zur Entwicklung des HiperLAN-Standards . . . 233
6.3.2 Netzkonfigurationen und Anwendungsbeispiele . . . 234
6.3.3 Funkkanäle . . . 235
6.3.4 Verbindungsaufbau . . . 238
6.3.5 Verbindungssteuerung und Verwaltung der Funkressourcen . . . 239
6.3.6 Protokollarchitektur . . . 241
6.4 Wireless LANs nach dem Standard IEEE 802.11 . . . 242
6.4.1 Funkkanäle . . . 243
6.4.2 Zuteilung von Übertragungskapazitäten . . . 244
6.5 Das Universal Mobile Telecommunications System (UMTS) . . . 246
6.5.1 Anmerkungen zur Entstehung des UMTS-Standards . . . 246

6.5.2 UMTS-Systemarchitektur . . . 247
6.5.3 Funkkanäle . . . 249
6.5.3.1 Frequenzbänder und physikalische Kanäle . . . 249
6.5.3.2 Transportkanäle für den FDD-Modus . . . 250
6.5.3.3 Kanalcodierung, Ratenanpassung und Multiplexing für den FDD-Modus . . . 254
6.5.3.4 Zugriffssteuerung im FDD-Modus . . . 256
6.5.3.5 Zellsuche im FDD-Modus bei asynchronen Basisstationen . . . 256
6.5.3.6 Anmerkungen zum TDD-Modus . . . 257
6.5.4 Wichtige Funktionen des UMTS Radio Access Networks . . . 258
6.5.4.1 Sendeleistungsregelung – Power Control . . . 259
6.5.4.2 Handover . . . 260

7 Aspekte der Funknetzplanung . . . 263
7.1 Generelle Ziele der Funknetzplanung . . . 263
7.2 Qualitätskriterien und Planungsrichtlinien . . . 263
7.2.1 Der Begriff der Versorgung . . . 263
7.2.2 Wichtige Empfängerschwellwerte . . . 264
7.3 Funkausbreitungsmodelle . . . 266
7.3.1 Allgemeine Aspekte der Funkausbreitung . . . 266
7.3.2 Funkausbreitung in Makrozellen . . . 267
7.3.3 Funkausbreitung in Kleinzellen . . . 269
7.3.4 Funkausbreitung in Mikrozellen . . . 270
7.3.5 Versorgung innerhalb von Gebäuden – Funkausbreitung in Picozellen . . . 273
7.4 Versorgungsplanung – Größe von Funkzellen . . . 274
7.4.1 Wichtige Größen für die Versorgungsplanung . . . 274
7.4.2 Beispielrechnung zur Abschätzung der Zellgröße . . . 276
7.4.3 Einfluss der Datenrate . . . 279
7.4.4 Beispiel für eine computergestützte Versorgungsplanung . . . 279
7.5 Kapazitätsplanung . . . 283
7.5.1 Grundzüge der Nachrichtenverkehrstheorie . . . 283
7.5.1.1 Beschreibung des Teilnehmerverhaltens bei Sprachdiensten . . . 284
7.5.1.2 Bestimmung der Blockierraten für Sprachdienste . . . 286
7.5.1.3 Anmerkungen zur Behandlung von Datendiensten . . . 289
7.5.2 Frequenzplanung . . . 290
7.5.2.1 Das zellulare Prinzip . . . 290
7.5.2.2 Das Modell des homogenen hexagonalen Netzes – Cluster-Größe . . . 290
7.5.2.3 Sektorzellen . . . 293
7.5.2.4 Abschätzungen des Nutz-/zu-Störleistungs-Verhältnisses . . . 294
7.5.2.5 Beispiel für eine Kapazitätsabschätzung . . . 296
7.5.2.6 Frequenzplanung für reale Funknetze . . . 297
7.5.2.7 Kapazitätsplanung bei Soft Blocking . . . 298
7.5.3 Die spektrale Kapazität und der Vergleich von Mobilfunksystemen . . . 300
7.6 Kapazitätssteigernde Maßnahmen . . . 305
7.6.1 Erhöhung der Dichte der Basisstationsstandorte . . . 305
7.6.2 Hierarchische Zellstrukturen . . . 306
7.6.3 Underlay-Overlay-Planung . . . 308
7.6.4 Frequency Hopping, Power Control und Discontinuous Transmission . . . 309
7.6.5 Intelligente Antennensysteme . . . 310

Anhänge . . . 315

Anhang A Übungsaufgaben . . . 315

Anhang B Lösungen zu den Übungsaufgaben . . . 323

Anhang C Pegelwerte und Dezibel . . . 329

Anhang D Spezifikationsdokumente . . . 330
D.1 Einige wichtige GSM-Spezifikationsdokumente . . . 330
D.2 Überblick über die Spezifikationsdokumente des UMTS-Standards . . . 332

D.3 Einige wichtige DECT-Spezifikationsdokumente . . . 332
D.4 Einige wichtige HiperLAN/2-Spezifikationsdokumente . . . 333
D.5 Bluetooth-Spezifikationen . . . 333
D.6 Der IEEE 802.11-Standard . . . 333
D.7 WAP-Spezifikationen . . . 333

Anhang E Erlang-Tabelle . . . 334

Anhang F Abkürzungsverzeichnis . . . 335

Literaturverzeichnis . . . 339

Stichwortverzeichnis . . . 343

1 Einleitung

1.1 Teilnehmerzahlen in Mobilfunknetzen in Deutschland

Der Markt für Mobilkommunikation erlebt heutzutage eine stürmische Entwicklung mit zweistelligen Zuwachsraten pro Jahr – sowohl an Teilnehmern als auch an Marktvolumen.

Bild 1.1 illustriert diese Entwicklung deutlich. Es zeigt die Anzahl der Mobilfunkteilnehmer (in den C-, D- und E-Netzen) in Deutschland in den letzten 15 Jahren. Zu beachten ist, dass – wegen des rasanten Zuwachses – die Teilnehmerzahl auf der Ordinate im logarithmischen Maßstab aufgetragen wurde.

Bei Einführung des C-Netzes im Jahre 1986 gab es ca. 50000 Teilnehmer im so genannten B-Netz. Mobiltelefone waren damals unhandlich und teuer.

Durch das C-Netz stieg die Teilnehmerzahl bis 1991 auf ca. eine halbe Million. Ein regelrechter Massenmarkt entstand dann in den folgenden 5 Jahren mit der Einführung der D- und E-Netze nach der GSM-Technik (GSM: Global System for Mobile Communication).

Betrachtet man die soeben genannten Zahlen, so fällt auf, dass sie in Bild 1.1 auf einer Geraden liegen; als Anstieg ergibt sich ein Faktor 10 alle 5 Jahre. Selbstverständlich kann dieser Anstieg nicht auf immer und ewig so weitergehen. In den letzten Jahren wurde auch immer wieder ein «Abknicken» von dieser Geraden vorhergesagt. Doch die realen Zahlen haben diese Prognosen bisher übertroffen, so dass auch Anfang 2000 mit ca. 20 Millionen Teilnehmern eine gute Übereinstimmung mit der gezeichneten Geraden zu beobachten ist. Extrapoliert man diese Entwicklung, so würde man Ende 2000 etwa 40 Millionen Teilnehmer in Deutschland haben, also eine Durchdringung der Bevölkerung von 50%. Solche Durchdringungswerte sind bereits in skandinavischen Ländern deutlich überschritten (Finnland: 70 Mobilfunkanschlüsse pro 100 Einwohner). Aufgrund sinkender Gebühren und steigender Möglichkeiten der Datenübertragung – verbunden mit einem mobilen Internet-Zugang – erscheinen auch hier in Deutschland solche Teilnehmerzahlen als nicht unrealistisch.

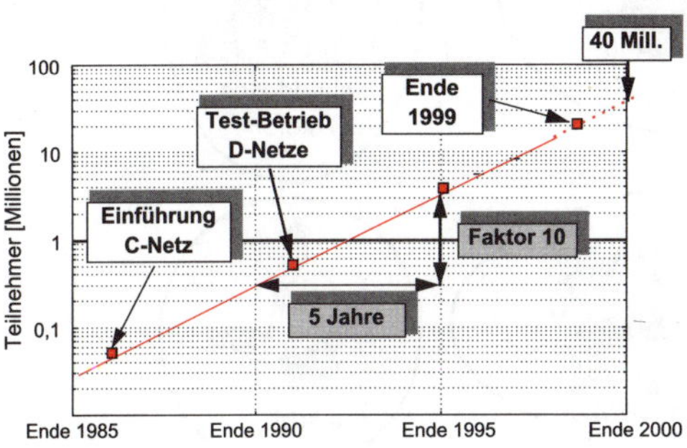

Bild 1.1 Teilnehmerentwicklung in Mobilfunknetzen in Deutschland

1.2 Allgemeine Entwicklungstrends im Mobilfunk

Um das Zustandekommen dieser Entwicklung zu erläutern, beginnt dieser Abschnitt mit einem Rückblick auf die Situation im Mobilfunk, wie sie sich Mitte bis Ende der 80er Jahre darstellte.

Damals gab es eine Vielzahl unterschiedlicher Arten von Mobilfunksystemen für verschiedene Anwendungen, wie sie in Tabelle 1.1 und Bild 1.2 zusammengefasst sind.

Diese Systeme, die man als Mobilfunksysteme der 1. Generation bezeichnet, waren durch folgende Eigenschaften gekennzeichnet: Sie verwendeten fast ausschließlich eine analoge Übertragungstechnik und besaßen nur sehr eingeschränkte Datenübertragungsmöglichkeiten; die Sprachübertragung stand im Vordergrund. Aufgrund der teuren und unhandlichen Endgeräte (C-Netz-Endgeräte kosteten damals mehrere tausend DM und wogen einige Kilogramm) gab es nur wenige

Tabelle 1.1 Arten von Mobilfunksystemen der ersten Generation

Mobilfunksystem	Anwendung	Beispiele
Autotelefon	Landesweiter öffentlicher Fernsprechdienst für mobile Teilnehmer	C-Netz
Schnurlose Telefone	Ersetzung des Kabels zwischen Hörer und Fernsprech-Endgerät durch Funkstrecke; für den Heimbereich	CT1+
Betriebs- u. Bündelfunk	Mobilfunk für professionelle Anwendungen; nicht öffentliche Mobilfunknetze für Unternehmen mit mobilen Außendienstmitarbeitern	Taxifunk, Bahnfunk
Funkrufsysteme	Gezielter Aufruf von Teilnehmern (z. B. Feuerwehrleute, Ärzte) über kleine preisgünstige Empfänger	Eurosignal
Satelliten-Mobilfunk	Funksysteme für die See- und Luftfahrt; betrieben z. B. von der **IN**ternational **MAR**itime **SAT**ellite Organization	INMARSAT

Teilnehmer in den Netzen. Ein zusätzlicher Hinderungsgrund für die Entstehung eines Massenmarktes mit preisgünstigen Endgeräten und günstigen Gesprächsgebühren war die Tatsache, dass es damals allein in Europa eine Vielzahl von inkompatiblen Systemen für gleiche Anwendungen gab, wie in Bild 1.3 illustriert. So konnte ein deutscher Geschäftsmann sein C-Netz-Autotelefon nicht im europäischen Ausland (außer in Portugal) nutzen.

Um die genannten Hemmnisse zu beseitigen, insbesondere um europaweit einheitliche Systeme zu schaffen, begannen die europäischen Standardisierungsbehörden für Telekommunikation (zunächst CEPT: *Conférence des Administrations Européennes des Postes et Télécommunications*, später ETSI: *European Telecommunications Standards Institute*) ab etwa Mitte der 80er-Jahre mit der Standardisierung digitaler Mobilfunksysteme. Dabei entstanden die in Tabelle 1.2 aufgeführten Systeme, die

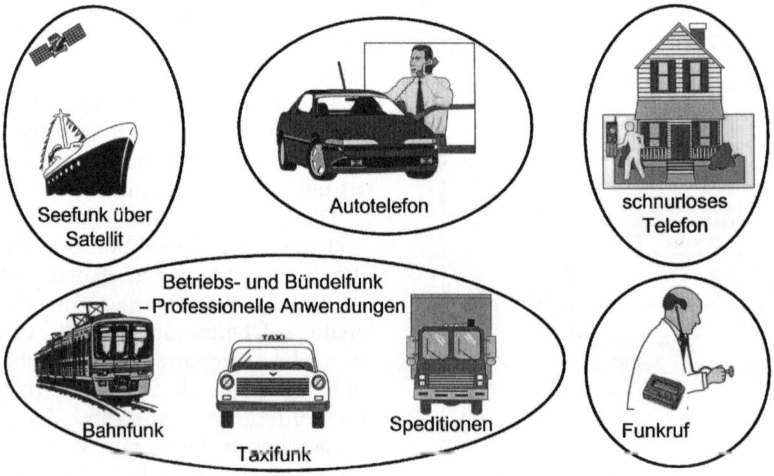

Bild 1.2 Arten von Mobilfunksystemen der 1. Generation

Abkürzung	Erläuterung
C-Netz	Nachfolgesystem des A- und B-Netzes in Deutschland
TACS	Total Access Communication System
NMT450	Nordic Mobile Telephone System im 450-MHz-Bereich
NMT900	Nordic Mobile Telephone System im 900-MHz-Bereich
RC2000	Radio Communication System 2000

Bild 1.3 Analoge Autotelefonsysteme in Europa

man zu den Mobilfunksystemen der 2. Generation rechnet:

In den letzten Jahren haben das DECT-System (bis Ende 2000: ca. 75 Millionen verkaufte Endgeräte) und vor allem das GSM-System eine stürmische Entwicklung genommen und sich als vorherrschende Standards für ihre Anwendungsbereiche weit über Europa hinaus verbreitet, wie in Bild 1.4 für das GSM-System illustriert ist.

Das GSM-System wurde 1992 in 7 europäischen Ländern in 13 Netzen eingeführt, darun-

Tabelle 1.2 Europäische Mobilfunkstandards der 2. Generation

Abk.	Name	Ursprünglicher Anwendungsbereich
GSM	Global System for Mobile Communications	Europaweiter öffentlicher Fernsprechdienst inkl. vieler vom ISDN bekannter Möglichkeiten, für mobile Teilnehmer (Autotelefone und tragbare Endgeräte)
DECT	Digital Enhanced Cordless Telecommunications	Schnurloses Telefon bzw. Telefonanlage für den Heimbereich oder für Firmengelände
TETRA	Trans-European Trunked Radio	Digitaler Bündelfunk, für professionelle Anwendungen
ERMES	European Radio Message System	Funkrufsystem mit erweiterter Datenübertragungsmöglichkeit

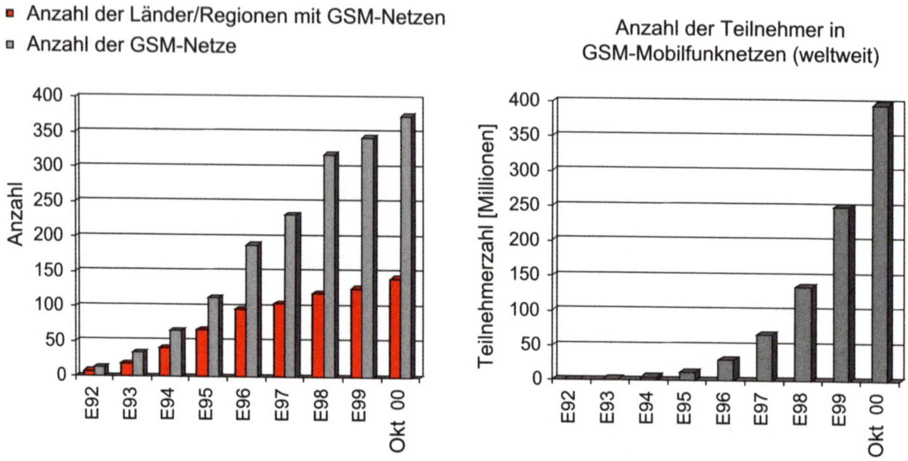

Bild 1.4 Weltweite Verbreitung des GSM-Standards [1]

ter in Deutschland mit dem D1- und dem D2-Netz. Aufgrund anfänglicher Schwierigkeiten mit der Verfügbarkeit von Mobiltelefonen, gab es zunächst nur wenige tausend Teilnehmer. Aus dieser Zeit stammt die spöttische Bemerkung, GSM sei die Abkürzung für «God sends mobiles». Doch diese Probleme waren schnell behoben, und die Teilnehmerzahlen stiegen in den folgenden Jahren rasch und stetig an. Im Oktober 2000 waren 400 Millionen GSM-Nutzer in etwa 370 Netzen in mehr als 140 Ländern zu verzeichnen. Zu beachten ist, dass sich die Zahl der GSM-Nutzer in den zurückliegenden Jahren jedes Jahr nahezu verdoppelt hat. Diese und weitere Statistiken findet man auf den Internetseiten der GSM Association [1].

GSM hat sich somit zu einem weltweiten Standard entwickelt, den mehr als 60% aller Mobilfunkteilnehmer nutzen (Bild 1.5), und ist inzwischen in mehr Ländern vertreten als McDonalds oder Coca-Cola. Andere digitale Mobilfunksysteme der 2. Generation (D-AMPS, IS-95, PDC, siehe Bild 1.5) spielen GSM gegenüber nur eine untergeordnete Rolle.

Parallel mit der steigenden Anzahl der Nutzer wurde der GSM-Standard weiter entwickelt, um neue Anwendungsgebiete zu erschließen. Dabei sind neue Datendienste mit erhöhten Datenraten für Multimedia-Anwendungen und einen mobilen Internet-Zugang sowie viele intelligente Netzfunktionen entstanden. Ferner kamen die Möglichkeiten von Gruppenrufen und priorisierten Rufen dazu, wie sie z.B. für den Bahnfunk oder die Steuerung von Fahrzeugflotten benötigt werden. Gerade mit den Erweiterungen im Bereich der

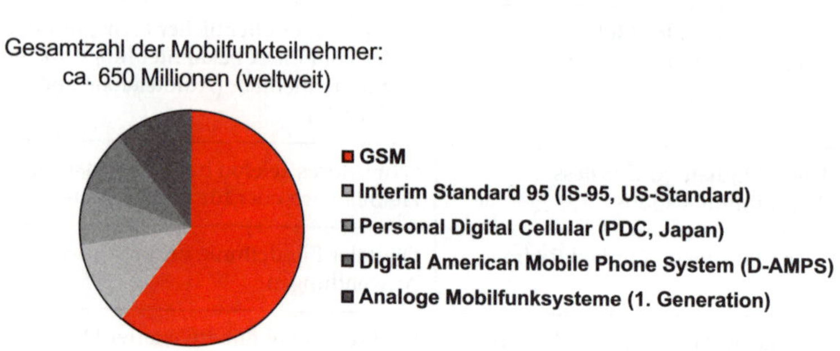

Bild 1.5 Anzahl der Mobilfunkteilnehmer – weltweit; aufgeschlüsselt nach Systemen (Stand: Oktober 2000)

Datendienste geht GSM über die Leistungsmerkmale der Mobilfunksysteme der 2. Generation hinaus, was zu der Bezeichnung «Generation 2+» geführt hat.

Anhand des GSM-Systems spiegeln sich damit 3 wesentliche Trends im Mobilfunk wider:

- der Trend zur Globalisierung,
- der Trend zur Universalität,
- der Trend zur Harmonisierung verschiedener Netze und Systeme.

Globalisierung heißt, dass ein weltweit einheitlicher Standard oder zumindest eine Familie von untereinander verträglichen Standards angestrebt wird, so dass es möglich ist, mit einem Endgerät von (nahezu) jedem Punkt der Erde aus zu telefonieren.

Universalität bedeutet, dass die wesentlichen Anwendungsbereiche für den Mobilfunk nicht durch verschiedene Arten von Systemen, sondern durch ein oder zumindest eine Familie von untereinander verträglichen Systemen abgedeckt werden.

Diese Trends setzen sich in den Mobilfunksystemen der 3. Generation fort. Der sicherlich prominenteste Vertreter dieser Systeme ist das Universal Mobile Telecommunications System (UMTS), das ab dem Jahre 2002 eingeführt werden und Multimediadienste bis zu einer Nutzdatenrate von 2 Mbit/s ermöglichen soll.

Ferner strebt man eine Harmonisierung der genannten Mobilfunksysteme mit dem Festnetz, mit neueren Satelliten-Systemen sowie mit drahtlosen lokalen Computernetzen (Wireless LANs) an. Für den zuletzt genannten Bereich wurde von der ETSI das HiperLAN/2 (High Performance Radio Local Area Network) und von dem Institute of Electrical and Electronics Engineers das IEEE-802.11-System standardisiert. Daneben hat mit dem Bluetooth-Standard ein System an Bedeutung gewonnen, das eine preiswerte und einfache Möglichkeit zur drahtlosen Anbindung von z. B. Handys oder digitalen Kameras an Computer über kürzere Distanzen erlaubt.

Die Entwicklung von Mobilfunksystemen in verschiedenen Generationen mit ihren wesentlichen Kennzeichen ist in Bild 1.6 zusammengefasst. Der Übergang von der 2. zur 3. Generation über den Zwischenschritt der Generation 2+ kann als nahezu kontinuierlich betrachtet werden.

Fasst man die vorangegangene Diskussion zusammen, so lässt sich feststellen, dass es

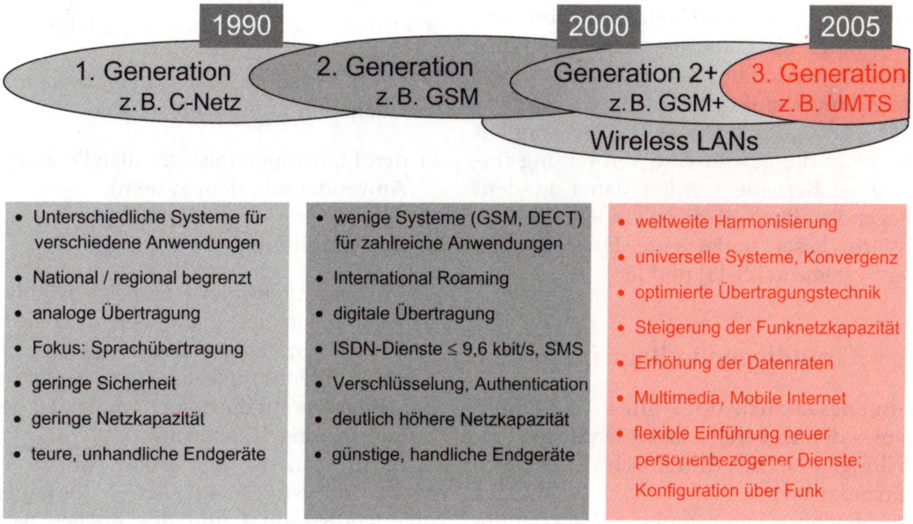

Bild 1.6 Generationen von Mobilfunksystemen

zwar eine Vielzahl von Mobilfunksystemen gibt, aus denen jedoch einige wenige aufgrund ihrer heutigen und zukünftigen Bedeutung herausragen, nämlich

- das Global System for Mobile Communication (GSM),
- das Digital Enhanced Cordless Telecommunications (DECT),
- das Universal Mobile Telecommunications System (UMTS),
- der Standard für das High Performance Radio Local Area Network (HiperLAN/2),
- der IEEE 802.11-Standard für Wireless LANs,
- der Bluetooth-Standard für die drahtlose Vernetzung von Endgeräten über kurze Distanzen.

Die genannten Systeme werden in den Kapiteln 5 und 6 dieses Buch näher behandelt, wobei dem GSM-System eine besondere Bedeutung zukommt. Zuvor sind jedoch noch einige grundlegende Begriffe zu klären sowie die wesentlichen Zusammenhänge bezüglich Funkausbreitung (Kapitel 2), der Funkübertragungstechnik (Kapitel 3) und der Funkkanalzuteilung (Kapitel 4) zu erläutern.

Nicht zuletzt durch die weltweite Verbreitung von GSM mit seinen relativ preisgünstigen und vielfältigen Nutzungsmöglichkeiten haben andere Systeme an Bedeutung verloren. Dazu gehören die Funkrufsysteme und satellitengestützte Mobilfunksysteme. Aber auch digitale Bündelfunksysteme für rein professionelle Anwendungen (wie TETRA) konnten bisher nicht die gewünschte Verbreitung finden. Diese Systeme werden daher in dem vorliegenden Buch nicht behandelt. Der interessierte Leser findet gute Darstellungen dieser Systeme in [2], [5] und [58].

1.3 Grundlegende Begriffe

Die drei Bestandteile des Wortes «Mobilfunksysteme» deuten bereits die wesentlichen Fragestellungen an, mit denen sich dieses Buch auseinandersetzt:

Die ohnehin schon komplexen Telekommunikationssysteme werden um die Möglichkeit der Mobilität der Teilnehmer bereichert. Dies erfordert zum einen zusätzliche aufwendige organisatorische Maßnahmen und zum anderen eine Vielzahl von Verfahren, die die prinzipiell sehr störanfällige Funkübertragung sicherer gestalten.

Die folgenden Abschnitte beleuchten diese drei Aspekte etwas näher.

1.3.1 Beschreibung von Telekommunikationssystemen

Telekommunikation ist der Austausch von Nachrichten bzw. Informationen zwischen räumlich entfernten Kommunikationspartnern mit Hilfe von technischen Systemen.

Da es im Allgemeinen nicht machbar bzw. nicht wirtschaftlich ist, je zwei (oder mehr) Kommunikationspartner durch feste (dauerhafte) Übertragungswege miteinander zu verbinden, werden diese über ein Netz von mehreren Vermittlungseinrichtungen und Übertragungswegen miteinander verknüpft. Dabei stellen die Vermittlungseinrichtungen nur bei Bedarf über mehrere Übertragungsabschnitte eine Verbindung zwischen den kommunizieren wollenden Partnern her. Nach Beendigung des Kommunikationsvorgangs wird die Verbindung wieder abgebaut, so dass die beteiligten Übertragungskapazitäten für andere Verbindungen genutzt werden können.

Ein Kommunikationssystem besteht also aus mehreren Komponenten, wie

- den Endgeräten (als Schnittstelle zwischen Anwender und dem System),
- den Übertragungseinrichtungen,
- den Vermittlungseinrichtungen,

deren Zusammenspiel – zumeist detailliert – in technischen Spezifikationen festgelegt ist. Beim GSM-System umfassen die Spezifikationsdokumente mehr als 10000 Seiten. Dies deutet bereits auf die hohe Komplexität der zu besprechenden Systeme hin.

In Bild 1.7 ist der grobe Aufbau eines Mobilfunksystems skizziert – Verfeinerungen werden im Laufe des Buches besprochen:

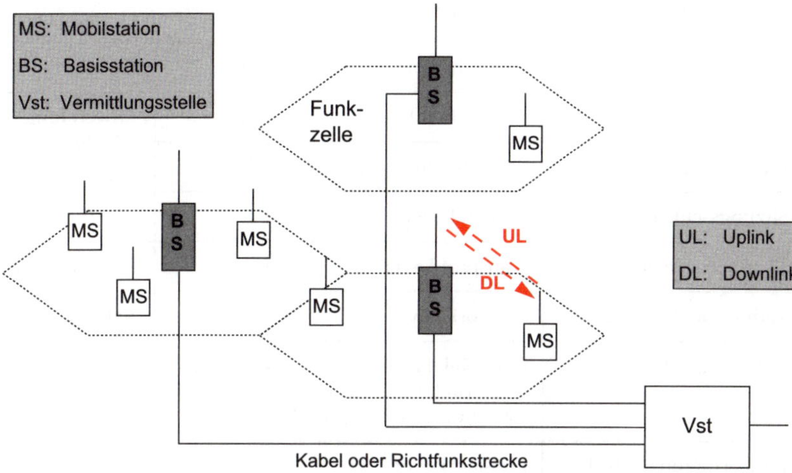

Bild 1.7 Prinzipieller Aufbau eines Mobilfunksystems

> **!** Ein Mobilfunksystem besteht aus einer oder mehreren Funkfeststationen – im Folgenden Basisstationen (BS) genannt –, die über Vermittlungsstellen miteinander verbunden sind. Jede dieser Basisstationen versorgt funktechnisch ein bestimmtes Gebiet – die so genannte Funkzelle.

Solche Funkzellen können isoliert sein, untereinander zusammenhängen oder sich überlappen. In einer Funkzelle können sich viele mobile Endgeräte – *Mobilstationen* (MS) genannt – befinden.

> **!** Die Funkverbindungsrichtung von der BS zur MS nennt man den *Downlink* (DL), die umgekehrte Richtung den *Uplink* (UL).

Um das Zusammenspiel der Systemkomponenten in übersichtlicher und systematischer Weise festzulegen bzw. zu beschreiben, gliedert man die Aufgaben, die für die Kommunikation zwischen den Komponenten notwendig sind, in mehrere Schichten. Die Gliederung bei den zu besprechenden Mobilfunksystemen orientiert sich – auch wenn es im Detail Abweichungen gibt – an dem OSI-Referenzmodell (OSI: *Open System Interconnection*) mit seinen 7 Schichten, das von der International Standardization Organization entworfen wurde. Eine Übersicht über die Schichten findet sich in Tabelle 1.3, eine ausführlichere Beschreibung in [2; 3 und 4].

Für das Verständnis der Funktionsweise von Mobilfunksystemen sind vor allem die unteren drei Schichten von Bedeutung, so dass deren prinzipielle Aufgaben an dieser Stelle etwas genauer erläutert werden sollen. Die Funktion und Gliederung der oberen Schichten hängt stark von den konkreten Anwendungen ab und wird daher in diesem Abschnitt nur kurz skizziert:

Zu den Aufgaben der anwendungsbezogenen Schichten gehören u. a.

- die genaue Beschreibung des eigentlichen Telekommunikationsdienstes (wie Fernsprechen, Telefax, E-Mail oder das World Wide Web) und seiner Nutzungsmöglichkeiten für den Teilnehmer;
- die Festlegung des Formats für den Datenaustausch (z. B. legt die Hyper Text Markup Language HTML den Aufbau und die Form von Internetseiten fest.)

Um die aus der Anwendung stammenden Daten über ein Telekommunikationsnetz zu

Tabelle 1.3 Die Schichten des OSI-Referenzmodells

Ebene	Deutsche Bezeichnung	Englische Bezeichnung	Abk.	Einteilung
7	Anwendungsschicht	Application Layer	A	Anwendungsbezogene Schichten
6	Darstellungsschicht	Presentation Layer	P	
5	Sitzungsschicht	Session Layer	S	
4	Transportschicht	Transport Layer	T	Transportschicht
3	Vermittlungsschicht	Network Layer	N	Netzbezogene Schichten
2	Sicherungsschicht	Data Link Layer – Logical Link Control – Medium Access Control	DL – LLC – MAC	
1	Bitübertragungsschicht	Physical Layer	PH	

transportieren, werden sie vom Sender häufig in gewisse Blöcke zerlegt und vom Empfänger wieder in der richtigen Reihenfolge zusammengesetzt. Dabei überwacht der Empfänger, ob alle Datenpakete fehlerfrei eintreffen, und fordert fehlerhafte Pakete nochmals an. Dies sind wesentliche Aufgaben der Transportschicht.

Die Voraussetzung für den Transport der Anwendungsdaten ist eine bestehende Verbindung zwischen den beteiligten Endgeräten.

Diese Verbindung aufzubauen – und später wieder abzubauen – ist die Hauptaufgabe der Vermittlungsschicht. In Mobilfunksystemen kommen ihr weitere Aufgaben zu, z.B. die Verwaltung des Aufenthaltsbereiches eines Teilnehmers sowie die Umschaltung des Verbindungsweges, wenn sich der Teilnehmer während eines Gesprächs von einer Funkzelle zur nächsten bewegt.

Die als Basis darunter liegende Sicherungsschicht gliedert sich im Mobilfunk – wie auch bei Computernetzen – i. Allg. in 2 Teilschichten, für die englische Bezeichnungen üblich sind:

- Medium Access Control Layer (MAC),
- Logical Link Control Layer (LLC).

Der *Medium Access Control Layer* regelt den Zugriff auf das Übertragungsmedium; d.h., diese Schicht enthält Verfahren, mit denen die Funkfrequenzen in einzelne Übertragungskanäle zerlegt werden, sowie Methoden, die die Zuteilung dieser Kanäle bei einem Verbindungswunsch regeln.

Die Hauptaufgabe des *Logical Link Controls* ist die Überwachung der Verbindungsqualität auf den *einzelnen Abschnitten* des Verbindungsweges (im Gegensatz zur Überwachung des gesamten Weges durch die Transportschicht). Anhand noch zu besprechender Verfahren kann ein Netzknoten feststellen, ob ein Datenpaket fehlerfrei empfangen wurde oder nicht. Im Fehlerfall fordert er es vom sendenden Netzknoten nochmals an.

Die Aufgabe der Bitübertragungsschicht besteht – wie ihr Name schon andeutet – darin, die Bits aus den von der Sicherungsschicht angelieferten Paketen dem Übertragungsmedium aufzuprägen, z.B. durch Modulation einer elektromagnetischen Welle (siehe Abschnitt 3.3). In Mobilfunksystemen muss die Bitübertragungsschicht, auch physikalische Schicht genannt, ferner Methoden zur Messung von Empfangspegeln und Bitfehlerraten sowie zur Steuerung der Sendeleistung bereitstellen.

Der wesentliche Punkt bei der Gliederung in Schichten ist, dass jede Schicht gewissermaßen auf die Hilfsfunktionen der darunter liegenden Schicht zurückgreift, um ihre Aufgaben zu erfüllen. Bezüglich des Datenflusses sieht dieser Vorgang so aus, dass jede Schicht die angelieferte Dateneinheit mit Steuerungsdaten (z. B. Adresse oder Nummerierung) versieht und die gesamte Einheit an die darunter liegende Schicht weiterreicht, die weitere für die Aufgaben der jeweiligen Schicht wichtige Steuerungsinformationen hinzufügt (Bild 1.8). Dieser Vorgang wiederholt sich, bis schließlich die physikalische Schicht für die Übertragung der so entstandenen Bits der Datenpakete sorgt. Auf der Seite des Empfängers verläuft der Prozess in der entgegengesetzten Richtung: Jede Schicht interpretiert ihre Steuerungsdaten, handelt danach und gibt die von den jeweiligen Steuerungsdaten befreite Dateneinheit an die darüber liegende Schicht weiter.

Der reale physikalische Datentransport zwischen zwei Endgeräten (engl.: *terminal*) verläuft also längs der roten Pfeile in Bild 1.8, die logische Kommunikation jedoch waagerecht innerhalb einer Schicht.

Den Satz von Regeln, nach denen die Kommunikation innerhalb einer Schicht erfolgt, nennt man ein Protokoll (engl.: *protocol*). Das Protokoll legt u. a. fest, welche Meldungen es innerhalb einer Schicht gibt, wie sie aufgebaut sind und wie der Empfänger beim Eintreffen einer bestimmten Meldung zu reagieren hat.

Die Modellierung des Kommunikationsprozesses in Schichten lässt sich grob am Beispiel eines Briefwechsels illustrieren:

Eine Person A schreibt einer anderen Person B zum Geburtstag einen Brief mit Glückwünschen (Anwendung). Diesen Brief packt die Person A in einen mit Absender, Adresse und Briefmarke versehenen Briefumschlag (Steuerungsinformation) und wirft ihn zum Transport in einen Briefkasten. Bei der Leerung werden alle Briefe in Säcke verpackt, in

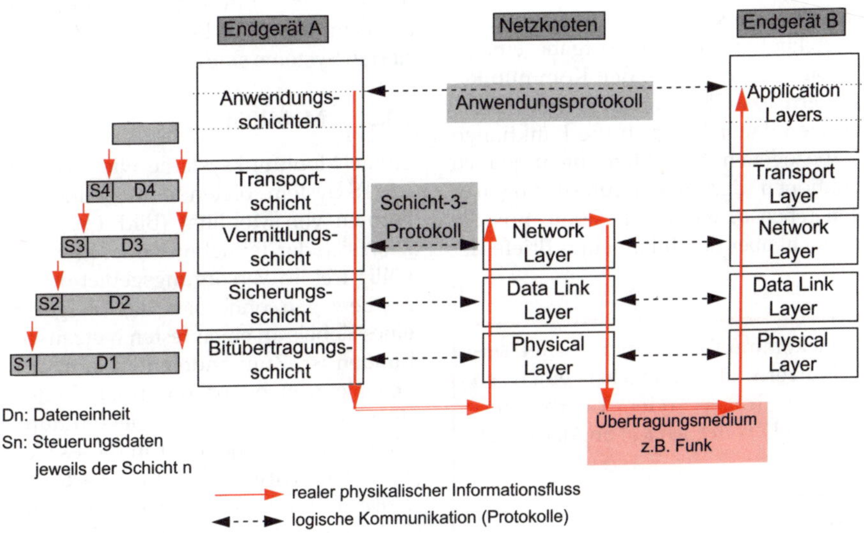

Bild 1.8 Schichten zur Beschreibung eines Telekommunikationssystems

mehreren Schritten sortiert (Vermittlung), dabei zu anderen Postämtern gefahren (physikalische Schicht mit Schiene, Straße oder Luft als Übertragungsmedium). Schließlich erhält ein Postbote den Brief mit den Glückwünschen und wirft ihn in den Briefkasten des Empfängers. Der Empfänger entfernt den Umschlag (Entpacken einer Dateneinheit) und liest das Glückwunschschreiben.

Die Kommunikation findet in diesem Fall in den anwendungsbezogenen Schichten zwischen dem Schreiber und Leser des Briefes sowie in den netzbezogenen Schichten zwischen den Postangestellten bzw. zwischen den automatischen Sortieranlagen, nicht jedoch zwischen Postbote und Empfänger statt. Die anwendungsbezogenen Protokolle enthalten die erlernten Regeln zum Schreiben von Briefen (Anrede, Gruß, Syntax, Rechtschreibung, Leserlichkeit), die netzbezogenen Protokolle umfassen die Postvorschriften zur Beförderung und Sortierung von Briefen (Leerungs- und Auslieferungszeiten, Prüfung von Adressen und Frankierung, ...).

Ferner zeigt dieses Beispiel weitere wichtige Punkte:

Auf dem Weg zwischen Absender und Empfänger muss die eigentliche Information eventuell mehrfach umgepackt und mit verschiedenen Fahrzeugen bzw. über verschiedene Übertragungsmedien transportiert werden.

Die Netzknoten haben die Aufgabe, eine sichere Verbindung zwischen den Kommunikationspartnern bzw. Endgeräten herzustellen. Sie benötigen daher lediglich die Funktionen der netzbezogenen Schichten, nicht jedoch die Funktionen der anwendungsbezogenen Schichten (ebenso, wie ein Postbote nur die Adresse, nicht aber den Inhalt eines Briefes lesen muss).

Ein Telekommunikationsnetz bietet seinen Nutzern also zunächst einen so genannten Träger- oder Überbringerdienst (engl.: *bearer service*) an, der durch Größen wie

- ❑ Verbindungsaufbauzeiten,
- ❑ Datenraten,
- ❑ maximal zu erwartende Bitfehlerrate,
- ❑ maximal zu erwartende Verzögerungszeiten bei der Übertragung

charakterisiert ist.

Darauf aufbauend lassen sich durch anwendungsorientierte Schichten in den Endgeräten die eigentlichen Telekommunikationsdienste (engl.: *teleservice*), wie Fernsprechen, Telefax, E-Mail, realisieren, bei denen es nicht nur auf die «nackte Übertragung von Bits» ankommt, sondern auch auf Form und Inhalt.

Diese primären Dienste lassen sich anreichern durch:

- ❑ Zusatzdienste, wie
  - Anklopfen und Makeln,
  - Anrufweiterleitung,
  - Rückruf bei «besetzt»;
- ❑ Mehrwertdienste, wie
  - Mailbox,
  - Auskunfts- und Reservierungsdienste (Wetter, Verkehr, Hotelbuchung).

Während Zusatzdienste zumeist im Standard detailliert festgelegt und in Systemkomponenten wie Vermittlungsstellen oder intelligenten Netzknoten realisiert sind, werden Mehrwertdienste durch Einrichtungen (und Personen) erbracht, die nicht Bestandteil des standardisierten Systems sind.

1.3.2 Mobilität

Einige Mobilfunksysteme wie das GSM- und UMTS-System bieten dem Teilnehmer zwei Formen von Mobilität (Bild 1.9): Zum einen kann sich der Teilnehmer mit seinem Endgerät völlig frei im Versorgungsgebiet des Funknetzes bewegen, ohne dass das Endgerät mittels eines Kabels an einen festen Netzanschluss gebunden ist. Zum anderen kann er von jedem beliebigen standardkonformen Endgerät aus die von ihm abonnierten Telekommunikationsdienste nutzen, indem er in dieses Gerät seine Teilnehmerkarte – auch SIM-Karte (SIM: *Subscriber Identity Module*) genannt – einlegt. Die Gebührenabrechnung erfolgt dabei zu Lasten des entsprechenden Teilnehmers und nicht zu

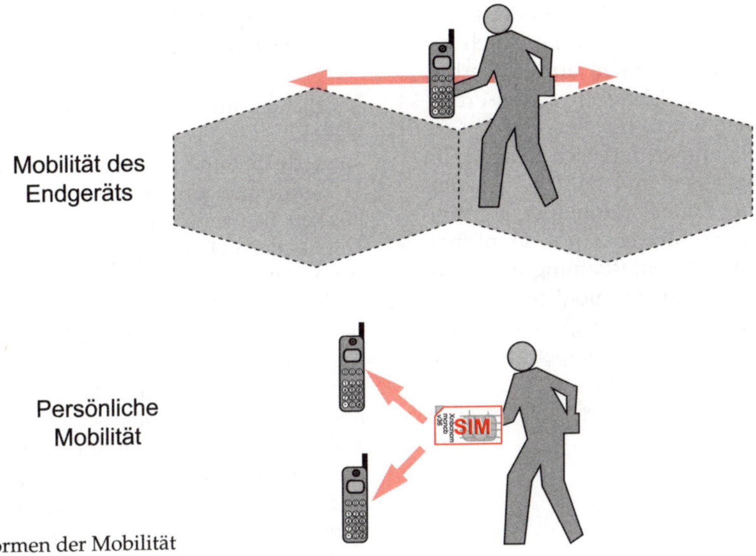

Bild 1.9 Formen der Mobilität

Lasten des Endgerätebesitzers. Die beiden Formen der Mobilität nennt man

- ❑ Mobilität des Endgeräts (Terminal Mobility),
- ❑ persönliche Mobilität (Personal Mobility).

Hinsichtlich des Versorgungsbereiches unterscheidet man die in Tabelle 1.4 aufgeführten Grade der Mobilität.

> **!** Um ein hohes Maß an Mobilität zu gewährleisten, sind folgende technische Voraussetzungen notwendig:
>
> - ❑ Die Funkversorgung ist im gewünschten Bereich sicherzustellen; dies ist die zentrale Aufgabe der Funknetzplanung.

Tabelle 1.4 Grade der Mobilität

Mobilität	Erläuterung	Beispiel
Heimbereich	Versorgungsbereich ist eine Zelle mit Radius 50...200 m um die Basisstation	Schnurloses Telefon
Regional/Lokal	Funknetze aus einigen wenigen Zellen, begrenzt auf z. B. Firmengelände, Innenstadt, Region	Betriebsfunk
National	Funknetz aus vielen Zellen, dessen Versorgungsgebiet sich über ein Land erstreckt	C-Netz
International	Ein in einem Land als Mobilfunkteilnehmer eingeschriebener Kunde ist auch in mehreren anderen Ländern erreichbar und kann von dort telefonieren	GSM-System
Global	Erreichbarkeit an (fast) jedem Punkt der Erde	Satellitengestützter Mobilfunk

- Bei Bewegung und Wechsel der Funkzelle muss die Verbindung durch geeignete Mechanismen aufrecht erhalten werden. Solche Zellwechsel-Prozeduren nennt man *Handover*.
- Der Teilnehmer darf sich beliebig im Netz bewegen und wird bei ankommenden Rufen automatisch gefunden. Diesen Mechanismus nennt man *Roaming*. Falls ein Roaming über Landesgrenzen hinaus möglich sein soll (International Roaming), sind ferner Absprachen der Betreiber zur Vergebührung erforderlich.

1.3.3 Besonderheiten der Funkübertragung

Verglichen mit der Signalübertragung über Kabel bringt die Funkübertragung einige Besonderheiten und Herausforderungen mit sich.

Zum einen unterliegt der Empfangspegel starken Schwankungen, die von zahlreichen Details der Bebauung und der Geländestruktur abhängen und damit nicht genau vorhersagbar sind. Zum anderen sind geeignete Frequenzen für die Funkübertragung knapp und teuer, so dass sie mehrfach im Funknetz eingesetzt werden müssen. Da sich Funksignale aber deutlich schlechter isolieren und begrenzen lassen als kabelgebundene Signale, bringt die aus Kapazitätsgründen erforderliche Mehrfachverwendung zunächst gegenseitige Störungen der Funkverbindungen hervor.

Diese Herausforderungen gilt es durch eine gute Funknetzplanung (siehe Kapitel 7) und ausgefeilte Übertragungstechniken zu bewältigen.

2 Funkausbreitung

2.1 Übersicht über grundsätzliche Effekte der Funkausbreitung

Dieser Abschnitt gibt einen ersten Überblick über die grundsätzlichen Effekte der Funkausbreitung, die dann in den folgenden Abschnitten 2.2 bis 2.7 näher erläutert werden.

Bei den Funksignalen zwischen Mobil- und Basisstation handelt es sich um elektromagnetische Wellen, die sich mit Lichtgeschwindigkeit $c = 300\,000$ km/s ausbreiten. Dementsprechend legt ein Funksignal in einer Mikrosekunde einen Weg von 300 m zurück.

Laufzeit: 1 µs ⇔ Laufweg: 300 m (Gl. 2.1)

Die Funkausbreitung wird entscheidend von der Wellenlänge λ und Frequenz f der jeweiligen Funkwellen bestimmt. Zwischen beiden Größen besteht die Beziehung:

$$\lambda \cdot f = c \qquad \text{(Gl. 2.2)}$$

Bild 2.1 zeigt den für den Mobilfunk relevanten Bereich der Frequenzen und Wellenlängen.

Mathematisch lässt sich eine Welle in ihrer Abhängigkeit vom Ort x und der Zeit t durch eine Cosinus-Funktion beschreiben:

$$w(x, t) = A \cos[2\pi \cdot (f \cdot t - x/\lambda)] \qquad \text{(Gl. 2.3)}$$

wobei A die Amplitude der Welle bezeichnet. Für die Übertragungsqualität ist die empfangene Leistung P_e (gemittelt über viele Schwingungsperioden) von entscheidender Bedeutung. Sie ist proportional zum Quadrat der Amplitude

$$P_e = K \cdot A^2/2 \qquad \text{(Gl. 2.4)}$$

wobei der Proportionalitätsfaktor K insbesondere von Antennenkenngrößen abhängt.

! Im Mobilfunk ist es üblich, statt mit den Empfangsleistungen P_e (in Einheiten von Milliwatt mW) mit Empfangspegeln RXLEV zu arbeiten, die in Einheiten von dBm angegeben werden. Sie ergeben sich durch Logarithmieren:

$$\text{RXLEV [dBm]} = 10 \log P_e \text{[mW]} \qquad \text{(Gl. 2.5)}$$

Weitere Details dazu sind in Anhang C zu finden.

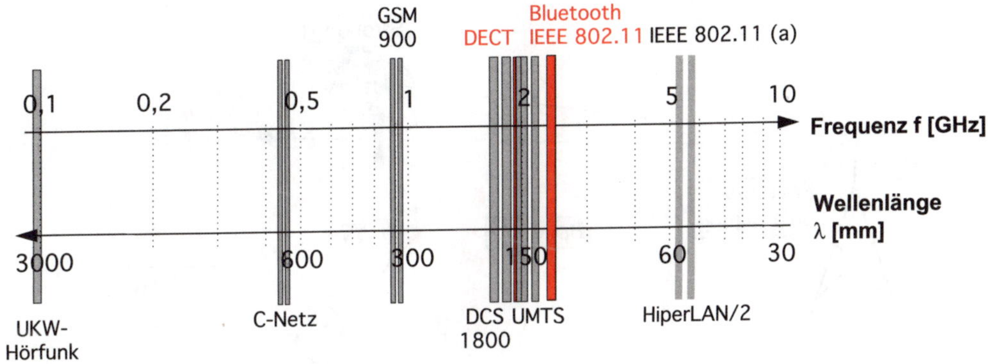

Bild 2.1 Frequenzbereiche für Mobilfunksysteme

Die Funkwellen werden über die Antennen von Mobil- und Basisstation gesendet bzw. empfangen (Abschnitt 2.2). Betrachtet man z.B. den Downlink, so strahlt die Basisstation das Funksignal zumeist über eine Omni-Antenne (Bild 2.2) oder über eine von 3 Sektor-Antennen ab. Bei einer Omni-Antenne erfolgt die Abstrahlung gleichmäßig in alle horizontalen Richtungen, bei Sektor-Antennen ist das Signal in einem Winkelbereich von ca. 120° um die Hauptstrahlrichtung konzentriert. Letzteres dient zur Reduktion von Störungen (vgl. Abschnitt 7.5.2.3).

Das Funksignal wird also in einen großen Winkelbereich abgestrahlt und breitet sich dann zunächst im freien Raum aus (vgl. Abschnitt 2.3), bis es auf Hindernisse (z. B. Berge oder Gebäude) trifft, wo es reflektiert, gestreut oder gebeugt wird und somit seine Ausbreitungsrichtung ändern kann. Bei der Funkausbreitung in städtischen Gebieten spielen insbesondere die Beugung an Häuser- und Dachkanten sowie die Reflexionen an Gebäuden in der Umgebung der Mobilstation eine große Rolle.

Durch Reflexion und Beugung ist zwar auch ein Empfang im geometrischen Schatten möglich, doch bringen diese Effekte auch einige Nebenwirkungen mit sich, die in Bild 2.3, das den typischen Verlauf eines Empfangspegels zeigt, illustriert sind. Tendenziell nimmt der Empfangspegel natürlich mit dem Abstand r zwischen Mobil- und Basisstation ab (Abschnitt 2.4), wobei die Abnahme hier stärker als bei der Freiraumausbreitung ist. Zusätzlich schwankt der tatsächliche Empfangspegel unregelmäßig um den mittleren entfernungsabhängigen Pegel:

Zum einen ändern sich die Abschattungsverhältnisse für die MS (in tiefen Häuserschluchten ist die Dämpfung größer als auf freien Plätzen). Diese Änderungen (schwarze Kurve in Bild 2.3) spielen sich auf einer Längenskala von Gebäudeabmessungen – also in der Größenordnung von etwa 20 … 100 m – ab und werden *Langzeitschwund* (Abschnitt 2.5) genannt.

Zum anderen erreicht das von der Basisstation abgestrahlte Signal die Mobilstation über Reflexionen an Bergen oder Häusern auf verschiedenen Wegen und aus vielen Richtungen (Abschnitt 2.6). Die zugehörigen Funkwellen überlagern sich also und bilden gewissermaßen stehende Wellen mit Auslöschungen

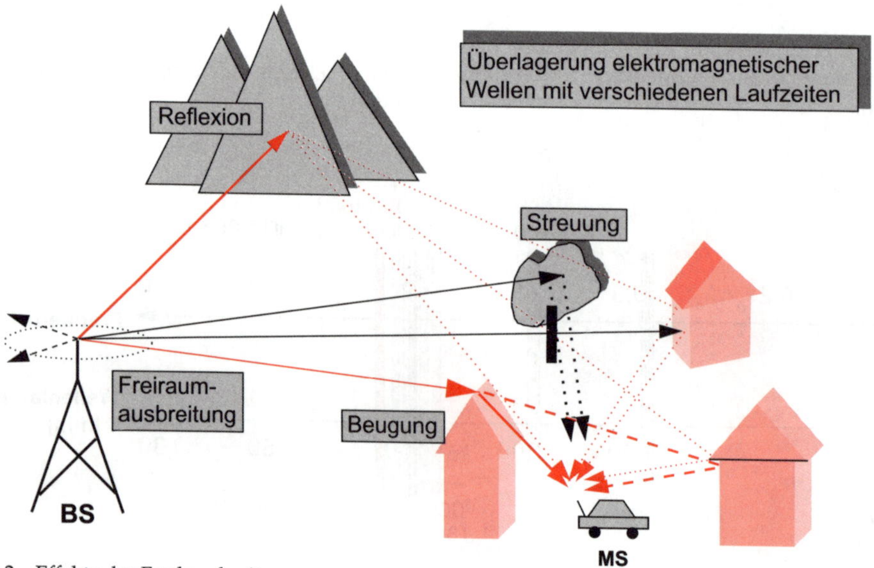

Bild 2.2 Effekte der Funkausbreitung

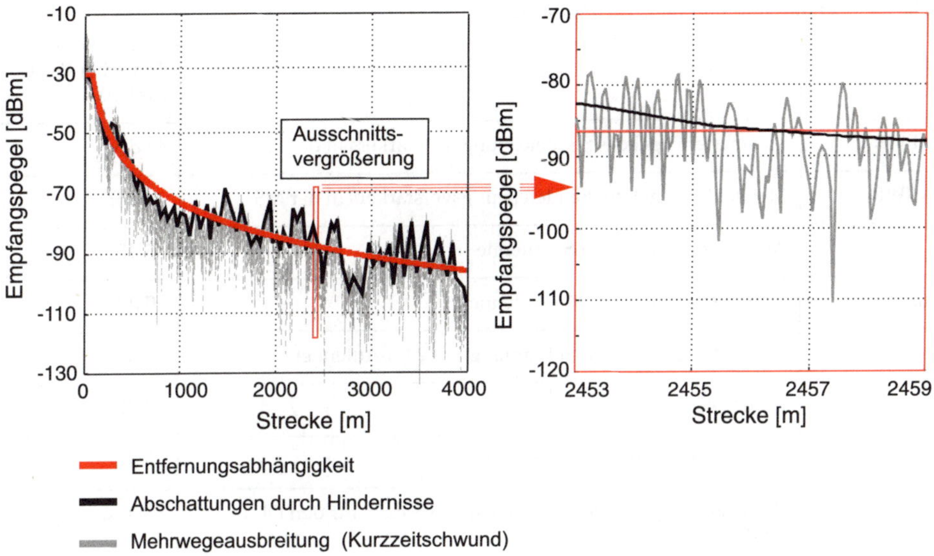

Bild 2.3 Typischer Verlauf des Empfangspegels

und Maxima aus. Der Abstand zwischen zwei Pegeleinbrüchen beträgt ca. eine halbe Wellenlänge (einige cm). Dieses Verhalten wird *Kurzzeitschwund* genannt.

Die Funkausbreitungsdämpfung L_{Funk} setzt sich also aus 3 Komponenten zusammen:

- der entfernungsabhängigen Dämpfung (Distanz D) L_D,
- der Dämpfung aufgrund des Langzeitschwundes (engl.: *long term fading*) L_L,
- der Dämpfung aufgrund des Kurzzeitschwundes (engl.: *short term fading*) L_S.

$$L_{Funk} = L_D + L_L + L_S \quad \text{(Gl. 2.6)}$$

2.2 Sender- und Empfängerkenngrößen

Die Empfangsleistung bei der Mobil- bzw. Basisstation hängt zum einen von der Funkausbreitungsdämpfung L_{Funk} ab, aber zum anderen auch – wie in Bild 2.4 illustriert – von einigen Sender- und Empfängerkenngrößen der Mobil- und Basisstation. Dazu gehören die in Tabelle 2.1 aufgeführten Größen.

Anmerkungen

- Der Diversitätsempfang über 2 Antennen hat den Vorteil, dass, wenn sich bei einer Antenne ein Pegeleinbruch durch den Kurzzeitschwund ergibt, die andere noch einen guten Empfang gewährleisten kann. Daraus erhält man einen Diversitätsgewinn (für eine genauere Erläuterung siehe Abschnitt 2.6.4.3).
- Eine Basisstation sendet i. Allg. auf mehreren Frequenzen, die alle über eine Antenne abgestrahlt werden. Um dies zu gewährleisten, benötigt man eine Kombinationseinheit, *Antennen-Combiner* genannt, die allerdings eine Dämpfung des Signalpegels verursacht.
- Über die Antennen wird die Signalenergie nicht in alle Raumrichtungen gleichmäßig abgestrahlt (bzw. aus allen Raumrichtungen gleichmäßig empfangen), sondern – zumindest in vertikaler Richtung – gebündelt, bei so genannten Sektor-Antennen ist das Signal zudem auch in horizontaler Richtung auf einem Winkelbereich von ca. 120° um

Tabelle 2.1 Sender- und Empfängerkenngrößen

Abk.	Erläuterung	Typischer Wert für GSM
$TXPWR_{BS}$	Maximaler Pegel des Sendeleistungsverstärkers in der BS	44 dBm
$TXPWR_{MS}$	Maximaler Pegel des Sendeleistungsverstärkers in der MS	33 dBm
G_{BS}	Antennengewinn der BS-Antenne	15 dBi
G_{MS}	Antennengewinn der MS-Antenne	0 dBi
G_{AD}	Diversitätsgewinn durch Empfang mit 2 BS-Antennen	4 dB
L_{Kab}	Kabelverlust	3 dB
L_{Com}	Verlust durch Antennen-Combiner	3 dB
T_{BS}	Zusammenfassung der Gewinne und Verluste für den DL $TXPWR_{BS} - L_{com} - L_{Kab} + G_{BS} + G_{MS}$	53 dBm
T_{MS}	Zusammenfassung der Gewinne und Verluste für den UL $TXPWR_{MS} + G_{MS} + G_{BS} - L_{Kab} + G_{AD}$	49 dBm

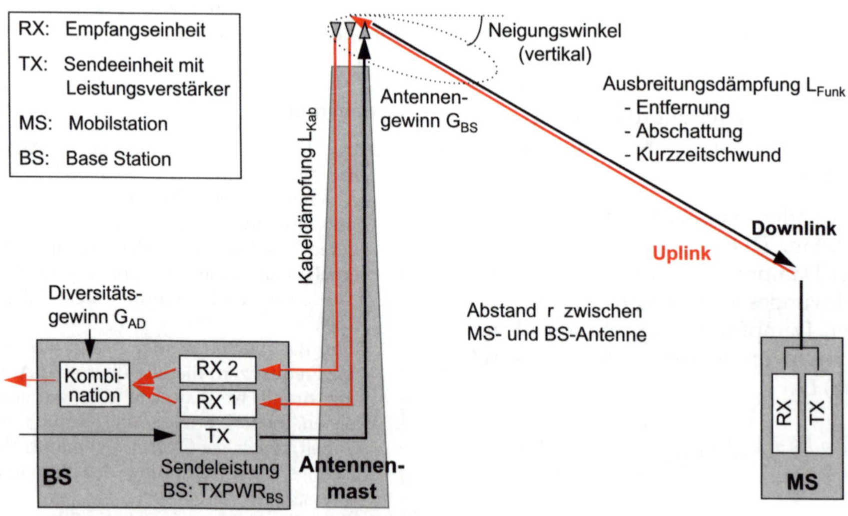

Bild 2.4 Kenngrößen von Sender und Empfänger

die Hauptstrahlrichtung konzentriert. Durch die Bündelung der Energie erhält man einen Gewinn in dem durch die Antenne ausgeleuchteten Bereich gegenüber einem so genannten isotropen Strahler, der die Energie in alle Raumrichtungen gleichmäßig abstrahlt [6; 7; 16].

Zu betonen ist, dass die angegebenen Werte auf GSM-Versorgungsplanungen zugeschnitten sind. Bei z.B. DECT-Basisstationen für den Heimbereich entfallen Combiner- und Kabelverluste.

!

Um bei der Angabe eines Antennengewinns anzudeuten, dass es sich um einen Gewinn in dB gegenüber einem isotropen Strahler handelt, versieht man den Gewinn mit dem Zusatz «dBi». Zu betonen ist, dass die Bündelungsfähigkeit einer Antenne und daher auch ihr Gewinn mit ihrer Fläche A zunimmt.

$$G_{BS}[\text{dBi}] = 10 \cdot \log(\eta \cdot 4\pi \cdot A/\lambda^2) = 10 \cdot \log(\gamma/\Delta\varphi \cdot \Delta\theta) \qquad \text{(Gl. 2.7)}$$

Dabei sind $\Delta\varphi$ und $\Delta\theta$ die 3-dB-Breiten (in Grad gerechnet) der Antennendiagramme in vertikaler und horizontaler Richtung (Bild 2.5 und [6]). Die dimensionslosen Parameter η und γ liegen in Bereichen von $\eta \approx 0{,}6\ldots0{,}95$ bzw. $\gamma \approx 30\,000$.

Die Diagramme typischer in GSM-Netzen eingesetzter Antennen sind in Bild 2.5 gezeigt.

Für die dortige Sektorantenne mit einer Höhe $h = 1{,}3$ m und einer Breite von $b = 0{,}26$ m ist die obige Relation bei einer Wellenlänge von $\lambda = 0{,}33$ m für $\eta \approx 0{,}9$ und $\gamma \approx 30\,000$ erfüllt.

!

Aus diesen Größen ergibt sich der Empfangspegel RXLEV an der Empfangseinrichtung der MS bzw. der BS aus der Summation aller Gewinne, vermindert durch die auftretenden Verluste:

$$\text{RXLEV}_{MS} = \text{TXPWR}_{BS} - L_{com} - L_{Kab} + G_{BS} - L_{Funk} + G_{MS} \qquad \text{(Gl. 2.8a)}$$

$$\text{RXLEV}_{BS} = \text{TXPWR}_{MS} + G_{MS} - L_{Funk} + G_{BS} - L_{Kab} + G_{AD} \qquad \text{(Gl. 2.8b)}$$

Sowohl für den Uplink als auch für den Downlink ist der Empfangspegel also von der Form:

$$\text{RXLEV}_{MS} = T_{BS} - L_{Funk} \qquad \text{(Gl. 2.9a)}$$

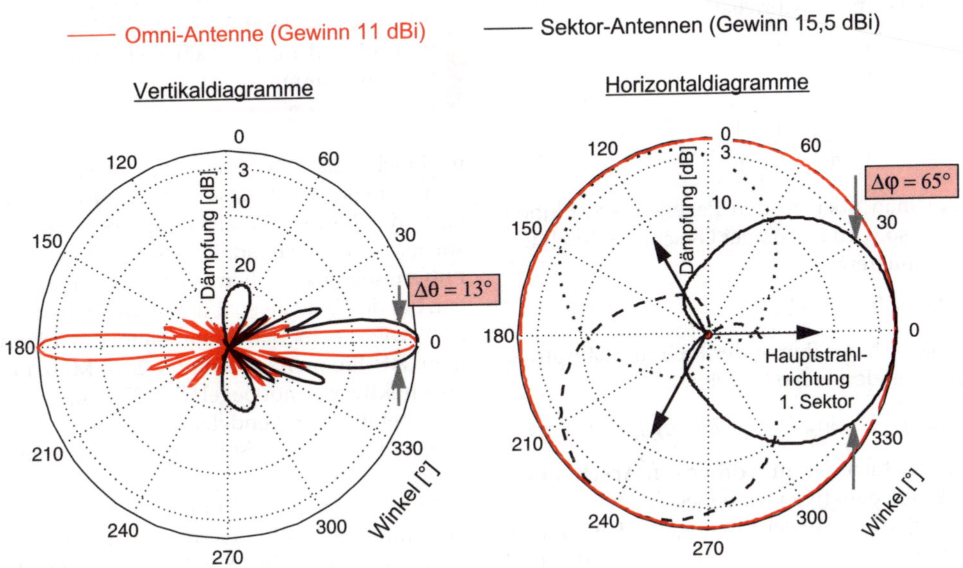

Bild 2.5 Beispiele für GSM-Antennen

$$RXLEV_{BS} = T_{MS} - L_{Funk} \quad \text{(Gl. 2.9b)}$$

wobei die Größen T_{MS} und T_{BS}, die im Folgenden als effektive Sendepegel bezeichnet werden, die Sendepegel, Antennengewinne, Kabelverluste u. Ä. enthalten. Bis auf G_{MS} stimmt T_{BS} mit der so genannten Effective Isotropic Radiated Power (EIRP) überein:

$$EIRP = TXPWR_{BS} - L_{Com} - L_{Kab} + G_{BS} \quad \text{(Gl. 2.10)}$$

Die folgenden Abschnitte behandeln Modelle zur Berechnung der Funkausbreitungsdämpfung L_{Funk}.

2.3 Freiraumausbreitung

Selbst im freien Raum, d.h. auch ohne Hindernisse oder Verluste, sinkt mit zunehmendem Abstand r von der Sendeantenne die Leistung $P(r)$, die von einer Empfangsantenne empfangen werden kann, denn die von der Sendeantenne abgestrahlte Leistung P_a verteilt sich mit zunehmenden Abstand r auf einen größeren Bereich. Dieser Sachverhalt, den man als *Freiraumdämpfung* bezeichnet, wird durch die folgende Formel beschrieben:

$$P(r) = P_a \cdot \left(\frac{\lambda}{4\pi \cdot r}\right)^2 = P_a \cdot \left(\frac{c}{4\pi}\right)^2 \cdot \frac{1}{f^2} \cdot \frac{1}{r^2} \quad \text{(Gl. 2.11)}$$

Geht man über zu den Pegelwerten (Einheit dBm), so wird aus obiger Gleichung durch Logarithmieren:

$$RXLEV_{Fr}(r) = T - L_{Fr}$$

wobei sich der Betrag der Freiraumdämpfung L_{Fr} folgendermaßen berechnet:

$$L_{Fr}\,[\text{dB}] = 20 \cdot \log 4\pi/c + 20 \cdot \log f + 20 \cdot \log r$$

T bezeichnet den im vorherigen Abschnitt erwähnten effektiven Sendepegel.

Für konkrete Berechnungen ist es üblich, Entfernungen in km, Frequenzen in MHz und somit Zeiten in µs (1 MHz = 1 Schwingung pro µs) anzugeben. Mit c = 300000 km/s = 0,3 km/µs erhält man dann

$$L_{Fr}\,[\text{dB}] = 32{,}4 + 20 \cdot \log f\,[\text{MHz}] + 20 \cdot \log r\,[\text{km}] \quad \text{(Gl. 2.12a)}$$

oder

$$L_{Fr}\,[\text{dB}] = 32{,}4 + 20 \cdot \log f\,[\text{GHz}] + 20 \cdot \log r\,[\text{m}] \quad \text{(Gl. 2.12b)}$$

Aus dieser Formel lassen sich folgende Schlussfolgerungen für die Funkausbreitung im freien Raum ziehen:

- Bei einer Frequenzverdopplung steigt die Dämpfung um 6 dB. Allerdings nimmt im selben Umfang bei gleichbleibender Größe einer Antenne deren Gewinn zu.
- Bei einer Verzehnfachung des Abstands steigt die Dämpfung um 20 dB; man spricht in diesem Zusammenhang von einer Dämpfung von 20 dB pro Dekade oder in abkürzender Schreibweise 20 dB/dec.

Die Freiraumdämpfung ist also von der Form

$$L_{Fr}\,[\text{dB}] = A + B \cdot \log r\,[\text{km}]$$

mit B = 20 dB pro Dekade und mit einem frequenzabhängigen Koeffizienten A, der z.B. für f = 1000 MHz den Wert A = 92,4 dB und für f = 2000 MHz den Wert 98,4 dB annimmt.

In Tabelle 2.2 sind für einige Beispiele die Dämpfungs-, Leistungs- und Pegelwerte mit Hilfe der Formel 2.7 berechnet. Bei den Beispielen 1 und 2 handelt es sich um geringe Entfernungen zwischen Sender und Empfänger, bei den Beispielen 3 und 4 um Entfernungen, wie sie in Satellitensystemen vorkommen. Als Frequenz wurde f = 2000 MHz und als effektiver Sendepegel T = 33 dBm – entsprechend einer Sendeleistung von 2 Watt, wie sie häufig bei GSM-Handys vorkommt – angenommen.

Für die Beispiele 3 und 4 sind die Werte der Empfangsleistungen sehr klein. Um sie zu steigern, werden bei Satellitensystemen Antennen mit einem hohen Gewinn eingesetzt.

Tabelle 2.2 Zahlenbeispiele für die Freiraumdämpfung

Beispiel	1	2	3	4
Eff. Sendepegel T [dBm]	33 dBm	33 dBm	33 dBm	33 dBm
Abstand r	1 m = 0,001 km	10 m = 0,01 km	900 km	36000 km
Freiraumdämpfung L_{Fr}	38,4 dB	58,4 dB	157,5 dB	189,5 dB
Empfangspegel $RXLEV_{Fr}$	–5,4 dBm	–25,4 dBm	–124,5 dBm	–156,5 dBm
Empfangsleistung P	$0{,}3 \cdot 10^{-3}$ W	$0{,}3 \cdot 10^{-5}$ W	$3{,}5 \cdot 10^{-16}$ W	$2{,}2 \cdot 10^{-19}$ W

2.4 Entfernungsabhängige Dämpfung

Wie in Bild 2.3 zu sehen, nimmt der Empfangspegel tendenziell mit dem Abstand r zwischen BS und MS ab. Diese Dämpfung lässt sich für Funkzellen, bei denen die BS-Antenne oberhalb der Dachkanten der umliegenden Gebäude installiert ist, in guter Näherung durch Gleichungen beschreiben, die eine ähnliche Form wie bei der Freiraumausbreitung haben.

$$RXLEV_D(r) = T - L_D$$

Der Betrag der entfernungsabhängigen Dämpfung L_D berechnet sich folgendermaßen:

$$L_D\,[\mathrm{dB}] = A + B \cdot \log r\,[\mathrm{km}] \qquad \text{(Gl. 2.13)}$$

!

Die entfernungsabhängige Dämpfung in Gegenwart von Hindernissen ist selbstverständlich stärker als bei der Freiraumausbreitung, dementsprechend sind die Ausbreitungskonstanten A und B größer als bei der Freiraumausbreitung. Ihre Werte wurden durch umfangreiche Messungen ermittelt und liegen typischerweise im Bereich

$A = 100 \ldots 140$ dB
$B = 30 \ldots 40$ dB/dec

Sie hängen ab von

- der Frequenz,
- der Installationshöhe der BS-Antenne,
- der Bebauung und dem Geländeverlauf in der Funkzelle.

Diese Abhängigkeiten sowie Verfeinerungen der Funkausbreitungsmodelle werden in Abschnitt 7.3 genauer diskutiert.

2.5 Abschattungen

Der Empfangspegel hängt stark von der Bebauungsstruktur ab, d.h. von der Orientierung, der Position und der Höhe von Gebäuden in der Umgebung der jeweiligen Mobilstation. Für die Versorgungsplanung kleiner Zellen, insbesondere wenn die BS-Antenne unterhalb der Dachkante installiert ist, müssen diese Details in komplexen Ausbreitungsmodellen berücksichtigt werden.

Bei großen Zellen mit Radien von mehreren Kilometern ist dies aus Rechenzeitgründen nicht möglich, so dass in diesem Fall die Bebauung nur grob durch die im vorherigen Abschnitt beschriebenen Ausbreitungsmodelle erfasst wird.

Abweichungen von dem mittleren entfernungsabhängigen Empfangspegel aufgrund wechselnder Abschattungsverhältnisse (Mobilstation mit freier Sicht auf die Basisstation ↔ Mobilstation hinter einem hohen Gebäude) berücksichtigt man durch einen zusätzlichen statistisch beschriebenen Dämpfungsanteil L_L, den man *Langzeitschwund* (engl.: *long term fading*) nennt. Aus der entfernungsabhängigen Dämpfung und dem Langzeitschwund erhält man den lokalen Mittelwert (engl.: *local mean*) des Empfangspegels $RXLEV_{LM}$:

$$RXLEV_{LM} = T - L_D - L_L \qquad \text{(Gl. 2.14)}$$

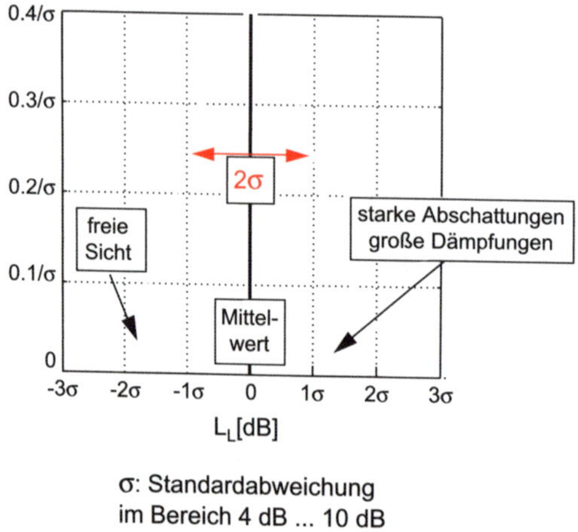

Wahrscheinlichkeit W für einen Einbruch aufgrund des Langzeitschwundes von X dB und mehr

X	W
0	50 %
0,67 · σ	25 %
1,00 · σ	16 %
1,28 · σ	10 %
1,65 · σ	5 %
2,00 · σ	2 %

Bild 2.6 Gaußverteilung des Langzeitschwundes

Der Name Langzeitschwund rührt daher, dass sich die durch die Abschattungen hervorgerufenen Pegelschwankungen auf einer Längenskala von typischerweise 10…100 m abspielen, während bei dem im nächsten Abschnitt zu besprechenden Kurzzeitschwund die Variationen des Pegels auf einer Skala von mehreren Zentimetern auftreten.

! Den Langzeitschwund L_L beschreibt man statistisch durch eine Gaußsche Normalverteilung (Bild 2.6) mit Mittelwert 0 und einer Standardabweichung (Breite) σ, die typischerweise im Bereich $\sigma = 4 \ldots 10$ dB liegt.

2.6 Mehrwegeausbreitung

Wie in Abschnitt 2.1 diskutiert, können die Funksignale auf mehreren unterschiedlichen Wegen zum Empfänger gelangen, so dass es dort zu einer Überlagerung von Funkwellen kommt.

Dieser Sachverhalt wird Mehrwegeausbreitung genannt und hat einige für den Empfang sehr nachteilige Auswirkungen, denen man bei der Wahl der Übertragungstechnik große Beachtung widmet, um sie deutlich zu reduzieren. Dementsprechend ist für ein gutes Verständnis der Übertragungstechnik eine ausführliche Diskussion der Effekte der Mehrwegeausbreitung und deren Abhängigkeiten erforderlich.

2.6.1 Wichtige Kenngrößen für die Mehrwegeausbreitung

Wie in Bild 2.7 illustriert, gelangt das Funksignal auf unterschiedlichen Wegen und daher auch mit unterschiedlichen Laufzeiten τ_i und Leistungen P_i zum Empfänger. Um die Wirksamkeit verschiedener Übertragungs- und Antennentechniken zu beurteilen, sind folgende Fragestellungen von Bedeutung:

- ❑ Welche Empfangsleistungen P_i sind mit den einzelnen Wegen verknüpft, und wie groß ist die Gesamtleistung aus der Überlagerung?
- ❑ Wie sehr streuen die Laufzeiten τ_i?
- ❑ In welchem Winkelbereich $\Delta\alpha$ ist das Empfangssignal an der Basisstation konzentriert, das sie von einer Mobilstation erhält?

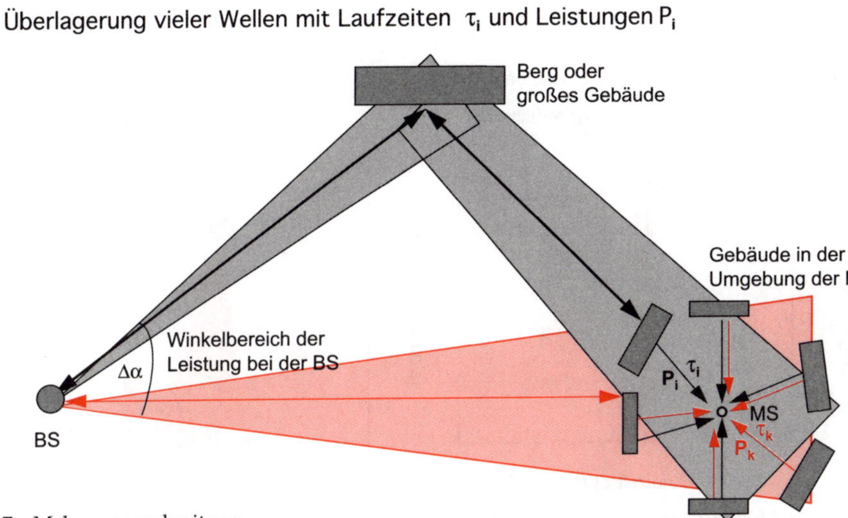

Bild 2.7 Mehrwegeausbreitung

Gesamtleistung

Die Gesamtleistung des Signals ergibt sich als Summe der Leistungen für die einzelnen Wege:

$$P_{\text{ges}} = P_1 + P_2 + P_3 + \ldots \qquad \text{(Gl. 2.15)}$$

Mittlere Laufzeit

Die mittlere Laufzeit $\bar{\tau}$ erklärt man als den mit den jeweiligen Empfangsleistungen P_i gewichteten Mittelwert der einzelnen Laufzeiten:

$$\bar{\tau} = \frac{\tau_1 \cdot P_1 + \tau_2 \cdot P_2 + \tau_3 \cdot P_3 + \ldots}{P_{\text{ges}}} \qquad \text{(Gl. 2.16)}$$

Delay Spread

Das Delay Spread $\Delta\tau$ charakterisiert die Streuung der einzelnen Laufzeiten um den Mittelwert und ist definiert als

$$\Delta\tau = \sqrt{\frac{\Delta\tau_1^2 \cdot P_1 + \Delta\tau_2^2 \cdot P_2 + \Delta\tau_3^2 \cdot P_3 + \ldots}{P_{\text{ges}}}}$$

$$\Delta\tau_i = |\tau_i - \bar{\tau}|, \quad i = 1, 2, 3, \ldots \qquad \text{(Gl. 2.17)}$$

Beispiel 1: Zweiwegeausbreitung

Für den Spezialfall zweier Wellen gleicher Leistung $P_1 = P_2 = P$ und Laufzeitunterschied τ ($\tau_1 = 0$, $\tau_2 = \tau$) erhält man

$$P_{\text{ges}} = 2\,P, \quad \bar{\tau} = \frac{0 \cdot P + \tau \cdot P}{2P} = {}^1\!/_2\,\tau \qquad \text{(Gl. 2.18)}$$

$$\Delta\tau_1 = {}^1\!/_2\,\tau, \quad \Delta\tau_2 = {}^1\!/_2\,\tau,$$

$$\Delta\tau = \sqrt{\frac{{}^1\!/_4\,\tau^2 \cdot P + {}^1\!/_4\,\tau^2 \cdot P}{2P}} = {}^1\!/_2\,\tau \qquad \text{(Gl. 2.19)}$$

Beispiel 2: Gemessene Laufzeitverteilungen

Bild 2.8 zeigt ein Beispiel für gemessene Laufzeiten und die zugehörigen Empfangspegel. Die Signallaufzeiten bewegen sich in etwa zwischen 7 µs und 15 µs. Die mittlere Laufzeit beträgt $\bar{\tau} = 9$ µs und entspricht somit einem mittleren Laufweg von 2,7 km. Für das Delay Spread wurde der Wert 1 µs (d.h. Umwege im Bereich von einigen hundert Metern) ermittelt [15].

Es handelt sich hierbei um ein typisches Beispiel für die Funkausbreitung in Stadtgebieten für den Fall, dass die Antenne oberhalb der Dachkanten installiert ist. Dann liegt das Delay üblicherweise im Bereich von einigen wenigen Mikrosekunden. In bergigen Gebieten können Umwege von vielen Kilometern und

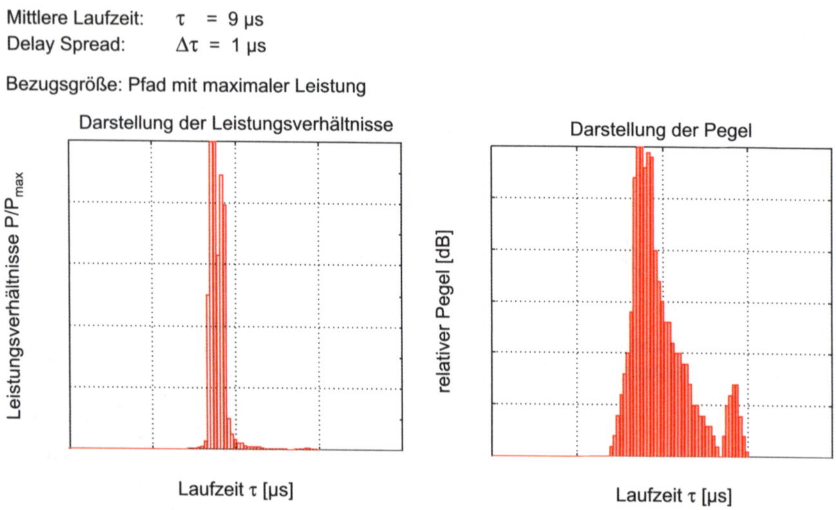

Bild 2.8 Beispiel für eine gemessene Impulsantwort

damit Delay Spreads von 10 µs und mehr auftreten [8; 9; 15].

In Mikrozellen in Fußgängerzonen mit an Häuserwänden installierten Basisstationsantennen liegt das Delay Spread i. Allg. in der Größenordnung von einigen zehntel Mikrosekunden [10].

Bei Picozellen, also Funkzellen in Gebäuden, bewegen sich die Delay Spreads i. Allg. in einem Bereich von 20 ns bis 100 ns, in größeren Hallen (Fabrik-, Messe- oder Bahnhofshallen) wurden allerdings auch Werte bis zu 300 ns gefunden [11; 12].

Für die quantitative Untersuchung der Auswirkungen der Mehrwegeausbreitung auf die Übertragungstechnik benutzt man standardisierte Ausbreitungsmodelle. Ein Beispiel, das so genannte GSM-Typical-Urban-Kanalmodell (urban = Stadt) ist in Bild 2.9 gezeigt [5].

Azimuth Spread

Für den Fall, dass die BS-Antenne oberhalb der Dachkanten der umliegenden Gebäude installiert ist, haben zahlreiche Messkampagnen ergeben, dass die an der Basisstation ankommende Signalenergie von einer Mobilstation i. Allg. in einem Winkelbereich von einigen Grad um die geometrische Richtung zur MS konzentriert ist [13; 14]. Den charakteristischen Winkelbereich nennt man den Azimuth Spread $\Delta\alpha$ des Signals; typische Werte liegen im Bereich von 2° bis 20°, wobei $\Delta\alpha$ mit abnehmender Installationshöhe der BS-Antenne aufgrund von Reflexionen an umliegenden Gebäuden zunimmt. Ein Beispiel für eine Winkelverteilung der Signalenergie ist in Bild 2.10 gezeigt (siehe auch [14]).

Bei der Mobilstation ist der Winkelbereich, aus dem sie die Signalenergie empfängt, auf-

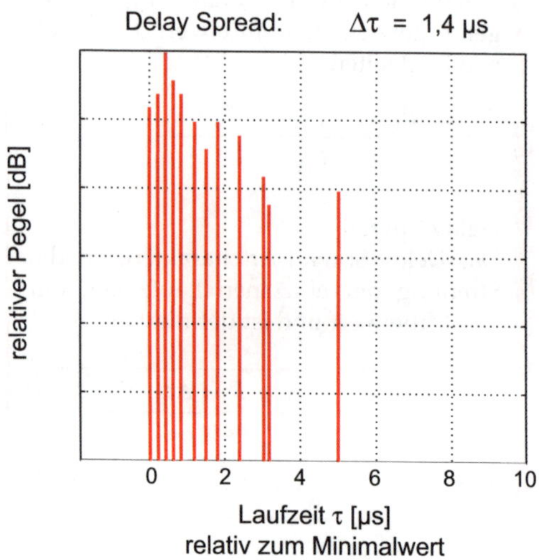

Bild 2.9 Kanalmodell GSM Typical Urban

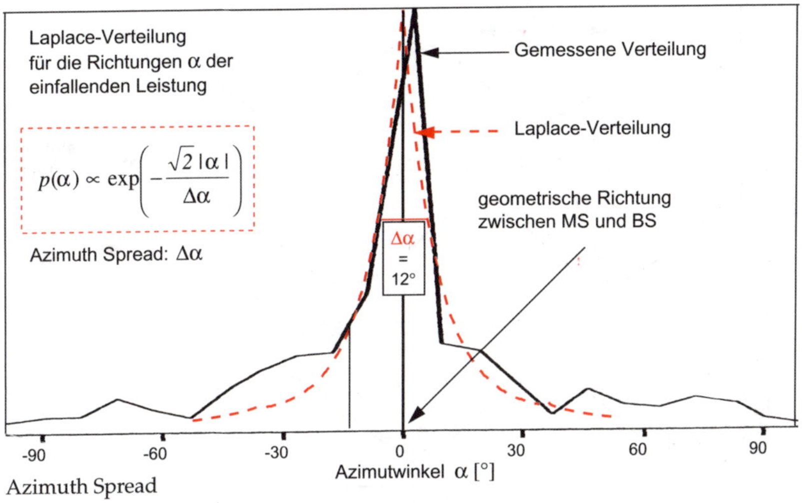

Bild 2.10 Azimuth Spread

grund der Reflexionen an den umgebenden Gebäuden deutlich größer, d.h., es gibt i. Allg. keine ausgezeichnete Richtung für den Empfang, sondern in vielen Fällen wird die Signalenergie gleichmäßig aus allen Richtungen empfangen.

2.6.2 Spezialfall: Zweiwegeausbreitung

Um die Auswirkungen der Überlagerung von Funkwellen am Empfänger zu diskutieren, wird zunächst als mathematisch einfachster Spezialfall die Überlagerung von 2 Funkwellen gleicher Leistung in 2 Varianten betrachtet:

- die Überlagerung zweier Wellen mit entgegengesetzter Ausbreitungsrichtung,
- die Überlagerung zweier Wellen mit gleicher Ausbreitungsrichtung, aber mit Laufzeitunterschied τ.

Überlagerung bei entgegengesetzter Ausbreitungsrichtung

Bei der Überlagerung mit entgegengesetzter Ausbreitungsrichtung, wie sie z.B. bei der Reflexion auftritt, bilden sich stehende Wellen aus (Bild 2.11a), d.h., an bestimmten Orten gibt es Schwingungsmaxima (Bäuche) und an anderen Orten Schwingungsminima (Knoten). Während es an den Schwingungsbäuchen zu einer Verdopplung der mittleren Leistung kommt, ist an den Knoten kein Signal zu empfangen, der Wert der Leistung ist also 0 (Bild 2.11b).

Der Abstand zwischen 2 aufeinander folgenden Maxima bzw. Minima ist gleich der halben Wellenlänge $\lambda/2$ der Funkwelle. Für den betrachteten Spezialfall sind also starke Einbrüche in einem regelmäßigen Abstand von $\lambda/2$ zu verzeichnen. In der Realität hat man es mit einer Überlagerung vieler Wellen aus vielen verschiedenen Richtungen zu tun. Der Abstand der Einbrüche ist in diesem Fall nicht mehr so regelmäßig, aber das grundsätzliche Verhalten mit starken Pegeleinbrüchen im Abstand von etwa der halben Wellenlänge ist auch in der Praxis zu beobachten.

Für einen Fußgänger mit Handy bzw. für eine in einem Fahrzeug installierte Mobilstation ergeben sich dann bei einer Frequenz von $f = 2$ GHz ($\lambda = 150$ mm) die in Tabelle 2.3 aufgeführten typischen Werte für den zeitlichen Abstand zweier Pegeleinbrüche.

Überlagerung bei gleicher Ausbreitungsrichtung

Betrachtet man 2 Wellen mit gleicher Ausbreitungsrichtung, so überlagern sich diese konstruktiv (d.h., sie verstärken sich maximal), wenn deren Laufwegunterschied $s = c \cdot t$ ein ganzzahliges Vielfaches n der Wellenlänge ist, also für

$$s = c \cdot \tau = n \cdot \lambda = n \cdot c/f \Rightarrow f_{max} = n/\tau$$

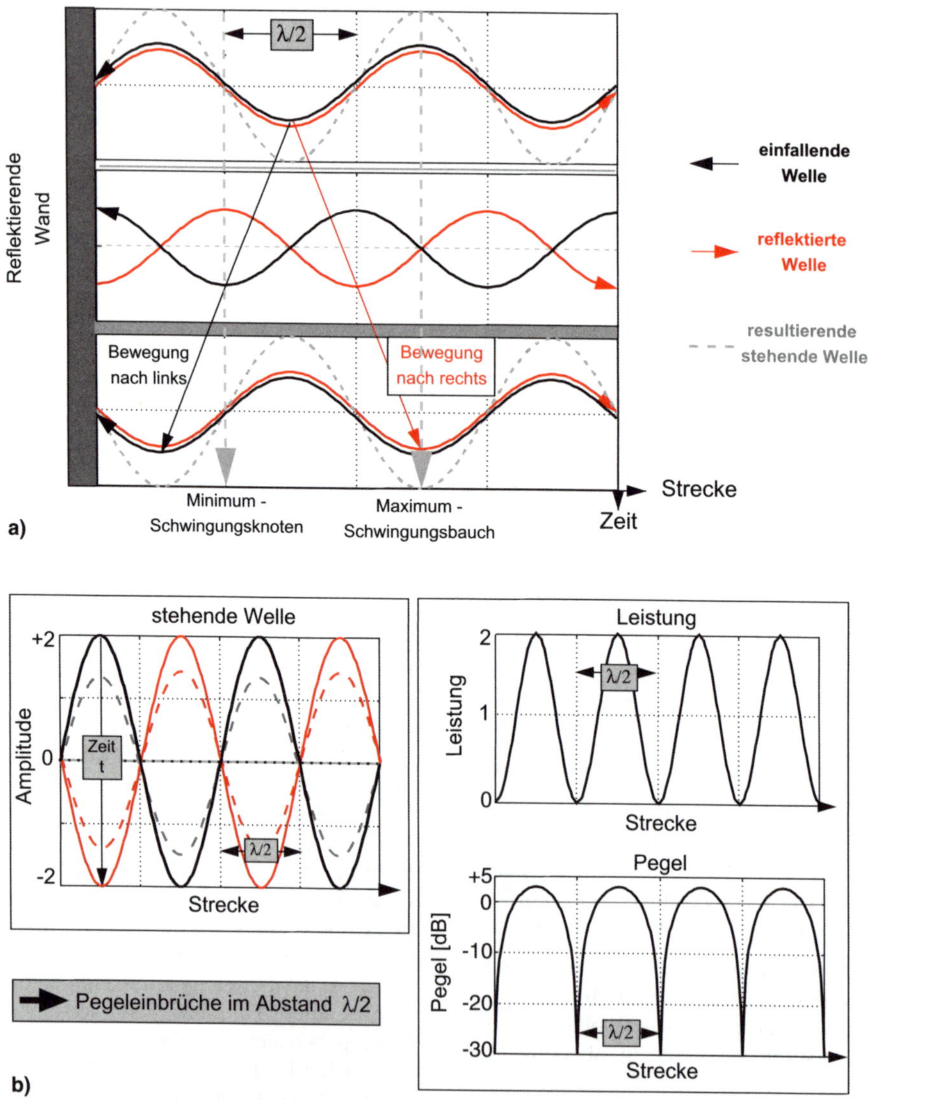

Bild 2.11 Kurzzeit-Fading und stehende Wellen

Tabelle 2.3 Typische zeitliche Abstände zwischen 2 Pegeleinbrüchen

Teilnehmer	Geschwindigkeit v	Abstand zwischen Einbrüchen	Anzahl der Einbrüche in 20 ms
Fußgänger	1 m/s = 1mm/ms	75 ms	0,27
Autofahrer	54 km/h = 15 m/s = 15 mm/ms	5 ms	4

- gleiche Ausbreitungsrichtung, gleiche Leistung
- Laufwegunterschied s <=> Laufzeitunterschied $\tau = s / c$

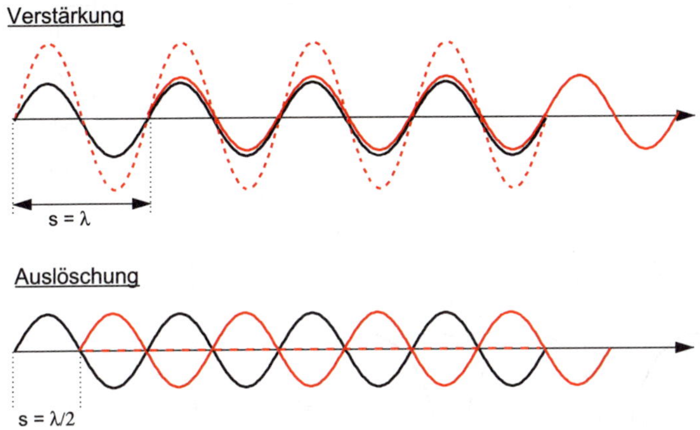

Bild 2.12 Überlagerung zweier Wellen mit Laufzeitunterschied

Bei einem zusätzlichen Versatz um $\lambda/2$ tritt eine komplette gegenseitige Auslöschung auf. Somit ergeben sich, wie in Bild 2.12 gezeigt, für manche Frequenzen Verstärkungen des Empfangs und bei anderen Auslöschungen und damit Einbrüche des Pegels im Frequenzbereich.

Auslöschungen treten auf bei

$$s = c \cdot \tau = (n + {}^1\!/_2) \cdot \lambda = (n + {}^1\!/_2) \cdot c/f$$
$$\Rightarrow f_{min} = (n + {}^1\!/_2)/\tau$$

d.h., der Frequenzabstand zwischen zwei Auslöschungen beträgt

$$\Delta f_{min} = (n + {}^1\!/_2)/\tau - (n - {}^1\!/_2)/\tau = 1/\tau = {}^1\!/_2\ \Delta\tau$$

wobei die in Abschnitt 2.6.1 hergeleitete Relation $\Delta\tau = {}^1\!/_2\ \tau$ für das Delay Spread $\Delta\tau$ verwendet wurde (siehe Gl. 2.19).

> **!** Der Frequenzabstand zwischen zwei Auslöschungen Δf_{min} ist umgekehrt proportional zum Delay Spread $\Delta\tau$.
>
> Ein Mobilfunksignal besitzt nicht eine scharfe Frequenz, sondern eine Frequenzbandbreite B von einigen kHz bis zu einigen MHz. Vergleicht man B mit der so genannten Kohärenzbandbreite $B_c = \Delta f/\pi = {}^1\!/_{2\pi\Delta\tau}$, d.h. mit π-ten Teil des Frequenzabstandes zwischen 2 Pegeleinbrüchen, so unterscheidet man
>
> - ❑ die schmalbandige Übertragung: $B \ll B_c \Leftrightarrow B \ll {}^1\!/_{2\pi\Delta\tau}$
> - ❑ die breitbandige Übertragung: $B \gg B_c \Leftrightarrow B \gg {}^1\!/_{2\pi\Delta\tau}$
>
> **!** Ob ein Übertragungsverfahren als schmal- oder breitbandig anzusehen ist, hängt also entscheidend von dem Produkt aus Übertragungsbandbreite B und Delay Spread $\Delta\tau$ und damit auch von der Umgebung ab, in der es betrieben wird (Tabelle 2.4).

Die Bedeutung dieser Begriffe lässt sich anhand von Bild 2.13 erklären. Bei einer breitbandigen Übertragung ergibt sich die gesamte Empfangsleistung durch Mittelung über einen großen Frequenzbereich, dementsprechend reduzieren sich die Verstärkungen und Einbrüche, und der Empfangspegel ist daher weniger starken Schwankungen ausgesetzt. So beträgt im rechten Diagramm von Bild 2.13 bei einem $B/B_c = 7{,}4$ die Schwankung nur noch 1 dB. Dagegen kommt bei einer schmalbandigen Übertragung (linkes Diagramm von Bild 2.13) der Mittelungseffekt kaum zum Tragen, so dass in diesem Fall weiterhin starke Pegeleinbrüche zu verzeichnen sind.

Tabelle 2.4 Beispiele für Delay Spreads und Kohärenzbandbreiten

Umgebung	Typischer Wert für Delay Spread $\Delta\tau$	Kohärenzbandbreite B_c
Bergisches Gebiet	10 µs	16 kHz
Makrozelle im Stadtgebiet	1 µs	160 kHz
Mikrozelle (Fußgängerzone)	0,2 µs	800 kHz
Picozelle (in Gebäuden)	0,05 µs	3200 kHz

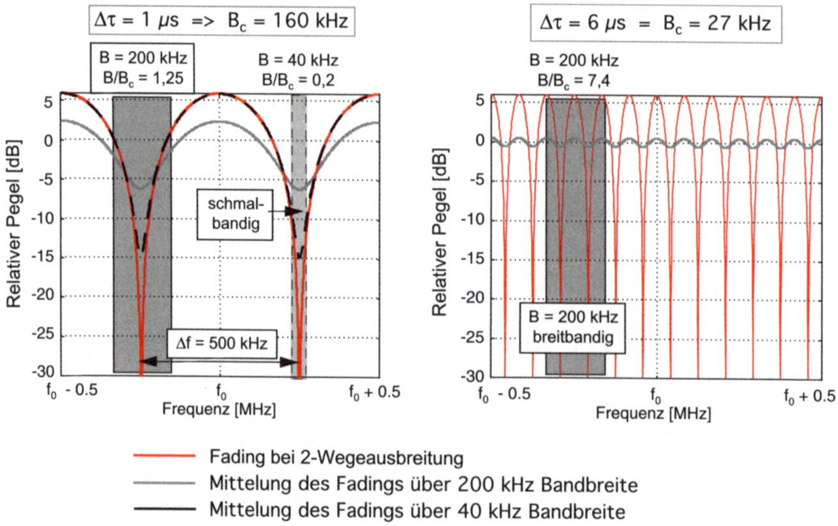

Bild 2.13 Illustration von Breit- und Schmalbandigkeit

2.6.3 Kurzzeitschwund

Anhand des Modells der 2-Wege-Ausbreitung wurde illustriert, dass die Überlagerung von Wellen orts- und frequenzabhängige Einbrüche des Empfangspegels zum Ergebnis hat.

Pegeleinbrüche im Abstand von etwa der halben Wellenlänge $\lambda/2$ führen bei typischen MS-Geschwindigkeiten zu Pegeleinbrüchen in raschen zeitlichen Abständen (im Millisekundenbereich). Dieses Verhalten wird daher Kurzzeitschwund genannt (engl.: *short term fading*).

In der Realität hat man mit einer Überlagerung sehr vielen Wellen zu tun, die häufig mit etwa gleicher Leistung aus allen möglichen Richtungen bei der MS ankommen, d.h., keine Richtung dominiert. In diesem Fall spricht man vom *Rayleigh-Fading*.

Der Frequenzabstand zwischen Kurzzeit-Fading-Einbrüchen liegt in der Größenordnung der Kohärenzbandbreite $B_c = {}^1/_{2\pi\Delta\tau}$, wobei $\Delta\tau$ das Delay Spread der Funkausbreitungsumgebung ist.

Wie in Bild 2.14 zu sehen, ist der Pegelverlauf zwar nicht so regelmäßig wie für den in Abschnitt 2.6.2 angegebenen Spezialfall, zeigt jedoch grundsätzlich das gleiche Verhalten. Der Kurzzeitschwund führt zu einem zusätzlichen Dämpfungsanteil L_S bei der Funkausbreitung:

$$L_{Funk} = L_D + L_L + L_S$$

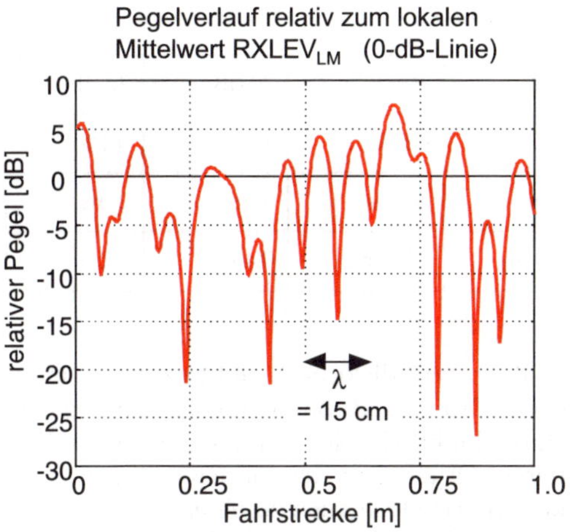

Bild 2.14 Ortsabhängigkeit des Rayleigh-Fading

so dass sich der aus allen Funkausbreitungseffekten resultierende Empfangspegel folgendermaßen berechnet:

$$\text{RXLEV} = T - L_D - L_L - L_S = \text{RXLEV}_{LM} - L_S$$

Dabei ist RXLEV$_{LM}$ der lokale Mittelwert des Empfangspegels (siehe Gl. 2.14).

Aufgrund der Unregelmäßigkeit lassen sich nur noch statistische Aussagen über die Pegeleinbrüche beim Rayleigh-Fading treffen, von denen einige wichtige im Folgenden zusammengefasst sind. Die mathematische Herleitung dieser Aussagen findet man z. B. in [5] oder in [9]:

Wahrscheinlichkeit für einen Fading-Einbruch
Die Wahrscheinlichkeit $W(L_s \geqslant x)$, dass die Dämpfung L_S aufgrund des Rayleigh-Fadings stärker als x dB ist, berechnet sich aus

$$W(L_s \geqslant x) = 1 - e^{-p} \quad \text{mit} \quad p = 10^{-x/10}$$

und ist in Bild 2.15 als Funktion von x skizziert. Aus dem Diagramm in Bild 2.15 kann man beispielsweise ablesen, dass die Wahrscheinlichkeit für einen Pegeleinbruch von 20 dB und mehr 1 % und für einen Pegeleinbruch von 30 dB und mehr 0,1 % beträgt.

> **!** Im Abstand von etwa der halben Wellenlänge können Fading-Einbrüche von 20 dB und mehr auftreten.

Mittlere Dauer eines Pegeleinbruchs
Die mittlere Dauer eines Rayleigh-Fading-Einbruchs von mehr als x dB beträgt

$$T_F = (\lambda / v) \cdot (2\pi \cdot p)^{-1/2} \cdot (e^{p} - 1),\ p = 10^{x/10}$$

In Tabelle 2.5 sind einige typische Werte für die Fading-Dauer bei Fußgängergeschwindigkeit (v = 1 m/s) und Fahrzeuggeschwindigkeit

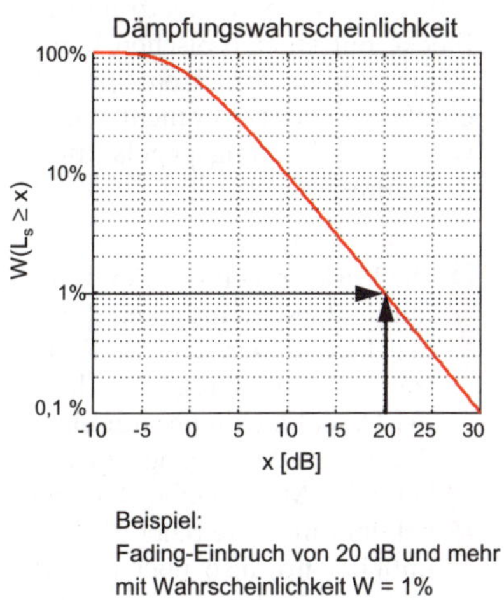

Wahrscheinlichkeit W für einen Rayleigh-Fading-Einbruch von x dB und mehr $W(L_s \geq x)$

x	W
0 dB	63,2 %
3 dB	39,3 %
10 dB	9,5 %
20 dB	1,0 %
30 dB	0,1 %

Bild 2.15 Wahrscheinlichkeit für Rayleigh-Fading-Einbrüche

Tabelle 2.5 Typische Werte für die Dauer eines Fading-Einbruchs

Fading-Einbruch x	0 dB	3 dB	10 dB	20 dB	30 dB
Wahrscheinlichkeit $W(L_s \geqslant x)$	63,2%	39,4%	9,5%	1,0%	0,1%
Fading-Dauer T_F bei 1 m/s	102 ms	54 ms	20 ms	6 ms	2 ms
Fading-Dauer T_F bei 15 m/s	6,8 ms	3,6 ms	1,3 ms	0,4 ms	0,1 ms

(v = 15 m/s = 54 km/h) sowie bei einer Wellenlänge von $\lambda = 0{,}15$ m zusammengestellt.

> ! Die Fading-Dauer liegt im Millisekunden-Bereich. Bei einer Datenrate von 100 kbit/s = 100 bit/ms sind dann also viele aufeinander folgende Bits von einem Fading-Einbruch betroffen, so dass mit so genannten Bündelfehlern zu rechnen ist.

Rice-Fading
Für den Fall, dass z.B. freie Sicht zwischen MS und BS herrscht, dominiert eine Signalkomponente (nämlich die der freien Sicht). Die Wahrscheinlichkeit, dass sie durch Überlagerung mit anderen Signalkomponenten mit deutlich weniger Leistung ausgelöscht werden kann, ist gering. D.h. die Wahrscheinlichkeit für einen Fading-Einbruch sinkt mit dem Verhältnis $v = P_{dom}/P_{rest}$, wobei P_{dom} die Leistung der dominierenden und P_{rest} die Summe der Leistungen der restlichen Signalkomponenten ist. Das Fading-Verhalten bei einer dominierenden Signalkomponente wird Rice-Fading genannt [5].

2.6.4 Maßnahmen gegen den Kurzzeitschwund

Wie im vorherigen Abschnitt illustriert, kommt es aufgrund des Kurzzeitschwundes zu beträchtlichen Pegeleinbrüchen. Um deren Auswirkung zu reduzieren, verwendet man verschiedene Techniken, die ausführlicher in Kapitel 3 besprochen werden.

In diesem Abschnitt wird kurz ihre prinzipielle Wirkungsweise erläutert, die auf Folgendem beruht:

Wie zuvor diskutiert, gibt es zwar an manchen Orten und bei manchen Frequenzen starke Einbrüche des Empfangspegels, an anderen Orten und bei anderen Frequenzen kommt es jedoch auch zu einer konstruktiven Überlagerung der Wellen, also zu einer Verstärkung. Ein wesentliches Ziel der Mobilfunk-Übertragungstechnik besteht darin, diese beiden Situationen zu vermischen und auszumitteln, um zu gleichmäßigeren Empfangsbedingungen zu gelangen.

> ! Verfahren zur Ausmittelung von Pegeleinbrüchen (und Störungen) nennt man *Diversitätsverfahren*.

2.6.4.1 Zeitdiversität

Die zu übertragenden Daten werden in Blöcke einer bestimmten Länge zerlegt. So werden z.B. bei der Sprachübertragung die Bits auf Blöcke mit einer typischen Länge von 10 bis 40 ms verteilt. Ob sich ein Sprachblock korrekt empfangen lässt oder nicht, hängt vom Mittelwert des Empfangspegels innerhalb dieses Zeitraums ab.

> ! Die Wirksamkeit der Zeitdiversität steigt mit der Geschwindigkeit der MS und mit der Blockdauer, wie in Bild 2.16 illustriert ist: Ein Fußgänger legt innerhalb der Datenblockdauer nur einen Bruchteil der halben Wellenlänge zurück, während bei einer MS in einem Fahrzeug der Pegel über mehrere halbe Wellenlängen gemittelt wird, also über eine Periode mit mehreren Einbrüchen und Verstärkungen.

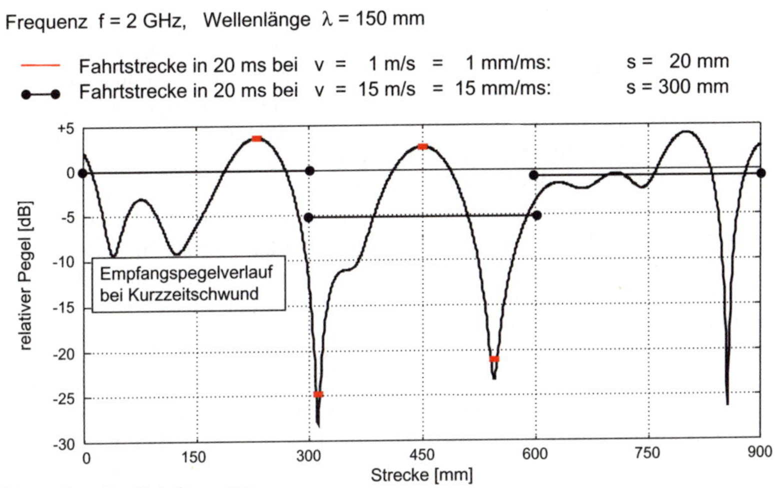

Bild 2.16 Illustration der Zeitdiversität

2.6.4.2 Frequenzdiversität

Bei der Frequenzdiversität führt man – wie der Name andeutet – eine Mittelung des (frequenzabhängigen) Kurzzeitschwundes im Frequenzbereich durch, indem man eine große Übertragungsbandbreite der Funkkanäle wählt oder indem man ein so genanntes Frequenzsprungverfahren anwendet. Bei diesem zerlegt man jeden Datenblock in Teilblöcke und überträgt die Teilblöcke auf verschiedenen Frequenzen.

Bei beiden Verfahren ist zu beachten, dass ihre Effizienz mit dem Verhältnis aus Übertragungsbandbreite bzw. aus Frequenzsprungweite und Kohärenzbandbreite $B_c = {}^1/_{2\pi\Delta\tau}$ zunimmt.

Dieser Effekt ist in Bild 2.17 illustriert.

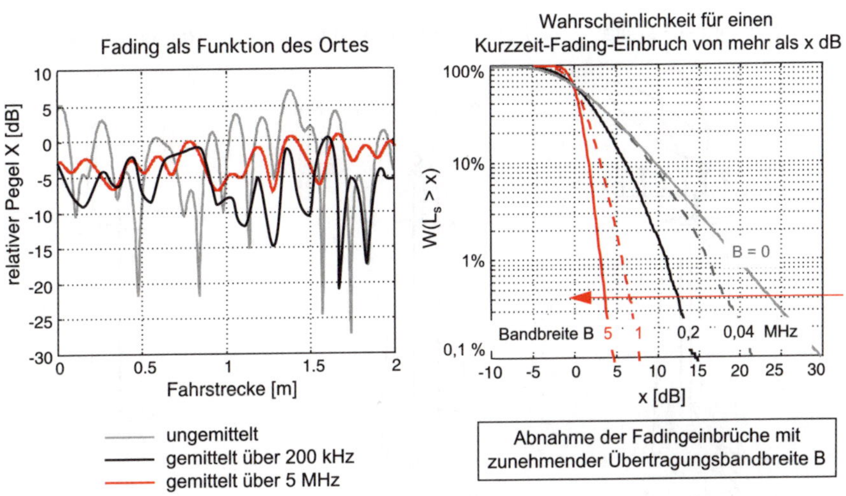

Bild 2.17 Verteilung des Kurzzeit-Fadings bei verschiedenen Frequenzbandbreiten B; Fading gemäß GSM Typical Urban Channel ($B_c \approx 100$ kHz)

2.6.4.3 Antennendiversität

Empfängt man das Funksignal über mehrere Antennen, so sinkt die Wahrscheinlichkeit, dass alle Empfangsantennen im Bereich eines Kurzzeit-Fading-Einbruchs stehen, mit der Anzahl der verwendeten Antennen; vorausgesetzt werden muss allerdings, dass das Fading-Verhalten an den verschiedenen Antennen weitgehend unkorreliert voneinander ist. Durch Auswahl des besten Signals oder durch Kombination der Signale steigt also der Pegel gegenüber dem Empfang über eine einzelne Antenne.

Antennendiversitätsverfahren werden vorwiegend an der Basisstation, und zwar in 3 verschiedenen Formen, eingesetzt (Bild 2.18), nämlich als

- Richtungsdiversität,
- Polarisationsdiversität,
- Raumdiversität.

Aus Platz- und Kostengründen verzichtet man i. a. auf einen Einsatz von Antennendiversität in Massenprodukten wie Handys. Bei einer mobilen Datenübertragung mit hohen Datenraten von z. B. einem Laptop aus wiegen diese Gründe weniger schwer, so dass ein Einsatz in diesen Fällen sinnvoll sein kann.

Richtungsdiversität
Durch die Mehrwegeausbreitung fällt das von einer MS ausgehende Funksignal aus verschiedenen Richtungen mit unterschiedlichem Fading-Verhalten bei der Basisstation ein. Durch spezielle Antennentechniken, die in Abschnitt 7.6.5 näher diskutiert werden, ist es möglich, die zu den jeweiligen Richtungen gehörenden Signalkomponenten zunächst getrennt zu empfangen und dann Gewinn bringend zu kombinieren.

Polarisationsdiversität
Dieses Verfahren beruht auf den Polarisationseigenschaften elektromagnetischer Wellen: Der elektrische Feldvektor kann senkrecht (vertikale Polarisation) oder parallel (horizontale Polarisation) bezüglich der Erdoberfläche schwingen. Eine Funkwelle, die von einer vertikal ausgerichteten Antenne abgestrahlt wird, hat zunächst eine vertikale Polarisation. Im Laufe der Funkausbreitung (bei Beugung, Streuung und Reflexionen) kann sich die Polarisationsrichtung jedoch ändern, so dass das bei der Basisstation auf verschiedenen Wegen einlaufende Funksignal auch verschiedene Polarisationen mit verschiedenem Fading-Verhalten haben kann. Zum getrennten Empfang beider Polarisationsrichtungen verwendet man 2 senkrecht zueinander angeordnete Antennen.

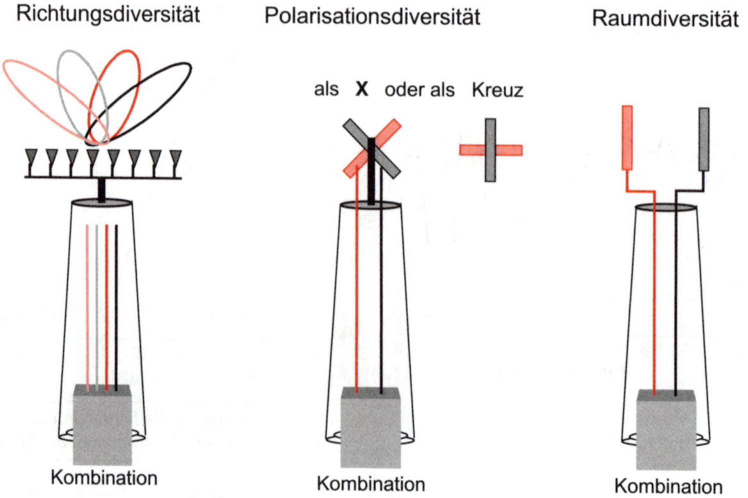

Bild 2.18 Antennendiversität – Überblick

Raumdiversität

Am häufigsten eingesetzt wird das Raumdiversitätsverfahren, bei dem der Empfang über mehrere – typischerweise 2 – räumlich getrennte Antennen erfolgt.

Die Effizienz der Raumdiversität hängt von 3 Parametern ab:

- der Anzahl der Antennen,
- dem Verfahren zur Kombination der Einzelsignale,
- dem Abstand der Antennen.

Kombinationsverfahren

Die am häufigsten verwendeten Kombinationsverfahren sind:

- Selection Combining,
- Maximum Ratio Combining.

Der Gewinn durch diese beiden Verfahren wird zunächst für den Idealfall diskutiert, dass die Antennen einen so großen Abstand haben, dass das Kurzzeit-Fading-Verhalten an den Antennen als völlig unkorreliert angenommen werden kann.

> **!** Beim *Selection Combining* wählt man von den empfangenen Signalen dasjenige mit den besten Empfangsbedingungen (höchster Pegel) aus.

Die Wahrscheinlichkeit $W_N(L_s > x)$, dass bei allen N Antennen ein Fading-Einbruch von mehr als x dB vorliegt, ergibt sich als Produkt der Pegeleinbruchwahrscheinlichkeiten für die Einzelantennen:

$$W_N(L_s > x) = W(L_s > x)^N$$

> **!** Beim *Maximum Ratio Combining* werden die von den verschiedenen Antennen kommenden Signale gemäß ihrer Qualität gewichtet und anschließend in der gewichteten Form aufaddiert [5; 9].

D.h., ein schlechtes Signal trägt weniger zum Gesamtsignal bei als ein gutes. Das Ziel bei der Gewichtung besteht darin, ein Gesamtsignal mit maximalem Signal-zu-Störleistungs-Verhältnis zu bekommen (daher der Name Maximum Ratio Combining). Für den Fall, dass die Störbedingungen an allen Antennen die gleichen sind, führt das Maximum Ratio Combining zu einer Addition der Nutzleistungen S_n ($n = 1, 2, \ldots, N$ nummeriert die Antennen):

$$S_{ges} = S_1 + S_2 + \ldots + S_N$$

Die Wirkungsweise des Maximum Ratio Combining ist in Bild 2.19 anhand der Kombination

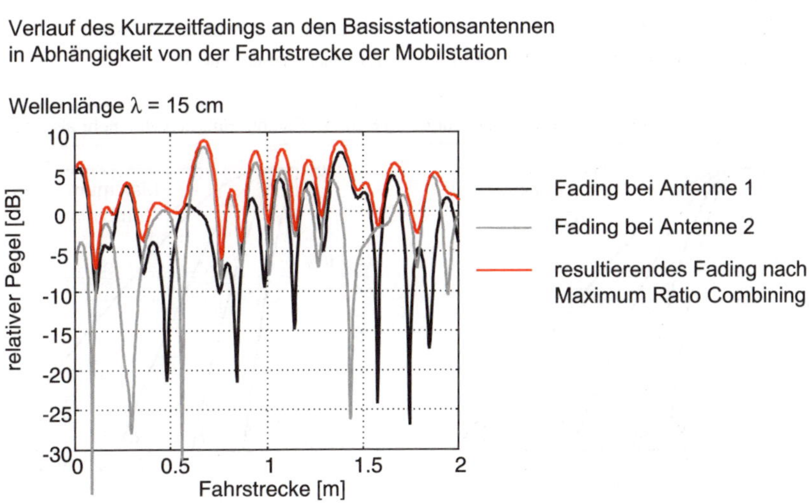

Bild 2.19 Maximum Ratio Combining

der Empfangsleistungen von 2 Basisstationsantennen illustriert: Durch die Kombination fallen die Fading-Einbrüche deutlich geringer aus als bei den gezeigten Einzelsignalen.

In Bild 2.20 sind in getrennten Diagrammen für das Selection Combining und das Maximum Ratio Combining die Fading-Einbruchwahrscheinlichkeiten für N = 1, 2, 4 und 8 Diversitätsantennen dargestellt.

Liest man beim Selection Combining z. B. ab, welche Fading-Einbrüche mit einer Wahrscheinlichkeit von 1 % auftreten, so sind es in etwa

- ❑ bei einer Antenne (N = 1) x = 20 dB und mehr,
- ❑ bei 2 Antennen x = 9,8 dB und mehr,
- ❑ bei 4 Antennen x = 4,2 dB und mehr
- ❑ sowie bei 8 Antennen x = 0,8 dB und mehr.

Der größte Zugewinn von 10 dB ergibt sich also bei Übergang von einer auf zwei Antennen, während bei einer weiteren Verdoppelung der Antennen von 2 auf 4 ein geringerer zusätzlicher Gewinn (5,6 dB) zu verzeichnen ist. Angesicht dieser Tatsache wird in Mobilfunknetzen aus Kosten- und Platzgründen das Antennendiversitätsverfahren mit nur 2 Antennen betrieben.

Beim Maximum Ratio Combining treten bei 2 Antennen Fading-Einbrüche von x = 8 dB und mehr mit einer Wahrscheinlichkeit von 1 % auf. Gegenüber dem Selection Combining ergibt sich also bei diesen Verhältnissen ein zusätzlicher Gewinn von ca. 2 dB.

Die bisher diskutierten Gewinne ergeben sich für den Idealfall eines völlig unkorrellierten Fading-Verhaltens an den Antennen. Für den Fall, dass das Fading-Verhalten komplett korrelliert ist – d. h., immer wenn an der einen Antennen ein Einbruch vorliegt, so liegt der gleiche Einbruch auch an der anderen Antennen vor –, ist kein Gewinn möglich. In der Realität liegt der Gewinn zwischen diesen Extremwerten.

> **!** Der Diversitätsgewinn hängt ab vom Antennenabstand a, der Wellenlänge λ sowie vom Winkelbereich $\Delta\alpha$, aus dem die Leistung bei der BS eintrifft.

Der Verlauf von jeweils 2 mit Kurzzeit-Fading behafteten Signalen mit unterschiedlichen Korrelationsgraden ist in Bild 2.21 dargestellt.

<u>Voraussetzungen</u>:
- unkorreliertes Rayleigh-Fading und gleiche mittlere Leistung an allen Antennen
- Anzahl der Antennen: N = 1, 2, 4, 8 (siehe Nummer in Diagrammen)

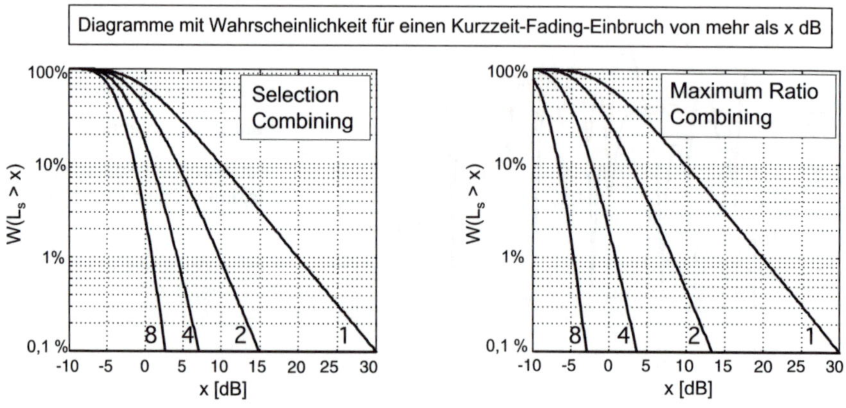

Bild 2.20 Gewinn durch Antennendiversität

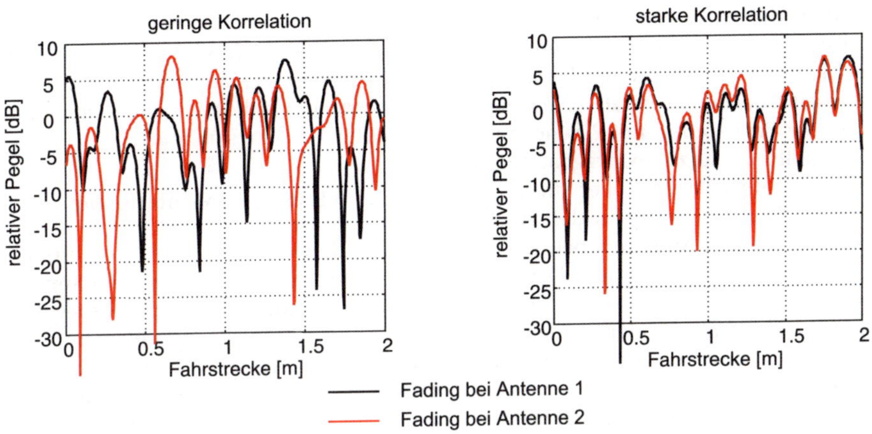

Bild 2.21 Verlauf des Rayleigh-Fadings an 2 Empfangsantennen für verschiedene Grade der Korrelation

Die Effizienz des Antennendiversitätsverfahren steigt mit steigendem Wert des Quotienten [9]:

$$q = \frac{a \cdot \Delta\alpha}{\lambda/4} \qquad \text{(Gl. 2.20)}$$

Bei $a = 1$ m, $\lambda = 0{,}3$ m und $\Delta\alpha = 2° = 0{,}035$ rad ergibt sich $q = 0{,}47$. Die zugehörigen Fading-Einbruchwahrscheinlichkeiten sind in Bild 2.22 dargestellt. Im Vergleich mit dem Idealfall zweier völlig unkorrelierter Signale reduziert sich der Gewinn für den geschilderten Fall mit $q = 0{,}47$ auf weniger als die Hälfte. Um noch vom Antennendiversitätsverfahren zu profitieren, sollte daher der Abstand a zwischen den Antennen hinreichend groß gewählt werden.

Sendediversität

Die vorangehende Diskussion hat gezeigt, dass sich durch den Einsatz von Antennendiversität beim Empfang an der Basisstation große Gewinne erzielen lassen. Da es – wie am Anfang dieses Abschnitts erläutert – bei Mobilstationen jedoch i. Allg. nicht ratsam ist, mehrere Empfangsantennen zu verwenden, stellt sich die Frage nach Möglichkeiten, wie auch der Emp-

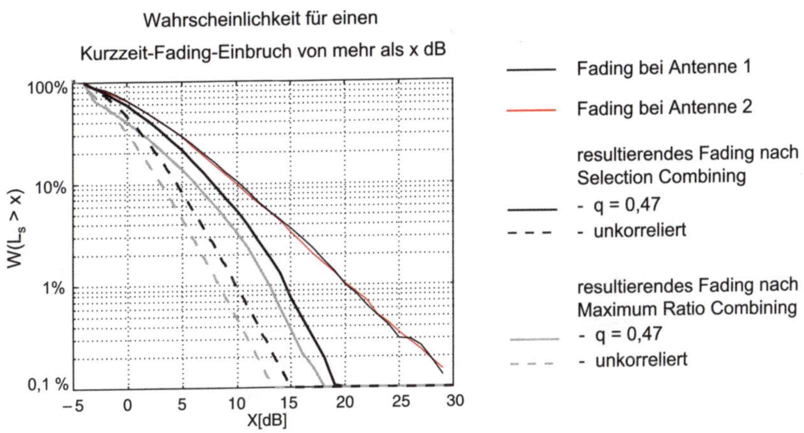

Bild 2.22 Auswirkung der Korrelation des Kurzzeit-Fadings auf die Wirksamkeit von Antennendiversität

fang bei den Mobilstationen durch Antennendiversitätsverfahren verbessert werden kann.

Eine Möglichkeit besteht im Einsatz der Sendediversität bei der Basisstation. Dabei versieht man die Basisstation mit 2 Sendeantennen und strahlt z. B. das zu übertragende Signal beispielsweise abwechselnd über die beiden Antennen ab. Der Rhythmus für den Wechsel zwischen den beiden Antennen beträgt typischerweise einige Millisekunden. Der Effekt ist ähnlich wie bei den Frequenzsprungverfahren: Durch den Wechsel der Sendeantenne kann ein Wechsel von einem Fading-Einbruch zu einer Verstärkung erfolgen.

Im UMTS-System (siehe Abschnitt 6.5) kommen zwei weitere Varianten der Sendediversität zum Einsatz:

Bei der ersten Variante gibt der Empfänger dem Sender eine Rückmeldung darüber, wie die Phasenbeziehung zwischen den beiden Sendeantennen einzustellen ist, damit man ein möglichst gutes Empfangssignal erhält. Damit dieses Verfahren wirksam ist, müssen die Rückmeldungen so schnell erfolgen, dass sich die Funkkanaleigenschaften in der Zwischenzeit möglichst wenig ändern.

Bei der zweiten Variante schließt die Basisstation aufgrund ihrer Empfangsbedingungen darauf, wie das Signal am geeignetsten auf die beiden Sendeantennen aufzuteilen ist, damit sich ein möglichst guter Empfang ergibt. Dieses Verfahren ist nur dann effektiv einsetzbar, wenn Uplink und Downlink auf der gleichen Frequenz liegen (und damit dem gleichen Fading ausgesetzt sind) und wenn sich – wie bei der ersten Methode – die Funkkanaleigenschaften nur langsam ändern.

2.6.5 Intersymbol-Interferenz

Wie in den vorangehenden Abschnitten erläutert, kann die Mehrwegeausbreitung zu starken Einbrüchen des Empfangspegels führen, falls sich die einzelnen Wellen am Empfänger ungünstig überlagern. Die Effekte sind besonders ausgeprägt für kleine Umweglaufzeiten, d. h. für kleine Delay Spreads: $\Delta\tau \ll 1/B$, wobei B die Übertragungsbandbreite ist.

Bei größeren Umweglaufzeiten und Delay Spread, also für $\Delta\tau \approx 1/B$ bzw. $\Delta\tau \geq 1/B$, treten andere ungünstige Effekte auf, für die ebenfalls Vorkehrungen im Rahmen der Übertragungstechnik zu treffen sind.

Wie in Abschnitt 3.3 erläutert wird, liegen die Bitrate $r_b = 1/T_b$ und die Übertragungsbandbreite B in der gleichen Größenordnung. Große Delay Spreads bedeuten also, dass die Umweglaufzeiten auch in der Größenordnung der Bitdauer T_b liegen, d. h., $\Delta\tau \approx T_b$ bzw. $\Delta\tau \geq T_b$. Beim Empfang wird also die auf dem kürzesten Weg eintreffende Bitfolge (Bild 2.23) durch die zu einem späteren Zeitpunkt auf Umwegen eintreffende Bitfolge gestört. Diesen Effekt nennt man Intersymbol-Interferenz.

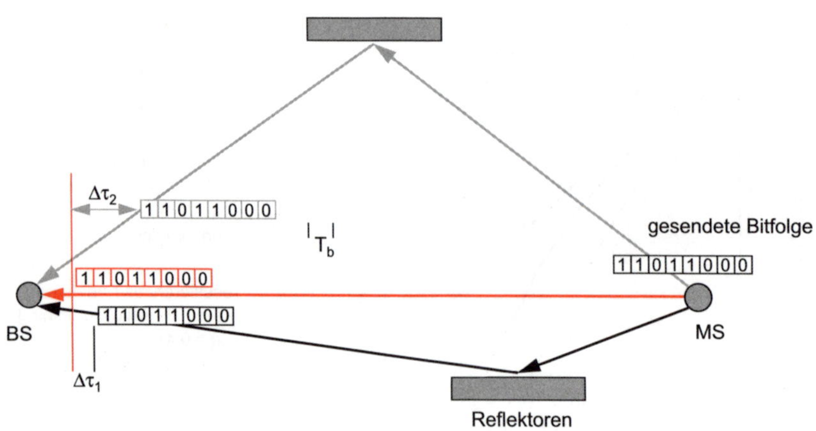

Bild 2.23 Intersymbol-Interferenz verursacht durch Mehrwegeausbreitung

> **!** *Intersymbol-Interferenz* kommt durch die Überlagerung von Funkwellen mit großen Umweglaufzeiten zustande und tritt bei einer breitbandigen Übertragung auf:
>
> $\Delta\tau \approx T_b \approx 1/B$ bzw. $\Delta\tau \geq T_b \approx 1/B$

Bei einer Übertragung mit einer Bitrate von 1 Mbit/s – entsprechend einer Bitdauer von 1 µs – ist also schon bei einer Umweglaufzeit von 1 µs (Umweg: 300 m) mit einer deutlichen Intersymbol-Interferenz zu rechnen, die mit zunehmender Datenrate, d.h. mit abnehmender Bitdauer, weiter ansteigt.

Betrachtet man das Signal im Frequenzbereich, so führt die Überlagerung der Wellen zu mehreren Einbrüchen der Empfangsleistung innerhalb der Übertragungsbandbreite *B*.

Die Intersymbol-Interferenz zeigt sich im Frequenzbereich in Form von Signalverzerrungen.

Um trotz der Intersymbol-Interferenz eine gute Übertragungsqualität zu erzielen, verwendet man in verschiedenen Systemen unterschiedliche Methoden. Die wichtigsten Methoden sind:

- die Verwendung eines Entzerrers (engl.: *equalizer*),
- der Einsatz von Korrelatoren in einem RAKE-Empfänger,
- die Aufteilung des Bitstroms auf mehrere Frequenzträger einer geringen Bandbreite (orthogonales Frequenzmultiplex).

Sie werden in späteren Abschnitten näher erläutert.

Ferner lassen sich große Werte des Delay Spreads mit Hilfe geeigneter Antennentechniken reduzieren: So kann man Signalanteile mit großen Umwegen z.B. durch Absenken des vertikalen Antennenneigungswinkels (Begrenzung der Reichweite) oder durch Antennen mit besonderer Richtcharakteristik vermeiden oder ausblenden.

2.7 Der Einfluss des Wetters und der Atmosphäre auf die Funkausbreitung

Die grobe Skizze in Bild 2.24 illustriert, dass Witterungseinflüsse durch Regen oder Nebel erst bei Frequenzen oberhalb von 10 GHz einen deutlichen Einfluss auf die Dämpfung eines Funksignals haben [2; 5]. Bei den in diesem Buch diskutierten Systemen, die in Frequenzbereichen unterhalb von 6 GHz arbeiten, spielen sie keine entscheidende Rolle für die eigentliche Funkübertragung. Gleiches gilt für die Absorption von elektromagnetischen Wellen durch Sauerstoff- und Wassermoleküle in der Atmosphäre; auch sie tritt erst bei Frequenzen oberhalb von 10 GHz deutlich in Erscheinung.

Die erwähnten Effekte zeigen sich bei den heutigen Mobilfunksystemen nur auf den Richtfunkstrecken, die zum Teil unter Verwendung von Frequenzen oberhalb von 10 GHz für die Verbindung von Basisstationen und Vermittlungsstellen eingesetzt werden.

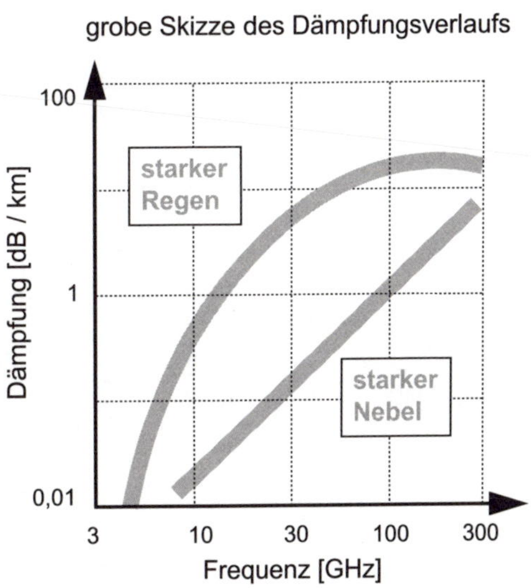

Bild 2.24 Der Einfluss des Wetters auf die Funkausbreitung

3 Aspekte der Funkübertragungstechnik

3.1 Grundsätzliche Anforderungen an die Funkübertragungstechnik

In den heutigen Mobilfunksystemen werden digitale Übertragungsverfahren eingesetzt. Die derzeit noch vorherrschende Anwendung des Mobilfunks ist die Sprachübertragung. Während man beim Fernsprechen im Festnetz mit einer Bitrate von 64 kbit/s arbeitet, sind im Mobilfunk mittels effektiver Sprachcodiermethoden geringere Bitraten in der Größenordnung von 10 kbit/s üblich.

Um eine akzeptable Sprachqualität zu gewährleisten, dürfen von 1000 übertragenen Sprachbits beim Empfang nur einige wenige fehlerhaft sein, d.h., die Bitfehlerrate darf nur einige wenige Promille betragen. Mobilfunksysteme sollen zunehmend auch Multimedia-Anwendungen und den mobilen Internet-Zugang ermöglichen. Dazu sind zum einen höhere Datenraten (bis zu einigen Mbit/s) und zum anderen deutlich niedrigere Bitfehlerraten (zum Teil unter 10^{-6}, d.h. weniger als ein Bitfehler bei 1 Million übertragener Nutzbits) erforderlich.

Die große Herausforderung besteht nun darin, dass einerseits die Funkübertragung durch Störungen und Schwankungen des Empfangspegels prinzipiell sehr fehleranfällig ist und andererseits das Frequenzspektrum, das einem Mobilfunkbetreiber zur Verfügung steht, i. Allg. knapp bemessen ist, wie folgende Überschlagsrechnung zeigt:

Beide D-Netz-Betreiber hatten Anfang des Jahres 2000 jeweils etwa 500 Funkkanäle für die Sprachübertragung (bei jeweils insgesamt etwa 25 MHz Frequenzspektrum) im Einsatz. Dem standen jeweils ca. 10 Millionen Teilnehmer gegenüber. Selbst wenn von diesen 10 Millionen Teilnehmern nur 2% gleichzeitig telefonieren wollen, so sind dafür 200 000 Sprachkanäle erforderlich. D.h., die Teilnehmer können nur versorgt werden, wenn man Funkkanäle mehrfach, d.h. in mehreren Funkzellen gleichzeitig, verwendet. Bei dem geschilderten Beispiel muss jeder der 500 Funkkanäle pro Betreiber *gleichzeitig* in mindestens 400 Funkzellen in Deutschland verwendet werden.

> **!** Mehrere Millionen Teilnehmer können also nur versorgt werden, wenn man Funkkanäle mehrfach verwendet. Je mehr Teilnehmer jedoch einen Funkkanal gleichzeitig benutzen und umso dichter der Wiederverwendungsabstand der Kanäle damit ist, desto höher werden die Störungen im Netz.
>
> In welchem Abstand Funkkanäle wiederverwendet werden dürfen, hängt von der Störfestigkeit des Übertragungsverfahrens ab. Die Störfestigkeit ist charakterisiert durch das Verhältnis der Leistungen von Nutzsignal und Störsignal, das mindestens vorliegen muss, um einen Empfang mit der geforderten geringen Bitfehlerrate zu gewährleisten.

Die Aufgabe der Funkübertragungstechnik besteht also in der Gewährleistung

- ❑ einer hohen Nutzdatenrate mit geringer Bitfehlerwahrscheinlichkeit
- ❑ bei hoher Störfestigkeit
- ❑ und unter Verwendung eines möglichst geringen Frequenzspektrums.

Diese 3 Punkte stellen sich widerstrebende Anforderungen dar, so dass günstige Kompromisse für die jeweiligen Mobilfunksysteme mit ihren verschiedenen Anwendungsbereichen gefunden werden müssen. Um die Informationen auf effiziente Weise auf dem Funkweg zu übertragen, geht man üblicherweise in mehreren Schritten vor (Bild 3.1). Sie werden in den folgenden Abschnitten in ihren Grundzügen besprochen. Eine kurze Erläuterung der jeweiligen Schritte findet sich in Tabelle 3.1.

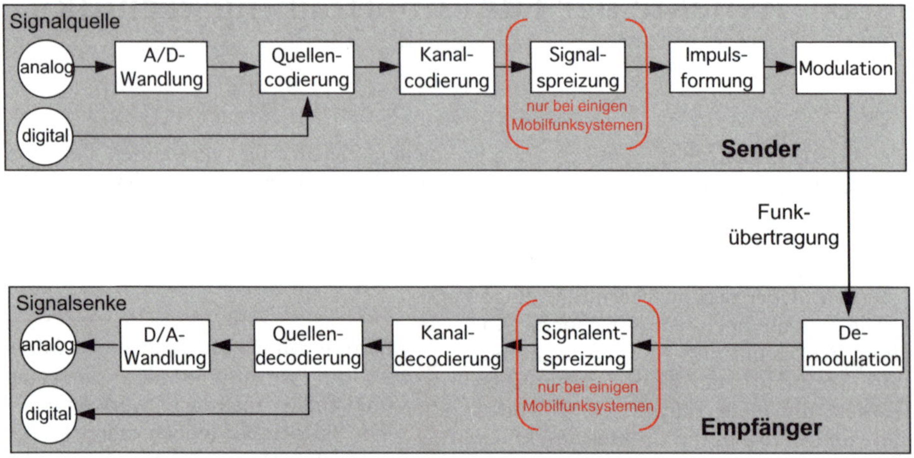

Bild 3.1 Schritte bei der Signalübertragung

Tabelle 3.1 Schritte bei der Signalübertragung

Schritt	Erläuterung	Verweis
A/D-Wandlung	Wandlung eines analogen Signals in ein digitales Signal	Abschnitt 3.5 (für Sprache)
Quellencodierung	Möglichst komprimierte Codierung des digitalen Signals	
Kanalcodierung	Hinzufügen von Redundanzbits für die automatische Fehlererkennung oder -korrektur am Empfänger	Abschnitt 3.4
Signalspreizung	Spreizung des Signals im Frequenzbereich zur Reduktion der Auswirkungen des frequenzabhängigen Kurzzeit-Fadings	Abschnitt 3.6
Impulsformung	Signalfilterung, die u.a. der Vermeidung von unerwünschten Aussendungen auf Nachbarfrequenzen dient	Abschnitt 3.3
Modulation	– Transformation des Signals in den gewünschten Frequenzbereich – Aufprägen des Signals auf eine elektromagnetische Welle	

3.2 Störfestigkeit eines Übertragungsverfahrens

Vor der Diskussion der einzelnen Schritte bei der Übertragungstechnik ist es wichtig, noch einmal näher auf den zentralen Begriff der Störfestigkeit einzugehen.

Die wesentlichen Störquellen bei der Mobilfunkübertragung sind

- ❑ das Empfängerrauschen,
- ❑ Gleich- und Nachbarkanalstörungen.

Empfängerrauschen

Das Empfängerrauschen entsteht durch zufällige thermische Bewegungen der Elektronen in den elektronischen Bauelementen des Empfängers. Die so genannte spektrale Rauschleistungsdichte N_0, d.h. die Rauschleistung pro Frequenzintervall Δf, ist über einen weiten Frequenzbereich unabhängig von der Frequenz; man spricht in diesem Zusammenhang von *weißem Rauschen*.

Die gesamte Rauschleistung N (engl.: *noise power*) ist damit proportional zur Bandbreite B des Empfängereingangsfilters; ferner hängt sie wie folgt von der Umgebungstemperatur T [K] (Einheit Kelvin) ab:

$$N = z \cdot k \cdot T \cdot B$$

Dabei ist $k = 1{,}38 \cdot 10^{-23}$ Ws/K die Boltzmann-Konstante und N_z die Rauschzahl des Empfängers, die typischerweise im Bereich zwischen 3 und 10 liegt. Daraus resultiert ein so genanntes Rauschmaß Z [dB] = $10 \cdot \log z$ von 5 dB … 10 dB.

Beispiel

Für eine Temperatur von 17 °C = 290 K und für eine Bandbreite von B = 200 kHz ergibt sich z. B.

$$k \cdot T \cdot B = 8 \cdot 10^{-16}\,\text{W} = 8 \cdot 10^{-13}\,\text{mW} \Rightarrow -121\,\text{dBm}$$

Bei einem Rauschmaß von 8 dB erhält man daraus einen Rauschpegel von $N = -113$ dBm. Dabei handelt es sich um einen typischen Wert für den Rauschpegel in einem GSM-Empfänger.

Bei einer Verdoppelung bzw. einer Verzehnfachung der Bandbreite würde sich der Rauschpegel um 3 dB bzw. 10 dB erhöhen.

Gleich- und Nachbarkanalstörungen

Wie im vorangehenden Abschnitt erläutert, müssen Funkkanäle – zur Bewältigung hoher Teilnehmerzahlen – in einem Mobilfunknetz mehrfach gleichzeitig verwendet werden. D. h., ein Teilnehmer, der für sein Gespräch einen Funkkanal verwendet, wird von einem anderen Teilnehmer, der zur gleichen Zeit den gleichen Kanal in einer anderen Funkzelle benutzt, gestört (Bild 3.2). Ebenso können Störungen durch Gespräche auf benachbarten Frequenzen entstehen. In Anlehnung an die englischsprachige Literatur spricht man bei den genannten Arten von Störungen auch von «Interference».

Die gesamte Störleistung ergibt sich also als:

$$I_{ges} = N + I = N + I_c + I_a, \quad I = I_c + I_a$$

Dabei bezeichnet I_c die Gleichkanalstörleistung (engl.: *co-channel interference*) und I_a die Nachbarkanalstörleistung (engl.: *adjacent channel interference*).

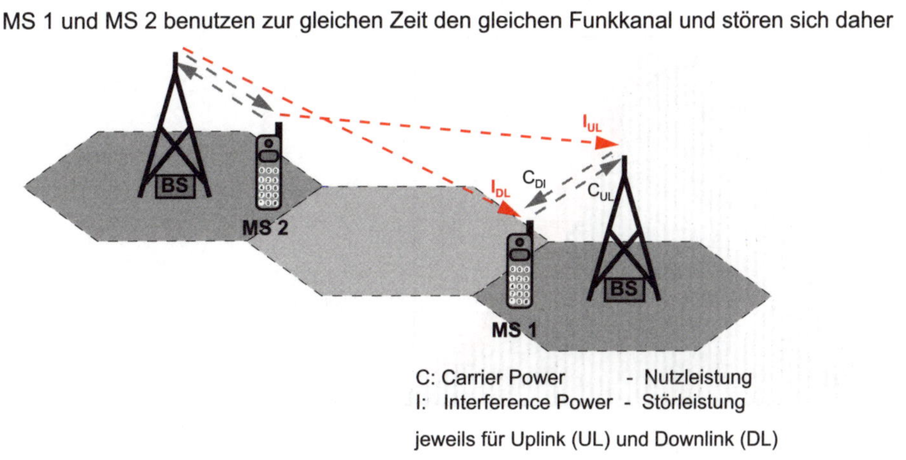

Bild 3.2 Illustration von Gleichkanalstörungen

Häufig betrachtet man bei den Störeinflüssen zwei Grenzfälle:

Rauschbegrenzung
In diesem Fall dominiert die Rauschleistung gegenüber der Gleich- und Nachbarkanalstörleistung: $N \gg I$.

Eine solche Situation liegt z. B. in dünn besiedelten Gebieten an den Rändern großer Funkzellen vor.

Interferenzbegrenzung
In diesem Fall dominiert die Gleich- und Nachbarkanalstörleistung gegenüber der Rauschleistung: $I \gg N$.

Eine solche Situation liegt z. B. in städtischen Zellen mit kleinen Radien und viel Funkverkehr vor.

Verhältnis aus Nutz- und Störleistung
Für die Empfangsqualität ist das Verhältnis aus Nutz- und Störleistung entscheidend. Die Nutzleistung wird in der Literatur zumeist mit dem Buchstaben C (engl.: *carrier power*) oder S (engl.: *signal power*) abgekürzt, für das Verhältnis aus Nutz- und Störleistung findet man die Abkürzungen:

- C/I oder CIR (carrier-to-interference-ratio) bei Interferenzbegrenzung,
- S/I oder SIR (signal-to-interference-ratio) bei Interferenzbegrenzung,
- C/N oder CNR (carrier-to-noise-ratio) bei Rauschbegrenzung,
- S/N oder SNR (signal-to-noise-ratio) bei Rauschbegrenzung.

Störfestigkeit

! Die Störfestigkeit eines Verfahrens ist das CIR_{min} (SNR_{min}, …), das mindestens vorliegen muss, damit eine geforderte Bitfehlerrate (z. B. 0,1 %) unterschritten wird.

Wie in Abschnitt 7.2.2 noch erläutert wird, berücksichtigt man in Planungstools im Allgemeinen keine Kurzzeit-Fading-Werte, sondern die lokalen Mittelwerte der Nutz- und Störleistungen (siehe auch Gl. 2.14). Dementsprechend verwendet man auch bei dem Verhältnis aus Nutz- und Störleistung sowie bei der Angabe der Störfestigkeit i. Allg. lokale Mittelwerte.

Um ein Gefühl zu vermitteln, in welchem Bereich die lokalen Mittelwerte für das CIR in einem Mobilfunknetz liegen, sind in Bild 3.3 zwei Häufigkeitsverteilungen für CIR-Werte aufgezeichnet, wie sie sich aus einer Compu-

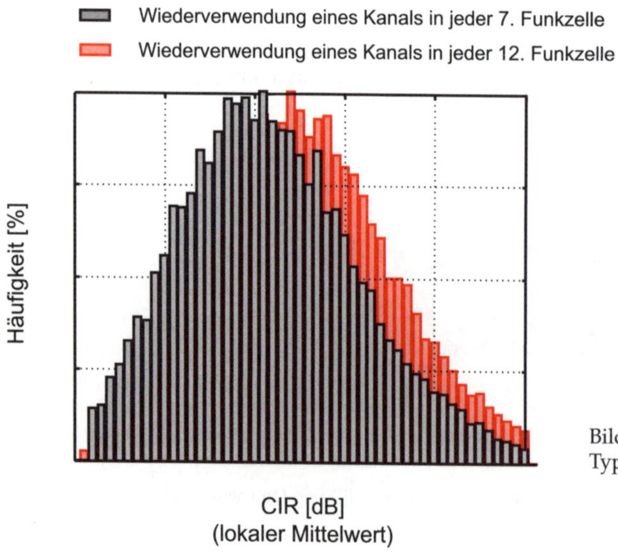

Bild 3.3
Typische CIR-Verteilungen

ter-Simulation ergeben. Das rote Histogramm zeigt die CIR-Verteilung für eine Wiederverwendung gleicher Funkkanäle in jeder zwölften, das graue für eine Wiederverwendung in jeder siebten Funkzelle. Aus diesen Diagrammen lassen sich folgende Schlüsse ziehen:

- Das Diagramm für die dichtere Kanalpackung (grau) ist gegenüber dem anderen (rot) um ca. 5 dB zu kleineren CIR-Werten verschoben;
- am häufigsten kommen CIR-Werte zwischen 15 und 30 dB vor;
- auch geringe CIR-Werte zwischen 0 dB und 10 dB (und sogar unter 0 dB) treten auf (mit einer Häufigkeit von etwa 10%).

> ! Will man eine schlechte Übertragungsqualität nur in einem geringen Prozentsatz tolerieren, so ist eine Störfestigkeit in der Größenordnung von $CIR_{min} \approx 10$ dB und weniger erforderlich.

3.3 Modulation

3.3.1 Allgemeines

Um die eigentlichen Nutzsignale drahtlos über größere Entfernungen zu übertragen, werden sie elektromagnetischen Wellen einer hohen Frequenz – der so genannten Trägerfrequenz – aufgeprägt. Dieses Verfahren nennt man Modulation.

Betrachtet man eine elektromagnetische Welle an einem bestimmten festen Ort (am Ort des Senders oder Empfängers), so stellt sie eine harmonische Schwingung s dar, deren Abhängigkeit von der Zeit t durch folgende Formel beschrieben wird:

$$s(t) = A \cdot \cos(2\pi f \cdot t + \varphi)$$

Das zu übertragende Signal kann der Schwingung und damit der Welle durch Modulation der

- Amplitude A,
- Frequenz f,
- Phase φ

aufgeprägt werden.

Die bevorzugte Modulationsart im Mobilfunk ist die Phasenmodulation. Denn eine Amplitudenmodulation ist wegen der starken Schwankungen der Amplitude aufgrund des Fadings sehr störanfällig; sie kommt daher nur bei so genannten quasistationären Anwendungen zum Einsatz, z.B. bei der drahtlosen Anbindung eines Laptops an ein lokales Computernetz, wobei keine Bewegung des Laptops während der Übertragungsphase auftritt.

Eine Frequenzmodulation kann in eine Phasenmodulation transformiert werden.

Die folgenden Abschnitte erläutern einige grundsätzliche Aspekte der im Mobilfunk verwendeten Modulationsverfahren, ausführlichere Darstellungen findet man beispielsweise in [5; 17; 18; 19 oder 20].

3.3.2 Binäre Phasenumtastung

> ! Die Grundform der digitalen Phasenmodulation bildet die binäre Phasenumtastung (engl.: *binary phase shift keying, BPSK*). Bei ihr wird eine Bitfolge, bestehend aus «0» und «1», auf eine Folge von Phasenwerten φ_i gemäß
>
> $\varphi_i = 0$, falls i-tes Bit gleich «0»,
> $\varphi_i = \pi$, falls i-tes Bit gleich «1»,
>
> abgebildet.

Das heißt, die modulierte Schwingung hat die Form $s(t) = A \cdot \cos(2\pi f_0 \cdot t + \varphi_i)$ während der Dauer des i-ten Bits.

Dabei ist zu beachten, dass die Trägerfrequenz f_0 i. Allg. deutlich größer als die Bitrate $r_b = 1/T_b$ (T_b : Bitdauer) ist. So passen z.B. bei einer Trägerfrequenz von $f_0 = 1$ GHz und einer Bitdauer von $T_b = 1$ µs (Bitrate $r_b = 1/T_b = 1$ Mbit/s) 1000 Schwingungen in ein Bit.

> ! Die Energie E_b eines Bits hängt von der Schwingungsamplitude A und der Bitdauer T_b ab:
>
> $E_b = {}^1\!/_2\, A^2 \cdot T_b$

Für die Signalleistung S (Energie pro Zeit) gilt:

$S = E_b/T_b = {}^1\!/_2\, A^2$

Bild 3.4 zeigt ein Beispiel für den zeitlichen Verlauf eines BPSK-Signals. Aus Gründen der Darstellbarkeit wurde ein kleines Verhältnis zwischen Trägerfrequenz und Bitrate gewählt.

Für den Einsatz des Modulationsverfahrens für den Mobilfunk sind zwei Fragestellungen entscheidend:

- ❑ Welche Frequenzbandbreite belegt das modulierte Signal?
- ❑ Wie groß ist die Störfestigkeit gegenüber typischen Störungen?

Bandbreite eines BPSK-Signals

Der Bandbreitenbedarf lässt sich aus der so genannten spektralen Leistungsdichte $s(f)$ (Signalleistung pro Frequenzintervall Δf) des Signals ablesen, die für ein BPSK-Signal in Bild 3.5 skizziert ist. Die Leistung in einem Intervall Δf um die Frequenz f ergibt sich als Produkt aus Leistungsdichte $s(f)$ und Intervallbreite Δf, die Gesamtleistung des Signals ist durch die Fläche unter der roten Kurve in Bild 3.5 repräsentiert. Die gleiche Fläche und damit die gleiche Gesamtleistung erhält man für die grau gezeichnete rechteckförmige spektrale Leistungsdichte, deren Breite B man als (effektive) Breite des modulierten Signals bezeichnet. B kann mit Hilfe der folgenden Gleichung berechnet werden:

$$E_b/T_b = S = B \cdot E_b \Rightarrow B = 1/T_b = r_b$$

Die benötigte Übertragungsbandbreite hängt also bei einer BPSK unmittelbar mit der zu übertragenden Bitrate f_b zusammen. Das Verhältnis aus Nutzbitrate und benötigter Bandbreite bezeichnet man als spektrale Effizienz ε. Für die BPSK gilt also:

$$\varepsilon = \frac{r_b}{B} = \frac{1\ \text{bit/s}}{1\ \text{Hz}} = \frac{1\ \text{kbit/s}}{1\ \text{kHz}} = \frac{1\ \text{Mbit/s}}{1\ \text{MHz}} \qquad \text{(Gl. 3.1)}$$

Die erzielbare Datenrate r_b [kbit/s] ist also bei der BPSK direkt durch die Übertragungsbandbreite B [kHz] gegeben.

r_b [kbit/s] = B [kHz]

Allerdings ist anzumerken, dass die Signalleistung zwar im Wesentlichen innerhalb der Bandbreite B um die Trägerfrequenz f_0 konzentriert ist, die Leistungsdichte im Abstand von $10 \cdot B$ aber erst um 30 dB (also auf ein Tausendstel) abgefallen ist. Ohne spezielle Fre-

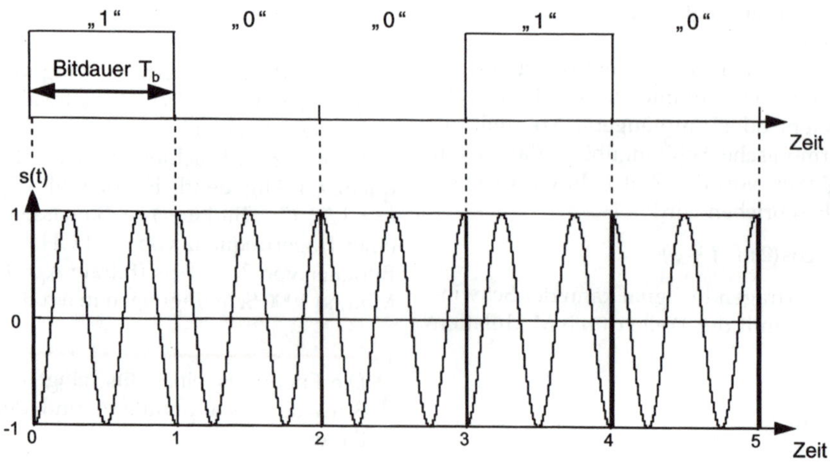

Bild 3.4 Zeitlicher Verlauf eines BPSK-Signals

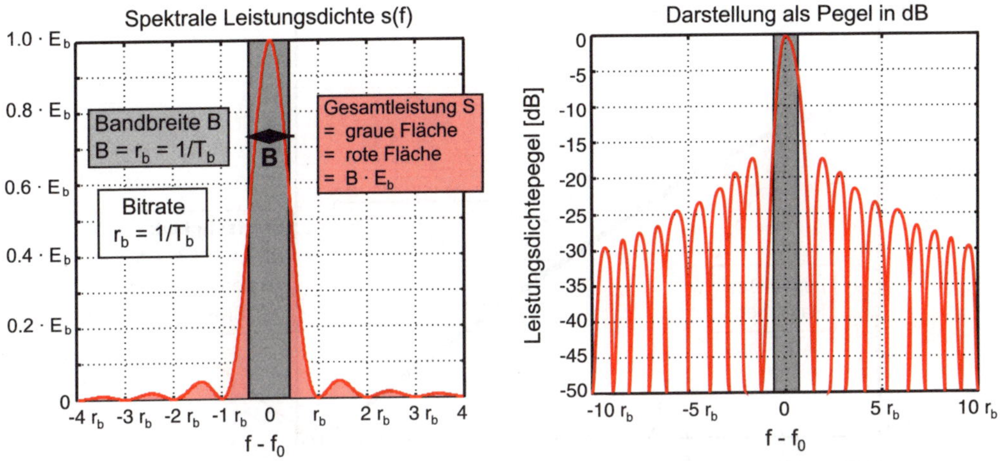

Spektrale Effizienz für eine BPSK

$$\varepsilon = \frac{r_b}{B} = \frac{1\,bit/s}{1\,Hz} = \frac{1\,kbit/s}{1\,kHz} = \frac{1\,Mbit/s}{1\,MHz}$$

Bild 3.5 Leistungsdichtespektrum von BPSK

quenzfilter können daher nicht zu vernachlässigende Nachbarkanalstörungen auftreten.

Die spektrale Effizienz stellt eine wichtige Kenngröße zur Beurteilung der Leistungsfähigkeit eines Übertragungsverfahrens dar, die andere entscheidende Größe ist die resultierende Störfestigkeit.

Störfestigkeit der BPSK-Modulation

Die Störfestigkeit der BPSK-Modulation lässt sich aus Bild 3.6 ablesen. Es zeigt für den Fall eines durch Empfängerrauschen gestörten Signals die zu erwartende Bitfehlerrate (engl.: *bit error rate, BER*) als Funktion des Verhältnisses von Nutz- und Rauschleistung SNR. Für den Fall, dass die Störungen von Gleichkanalstörern verursacht werden, d.h. in Abhängigkeit von CIR, ergeben sich sehr ähnliche Verhältnisse. Das Diagramm enthält 2 Kurven: Die durchgezogene Kurve gilt für eine konstante Nutzleistung ohne Kurzzeitschwund, die gestrichelte für ein mit Rayleigh-Fading behaftetes Nutzsignal. Im letzten Fall ist S also als lokaler Mittelwert der Signalleistung zu interpretieren. Aufgrund der Fading-Einbrüche steigt die Wahrscheinlichkeit von Bitfehlern beträchtlich.

> **!** Um für die BPSK eine Bitfehlerrate von weniger als 0,1% zu erhalten, benötigt man ohne Rayleigh-Fading ein SNR von etwa 7 dB, während mit Rayleigh-Fading ein lokaler Mittelwert des SNR von etwa 24 dB erforderlich ist. Da in einem Funknetz mit Frequenzwiederverwendung Nutz-/zu-Störleistungs-Verhältnisse von 10 dB und weniger vorkommen (siehe Bild 3.3), müssen Maßnahmen zum Schutz gegen Übertragungsfehler ergriffen werden.

Somit ergeben sich aus der obigen Diskussion die folgenden 3 Fragestellungen:

1. Wie lässt sich die spektrale Effizienz steigern?
2. Durch welche Maßnahmen kann ein besserer Abfall der spektralen Leistungsdichte und damit eine Reduktion von Nachbarkanalstörungen erzielt werden?
3. Wie lässt sich die Störfestigkeit steigern?

Die erste Fragestellung führt auf die höherwertigen Modulationsverfahren (Abschnitt 3.3.3),

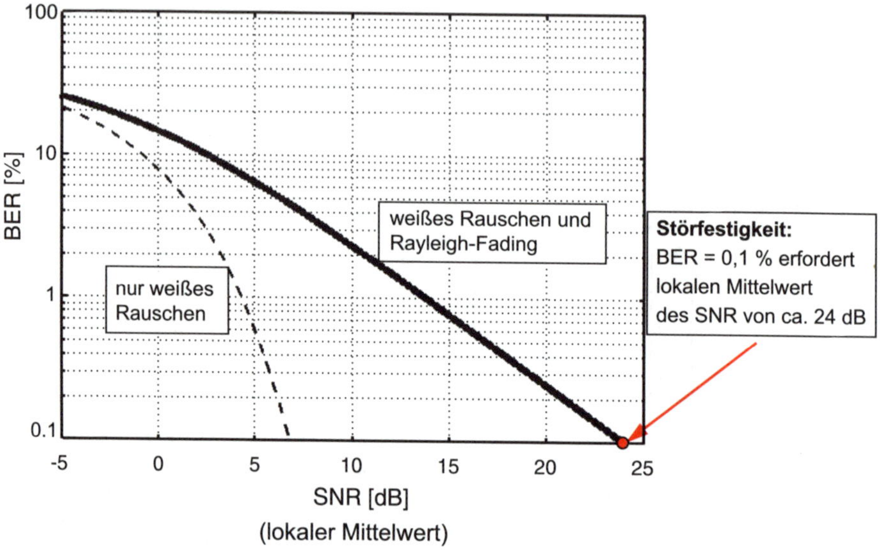

Bild 3.6 Bitfehlerraten bei BPSK

die zweite auf das so genannte *Gaußsche Minimum Shift Keying* – ein Modulationsverfahren, das in Abschnitt 3.3.4 behandelt wird. Die dritte Fragestellung ist eng verknüpft mit den Methoden des Fehlerschutzes (siehe Abschnitt 3.4).

3.3.3 Höherwertige Modulationsverfahren

> **!** Um die spektrale Effizienz zu steigern, werden bei höherwertigen Modulationsverfahren mehrere Bits zu einem so genannten Symbol zusammengefasst. Betrachtet man z.B. eine 8-PSK (PSK: Phase Shift Keying, s.o.), so besteht jedes Symbol aus 3 Bits (Bild 3.7). Insgesamt gibt es also $2^3 = 8$ verschiedene Symbole, die durch 8 verschiedene Phasenwinkel φ_i bei der Modulation dargestellt werden (Bild 3.8).

D.h., das modulierte Signal ist von der Form $s(t) = A \cdot \cos(2\pi f_0 \cdot t + \varphi_i)$ während der Dauer T_s des i-ten Symbols wobei je nach Symbol einer der folgenden Phasenwinkel gewählt wird:

$$\varphi_i = 2\pi \cdot \frac{n}{8} \quad n = 0, 1, 2, \ldots, 6, 7 \qquad \text{(Gl. 3.2)}$$

Die Abbildung von Symbolen s_i auf Phasenwinkel φ_i wird in Kürze genauer besprochen.

Dieses Verfahren der Zusammenfassung von Bits zu Symbolen lässt sich auf eine beliebige 2er-Potenz $M = 2^m$ verallgemeinern. Für den Spezialfall $m = 1$ Bit pro Symbol, also $M = 2$ Symbole, erhält man die im vorherigen Abschnitt besprochene BPSK oder 2-PSK. Im Fall $M = 4$ spricht man von einer Quadratur-Phasenumtastung (Quaternary Phase Shift Keying, QPSK).

Worin liegt der Vorteil einer höherwertigen Modulation begründet? Die für die Übertragung benötigte Bandbreite B hängt im Wesentlichen von der Rate, mit der der Phasenwinkel wechselt, ab. Da z.B. bei einer 8-PSK der Phasenwinkel nur nach jedem Symbol, also nur nach jedem 3. Bit, wechselt, beträgt die Bandbreite eines 8-PSK-Signals bei gleicher Bitrate nur ein Drittel der Bandbreite des BPSK-Signals. Umgekehrt kann man bei vorgegebener konstanter Bandbreite B bei einer 8-PSK-Modulation mit der dreifachen Bitrate übertragen. Die spektrale Effizienz ist also dreimal so hoch wie bei der BPSK.

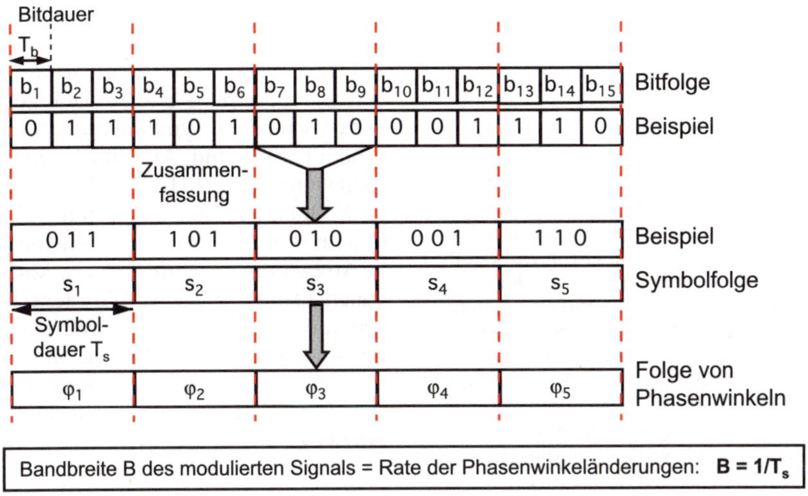

Bild 3.7 Das Prinzip der höherwertigen Modulation am Beispiel einer 8-PSK

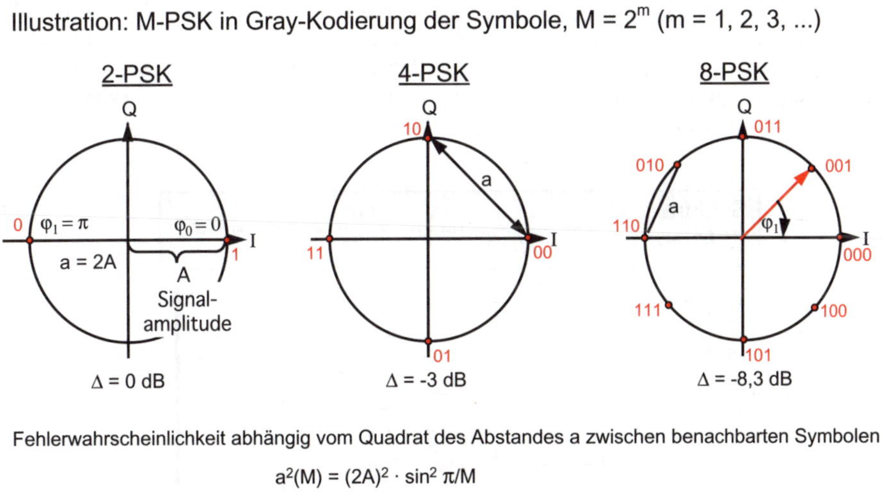

Bild 3.8 Signaldiagramme für höherwertige Modulationsformen

> **!** Allgemein gilt für die spektrale Effizienz einer M-PSK ($M = 2^m$):
>
> $$\varepsilon = \frac{m \cdot r_b}{B} = m \frac{\text{bit/s}}{\text{Hz}} = m \frac{\text{kbit/s}}{\text{kHz}} \quad \text{(Gl. 3.3)}$$

Die Erhöhung der spektralen Effizienz um den Faktor m wird allerdings durch einen Verlust an Störfestigkeit erkauft, wie sich anhand der Signalzeigerdiagramme aus Bild 3.8 illustrieren lässt. Dort sind die Symbole für eine 2-, 4- und 8-PSK als rote Punkte dargestellt, die auf einem Kreis mit Radius A liegen, wobei A die Amplitude des modulierten Signals ist. Der Winkel φ_i (gerechnet von der x-Achse) entspricht dem zu dem jeweiligen Symbol gehörigen Phasenwinkel.

> **Anmerkung**
> Die x-Komponente eines Symbols wird i. Allg. als Inphase-Komponente (I), die y-Komponente als Quadratur-Komponente (Q) bezeichnet.
>
> Die Wahrscheinlichkeit für einen Fehler bei der Demodulation am Empfänger sinkt mit dem Abstand a zweier Symbole, d. h., der Störabstand wird entscheidend bestimmt von dem Quadrat des Abstandes zweier benachbarter Symbole in dem Signalzeigerdiagramm. Da der Abstand zwischen benachbarten Symbolen mit zunehmender Symbolzahl (also mit zunehmenden $M = 2^m$) geringer wird, sinkt mit zunehmendem Wert von m die Störfestigkeit.

> **!** Anhand der M-PSK-Modulationsverfahren zeigt sich ein wesentlicher grundsätzlicher Sachverhalt, der noch in anderen Abschnitten dieses Buches ausführlich diskutiert wird, nämlich dass zwischen spektraler Effizienz und Störfestigkeit eines Übertragungsverfahrens abzuwägen ist.

Für den Fall der M-PSK-Modulationsverfahren ist dieser Sachverhalt in Bild 3.9 illustriert.

Ein ähnlicher Effekt zeigt sich auch bei der Quadratur-Amplitudenmodulation (QAM), bei der verschiedene Symbole durch unterschiedliche Phasen- und Amplitudenwerte dargestellt werden, wie in Bild 3.10 anhand einer 16-QAM illustriert ist. Da es sich um eine Amplitudenmodulation handelt, sollte die QAM nur in Anwendungen zum Einsatz kommen, bei denen keine großen Amplitudenschwankungen aufgrund der Funkausbreitung zu erwarten sind. Bei solchen Anwendungen ist eine M-QAM allerdings störsicherer als die entsprechende M-PSK mit gleicher spektraler Effizienz.

Anwendungen

Die QPSK stellt das Modulationsverfahren für UMTS dar; BPSK und QPSK sowie eine 16- und 64-QAM kommen im HiperLAN/2-System zum Einsatz. Die 8-PSK wird zukünftig zusammen mit geeigneten Fehlerschutzverfahren als Methode zur Steigerung der Datenrate im GSM-System Verwendung finden (siehe Abschnitt 5.5.5).

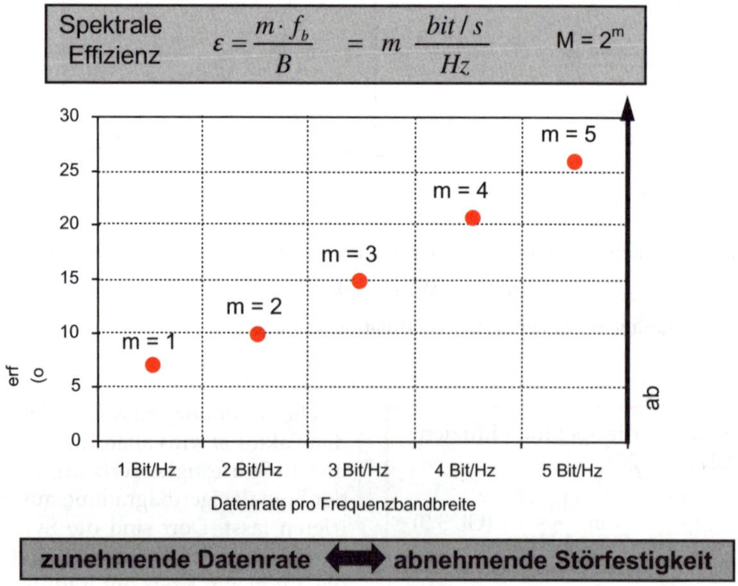

Bild 3.9 Spektrale Effizienz und Störfestigkeit bei einer M-PSK

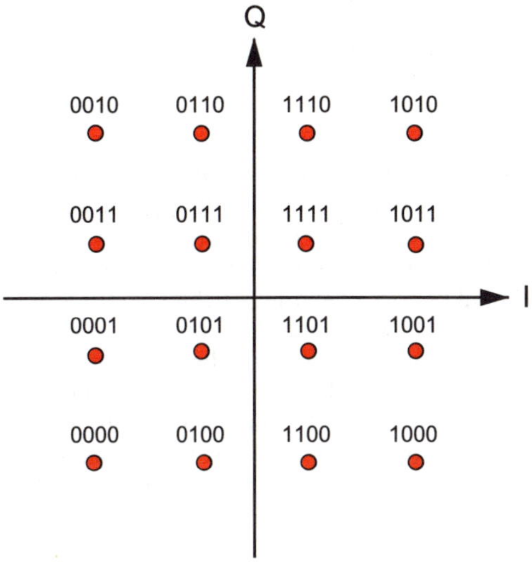

Bild 3.10 Illustration einer 16-QAM: Zusammenfassung von 4 Bits zu einem Symbol

3.3.4 Gaußsches Minimum Shift Keying

Die BPSK-Modulation und auch deren höherwertige Varianten haben zwei Nachteile:

Zum einen fällt das Leistungsdichtespektrum nur schwach ab (vgl. Abschnitt 3.3.2), so dass ein inakzeptabel hoher Frequenzabstand zwischen 2 Trägerfrequenzen innerhalb einer Funkzelle notwendig wäre, um gegenseitige Störungen auf ein zulässiges Maß zu reduzieren. Dieser Nachteil lässt sich durch Sendefilter, die die Bandbreite begrenzen, beseitigen.

Zum anderen kann die Amplitude (Einhüllende) des M-PSK-Signals bei einem Symbolwechsel kurzfristig durch den Nullpunkt verlaufen (Bild 3.11), bei Verwendung der zuvor erwähnten Filterung verlängern sich sogar die Phasen kleiner Amplituden. Insgesamt entsteht also ein Signal mit einer nicht konstanten Einhüllenden, d.h. gewissermaßen ein amplitudenmoduliertes Signal. Um ein solches Signal ohne Verzerrungen und störende Nebenbandaussendungen zu übertragen, sind Sendeleistungsverstärker mit hohen Anforderungen an deren Linearität erforderlich. Für ein preisgünstiges Massenprodukt, wie ein Handy, handelt es sich dabei um eine Anforderung, die aus ökonomischen Gründen in der Vergangenheit nicht erfüllbar war.

Zur Vermeidung der genannten Nachteile hat man beim GSM- und DECT-System auf eine andere Modulationsart zurückgegriffen, nämlich auf das Gaußsche Minimum Shift Keying.

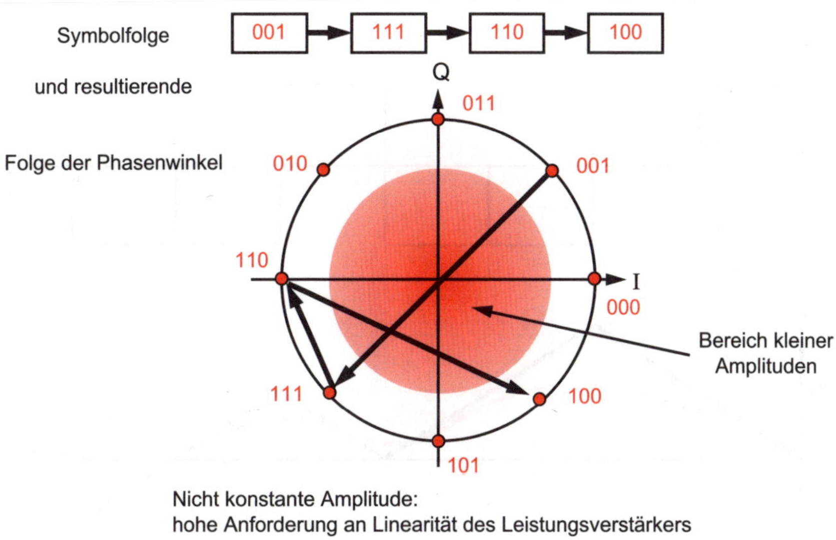

Bild 3.11 Illustration zum Signalverlauf bei M-PSK

Das *Gaußsche Minimum Shift Keying* (GMSK) geht von folgendem Ansatz aus: Der schwache Abfall der Leistungsdichte und die nicht konstante Einhüllende beim BPSK-Signal resultieren aus den Sprüngen im modulierten Signal, d.h. aus den nicht kontinuierlichen Phasenwechseln bei einem Bit- bzw. Symbolwechsel. Diese Sprünge lassen sich vermeiden, wenn man die Phase kontinuierlich ändert.

> **!** Beim so genannten Minimum Shift Keying (MSK) wird die Phase innerhalb der Bitdauer linear mit der Zeit erhöht (Übertragung einer «1») bzw. erniedrigt (Übertragung einer «0»).

Die maximale Phasenänderung pro Bitdauer beträgt $\pi/2$. D.h., innerhalb einer Bitdauer T_b entsteht eine Phasenänderung gemäß

$$\varphi(t) = \varphi_0 \pm \frac{\pi}{2T_b} \cdot t \quad \text{«+»: Bit = 1,} \quad \text{«–»: Bit = 0} \qquad \text{(Gl. 3.4)}$$

wobei φ_0 der Phasenwert zu Beginn der jeweiligen Bitdauer ist.

Ein Beispiel für den zeitlichen Verlauf eines MSK-Signals ist als schwarze Kurve in Bild 3.12 gezeigt.

Schaltet man vor die MSK-Modulation noch ein Gauß-Filter (ein Filter, das sich mathematisch durch Gaußsche Fehlerfunktionen beschreiben lässt), so erhält man eine Modulation gemäß dem Gaussian Minimum Shift Keying. Durch die Verwendung des Gauß-Filters wird der Phasenverlauf gegenüber dem MSK-Signal stark geglättet (siehe rote Kurve in Bild 3.13). Dieses führt zu einem raschen Abfall bei dem Leistungsdichtespektrum, wie in Bild 3.13 zu erkennen ist.

Die genannten Vorteile der GMSK lieferten die entscheidenden Argumente für die Verwendung dieses Modulationsverfahrens im GSM- und DECT-Standard. Die etwas geringere Störfestigkeit verglichen mit einer BPSK (ca. 1,5 dB Unterschied) fiel weniger ins Gewicht.

3.4 Maßnahmen zum Fehlerschutz

3.4.1 Grundsätzliches

Durch Modulation allein ist noch keine hinreichende Störfestigkeit zu erzielen, daher sind besondere Methoden zum Schutz gegen Übertragungsfehler erforderlich. Diesen Me-

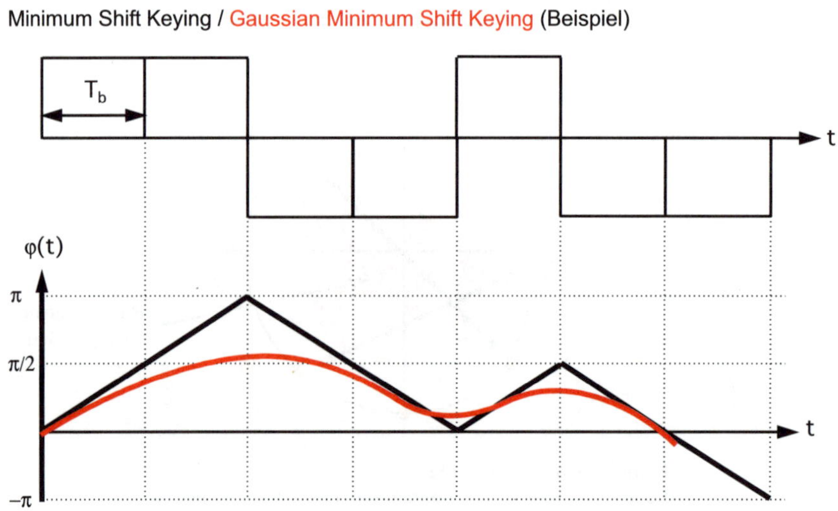

Bild 3.12 Modulation mit kontinuierlicher Phasenänderung

Bild 3.13
Leistungsdichtespektrum von GMSK

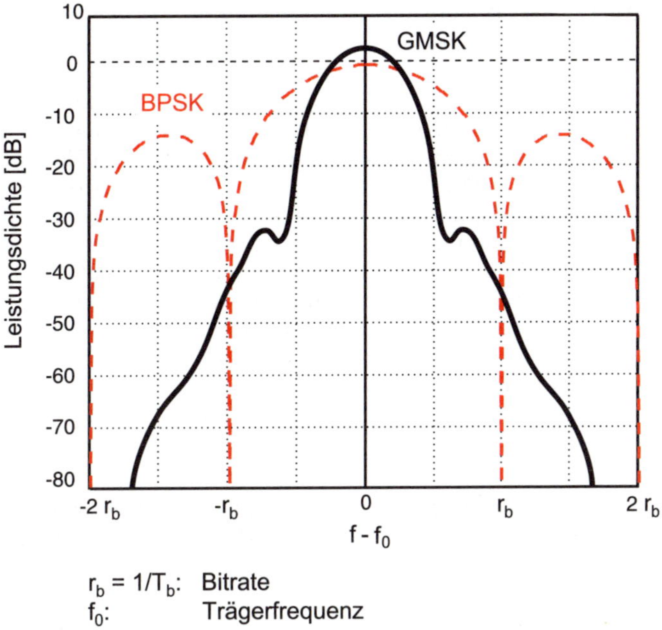

thoden, die man als Kanalcodierung bezeichnet, ist Folgendes gemeinsam:

> ! Den eigentlichen Nutzbits werden auf systematische Weise zusätzliche Bits, die so genannten Redundanzbits, hinzugefügt, die eine Fehlererkennung bzw. -korrektur erlauben. Das Verhältnis von Nutzbits zur Gesamtzahl der Bits (Nutzbits + Redundanzbits) nennt man die Code-Rate r_{Code}.

Fehler korrigierende Codes erlauben es dem Empfänger, eventuell aufgetretene Übertragungsfehler selbstständig zu korrigieren; man spricht in diesem Fall von *Vorwärtsfehlerkorrektur*. Bei Verwendung Fehler erkennender Codes fordert der Empfänger ein als fehlerhaft erkanntes Datenpaket nochmals an; schadhafte Datenpakete werden also automatisch wiederholt. Für diese Art der Fehlerbehebung ist der englische Name *Automatic Repeat Request* gebräuchlich.

> ! Grundsätzlich unterscheidet man folgende Methoden zum Fehlerschutz:
>
> - ❑ Vorwärtsfehlerkorrektur (engl.: *forward error correction*, FEC),
> - ❑ Automatic Repeat Request (ARQ)
> - ❑ Mischformen aus beiden Methoden, so genannte hybride ARQ-Verfahren.

Während man die Methoden zur Vorwärtsfehlerkorrektur üblicherweise der physikalischen Schicht (Schicht 1) eines Kommunikationssystems zuordnet, bilden die ARQ-Verfahren einen wesentlichen Bestandteil der Sicherungsschicht (Schicht 2).

Das Gebiet der Kanalcodierung und der Fehlerschutzverfahren hat sich zu einer umfangreichen und komplexen mathematischen Theorie entwickelt, von der in diesem Abschnitt nur einige wesentliche Prinzipien und Zusammenhänge erläutert werden können. Ausführlichere Darstellungen findet man z.B. in [5; 19; 20 21; 22 und 24].

3.4.2 Das Prinzip der Fehlererkennung und -korrektur

Zunächst soll anhand eines einfachen Beispiels erklärt werden, wie durch Hinzufügen von Redundanzbits eine Fehlererkennung bzw. eine Fehlerkorrektur möglich ist.

In dem Beispiel aus Bild 3.14 wird einem Block aus 4 Informationsbits ein so genanntes Paritätsbit in der Weise hinzugefügt, dass die Gesamtzahl der Einsen in dem so ergänzten Block gerade ist. Tritt nun bei der Übertragung nur ein Fehler auf, so kann der Empfänger dieses an der dann ungeraden Zahl von Einsen erkennen und anschließend eventuell den Sender auffordern, den Block noch einmal zu übertragen. Die Code-Rate für dieses Beispiel beträgt $r_{\text{Code}} = 4/5$.

Ein Code zur Korrektur eines einzelnen Fehlers ist in Bild 3.15 illustriert. Bei ihm wird ein Block aus $3 \cdot 4 = 12$ Informationsbits rechteckförmig angeordnet. Anschließend werden in jeder Zeile und jeder Spalte Paritätsbits hinzugefügt, so dass die Zahl der Einsen in jeder Spalte und jeder Zeile gerade ist. Tritt bei der Übertragung nur ein einziger Fehler für z.B. das Bit in der 2. Zeile und 4. Spalte auf, so kann der Empfänger dieses defekte Bit anhand der ungeraden Parität in der 2. Zeile und 4. Spalte lokalisieren und korrigieren. Die

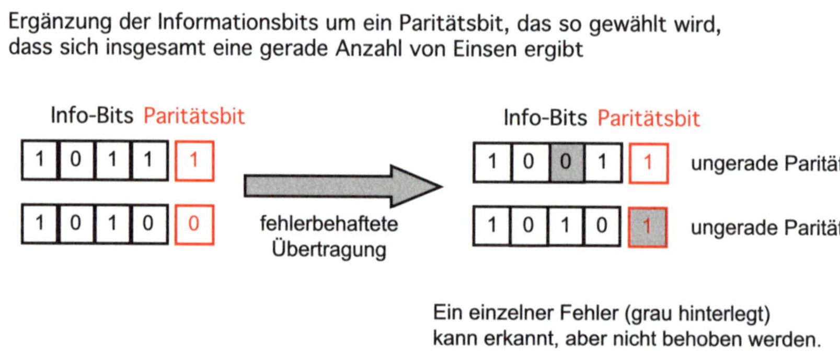

Bild 3.14 Beispiel für Fehler erkennenden Blockcode

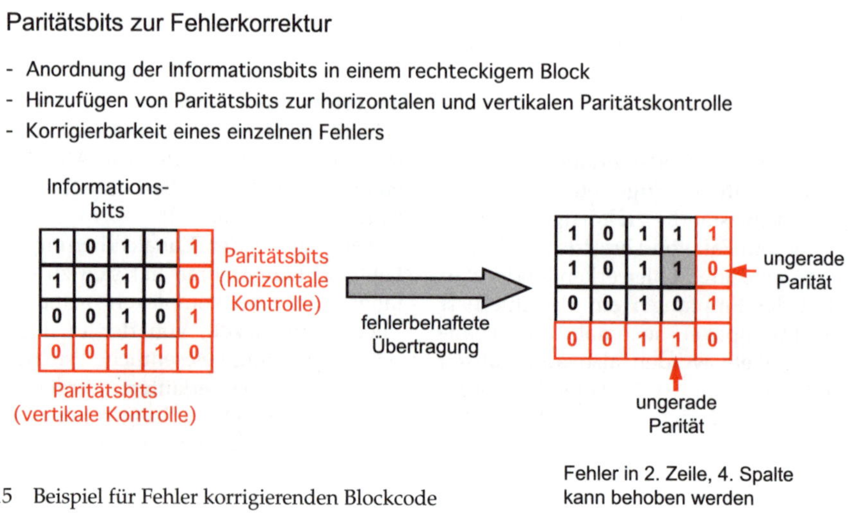

Bild 3.15 Beispiel für Fehler korrigierenden Blockcode

Code-Rate für dieses Beispiel beträgt $r_{\text{Code}} = 12/20 = 3/5$.

Bei den beiden erläuterten Codes handelt es sich um einfache Spezialfälle von so genannten *Block-Codes*, bei denen die Redundanzbits blockweise hinzugefügt werden. Die im Mobilfunk eingesetzten Block-Codes arbeiten nach ähnlichen Prinzipien, sie sind allerdings effizienter, d.h., sie erlauben es bei gegebener Code-Rate, mehr Fehler zu erkennen bzw. zu beheben. Allgemein lässt sich feststellen, dass für eine Fehlerkorrektur eine geringere Code-Rate, d.h. ein höherer Anteil an Redundanz, erforderlich ist als für eine Fehlererkennung.

3.4.3 Methoden der Vorwärtsfehlerkorrektur im Mobilfunk

Faltungscodes

! Außer den bisher beschriebenen Block-Codes kommen in Mobilfunksystemen häufig so genannte Faltungscodes zur Fehlerkorrektur zum Einsatz, die sich – wie in Bild 3.16 illustriert – durch Schieberegister, Multiplikatoren und Summierer realisieren lassen.

Das Bild zeigt den Faltungscodierer der Code-Rate 1/2, der beim Fehlerschutz für den Sprachkanal im GSM-System verwendet wird.

Vor Beginn der Codierung sind die Schieberegister alle mit Nullen vorbesetzt. Dann wird schrittweise im Bittakt T der Informationsbitstrom von links in das Register R1 geschoben, wobei sich der Inhalt von R1 nach R2, der von R2 nach R3 usw. verschiebt und der Inhalt von R5 entfällt. In jedem Schritt werden die jeweiligen Registerinhalte mit den festen Multiplikatoren multipliziert und in der gezeichneten Weise zu den Summen S1 und S2 aufaddiert (Modulo-2-Addition). In jedem Informationsbittakt T fallen somit als Ergebnis 2 Bits an, die mittels eines Umschalters abwechselnd im Takt T/2 ausgelesen werden. Der codierte Bitstrom hat also in diesem Fall die doppelte Rate des Informationsbitstroms, die Code-Rate ist also 1/2. Die in Bild 3.16 aufgeführte Tabelle zeigt für jeden Informationsbittakt den Inhalt der Register R1…R5 und das Ergebnis der Codierung. Die Anzahl der Register nennt man die *Rückgrifftiefe* oder *Constraint Length L*.

Zur Decodierung eines Faltungscodes verwendet man den *Viterbi-Algorithmus*, der z.B.

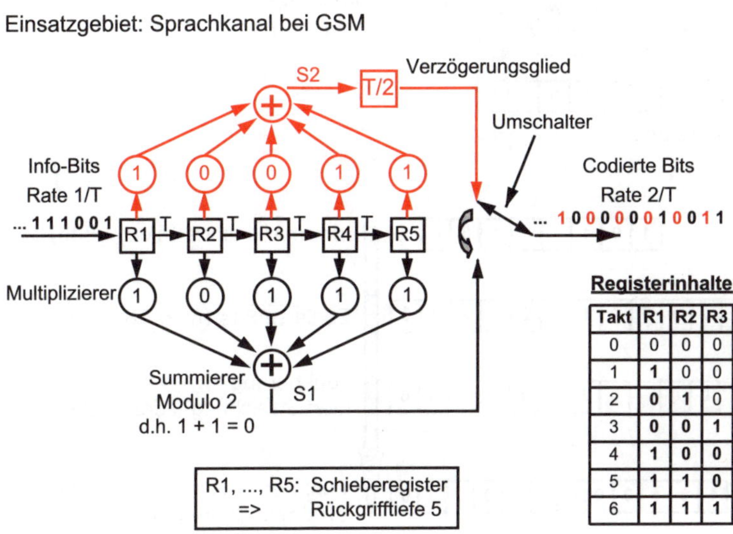

Takt	R1	R2	R3	R4	R5	S1	S2
0	0	0	0	0	0	0	0
1	1	0	0	0	0	1	1
2	0	1	0	0	0	0	0
3	0	0	1	0	0	1	0
4	1	0	0	1	0	0	0
5	1	1	0	0	1	0	0
6	1	1	1	0	0	0	1

Bild 3.16 Beispiel für Faltungscodierer der Code-Rate 1/2

ausführlich in [21] und [5] dargestellt ist. Um die weiteren Ausführungen in diesem Buch zu verstehen, ist keine detaillierte Kenntnis dieses Algorithmus, sondern nur das Wissen um die folgende Eigenschaft eines Faltungscodes erforderlich:

Ein Informationsbit b durchläuft L Register und hat – bei einer Code-Rate 1/2 – somit einen Einfluss auf die Werte von $2 \cdot L$ Bits am Ausgang des Faltungscodierers; der Wert eines Informationsbits ist also auf $2 \cdot L$ codierte Bits verteilt (Bild 3.17). Treten bei einer Übertragung dieser $2 \cdot L$ codierten Bits nur einige wenige Fehler auf, so kann der Faltungsdecodierer das betrachtete Informationsbit b aus der Kenntnis der anderen – mehrheitlich korrekt empfangenen – codierten Bits rekonstruieren. Bei einer längeren Störung, die mehr als die $2 \cdot L$ codierten Bits betrifft, ist eine erfolgreiche Decodierung der jeweiligen Informationsbits nicht mehr möglich.

! Faltungscodes arbeiten effizient bei Einzelfehlern. Bündelfehler kann der Decoder nicht beheben.

Anmerkung
Ein stärkere Faltungscodierung, z. B. die Code-Rate 1/3, kann man erzielen, indem man 3 Multiplikatorensätze und 3 Summierer verwendet. Für jedes Informationsbit ergeben sich dann 3 codierte Bits, also eine hohe Redundanz.

Punktierung von Faltungscodes

! In einigen noch zu diskutierenden Fällen kann es auch ratsam sein, einen Faltungscode abzuschwächen, d. h. seine Code-Rate etwas zu erhöhen. Dies geschieht üblicherweise durch eine so genannte Punktierung des Codes, bei der einige der codierten Bits gestrichen werden (Bild 3.18).

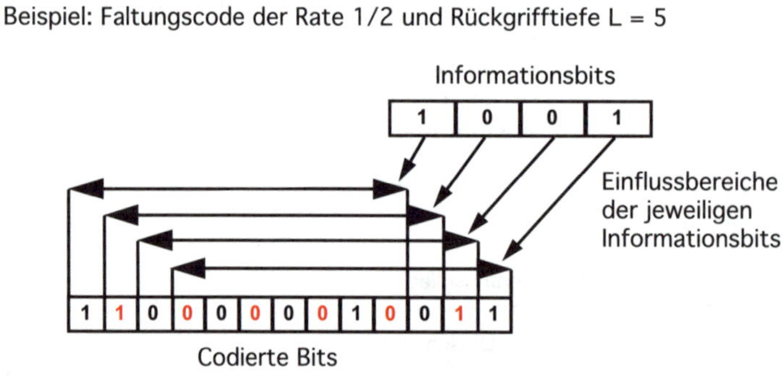

Bild 3.17
Illustration des Einflussbereiches bei einer Faltungscodierung

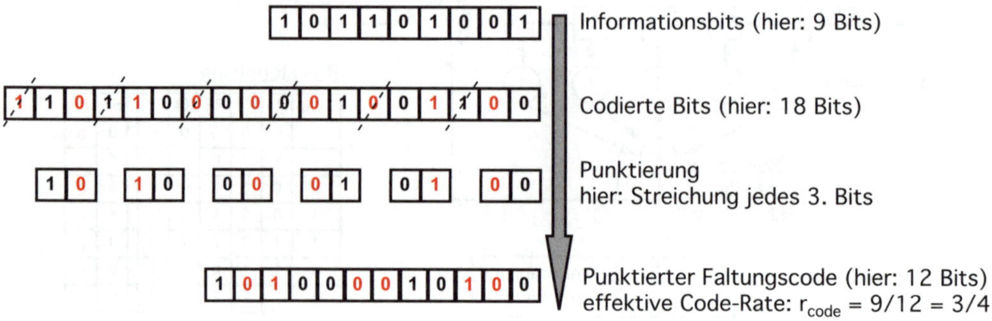

Bild 3.18 Punktierung eines Faltungscodes

So erhält man beispielsweise aus einem Faltungscode der Rate 1/2 einen Code der Rate 2/3 bzw. 3/4, indem man jedes 4. bzw. jedes 3. codierte Bit streicht. Solche Codes der Rate 2/3 und 3/4 werden z.B. im GSM-System bei der Paketdatenübertragung eingesetzt (siehe Abschnitt 5.5.4.2).

Codierungsgewinn durch Faltungscodes

Durch den Einsatz Fehler korrigierender Codes ist es möglich, eine vorgegebene Bitfehlerrate schon bei geringeren Werten des Nutz-/zu-Störleistungs-Verhältnisses CIR zu unterschreiten. Durch die verbesserte Störfestigkeit lassen sich Kanäle dichter packen und häufiger wiederverwenden. Andererseits müssen für die Codierung zusätzliche Bits übertragen und somit moduliert werden. Bei fester Informationsbitrate r_b steigt also der Bandbreitenbedarf B, und daher sinkt die spektrale Effizienz ε_S mit der Code-Rate r_{code}. Bei einer BPSK-Modulation gilt:

$$\varepsilon = \frac{r_{code} \cdot r_b}{B} = r_{code} \frac{\text{bit/s}}{\text{Hz}} = r_{code} \frac{\text{kbit/s}}{\text{kHz}} \qquad \text{(Gl. 3.5)}$$

Bild 3.19 soll einen Eindruck vermitteln, um welchen Betrag sich das erforderliche CIR reduzieren, d.h. um welchen Betrag sich die Störfestigkeit steigern lässt. Ferner zeigt es den Zusammenhang zwischen Störfestigkeit und spektraler Effizienz. Die Werte für die verschiedenen Faltungscodes wurden aus Angaben in [5] ermittelt.

Turbo-Codes

Turbo-Codes werden seit einigen Jahren intensiv untersucht – zunächst in der Fachliteratur (siehe z.B. [23], aber auch im Zusammenhang mit der UMTS-Standardisierung, denn sie liefern i.Allg. deutlich höhere Codierungsgewinne als die herkömmlichen Faltungscodes. Bei Turbo-Codes werden 2 Codes auf eine bestimmte Art miteinander verwoben [19; 21; 24]. Bei der Decodierung bezüglich des ersten Codes fallen Hilfsinformationen an, die der Decodierer bezüglich des 2. Codes Gewinn bringend verwenden kann. Der 2. Decodierer produziert dabei seinerseits Hilfsinformationen, die wiederum der 1. Decodierer für einen weiteren verbesserten Decodierungsversuch nutzen kann. Dieser Vorgang lässt sich mehrmals wiederholen, bis eine weitgehende Fehlerfreiheit erzielt ist.

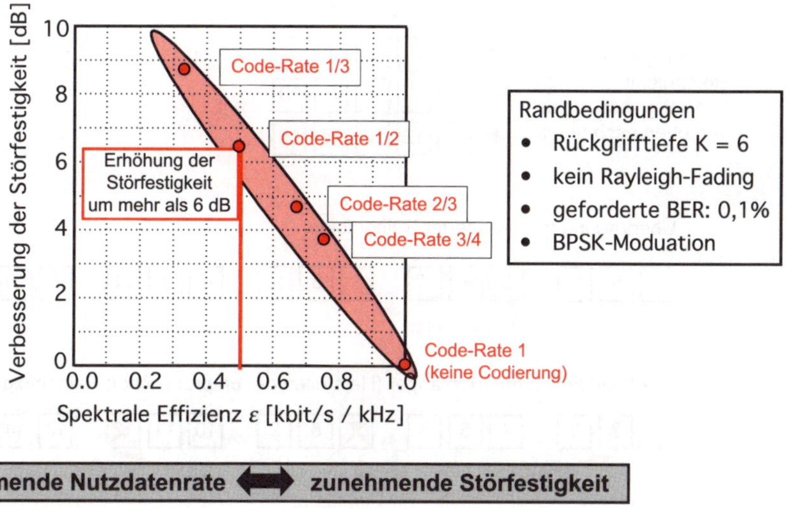

Bild 3.19 Codierungsgewinn durch Faltungscodes

Da die Verwendung von Turbo-Codes vor allem bei großen Datenblöcken effektiv ist und damit große Verzögerungszeiten bei der Übertragung mit sich bringt, ist ihr Einsatz vor allem bei hochratigen Datendiensten, nicht jedoch bei der Sprachübertragung ratsam.

3.4.4 Interleaving

Die vorgestellten Methoden der Fehlererkennung und -korrektur arbeiten nur dann effizient, wenn es sich bei den Fehlern um Einzelfehler handelt. Im Mobilfunk treten jedoch aufgrund des Kurzzeitschwunds vorwiegend Bündelfehler auf, wie die folgende Überschlagsrechnung zeigt:

Bei einer Frequenz von f = 2 GHz beträgt die Wellenlänge λ = 15 cm, der Abstand zwischen 2 Einbrüchen also etwa 7,5 cm = 75 mm. Bei einer Geschwindigkeit von 54 km/h = 15 m/s = 15 mm/ms benötigt eine MS für diese Strecke also 5 ms. Die Dauer eines Pegeleinbruchs um 10 dB und mehr beträgt ca. 0,5 bis 1 ms (vgl. Abschnitt 2.6.3). In dieser Zeit werden dann bei einer Bitdauer von 1 µs 500 bis 1000 Bits übertragen, bei denen die Gefahr einer Fehlerhäufung groß ist. Ohne Zusatzmaßnahmen können diese Bündelfehler nicht korrigiert werden.

! Um Bündelfehler zu vermeiden, verwendet man die Methode des Interleaving. Dazu sortiert der Sender – z. B. wie in Bild 3.20 für ein einfaches Beispiel gezeigt – einen Block von Nutz- und Redundanzbits um. Wird nun nur ein Stück dieses Blocks zerstört, so verteilen sich die bei der Übertragung noch zusammen liegenden Bitfehler nach dem Zurücksortieren am Empfänger auf den gesamten Block. Aus Bündelfehlern werden Einzelfehler, die der Decodierer am Empfänger beheben kann.

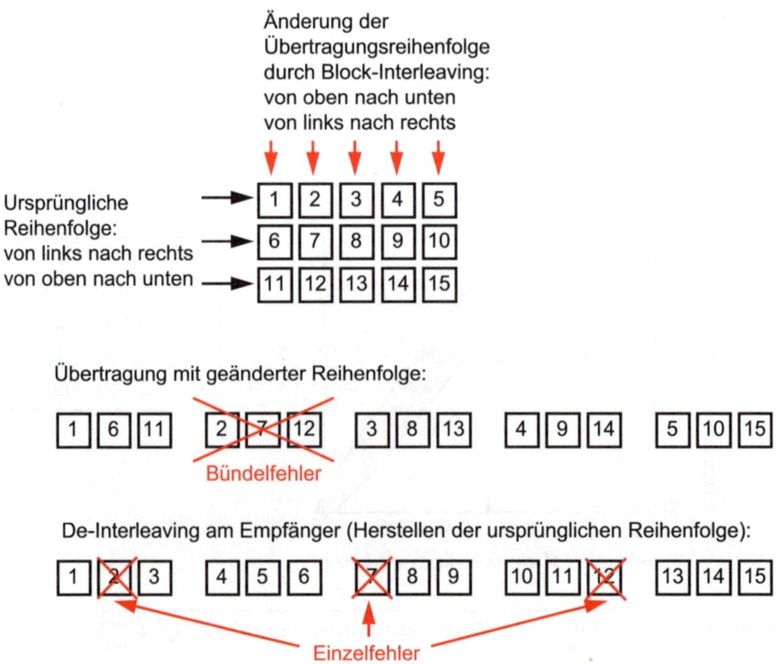

Bild 3.20 Illustration des Interleavings

> ! Die Länge des Blocks, über den die Umsortierung vorgenommen wird, heißt *Interleaving-Tiefe*. Je größer die Interleaving-Tiefe, desto besser werden die Bits durchmischt und desto wirkungsvoller ist damit das Interleaving. Andererseits kommt es durch das Interleaving zu einer Verzögerung bei der Übertragung.

Durch Umsortieren kann ein Bit vom Anfang des Blocks an das Ende geraten. Bei Sprach- und Videodiensten führen zu große Verzögerungen zur Beeinträchtigung der Übertragungsqualität. Daher wird die Interleaving-Tiefe z.B. bei Sprachdiensten auf 40 ms und weniger begrenzt.

Dies begrenzt jedoch auch die Wirksamkeit des Interleaving – gerade bei langsamen Mobilteilnehmern (Bild 3.21). Ein Fußgänger, der sich mit 1 m/s = 1 mm/ms bewegt, legt in 40 ms gerade 4 cm zurück. Er kann also für einen Großteil eines Interleaving-Blocks einen starken Pegeleinbruch erfahren, so dass nahezu der gesamte Block fehlerhaft wird und nicht mehr korrigiert werden kann. Um auch in solchen Situationen Abhilfe zu schaffen, werden Frequenzsprungverfahren (engl.: *frequency hopping*) eingesetzt. Verschiedene Teile eines Interleaving-Blocks werden auf unterschiedlichen Frequenzen übertragen (Bild 3.22). Da sich die Funkwellen bei verschiedenen Wellenlängen anders überlagern, kann der Teilnehmer bei einer Frequenz einen Einbruch, bei einer anderen Frequenz eine Verstärkung des Pegels erfahren. Somit werden höchstens Teile eines Interleaving-Blocks zerstört, Fehler werden verteilt und können korrigiert werden.

> ! Im Mobilfunk treten vorwiegend Bündelfehler auf. Um sie zu vermeiden, verwendet man die Methode des Interleaving sowie Frequenzsprungverfahren.

Betrachtet man z.B. die Sprachübertragung in GSM bei einem Nutz-/zu-Störleistungs-Verhältnis von CIR = 9 dB, so lassen sich durch die geschilderten Maßnahmen zur Vorwärtsfehlerkorrektur und zum Interleaving die Bitfehlerraten von einigen Prozent auf ein erträgliches Maß von einigen Promille reduzieren.

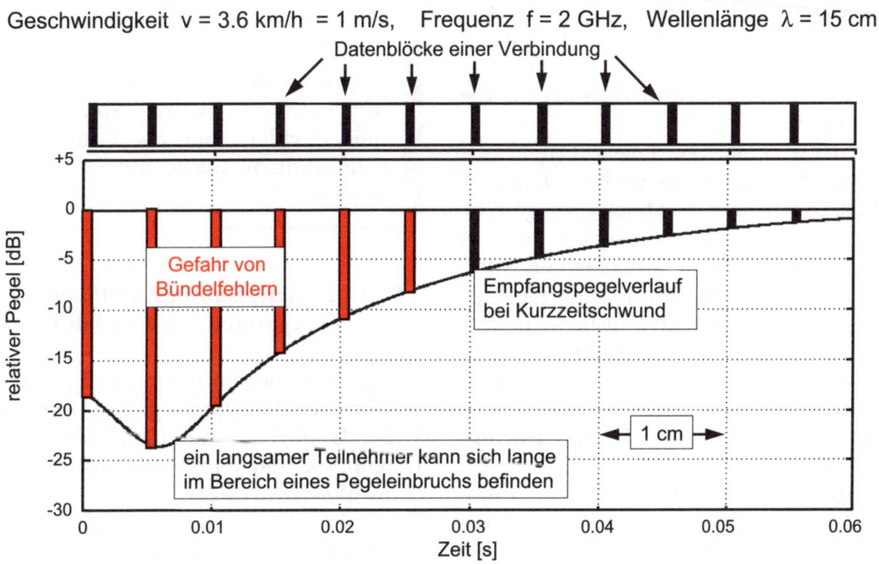

Bild 3.21 Bündelfehler durch Kurzzeitschwund

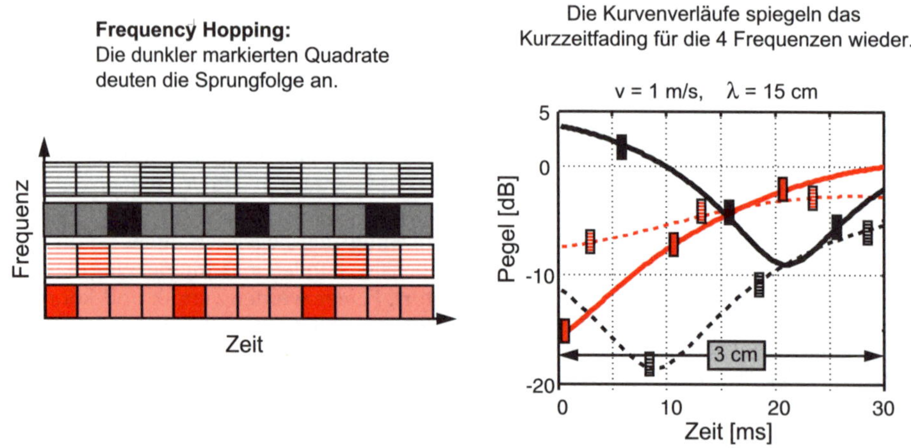

Bild 3.22 Durchmischung des Kurzzeit-Fadings durch Frequency Hopping

Diesen akzeptablen Wert für die Störfestigkeit erkauft man – wie bereits erwähnt – durch einen erhöhten Bandbreitenbedarf bzw. durch eine sinkende spektrale Effizienz.

3.4.5 ARQ-Verfahren

Effizienter bei der Ausnutzung des Frequenzspektrums sind die ARQ-Verfahren. Bei ihnen wird ein Datenblock mit einem Fehler korrigierenden Blockcode versehen. Wie das Beispiel aus Abschnitt 3.4.2 gezeigt hat, sind zur zuverlässigen Fehlererkennung deutlich weniger Redundanzbits erforderlich als für die Fehlerkorrektur.

Hat der Empfänger einen Datenblock als fehlerhaft erkannt, so fordert er diesen nochmals vom Sender an. Durch etwaige Wiederholungen von Datenblöcken kommt es zwar zu einer Reduktion der effektiven Nutzdatenrate, doch tritt diese nur bei schlechten Empfangsbedingungen und nicht ständig – wie bei der Vorwärtsfehlerkorrektur – auf: Der Anteil an zusätzlichen zu sendenden Daten für die Fehlerbehebung passt sich also gewissermaßen automatisch den Empfangsbedingungen an.

Allerdings kann es durch die Wiederholungen zu unkalkulierbaren Verzögerungen kommen. Daher werden diese Verfahren nicht bei der Sprachübertragung, sondern nur bei Datendiensten angewandt, die solche Verzögerungen tolerieren.

> **!** Effizienter bei der Ausnutzung des Frequenzspektrums sind die ARQ-Verfahren. Bei ihnen wird ein Datenblock mit einem Fehler korrigierenden Blockcode versehen. Hat der Empfänger einen Datenblock als fehlerhaft erkannt, so fordert er diesen nochmals vom Sender an. Allerdings kann es durch die Wiederholungen zu unkalkulierbaren Verzögerungen kommen. Daher werden diese Verfahren nicht bei der Sprachübertragung, sondern nur bei Datendiensten angewandt, die solche Verzögerungen tolerieren.

3.4.5.1 Fehlererkennung und -korrektur in hybriden ARQ-Verfahren

In Mobilfunknetzen treten häufig starke Störungen der Übertragung auf, so dass die Wahrscheinlichkeit für einen fehlerbehafteten Datenblock und damit die Anzahl erforderlicher Wiederholungen hoch ist. Falls Datenblöcke im Mittel mehr als einmal wiederholt werden müssen, so ist eine Vorwärtsfehlerkorrektur bei einer Code-Rate 1/2 effektiver.

> **!** Um die Übertragung zu optimieren, setzt man in Mobilfunksysteme vielfach eine Kombination aus Vorwärtsfehlerkorrektur und ARQ-Verfahren ein, die man hybrides ARQ-Verfahren nennt.

Von den hybriden ARQ-Verfahren gibt es verschiedene Formen [3], die zunehmend in den heutigen und zukünftigen Mobilfunksystemen ihre Anwendung finden.

Grundform des hybriden ARQ

In der Grundform des hybriden ARQ-Verfahrens gibt es einen Fehler korrigierenden Faltungscode einer festen Code-Rate. Der Faltungsdecoder versucht etwaige Übertragungsfehler weitgehend zu beheben. Sollten einige Restfehler verbleiben, so erkennt dies der Blockdecoder. Er verwirft den fehlerhaften Block und fordert ihn erneut vom Sender an (Bild 3.23).

Hybrides ARQ und Link Adaption

Bei dieser Form kann – abhängig von den aktuell ermittelten Empfangsbedingungen – einer von mehreren Faltungscodes für die Übertragung des jeweiligen Datenblocks ausgewählt werden: Bei schlechten Bedingungen wählt der Sender eine niedrige, bei guten Bedingungen eine hohe Code-Rate. Es wird also eine automatische Anpassung (engl.: *adaption*) der Verbindung (engl.: *link*) bzw. der Übertragungsparameter an die Empfangsbedingungen vorgenommen.

Hybrides Typ-II-ARQ und Incremental Redundancy

Als Fehler korrigierenden Code verwendet man bei diesem Verfahren einen punktierten Faltungscode. Stellt der Blockdecoder nach der Vorwärtsfehlerkorrektur verbliebene Restfehler fest, so wird zunächst nicht der gesamte Datenblock nochmals gesendet, sondern einige der punktierten Bits, also zusätzliche Redundanzbits. Dem Faltungsdecoder bieten sich somit bessere Möglichkeiten zur Fehlerkorrektur. Das Nachliefern der punktierten Bits kann in mehreren Schritten erfolgen; eventuell ist auch eine komplette Wiederholung des Blocks erforderlich. Der wesentliche Punkt besteht bei diesem Verfahren darin, dass die Bits des ursprünglich gesendeten Blocks im Fehlerfall nicht verworfen, sondern mit den nachgelieferten Bits kombiniert werden.

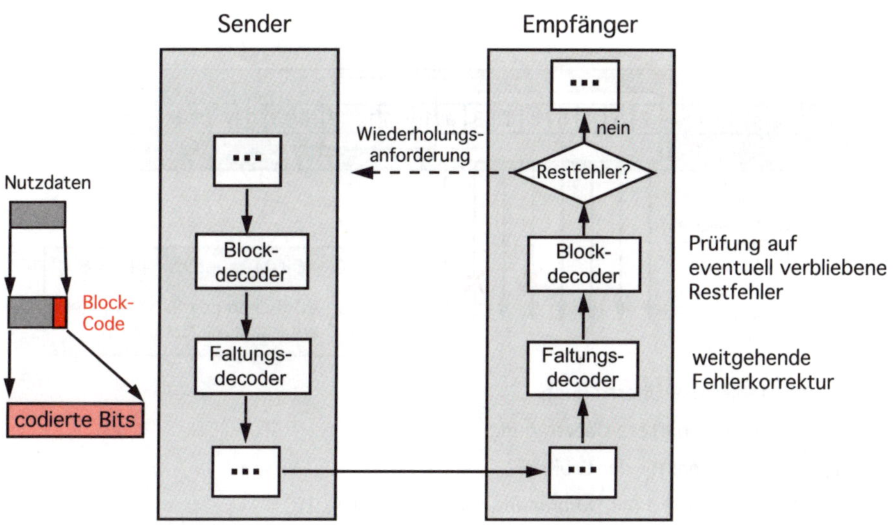

Bild 3.23 Hybrides ARQ-Verfahren

3.4.5.2 Protokolle für die Wiederholung fehlerhafter Datenblöcke

Stop-and-Wait-Protokoll

Bei diesem Verfahren muss der Empfänger nach jedem empfangenen Datenpaket eine Quittung zurückschicken: sowohl beim fehlerfreien Empfang als positive Bestätigung (engl.: *acknowledgement*, Abk. ACK) als auch im Fehlerfall als negative Bestätigung (*negative acknowledgement*, Abk. NACK). Bei Empfang einer NACK-Meldung wiederholt der Sender das zuletzt gesendete Paket. Ein neues Datenpaket darf der Sender erst dann schicken, wenn er für das aktuelle Paket ein ACK erhalten hat.

Da auch ACK- und NACK-Meldungen mit Fehlern behaftet sein bzw. verloren gehen können, gibt es beim Sender einen Zeitgeber (engl.: *timer*): Sollte nach Ablauf einer bestimmten Zeit weder eine ACK- noch eine NACK-Meldung eingetroffen sein, so geht der Sender von einem Fehlerfall aus und wiederholt das zuletzt gesendete Paket. Falls die Verbindung so sehr gestört ist, dass für ein Paket eine maximal erlaubte Anzahl von Wiederholungen überschritten wird, so beendet der Sender die Verbindung.

Das Stop-and-Wait-Protokoll stellt zwar den einfachsten ARQ-Mechanismus dar [3; 4], ist aber im Hinblick auf den Datendurchsatz nicht sonderlich effizient, da der Sender nach jedem Paket auf eine Bestätigung warten muss. In dieser Hinsicht bieten die folgenden beiden Protokolle Vorteile:

Fensterverfahren

Bei diesem Verfahren kann der Sender mehrere Datenpakete hintereinander senden, ohne auf eine Bestätigung warten zu müssen. Die maximale Anzahl von Datenpaketen, die vorübergehend unbestätigt bleiben kann, ist durch die so genannte *Sendefenstergröße* festgelegt (Bild 3.24). Nach Erhalt einer gewissen Zahl von Datenpaketen schickt der Empfänger eine ACK- bzw. NACK-Meldung zurück.

Diese Meldung enthält mit der so genannten *Empfangsfolgenummer* N(R) die Nummer des Pakets, das sich durch folgende Bedingung auszeichnet:

Sowohl dieses Paket selbst als auch alle vorhergehenden Pakete, die seit der letzten

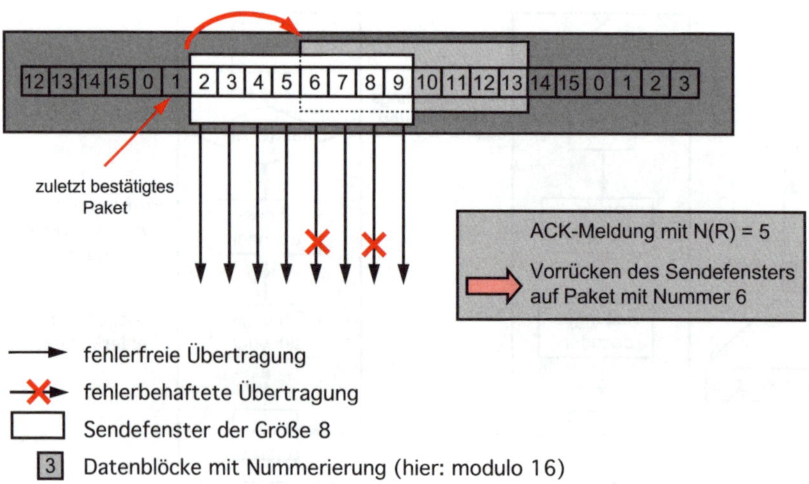

Bild 3.24 Illustration der Fensterverfahren

Bestätigung eingetroffen sind, waren fehlerfrei.

Der Sender rückt daraufhin den Anfang seines Sendefensters auf das Paket mit der Nummer N(R) + 1 vor und kann nun die Pakete in dem neuen Fensterbereich, der in dem Beispiel aus Bild 3.24 sowohl 4 alte als auch 4 neue Pakete umfasst, senden.

Der Hauptvorteil dieses Verfahren besteht darin, dass sich mit einer ACK-Meldung, die nur eine Nummer als Information enthalten muss, gleich mehrere Datenpakete bestätigen lassen. Allerdings kann es vorkommen, dass – wie in Bild 3.24 gezeigt – auch fehlerfrei empfangene Datenpakete wiederholt werden müssen [3; 4].

Selektive ARQ-Protokolle

Die Wiederholung fehlerfreier Pakete lässt sich nur vermeiden, wenn man in der ACK-Meldung detailliert angibt, welche Pakete fehlerfrei empfangen wurden und welche nicht. Die ACK-Meldungen bekommen dadurch allerdings einen größeren Umfang und einen etwas komplizierteren Aufbau. Die zugehörigen Wiederholmechanismen nennt man selektive ARQ-Protokolle.

3.5 Sprachcodierung

Bei der digitalen Übertragung von Sprachsignalen verwendet man zwei verschiedene Prinzipien [5; 25; 26].

Bei der Pulse Code Modulation PCM [6], die z. B. im ISDN eingesetzt wird und die die Basis für die Sprachübertragung im DECT-System bildet, tastet man das Sprachsignal mit einer Rate vom 8 kHz ab, so dass alle 125 µs ein Abtastwert anfällt, der anschließend quantisiert, d. h. in eine von 2^8 = 256 Stufen eingeteilt wird. Insgesamt ergibt sich also für dieses Verfahren eine Sprachbitrate von 8 bit/125 µs = 64 kbit/s.

In Mobilfunksystemen kommt es – wie bereits erwähnt – besonders auf eine sehr effiziente Übertragung der Sprache an. Daher greift man i. Allg. auf Techniken zurück, die eine akzeptable Sprachqualität bei deutlich niedrigeren Datenraten bieten. Dazu modelliert man die Erzeugung der menschlichen Sprache durch Anregungskoeffizienten und parametrisierbare Filter (Bild 3.25). Aus den übertragenen Anregungs- und Filterkoeffizienten lässt sich dann am Empfänger das Sprachsignal rekonstruieren.

Der ursprünglich für den GSM-Standard spezifizierte so genannte *Full Rate Codec* liefert eine Sprachdatenrate von 13 kbit/s (nur etwa $^1/_5$ der ISDN-Sprachdatenrate!); der später spezifizierte *Half Rate Codec* kommt zwar bei etwa gleicher Sprachqualität sogar mit nur 5,6 kbit/s aus, doch zielen die heutigen und zukünftigen Entwicklungen eher darauf ab, bei einer Sprachbitrate von etwa 10 kbit/s die Sprachqualität deutlich zu steigern (siehe Abschnitt 5.2.2).

Berücksichtigt man, dass die Sprachbits normalerweise durch einen Fehler korrigierenden Code (Code-Rate ca. 1/2) geschützt werden, so ist zur Übertragung eines Sprachsignals im Mobilfunk etwa eine Datenrate von 20 bis 30 kbit/s erforderlich.

3.6 Signalspreizung

Wie in Abschnitt 2.6 erläutert, können sich die Funkwellen bei der Mehrwegeausbreitung so ungünstig überlagern, dass erhebliche Einbrüche des Empfangspegels entstehen, die stark frequenzabhängig sind.

Eine Mittelung des Signals über einen größeren Frequenzbereich und somit eine Reduktion dieser Kurzzeit-Fading-Einbrüche lässt sich durch eine breitbandige Übertragung erreichen.

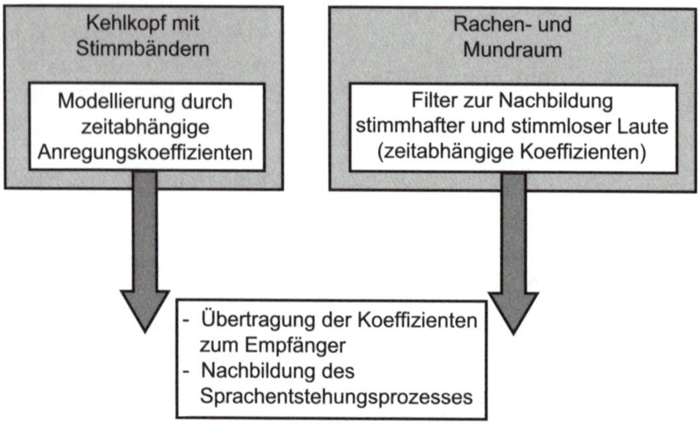

Bild 3.25 Das Prinzip der Spracherzeugung und -nachbildung

Dazu verwendet man in einigen Systeme, wie z. B. im GSM-Standard, Frequenzsprungverfahren und in anderen Systemen, wie im UMTS, die Signalspreiztechnik, die in diesem Abschnitt anhand einer Sprachübertragung beschrieben wird. Ausführliche Darstellungen findet man z.B. in [5; 17; 27; 28 und 29].

Wie in Abschnitt 3.5, erläutert, ist für die Übertragung von Sprache inklusive Fehlerschutz eine Datenrate von etwa 20 bis 30 kbit/s erforderlich. Ohne Spreiztechnik würde beispielsweise eine BPSK-Modulation zu einer Übertragungsbandbreite von 30 kHz führen, die bei den meisten Funkausbreitungsbedingungen als schmalbandig anzusehen ist. Um das digitale Datensignal *d* vor der Modulation zu spreizen, multipliziert man es mit einem so genannten *Codesignal c* (Bild 3.26).

Als Codesignal verwendet man

- zum einen so genannte *Pseudo-Noise-Sequenzen* oder *Scrambling Codes* (Bild 3.27), also quasizufällige Folgen von «–1» und «+1», die sich durch spezielle Algorithmen bilden lassen, und
- zum anderen orthogonale Codes für die variable Spreizung (Orthogonal Variable Spreading Factor Codes, OVSF-Codes), die in Abschnitt 4.2.3 näher erläutert werden.

Um die Codefolgen *c* von der eigentlichen Folge *d* von Datenbits, die in Bild 3.28 ebenfalls als «–1» und «+1» dargestellt sind, sprachlich zu unterscheiden, nennt man die «–1» und «+1» des Codesignals *Chips*.

Die Chip-Rate r_{chip} [Chip/s] wird i. Allg. deutlich größer als die Bit-Rate r_{bit} [Bit/s] ge-

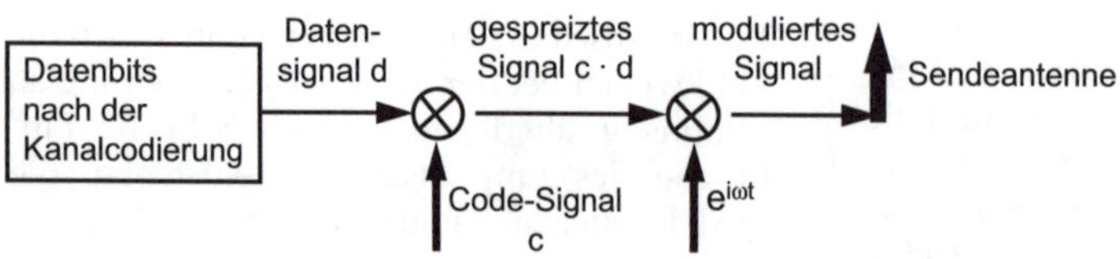

Bild 3.26 Spreizung eines Signals

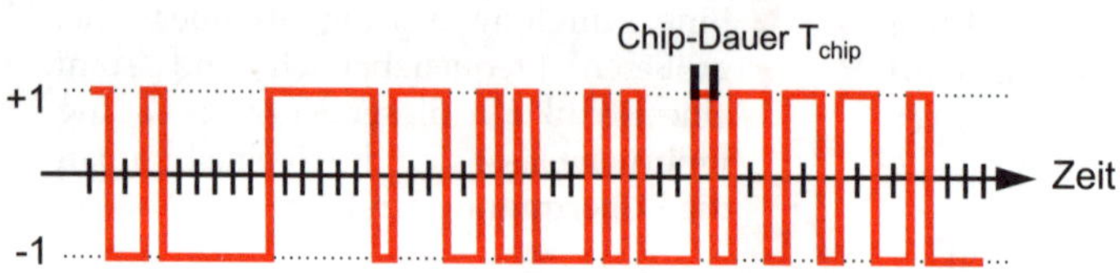

Bild 3.27 Illustration eines Codesignals

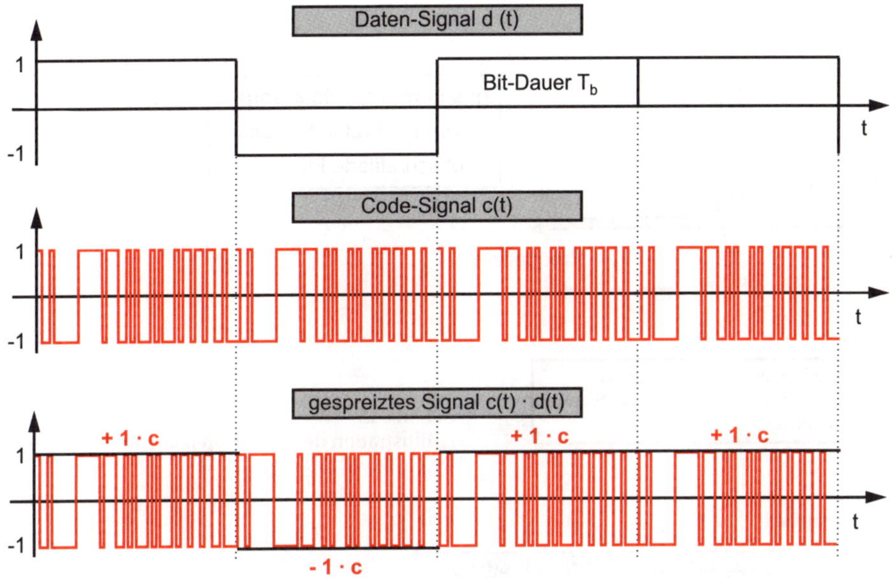

Bild 3.28 Illustration des Sendevorgangs beim Codemultiplex

wählt; im UMTS-Standard beträgt sie 3,84 Mchip/s.

Das Verhältnis

$$SF = r_{chip}/r_{bit} = T_{bit}/T_{chip}$$

nennt man den *Spreizfaktor*, die logarithmierte Größe G_{sp} in dB den *Spreizungsgewinn*:

$$G_{sp}\,[\text{dB}] = 10 \cdot \log SF$$

Zu beachten ist, dass r_{bit} die Bitrate direkt vor der Spreizung, also nach der Kanalcodierung, ist und somit auch die Redundanzbits enthält.

Für das Beispiel mit $r_{bit} = 30$ kbit/s und $r_{chip} = 3{,}84$ Mchip/s erhält man SF = 128 = 2^7 und somit $G_{sp} = 21$ dB.

Anmerkung
Beim UMTS fasst man im Downlink – wie bei einer QPSK – vor der Spreizung 2 Bits zu einem Symbol zusammen. Der Spreizfaktor ergibt sich in diesem Fall als SF = r_{sym}/r_{chip} = $^1/_2\, r_{bit}/r_{chip}$, wobei r_{sym} die Symbolrate ist (vgl. Abschnitt 6.5.3.2).

Der Name Spreizfaktor rührt daher, dass die Multiplikation mit dem Codesignal der hohen Chiprate im Frequenzbereich zu einer Spreizung des ursprünglichen Signals führt (Bild 3.29), d.h., die Signalleistung wird auf einen größeren Bereich verteilt – bei gleich bleibender Gesamtleistung sinkt die spektrale Leistungsdichte. Für das Verhältnis der Signalbandbreiten des gespreizten und des Datensignals gilt daher:

$$B_s/B_d \approx r_{chip}/r_{bit} = SF$$

Das Übertragungsverfahren bezeichnet man auch als Direct Sequence Spread Spectrum (DSSS).

Bei der Übertragung ist das gespreizte Signal deutlicher weniger anfällig gegen das orts- und frequenzabhängige Kurzzeit-Fading. Am Empfänger erfolgt die Entspreizung, indem man das demodulierte Signal unter Berücksichtigung der Signallaufzeit τ mit dem gleichen Code signal wie beim Senden multipliziert (Bild 3.30).

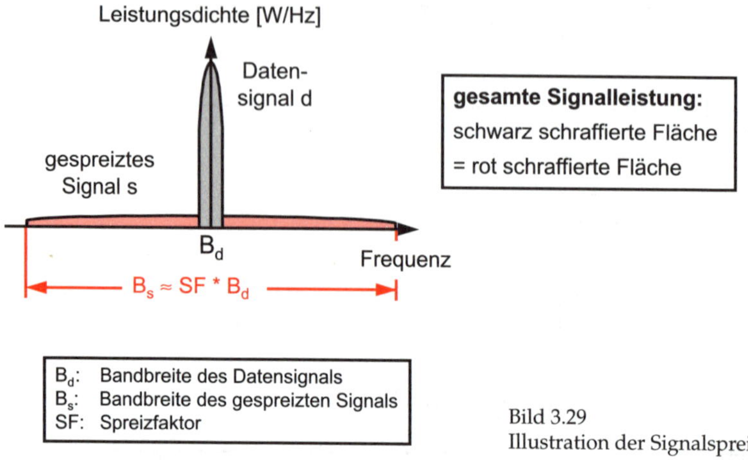

Bild 3.29
Illustration der Signalspreizung im Frequenzbereich

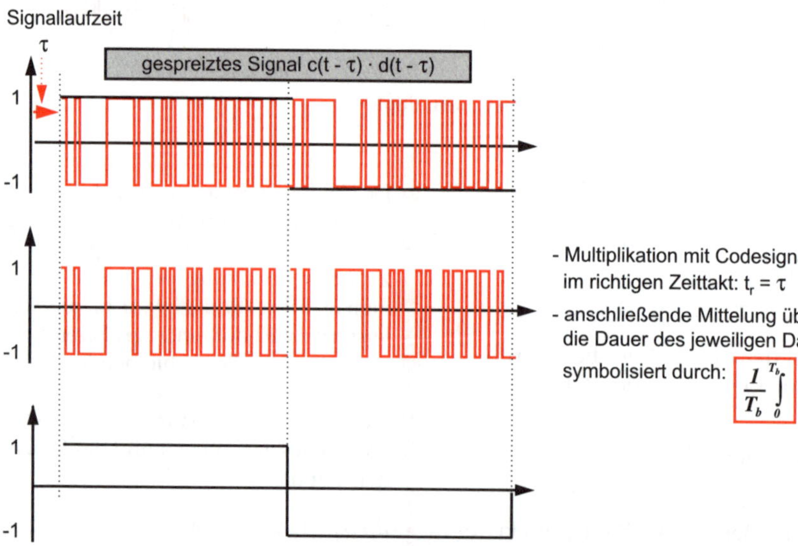

Bild 3.30 Entspreizung des Signals

Erfolgt die Multiplikation im richtigen Zeittakt (chipsynchron), so erhält man das ursprüngliche Datensignal zurück, denn es gilt $c(t) \cdot c(t) = 1$. In einem Mobilfunknetz treten jedoch Störungen durch andere Teilnehmer sowie Abweichungen von der idealen Synchronität auf. Um die damit verbundenen negativen Auswirkungen zu reduzieren, mittelt man das Ergebnis der Multiplikation noch jeweils über die Dauer des betrachteten Bits.

> **!** Die Verknüpfung der Codesignal-Multiplikation mit der anschließenden Mittelung bezeichnet man auch als *Korrelator*.

Zu beachten ist, dass es wegen der in Abschnitt 2.6 diskutierten Mehrwegeausbreitung nicht nur eine Signallaufzeit, sondern mehrere verschiedene gibt. Dementsprechend muss es im Empfänger auch mehrere Korrelatoren geben (in konkreten Realisierungen sind es ca. 4), die sich auf die jeweils stärksten Signalpfade und die zugehörigen Laufzeiten einstellen (Bild 3.31). Bei der Suche nach den Zeitpunkten für die Multiplikation mit dem Codesignal, die zu den besten Empfangsbedingungen führen, orientiert man sich an einem so genannten Pilotkanal, der ein bekanntes Signal transportiert. Anhand des empfangenen Pilotsignals lässt sich eine Kanalschätzung durchführen, d.h., man kann die aufgetretenen Phasenverschiebungen, Laufzeiten und Signaldämpfungen bestimmen.

> Die durch die einzelnen Korrelatoren gewonnenen entspreizten Signale werden in einem Maximum-Ratio-Combining-Verfahren, wie es in Abschnitt 2.6.4.3 im Zusammenhang mit der Antennendiversität diskutiert wurde, kombiniert.
>
> Die Empfängerstruktur gleicht einer Harke (engl.: *rake*), bei der jeder Zinken einen Teil der Signalenergie einsammelt. Aus diesem Bild stammt die Bezeichnung *RAKE-Empfänger* für die gesamte Anordnung und *RAKE-Finger* für einen einzelnen Korrelator.

> Im Zusammenhang mit der Spreiztechnik erlaubt somit der RAKE-Empfänger, die unerwünschten Effekte der Mehrwegeausbreitung, wie die Intersymbol-Interferenz (siehe Abschnitt 2.6.5), zu beseitigen bzw. – durch Kombination der einzelnen Pfade – Gewinn bringend zu nutzen.

Zum Abschluss dieses Abschnitts ist noch einmal ein bereits mehrmals erwähnter zentraler Aspekt der Übertragungstechnik für den Fall der Signalspreizung zu diskutieren, nämlich der Zusammenhang zwischen spektraler Effizienz und Störfestigkeit:

Durch die Spreizung benötigt man naturgemäß eine große Übertragungsbandbreite. Bei dem genannten Beispiel ist sie um den Spreizungsfaktor 128 größer als ohne Spreizung. Die spektrale Effizienz sinkt also um einen hohen Faktor. Umgekehrt erhöht sich jedoch die Störfestigkeit – und damit die Wiederverwendbarkeit von Kanälen – aufgrund zweier Effekte beträchtlich:

- die Ausmittelung des frequenzabhängigen Kurzzeit-Fadings,
- der Spreizgewinn (auch Prozessgewinn genannt).

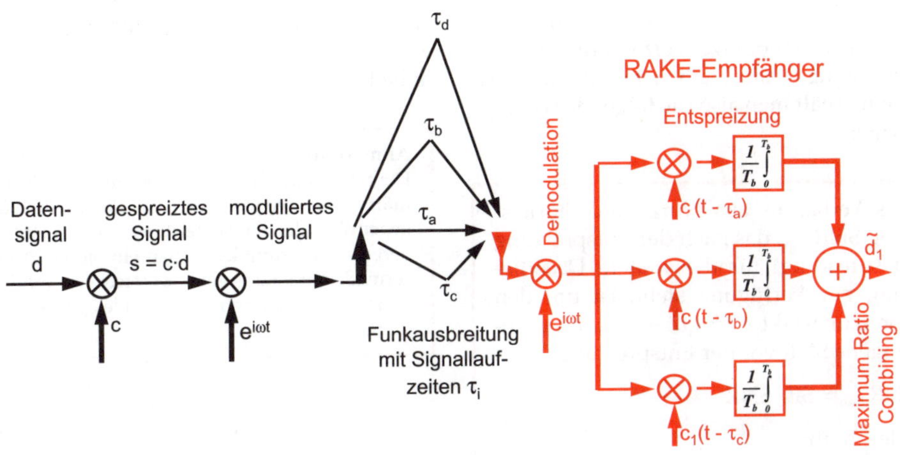

Bild 3.31 Beispiel für einen RAKE-Empfänger mit 3 Korrelatoren, die die Signalenergie zu den 3 stärksten Ausbreitungspfaden a, b und c einsammeln

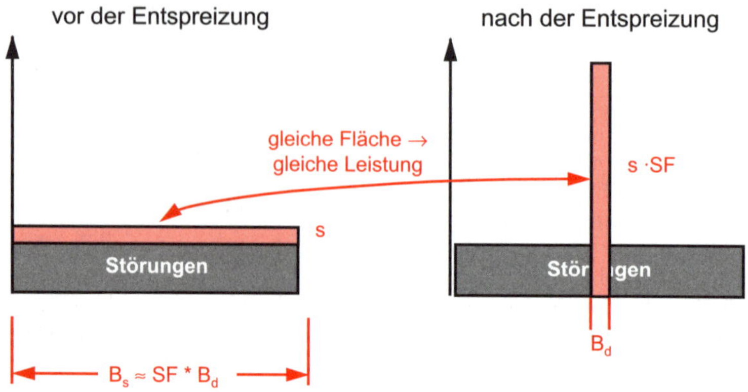

Bild 3.32 Illustration zum Spreizungsgewinn

Der erste Effekt führt abhängig von der Bandbreite und den Ausbreitungsbedingungen zu einem Gewinn von mehreren dB (siehe Abschnitt 2.6.4, Bild 2.17). Der zweite Effekt hängt mit dem noch einmal näher zu diskutierenden Mechanismus der Entspreizung zusammen: Bei der Multiplikation des gespreizten Signals mit dem zugehörigen Codesignal rekonstruiert man das ursprüngliche schmalbandige Datensignal. Dadurch wird die Signalleistung auf einen kleineren Frequenzbereich zusammengezogen (Bild 3.32), d.h., die spektrale Leistungsdichte (Leistung pro Frequenzbandbreite) steigt beträchtlich, und zwar um den Spreizungsfaktor SF. Da eventuelle Störungen jedoch keine Korrelationen mit dem Codesignal besitzen, erfolgt für sie keine Entspreizung – sie bleiben breitbandig. Als Resultat erhält man also die folgende wichtige Aussage:

> Das Verhältnis aus Nutz- und Störleistung SNR_{desp}, das nach der Entspreizung (despreading) für die weitere Decodierung zur Verfügung steht, ist um den Spreizungsfaktor SF größer als das empfangene SNR vor der Entspreizung:
>
> $SNR_{desp} = SF \cdot SNR$
>
> oder in dB:
>
> $SNR_{desp}\,[dB] = G_{sp}\,[dB] + SNR\,[dB]$

Für die Decodierung ist typischerweise ein SNR_{desp} von einigen wenigen dB erforderlich. Betrachtet man z.B. ein SNR_{desp} = 6 dB (entsprechend einem Faktor 4) und SF = 128, so erhält man SNR = 4/128 = 1/32 bzw. SNR = −15 dB. Um eine erfolgreiche Decodierung zu garantieren, darf also die Störleistung um bis zu einem Faktor 32 größer sein als die Signalnutzleistung.

Diese Tatsache nutzt man in einigen Mobilfunksystemen, um mittels der in Abschnitt 4.2.3 zu besprechenden Codemultiplextechnik zahlreiche Verbindungen innerhalb der gleichen Übertragungsbandbreite unterzubringen. Auf diese Weise erzielt man – trotz der zunächst geringen spektralen Effizienz für eine einzelne Verbindung – eine insgesamt hohe Funknetzkapazität.

> **Anmerkung**
> Die Spreiztechnik wurde ursprünglich für militärische Anwendungen entwickelt: Durch die gegenüber der Rauschleistung sehr viel geringere Nutzleistung kann man ein Signal gewissermaßen im Rauschen «verstecken», und es kann nur bei Kenntnis des Codesignals decodiert werden.

4 Funkkanalzuteilung

4.1 Allgemeines

Für jedes Mobilfunksystem ist ein gewisses Frequenzband mit einer Breite von mehreren Megahertz bis zu einigen hundert Megahertz vorgesehen. Daraus sind kleine Portionen zu bilden, die dem Mobilteilnehmer bei Bedarf zugewiesen werden.

Bezüglich der Funkkanalzuteilung ergeben sich daraus mehrere Fragen (Bild 4.1):

- Wie unterteilt man das Frequenzband in einzelne Funkkanäle?
- Wie verteilt man die so gewonnenen Funkkanäle auf die Funkzellen?
- Auf welche Weise erfolgt innerhalb der Funkzelle eine Kanalzuteilung bei einem Verbindungswunsch?

Die erste Frage führt auf die in Abschnitt 4.2 erläuterten Multiplextechniken, die zweite Frage hängt mit der in Abschnitt 7.5.2 näher diskutierten Frequenzplanung zusammen und wird an dieser Stelle daher nur kurz angerissen (Abschnitt 4.3).

Die dritte Frage umfasst drei Teilaspekte:

- das Zugriffsverfahren, d.h. den Mechanismus, mit dem sich die zahlreichen Mobilstationen um die knappen Funkkanäle bewerben (Abschnitt 4.4.1);
- die Kriterien, nach denen bestimmte Funkkanäle für die Zuteilung ausgesucht werden (Abschnitt 4.4.2);
- das Vermittlungsprinzip und die Verbindungsart (Abschnitt 4.4.3), d.h. die Art und Weise, mit der eine Verbindung zwischen 2 Kommunikationspartnern aufgebaut und aufrecht erhalten wird und mit der auszutauschende Daten durch das Kommunikationsnetz geleitet werden.

4.2 Multiplextechniken im Mobilfunk

Jedem Mobilfunksystem ist ein bestimmter Frequenzbereich zugewiesen. Damit in den Mobilfunksystemen viele Teilnehmer gleichzeitig te-

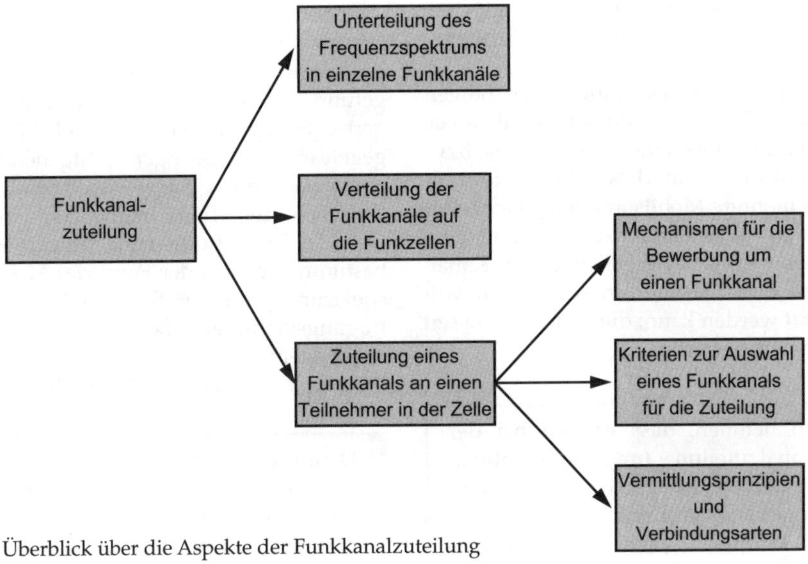

Bild 4.1 Überblick über die Aspekte der Funkkanalzuteilung

lefonieren können, muss dieser gesamte Frequenzbereich in kleinere Portionen, die Funkkanäle, unterteilt werden. Die Art und Weise, wie eine solche Unterteilung vorgenommen wird, bestimmt das Multiplex-Verfahren.

Für den Mobilfunk ist eine Vielzahl von Multiplex-Verfahren von Bedeutung:

- Frequenzmultiplex-Verfahren (Frequency Division Multiplex, FDM),
- Zeitmultiplex-Verfahren (Time Division Multiplex, TDM),
- Codemultiplex-Verfahren (Code Division Multiplex, CDM),
- orthogonales Frequenzmultiplex (Orthogonal Frequency Division Multiplex, OFDM),
- Raummultiplex (Space Division Multiplex, SDM).

All diese Verfahren setzt man in den wichtigen heutigen und für die Zukunft geplanten Mobilfunksystemen in verschiedenen Kombinationen ein. Welche der Verfahren jeweils gewählt werden, richtet sich nach verschiedenen Kriterien wie dem Anwendungsbereich des Systems, der zu übertragenden Nutzdatenrate, den Funkausbreitungsbedingungen sowie der zur Verfügung stehenden Frequenzbandbreite.

Die Zuteilung eines mittels der obigen Multiplex-Verfahren gebildeten Funkkanals verläuft häufig über eine Bewerbungs- bzw. Wettbewerbsphase. In dieser Phase fordern eventuell mehrere Mobilstationen gleichzeitig einen Kanal an (Mehrfachzugriff), und eine Mobilstation erhält schließlich einen Kanal, der während der Verbindungsdauer nur von ihr genutzt werden kann; die anderen müssen sich nochmals bewerben.

Um zu betonen, dass es sich bei der Funkkanalzuteilung um eine Kombination aus einem Mehrfachzugriffsverfahren (engl.: *multiple access scheme*) und einer Spektrumsunterteilung mittels eines Multiplex-Verfahrens handelt, sind die folgenden Bezeichnungen üblich:

- Frequency Division Multiple Access, FDMA,
- Time Division Multiple Access, TDMA,
- Code Division Multiple Access, CDMA,
- Orthogonal Frequency Division Multiple Access, OFDMA,
- Space Division Multiple Access, SDMA.

Ferner stellt sich die Aufgabe, dass Informationen sowohl von der MS zur BS (UL) als auch von der BS zur MS (DL) zu übertragen sind. Die Übertragung in den beiden Richtungen muss auf getrennten Funkkanälen erfolgen.

Die Aufteilung der Funkkanäle in UL- und DL-Kanäle bestimmt das Duplex-Verfahren.

4.2.1 Frequenzmultiplex

Diejenige Multiplextechnik, die bereits von Anfang an in den Mobilfunksystemen eingesetzt wurde, ist das Frequenzmultiplex-Verfahren, das auch in den heutigen Systemen noch eine große Bedeutung hat.

Innerhalb des für das jeweilige Mobilfunksystem zur Verfügung stehenden Frequenzbandes können mehrere Verbindungen gleichzeitig geführt werden, wenn sie verschiedene Trägerfrequenzen verwenden (Bild 4.2). Um die gegenseitigen Störungen weitgehend zu unterdrücken, muss ein gewisser Schutzabstand zwischen den Trägerfrequenzen eingehalten werden. Der resultierende Trägerabstand Δf bestimmt sich aus der Form des Modulationsspektrums und der Störfestigkeit des Übertragungsverfahrens. Bei den analogen Mobilfunksystemen der ersten Generation liegt sein Wert typischerweise im Bereich 10…25 kHz.

Damit ergibt sich beim Frequenzmultiplex eine Aufteilung des gesamten Frequenzspektrums in Teilbänder, die so genannten *Frequenzträger* – oder kurz Trä-

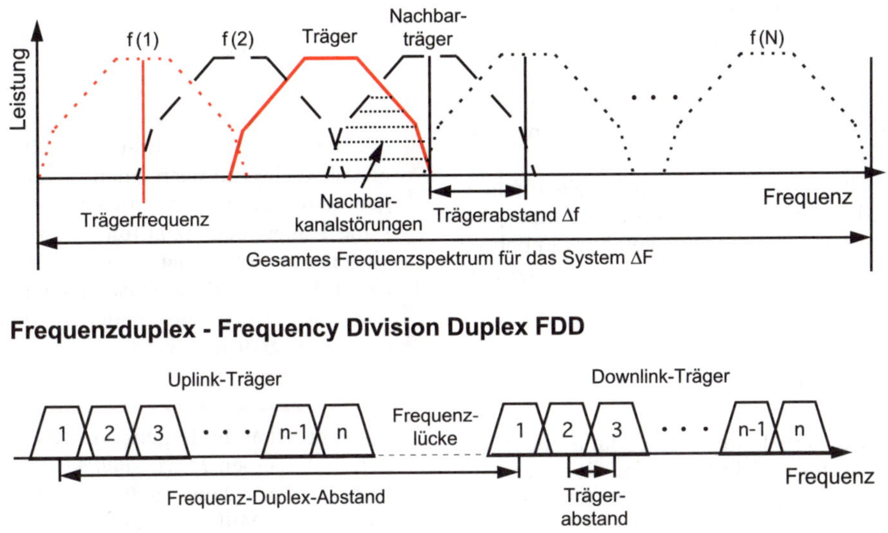

Bild 4.2 Frequenzmultiplex – Frequency Division Multiplex, FDM

ger genannt. Sie werden i. Allg. vom unteren Rand des Spektrums beginnend durchnummeriert:

$f(n) = f(1) + n\,\Delta f \quad n = 1, 2, \ldots \mathrm{N}$

Rein rechnerisch erhält man also für die Gesamtzahl der Träger

$N = \Delta F / \Delta f,$

wobei ΔF das gesamte für das System zur Verfügung stehende Frequenzband ist. In der Realität ist die Zahl jedoch etwas kleiner, da auch Schutzabstände zu benachbarten Frequenzbändern mit anderen Funkanwendungen eingehalten werden müssen.

Anmerkung
Der Trägerabstand liegt zwar in der Größenordnung der in Abschnitt 3.3 diskutierten Modulationsbandbreite, kann aber im Einzelfall etwas davon abweichen. So beträgt z. B. bei GSM die Modulationsbitrate 270 kbit/s, als Trägerabstand wurden 200 kHz gewählt. Wegen der damit verbundenen Überlappung sollten daher in ein und derselben GSM-Funkzelle keine unmittelbar benachbarten Frequenzträger verwendet werden.

Bei Systemen mit reinem Frequenzmultiplex kann auch die Richtungstrennung nur über die Frequenz, also im Frequenzduplex (Frequency Division Duplex, FDD), erfolgen. Für solche Systeme sind i. Allg. 2 Frequenzbänder – mit einer Lücke dazwischen – zugewiesen; eines für den UL und eines für den DL. Den Abstand zwischen dem UL-Träger und dem zugehörigen DL-Träger nennt man den *Duplexabstand*.

$\Delta f_{\mathrm{Duplex}} = f_{\mathrm{UL}}(n) - f_{\mathrm{DL}}(n)$

In heutigen Systemen liegt er typischerweise im Bereich 10…100 MHz, bei den D-Netzen beträgt er z. B. 45 MHz, bei den E-Netzen 95 MHz. Ein solcher Abstand ist erforderlich, damit bei gleichzeitigem Senden und Empfangen an der BS der Sender den eigenen Empfänger nicht stört. Sendepegel liegen im Bereich von 30 dBm, Empfangspegel können im Bereich von −100 dBm liegen. Wenn also wie bei der MS über eine Antenne oder wie bei der BS über nahe beieinander liegende Antennen gesendet und empfangen wird, muss mittels Filter dafür gesorgt werden, dass der Sendepegel im Bereich des Empfangsbandes auf unter –100 dBm gedämpft wird. Bei einer Trägerfrequenz im Bereich von 1 GHz lassen sich solche Filter nur realisieren, wenn der Duplexabstand in den angegebenen Bereich liegt.

Tabelle 4.1 zeigt einige Beispiele für analoge Mobilfunksysteme, die alle Anfang bis Mitte der 80er-Jahre entwickelt bzw. in Betrieb genommen wurden (und zum Teil heutzutage noch in Betrieb sind).

4.2.2 Zeitmultiplex

Mitte der 80er-Jahre wurde dann die Standardisierung und Entwicklung digitaler Mobilfunksysteme vorangetrieben. Bei digitalen Systemen bieten sich zusätzlich zum Frequenzmultiplex noch weitere Verfahren an, um das zur Verfügung stehende Frequenzspektrum in eine Vielzahl einzelner Kanäle zu unterteilen.

4.2.2.1 Prinzip und Realisierungsformen des Zeitmultiplex

! Beim Zeitmultiplex-Verfahren werden die Bitströme von mehreren Verbindungen abwechselnd nach einem regelmäßigen zeitlichen Schema auf eine gemeinsame Trägerfrequenz aufmoduliert; d.h., ein Frequenzträger ist in N aufeinander folgende Zeitschlitze (*time slots*) unterteilt, die jeweils verschiedenen Verbindungen zugeordnet werden.

! Die N aufeinander folgenden Zeitschlitze nennt man einen *TDMA-Rahmen* (*TDMA frame*); seine Dauer beträgt typischerweise einige Millisekunden.

Die Daten einer bestimmten Verbindung werden also alle N Rahmen – d.h. mit der Rahmendauer als Periode – für die Zeitschlitzdauer übertragen. In der dazwischen liegenden Zeit kann das Übertragungsmedium für die anderen $N-1$ Verbindungen genutzt wer-

Tabelle 4.1 Analoge FDM-Mobilfunksysteme

System	Frequenzbereich [MHz]	Trägerabstand [kHz]	Duplexabstand [MHz]	Duplexkanäle pro MHz	Duplexkanalzahl gesamt
Cordless Telephone Version 1+: CT1+	885–887 (UL) 930–932 (DL)	25	45	20	80
C-Netz	450,3–454,7 (UL) 461,3–465,3 (DL)	20 (10)	11	25 (50)	220 (440)
American Mobile Phone System AMPS	824–849 (UL) 869–894 (DL)	30	45	16	833
Nordic Mobile Telephone (bei 450 MHz) NMT450	450–460 (UL) 460–470 (DL)	25	10	20	400
Nordic Mobile Telephone (bei 900 MHz) NMT900	890–915 (UL) 935–960 (DL)	25 (12.5)	45	20 (40)	1000 (2000)
Total Access System TACS	890–915 (UL) 935–960 (DL)	25	45	20	1000

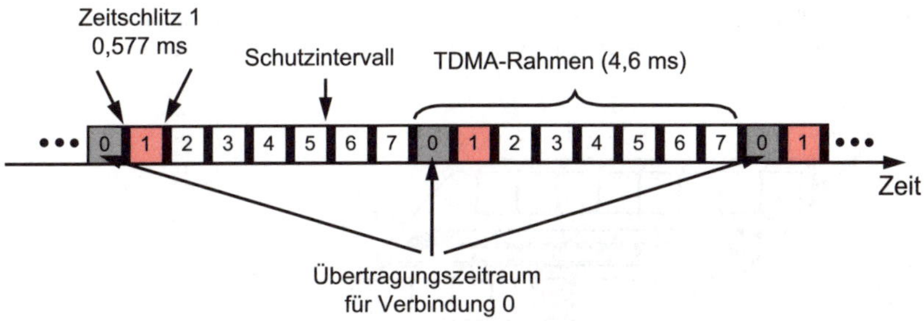

Bild 4.3 Zeitmultiplex am Beispiel GSM

den. Dieser Sachverhalt ist in Bild 4.3 für das GSM-System mit seinen N = 8 Zeitschlitzen dargestellt.

Weiterhin ist zu beachten, dass zwischen den Zeitschlitzen eine Schutzperiode (engl.: *guard periode*) von einigen Mikrosekunden liegt, in der keine Daten gesendet werden. Durch sie soll verhindert werden, dass sich die Signale von verschiedenen Mobilstationen, die eigentlich verschiedenen Zeitschlitzen zugeordnet sind, aufgrund von Laufzeitunterschieden dennoch überlagern.

! Bei den meisten heutigen Mobilfunksystemen wird Zeitmultiplex mit Frequenzmultiplex kombiniert; d.h., das Gesamtspektrum für das System wird zunächst mittels Frequenzmultiplex in eine Anzahl von Frequenzträgern N_f und jeder Frequenzträger dann noch einmal in Zeitschlitze (Anzahl N_t) unterteilt.

Die Bilder 4.4a und b illustrieren diesen Sachverhalt für das DECT- bzw. für das GSM-System. Ein Funkkanal ist hierbei charakterisiert durch seine Frequenznummer und seine Zeitschlitznummer. Die Gesamtzahl der Kanäle N_k ergibt sich also als $N_k = N_f \cdot N_t$.

4.2.2.2 Duplex-Verfahren für kombinierte TDM-FDM-Systeme

Für solche kombinierten Systeme kommen 2 Duplex-Verfahren in Betracht:

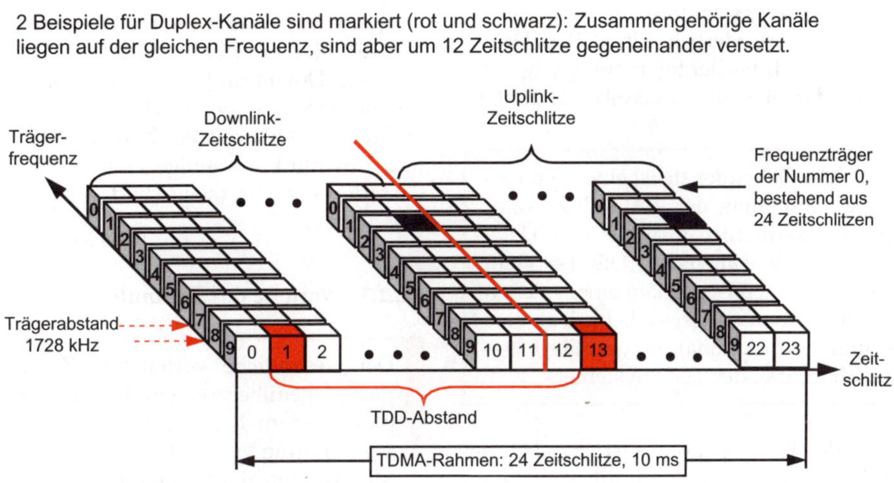

Bild 4.4 a Kombination aus FDM und TDM bei DECT

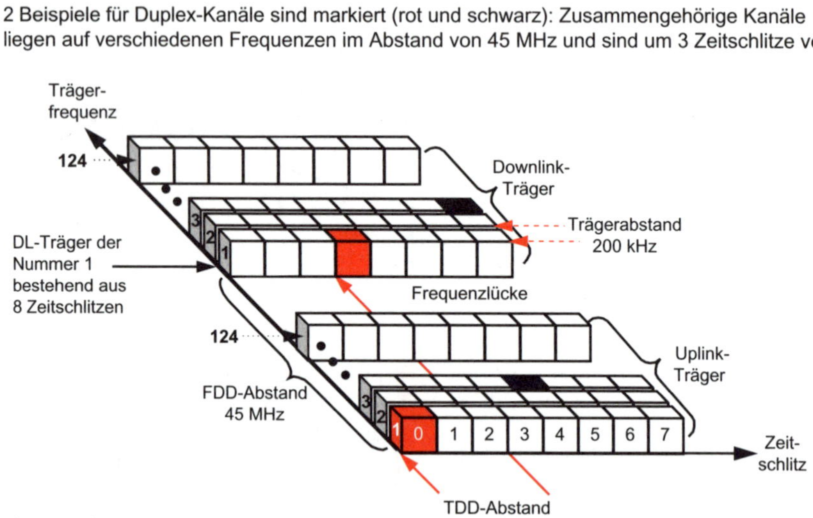

Bild 4.4 b Kombination aus FDM und TDM bei GSM

Reines Zeitduplex (Time Division Duplex TDD)

Die Zeitschlitze auf einem Träger werden in 2 Teile unterteilt (Bild 4.4a für das DECT-System): einen für den Uplink und einen für den Downlink; d.h., Up- und Downlink liegen auf der gleichen Frequenz, sind aber durch mehrere Zeitschlitze getrennt. I. Allg. wählt man die Aufteilung symmetrisch mit einer gleichen Anzahl von UL- und DL-Zeitschlitzen.

Diese symmetrische Aufteilung ist auf Sprachdienste zugeschnitten, für die Paare von Funkkanälen erforderlich sind. Bei Datendiensten (wie z.B. bei der Internetnutzung) wird allerdings der DL häufiger genutzt als der UL.

> **!** Für solche Datendienste ist eine asymmetrische Aufteilung der Zeitschlitze sinnvoll und kann auch in modernen TDD-Systemen – wie auch dem DECT-System – vorgenommen werden. In einer solchen einfachen Anpassungsmöglichkeit an eine asymmetrische Kanalnutzung liegt gerade die Stärke der TDD-Systeme.

Nachteil des TDD-Verfahrens ist, dass bei ihm die Zellen synchronisiert sein müssen, da ansonsten starke Störungen der Mobilstationen untereinander auftreten können, wie Bild 4.5 illustriert. Das DECT-System setzt man für die Versorgung lokal begrenzter Bereiche mit wenigen Zellen ein, so dass sich hier – im Gegensatz zum GSM-System – eine Synchronisation relativ einfach bewerkstelligen lässt.

Die zuvor erwähnten MS-MS-Störungen können in einem unsynchronisierten Funknetz durch die Anwendung des Frequenzduplex-Verfahrens vermieden werden:

Frequenzduplex (Frequency Division Duplex, FDD) mit Zeitversatz

Up- und Downlink liegen auf verschiedenen Frequenzen, die einen Duplexabstand von mehreren MHz besitzen. Zudem sind Uplink und Downlink um einige Zeitschlitze gegeneinander versetzt (siehe Bild 4.4 b) für das GSM-System).

4.2.2.3 Vorteile des Zeitmultiplex

> **!** Der wesentliche Vorteil von Zeitmultiplex gegenüber reinem Frequenzmultiplex liegt im Folgenden begründet: Bei Verwendung von Zeitmultiplex kann die Mobilstation über eine einzige Antenne senden und empfangen – und das ohne

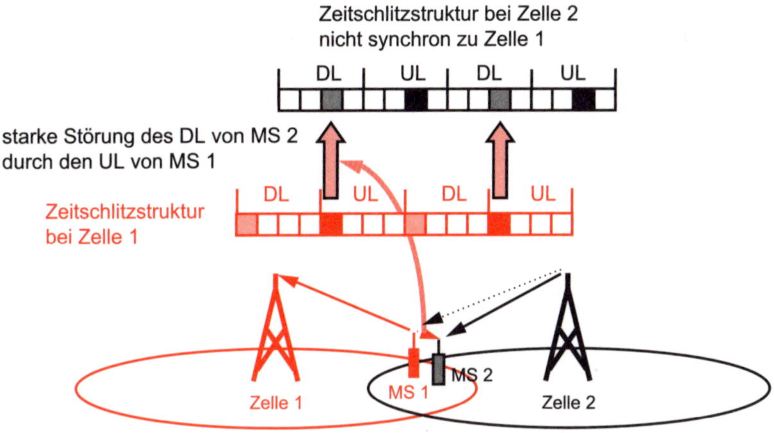

Bild 4.5
Mobile-Mobile-Störungen bei TDD

aufwendige und voluminöse (Frequenz-) Duplexfilter. Ferner verbleibt ihr zwischen Senden und Empfangen genügend Zeit, um ihren Frequenzsynthesizer auch auf andere Träger einzustellen und um so Empfangspegelmessungen bezüglich der Nachbarzellen durchzuführen (Bild 4.6). Dadurch werden effiziente Zellwechselalgorithmen ermöglicht.

Bezüglich der Basisstation ist der Vorteil bei TDM gegenüber einem reinen FDM in Folgendem zu sehen: Bei einer herkömmlichen Basisstationsarchitektur wird die Signalverarbeitung für jeden Träger auf einer Hardware-Einheit, dem Transceiver TRX, durchgeführt. Um die Signale von mehreren Transceivern auf eine Sendeantenne zu führen, werden so genannte *Antennen-Combiner* verwendet. Diese Combiner verursachen eine Signaldämpfung, die stark mit der Anzahl der kombinierten Träger wächst. Bei TDM liegen mehrere Kanäle auf einem Träger. Daher sind bei gegebener Kanalzahl weniger Transceiver erforderlich, und somit sind auch weniger Transceiver-Signale zu kombinieren.

4.2.2.4 Beispiele für TDMA-Systeme

In Tabelle 4.2 sind die wesentlichen Parameter für einige der derzeit wichtigsten TDMA-Mobilfunksysteme zusammengestellt.

Die Duplexkanalzahl pro Träger, die in Tabelle 4.2 zu finden ist, stellt einen wichtigen Parameter dar. Die folgenden Abschnitte er-

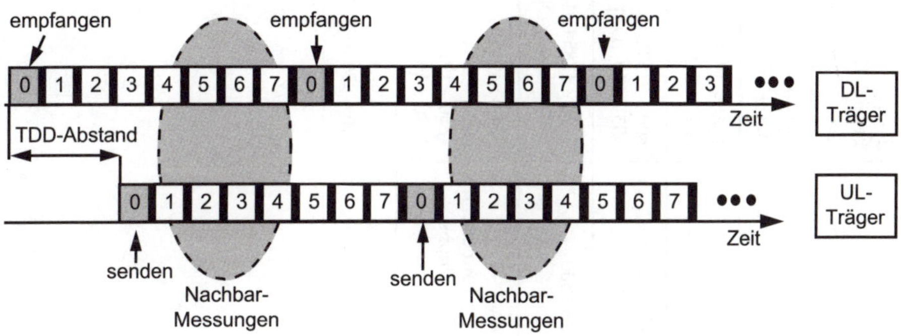

Bild 4.6 Vorteile von TDM für die Mobilstation

Tabelle 4.2 Beispiele für TDMA-Mobilfunksysteme

System	Frequenzbereich [MHz]	Duplexart	FDD-Abstand [MHz]	Rahmendauer [ms]	Trägerabstand [kHz]	Zeitschlitze pro Träger	TDD-Abstand [Zeitschlitze]	Duplexkanäle pro MHz	Duplexkanalzahl gesamt
CT2: Cordless Telephone, Vers. 2	864 – 868 (UL + DL)	TDD	–	2	100	2	1	10	40
DECT	1880 – 1900 (UL + DL)	TDD	–	10	1720	24	12	7	120
GSM 900	890 – 915 (UL) 935 – 960 (DL)	FDD	45	4.6	200	8	3	20 (FR) 40 (HR)	1000 (FR) 2000 (HR)
DCS 1800	1710 – 1785 (UL) 1805 – 1880 (DL)	FDD	95	4.6	200	8	3	20 (FR) 40 (HR)	3000 (FR) 6000 (HR)
D-AMPS: Digital American Mobile Phone System	824 – 849 (UL) 869 – 894 (DL) 1850 – 1910 (UL) 1930 – 1990 (DL)	FDD	45 80	20	30	3		50	2500 + 6000
JDC: Japanese Digital Cellular	940 – 960 (UL) 810 – 830 (DL)	FDD	130	20	25	3		60	2400

läutern, wie sich dieser Parameter berechnet und wie er mit anderen Größen zusammenhängt.

Berechnung der Duplexkanalzahl pro Träger für DECT
Insgesamt stehen 20 MHz Spektrum zur Verfügung. Unter Berücksichtigung von Schutzabständen zu anderen Systemen lassen sich in diesen 20 MHz 10 Träger mit Trägerabstand 1,72 MHz unterbringen. Jeder Träger ist in 24 Zeitschlitze unterteilt, von denen bei symmetrischer Aufteilung (TDD) jeweils 12 für den UL und 12 für den DL verwendet werden. Also ergeben sich 12 Duplexkanäle pro Träger. Somit erhält man damit 120 Duplexkanäle insgesamt und 120/20 = 6 Duplexkanäle pro MHz.

Berechnung der Duplexkanalzahl pro Träger für GSM
GSM verwendet FDD mit Zeitversatz. Ein Duplexträger benötigt 2 · 200 kHz = 400 kHz. Somit ergeben sich 2,5 Duplexträger pro MHz. Jeder Träger ist mittels TDM nochmals in 8 Zeitschlitze unterteilt, so dass man 2,5 · 8 = 20 Duplexkanäle pro MHz erhält. Bei 2 · 25 MHz Spektrum für das GSM-System ergeben sich so 20 · 50 = 1000 Duplexkanäle insgesamt.

Tatsächlich ist die Duplexkanalzahl für GSM mit 992 etwas geringer, wenn man Schutzabstände zu anderen Systemen berücksichtigt.

Ferner sollte erwähnt werden, dass die obigen Rechnungen den üblichen so genannten *Full-Rate-Sprachkanal* (FR) zugrunde legen. Durch Verwendung eines neuen Sprachcodecs, den so genannten *Half Rate* (HR) *Codec*, kann die Kanalzahl pro Träger verdoppelt werden.

Vergleich von GSM mit DECT bezüglich der Zahl der Duplexkanäle pro MHz
Beim Vergleich zwischen DECT und GSM fällt auf, dass das GSM-System pro MHz Frequenzspektrum ca. dreimal so viele Kanäle bereit stellt wie das DECT-System. Dies ist hauptsächlich darauf zurückzuführen, dass beim DECT-System – als schnurlosem Telefonsystem – großer Wert auf die Sprachqualität gelegt wurde. Die Sprachbitrate (und damit die zu übertragende Nutzdatenrate) ist bei DECT mit 32 kbit/s fast dreimal so hoch wie beim GSM Full-Rate-Sprachkanal mit 13 kbit/s. Vergleicht man also die Nutzdatenrate pro MHz, so sind die Unterschiede zwischen DECT und GSM nicht mehr so gravierend.

Vergleich GSM mit DAMPS und JDC bezüglich der Zahl der Duplexkanäle pro MHz
Das amerikanische DAMPS-System und das japanische JDC-System stellen etwa 2- bis 3-mal so viele Kanäle pro MHz bereit wie das GSM-System. Dies ist zum einen darauf zurückzuführen, dass die beiden zuerst genannten Systeme einen schlechteren Sprachcodec (Rate: 8 kbit/s) verwenden als das GSM-System mit dem Full-Rate-Sprachkanal. Beim Vergleich mit dem GSM-Half-Rate-Sprachkanal fallen die Unterschiede weniger groß aus. Der andere Grund für den Unterschied besteht darin, dass die Signalübertragung im GSM-System eine größere Störfestigkeit besitzt als die des DAMPS- oder JDC-Standards. Funkkanäle können somit bei einem GSM-Funknetz in geringeren Abständen wiederverwendet werden als bei einem DAMPS- oder JDC-Funknetz, so dass sich für das GSM-Funknetz insgesamt eine höhere Kapazität ergibt.

4.2.2.5 Realisierung höherer Datenraten in TDMA-Systemen durch Bündelung von Kanälen

In den TDMA-Systemen lässt sich die Datenrate für eine Verbindung dadurch erhöhen, dass ihr mehrere Zeitschlitze gleichzeitig zugeteilt werden. Eine Begrenzung besteht darin, dass alle Zeitschlitze auf einem Träger liegen müssen. Ferner erhöht sich die erforderliche Komplexität der Mobilstation, parallel verringert sich der Zeitraum für Nachbarzellmessungen. Diese Aspekte finden sich in ausführlicherer Form in Abschnitt 5.5 im Zusammenhang mit der Erhöhung der Datenrate im GSM-Standard.

4.2.2.6 Grenzen des TDMA-Verfahrens

Die Grenzen für den Einsatz des TDMA-Verfahrens ergeben sich aus der in Abschnitt 2.6.5 diskutierten durch Mehrwegeausbreitung verursachten Intersymbol-Interferenz. Sie lässt sich zwar effektiv durch die Verwendung von Entzerrern bekämpfen. Allerdings steigt bei der Verwendung optimaler Entzerrer, wie eines Viterbi-Entzerrers [5], die Komplexität (die erforderliche Rechenleistung) exponentiell mit dem Verhältnis aus maximaler Umweglaufzeit $\Delta\tau$ und Bitdauer T_b (bzw. Symboldauer), d.h. mit der maximalen Anzahl von Bits, über die eine Entzerrung durchzuführen ist. Beim GSM-System lässt sich eine Intersymbol-Interferenz über 5 Bits ausgleichen. Bei einer Bitdauer von $T_b = 3{,}7$ µs ergibt sich so eine maximale Umweglaufzeit von $\Delta\tau = 5 \cdot 3{,}7$ µs $= 18{,}5$ µs. Verlangt man, dass beim UMTS die gleichen Umweglaufzeiten kompensiert werden müssen, so wäre bei einer Datenrate von 2 Mbit/s und der daraus resultierenden Bitdauer von 0,5 µs eine Entzerrung über 18,5/0,5 = 37 Bits erforderlich. Der entsprechende Entzerrer müsste also in etwa um den Faktor $e^{37/5} \approx 1600$ leistungsfähiger sein als im GSM-System. Beim heutigen Stand der Technik sind solche Entzerrer nicht realisierbar, daher muss man bei Systemen, die eine hohe Datenrate auch in Gebieten großer Umweglaufzeiten ermöglichen sollen, auf andere Multiplex-Verfahren zurückgreifen, die andere Verfahren zur Bekämpfung der Intersymbol-Interferenz bieten.

4.2.3 Codemultiplex

4.2.3.1 Allgemeines Prinzip

Im Zusammenhang mit der in Abschnitt 3.6 diskutierten Spreiztechnik hat sich die Verwendung mehrerer Korrelatoren in einem RAKE-Empfänger als wirksame Methode zur Behandlung der Intersymbol-Interferenz herausgestellt. Auf diese Spreiztechnik greift das Codemultiplex-Verfahren, das z.B. im UMTS-System zum Einsatz kommt, zurück.

Beim Codemultiplex werden die Signale mehrerer Teilnehmer gleichzeitig auf der gleichen Frequenz übertragen. Um dabei dennoch die Trennbarkeit der Nutzsignale am Empfänger zu gewährleisten, wird jedes Bit der Signalbitfolge vor der Modulation mit einem verbindungsspezifischen Codesignal multipliziert und damit gespreizt (siehe Abschnitt 3.6). Auf das Codesignal einigen sich Sender und Empfänger beim Verbindungsaufbau.

> **!** Beim Codemultiplex wird jedes Bit der Signalbitfolge mit einem verbindungsspezifischen Codesignal multipliziert und dadurch im Frequenzbereich gespreizt.

Der Vorgang des Spreizens ist in Bild 4.7 anhand des Downlinks dargestellt. Die Basisstation spreizt die Datensignale für die Mobilstationen 1, 2 ..., N mit den verbindungsspezifischen Codes c_1, c_2, ..., c_N und überträgt das resultierende Summensignal auf einem Frequenzträger. Zur Entspreizung beim Empfang multipliziert z.B. die Mobilstation 1 das demodulierte Gesamtsignal im richtigen Zeittakt mit dem ihr zugewiesen Codesignal c_1. Der richtige Zeitpunkt ergibt sich dabei aus der geschätzten Signallaufzeit τ des Signals. Der Übersichtlichkeit halber wurde in Bild 4.7 nur ein Laufweg gezeichnet, bei der Mehrwegeausbreitung besteht der RAKE-Empfänger – wie in Abschnitt 3.6 erläutert – aus mehreren, den jeweils stärksten Signalpfaden zugeordneten Korrelatoren. Bei der Korrelation gewinnt man wegen der Relation $c_1(t) \cdot c_1(t) = 1$ das eigentliche Datensignal $d_1(t)$ zurück.

4.2.3.2 Orthogonalität von Codes

Allerdings verbleiben nach der Korrelation mit dem Code c_1 auch weitere Anteile des Gesamtsignals, wie z.B. ein Anteil der Form $c_1 \cdot c_2 \cdot d_2$, der aus der Multiplikation des 2. Summanden mit dem Codesignal c_1 resultiert. Diese zusätzlichen Anteile wirken als Störung für das Datensignal d_1. Um die Störungen klein zu halten, sind die Codesignale so zu wählen, dass sich nach der Mittelung über eine Bitdauer ein möglichst kleiner Wert und im Idealfall der Wert 0 ergibt. Mathematisch beschreibt man die Mittelung durch ein Integral, so dass sich die Forderung nach vollständiger Vermeidung gegenseitiger Störungen durch folgende Formel darstellen lässt:

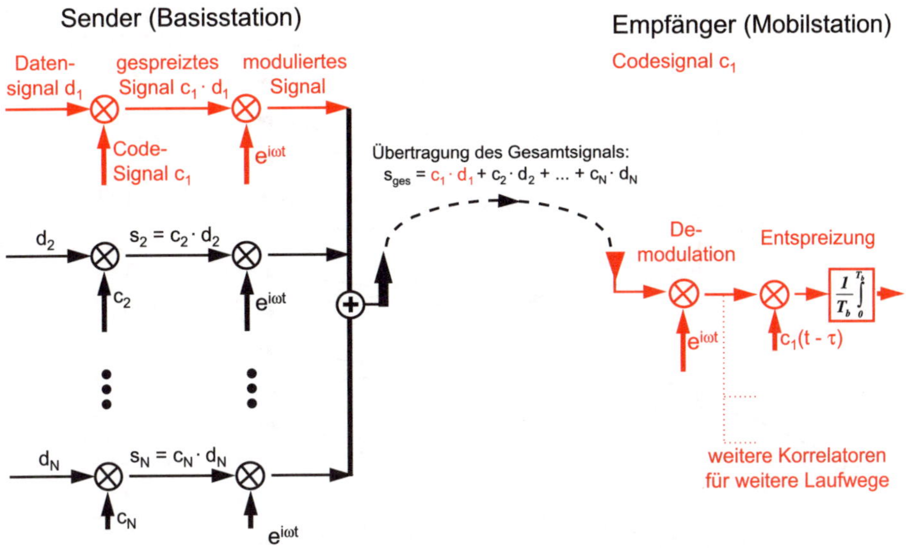

Bild 4.7 Das Prinzip des Codemultiplex (im Downlink)

Orthogonalität:

$$\frac{1}{T_b}\int_0^{T_b} c_n(t)\cdot c_m(t)\,dt = 0 \qquad \text{(Gl. 4.1)}$$

für verschiedene Codesignale c_n und c_m

Bei perfekter Synchronisation zwischen den Sendern und Empfängern erzielt man die Orthogonalität durch so genannte *OVSF-Codes* (*Orthogonal Variable Spreading Factor Codes*).

Sie lassen sich mit Hilfe des in Bild 4.8 angedeuteten Verfahrens erzeugen [27; 29]: Ausgehend von einem Codesignal der einen Stufe erhält man das Codesignal der nächsten Stufe, indem man an das ursprüngliche Codesignal zum einen das gleiche und zum anderen das in vertikaler Richtung gespiegelte Signal anhängt. Die dargestellte Hierarchie von Codes nennt man einen *Codebaum*. Bei gleich bleibender Chipdauer T_{chip} verdoppelt sich von Stufe zu Stufe die Länge des Codesignals und damit der Spreizfaktor SF, d.h. das Verhältnis aus Bitdauer und Chipdauer.

! Für die Spreizung eines Signals mit großer Bitdauer, d.h. bei kleiner Datenrate, verwendet man ein Codesignal mit großem Spreizungsfaktor; bei ohnehin schon großer Datenrate kann man auf Codesignale mit kleinem Spreizungsfaktor zurückgreifen.

Aufgrund des Bildungsgesetzes sind die Codes innerhalb einer Stufe jeweils untereinander paarweise orthogonal, sofern sie perfekt synchronisiert sind, wie in Bild 4.9 anhand zweier Beispiele illustriert ist. Bei nicht perfekter Synchronisation treten Abweichungen von der Orthogonalität und damit Störungen der Verbindungen untereinander auf.

In Mobilfunksystemen lässt sich keine vollständige Orthogonalität erreichen. Zwar strahlt die Basisstation die verschiedenen Codesignale völlig synchron ab, aber aufgrund der Mehrwegeausbreitung überlagern die Signale aus verschiedenen Ausbreitungspfaden. Daraus resultiert eine asynchrone Überlagerung von Codesignalen und damit ein Verlust an Orthogonalität, der mit zunehmenden Umweglaufzeiten größer wird.

Im Uplink tritt das zusätzliche Problem auf, dass die verschiedenen Mobilstationen bei ihren Aussendungen nicht perfekt syn-

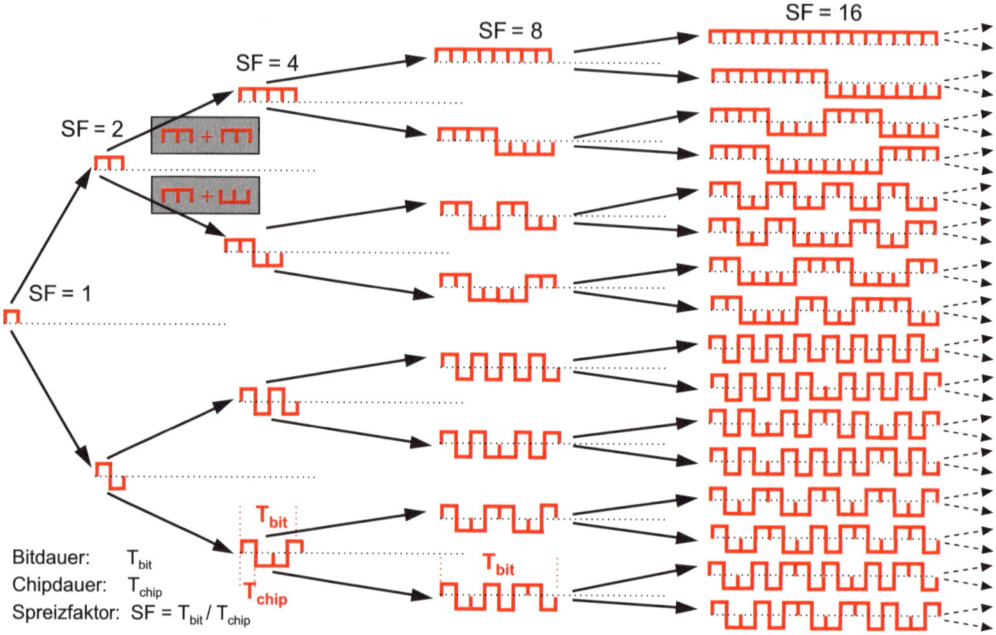

Bild 4.8 Orthogonale Codes variabler Länge; Beispiel: Walsh-Hadarmard-Codes

chronisierbar sind. Bereits Signalumwege von 60 m führen zu Umweglaufzeiten von 0,2 µs und liegen damit in der Größenordnung von z. B. der UMTS-Chipdauer von 0,25 µs. Wie in Bild 4.9 illustriert kann dies bei den OVSF-Codes zu einem starken Verlust an Orthogonalität führen, sodass ein beträchtlicher Anteil von Störungen nach der Entspreizung verbleibt. Aus diesem Grund kommen im Uplink vorwiegend andere Codes zum Einsatz, die zwar selbst bei perfekter Synchronisation keine vollständige Orthogonalität untereinander aufweisen, bei denen die Abweichung von der Orthogonalität (die Kreuzkorrelation) jedoch unabhängig vom Grad der Synchronität sehr gering ist. Solche Codes lassen sich mit Hilfe von rückgekoppelten Schieberegistern erzeugen. Ein einfaches Beispiel mit zwei Schieberegistern mit jeweils 3 Speicherplätzen a_1, a_2, a_3 bzw. b_1, b_2, b_3 zeigt Bild 4.10. Nach der Initialisierung der Speicherplätze mit jeweils 3 Bits (hier dargestellt durch +1 und −1) verschiebt sich die Bitfolge in jedem Zeittakt um eine Position nach rechts, und in dem Register a_1 bzw. b_1 entsteht jeweils ein neues Bit. Die beiden resultierenden Bitfolgen sind in Bild 4.10 von rechts nach links aufgetragen. Da beide Folgen die maximal mögliche Periode von 7 besitzen, nennt man sie *m-Sequenzen*. Eine größere Periode kann nicht auftreten, da ein 3-stelliges Schieberegister höchstens $2^3 = 8$ verschiedene Bitkombinationen enthalten kann, von denen die Kombination (+1, +1, +1) eine gesonderte Rolle spielt. Sie reproduziert sich in jedem Takt und tritt daher bei der Bildung der *m*-Sequenz nicht auf.

Die beiden *m*-Sequenzen sowie auf bestimmte Weise entstandene Kombinationen bilden eine Familie von Codes, die man – je nach Auswahl der *m*-Sequenzen und Art der Kombination – *Gold-Codes* bzw. *Kasami-Codes* nennt. Die Kreuzkorrelation der Codes innerhalb einer solchen Familie ist sehr gering. Sie sinkt mit der Länge der verwendeten Schieberegister, während die Anzahl der Codes wächst. Für das UMTS-System sind Kasami-Codes mit 8-stelligen Schieberegistern und Gold-Codes mit 18- und 25-stelligen Schieberegistern vorgesehen.

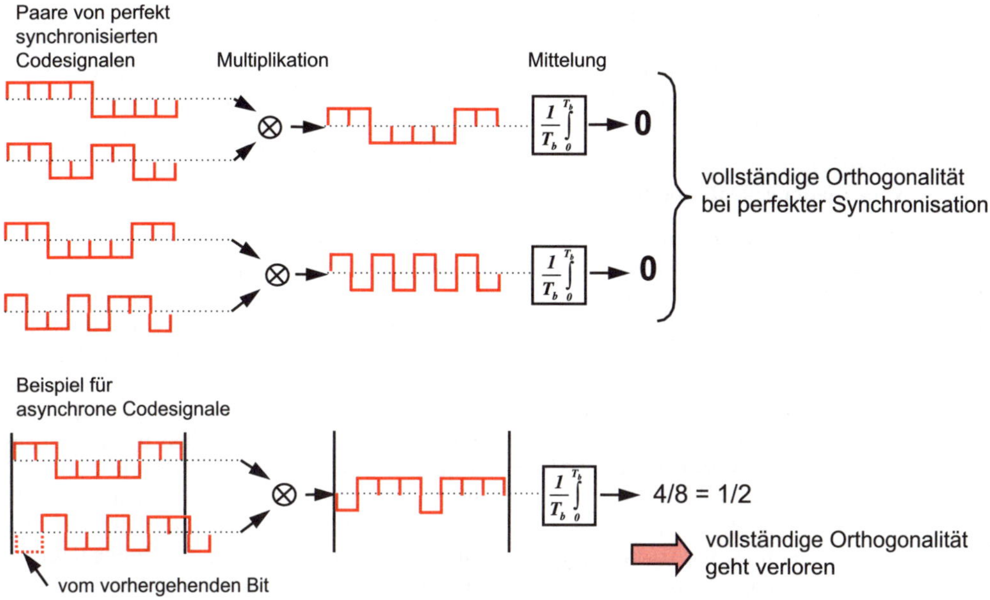

Bild 4.9 Illustration der Orthogonalität innerhalb einer Stufe

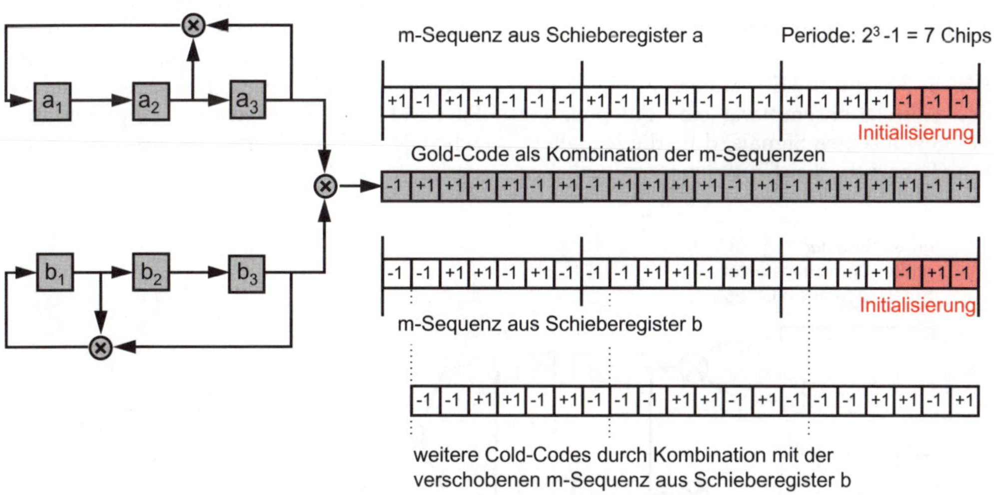

Bild 4.10 Illustration der Erzeugung von Gold-Codes durch Schieberegister

Wegen des zufälligen Charakters des Auftretens von «+1» und «–1» werden diese Folgen auch als Pseudo Noise Codes oder als Scrambling (Verwürfelung) Codes bezeichnet.

4.2.3.3 Realisierung verschiedener Datenraten

Möchte man Informationen mit verschiedenen Datenraten übertragen, so muss man für die jeweiligen Datenraten Codes aus verschiedenen Stufen, d.h. mit verschiedenen Spreizungsfaktoren, wählen. Dabei ist zu beachten: Wenn der verwendete Code mit großem Spreizungsfaktor von dem Code mit geringem Spreizungsfaktor (in einem oder mehreren Schritten) abgeleitet wurde, kann die Orthogonalität verloren gehen (Bild 4.11).

> **!** Bei der Codezuteilung bei Verbindungsaufbau sollte also kein Code vergeben werden, der Vorfahre bzw. Nachfahre eines bereits vergebenen Codes ist.

4.2.3.4 Störungen beim Codemultiplex

Wie in Abschnitt 3.5 erläutert, erfolgt durch den Korrelationsempfang eine Entspreizung des gewünschten Signals, d.h., die Signalleistung konzentriert sich auf den ursprünglichen schmalbandigeren Bereich. Bei kompletter Orthogonalität der Codes würden zudem die Störungen von anderen Verbindungen in der gleichen Zelle entfallen. Den Grad der Orthogonalität kann man durch einen so genannten *Orthogonalitätsfaktor* α_{OF} mit Werten zwischen 0 und 1 charakterisieren: $\alpha_{OF} = 0$ bedeutet vollständige Orthogonalität, $\alpha_{OF} = 1$ den Verlust an Orthogonalität.

Für das UMTS-System wurden mit Hilfe von Computersimulationen für einige spezielle Ausbreitungsmodelle Orthogonalitätsfaktoren für den Downlink ermittelt [30]: Für Makrozellen mit Umweglaufzeit im Bereich von wenigen Mikrosekunden ergab sich ein Wert von $\alpha_{OF} = 0{,}4$, in Mikrozellen in Fußgängerzonen und in Gebäude wurde mit $\alpha_{OF} \approx 0{,}1$ eine nur geringe Abweichung von der vollständigen Orthogonalität ermittelt, denn für diese Szenarien betrugen die Umweglaufzeiten nur einige zehn Nanosekunden.

Für den Uplink sind Orthogonalitätsfaktoren im Bereich von 1 zu erwarten.

Aufgrund der Mehrwegeausbreitung bleibt also – abhängig vom Orthogonalitätsfaktor – ein gewisser Anteil dieser so genannten *Intracell Interference* I_{intra} (Störleistung durch Verbindungen *innerhalb* der eigenen Zelle) bestehen. Sie wirkt sich – ebenso wie das Empfängerrauschen N und die Störungen aus *anderen, benachbarten* Zellen (Intercell Interference I_{inter}) –

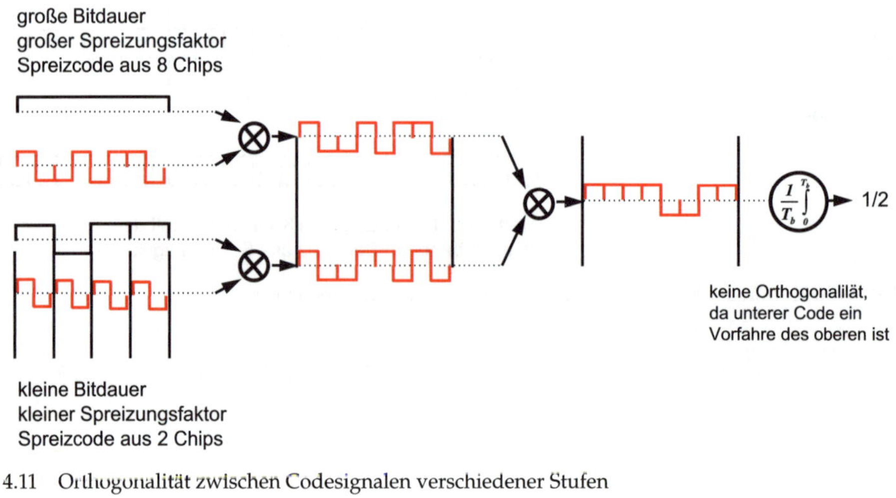

Bild 4.11 Orthogonalität zwischen Codesignalen verschiedener Stufen

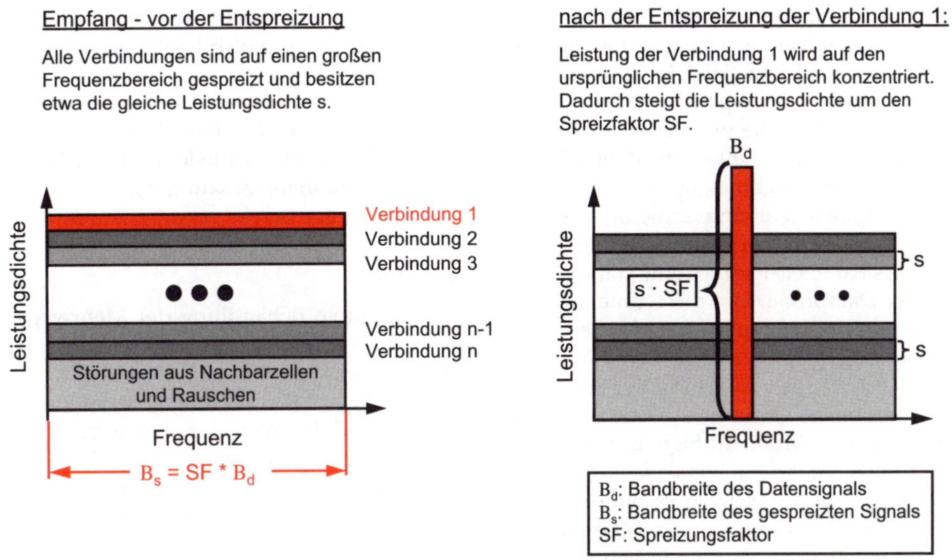

Bild 4.12 Illustration der Empfangsverhältnisse beim Codemultiplex

als breitbandige Störung aus (Bild 4.12). Somit ergibt sich nach der Entspreizung das folgende Verhältnis aus Nutz- und Störleistung $\mathrm{CIR}_{\mathrm{desp}}$ für die weitere Decodierung des gewünschten Signals:

$$\mathrm{CIR}_{\mathrm{desp}} = \mathrm{SF} \cdot \frac{C}{N + I_{\mathrm{inter}} + \alpha_{\mathrm{OF}} \cdot I_{\mathrm{intra}}} \qquad \text{(Gl. 4.2)}$$

Dabei ist C die Nutzleistung vor der Entspreizung und SF der Spreizungsfaktor (siehe Abschnitt 3.6). Den Einfluss des Orthogonalitätsfaktors zeigt Bild 4.13.

Geht man zunächst für den Downlink davon aus, dass die Mobilstation vor der Entspreizung die Signale aller Verbindungen mit etwa der gleichen Leistungsdichte s empfängt, so gilt:

- ❑ $C \sim s$ für die Nutzleistung und
- ❑ $I_{\mathrm{intra}} \sim (n-1) \cdot s$ für die von den anderen $n-1$ Verbindungen verursachte Intracell Interference.

Setzt man diese Relationen in die obige Gleichung ein, so erhält man:

$$\mathrm{CIR}_{\mathrm{desp}} = \mathrm{SF} \cdot \frac{s}{N + I_{\mathrm{inter}} + \alpha_{\mathrm{OF}} \cdot (n-1) \cdot s} \qquad \text{(Gl. 4.3)}$$

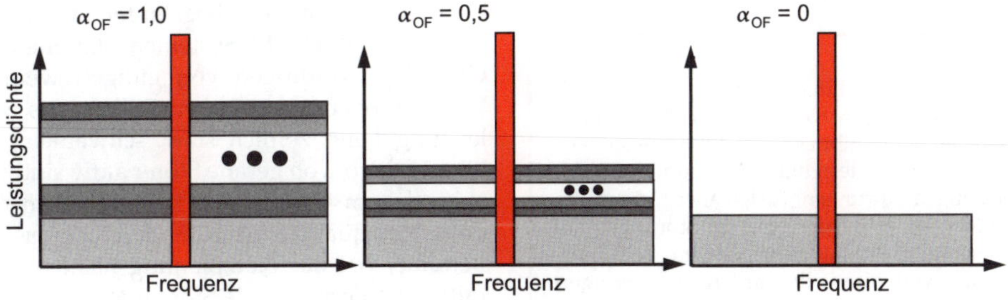

Bild 4.13 Einfluss des Orthogonalitätsfaktors auf die Empfangsbedingungen

Auch im Uplink müssen die Signale von allen Mobilstationen bei der Basisstation mit annähernd der gleichen Sendeleistung ankommen, damit jedes erfolgreich entspreizt und decodiert werden kann. Die Funkausbreitungsdämpfung für die verschiedenen Mobilstationen ist jedoch abhängig von deren jeweiligen Positionen sehr unterschiedlich, zudem verursachen schon geringe Bewegungen aufgrund des Kurzzeit-Fadings eine starke Änderung der Dämpfung. Um diese unterschiedlichen Dämpfungsverläufe auszugleichen, muss man bei einem Codemultiplex-Verfahren im Uplink eine schnelle Regelung der Sendeleistung vornehmen. Ohne eine solche Sendeleistungsregelung würden die Signale von einigen Verbindungen mit der mehr als tausendfachen Leistung gegenüber anderen Verbindungen an der Basisstation ankommen und die anderen Verbindungen so stark überdecken, dass sie nicht mehr decodierbar wären. Bei perfekter Leistungsregelung ist die Gleichung 4.3 auch im Uplink gültig, wobei $\alpha_{OF} = 1$ zu setzen ist.

Bei Vernachlässigung des Rauschens N und der Intercell Interference I_{inter} ergibt sich aus Gl. 4.3:

$$CIR_{desp} = SF \cdot \frac{1}{\alpha_{OF} \cdot (n-1)} \qquad \text{(Gl. 4.4)}$$

Aus dieser Formel lässt sich für ein gegebenes Verhältnis aus Nutz- und Störleistung $CIR_{desp,min}$, das mindestens nach der Entspreizung für eine erfolgreiche Decodierung vorliegen muss, eine obere Grenze für die maximale Anzahl von Verbindungen n_{max} auf dem gleichen Frequenzträger in einer Zelle abschätzen. Durch Auflösen nach n erhält man:

$$n_{max} = SF \cdot \frac{SF}{\alpha_{OF} \cdot CIR_{desp,min}} \qquad \text{(Gl. 4.5)}$$

Beispiel
Für $\alpha_{OF} = 1$, SF = 128 und $CIR_{desp,min} = 2$ (3 dB) erhält man $n_{max} = 65$. Bei einem Spreizungsfaktor SF = 128 gibt es zwar 128 verschiedene orthogonale Codesignale. Aufgrund von gegenseitigen Störungen dürfen aber gleichzeitig nur 65 genutzt werden, um die Störungen auf ein erträgliches Maß zu begrenzen. Bei Einbeziehung von Intervall Interference verringert sich diese Zahl (siehe Abschnitt 7.5.2.7).

4.2.3.5 Vor- und Nachteile des Codemultiplex-Verfahrens

!

In diesem Abschnitt sind die wesentlichen Vor- und Nachteile des Codemultiplex-Verfahrens zusammengestellt, von denen einige bereits genannt wurden:

Vorteile

- effektive Behandlung der Mehrwegeausbreitung durch den RAKE-Empfänger,
- einfache Realisierung unterschiedlicher Datenraten durch unterschiedliche Spreizfaktoren,
- Ausmittelung des frequenzabhängigen Kurzzeit-Fadings (Frequenzdiversität),
- Ausmittelung von Störungen aus Nachbarzellen (Interferenzdiversität).

Nachteile

- Intracell Interference, d.h. Störungen von Verbindungen in der *gleichen* Zelle,
- Methoden zur Behandlung der durch Intracell Interference bedingen Erhöhung der Systemkomplexität,
- Nachbarzellmessungen auf anderen Frequenzen bedingen besondere Maßnahmen,
- hoher Bandbreitenbedarf bei hohen Datenraten und hohen Spreizungsfaktoren.

Interferenzdiversität
Der Vorteil der Ausmittelung von Störungen liegt im Folgenden begründet: In reinen TDMA- und FDMA-Systemen stammen die Gleichkanalstörungen von einigen wenigen Verbindungen aus anderen Zellen. Die Störleistung kann zeitlich stark schwanken, abhängig davon, ob gerade Störer aktiv sind und an welchem Ort sie sich befinden. Um eine gute Netzqualität zu garantieren, muss der Betreiber bei der Netzplanung nicht nur die mittlere zu erwartende Störsituation, sondern auch die ungünstigen Fälle berücksichtigen.

Bei einem CDMA-System nutzen viele Verbindungen zur gleichen Zeit die gleiche Frequenz. Somit ergibt sich zwar zunächst eine insgesamt höhere Störleistung, die jedoch durch den Spreizungsgewinn kompensiert wird. Andererseits verringern sich bei einer großen Zahl von Störern die Schwankungen der gesamten Störleistung; der Betreiber kann seine Netzplanung an der günstigeren mittleren Störsituation ausrichten.

Methoden zur Behandlung der Störungen
Um trotz der starken Störleistungen in einem CDMA-System eine erfolgreiche Decodierung zu garantieren, sind einige besondere Maßnahmen erforderlich, von denen die schnelle und exakte Sendeleistungsregelung im Uplink bereits erwähnt wurde. Mobilstationen im Übergangsbereich zwischen mehreren Zellen können starke Störungen in all diesen Zellen verursachen. Daher kontrolliert und versorgt man sie von 2 oder mehreren Basisstationen aus. Dieser so genannte *Soft Handover* trägt zwar einerseits zur Verbesserung der Versorgung bei, verursacht aber andererseits einen erhöhten Aufwand für die Mehrfachversorgung und für die Kombination der bei den verschiedenen Basisstationen empfangenen Signale.

Weiterhin erlauben es bestimmte Empfängerstrukturen, die aufgetretenen Störungen rechnerisch zu erfassen und sie anschließend zu reduzieren. Allerdings erfordern diese Methoden einen hohen Rechenaufwand, der erheblich mit der Anzahl gleichzeitiger Verbindungen pro Träger steigt.

Nachbarzellmessungen
I. Allg. werden wegen des hohen Spreizgewinns bei CDMA-Systemen in benachbarten Zellen die gleichen Frequenzen verwendet, und der Zellwechsel einer Mobilstation erfolgt als Soft Handover. Allerdings gibt es auch Situationen, in denen kein Soft Handover möglich ist: z. B. sog. Mikrozellen, die man in Hochlastgebieten wie in Fußgängerzonen installiert, verwenden eine deutlich geringere Sendeleistung als die sie überlagernde Makrozelle für die großflächige Versorgung. Zur Vermeidung starker Störungen der Mikrozellen in solchen hierarchischen Funknetzstrukturen erhalten Mikro- und Makrozellen daher verschiedene Frequenzen. Damit die Mobilstation Nachbarzellmessungen auf anderen Frequenzen durchführen kann, benötigt sie entweder einen zusätzlichen Messempfänger oder es müssen ihr freie Phasen für solche Messungen geschaffen werden. Im UMTS-Standard ist dazu der so genannte *Slotted-Mode* (siehe Abschnitt 6.5.4.2) vorgesehen, bei dem eine Komprimierung der Datenübertragung erfolgt, so dass für kurze Zeiträume die Gelegenheit für Messungen besteht.

4.2.3.6 Kombination mit anderen Multiplex-Verfahren und Beispiele

Das Codemultiplex ist üblicherweise mit dem Frequenzmultiplex-Verfahren kombiniert, d. h., für ein Mobilfunksystem ist das vorgesehene Spektrum zunächst in mehrere Frequenzträger portioniert, die dann wiederum in mehrere Codekanäle unterteilt sind. So sind derzeit in Europa für das UMTS-System 31 Frequenzträger mit einem typischen Trägerabstand von 5 MHz reserviert, von denen 24 für den Betrieb im FDD-Modus vorgesehen sind, d. h., es gibt jeweils 12 Träger für den Uplink und 12 Träger für den Downlink. Die verbleibenden 7 Träger kommen im TDD-Modus des UMTS zum Einsatz.

Beim TDD-Modus hat man FDMA und CDMA zusätzlich mit TDMA kombiniert. In diesem Fall ist jeder UMTS-Frequenzträger in 15 Zeitschlitze unterteilt, wobei jeder der Zeitschlitze wiederum durch Codemultiplex in mehrere elementare Funkkanäle aufgeteilt ist. Typischerweise lassen sich so i. Allg. bis zu 8 Funkkanäle mit verschiedenen Codesignalen auf einem Zeitschlitz unterbringen, so dass sich $8 \cdot 15 = 120$ elementare Kanäle pro Träger ergeben. In Bezug auf die Gesamtzahl der Kanäle pro Träger gibt es keinen entscheidenden Unterschied zu einem reinen Codemultiplex. Da die Kanäle jedoch zunächst durch ein Zeitmultiplex in kleinere Gruppen unterteilt wurden, die sich gegenseitig nicht stören, ist eine rechnerische Beseitigung der Störungen *innerhalb* einer Gruppe mit vertretbarem Auf-

Tabelle 4.3 Beispiele für CDMA-Mobilfunksysteme

System	Frequenzbereich [MHz]	Duplex-art	FDD-Abstand [MHz]	Träger-abstand	Zeit-schlitze pro Träger	Spreiz-faktoren	Chiprate [Mchip/s]
UMTS FDD-Modus	1920–1980 (DL) 2110–2170 (UL)	FDD	190	5 MHz	–	4–512 (2^2–2^9)	3,84
UMTS TDD-Modus	1900–1920 (UL+DL) 2010–2025 (UL+DL)	TDD	–	5 MHz	15	1, 2, 4, 8, 16	3,84
IS-95	1850–1910 (UL) 1930–1990 (DL)	FDD	80	1,25 MHz	–	64	1,228

wand durchzuführen. In einem so genannten *Joint Detection Process* im Empfänger erfolgt eine gemeinsame Detektion des Nutzsignals und aller Störsignale sowie eine anschließende Subtraktion der Störsignale vom Gesamtsignal [31; 32]. Ein weiterer Vorteil dieses als *TD-CDMA* bezeichneten Verfahrens besteht darin, dass es den Betrieb im Time Division Duplex, d.h. eine variable Aufteilung der Zeitschlitze in Uplink und Downlink, erlaubt. Ferner ist aufgrund der Zeitschlitzstruktur eine einfache Realisierung von Nachbarzellenmessungen möglich.

Tabelle 4.3 zeigt einige bedeutende Beispiele für CDMA-Systeme zusammen mit einigen wichtigen Parametern. Die besprochenen Möglichkeiten der Kombination von Mehrfachzugriffsverfahren ist in Bild 4.14 illustriert.

4.2.4 Orthogonales Frequenzmultiplex

Wie in den vorangehenden Abschnitten dargestellt, verschärft sich mit zunehmender Datenrate das Problem der Intersymbol-Interferenz. In einem CDMA-System, wie dem UMTS, lässt sich dieses Problem durch Ver-

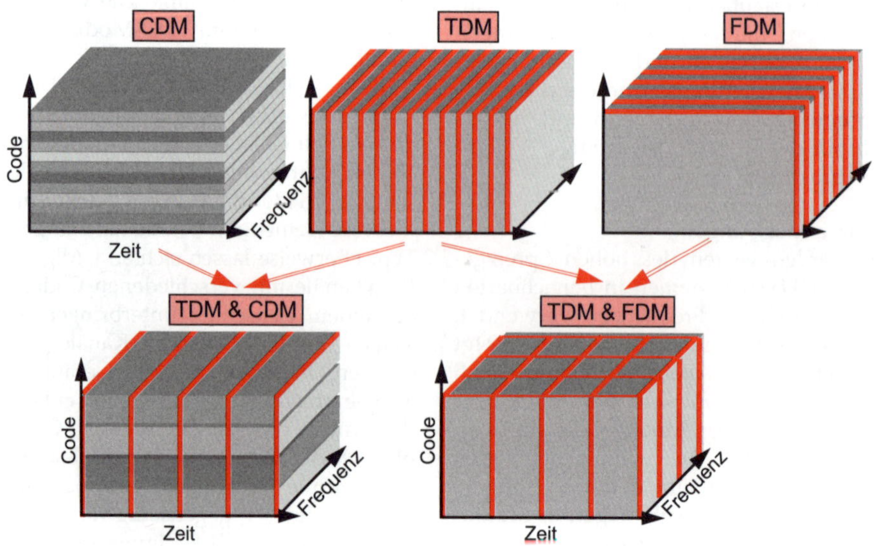

Bild 4.14 Multiplex-Verfahren und ihre Kombinationen

wendung eines RAKE-Empfängers lösen. Bei drahtlosen Computernetzen, bei denen man Datenraten von mehreren 10 Mbit/s anstrebt, würde eine Codespreizung zu nicht akzeptablen Bandbreiten führen. Daher verwendet man in diesem Fall mit dem orthogonalen Frequenzmultiplex eine andere Technik, die beispielsweise in [17] oder in [33] ausführlich erläutert ist.

Das Prinzip des OFDM-Verfahrens (Bild 4.15) besteht darin, dass man den Bitstrom einer Verbindung auf mehrere Unterträger eines Frequenzträgers aufteilt, d.h., man zerlegt ihn in parallele Teilströme einer deutlich geringeren Datenrate. Die Teilträger dürfen sich natürlich nicht untereinander stören. Beim normalen Frequenzduplex erreicht man dies durch einen entsprechend hohen Trägerabstand. Um jedoch das Frequenzspektrum effektiver zu nutzen, möchte man die Unterträger dabei möglichst dicht zusammenpacken. Um dennoch die Orthogonalität der Teilträger zu wahren, d.h. gegenseitige Störungen zu vermeiden, sind spezielle Methoden der Signalverarbeitung erforderlich. Dazu gehören Sende- und Empfangsfilter mit einem rechteckförmigen Verlauf der Impulsantwort (die sich mittels Operationen der diskreten Fouriertransformation realisieren lassen).

Die zeitliche Breite des Sendefilters wählt man um eine Schutzperiode T_g größer als die Symboldauer T_S und den Abstand der Teilträger Δf_{sub} gemäß der folgenden Gleichung:

$$\Delta f_{sub} = \frac{1}{T_S - T_g} > \frac{1}{T_S} = r_s \qquad \text{(Gl. 4.6)}$$

Der Abstand der Teilträger muss also größer als die Symbolrate auf diesem Träger sein.

Nimmt man für das Beispiel aus Bild 4.15 eine Datenrate von 20 Mbit/s und eine Umweglaufzeit von 250 ns an, so wäre ohne OFDM eine Entzerrung über 5 Bits erforderlich. In dem gezeigten Beispiel wird der Bitstrom auf 20 Unterträger verteilt, so dass sich auf jedem Unterträger eine Datenrate von 1 Mbit/s, d.h. eine Symboldauer von $T_s = 1$ µs, ergibt. Die Umweglaufzeit macht also nur noch $^1/_4$ der resultierenden Symboldauer aus, und Intersymbol-Interferenzen lassen sich durch das Einfügen einer Schutzperiode von T_g = 250 ns vermeiden. Für den Unterträgerabstand gilt in diesem Fall: $\Delta f_{sub} > {}^1/_{750}$ ns = 1,33 MHz, so dass für

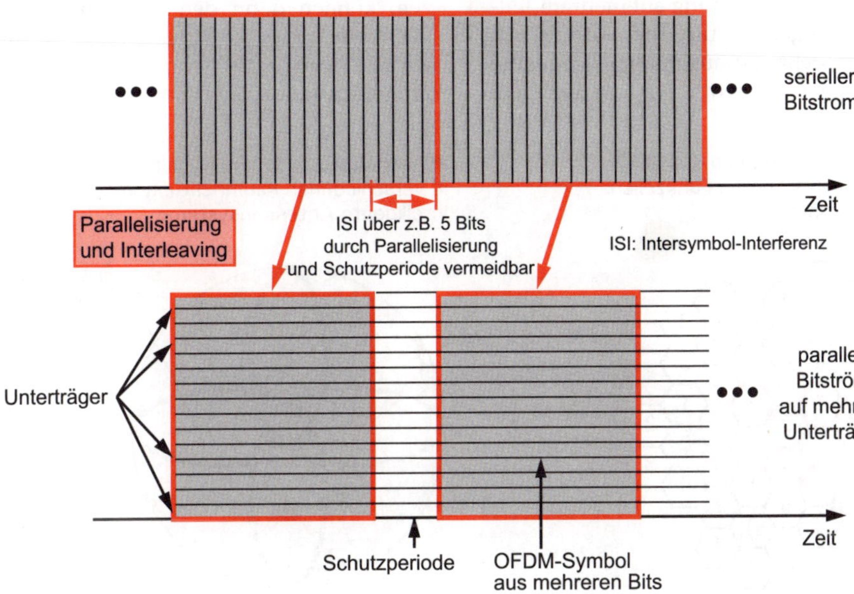

Bild 4.15 Das OFDM-Prinzip

einen aus 20 Unterträgern bestehenden Träger etwa 27 MHz Bandbreite erforderlich sind.

Ferner ist zu betonen, dass man bei dem OFDM-Verfahren vorteilhafterweise ein Interleaving in der Form einsetzt, dass ursprünglich benachbarte Bits auf nicht benachbarten Teilträgern untergebracht werden. Je weiter die Teilträger voneinander entfernt sind, desto unkorrelierter ist das frequenzabhängige Kurzzeit-Fading.

Orthogonales Frequenzmultiplex (OFDM) wird derzeit im digitalen Hörrundfunk (*Digital Audio Broadcast*, DAB) eingesetzt und kommt im Mobilfunk bei der drahtlosen Computervernetzung nach dem HiperLAN/2-System zum Tragen (siehe Abschnitt 6.3). Dieses System ermöglicht den drahtlosen Informationsaustausch zwischen nicht fest installierten Computern mit einer Datenrate von mehreren 10 Mbit/s und arbeitet mit der Aufteilung eines 20-MHz-Trägers in 52 Teilträger, von denen 48 für die Nutzdatenübertragung und 4 für die Kanalschätzung verwendet werden. Die Trägerfrequenzen liegen im 5-GHz-Bereich.

> Beim OFDM-Verfahren wird der Bitstrom einer Verbindung auf mehrere Teilträger aufgeteilt, um die Auswirkungen der Mehrwegeausbreitung (frequenzabhängiger Schwund) zu reduzieren. Durch spezielle Signalverarbeitungsmethoden lassen sich die Störungen zwischen benachbarten Teilträgern unterdrücken.

4.2.5 Raummultiplex

> Raummultiplex wird in allen Mobilfunksystemen als Mehrfachverwendung von Funkkanälen in verschiedenen, räumlich getrennten Funkzellen eingesetzt.

Dieser für zellulare Mobilfunksysteme zentrale Sachverhalt wird in Kapitel 7 näher diskutiert.

Zur weiteren Steigerung der Funknetzkapazität befindet sich zur Zeit noch eine andere Form des Raummultiplex in der Entwicklung bzw. der Erprobung (siehe Abschnitt 7.6). Durch spezielle Signalverarbeitungstechniken lassen sich schmale Antennenkeulen formen, die auf die jeweils zu versorgenden Mobilstationen ausgerichtet und – bei Bewegung – ihnen nachgeführt werden können. Zwei Mobilstationen, die bezüglich der Basisstation verschiedene (räumliche) Richtungen besitzen, können dann den gleichen Funkkanal verwenden; mögliche gegenseitige Störungen werden durch die schmalen Antennendiagramme unterdrückt (Bild 4.16).

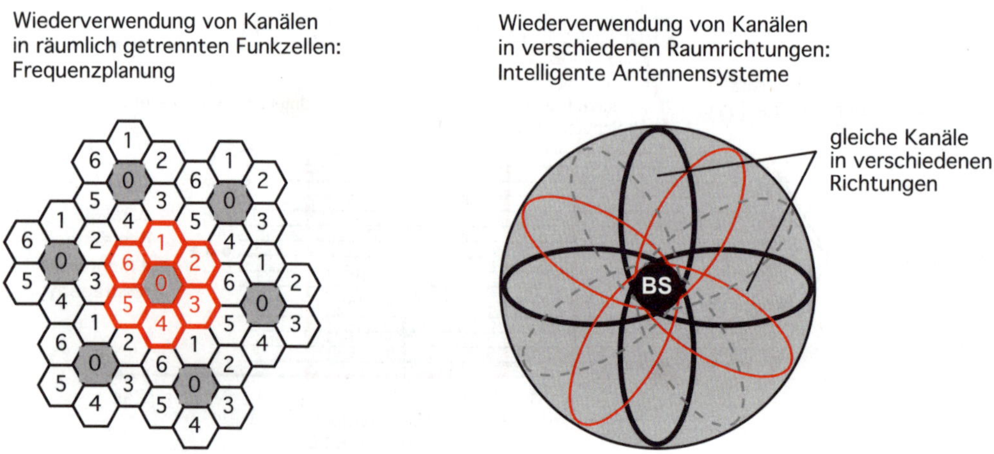

Bild 4.16 Illustration des Raummultiplex

4.3 Verteilung der Funkkanäle auf die Funkzellen

Die Verteilung der Funkkanäle auf die Funkzellen ist mit dem zuvor erwähnten Raummultiplex verknüpft. Man unterscheidet prinzipiell die folgenden Methoden:

- feste Kanalzuteilung (Fixed Channel Allocation, FCA) mit harter Kanalbegrenzung,
- feste Kanalzuteilung mit Interferenzbegrenzung,
- dynamische Kanalzuteilung (Dynamic Channel Allocation, DCA).

Feste Kanalzuteilung mit harter Kanalbegrenzung
Um gegenseitige Störungen zu vermeiden, müssen benachbarte Funkzellen unterschiedliche Frequenzen verwenden, jede Funkzelle erhält also jeweils nur einen Teil aller zur Verfügung stehenden Frequenzen. Die Verteilung der Frequenzen auf die Funkzellen ist in einem Planungsprozess in der Weise vorzunehmen, dass selbst bei voller Auslastung der Funkkanäle die gegenseitigen Störungen hinreichend klein bleiben. Die Kapazität einer Funkzelle ist also bei dieser Methode hart, d.h. durch die Anzahl der geplanten und installierten Kanäle begrenzt. Falls alle Kanäle belegt sind, wird ein zusätzlicher Verbindungswunsch i. Allg. abgewiesen. Man spricht in diesem Fall auch vom *Hard Blocking*.

Feste Kanalzuteilung mit Interferenzbegrenzung
In diesem Fall plant man die Frequenzen mit einem deutlich engeren Wiederverwendungsabstand als bei der zuvor erläuterten Methode. Um jedoch die Störungen in einem erträglichen Maß zu halten, dürfen nicht alle für eine Zelle vorgesehenen Kanäle gleichzeitig belegt werden, d.h., man muss die Störsituation im Netz überwachen und einen neuen Verbindungswunsch abweisen, falls eine zu hohe Störung droht. In diesem Fall spricht man vom *Soft Blocking*.

Damit nicht einzelne Verbindungen sehr stark und andere sehr wenig belastet sind, ist es ferner erforderlich, die Störungen zu durchmischen und zu mitteln. Dies kann durch Frequency Hopping oder durch Codespreizung geschehen.

Dynamische Kanalzuteilung
Bei der dynamischen Kanalzuteilung kann jede Funkzelle im Prinzip jeden Funkkanal benutzen. Wie viele und welche Kanäle jeweils zugeteilt werden, entscheidet nicht die Funknetzplanung vorab, sondern das System selbstständig auf Basis der aktuellen Stör- und Auslastungssituation. Anders als bei der zuvor beschriebenen Methode des Soft Blockings mittelt man jedoch die Störungen nicht durch ein statistisches Verfahren aus, sondern man versucht den für die jeweilige Situation besten Kanal zu finden. So kann z.B. eine Mobilstation, die sich nahe an der Basisstation aufhält und daher einen hohen Nutzpegel C besitzt, einen Kanal mit einem höheren Interferenzpegel I auswählen, sofern das geschätzte C/I über dem geforderten Mindestwert liegt.

Zur dynamischen Kanalzuteilung gehört auch die Möglichkeit, den Funkkanal zu wechseln, falls sich z.B. die Störsituation verschlechtert hat. Einen solchen Wechsel nennt man *Intracell Handover*.

DCA-Verfahren unterscheidet man nach:

- der Anpassungsgeschwindigkeit (z.B. Anpassung im Zeitraum von Sekunden, Anpassung an tageszeit- bzw. wochentagabhängige Änderungen),
- den Kriterien für Kanalauswahl (Verkehrslast, Interferenzpegel, C/I),
- dem Entscheidungsträger für die Kanalwahl (z.B. Mobilstation, Basisstation, zentrale Einheit).

Ferner können die Methoden der festen und dynamischen Kanalzuteilung auf verschiedene Weisen miteinander kombiniert sein.

Beispiele
Im GSM-System wurde bisher vorwiegend die feste Kanalzuteilung mit harter Kanalbegrenzung eingesetzt. Der GSM-Standard erlaubt aber auch die Option, dass die Basisstation Funkkanäle basierend auf gemessenen Interferenzpegeln zuteilt. Ferner setzt man in letzter Zeit zunehmend bei sehr engen Wiederver-

wendungsabständen die Methode des Soft Blockings ein, um die Funknetzkapazität zu steigern (siehe Abschnitt 7.6).

Beim FDD-Modus des UMTS verwendet man i. Allg. die gleichen Frequenzen in benachbarten Funkzellen. Man hat es also mit einer festen Kanalzuteilung mit Interferenzbegrenzung zu tun.

Das DECT-System verwendet eine dynamische Kanalzuteilung, bei der die Mobilstation auf der Basis eigener Messungen einen mit möglichst wenig Störleistung belasteten Kanal auswählt (siehe Abschnitt 6.1.4). Ein ähnliches Verfahren ist auch für den TDD-Modus von UMTS vorgesehen.

4.4 Zuteilung der Funkkanäle für eine Verbindung

4.4.1 Zugriffsverfahren

In einem Mobilfunknetz sind i. Allg. sehr viele Mobilstationen vorhanden, so dass es weder realisierbar noch sinnvoll ist, jeder Mobilstation einen bestimmten Funkkanal auf Dauer zuzuordnen. Die Kanalzuteilung erfolgt daher nur bei Bedarf. Da die Mobilstationen jedoch ihre Verbindungswünsche zu nicht planbaren Zeitpunkten – also zunächst völlig unkoordiniert – initiieren, sind gewisse Regeln und Abläufe erforderlich, um den Zugriff auf das Netz zu steuern und um jeder Mobilstation die ungestörte Übertragung ihrer Daten zu erlauben. Für diese so genannten *Zugriffsverfahren* bestehen mehrere grundsätzlich verschiedene Möglichkeiten:

- die völlig zentrale Steuerung des Zugriffs durch einen «Master» (z. B. durch die Basisstation),
- eine dezentrale Regelung des Zugriffs mittels so genannter Wettbewerbsverfahren,
- eine Kombination der beiden Methoden in einem Reservierungsverfahren.

Zuteilungsverfahren
Ein Zuteilungsverfahren mit zentraler Steuerung ist das Polling, bei dem ein Master (z. B. die Basisstation) die untergeordneten Slaves (die Mobilstationen) in einer bestimmten Reihenfolge abfragt, ob sie Daten zu senden haben. Ist dies der Fall, so erteilt der Master dem jeweiligen Slave für eine gewisse Zeit die Übertragungserlaubnis. Ein solches Verfahren ist jedoch nur dann effektiv und sinnvoll einsetzbar, wenn wenige Slaves vorhanden sind. Dementsprechend verwendet man es z. B. zwar bei der drahtlosen Vernetzung zwischen einzelnen Rechnern und wenigen Endgeräten (z. B. bei Bluetooth, siehe Abschnitt 6.2), jedoch i. Allg. nicht bei großen Funknetzen. Dort kommt das Polling höchstens dann zum Tragen, wenn der Basisstation bereits durch andere Methoden bekannt gemacht wurde, dass einige wenige Mobilstationen auf die Zuteilung von Funkkanälen warten.

Anmerkung
Bei kabelgebundenen lokalen Computernetzen sind auch dezentrale Zuteilungsverfahren üblich: Beim Token Bus oder Token Ring wird dazu die Zugriffsberechtigung in einer bestimmten Reihenfolge von einer Station (Computer) zur nächsten weitergereicht [3; 4]. Für Mobilfunknetze kommen solche Verfahren jedoch nicht in Frage, da aufgrund der Mobilität und der Unwegsamkeiten der Funkübertragung ein zuverlässiges Weiterreichen der Zugriffsberechtigung nur schwer zu realisieren ist.

Wettbewerbsverfahren
Bei einem Wettbewerbsverfahren dürfen die beteiligten Stationen prinzipiell zu beliebigen Zeitpunkten auf das Übertragungsmedium zugreifen – allerdings sind dabei gewisse Spielregeln zu beachten. Dadurch, dass es keine strenge Koordination gibt, kann es zu Kollisionen bei den Zugriffsversuchen kommen, so dass Wiederholungen und Strategien zur Auflösung und Vermeidung der Kollisionen erforderlich sind. Einige wichtige Wettbewerbsverfahren werden in den Abschnitten 4.4.1.1 und 4.4.1.2 näher diskutiert.

Reservierungsverfahren
Am häufigsten sind in Mobilfunksystemen die Reservierungsverfahren zu finden, bei denen es 2 Phasen gibt:

- eine Bewerbungsphase und
- eine Übertragungsphase.

In der *Bewerbungsphase* fordern die Mobilstationen mit Hilfe eines Wettbewerbsverfahrens einen Kanal an. Die Anforderungen dürfen nur auf speziell dafür vorgesehene Zugriffskanäle (*Random Access Channel*, RACH) gesendet werden. Dabei setzt sich jeweils höchstens eine Mobilstation durch, so dass sich daraufhin die Kanalzuteilung vollständig koordinieren lässt: Die erfolgreiche Mobilstation erhält einen Kanal für die anschließende *Übertragungsphase* zugeteilt, den ansonsten in dieser Zeit keine andere Mobilstation in der Funkzelle nutzen darf. Die nicht erfolgreichen Mobilstationen müssen einen weiteren Zugriffsversuch unternehmen. Ein Reservierungsverfahren ist also eine Kombination aus Wettbewerbs- und Zuteilungsverfahren.

4.4.1.1 Das Slotted-ALOHA-Protokoll

Das ALOHA-Protokoll wurde erstmals in den 60er-Jahren bei der Vernetzung von Rechnern der Universität Hawaii eingesetzt. In der z. B. im GSM-System verwendeten Variante des *Slotted*-ALOHA-Protokolls geht man dabei von folgenden Randbedingungen aus (Bild 4.17):

- Die Datenpakete für die Kanalanforderung haben eine feste Länge.
- Sie dürfen nur in bestimmten Zeitschlitzen gesendet werden, die eine Periode T_{RACH} besitzen.
- Die Zugriffsversuche erfolgen völlig unkoordiniert und unabhängig voneinander (eine Mobilstation sendet ihren Zugriffsversuch ohne Rücksicht auf Verluste).
- Eine Mobilstation ist erfolgreich, falls die Basisstation ihren Zugriffsversuch decodieren konnte. Die Basisstation sendet der erfolgreichen MS eine Bestätigung, die eine Beschreibung des zugeteilten Kanals enthält.
- Bleibt die Bestätigung aus, so wiederholt die Mobilstation ihren Zugriffsversuch nach einer in einem gewissen Rahmen zufällig gewählten Zeit. Die zufällige Wahl des Wiederholungszeitpunktes ist erforderlich, da ansonsten 2 kollidierende Anforderungen immer wieder kollidieren würden.
- Falls eine Mobilstation nach einer maximalen Anzahl von Wiederholung immer noch erfolglos geblieben ist, bricht sie die Zugriffsversuche ab.

Capture Effect
Ein Zugriffsversuch lässt sich von der Basisstation i. Allg. dann erfolgreich decodieren, falls es der einzige Zugriffsversuch in dem Zeitschlitz war. In Mobilfunksystemen können mehrere Zugriffsversuche mit unterschiedlichen Empfangsleistungen bei der Basisstation ankommen. In diesem Fall kann sich selbst bei einer Kollision eine Mobilstation – die stärkste

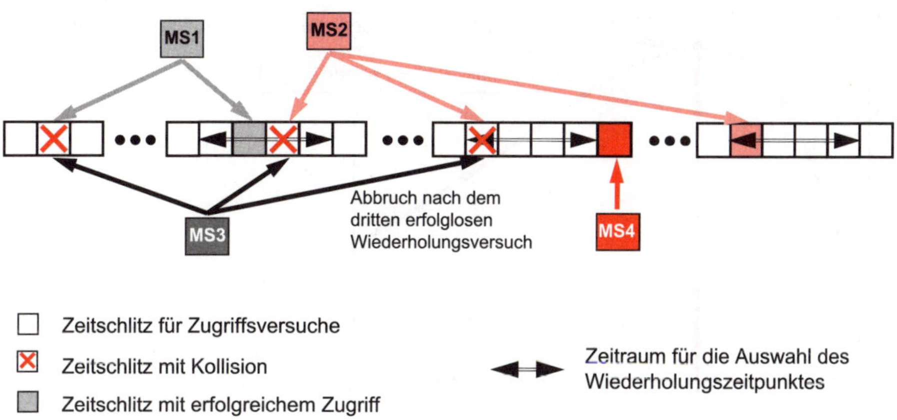

Bild 4.17 Illustration des Slotted-ALOHA-Verfahrens

– durchsetzen, nämlich dann, wenn die zugehörige Empfangsleistung um einen bestimmten Faktor größer ist als die Summe aller anderen Empfangsleistungen. Dieser Effekt, den man den Capture Effect nennt, trägt dazu bei, den Datendurchsatz auf dem Random Access Channel zu steigern.

Durchsatzberechnung

Ohne Capture Effect lässt sich der Datendurchsatz wie folgt bestimmen:

Die Wahrscheinlichkeit w_1, dass eine bestimmte Mobilstation (z. B. MS_1) in einem Zeitschlitz mit der Periode T_{RACH} zugreift, ist i. Allg. sehr klein. Daher gilt für die Wahrscheinlichkeit, dass irgendeine von insgesamt N Mobilstationen in dem Zeitschlitz zugreift, in guter Näherung:

$$w_{\mathrm{N}} \approx N \cdot w_1 \approx \lambda_{\mathrm{ges}} \cdot T_{\mathrm{RACH}}$$

wobei λ_{ges} die Zugriffsrate, d. h. die Gesamtzahl der Zugriffe pro Zeit, ist.

Wählt z. B. die Mobilstation 1 in einem bestimmten Zeitschlitz auf dem Random Access Channel, so ergibt sich die Wahrscheinlichkeit, dass keine Kollision auftritt, also dass keine andere der verbleibenden $N-1$ Mobilstationen zur gleichen Zeit zugreift:

$$w_{\mathrm{erfolg}} = (1 - w_1)^{N-1} \approx (1 - \lambda_{\mathrm{ges}} \cdot T_{\mathrm{RACH}}/N)^{N-1} \approx \exp(-\lambda_{\mathrm{ges}} \cdot T_{\mathrm{RACH}})$$

Dabei wurde für die letzte Näherung ausgenutzt, dass $(1 - x/N)^{\mathrm{N}}$ für große N gegen die Exponentialfunktion $\exp(-x) = e^{-x}$ strebt.

Der Datendurchsatz D ist definiert als die Anzahl erfolgreicher Zugriffsversuche pro Zeit. Er ergibt sich also als Produkt aus der gesamten Zugriffsrate und der Erfolgswahrscheinlichkeit:

$$D = \lambda_{\mathrm{ges}} \cdot \exp(-\lambda_{\mathrm{ges}} \cdot T_{\mathrm{RACH}})$$

Bild 4.18 zeigt den Durchsatz als Funktion der Zugriffsrate: Bei zunehmender Zugriffsrate steigt der Durchsatz zunächst an, bis er bei einer Zugriffsrate von einem Zugriff pro RACH-Periode T_{RACH} das Maximum erreicht. Aufgrund von Kollisionen sind bei dieser Rate nur etwa 37% der Zugriffsversuche erfolgreich, d. h., der maximale Durchsatz beträgt nur 37% der Kanalkapazität des Random Access Channels. Bei steigender Zugriffsrate nimmt die Wahrscheinlichkeit für Kollisionen deutlich zu, so dass eine Abnahme des Durchsatzes zu verzeichnen ist.

Ferner ist zu beachten, dass das ALOHA-Verfahren zu Instabilitäten neigt: Bei einer kurzzeitig auftretenden hohen Zugriffsrate kann es zu zahlreichen Kollisionen kommen, so dass zahlreiche Wiederholungen erforderlich sind. Dadurch steigt die effektive Zugriffsrate und damit Kollisionsrate, so dass im

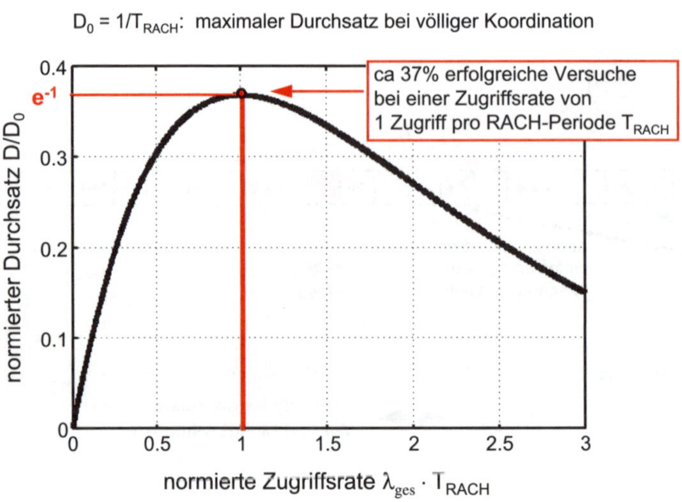

Bild 4.18
Durchsatz beim Slotted-ALOHA-Verfahren

Endeffekt kaum noch ein erfolgreicher Zugriff möglich ist. Zur Stabilisierung des ALOHA-Verfahrens, d.h. zum Abbau bzw. zur Vermeidung solcher Überlastsituationen, gibt es mehrere Ansätze (siehe [3]).

Im GSM-Standard teilt man z.B. die Mobilstationen in verschiedene Gruppen (Access Classes) ein, so dass die Möglichkeit besteht, den Zugriff für manche Gruppen zwischenzeitlich zu sperren. Auf diese Weise lässt sich z.B. auch in Katastrophenfällen der erfolgreiche Zugriff durch Rettungskräfte garantieren. Eine sanftere Methode ist die Vergabe von Prioritäten und die kontinuierliche Steuerung der Zugriffsrate. Sie kommt zum Beispiel beim General Packet Radio Service zum Einsatz (siehe Abschnitt 5.5.4). Dazu schätzt die Basisstation den Belegungszustand, d.h. die Last, auf dem Random Access Channel, und teilt allen Mobilstationen einen sog. *Persistenzpegel P* mit, der von deren Prioritätenklasse abhängen kann. Möchte die Mobilstation Daten übertragen, so darf sie nur mit einer gewissen von *P* abhängenden Wahrscheinlichkeit zugreifen (Bild 4.19), wobei die Wahrscheinlichkeit mit zunehmender Last und abnehmender Priorität sinkt.

4.4.1.2 Carrier Sense Multiple Access

Während beim ALOHA-Verfahren jede Mobilstation ohne Rücksicht auf andere auf das Übertragungsmedium zugreift, folgt das in diesem Abschnitt zu besprechende Verfahren des Carrier Sense Multiple Access (CSMA) den Regeln einer von Höflichkeit geprägten Unterhaltung. D.h., vor einem Übertragungsversuch überprüft die jeweilige Station, ob das Übertragungsmedium zur Zeit belegt ist (ob gerade ein anderer spricht). Ein unmittelbarer Übertragungsversuch erfolgt nur, falls das Medium als unbelegt eingeschätzt wurde. Dennoch kann es zu Kollisionen kommen, nämlich dann, wenn eine Station A noch nicht erkannt hat, dass eine andere Station B kurz zuvor mit der Übertragung begonnen hat. Für die Leistungsfähigkeit des CSMA-Verfahrens spielen also Reaktions- bzw. Signallaufzeiten τ_{reak} eine große Rolle (Bild 4.20). Der maximale Durchsatz wird entscheidend bestimmt durch das Verhältnis q aus Übertragungszeit $t_{\text{über}}$ und Reaktionszeit [3]:

$$D_{\max} \approx \frac{1}{1 + 2\sqrt{q}} \qquad q = \frac{\tau_{\text{über}}}{\tau_{\text{reak}}} \qquad \text{(Gl. 4.7)}$$

Als Nächstes sind weitere Verfahrensfragen zu klären, nämlich:

- Wie verhält sich eine übertragungswillige Station bei einer erkannten Belegung des Mediums?
- Wie verhalten sich die Stationen bei einer aufgetretenen Kollision?
- Wie erkennt eine Station eine Belegung des Mediums bzw. eine Kollision?

Verhalten bei belegtem Medium
In der einfachsten, als persistentes CSMA bezeichneten Variante startet die wartende Station ihren Übertragungsversuch, sobald sie das Medium als frei erkannt hat. Da sich je-

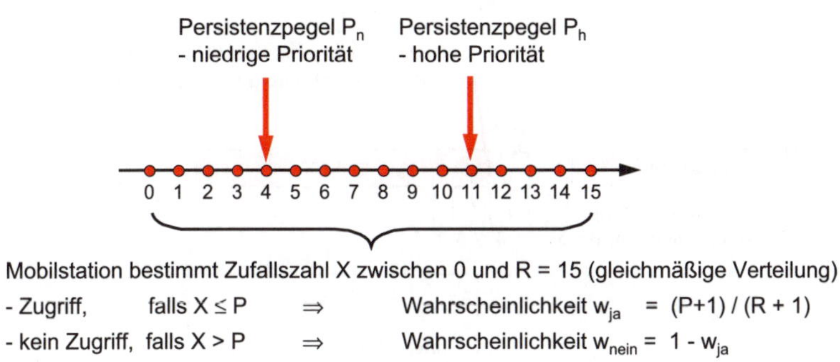

Bild 4.19 Beispiel für Persistenzprüfung beim ALOHA-Verfahren für die Kanalanforderung bei GPRS

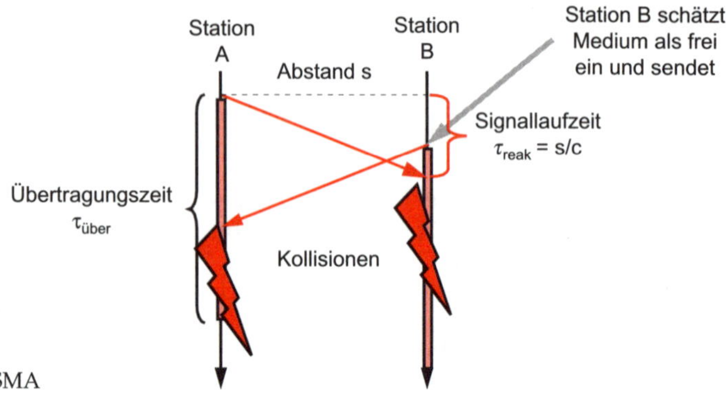

Bild 4.20
Entstehung von Kollisionen bei CSMA

doch in der Wartezeit auch andere Stationen zu einer Übertragung entschlossen haben könnten und gewissermaßen auf der Lauer liegen, besteht eine hohe Wahrscheinlichkeit für eine Kollision. Um die Kollisionswahrscheinlichkeit zu reduzieren, verwendet man folgende Methoden:

- Beim non-persistenten CSMA wiederholt die Station nach erkannter Belegung des Mediums ihren Zugriffsversuch zu einem zufällig gewählten späteren Zeitpunkt, d.h., sie prüft erneut die Belegung. Diese Wiederholungen erfolgen so lange, bis das Medium als frei eingeschätzt wird.
- Beim *p*-persistenten CSMA greift eine wartende Station mit der Wahrscheinlichkeit p auf das frei werdende Medium zu. D.h., ähnlich wie im Zusammenhang mit dem ALOHA-Verfahren für den GSM-Standard beschrieben, bestimmt sie mittels eines parametergesteuerten Zufallsmechanismus, ob sie zugreifen darf oder nicht. Mit Wahrscheinlichkeit $1-p$ muss sie ihren Zugriffsversuch – wie beim non-persistenten CSMA – komplett wiederholen.
- Ein Kollisionsvermeidungsverfahren (engl.: *collision avoidance*, CA) findet in dem Standard IEEE 802.11 für drahtlose Computernetze seine Anwendung (siehe Abschnitt 6.4). Dabei unterteilt man die Phase nach Freiwerden des Mediums in mehrere aufeinander folgende kurze Zeitschlitze der Dauer δ, in denen jeweils nur bestimmte Stationen zugreifen dürfen (Bild 4.21). Sobald eine Station ihr Zugriffsrecht wahrgenommen hat, dürfen die anderen nicht mehr zugreifen. Damit dies die anderen Stationen rechtzeitig erkennen können, muss die reservierte Dauer für einen Zugriffsversuch δ größer als die Reaktionszeit τ_{reak} sein: $\delta > \tau_{reak}$.

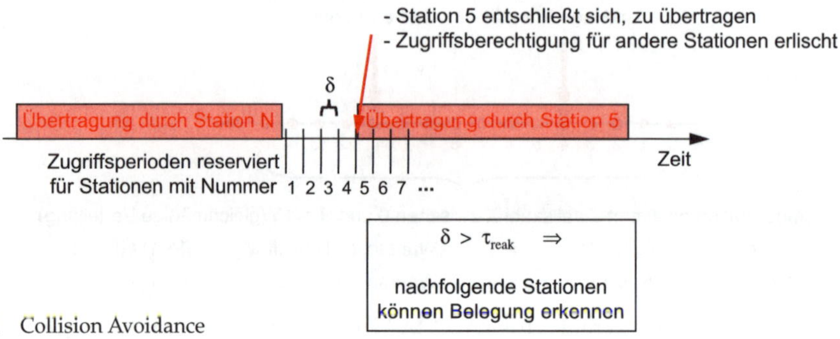

Bild 4.21 Collision Avoidance

Verhalten bei Kollision
Setzen die beteiligten Stationen ihre Übertragung nach der Kollision fort, so ergibt sich ein maximaler Durchsatz nach Gleichung Gl. 4.7. Eine deutliche Leistungssteigerung lässt sich erzielen, falls die ohnehin zum Scheitern verurteilte Übertragung bei einer Kollision sofort abgebrochen und damit das Medium sofort wieder freigegeben wird.

Erkennen der Belegung des Mediums
Um festzustellen, ob das Übertragungsmedium belegt ist oder nicht, führt eine übertragungswillige Station z. B. eine Empfangspegelmessung durch. Liegt der Empfangspegel höher als ein bestimmter vorgegebener Wert, so deutet dies darauf hin, dass andere Stationen Daten übertragen und das Medium belegt ist. In kabelgebundenen lokalen Computernetzen stellt der Empfangspegel eine zuverlässige Größe zur Bestimmung des Belegungszustandes dar, bei Funknetzen stellt sich jedoch das Problem der verborgenen Stationen, das in Bild 4.22 illustriert ist. Die dort gezeigten Stationen B und C können sich wegen eines dazwischen liegenden Hindernisses nicht wahrnehmen. Daher gehen Beide von einem unbelegten Übertragungsmedium aus, so dass die an Station A übertragenen Daten kollidieren. Um bei diesem Problem Abhilfe zu schaffen, führt man eine Art Reservierungsphase vor der eigentlichen Übertragungsphase ein (siehe Bild 4.22). Eine sendewillige Station C schickt zunächst – unter Angabe des Ziels (z. B. Station A) und der Länge des zu übertragenden Datenpakets – eine *Request-to-Send-Meldung* (RTS). Bei erfolgreicher Decodierung der RTS-Meldung antwortet die empfangende Station A mit einer *Clear-to-Send-Meldung* (CTS). Dadurch wird allen Stationen, die sich in Reichweite der Station A befinden und daher den Empfang bei A stören könnten, mitgeteilt, dass das Übertragungsmedium für eine gewisse Zeit für Station C reserviert wurde und dass somit nur Station C in dieser Zeit senden darf. Nach Empfang der CTS-Meldung sendet Station C die anstehenden Daten, und Station A bestätigt einen erfolgreichen Empfang mit einer ACK-Meldung. Sollte die CTS-Meldung – selbst nach einer gewissen Wartezeit – ausbleiben, so geht Station C von einer Kollision bei der RTS-Meldung aus und unternimmt einen erneuten Zugriffsversuch.

4.4.2 Kriterien für die Funkkanalauswahl

Bei Verwendung eines der in Abschnitt 4.2 beschriebenen Multiplex-Verfahrens stehen in jeder Funkzelle i. Allg. mehrere Funkkanäle zur Verfügung. Hat sich eine Mobilstation bei einem Wettbewerbsverfahren erfolgreich durchgesetzt, so stellt sich die Frage, welcher (bzw. welche) der verfügbaren Kanäle ihr am besten zugeteilt werden sollte. Dabei sind mehrere Kriterien zu beachten, von denen einige be-

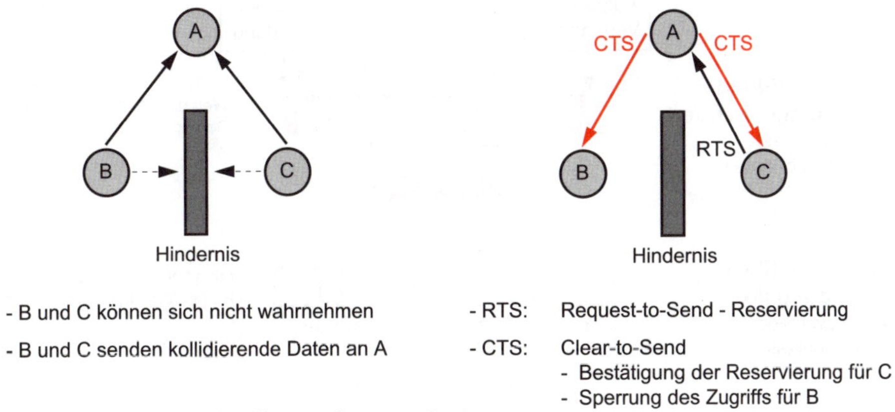

Bild 4.22 Methoden zur Behandlung verborgener Stationen

reits in Abschnitt 4.3 im Zusammenhang mit der dynamischen Kanalzuteilung diskutiert wurde:

Kriterien bezüglich der Störsituation
Für die *neu aufzubauende* Verbindung ist es am günstigsten, einen Funkkanal auszuwählen, der mit möglichst geringem Interferenzpegel belastet ist. Für die *Gesamtsituation* im Funknetz kann es jedoch besser sein, einen anderen Kanal auszuwählen und zu überprüfen, ob das zu erwartende Verhältnis aus Nutz- und Störleistung CIR hinreichend groß ist.

Kriterien bezüglich der MS-Leistungsfähigkeit
Bei der Auswahl eines oder mehrerer Funkkanäle ist die Leistungsfähigkeit der Mobilstation zu berücksichtigen. So müssen z. B. im GSM-Standard bei der Bündelung von mehreren Kanälen diese Kanäle auf einem Frequenzträger liegen. Ferner gibt es Einschränkungen bezüglich ihrer zeitlichen Relation.

Kriterien bezüglich der Verkehrslast
Bei der Auswahl eines Kanals ist ebenfalls der jeweils vorhandene Kanalbelegungszustand in der Zelle zu beachten. So ist es z. B. ratsam, einen eintreffenden Verbindungswunsch nach Möglichkeit durch Funkkanäle auf bereits angebrochenen Trägern zu versorgen, um andere Träger für hochratige Dienste zu reservieren, die viele Kanäle benötigen.

Um eine gute Kanalzuteilungsstrategie zu realisieren, gilt es also den besten Kompromiss aus diesen sich teilweise widerstrebenden Anforderungen zu finden.

4.4.3 Vermittlungsprinzipien und Verbindungsarten

Das Vermittlungsprinzip bzw. der Verbindungstyp legt fest, auf welche Art und Weise eine Verbindung zwischen 2 Kommunikationspartnern aufgebaut und aufrecht erhalten wird und wie die auszutauschenden Daten durch das Kommunikationsnetz geleitet werden. Das jeweilige Vermittlungsprinzip wirkt sich auch auf die Methode der Gebührenabrechnung bei öffentlichen Netzen aus.

In Mobilfunksystemen sind vor allem die in Bild 4.23 illustrierten Methoden zu finden.

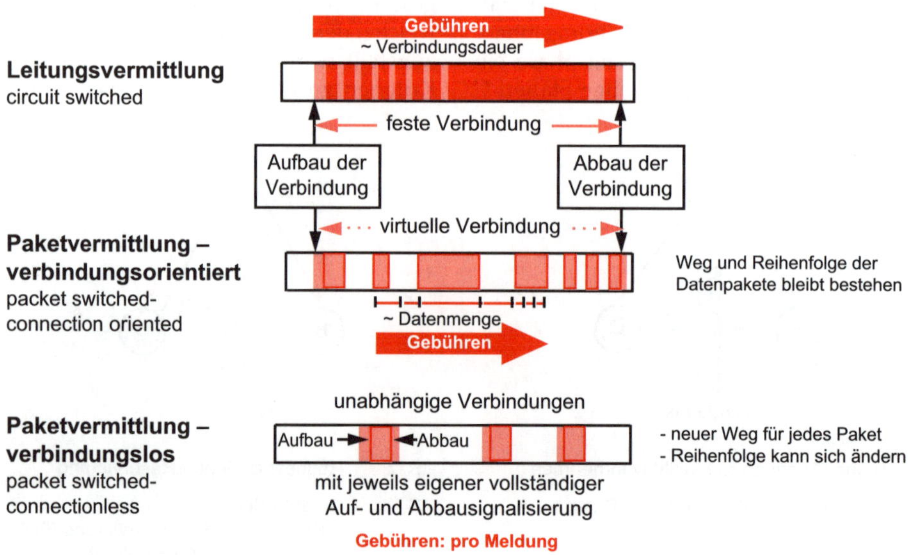

Bild 4.23 Vermittlungsprinzipien und Verbindungstypen

Leitungsvermittlung
Bei einer leitungsvermittelten Datenübertragung erfolgen – wie in Abschnitt 4.4.1 beschrieben – zunächst eine Wettbewerbsphase und eine Verbindungsaufbausignalisierung. Die dabei zugeteilten Funkkanäle bleiben so lange für die jeweilige Verbindung reserviert, bis sie durch eine entsprechende Gesprächsabbausignalisierung für beendet erklärt wird.

Für die Dauer der Verbindung ist für die Kommunikationspartner gewissermaßen eine «Leitung» fest reserviert – auch dann, wenn zwischenzeitlich keine Daten zu übertragen sind. Dementsprechend erhebt man in diesem Fall die Gebühren üblicherweise anhand der Verbindungsdauer und nicht direkt auf Basis der übertragenen Datenmenge. Das Hauptanwendungsgebiet der Leitungsvermittlung liegt in der Übertragung eines längeren kontinuierlichen Datenstroms (Fax, Dateitransfer) oder bei Diensten, wie Sprache und Video, die keine großen Verzögerungen dulden.

Paketvermittlung
Die Leitungsvermittlung ist nicht sonderlich effizient bei Anwendungen mit nur sporadisch anfallenden Daten (begleitet von längeren Pausen) oder bei Anwendungen mit häufig zu übertragenden kurzen Datenpaketen. Als wichtige Beispiele dafür sind die Internetnutzung bzw. die Fernüberwachung und -steuerung von Maschinen oder des Straßenverkehrs zu nennen.

In diesem Fall greift man üblicherweise auf das Prinzip der Paketvermittlung zurück, bei dem die Daten in Pakete fester oder variabler Länge eingeteilt und durch das Netz geleitet werden. Funkkanäle und andere Netzressourcen werden nur dann belegt, wenn tatsächlich Daten zu übertragen sind; sollten zwischenzeitlich keine Kanäle zur Verfügung stehen, so reiht man die Pakete in einer Warteschlange ein. In Übertragungspausen lassen sich die Funkkanäle und andere Netzressourcen von anderen Verbindungen nutzen. Dementsprechend erhebt man die Gebühren auf Basis der tatsächlich übertragenen Datenmenge.

Verbindungsorientiert – verbindungslos
Bei der Paketvermittlung unterscheidet man ferner zwischen einer verbindungsorientierten und einer verbindungslosen Übertragung. Bei der verbindungsorientierten Übertragung erfolgt mit dem ersten zu sendenden Paket ein Verbindungsaufbau mit z. B. einer Zugangsberechtigungsprüfung, einer Wahl des Verbindungsweges und einem Austausch von anderen Verbindungsparametern (Art des Dienstes, gewünschte Datenrate) – ähnlich wie bei der Leitungsvermittlung. Dieser so genannte Verbindungskontext bleibt – auch in Übertragungspausen – gespeichert, bis er durch entsprechende Signalisierungsmeldungen geändert bzw. bis die Verbindung abgebaut wird. Zwischen Verbindungsauf- und -abbau besteht somit ständig eine Art logische oder virtuelle Verbindung, auch wenn die physikalische Verbindung (z. B. ein Funkkanal) zwischenzeitlich freigegeben wird.

Die Datenpakete laufen alle über den eingerichteten Weg und treffen in der ursprünglichen Reihenfolge beim Empfänger ein.

Bei einer verbindungslosen Übertragung erhält jedes Paket die Zieladresse des Empfängers. Zwischen 2 Paketen eines Absenders besteht keinerlei Beziehung, so dass das Netz für jedes Paket von Neuem einen Übertagungsweg suchen muss. Somit kann es auch geschehen, dass Pakete abweichend von der ursprünglichen Reihenfolge am Empfänger ankommen.

5 Das GSM-System

5.1 Zur Entwicklung des GSM-Standards

5.1.1 Historisches

Wie in Kapitel 1 bereits erwähnt, gab es in den 80er-Jahren in Europa eine Vielzahl inkompatibler Mobilfunksysteme. Um die damit verbundenen Hemmnisse zu beseitigen, setzte im Jahre 1982 die CEPT (Conférence Européenne des Postes et Télécommunications) eine Arbeitsgruppe ein, die sog. Groupe Spéciale Mobile, deren Aufgabe es war, Spezifikationen für ein Europäisches Mobilfunksystem zu erarbeiten. Von der Groupe Spéciale Mobile leitete sich ursprünglich die Abkürzung GSM her, erst später mit der weltweiten Verbreitung wurde aus GSM das Global System for Mobile Communications.

Von der Groupe Spéciale Mobile wurden mehrere Vorschläge für die zu verwendenden Übertragungsverfahren entwickelt und als Prototypen getestet. Im Jahre 1987 einigte man sich aufgrund der Ergebnisse der Tests auf das – mit leichten Modifikationen – heute noch gültige Übertragungsverfahren. Gleichzeitig wuchs mit der Zunahme der Teilnehmerzahlen in den analogen Mobilfunknetzen der ökonomische Druck, das neue Mobilfunksystem rasch einzuführen. So verpflichteten sich im gleichen Jahr in einem Memorandum of Understanding (MoU) Betreibergesellschaften aus 13 europäischen Ländern – darunter Deutschland, Frankreich, Großbritannien und die skandinavischen Länder –, ab spätestens Juli 1991 Funknetze nach der GSM-Technik in Betrieb zu nehmen.

Nachdem dann bis zum Jahre 1990 der Standard im Detail ausgearbeitet worden war, konnte im Juli 1991 tatsächlich in 5 Ländern der Betrieb von GSM-Netzen aufgenommen werden – allerdings nur der Testbetrieb. Die Ursache dafür war, dass aufgrund von Problemen bei der Typzulassungsprüfung keine Mobilstationen zur Verfügung standen. Doch diese Schwierigkeiten konnten bald behoben werden, so dass im Sommer 1992 der kommerzielle Betrieb von 13 Netzen in 7 Ländern begann. Zu diesen Netzen gehörten auch die beiden D-Netze in Deutschland. Aus der Zeit stammt die spöttische Bemerkung, GSM sei die Abkürzung für «God sends mobiles».

Bereits im Herbst 1993 gab es in GSM-Mobilfunknetzen eine Million Teilnehmer; inzwischen (Ende 2000) sind weltweit etwa 400 Millionen GSM-Nutzer in etwa 370 Netzen in mehr als 140 Ländern zu verzeichnen.

Die ersten GSM-Netze arbeiteten in einem Frequenzbereich um die 900 MHz. Das erste GSM-Netz, das einen Frequenzbereich bei 1800 MHz benutzte, nahm Ende 1993 seinen Betrieb auf. Diese GSM-Variante im 1800-MHz-Bereich, die sich nur durch den Frequenzbereich von dem GSM-Standard im 900-MHz-Bereich unterscheidet, wird DCS1800 (DCS: *Digital Communication System*) genannt und in Deutschland in den E-Netzen verwendet. 1994 begann die Standardisierung einer GSM-Variante für den amerikanischen Markt – PCS1900 genannt. PCS steht für *Personal Communications System*, die «1900» für den Frequenzbereich bei 1900 MHz. Das erste PCS1900-Netz ging im Mai 1997 in Betrieb.

Seit dem Abschluss der ersten Phase der GSM-Standardisierung im Jahre 1990 wurde der GSM-Standard ständig weiterentwickelt. So wurden bis 1995 für die so genannte GSM-Phase 2 zusätzliche Leistungsmerkmale, wie z. B. Faxübertragung, Anklopfen sowie erweiterte Zellwahlmechanismen, spezifiziert.

Bei der anschließenden und immer noch fortwährenden GSM Phase 2+ handelt es sich um einen kontinuierlichen Standardisierungsprozess, der der flexiblen Einführung neuer Leistungsmerkmale in kleinen – jährlich verabschiedeten – Paketen (Releases) dient. Im Mittelpunkt standen und stehen dabei u. a. die Verbesserung der Sprachqualität sowie die Bereitstellung neuer Datendienste mit höheren Datenraten sowie intelligente Netzfunktionen.

Die GSM-Standardisierung erfolgte bis Mitte des Jahres 2000 in mehreren Arbeitsgruppen, den so genannten *Special Mobile Groups* (SMG), die seit 1989 organisatorisch zum European Telecommunications Standards Institute (ETSI [37]) gehörten. Die von diesen Gruppen ausgearbeiteten technischen Spezifikationen, die in 13 Serien untergliedert sind, umfassen inzwischen ca. 10 000 Seiten.

Zum 1. August 2000 wurde die GSM-Standardisierungsarbeit einem anderen Gremium übergeben, nämlich einer von insgesamt 5 Technischen Spezifikationsgruppen (TSG) innerhalb des 3rd Generation Partnership Projects (3GPP). Bei 3GPP handelt es sich um eine Kooperation zwischen verschiedenen Standardisierungsbehörden aus Europa (vertreten durch das ETSI), USA, Japan, China und Korea. Das Ziel dieser Kooperation ist die Standardisierung der Mobilfunksysteme der 3. Generation (z.B. UMTS, siehe Abschnitt 6.5).

5.1.2 Überblick über Dienste und Anwendungen

Bei der Konzeption des GSM-Systems ist man von der Idee einer mobilen Fortsetzung des ISDN mit seinen Dienstmöglichkeiten ausgegangen, allerdings mit dem Schwerpunkt der Nutzung als Autotelefon. Heute hat sich GSM jedoch zu einem universellen Mobilfunksystem entwickelt, das ein breites Spektrum von Diensten und Anwendungsmöglichkeiten bietet, die weit über den Aspekt des Autotelefons hinausgehen. Neben der reinen mobilen Telefonie sind dabei vor allem die Möglichkeiten der Fernüberwachung bzw. -steuerung von technischen Anlagen, die Verkehrsleitung sowie der mobile Internet-Zugang zu nennen. Ferner haben die europäischen Bahngesellschaften beschlossen, neue Bahnfunknetze auf der Basis des GSM-Standards zu errichten.

Die genannten Anwendungen beruhen auf den folgenden Diensten:

Tele- und Trägerdienste

- Sprachübertragung (als Notruf und als normaler Fernsprechdienst),
- Datendienste.

In der ersten Phase von GSM waren nur Datendienste bis zu einer Nutzdatenrate von 9,6 kbit/s möglich, die nach dem Prinzip der Leitungsvermittlung (siehe Abschnitt 4.4.3) auf dem Funkweg arbeiteten.

In einer zweiten Phase kam der so genannte *Short Message Service* hinzu (Abschnitt 5.5.3). Darunter versteht man Kurznachrichten, die entweder zwischen 2 Teilnehmern ausgetauscht werden können (bis zu 160 alphanumerische Zeichen) oder die von der Basisstation an alle Mobilteilnehmer in einer Funkzelle versandt werden.

Für die derzeit laufende Phase 2+ wurde die Datenrate für leitungsvermittelte Dienste auf bis zu 64 kbit/s erhöht (*High Speed Circuit Switched Data*, HSCSD; Abschnitt 5.5.3) und eine paketvermittelte Datenübertragung auf dem Funkwege mit Datenraten bis zu ca. 160 kbit/s entwickelt (*General Packet Radio Service*, GPRS; Abschnitt 5.5.4). Für die Zukunft sind durch Verwendung anderer Modulationsverfahren Nutzdatenraten bis zu 384 kbit/s geplant (*Enhanced Data Rates for GSM Evolution*, EDGE; Abschnitt 5.5.5).

Zusatzdienste

GSM bietet alle aus dem ISDN bekannten Zusatzdienste wie z. B. «Rufumleitung», «Makeln», Rufnummernanzeige», «Anklopfen», «Rückruf bei besetzt» und die Sperrung verschiedener Arten von (ankommenden) Rufen an.

Mehrwertdienste

Als wichtige Beispiele für Mehrwertdienste sind Buchungs- und Auskunftsdienste (Hotelbuchung, Verkehrsdurchsagen) sowie die Bereitstellung einer Mailbox zu nennen.

Positionsbezogene Dienste

In einem Mobilfunknetz ist durch verschiedene Verfahren eine Positionsbestimmung der Mobilstation möglich. Diese Information kann in einigen Diensten verwendet werden (siehe Abschnitt 5.6.3):

- automatische Einbeziehung der Position beim Notruf,
- ortsabhängige Gesprächsgebühren und Grade der Zugangsberechtigung,
- ortsabhängige Information (z. B. Hinweise auf Hotels oder Sehenswürdigkeiten).

5.1.3 Anmerkungen zur Gliederung des Kapitels

Wie schon der große Umfang der Spezifikationsdokumente zeigt, ist das GSM-System ein äußerst komplexes System, dessen Gesamtfunktionalität sich aus dem Zusammenspiel einer Fülle von Komponenten und Teilfunktionen ergibt. Die Komplexität resultiert insbesondere aus der Vielfalt der angebotenen Dienste mit ihren unterschiedlichen Datenraten, der Mobilität der Teilnehmer und den Besonderheiten der Funkübertragung.

Um also einen Eindruck von der Gesamtfunktion des GSM-Systems zu vermitteln, ist es erforderlich, zunächst die Struktur der Funkkanäle (Abschnitt 5.2) sowie die Systemarchitektur und die Aufgaben der einzelnen Netzelemente (Abschnitt 5.3) kennen zu lernen. Darauf aufbauend können dann in Abschnitt 5.4 wichtige Prozeduren, wie z.B. der Verbindungsaufbau und der Zellwechsel, erläutert werden. Um die Erläuterungen möglichst einfach zu halten, konzentriert sich die Diskussion in den Abschnitten 5.2 bis 5.4 auf Funktionen und Komponenten, die für die Realisierung der Sprachübertragung wichtig sind. Der Datenübertragung für z.B. einen mobilen Internet-Zugang und anderen Anwendungen widmen sich gesonderte Abschnitte (Abschnitt 5.5 und 5.6).

Sehr detaillierte Darstellungen des GSM-Systems findet man in [2; 34 und 35], die historische Entwicklung von GSM ist ausführlich unter [38] beschrieben. Ein Überblick über die wichtigsten GSM-Spezifikationen wird in Anhang D.1 gegeben.

5.2 Funkkanäle im GSM-System

Ein Funkkanal dient der Übertragung von Informationen zwischen der Mobil- und der Basisstation. Abschnitt 5.2.1 behandelt zunächst die Frage, wie aus dem für GSM zur Verfügung stehenden Frequenzband durch Frequenz- und Zeitmultiplex einzelne Funkkanäle gebildet werden. Diese so genannten physikalischen Kanäle setzt man sowohl für die Nutzdatenübertragung (Sprache) als auch für organisatorische Zwecke als Steuerungskanäle (oder gleichbedeutend: Signalisierungskanäle) ein.

> **!** Grundsätzlich unterscheidet man also zwischen
>
> - ❑ Nutzkanälen (engl.: *traffic channel*, TCH) und
> - ❑ Steuerungskanälen (engl.: *control channel*, CCH).

Abschnitt 5.2.2 behandelt das Transportformat bei der Sprachübertragung, also die Art und Weise, wie die Nutzbits mit Redundanzbits zum Fehlerschutz versehen und zusammen mit letzteren auf einen physikalischen Kanal verteilt werden.

Abschnitt 5.2.3 erläutert die Aufgaben der verschiedenen Steuerungskanäle und deren Transportformat.

Wie die physikalischen Kanäle einer Funkzelle in Nutz- und Steuerungskanäle aufgeteilt werden, ist Inhalt des Abschnitts 5.2.4. Abschnitt 5.2.5 fasst die wichtigsten Tatsachen bezüglich der Funkkanäle zusammen.

5.2.1 Physikalische Kanäle

5.2.1.1 Frequenzbereiche für GSM

Von dem GSM-System gibt es in 3 verschiedenen Frequenzbereichen 3 Varianten (Tabelle 5.1), die sich jedoch nur in einigen wenigen Details unterscheiden.

In Deutschland benutzen das D1- und das D2-Netz das 900-MHz-Band in der in Bild 5.1 skizzierten Aufteilung, während im 1800-MHz-Bereich die E-Netze (e-plus und Viag Intercom) zu finden sind, die dort jeweils ca. $2 \cdot 25$ MHz belegen. Im Oktober 1999 ersteigerten die beiden D-Netzbetreiber, die T-Mobil und die Mannesmann Mobilfunk GmbH zusätzlich zu ihren jeweils ca. $2 \cdot 12$ MHz Spektrum im 900-MHz-Bereich jeweils etwa $2 \cdot 5$ MHz im 1800-MHz-Bereich. Dieses zusätzliche Spektrum wird zunehmend in den D-Netzen eingesetzt, um die Kapazität in Bereichen hoher Last, wie in Innenstädten, zu steigern (vgl. Abschnitt 7.6). Damit ein Mobilfunkteilnehmer

Tabelle 5.1 Frequenzbereiche und Systemvarianten von GSM

Kürzel/ Frequenzbereich	Name der Systemvariante	Frequenzen	Erläuterung/Beispiele
GSM900	Global System for Mobile Communications	890...915 MHz (UL) 935...960 MHz (DL)	D-Netze
DCS1800	Digital Communication System	1710...1785 MHz (UL) 1805...1880 MHz (DL)	E-Netze
PCS1900	Personal Communication System	1850...1910 MHz (UL) 1930...1990 MHz (DL)	Netze in Amerika

beide Frequenzbereiche nutzen kann, benötigt er ein Dualband-Endgerät, also ein mobiles Endgerät, das in beiden Bereichen arbeiten kann; sehr viele der heutzutage produzierten Endgeräte besitzen diese Funktionalität. Inzwischen gibt es auch einige so genannte Triband-Handys, die außerdem das mobile Telefonieren im dritten GSM-Frequenzband, dem PCS1900-Band in Amerika, ermöglichen.

Zusätzlich zu den bisher genannten Hauptfrequenzbändern sind die Frequenzbänder 880...890 MHz und 925...935 MHz zur Erweiterung des GSM/900 Bereichs sowie die Bänder 876 MHz...880 MHz und 921...925 MHz für den Bahnfunk reserviert. Ferner arbeiten die Standardisierungsgremien an einer GSM-Variante im Bereich von 400 MHz, in dem bei Abschaltung der analogen Mobilfunksysteme, wie dem C-Netz, demnächst Frequenzen frei werden.

5.2.1.2 Multiplex-Verfahren und elementare physikalische Kanäle

Wie in Abschnitt 3.3.4 erwähnt, setzt man im GSM-Standard die GMSK-Modulation, eine Phasenmodulationsart, ein. Durch Verwendung unterschiedlicher Trägerfrequenzen sind die im vorherigen Abschnitt aufgeführten Frequenzbänder in einzelne Träger unterteilt, die

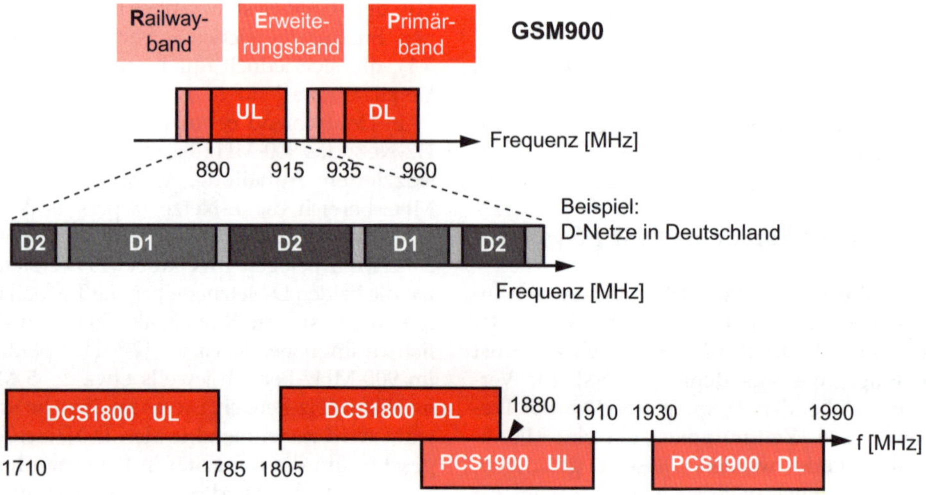

Bild 5.1 Frequenzbänder für GSM

einen Abstand von 200 kHz = 0,2 MHz besitzen. Diese Unterteilung in Träger nennt man Frequenz-Multiplex (Frequency Division Multiplex, FDM; siehe Abschnitt 4.2.1). Die Rate der modulierten Bits auf einem Träger beträgt etwa $r_b \approx 270$ kbit/s entsprechend einer Bitdauer von $T_b \approx 3{,}7$ µs. Ein Frequenzträger f lässt sich durch eine Zahl n, die sog. Absolute Radio Frequency Channel Number (ARFCN) kennzeichnen. So hat man z.B. im Bereich von GSM900 124 Duplexträger, die folgendermaßen nummeriert sind:

Uplink: $f_{UL}(n) = 890\text{ MHz} + n \cdot 0{,}2\text{ MHz}$
$n = 1, 2, 3, \ldots, 123, 124$

Downlink: $f_{DL}(n) = 935\text{ MHz} + n \cdot 0{,}2\text{ MHz}$
$n = 1, 2, 3, \ldots, 123, 124$

Zusätzlich ist jeder Frequenzträger in einem Zeitmultiplex-Verfahren in 8 Zeitschlitze (time slots) unterteilt, so dass sich auf einem Träger 8 Verbindungen unterbringen lassen, die sich in dem in Bild 5.2 skizzierten Rhythmus abwechseln.

Zur Bildung eines Kanalpaares aus Uplink-Kanal und zugehörigem Downlink-Kanal verwendet man das *Frequenzduplex-Verfahren* (Frequency Division Duplex, FDD) mit Zeitversatz.

Für den Fall, dass kein Frequenzsprungverfahren (engl.: *frequency hopping*) eingesetzt wird, ist ein physikalischer Kanal also durch folgende Größen charakterisiert (Bild 5.3):

- die Frequenznummer ARFCN (= 1, 2, … 124 für GSM900),
- die Zeitschlitznummer TN = 0, 1, 2, …, 6, 7.

Das Zeitintervall für die 8 Zeitschlitze nennt man einen TDMA-Rahmen (engl.: *TDMA frame*); seine Dauer beträgt 5 ms · 24/26 ≈ 4,6 ms und entspricht exakt der Dauer von 1250 Bits:

$$T_{TDMA} = 1250\text{ Bit} = 5\text{ ms} \cdot 24/26 \approx 4{,}6\text{ ms}$$

Diese Rahmen versieht die Basisstation bei der Zahl «0» beginnend mit einer Nummer – der Frame Number FN – und strahlt den Wert von FN zum Zwecke der zeitlichen Orientierung der Mobilstationen in der Zelle ab (Bild 5.4). Nach $FN_{max} = 26 \cdot 51 \cdot 2^{11} - 1 = 2\,715\,647$ Rahmen startet die Zählung wieder bei «0». Die Wahl von FN_{max} hängt mit der später noch zu besprechenden Rahmenstruktur der Nutz- und Steuerungskanäle sowie mit dem Datenverschlüsselungsverfahren zusammen.

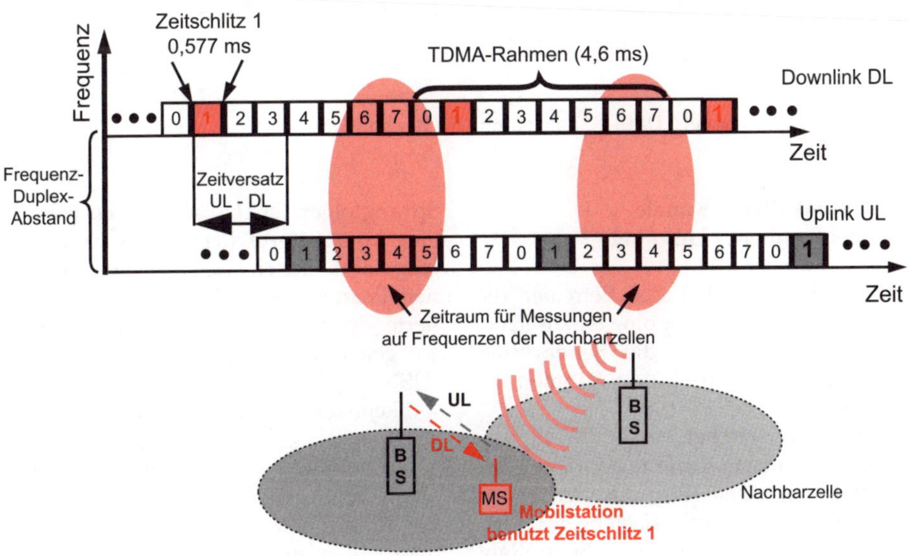

Bild 5.2 Illustration des Zeitmultiplex-Verfahrens bei GSM

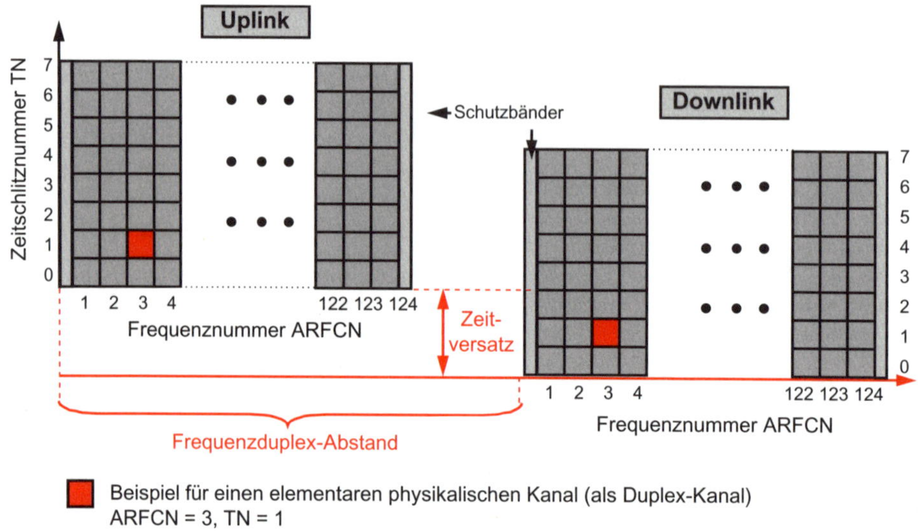

Bild 5.3 Physikalische Kanäle in GSM

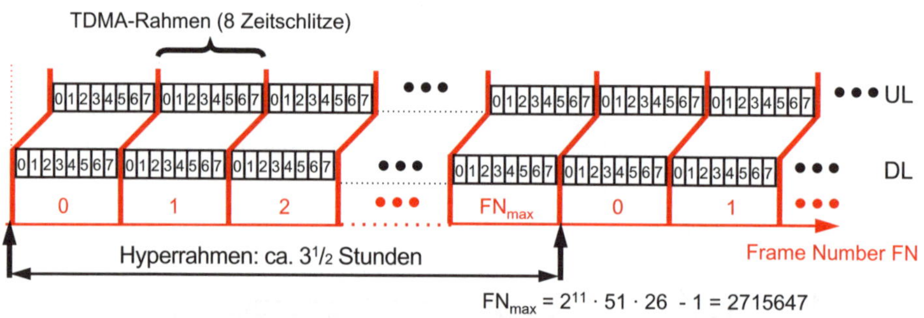

Bild 5.4 Nummerierung der TDMA-Rahmen durch die Basisstation

5.2.1.3 Physikalische Kanäle bei Frequency Hopping

In einem GSM-Netz hat der Betreiber die Möglichkeit, Frequency Hopping einzusetzen; in diesem Fall wechselt die Sende- und Empfangsfrequenz von TDMA-Rahmen zu TDMA-Rahmen.

Das Springen zwischen den zur Verfügung stehenden Frequenzen kann regelmäßig oder quasi-zufällig erfolgen (Bild 5.5). Im ersten Fall spricht man vom *Cyclic Hopping*, im zweiten Fall vom *Random Hopping*. Beim Random Hopping werden die unregelmäßigen Sprungfolgen (engl.: *hopping sequences*) durch eine komplizierte Rechenvorschrift erzeugt. Insgesamt lassen sich bei einem gegebenen Frequenzsatz 63 verschiedene unkorrelierte Sprungfolgen bilden, die durch die so genannte Hopping Sequence Number (HSN = 1, 2, …, 63) charakterisiert sind; HSN = 0 kennzeichnet den Spezialfall Cyclic Hopping.

Zu beachten ist, dass innerhalb *einer* Zelle alle Verbindungen parallel springen sollten, um Kollisionen zu vermeiden. Dies erreicht man, indem man allen Verbindungen die parallelen Hoppingsequenzen mit unterschiedlichen Startfrequenzen gibt. Für verschiedene Zellen, die die gleichen Frequenzen verwenden, lässt sich durch unterschiedliche Wahl der HSN eine Durchmischung der Störungen erreichen. So wird z.B. in Bild 5.5 die Verbindung E in Zelle 3 im ersten TDMA-Rahmen durch Verbindung F in Zelle 4 gestört, im zweiten und dritten Rahmen erfolgt keine Störung und im vierten eine Störung durch Verbindung G. Das in GSM eingesetzte Interleaving-Verfahren mittelt diese Störsituation aus, sodass sich etwaige Übertragungsfehler weitgehend beheben lassen.

Dagegen hat bei dem Beispiel für Cyclic Hopping aus Bild 5.5 der Teilnehmer A in Zelle 1 den Teilnehmer C in Zelle 2 ständig als Störer. Cyclic Hopping sorgt in diesem Fall nur für einen Ausgleich des frequenzabhängigen Kurzzeit-Fadings (siehe Abschnitt 2.6).

Zur Kennzeichnung eines physikalischen Kanals bei Frequency Hopping benötigt man die in Tabelle 5.2 aufgeführten Größen.

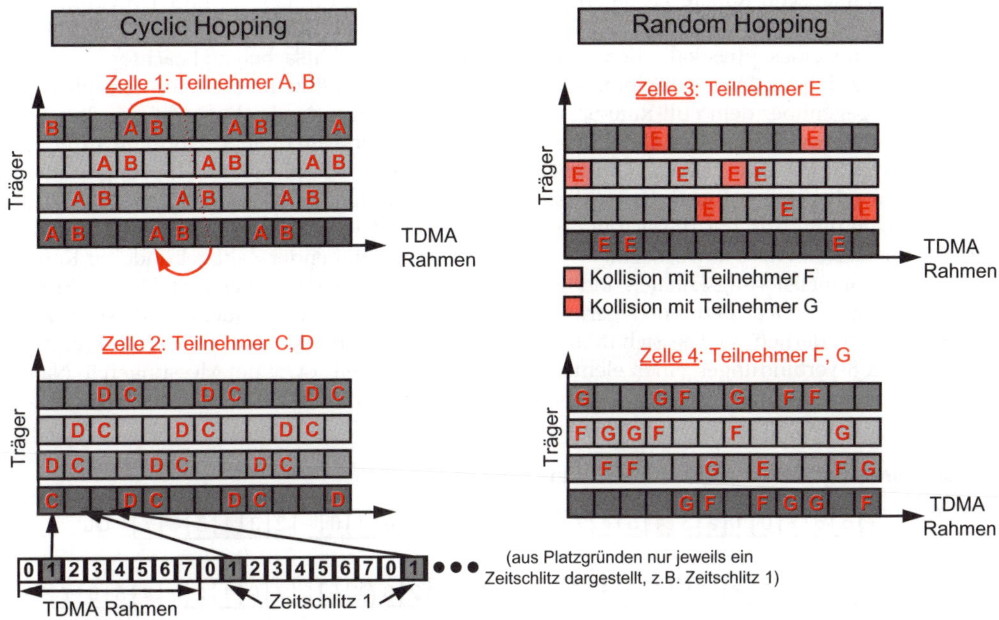

Bild 5.5 Frequency Hopping: Beispiele für Zellen mit 4 Trägern

Tabelle 5.2 Größen zur Beschreibung eines physikalischen Kanals bei Frequency Hopping

GSM-Fachausdruck	Abk.	Erläuterung	Wertebereich
Time Slot Number	TN	Zeitschlitznummer	0, 1, …, 7
Mobile Allocation	MA	Satz von Frequenzen, über den gesprungen wird	ARFCNs von bis zu 64 Frequenzen
Mobile Allocation Index Offset	MAIO	Startwert für die Sprungfolge	1, 2, …, 124 (bei GSM900)
Hopping Sequence Number	HSN	Kennzeichnung der Sprungreihenfolge	0: cyclic 1, 2, …, 63: random

5.2.1.4 Teilung und Bündelung elementarer physikalischer Kanäle

Physikalische Kanäle setzt man heutzutage (z.B. beim üblicherweise verwendeten Full-Rate-Sprachkanal) in der zuvor beschriebenen Form ein, daher werden sie im Folgenden auch als elementare physikalische Kanäle oder Vollratenkanäle (*Full Rate Channel*) bezeichnet.

Für einige Anwendungszwecke ist es jedoch auch sinnvoll oder sogar notwendig, elementare physikalische Kanäle zu teilen oder zu bündeln.

Eine Teilung eines physikalischen Kanals wendet man z.B. beim Half-Rate-Sprachkanal an, bei dem gegenüber dem Full-Rate-Sprachkanal nur etwa die Hälfte der Datenrate zu übertragen ist. Somit lassen sich auf einem elementaren physikalischen Kanal (Zeitschlitz) 2 Verbindungen unterbringen, die sich in der in Bild 5.6 skizzierten Weise abwechseln.

Bei vielen Signalisierungskanälen und beim Short Message Service sind noch geringere Datenraten erforderlich, so dass sich in diesen Fällen bis zu 8 Verbindungen einen elementaren Kanal teilen können. Das Schema, nach dem sich diese Verbindungen abwechseln, ist jedoch etwas komplizierter als beim Half-Rate-Kanal (vgl. Abschnitt 5.2.4.1). Ein Teilkanal wird durch die so genannte *Sub-Channel Number* (SCN) charakterisiert.

Im Zuge von Multimedia-Diensten sind höhere Datenraten erwünscht. Diese lassen sich bis zu einem bestimmten Grad erreichen, indem man mehrere elementare physikalische Kanäle bündelt und sie einem Teilnehmer zuteilt (siehe Bild 5.6); hier sind asymmetrische Anordnungen, d.h. unterschiedliche Zeitschlitzzahlen für Uplink und Downlink, erlaubt. Bei der Bündelung von Zeitschlitzen sind folgende Tatsachen zu beachten:

Alle Zeitschlitze müssen auf dem gleichen Frequenzträger liegen bzw. müssen bei Verwendung von Frequency Hopping in einem TDMA-Rahmen die gleiche Sprungfrequenz benutzen, d.h., sie müssen in der MA, MAIO und HSN (siehe Tabelle 5.2) übereinstimmen.

Mit zunehmender Zahl gebündelter Kanäle verbleibt immer weniger Zeit für die Mobilstation, um ihren Frequenzsynthesizer zwischen der Uplink- und Downlink-Frequenz umzustimmen sowie um Messungen in Nachbarzellen vorzunehmen. Ab einer bestimmten

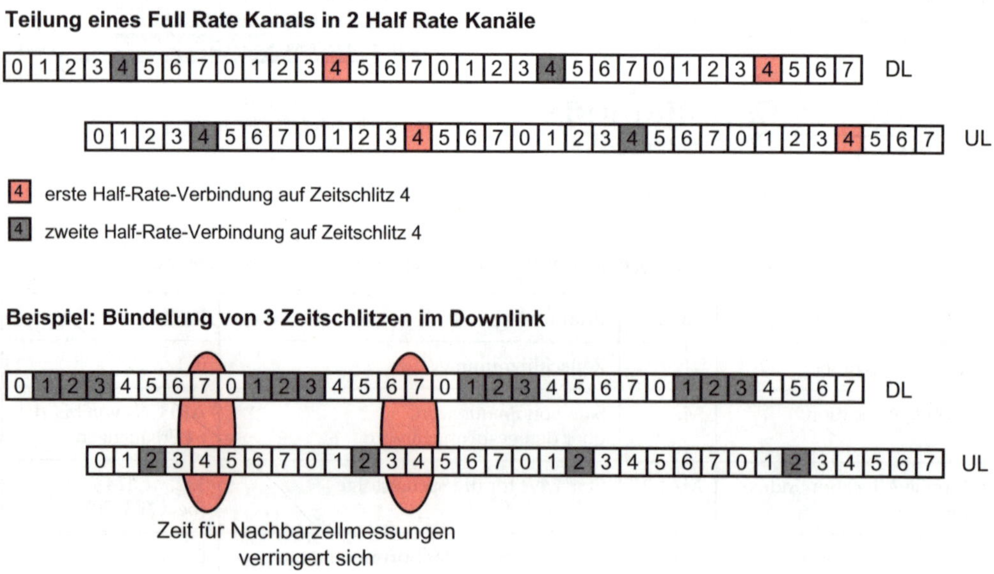

Bild 5.6 Teilung und Bündelung elementarer physikalischer Kanäle

Zeitschlitzzahl bzw. -konstellation ist dies gar nicht mehr ohne komplexere Empfängerstrukturen (z.B. zusätzlicher Empfänger für Nachbarzellmessungen) möglich. Es wird daher in Zukunft verschiedene Klassen von Handys geben, die sich in ihren Kanalbündelungsmöglichkeiten und damit in ihrer Komplexität und ihrem Preis unterscheiden.

5.2.2 Sprachkanäle

5.2.2.1 Sprachcodierverfahren

> **!** In GSM-Netzen werden 3 verschiedene Sprachcodecs eingesetzt. Bei diesen Verfahren zur Umsetzung eines analogen Sprachsignals in ein digitales Signal am Sender und der Rückwandlung am Empfänger handelt es sich um
>
> - den Full Rate Codec (FR),
> - den Enhanced Full Rate Codec (EFR),
> - den Half Rate Codec (HR).

Das ursprünglich spezifizierte und heute in GSM-Netzen noch weit verbreitete Sprachcodierverfahren beim Full Rate Codec arbeitet mit einer Sprachbitrate von 13 kbit/s. Verbesserungen bei Sprachcodierverfahren haben zu 2 weiteren Sprachcodecs geführt, die zunehmend in GSM-Netzen eingesetzt werden: Beim Enhanced Full Rate Sprachcodec wurde bei etwa gleich bleibender Datenrate (12,2 kbit/s) die Sprachqualität gesteigert, während der Half Rate bei nahezu gleich bleibender Sprachqualität mit etwa der halben Sprachbitrate (5,6 kbit/s) auskommt. Neuere Handys unterstützen weitgehend alle 3 Codecs.

Voice Activity Detection und Discontinuous Transmission

Eine Besonderheit bei diesen Codecs ist, dass sie eine Funktionalität bieten, die sich Voice Activity Detection (VAD) nennt und die es ermöglicht, den Beginn und das Ende einer Sprachaktivität automatisch zu erkennen. Bei einem Telefongespräch sprechen die beiden Partner im Mittel etwa zur Hälfte der gesamten Verbindungsdauer, der Uplink und der Downlink eines Duplexkanals wird also jeweils nur in etwa der Hälfte der Zeit benötigt. In einer von der VAD-Funktionalität erkannten Sprachpause – z.B. des Mobilteilnehmers – kann man also die Sendeleistung für den Uplink auf den Wert 0 reduzieren. Durch dieses als Discontinuous Transmission (DTX) bezeichnete Verfahren lassen sich Störungen für andere Teilnehmer verringern, zudem verbraucht das Handy weniger Strom.

Würde man allerdings bei einer Sprachpause keinerlei Informationen versenden, könnte dies dem Gesprächspartner das Gefühl eines Gesprächsabbruchs vermitteln. Um solche Irritationen zu vermeiden, überträgt man in den Sprachpausen in einigen wenigen Rahmen das Hintergrundgeräusch – auch *Comfort Noise* genannt.

Die folgenden Erläuterungen konzentrieren sich zwar im Wesentlichen auf den Full-Rate-Sprachkanal, doch werden auch Modifikationen für den Enhanced Full Rate und Half Rate Codec sowie neuere Entwicklungen bezüglich der Sprachübertragung kurz erläutert.

5.2.2.2 Das Transportformat bei der Sprachübertragung

Zum Transport über einen physikalischen Kanal müssen die Sprachbits mit Fehlerschutz versehen und in einem bestimmten Format verpackt werden. Die Verpackung erfolgt in so genannten normalen Bursts. Neben den im folgenden Abschnitt näher erläuterten normalen Bursts gibt es noch andere Bursttypen, die im Zusammenhang mit speziellen Steuerungskanälen eine Rolle spielen (vgl. Abschnitt 5.2.3).

5.2.2.2.1 Aufbau eines normalen Bursts

Wie in Abschnitt 5.2.1.2 erwähnt, lassen sich bei einer Modulationsbitrate von 271 kbit/s pro TDMA-Rahmen 1250 Bits transportieren; auf einen Zeitschlitz entfallen demnach rechnerisch 1250/8 Bits = 156,25 Bits. Bei einem normalen Burst, wie er z.B. zur Sprach- und Datenübertragung eingesetzt wird, teilen sich diese wie folgt auf (Bild 5.7):

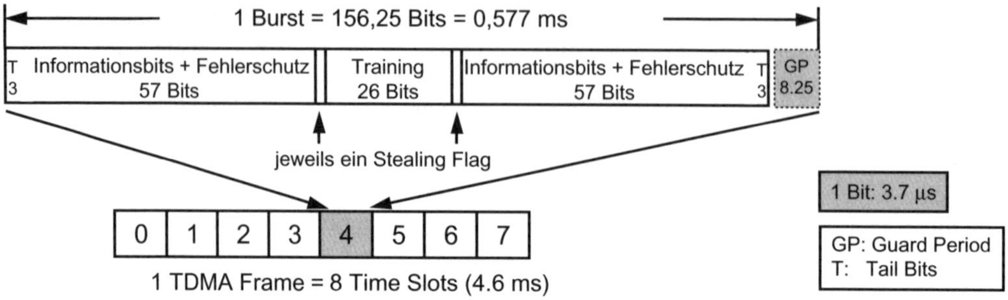

Bild 5.7 Aufbau eine normalen Bursts

Guard Period

Während der Guard Period (GP) am Ende des Bursts werden keine Bits übertragen. Diese Schutzperiode dient u.a. dazu, durch Laufzeitunterschiede hervorgerufene Überlappungen zwischen Bursts auf benachbarten Zeitschlitzen zu vermeiden. Die Länge der Guard Period beträgt ca. 30,5 µs entsprechend einer Dauer von 8,25 Bits.

Tail Bits

Die verbleibenden 148 Bits enthalten zweimal 3 Tail Bits als Begrenzungen. Sie spielen eine Rolle bei der Demodulation des Signals.

Training Sequence

In der Mitte des Bursts befindet sich eine sog. Trainingssequenz, das ist eine sowohl dem Sender als auch dem Empfänger bekannte Folge aus 26 Bits. Aus den Abweichungen des empfangenen Signals von der bekannten ausgesandten Bitfolge lassen sich am Empfänger Informationen über die auf dem Funkkanal aufgetretenen Störungen und Verzerrungen durch Mehrwegeausbreitung ableiten. Diese Informationen kann der Entzerrer (engl.: *equalizer*) im Empfänger nutzen, um die Signalverzerrungen bei der Demodulation der unbekannten Nutzbits weitgehend auszugleichen. Das GSM-System stellt für normale Bursts 8 verschiedene Trainingssequenzen, gekennzeichnet durch den Training Sequence Code (TSC = 0, 1, …, 7), zur Verfügung. Funkzellen, die die gleichen Frequenzen benutzen und sich gegenseitig stören könnten, sollten nach Möglichkeit unterschiedliche Trainingssequenzen verwenden.

Stealing Bits

Unmittelbar vor und nach der Trainingssequenz liegen die sog. Stealing Bits. Sie zeigen an, ob der übertragene Burst Nutzdaten (Sprachbits) oder Signalisierungsinformationen enthält. Ist z. B. während der bestehenden Sprachverbindung ein Handover erforderlich, so wird statt der Sprachbits eine Handover-Meldung zur Mobilstation geschickt, die sie anweist, die Zelle zu wechseln. Der Sprachverbindung werden also gewissermaßen Bits gestohlen (engl.: *to steal* = stehlen). Dass es sich bei den empfangenen Daten nicht um Nutzdaten, sondern um solche Signalisierungsdaten handelt, erkennt der Empfänger daran, dass die Stealing Bits auf «1» gesetzt sind.

Information Bits

Die verbleibenden 114 Bits – aufgeteilt in 2 Blöcke zu 57 Bits – können zur Übertragung der eigentlichen Nutzdaten verwendet werden. Rein rechnerisch ergibt sich also für *einen* physikalischen Kanal bei 114 Bits pro TDMA-Rahmen (4,615 ms) eine maximale Datenrate von 24,7 kbit/s.

Tatsächlich liegt die Datenrate jedoch niedriger:

Zum einen werden von 26 übertragenen Bursts einer Verbindung nur 24 für die Nutzdatenübertragung verwendet. Die beiden anderen dienen z. B. dazu, Messwerte von der Mobilstation zur Basisstation zu transportieren und einen möglichen Handover vorzubereiten (siehe Abschnitt 5.2.2.2.3). Damit reduziert sich die maximale Nutzdatenrate um den Faktor 24/26 auf 22,8 kbit/s pro physikalischen Kanal. Man spricht in diesem Zusammenhang auch von der Kanaldatenrate.

> ! Die *Kanaldatenrate* eines Full-Rate-Kanals beträgt 22,8 kbit/s, bei einem Half-Rate-Kanal besitzt sie dementsprechend den Wert 11,4 kbit/s.

Zum anderen ist zu beachten, dass die Nutzdaten i. Allg. mit Redundanzbits zum Fehlerschutz (vgl. Abschnitt 3.4) versehen sind, die dem Empfänger die Korrektur etwaiger Übertragungsfehler erlauben. So enthält z. B. ein Burst bei der Sprachübertragung – wie im folgenden Abschnitt näher beschrieben – 65 Sprachbits und 49 Redundanzbits als Fehlerschutzmaßnahme.

Insgesamt werden also bei einem Sprachkanal nur etwa 38% der Übertragungskapazität für die eigentliche Sprachinformation genutzt, die anderen 62% dienen der Sicherung der Übertragungsqualität und organisatorischen Zwecken.

5.2.2.2.2 Kanalcodierung und Interleaving bei der Sprachübertragung

Die Sprachcodiereinheit im jeweiligen Sender erzeugt beim Full Rate Codec aus dem akustischen Sprachsignal alle 20 ms einen sog. Sprachrahmen von 260 Bits entsprechend einer Sprachdatenrate von 13 kbit/s. Dabei kommt den einzelnen Bits eine unterschiedliche Bedeutung für die Sprachverständlichkeit zu. Sie sind dementsprechend mit verschieden starken Fehlerschutzmaßnahmen versehen (Tabelle 5.3).

Wie in Bild 5.8 illustriert, verwendet man 3 Bits zur Fehlererkennung bei den sehr wichtigen Class-1a-Bits. Im nächsten Schritt werden diese Bits zusammen mit den 132 Class-1b-Bits und 4 zusätzlichen Tailbits einem Faltungscodierer der Rate 1/2 zugeführt, der den insgesamt 189 Bits noch einmal 189 Redundanzbits hinzufügt, um eine Fehlerkorrektur beim Empfänger zu ermöglichen. Den so entstandenen 378 Bits hängt man die weniger wichtigen 78 Class-2-Bits an, so dass sich pro Sprachrahmen insgesamt 456 zu übertragende Bits ergeben.

Da sich pro Burst 114 Bits transportieren lassen, könnten die 456 Bits in 4 Bursts gepackt werden. Tatsächlich verteilt man die 456 Bits jedoch auf 8 Bursts, um die Auswirkungen der Störungen eines Bursts geringer zu halten. Allerdings werden dadurch die 8 Bursts von dem betrachteten Sprachrahmen nur zur Hälfte gefüllt; die von diesem Rahmen nicht genutzte Kapazität wird jeweils zur Hälfte von dem vorangehenden und dem nachfolgenden Sprachrahmen verwendet. Man bildet die Sprachrahmen also in einer überlappenden Art und Weise auf die Bursts ab. Dies ist im oberen Teil von Bild 5.8 angedeutet.

Zu beachten ist weiterhin, dass die Bits vor der Übertragung umsortiert werden. Diese Umsortierung – Interleaving genannt (vgl. Abschnitt 3.4.4) – führt dazu, dass ursprünglich benachbarte Bits auf verschiedene Bursts verteilt sind. So enthält z. B. der erste Burst in Bild 5.8 die Bits 0, 8, 16, 24, …, 440, 448. Am Empfänger werden die Bits wieder in ihre ursprüngliche Reihenfolge zurück sortiert. Ist z. B. die Übertragung des ersten Bursts mit starken Störungen behaftet, so führt dies höchstens bei jedem achten Bit zu Übertra-

Tabelle 5.3 Klassen von Sprachbits und deren Codierung

Bitklasse	Anzahl	Wichtigkeit	Faltungscode zur Fehlerkorrektur	Blockcode zur Fehlererkennung
Class 1 a	50	Sehr hoch	Ja; Code-Rate 1/2	3 Redundanzbits
Class 1 b	132	Hoch	Ja; Code-Rate 1/2	Nein
Class 2	78	Gering	Nein	Nein

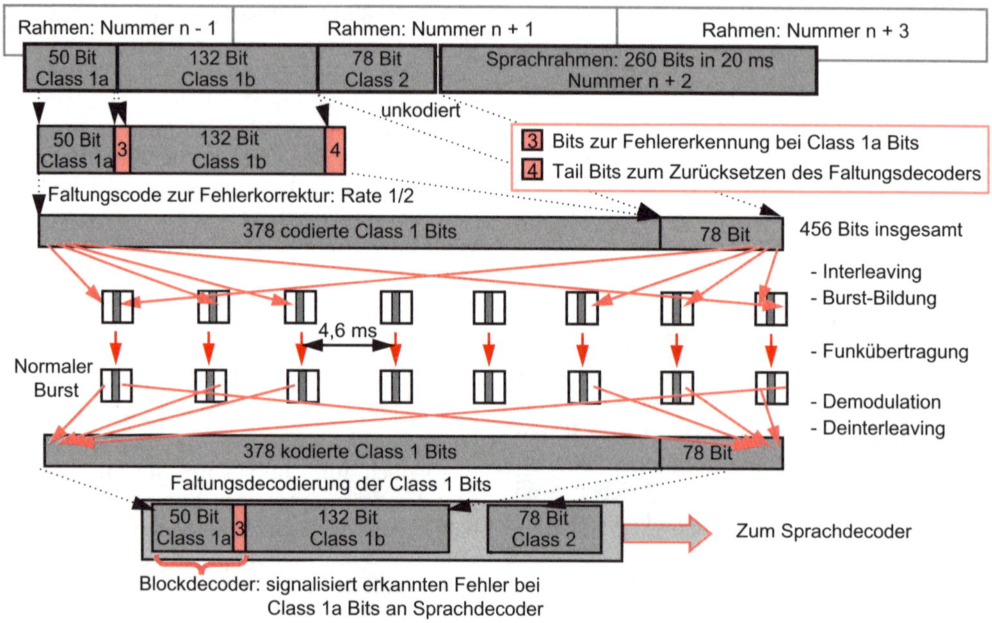

Bild 5.8 Kanalcodierung und Interleaving beim Sprachkanal (Full Rate)

gungsfehlern, die von dem Faltungsdecoder im Empfänger behoben werden können. Ohne Umsortierung wären viele aufeinander folgende Bits mit Fehlern behaftet und eine Fehlerkorrektur wäre nicht wirksam.

Durch das Interleaving entsteht eine Verzögerung bei der Sprachübertragung, da sich der Sprachblock erst dann decodieren lässt, wenn der zugehörige letzte Burst beim Empfänger eingetroffen ist. Diese Verzögerungs- oder Interleavingzeit beträgt

$$7 \cdot 4{,}6125 \text{ ms} + 0{,}577 \text{ ms} \approx 33 \text{ ms}$$

Nach der Fehlerkorrektur durch den Faltungsdecoder überprüft man anhand des Blockcodes, ob bei den für die Sprachqualität entscheidenden Class-1a-Bits nicht korrigierbare Bitfehler verblieben sind. Ist dies der Fall, so wird der gesamte Sprachrahmen als «schlechter Rahmen» (engl.: *bad frame*) gekennzeichnet. In jedem Fall werden die decodierten Bits zusammen mit der Angabe, ob es sich um einen «Bad Frame» handelt, an den Sprachdecoder geliefert, der daraus das akustische Signal rekonstruiert. Beim Empfang eines Bad Frames wiederholt der Sprachdecoder zunächst den vorhergehenden Rahmen, bei mehreren aufeinander folgenden «Bad Frames» wird das akustische Signal ausgeblendet.

Anmerkungen zu anderen in GSM verwendeten Sprachcodierverfahren

Der Enhanced-Full-Rate-Sprachcodec liefert bei einer Sprachdatenrate von 12,2 kbit/s eine gegenüber dem normalen Full-Rate-Sprachcodec verbesserte Sprachqualität. Die Kanalcodierung und das Interleaving (über 8 Bursts) erfolgen im Prinzip ähnlich wie zuvor geschildert, wenn es auch im Detail Unterschiede gibt, die sich z.B. in einem stärkeren Blockcode zur Fehlererkennung äußern.

Der Half-Rate-Sprachkanal besitzt bei einer Sprachdatenrate von 5,6 kbit/s und einer gesamten Kanaldatenrate von 11,4 kbit/s einen prozentual gesehen stärkeren Fehlerschutz. Da er nur jeden zweiten Zeitschlitz eines elementaren physikalischen Kanals benutzt, wird das Interleaving über 4 statt 8 Bursts durchgeführt.

In Zukunft wird der so genannte *Adaptive Multirate Codec* (AMR) zum Einsatz kommen. Bei diesem Verfahren gibt es für einen Full-Rate-Kanal 8 verschiedene Stufen – Codec Modes genannt –, um die Kanalrate von 22,8 kbit/s zwischen den eigentlichen Sprachbits und den Redundanzbits zum Fehlerschutz aufzuteilen (Bild 5.9); weitere 5 Codec Modes sind für den Half-Rate-Kanal vorgesehen. Während einer Verbindung kann der Codec Mode abhängig von den Empfangsbedingungen gewechselt werden – eventuell mehrmals in einer Sekunde: Bei geringen Störungen kann man beispielsweise den Fehlerschutz zu Gunsten einer erhöhten Sprachbitrate und einer damit verbesserten Sprachqualität verringern; umgekehrt reduziert man bei starken Störungen die Sprachbitrate, um den Fehlerschutz zu stärken.

Ein Wechsel in den Half-Rate-Kanalmodus erfolgt, wenn dies aus Kapazitätsgründen erforderlich ist und es die Empfangsbedingungen erlauben.

5.2.2.2.3 Rahmenstruktur der Sprachkanäle

Wie schon zuvor erwähnt, sind nicht alle Bursts auf einem physikalischen Kanal mit Sprachdaten belegt; einige von ihnen werden zu Signalisierungszwecken benötigt. Die entsprechenden zeitlichen Verhältnisse sind in Bild 5.10 für einen Full-Rate-Sprachkanal illustriert, der in dem gezeigten Beispiel den Zeitschlitz 3 auf einem Frequenzträger belegt. Auf diesem Zeitschlitz kann alle 4,615 ms ein normaler Burst verschickt werden. Von 26 aufeinander folgenden Bursts enthalten 24 Sprachbits, die beiden anderen benötigt man für organisatorische Aufgaben: In dem mit SACCH bezeichneten Rahmen werden z. B. Messwerte von der Mobil- zur Basisstation transportiert (siehe Abschnitt 5.4.4.1), der Idle Slot enthält keinerlei Daten und verschafft somit der Mobilstation genügend Zeit, um gelegentlich wichtige Informationen aus Nachbarzellen zu decodieren. Dem gezeigten Muster aus den 26 aufeinander folgenden Bursts, die sich mit einer Periode von exakt 120 ms wiederholen, folgen alle Nutzkanäle einer Funkzelle im gleichen Takt; man nennt es daher ein *Traffic Channel Multiframe* (Mehrfachrahmen für einen Nutzkanal).

Bei 24 Sprachbursts innerhalb eines TCH-Multiframes von 120 ms wird im Mittel alle 5 ms ein Sprachburst versandt. Die von der Sprachcodiereinheit alle 20 ms angelieferten Sprachrahmen werden auf ca. 40 ms gestreckt und in der gezeigten Weise überlappend auf 8 Bursts verteilt.

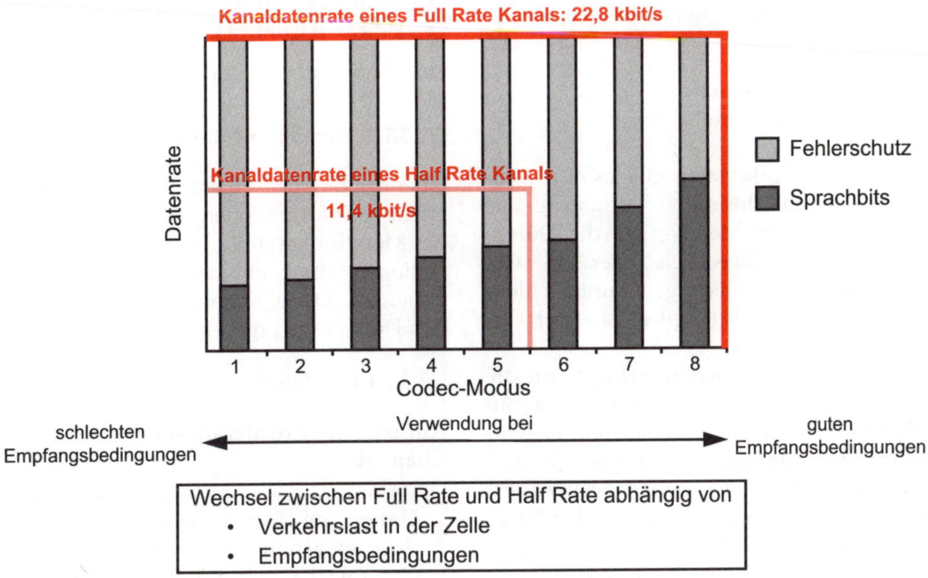

Bild 5.9 Datenraten beim Adaptive Multirate Codec

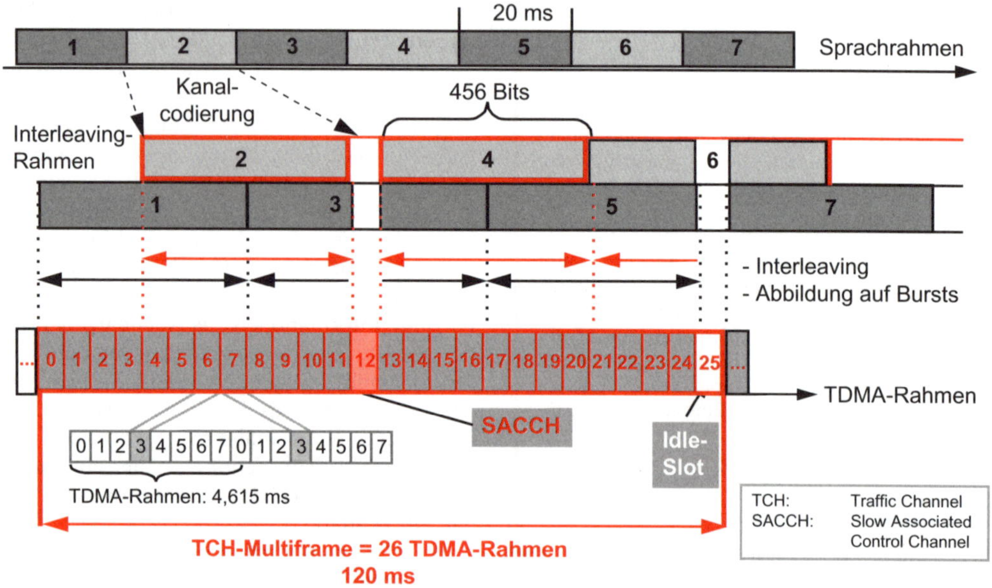

Bild 5.10 Rahmenstruktur des Full-Rate-Sprachkanals

5.2.2.3 Zusammenfassung

Die wichtigsten Schritte bei der Sprachübertragung sind in Bild 5.11 für den Full-Rate-Sprachkanal zusammengefasst.

5.2.3 Steuerungskanäle – Control Channels

In einem Mobilfunksystem gibt es eine Vielzahl von organisatorischen Aufgaben wie den Austausch von Messwerten, die Durchführung eines Zellwechsels oder die Gesprächsaufbausignalisierung, die unterschiedliche Steuerungskanäle (Control Channels) erfordern.

Dieser Abschnitt konzentriert sich auf die Steuerungskanäle, die im Zusammenhang mit der Sprachübertragung und der leitungsvermittelten Datenübertragung erforderlich sind.

Nähere Informationen zu den Steuerungskanälen, die man speziell für die Paketdatenübertragung in GSM benötigt, sind im entsprechenden Kapitel über den General Packet Radio Service (Abschnitt 5.5.4) zu finden.

Die Steuerungskanäle gliedern sich in 3 Gruppen:

- Broadcast Control Channels,
- Common Control Channels,
- Dedicated Control Channels.

Sie werden nun im Einzelnen diskutiert.

5.2.3.1 Broadcast Control Channels

Über die Broadcast Control Channels werden wichtige Informationen, die die Organisation des Mobilfunksystems betreffen, an *alle* Mobilstationen einer Funkzelle verbreitet (engl.: *broadcast*). Diese Kanäle sind daher nur für den Downlink vorgesehen.

5.2.3.1.1 Broadcast Common Control Channel

Aufgabe des Broadcast Common Control Channel

! Unter den Steuerungskanälen kommt dem so genannten Broadcast Common Control Channel (BCCH) eine besondere Bedeutung zu. Von den Frequenzträgern jeder Funkzelle muss jeweils einer als BCCH-Träger erklärt werden. Der BCCH, der auf Zeitschlitz 0 des BCCH-Trägers zu liegen hat, strahlt wichtige Systeminformationen ab, nämlich unter anderem

- ❑ die Zell- und Netzkennung,
- ❑ die Kanalkonfiguration der Funkzelle,
- ❑ Parameter für die Zellwahl und den Verbindungsaufbau,
- ❑ die Frequenznummern der BCCH-Träger der Nachbarzellen.

Die anderen Zeitschlitze (Nr. 1–7) des BCCH-Trägers lassen sich z. B. als Sprachkanäle verwenden. Allerdings ist zu beachten, dass – selbst wenn sie nicht mit Sprachdaten belegt sind – der komplette BCCH-Träger (d. h. alle 8 Zeitschlitze) ständig mit der maximalen Sendeleistung abzustrahlen ist, denn die Mobilstationen müssen den Empfangspegel der BCCH-Träger der Nachbarzellen messen, um einen Zellwechsel in eine Zelle mit besserem Empfang zu ermöglichen.

Da Nachbarzellmessungen zu beliebigen Zeitpunkten erfolgen können (nicht synchronisierte Zellen), muss der komplette BCCH-Träger mit konstanter Leistung abgestrahlt werden, um gleich bleibende Voraussetzungen für die Messungen zu schaffen.

Dazu überträgt man so genannte *Dummy Bursts*, die völlig analog zu den normalen Bursts aufgebaut sind. Allerdings enthalten sie eine zufällige Bitfolge als «Informationsanteil» und eine 9. – von den 8 für normale Bursts abweichende – Trainingssequenz. Diese wurde vor einigen Jahren eingeführt, nachdem Probleme im Zusammenspiel mit dem Leistungsmerkmal «Discontinuous Transmission» aufgetreten waren. Einige (fehlerhafte) Mobilstationen hatten es versucht – und auch geschafft –, die in den Sprachpausen übertragenen Dummy Bursts mit ihren Zufallsbitfolgen zu decodieren, was naturgemäß zu scheußlichen Geräuschen führte.

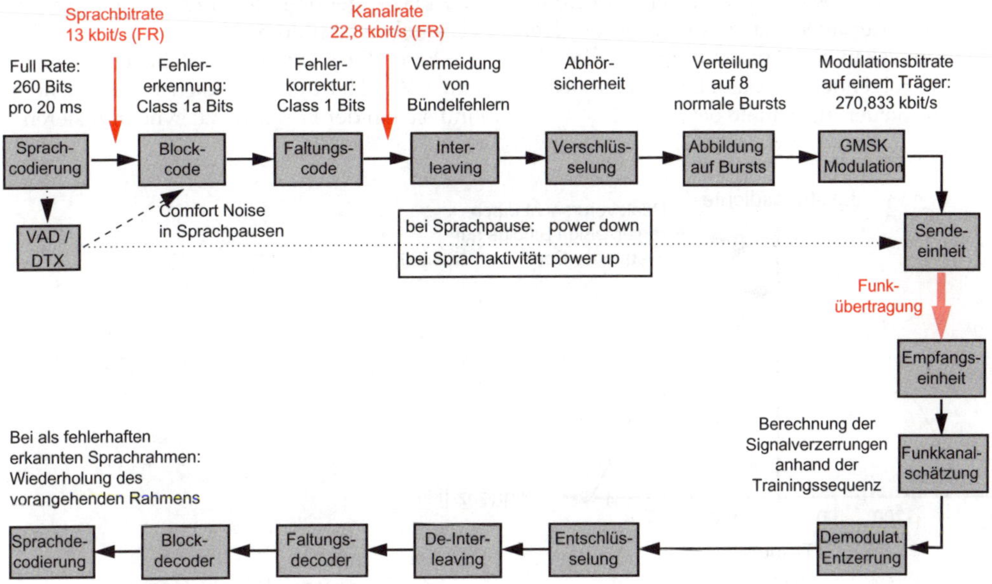

Bild 5.11 Verarbeitungsschritte bei der Sprachübertragung

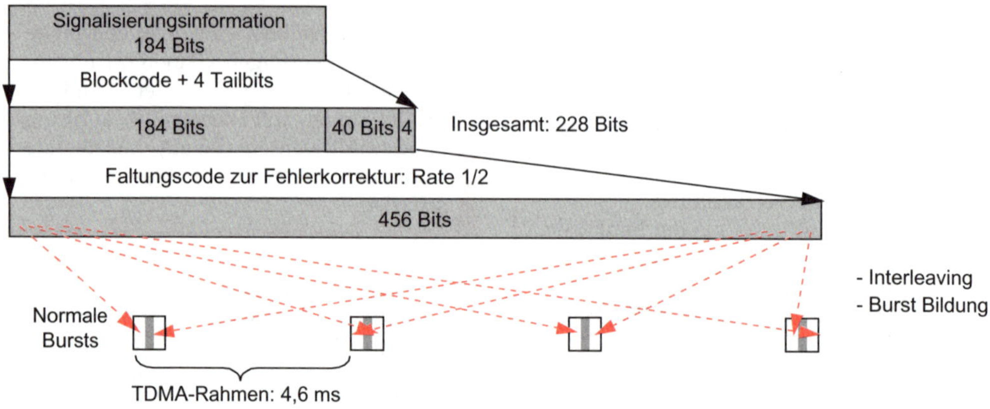

Bild 5.12 Haupttransportformat bei Signalisierungskanälen

Transportformat des Broadcast Common Control Channel

Der BCCH transportiert Systeminformation in Blöcken von 184 Bits, die durch einen starken Blockcode gesichert sind (Bild 5.12). Die entsprechenden 40 Redundanzbits ermöglichen eine sehr zuverlässige Fehlererkennung. Die um 4 Tail Bits ergänzten Bits erweitert ein Faltungscode der Rate 1/2 zur Fehlerkorrektur auf $2 \cdot 228 = 456$ Bits.

Das für den BCCH beschriebene Transportformat findet auch bei den meisten anderen Steuerungskanälen Anwendung; es wird daher im Folgenden als das Haupttransportformat für Steuerungskanäle bezeichnet.

5.2.3.1.2 Frequency Correction Channel

Über diesen Kanal, der sich in einem bestimmten Rhythmus auf Zeitschlitz 0 des BCCH-Trägers mit dem BCCH abwechselt, wird der sog. Frequency Correction Burst abgestrahlt. Dieser spezielle Burst enthält lediglich die «0» als Informationsbits, was bei dem im GSM-Standard verwendeten Modulationsverfahren im Leistungsdichtespektrum eines jeden BCCH-Trägers zu einem scharfen Peak führt, der um 67,7 kHz gegenüber der Trägermittenfrequenz verschoben ist (Bild 5.13).

Dieser Peak dient der Mobilstation dazu, einen BCCH-Träger als solchen zu erkennen und sich in der Frequenz zu synchronisieren.

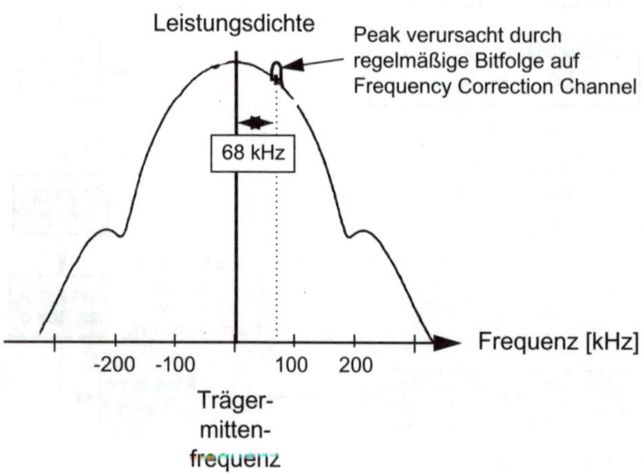

Bild 5.13 Leistungsdichtespektrum eines BCCH-Trägers

5.2.3.1.3 Synchronization Channel

Aufgabe des Synchronization Channels

> Dieser Downlink-Kanal, der ebenfalls periodisch auf dem BCCH-Träger abgestrahlt wird, enthält 2 Informationen:
>
> - Informationen über die aktuelle TDMA-Rahmennummer (FN) der Funkzelle,
> - den Base Station Identity Code (BSIC).

Zum BSIC sind einige Erläuterungen erforderlich:

Der BSIC, der eine wichtige Rolle beim Handover spielt, dient nicht der eindeutigen (globalen) Identifikation einer Basisstation im gesamten Funknetz. Vielmehr handelt es sich um einen Code, der eine Basisstation nur lokal, d.h. in einem begrenzten geografischen Umfeld, charakterisiert. Im Planungsprozess ist bei der Vergabe der BSICs die Regel zu beachten, dass 2 Funkzellen, die als Nachbarzellen einer anderen Funkzelle deklariert sind und die gleichen BCCH-Frequenzen benutzen, verschiedene BSICs erhalten müssen. Damit kennzeichnet die Kombination aus BCCH-Frequenz und BSIC eine Nachbarzelle eindeutig. Der BSIC besteht aus insgesamt 6 Bits, von denen aber nur 3 Bits im Planungsprozess frei vergeben werden können. Die restlichen 3 Bits liegen innerhalb eines GSM-Netzes fest.

Die Mobilstation muss innerhalb festgelegter Zeiträume (einige Sekunden) den Synchronization Channel jeder Nachbarzelle decodieren – zum einen, um bei einem eventuellen Zellwechsel das Zeitraster der neuen Funkzelle vorab zu kennen, und zum anderen, um mittels des BSICs die Zuordnung der Empfangspegelmesswerte zu den richtigen Nachbarzellen zu ermöglichen.

Transportformat des Synchronization Channels

Die oben genannten Informationen (insgesamt 25 Bits) werden mit Fehlerschutzbits versehen und in einen einzigen Burst, den Synchronization Burst, gepackt. Da es sich hierbei um den ersten Burst handelt, den eine Mobilstation in einer Funkzelle decodieren muss, enthält er eine gegenüber dem normalen Burst deutlich verlängerte Trainingssequenz von 64 Bits. Dadurch verringert sich die Anzahl der verbleibenden Bits für Information und Codierung auf $2 \cdot 39$.

5.2.3.2 Common Control Channels

Die Common Control Channels finden in der ersten Phase eines Verbindungsaufbaus Verwendung, um bestimmte kurze Mitteilungen zwischen der Basisstation und den betroffenen Mobilstationen auszutauschen. Diese Kanäle werden also nicht für einen längeren Zeitraum einer bestimmten Mobilstation zugeordnet, sondern werden sozusagen von allen Mobilstationen einer Funkzelle gemeinsam (engl.: *common*) genutzt.

5.2.3.2.1 Paging Channel

Aufgabe des Paging Channels

Möchte z.B. ein Festnetzteilnehmer zu einem Mobilfunkteilnehmer eine Verbindung aufbauen, so muss er in der Funkzelle ausgerufen werden. Das Ausrufen (engl.: *paging*) geschieht im Downlink über den Paging Channel.

Transport Format des Paging Channels

Der Paging Channel verwendet das Haupttransportformat der Steuerungskanäle, d.h., eine Paging-Meldung wird mit Kanalcodierung versehen und zum Zwecke des Interleavings auf 4 aufeinander folgende Bursts verteilt.

5.2.3.2.2 Random Access Channel

Aufgabe des Random Access Channels

Der Random Access Channel dient der Mobilstation zur ersten Kontaktaufnahme mit der Basisstation. Über diesen Kanal teilt die Mobilstation der Basisstation in der so genannten *Channel-Request-Meldung* mit, dass sie eine Verbindung aufbauen möchte.

Die Channel-Request-Meldung enthält 2 Angaben, codiert durch insgesamt 8 Bits:

- den Grund für den Verbindungsaufbau,
- eine zufällig gewählte Identifikationsnummer (Random Reference).

Der Grund eines Verbindungsaufbaus wird zwar nur grob klassifiziert, z. B. als Notruf, als Antwort auf eine Paging-Meldung oder als normaler (von der Mobilstation initiierter) Verbindungsaufbau, doch seine Angabe erlaubt in weiteren Phasen des Verbindungsaufbaus eine besondere Behandlung mancher Gesprächsarten, insbesondere des Notrufs.

Die Random Reference hat folgende Bedeutung: Auf den Random Access Channel greifen alle Mobilstationen einer Funkzelle in einer unkoordinierten zufälligen Art und Weise zu. Möchten also 2 oder mehr Mobilstationen gleichzeitig ein Gespräch aufbauen, so kommt es zu einer Kollision der entsprechenden Channel-Request-Meldungen. Setzt sich dabei eine der Mobilstationen aufgrund des Capture Effects (siehe Abschnitt 4.4.1.1) durch, so lässt sich diese mit hoher Wahrscheinlichkeit anhand der Random Reference identifizieren. D.h., die MS interpretiert eine nachfolgende Kanalzuteilungsmeldung als Antwort auf ihren Channel Request, wenn die Meldung die gleiche Random Reference enthält.

Bitsynchronisation bei Verbindungsaufbau
Mobilstationen, die z. B. aufgrund einer Kollision von der Basisstation keine Antwort auf ihren Channel Request erhalten, wiederholen ihren Channel Request nach einer zufällig gewählten Zeit. Erfolgt nach einer bestimmten Anzahl von Wiederholungen immer noch keine Antwort, so bricht die MS die Prozedur ab und startet mit der Wahl einer neuen Zelle.

Die Channel-Request-Prozedur verläuft also nach dem Slotted-ALOHA-Protokoll (Abschnitt 4.4.1.1). Sie lässt sich durch 2 einstellbare Parameter steuern, deren Werte der MS über den BCCH mitgeteilt werden:

- ❑ die maximale Anzahl von Wiederholungen der Channel-Request-Meldung,
- ❑ das Intervall zur Auswahl eines Zeitpunktes für die Wiederholung.

Transportformat des Random Access Channels
Die Channel-Request-Meldung benutzt den so genannten *Access Burst*, der sich durch eine gegenüber dem normalen Burst deutlich verlängerte Guard Period (68,25 Bits statt 8,25 Bits) auszeichnet; sie dient der im Folgenden beschriebenen bitgenauen Synchronisation der MS im Uplink:

Vor dem Verbindungsaufbau hat die Mobilstation nur Signale im Downlink von der Basisstation empfangen. Aufgrund der Entfernung d zwischen BS und MS trifft ein von der BS ausgesendetes Signal nach einer Laufzeit von $\Delta\tau = d/c$ ein, wobei c die Lichtgeschwindigkeit (c = 300 m/µs) bezeichnet. Der Access Burst wird nun von der Mobilstation bei Verbindungsaufbau mit Beginn des Downlink-Zeitschlitzes 3 gesendet (Bild 5.14). Er trifft somit um die Zeit $2 \cdot \Delta\tau$ versetzt zum Uplink-Zeitschlitz 0 der Basisstation ein. Aufgrund der langen Guard Period entsteht jedoch aus diesem anfänglichen Versatz keine Überlappung mit Zeitschlitz 1.

!

Die Basisstation misst diesen Zeitversatz und befiehlt der Mobilstation, ihren Aussendezeitpunkt entsprechend vorzuverlegen, damit alle folgenden Bursts im Uplink in dem von der Basisstation vorgegebenen Zeitraster eintreffen und somit nur die normale Guard Period benötigen.

Diese Vorverlegung des Aussendezeitpunktes (engl.: *timing advance*) wird in Vielfachen der Bitperiode angegeben: $2 \cdot \Delta\tau = \text{TA} \cdot T_b$. Ein TA-Wert von 1 entspricht demnach einer Entfernung von

$$d = \Delta\tau \cdot c = 1 \cdot {}^1/_2 \cdot T_b \cdot c$$
$$= {}^1/_2 \cdot 3{,}7\ \mu s \cdot 300\ m/\mu s = 555\ m$$

Timing Advance: TA = 1 ⇔ Entfernung: d = 555 m

5.2.3.2.3 Access Grant Channel

Aufgabe des Access Grant Channels
Über den Access Grant Channel werden von der Basisstation, also im Downlink, die Antworten auf einen empfangenen Channel Request versendet. Als wesentliche Informationselemente enthält die entsprechende Immediate-Assignment-Meldung:

- ❑ die Random Reference und die Nummer des TDMA-Rahmens, in dem die Channel-

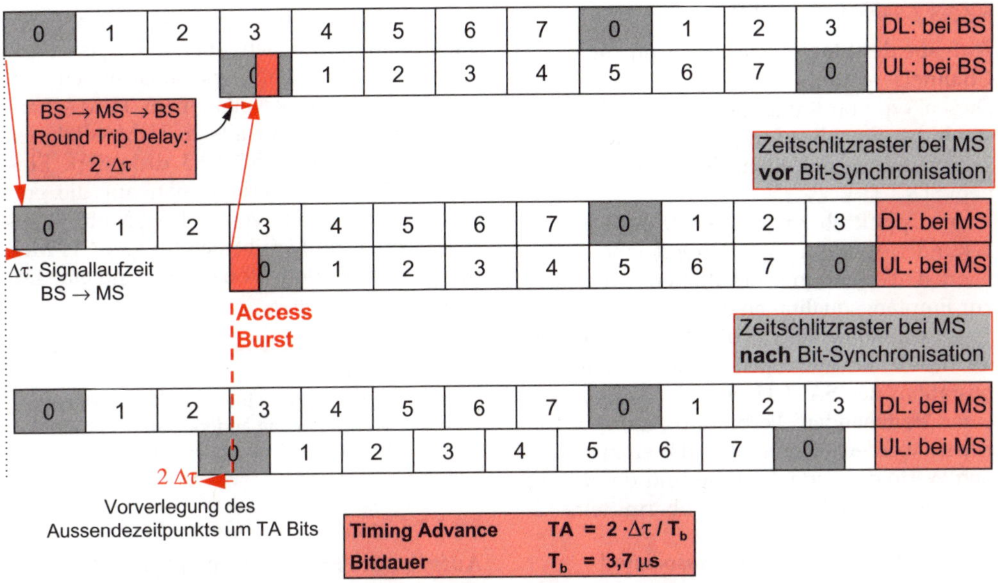

Bild 5.14 Bit-Synchronisation der MS bei Verbindungsaufbau

Request-Meldung empfangen wurde; Beides dient der Identifizierung des Adressaten,

- den von der Mobilstation einzustellenden Timing Advance,
- eine Beschreibung des für die weitere Signalisierung zugeteilten Funkkanals,
- den Typ des logischen Kanals,
- seine physikalischen Eigenschaften (vgl. Abschnitt 5.2.1, z.B. Frequenz, Zeitschlitz, Unterkanalnummer).

Transportformat des Access Grant Channels
Der Access Grant Channel verwendet das Haupttransportformat der Steuerungskanäle.

5.2.3.3 Dedicated Control Channels

Bei den Dedicated Control Channels handelt es sich um Signalisierungskanäle, die bei Bedarf *einer* Mobilstation für einige Zeit (mehrere Sekunden) gezielt zugeteilt und in dieser Zeit – im Gegensatz zu den Common Control Channels – von keiner anderen Mobilstation in der Funkzelle benutzt werden.

5.2.3.3.1 Stand Alone Dedicated Control Channel

Aufgabe des Stand Alone Dedicated Control Channels
Hierbei handelt es sich um einen Signalisierungskanal, der der Mobilstation über den Access Grant Channel von der Basisstation zugeteilt wird. Dieser Kanal besitzt 2 wichtige Aufgaben:

- Über ihn erfolgt ein wesentlicher Teil der Gesprächsaufbausignalisierung (siehe Abschnitt 5.4.3.2);
- über ihn verläuft die Signalisierung für eine so genannte Location-Update-Prozedur, bei der dem Netz ein Wechsel des Aufenthaltsbereiches des Mobilfunkteilnehmers mitgeteilt wird (siehe Abschnitt 5.4.2.4).

Transportformat des Stand Alone Dedicated Control Channels
Der Access Grant Channel verwendet das Haupttransportformat der Steuerungskanäle.

5.2.3.3.2 Slow Associated Control Channel

Aufgabe des Slow Associated Control Channels

Diesen Typ von Kanal gibt es nicht als eigenständigen Signalisierungskanal, sondern nur in Verbindung mit einem Nutzkanal oder einem SDCCH.

Im Uplink überträgt die MS etwa alle 0,5 Sekunden die von ihr während einer bestehenden Verbindung ermittelten Messwerte zur Empfangsqualität an die Basisstation.

Im Downlink sendet die Basisstation über ihn Systeminformationen an die jeweilige Mobilstation; der SACCH ersetzt also während einer bestehenden Verbindung den BCCH. Ferner werden Befehle über die einzustellenden Werte der Sendeleistung und des Timing Advance an die Mobilstation übermittelt.

Transportformat des Slow Associated Control Channels

Der SACCH verwendet das Haupttransportformat der Steuerungskanäle – mit einer leichten Modifikation: Bei einem SACCH, der mit einem Traffic Channel verknüpft ist, erfolgt das Interleaving zwar wie bei den anderen Signalisierungskanälen über 4 Bursts. Diese besitzen jedoch nicht – wie sonst üblich – einen Abstand von jeweils einem TDMA-Rahmen, sondern von jeweils 26 TDMA-Rahmen – wie in Abschnitt 5.2.2.2.3 diskutiert. Eine SACCH-Meldung verteilt man auf die entsprechenden Bursts von 4 TCH-Multiframes (Bild 5.15). Damit ergibt sich für SACCH-Meldungen eine Periode von 480 ms und eine Datenrate von 383 bit/s.

> **Anmerkung**
> Ein SACCH, der mit einem SDCCH verknüpft ist, besitzt eine etwas andere Rahmenstruktur mit einer SACCH-Periode von etwa 471 ms.

5.2.3.3.3 Fast Associated Control Channel

Aufgabe des Fast Associated Control Channels

Dieser Kanal wird benutzt, wenn während einer Verbindung dringend und schnell einzelne Signalisierungsmeldungen auszutauschen sind, vor allem beim Handover, aber

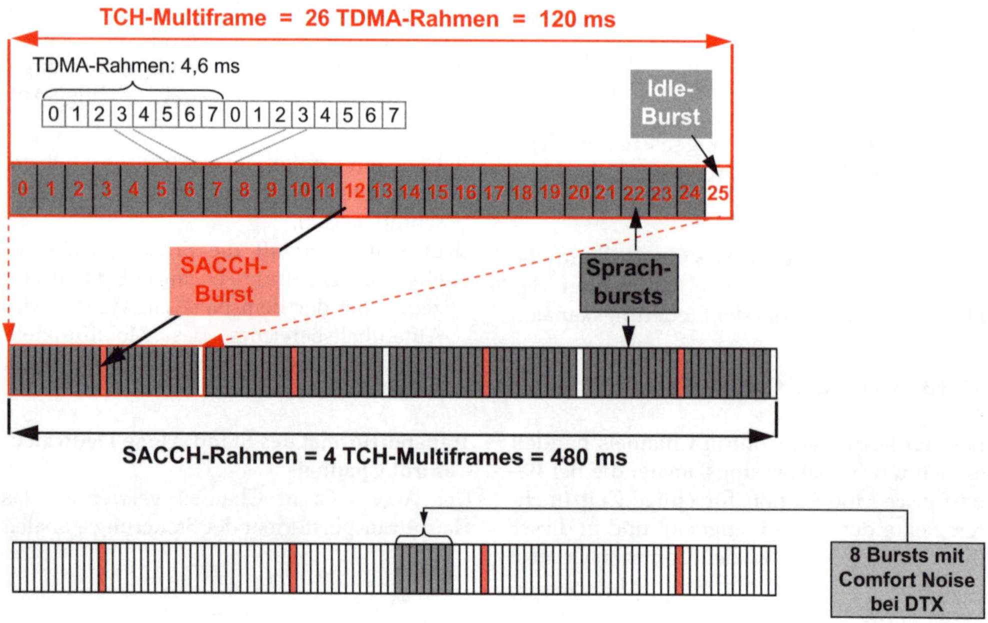

Bild 5.15 Rahmenstruktur eines Slow Associated Control Channels

auch z.B. beim Wechsel des Übertragungsmodus von Sprache auf Daten. In einem solchen Fall verdrängt die Signalisierungsmeldung die Nutzdaten auf dem jeweiligen Traffic Channel. Dies wird dem Empfänger mittels der Stealing Bits des normalen Bursts angezeigt (vgl. Abschnitt 5.2.2.2.1).

Transportformat des Fast Associated Control Channels

Der FACCH benutzt das gleiche Codierschema wie das des Haupttransportformates für Steuerungskanäle. Das Interleaving erfolgt jedoch wie beim Full-Rate-Sprachkanal über 8 Bursts.

5.2.3.4 Zusammenfassung: Aufgaben und Transportformate von Steuerungskanälen

Die wichtigsten Punkte zu den in den vorangegangenen Abschnitten besprochenen Aufgaben und Transportformaten der Steuerungskanäle sind in Tabelle 5.4 zusammengefasst. Bild 5.16 gibt einen Überblick über alle Burst-Typen.

5.2.4 Kanalkonfiguration einer Funkzelle

> **!** Eine Funkzelle ist i.Allg. mit mehreren Frequenzträgern zu je 8 Zeitschlitzen bestückt. Welche Zeitschlitze als Nutzkanäle und welche als Steuerungskanäle genutzt werden, ist bei der Konfiguration einer Basisstation im Rahmen der Funknetzplanung festzulegen. Der Anteil der Steuerungskanäle richtet sich vor allem nach dem zu erwartenden Teilnehmerverhalten und liegt typischerweise bei 5 bis 10% aller Zeitschlitze einer Funkzelle.

Bevor in Abschnitt 5.2.4.2 ein Beispiel für Kanalkonfiguration für eine Funkzelle mit 2 Trägern besprochen wird, sind zunächst noch einige allgemeine Regeln zur Kanalkonfiguration zu erläutern.

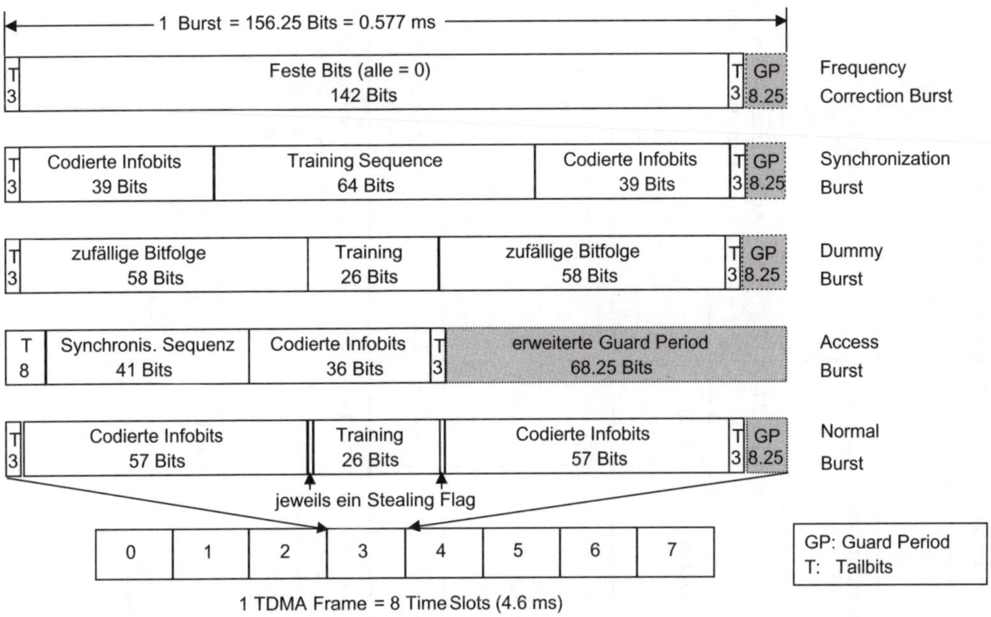

Bild 5.16 GSM-Bursttypen

Tabelle 5.4 Übersicht über die Standardsteuerungskanäle

Control Channel	Abk.	UL/DL	Wichtige Aufgaben	Burst Typ	Info.-Bits pro Block	Codierte Bits pro Block	Bursts pro Block
Broadcast Common Control Channel	BCCH	DL	– Transport von Systeminformationen: z. B. Zellkennung, BCCHs d. Nachbarzellen	Normal	184	456	4
Frequency Correction Channel	FCCH	DL	– Kennzeichnung eines BCCH-Trägers – Frequenzsynchronisation der MSen	Frequency Correction	–	–	1
Synchronization Channel	SCH	DL	– Rahmensynchronisation der MSen – Lokale Kennung der Zelle für Handover	Synchronisation	25	78	1
Paging Channel	PCH	DL	– Ausruf eines Mobilteilnehmers bei einem ankommenden Gespräch	Normal	184	456	4
Random Access Channel	RACH	UL	– Kanalanforderung bei Verbindungsaufbau – Bestimmung des Timing Advance	Access	8	36	1
Access Grant Channel	AGCH	DL	– Zuteilung eines Signalisierungskanals – Mitteilung des Timing Advance	Normal	184	456	4
Notification Channel	NCH	DL	– Benachrichtigung über Gruppenrufe siehe Abschnitt 5.6.1	Normal	184	456	4
Slow Associated Control Channel	SACCH	DL & UL	– Messwertreports (UL) – Systeminformationen (DL)	Normal	184	456	4
Fast Associated Control Channel	FACCH	DL & UL	– Handover-Befehle – Wechsel des Übertragungsmodus	Normal	184	456	8
Stand Alone Dedicated Control	SDCCH	DL & UL	– Verbindungsaufbau – Location Update	Normal	184	456	4

5.2.4.1 Rahmenstruktur der Kontrollkanäle und allgemeine Regeln zur Konfiguration

Einer der Frequenzträger in jeder der Funkzellen muss als BCCH-Träger deklariert werden. Der eigentliche Broadcast Common Control Channel liegt auf Zeitschlitz 0 dieses Trägers und wechselt sich auf diesem physikalischen Kanal mit anderen Broadcast und Common Control Channels des Downlinks ab.

Der Rhythmus für die Signalisierungskanäle wird bestimmt durch eine Periode von 51 TDMA-Rahmen, die man CCH-Multiframe (Mehrfachrahmen für Kontrollkanäle) nennt. Die Länge eines CCH-Multiframes beträgt ca. 235 ms.

Eine wichtige Kanalkonfiguration, die man als BCCH + FCH + SCH + CCCH bezeichnet, ist im oberen Teil von Bild 5.17a skizziert. Man erkennt, dass in einem CCH-Multiframe auf Zeitschlitz 0

- jeweils 4-mal ein Synchronization und Frequency Correction Burst,
- eine auf 4 Bursts verteilte BCCH-Meldung
- sowie 9 ebenfalls auf 4 Bursts verteilte CCCH-Meldungen

im Downlink gesendet werden. Der als Idle gekennzeichnete Burst bleibt frei.

Die 9 CCCH-Blöcke pro CCH-Multiframe (≈ 140 000 Blöcke pro Stunde) lassen sich je nach Bedarf für den Paging oder Access Grant Channel verwenden, wobei Paging-Meldungen bei Engpässen i. Allg. eine höhere Priorität besitzen. Auf dem entsprechenden Uplink-Träger ist bei dieser Kanalkonfiguration der Zeitschlitz 0 komplett für den RACH reserviert. Daraus resultiert eine maximale Kapazität von 51 Channel-Request-Meldungen pro CCH-Multiframe (≈ 780 000 Meldungen pro Stunde).

Um zusätzliche Kapazität für Common Control Channels zu gewinnen, kann diese Kanalkombination mit leichter Modifikation auch noch auf den Zeitschlitzen 2, 4 und 6 des BCCH-Trägers verwendet werden. Diese Kombination enthält dann allerdings weder den Frequency Correction noch den Synchronization Channel und trägt die Bezeichnung BCCH + CCCH.

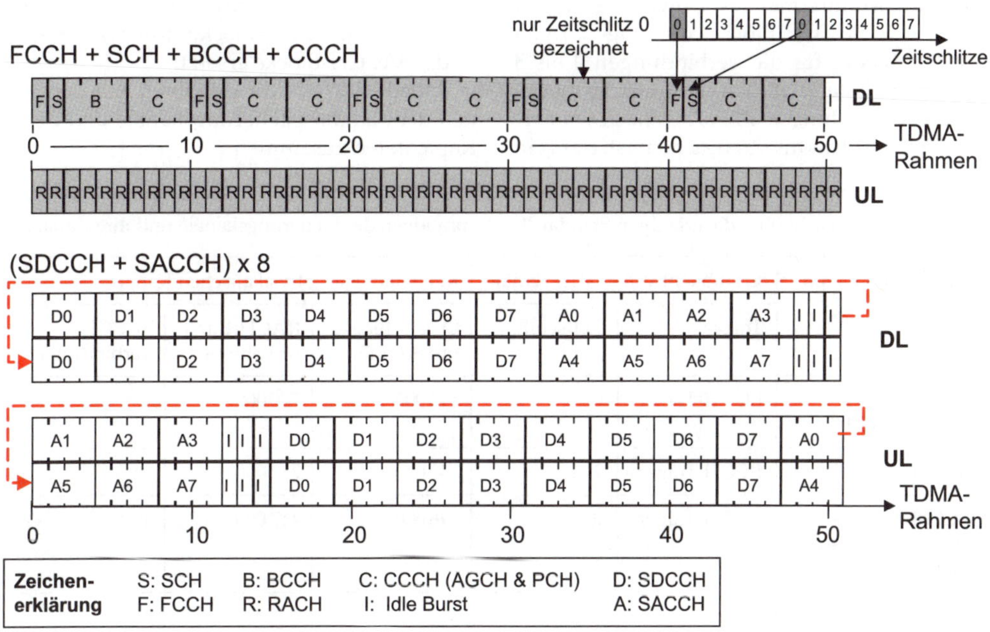

Bild 5.17a Rahmenstruktur der Kontrollkanäle

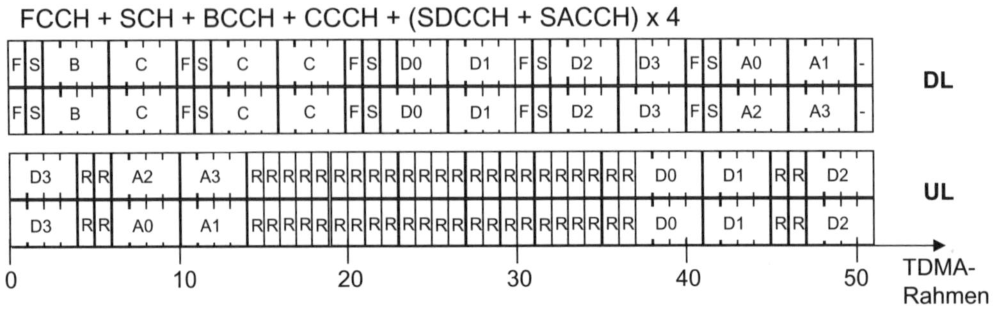

Bild 5.17b Rahmenstruktur der Kontrollkanäle

Auch die Konfiguration der Stand Alone Dedicated Control Channels, als (SDCCH+ SACCH)x8 bezeichnet, ist geprägt von dem CCH-Multiframe der 51 TDMA-Rahmen. In der im unteren Teil von Bild 5.17a gezeigten Konfiguration, die – bis auf Zeitschlitz 0 des BCCH Trägers – einen beliebigen physikalischen Kanal belegen kann, wechseln sich 8 SDCCHs ab. Dabei werden die Signalisierungsmeldungen der als D0…D7 bezeichneten SDCCH-Verbindungen in Blöcken zu 4 Bursts versandt. In dem zuoberst gezeichneten CCH-Multiframe des Downlinks folgen auf die 8 SDCCH-Blöcke die zugehörigen SACCH-Blöcke für die Verbindungen 0 bis 3 und im nächsten Rahmen die SACCH-Blöcke für die Verbindungen 4 bis 7. Danach wiederholt sich die Struktur. Zu beachten ist, dass ein UL-SDCCH um 15 TDMA-Rahmen gegenüber dem entsprechenden DL-SDCCH versetzt ist; einer Mobilstation bleiben also 50 ms Zeit, um auf eine Meldung von der Basisstation zum nächstmöglichen Zeitpunkt zu antworten.

Die zuvor beschriebenen Kanalkonfigurationen gibt es noch in einer kombinierten Variante, die in Bild 5.17b gezeigt ist und häufig in Zellen mit geringer Trägerzahl verwendet wird. Da diese Konfiguration die Broadcast Channels enthält, muss sie auf dem Zeitschlitz 0 des BCCH-Trägers liegen. Bei ihr sind – gegenüber der ersten Konfiguration – pro CCH-Multiframe 6 CCCH-Blöcke durch 4 SDCCH- und 2 SACCH-Blöcke ersetzt.

Tabelle 5.5 fasst die erlaubten Kombinationen der Standardsteuerungskanäle und deren Kapazitäten zusammen.

Tabelle 5.5 Übersicht über die erlaubten Standardkonfigurationen der Steuerungskanäle und ihre Kapazität

Kanalkombination	Erlaubte physikalische Kanäle		Kapazität eines physikalischen Kanals		
	Träger	Zeitschlitz	CCCH-Blöcke pro Stunde	RACH-Burst pro Stunde	SDCCH-Verbindungen
BCCH + FCH + SCH + CCCH	BCCH-Träger	0	140 000	780 000	–
BCCH + CCCH	BCCH-Träger	2, 4, 6	140 000	780 000	–
BCCH + FCH + SCH + CCCH + 4 × (SDCCH+SACCH)	BCCH-Träger	0	46 000	413 000	4
8 × (SDCCH + SACCH)	jeder	jeder	–	–	8

5.2.4.2 Beispiel für eine Kanalkonfiguration

Bild 5.18 zeigt ein Beispiel für eine Kanalkonfiguration einer Funkzelle mit 2 Frequenzträgern. Dabei ist auf dem BCCH-Träger auf Zeitschlitz 0 die Kombination BCCH + FCH + SCH + CCCH und auf Zeitschlitz 1 die Kombination 8x (SDCCH + SACCH) untergebracht, alle anderen Zeitschlitze lassen sich als Traffic Channels nutzen. In der Funkzelle können also gleichzeitig maximal 14 Gespräche (auf Full-Rate-Kanälen) und 8 Signalisierungsprozeduren (Gesprächsaufbau und Location Update) durchgeführt werden.

5.2.5 Allgemeine Gesichtspunkte bei der Beschreibung eines Funkkanals

Im Hinblick auf spätere Erläuterungen zu Funkkanälen bei anderen Systemen (Kapitel 6) ist es nützlich, einige allgemeine Gesichtspunkte bei der Beschreibung eines Funkkanals zu rekapitulieren und herauszustellen.

Wie die vorhergehenden Erläuterungen gezeigt haben, gliedert sich die Beschreibung eines Funkkanals in 3 Ebenen (Bild 5.19):

Logischer Kanal
Ein logischer Kanal ist durch die Art der Information (z.B. Nutzdaten oder Steuerungsdaten), die er überträgt, bzw. die Aufgaben, die er wahrnimmt, gekennzeichnet.

Transportkanal
Die Informationen werden in einem bestimmten Format (Kanalcodierung, Interleaving, Burst-Typ) übertragen. Dieses Format charakterisiert den Funkkanal als Transportkanal.

Physikalischer Kanal
Ein physikalischer Kanal ist in GSM im Wesentlichen durch die Angabe der Frequenzen und Zeitschlitze, die er verwendet, gekennzeichnet (siehe Abschnitt 5.3.1).

5.3 Architektur des GSM-Systems

5.3.1 Netzelemente und deren Funktion

Bild 5.20 zeigt die Grundarchitektur des GSM-Systems, die die Sprachübertragung ermöglicht; die Datenübertragung erfordert jedoch zum Teil zusätzliche Netzelemente (siehe Abschnitt 5.5).

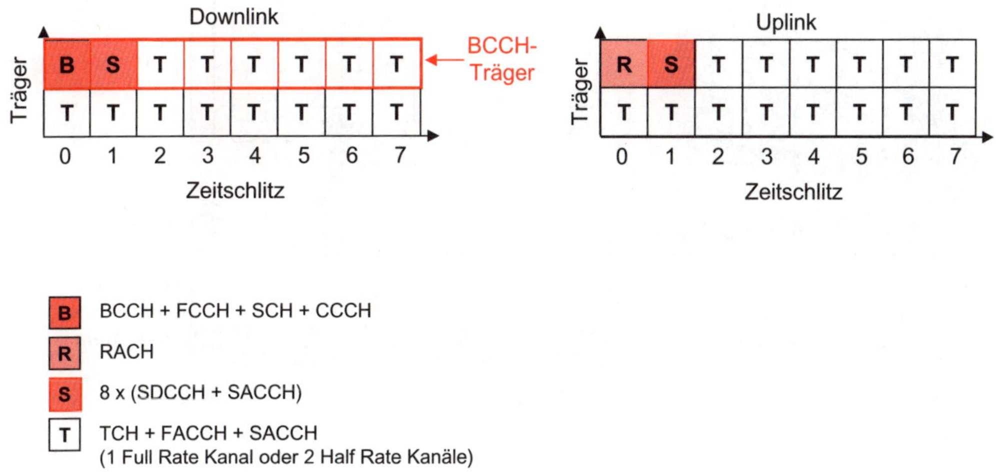

Bild 5.18 Beispiel für eine Kanalkonfiguration einer Funkzelle mit 2 Trägern

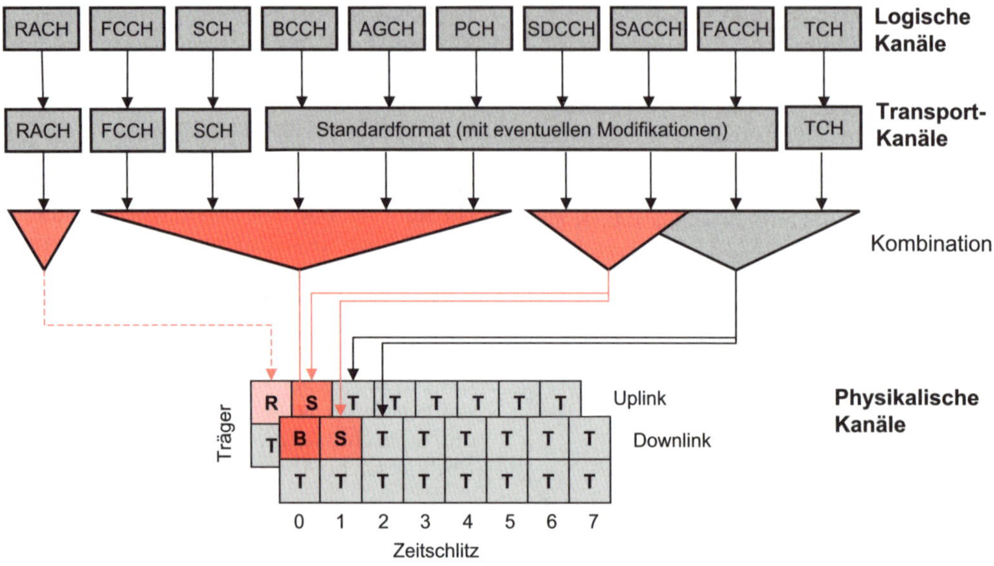

Bild 5.19 Gliederung der Kanäle

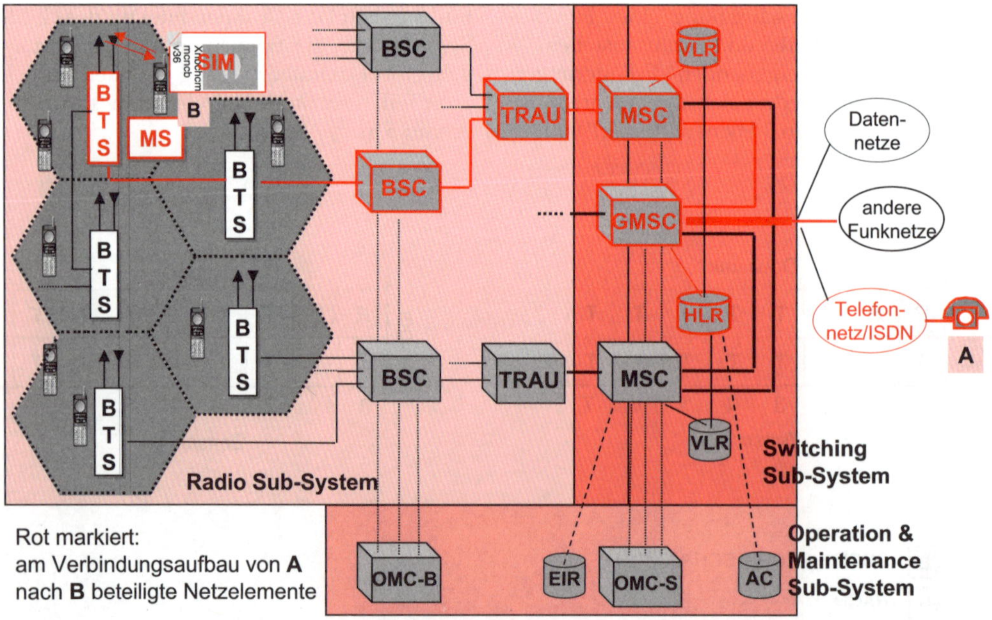

Bild 5.20 GSM-Systemarchitektur – Basiskonfiguration

Das Gesamtsystem gliedert sich in 3 Teilsysteme, nämlich

- das Funkteilsystem – Radio Sub-System,
- das Vermittlungsteilsystem – Switching Sub-System,
- das Teilsystem für Betriebs- und Wartungsaufgaben – Operation and Maintenance Sub-System.

Das Funkteilsystem ohne die Mobilstationen bezeichnet man als *Base Station Sub-System* (BSS).

Das aus dem Base Station Sub-System aufgebaute Netz stellt das so genannte Access Network dar; die vernetzten Komponenten des Switching Sub-Systems bilden das Core Network.

Jedes dieser Teilsysteme besteht wiederum aus mehreren Netzelementen, deren Aufgaben im Folgenden erläutert werden.

5.3.1.1 Radio Sub-System

Mobile Station, MS

Die MS ermöglicht über Tastatur, Display, Lautsprecher und Mikrofon dem Teilnehmer den Zugang zum Mobilfunknetz. Ferner können über spezielle Schnittstellen andere Kommunikationsendgeräte wie PCs oder Telefaxgeräte angeschlossen werden.

Die Hauptaufgabe der MS besteht im Empfangen und Senden von Nutz- und Steuerungsdaten; zudem führt sie Messungen von Empfangspegeln und Bitfehlerraten durch.

Die maximale Sendeleistung liegt bei einem Handgerät (Handy) je nach Typ zwischen 0,25 W und 2 W; bei Einbaugeräten für Fahrzeuge kann sie bis zu 8 W betragen.

Weiterhin unterscheiden sich die mobilen Endgeräte – außer im Design und der Handhabung – durch

- ihre Möglichkeiten der Datenübertragung,
- die implementierten Sprachcodierverfahren (Full Rate, Enhanced Full Rate, Half Rate),
- den möglichen Frequenzbereich (900 MHz, 1800 MHz, Dualband, Triband).

Subscriber Identity Module

Um eine MS für andere Dienste als Notrufe nutzen zu können, muss die SIM-Karte eingelegt sein. SIM steht dabei für Subscriber Identity Module. Die SIM-Karte ist zumeist als kleine Chipkarte (Fläche ca. 4 cm^2) realisiert, die dem Teilnehmer nach Vertragsabschluss vom Netzbetreiber (oder Service Provider) gewissermaßen als Zugangsberechtigung zum Netz ausgehändigt wird. Auf ihr sind sowohl die Teilnehmer-Identifikationsnummern als auch Funknetzinformationen abgespeichert, wie der letzte Aufenthaltsbereich oder eine Liste von bevorzugten Funknetzen im Ausland.

Nach Einlegen seiner SIM-Karte kann der Teilnehmer mit jeder GSM-fähigen MS telefonieren – sofern es sich nicht um ein sog. SIM-Lock-Handy handelt. Vielfach bieten die Mobilfunkbetreiber bzw. Service Provider Handys deutlich unter dem Herstellungspreis in der Hoffnung an, dass so viele Teilnehmer gewonnen werden, die letztendlich über die Gebühren deutlich mehr Gewinn einbringen. Um zu verhindern, dass ein vom Betreiber A subventioniertes Handy bald nach dem Kauf im Netz eines anderen Betreibers eingesetzt wird, kann Betreiber A das Handy für SIM-Karten anderer Netzbetreiber sperren lassen.

Ursprünglich als reine Zugangsberechtigungskarte gedacht, hat sich die SIM-Karte inzwischen zu einem Werkzeug entwickelt, das dem Teilnehmer vielfältige Funktionen erlaubt: Schon seit längerer Zeit bietet die SIM-Karte die Möglichkeit, Kurznachrichten und Telefonnummern zu speichern. In der GSM-Phase 2+ wurde das *SIM Application Toolkit* spezifiziert. Dabei handelt es sich um einen Satz von Kommandos und Prozeduren, die eine standardisierte Kommunikation zwischen Mobilstation und SIM-Karte ermöglichen. Dadurch können z.B. bei der Auslieferung der SIM-Karte noch nicht vorhandene Anwendungsprogramme über Funk auf die Karte geladen und von dort aus wiederum bestimmte Prozeduren in der Mobilstation aufgerufen werden. Ein Beispiel dafür ist das Laden von neuen Klingeltönen und -melodien über das Funknetz.

Da die Anwendungsprogramme auf der SIM-Karte und nicht in der Mobilstation abgespeichert sind, sind sie teilnehmerbezogen und lassen sich vom Teilnehmer auch auf einem anderen Endgerät nutzen.

Base Transceiver Station, BTS

Die funktechnische Versorgung eines bestimmten Gebietes (Funkzelle) übernimmt die Base Transceiver Station oder kurz Basisstation genannt. Ihre Hauptaufgabe besteht, wie bei der MS, im Senden und Empfangen von Nutz- und Signalisierungsinformationen sowie in Messungen der Empfangsqualität. Die Basisstation führt die komplette Signalverarbeitung bis auf die Sprachdecodierung (s.u.) durch. Je nach Zellgröße liegt die maximale Sendeleistung zwischen einigen Watt und ca. 100 Watt.

Bei den Funkzellen unterscheidet man zwischen Omnizellen und Sektorzellen.

Bei einer Omnizelle erfolgt die Versorgung des Zellgebietes i. Allg. über eine Sende- und ein bis zwei Empfangsantennen.

Der Diversitätsempfang über 2 Antennen hat den Vorteil, dass, wenn sich bei einer Antenne ein Pegeleinbruch durch den Kurzzeitschwund ergibt, die andere noch einen guten Empfang gewährleisten kann.

Bei Sektorzellen (Bild 5.21) werden von einem Basisstationsstandort typischerweise 3 Funkzellen versorgt. Solche Sektorzellen lassen sich durch Verwendung von 3 Antennensystemen realisieren, die die Signale jeweils in einem Bereich von etwa 120° bündeln. Es ist zu betonen, dass diese 3 Sektoren als jeweils eigenständige Zellen anzusehen sind – auch wenn sie von einem Standort versorgt werden, an dem die erforderlichen elektronischen Gerätschaften zumeist in kompakter Form in einem Gehäuse stehen.

Hersteller wie Ericsson, Nokia, Siemens und andere bieten solches Base Station Equipment (eine Abkürzung sollte hier besser vermieden werden) mit unterschiedlicher Trägerzahl (1…24) an, wobei der Betreiber die Freiheit hat, sämtliche Träger in einer Omnizelle zu verwenden oder sie auf mehrere Sektorzellen zu verteilen.

Bei der überwiegenden Zahl von Funkzellen in Deutschland handelt es sich um Sektorzellen mit 3 Sektoren pro Standort, wobei jeder Sektor typischerweise mit 2 bis 4 Trägern (mit je 8 Zeitschlitzen) ausgestattet ist; somit erhält man 6 bis 12 Träger pro Standort, über die maximal etwa 45 bis 90 Gespräche gleichzeitig versorgt werden können.

Base Station Controller, BSC

Der BSC steuert je nach Hersteller und Netzkonfiguration etwa 10 bis 100 Basisstationen und führt eine Verkehrskonzentration und -expansion durch.

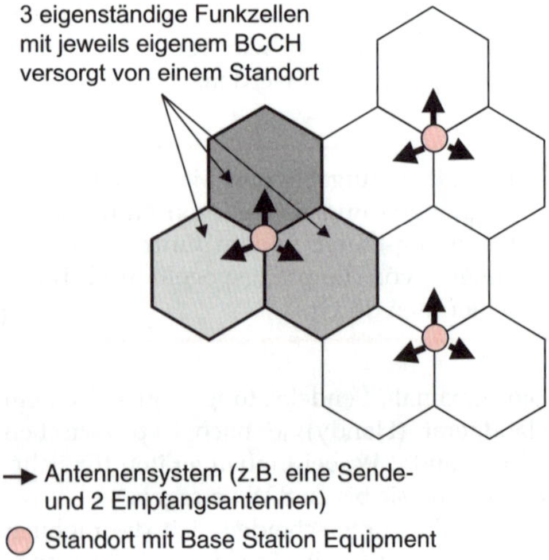

Bild 5.21 Illustration: Sektorzellen

Verkehrskonzentration bedeutet Folgendes: Geht man z. B. von 50 angeschlossenen Basisstationen mit jeweils 2 Trägern aus, so sind von den 14 möglichen Sprachkanälen pro BS typischerweise etwa 8 im Mittel belegt, bei manchen Basisstationen mehr, bei anderen weniger. Dass zu einem Zeitpunkt in allen 50 BSen sämtliche 14 Sprachkanäle gleichzeitig benutzt werden, ist denkbar unwahrscheinlich. Der BSC muss also nicht 50 · 14 = 700 Sprachkanäle weiterleiten, sondern nur etwa 500 (50 · 8 + Reserve).

> Ferner kommt dem BSC die Aufgabe der Funkkanalauswahl bei Verbindungsaufbau sowie die Entscheidung über Handover und Sendeleistungsregelung zu. Die Basisstationen sind mit dem BSC über Mietleitungen oder Richtfunkstrecken – meist in einer Linien- oder Ringkonfiguration – verbunden.

Anzumerken ist, dass bei einigen Herstellern die Entscheidungen über Handover und Leistungsregelung in die Basisstationen verlegt wurden. Da bei der Schnittstelle zwischen Basisstation und BSC einige Freiheiten bestehen, können i. Allg. keine Basisstationen eines Herstellers an den BSC eines anderen Herstellers angeschlossen werden. Alle anderen Schnittstellen im GSM-System sind jedoch detailliert und unmissverständlich spezifiziert, so dass ein herstellerunabhängiges Zusammenspiel der Netzelemente möglich ist.

Transcoding und Rate Adaption Unit, TRAU

> Die TRAU wandelt das GSM-Sprachdatensignal mit seiner Datenrate von 13 kbit/s auf die im ISDN übliche Sprachcodierung mit 64 kbit/s. Außerdem führt die TRAU auch Datenratenanpassungen für Datendienste durch.

Von ihrer Funktionalität her (Signalverarbeitung) sollte die TRAU ein Bestandteil der Basisstation sein. Um aber Leitungskosten zu sparen, führt man das Sprachsignal möglichst weit bei der niedrigen Datenrate von 13 kbit/s und wandelt es erst kurz vor der Vermittlungsstelle auf die dort erforderlichen 64 kbit/s. Aus diesem Grund ist die TRAU häufig von der BS entfernt, d.h. nahe bei dem Mobile Switching Centre, angeordnet.

5.3.1.2 Switching Sub-System

Mobile Switching Centre, MSC

> Das Mobile Switching Centre ist eine mit zusätzlicher mobilfunkspezifischer Software bestückte ISDN-Vermittlungsstelle. Ihre Hauptaufgabe besteht im gezielten Aufbau der Verbindung zwischen 2 oder mehreren Teilnehmern. Eine besondere Rolle kommt dabei dem Gateway-MSC (GMSC) zu, das den Übergang zwischen dem betrachteten GSM-Netz und einem anderen Netz (analoges Fernsprechnetz, ISDN, anderes Mobilfunknetz, Datennetze) bildet.

Im Fall eines Rufes für einen Mobilfunkteilnehmer hat das GMSC die Aufgabe, bei der Heimatdatei des Teilnehmers das aktuelle für den Mobilfunkteilnehmer zuständige MSC (s. u.) zu erfragen und den Ruf zu diesem MSC weiterzuvermitteln. Bei einer Verbindung zwischen 2 Teilnehmern muss das Signal im GSM-System immer über zumindest ein MSC geführt werden. Selbst für 2 Mobilfunkteilnehmer in einer Zelle ist eine direkte Verbindung oder eine Verbindung nur über die Basisstation oder über den Base Station Controller nicht möglich.

> Die Signalisierung zwischen den verschiedenen Netzelementen im Vermittlungsteilsystem erfolgt über das Zeichengabesystem Nr. 7 [36].

Home Location Register, HLR

Das HLR stellt eine Datenbasis dar, in der Teilnehmerdaten wie Identifikationsnummern und die vom Teilnehmer abonnierten Dienste abgespeichert sind. Für das Roaming, d.h. das automatische Auffinden des mobilen Teilnehmers, ist entscheidend, dass neben den Teilnehmerdaten auch die Kennziffer des aktuell zuständigen MSC – gewissermaßen als Nachsendeantrag – vorliegt.

Ferner verwaltet das HLR die notwendigen Parameter für Zusatzdienste. Beispielsweise ist dort abgespeichert, ob eine Rufumleitung aktiviert wurde.

Visitor Location Register, VLR

Das VLR ist i. Allg. mit einem MSC verknüpft. In das VLR werden die Daten aus dem HLR für diejenigen Teilnehmer kopiert, für die das jeweilige MSC aktuell zuständig ist.

5.3.1.3 Operation and Maintenance Sub-System

Operation and Maintenance Centre, OMC

Das Operation and Maintenance Centre (i. Allg. noch getrennt in einen Bereich für das Basisstations- und für das Vermittlungsteilsystem) dient den Betriebs- und Wartungsarbeiten für das Netz. Im Einzelnen kommen ihm die folgenden Aufgaben zu:

- ❑ Erkennung, Lokalisierung und eventuell Behebung von Fehlern in den Netzkomponenten,
- ❑ Konfiguration der Netzelemente (Frequenzpläne, Sendeleistungen, Handover-Parameter, …),
- ❑ Software Management (Einspielung neuer Softwareversionen für die Netzelemente),
- ❑ Sammlung von Daten zur Netzgüte (Verkehrslast, Blockierraten, Empfangsqualität, …),
- ❑ Teilnehmerverwaltung (Neueinrichtung, Gebührenabrechnung).

Ein OMC besteht aus mehreren Rechnern (Workstations), die jeweils einen Teil des Gesamtnetzes überwachen. In Deutschland gibt es pro GSM-Netz etwa 10 OMCs, deren Daten in gebündelter Form von jeweils einer nationalen Betriebs- und Wartungszentrale abgerufen werden können.

Authentication Centre, AuC

Im AuC ist für jeden Teilnehmer der persönliche Netzzugangsschlüssel gespeichert. Ihm kommt die entscheidende Rolle bei der Prüfung der Netzzugangsberechtigung zu (siehe Abschnitt 5.3.4).

Equipment Identification Register, EIR

Im EIR werden die Registriernummern der Mobilstationen verwaltet. Es erlaubt eine Identifikation sowie eine Sperrung veralteter bzw. als gestohlen gemeldeter Mobilstationen.

5.3.1.4 Zusammenfassung zum Thema Netzelemente

In Tabelle 5.6 sind die zuvor besprochenen Netzelemente mit ihren Abkürzungen und wichtigsten Aufgaben aufgeführt. Bild 5.22 vermittelt einen Eindruck von den Stückzahlen, in denen diese Netzelemente in einem GSM-Mobilfunknetz, wie dem D1- oder D2-Netz, vorkommen. Die Zahlen sind dabei als Angabe der Größenordnung und Verhältnisse, jedoch nicht als exakte Zahlenwerte zu verstehen.

5.3.2 Teilbereiche eines GSM-Netzes

Ein GSM-Netz unterteilt man in die in Bild 5.23 gezeigten Teilbereiche, denen in Bezug auf die Mobilität eines Teilnehmers und der daraus re-

Tabelle 5.6 Überblick über GSM-Netzelemente

Abk.	Name	Erläuterung
AuC	Authentication Centre	Zugangsberechtigungsprüfung
BSC	Base Station Controller	steuert mehrere Basisstationen
BS BTS	Base Station Base Transceiver Station	übliche Kurzbezeichnung für BTS Funkfeststation, versorgt eine Funkzelle
EIR	Equipment Identification Register	Registrierung der MS-Gerätekennungen
GMSC	Gateway-MSC	Übergangsvermittlungsstelle zum Festnetz
HLR	Home Location Register	Heimatdatei mit «Nachsendeantrag»
MS	Mobile Station	mobiles Endgerät
MSC	Mobile Switching Centre	Vermittlungsstelle im Mobilfunknetz
OMC	Operation & Maintenance Centre	Betriebs- und Wartungszentrale
SIM	Subscriber Identification Module	Zugangsberechtigungskarte für den Teilnehmer
TRAU	Transcoding & Rate Adaption Unit	Einheit zur Umsetzung von Datenraten
VLR	Visitor Location Register	mit dem MSC verknüpfte Besucherdatei

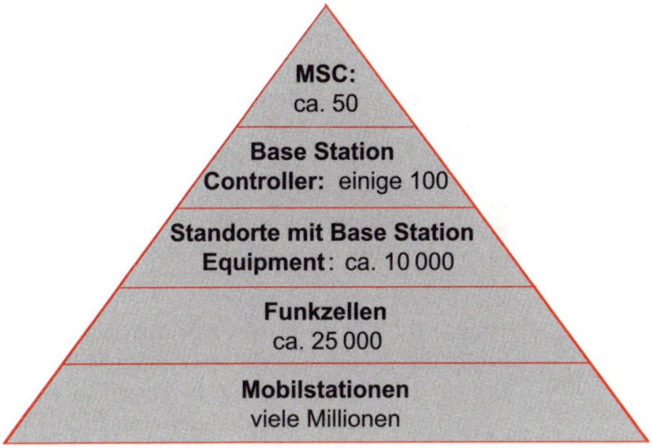

Bild 5.22
Hierarchischer Aufbau eines GSM-Netzes mit Beispiel für Stückzahlen (Größenordnung)

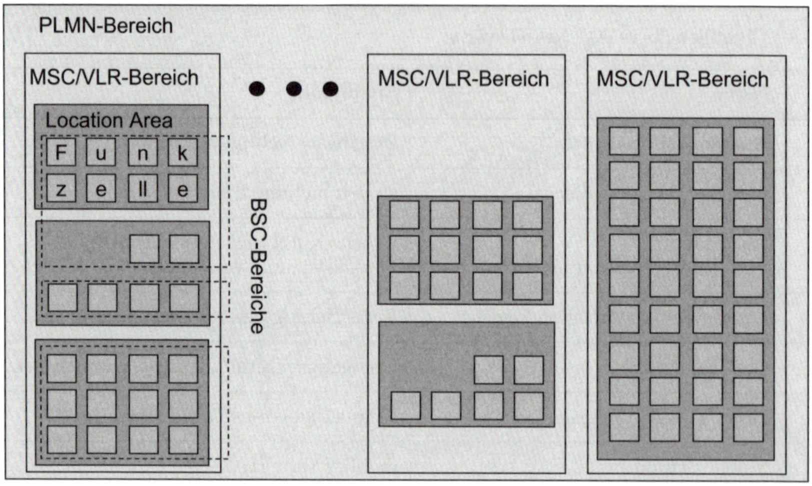

Bild 5.23 GSM-Netzbereiche

sultierenden Verwaltung des Aufenthaltsbereiches eine besondere Bedeutung zukommt.

Public Land Mobile Network, PLMN

Das gesamte Netz nennt man in der GSM-Terminologie ein Public Land Mobile Network (PLMN), d.h. ein öffentliches landgestütztes (im Gegensatz zu satellitengestützt) Mobilfunknetz.

Das GSM-Netz des Betreibers, bei dem ein Teilnehmer Kunde ist, bezeichnet man auch als Heimat-PLMN, um es von einem «besuchten» PLMN, also einem fremden Netz, das der Mobilfunkteilnehmer z.B. bei einer Auslandsreise nutzt, zu unterscheiden.

MSC-Bereich
Das PLMN ist in mehrere MSC-Bereiche unterteilt, die aus den Funkzellen bestehen, die von der jeweiligen MSC über die angeschlossenen Base Station Controller und Basisstationen versorgt werden.

Location Area

Ein MSC-Bereich umfasst wiederum mehrere sog. Location Areas. Um einen Mobilfunkteilnehmer bei einem ankommenden Ruf aufzufinden, muss dessen Aufenthaltsbereich bekannt sein. Aus Gründen der Signalisierungseffizienz verwaltet man jedoch nicht die einzelne Zelle, in der sich ein Teilnehmer befindet, sondern nur die Location Area, d.h. eine Gruppe von Zellen (z.B. 50 Zellen), die alle zu einem Mobile Switching Centre gehören. Im Fall eines Rufes an den Mobilteilnehmer muss er dann allerdings über Paging-Meldungen in allen Zellen der Location Area gesucht werden.

Würde die Location Area nur aus einer Zelle bestehen, so müssten die jeweiligen Mobilstationen dem Netz jeden Zellwechsel in einer noch näher zu besprechenden Location-Update-Prozedur mitteilen. Bei Zelldurchmessern von wenigen Kilometern sind solche Location Updates häufig zu erwarten. Die Prozeduren erfordern einen Aufbau einer Funkverbindung, bei der ein Signalisierungskanal (der SDCCH) für einige Sekunden belegt ist, sowie einen Signalisierungsablauf, in den mehrere Netzelemente (BSS, MSC/VLR, HLR) einbezogen sind.

Dagegen verursachen Paging-Meldungen eine erheblich geringere Signalisierungslast. Man fasst also mehrere Zellen in der Location Area zusammen, um die Anzahl der Location Updates zu reduzieren.

BSC-Bereich
Bei der Durchführung eines Handovers, also eines Zellwechsels bei bestehender Verbindung, ist es von Bedeutung, ob die alte und neue Zelle zum gleichen Base Station Controller, also zum gleichen BSC-Bereich gehören oder nicht. BSC-Bereiche können Zellen aus einer oder mehreren Location Areas enthalten.

5.3.3 Kennziffern und Adressen

In diesem Abschnitt werden einige Kennziffern erläutert, die dem Auffinden und der Identifizierung eines Teilnehmers dienen oder bei der Verwaltung von Netzelementen und -bereichen von Bedeutung sind.

5.3.3.1 Kennziffern zum Auffinden und Identifizieren eines Teilnehmers

Mobile Subscriber ISDN-Number, MSISDN
Bei der MSISDN handelt es sich um die (öffentlich bekannte) Rufnummer des Teilnehmers, deren Aufbau sich nach dem international festgelegten ISDN-Nummerierungsschema richtet. Sie besteht aus

- Landeskennziffern mit bis zu 3 Dezimalstellen (z. B. 49 für Deutschland),
- Kennziffern für den Zielbereich innerhalb des Landes (z. B. 0170, 0171 für D1 und 0172, 0173 für D2),
- teilnehmerspezifischen Kennziffern mit bis zu 10 Dezimalstellen (in Deutschland sind 7 Stellen üblich).

Zu beachten ist, dass die Rufnummer über Funk nur in verschlüsselter Form übertragen wird.

Mobile Station Roaming Number, MSRN
Da sich bei einem mobilen Teilnehmer der Aufenthaltsort im Gegensatz zum normalen Telefonnetz nicht aus der Rufnummer ableiten lässt, erfolgt nach der Anfrage beim Home Location die weitere Wegesuche (das Routing) zum Teilnehmer mit Hilfe der temporären, aufenthaltsabhängigen MSRN. Sie ist völlig analog zur Rufnummer MSISDN aufgebaut, enthält aber die Länder- und Bereichskennung des aktuell besuchten Netzes.

International Mobile Subscriber Identity, IMSI
Die IMSI dient der eindeutigen Identifizierung eines Mobilfunkteilnehmers: Im Gegensatz zur vorher genannten MSISDN ist sie nicht öffentlich bekannt. Diese Trennung zwischen öffentlich bekannter Rufnummer und vertraulich behandelter Teilnehmerkennung dient dazu, die Anonymität eines Teilnehmers zu wahren.

Der Aufbau einer IMSI aus

- Mobile Country Code – MCC (MCC = 262 für Deutschland),
- Mobile Network Code – MNC (MNC = 01 für D1, MNC = 02 für D2),
- Mobile Subscriber Identification Number – MSIN

ist zwar ähnlich wie bei der Rufnummer MSISDN, doch folgt die Nummerierung einem GSM-spezifischen und nicht dem ISDN-Schema.

Temporary Mobile Subscriber Identity, TMSI
Um Unbefugten das Identifizieren eines Teilnehmers und das Erstellen von Bewegungsprofilen noch weiter zu erschweren, arbeitet das GSM-Netz bei Signalisierungsaufgaben, z. B. beim Paging, i. Allg. mit einer temporären Teilnehmerkennung (TMSI), die – wie der Name bereits sagt – von Zeit zu Zeit wechselt. Die TMSI ist auf der SIM-Karte und im VLR gespeichert, das spätestens bei einem Location Update einen Wechsel der TMSI veranlasst.

Die TMSI besteht aus 8 Hexadezimalziffern und kennzeichnet innerhalb einer Location Area einen Teilnehmer eindeutig.

5.3.3.2 Adressierung von Netzelementen und -bereichen

International Mobile Equipment Identity, IMEI
Die IMEI dient der Identifizierung eines mobilen Endgerätes und enthält Angaben über den Hersteller und eine Seriennummer. Über schwarze und graue Listen im Equipment Identification Register lassen sich als gestohlen gemeldete Geräte und Geräte mit starken bzw. geringen Fehlfunktionen identifizieren.

Location Area Identity, LAI
Zur eindeutigen Kennzeichnung einer Location Area verwendet man die LAI, die aus dem bereits erwähnten Mobile Country Code (MCC) und Mobile Network Code (MNC) sowie einem vom jeweiligen Betreiber vergebenen Location Area Code (LAC) besteht.

Durch Vergleich der auf der SIM abgespeicherten LAI des letzten Aufenthaltsbereichs mit der von dem Broadcast Control Channel abgestrahlten LAI kann die Mobilstation erkennen, ob ein Location Update erforderlich ist oder nicht.

Cell Identifier, CI
Der aus maximal 4 Hexadezimalziffern bestehende Cell Identifier wird vom Netzbetreiber im Planungsprozess zur eindeutigen Kennzeichnung einer Zelle innerhalb einer Location Area vergeben. Er wird über den BCCH der jeweiligen Funkzelle abgestrahlt. Die Kombination aus LAI und CI, der so genannte *Global Cell Identifier* – GCI, liefert eine international eindeutige Nummerierung aller GSM-Funkzellen. Der CI sollte nicht mit dem in Abschnitt 5.2.3.1.1 erwähnten Base Station Identity Code (BSIC) verwechselt werden, der nur eine sehr eingeschränkte Identifizierung erlaubt.

Signalling Point Code, SPC
Bei den Elementen des Switching Sub-Systems, wie MSC, VLR und HLR, erfolgt die eindeutige Adressierung mit Hilfe der Signalling Point Codes, bei denen es sich um Kennziffern im Rahmen des Signalisierungssystems Nr. 7 handelt [36].

5.3.3.3 Zusammenfassung: Kennziffern und Adressen

Die besprochenen Adressen und Kennziffern und deren Bedeutungen sind in Tabelle 5.7 zusammengefasst und in Bild 5.24 illustriert.

5.3.4 Sicherheitsrelevante Netzfunktionen

> !
> Zu den sicherheitsrelevanten Netzfunktionen zählen die folgenden Maßnahmen:
>
> - Wahrung der Vertraulichkeit der Teilnehmeridentität (Vergabe vertraulicher und temporärer Kennungen),
> - Prüfung der Netzzugangsberechtigung (Authentication),
> - Wahrung der Vertraulichkeit der zu übertragenden Daten (Verschlüsselung – Ciphering).

Der Aspekt der Vertraulichkeit der Teilnehmeridentität wurde bereits im vorhergehenden Kapitel im Zusammenhang mit der Vergabe der Teilnehmerkennungen IMSI und TMSI diskutiert.

> !
> Die Zugangsberechtigungsprüfung (Authentifizierung) verläuft in 2 Schritten: Im ersten Schritt weist sich der Nutzer durch die Eingabe der PIN gegenüber der SIM-Karte aus; im zweiten Schritt prüft das Netz mittels eines so genannten Challenge-Response-Verfahrens, ob der Netzzugriff über eine berechtigte SIM-Karte erfolgt.

Die Basis des *Challenge-Response-Verfahrens* bildet ein geheimer persönlicher Schlüssel Ki – bestehend aus 128 Bits –, der auf der SIM-Karte und im Authentication Centre abgespeichert ist und niemals im Netz übertragen wird (Bild 5.25). Aus diesem Schlüssel Ki und einer zufällig (engl.: *random*) gewählten Zahl RAND (128 Bits) erzeugt das Authentication Centre

Tabelle 5.7 Adressen und Kennziffern

Abk.	Name	Bedeutung	Wichtige Bestandteile
MSISDN	Mobile Station ISDN Number	Öffentlich bekannte Rufnummer des Teilnehmers	– Land- und Netzkennung (Heimat) – permanente Teilnehmernummer
MSRN	Mobile Station Roaming Number	Temporäre Rufnummer mit aktueller Adresse	– Land- und Netzkennung (Besuch) – temporäre Teilnehmernummer
IMSI	International Mobile Station Identity	Nummer zur Identifizierung eines Teilnehmers Netz	– Land- und Netzkennung (Heimat) – vertrauliche Identifikationsnummer
TMSI	Temporary Mobile Station Identity	Temporäre Identifikationsnummer eines Teilnehmers	– vom VLR temporär vergebene Identifikationsnummer
IMEI	International Mobile Equipment Identity	Gerätekennung der Mobilstation	– Hersteller – Seriennummer
LAI	Location Area Identity	Kennung einer Location Area	– Land- und Netzkennung – Location Area Code
GCI	Global Cell Identifier	International eindeutige Zellkennung	– Location Area Code – Cell Identifier (Netzplanung)
SPC	Signalling Point Code	Adresse von Netzelementen im Switching Sub-System	– Aufbau gemäß Richtlinien des Signalisierungssystems Nr. 7

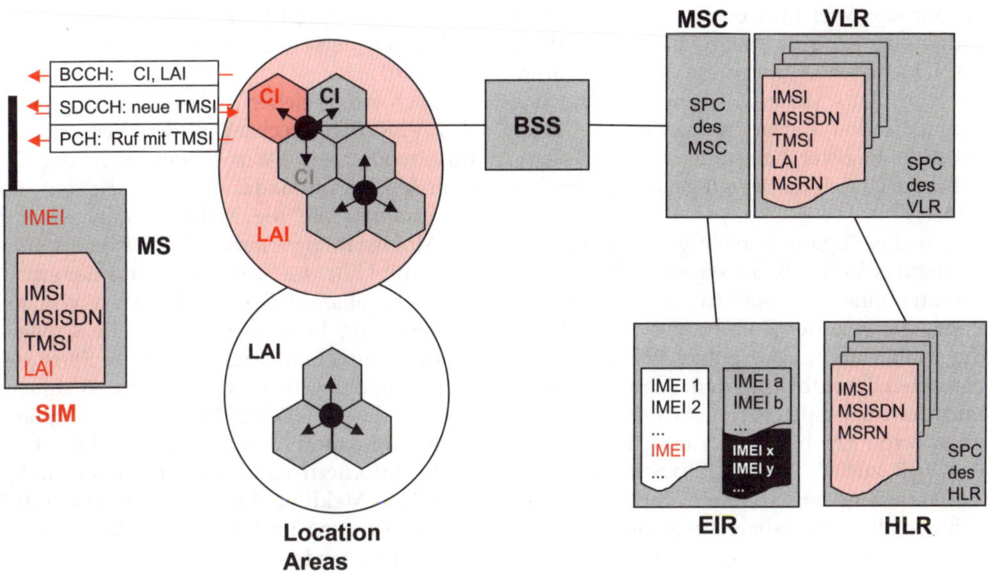

Bild 5.24 Adressierung und Identifizierung

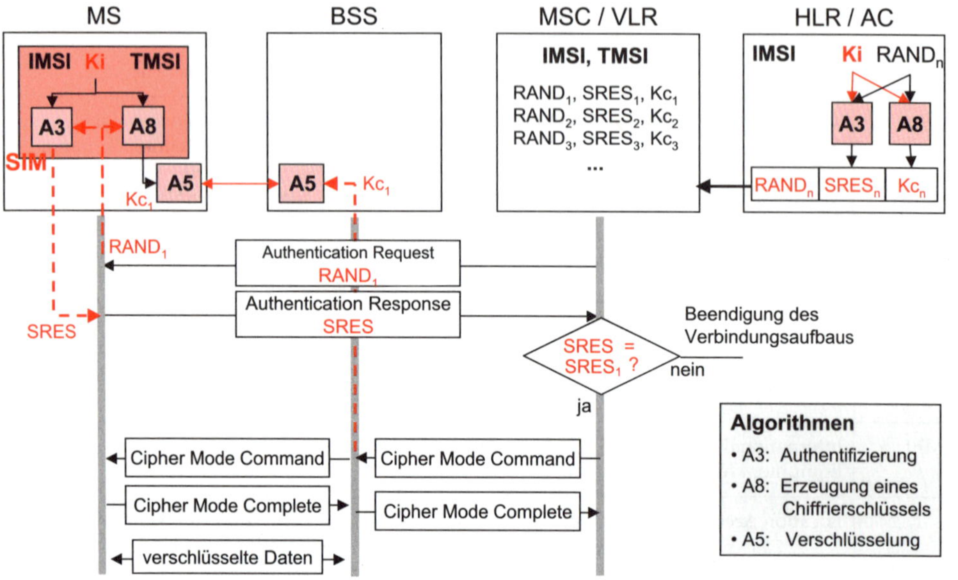

Bild 5.25 Sicherheitsfunktionen in GSM

mit Hilfe eines als A3 bezeichneten Algorithmus eine Zahl SRES (Signed Response) als Ergebnis. Sie besteht aus 32 Bits. In ähnlicher Weise bildet das Authentication Centre mittels eines anderen Algorithmus A8 eine Zahl Kc, die für die Verschlüsselung von Daten von Bedeutung ist. Aus mehreren Zufallszahlen RAND entstehen auf diese Weise mehrere Zahlentripletts (RAND, SRES, Kc), die das Authentication Centre an dasjenige Visitor Location Register liefert, in dessen Aufenthaltsbereich sich der jeweilige Teilnehmer befindet.

Um die Zugangsberechtigung zu prüfen, sendet das VLR z.B. bei einem Verbindungsaufbau eine Authentication-Request-Meldung, die eine der Zufallszahlen enthält, an die Mobilstation. Die eingelegte SIM-Karte berechnet daraufhin mit dem Algorithmus A3 und dem abgespeicherten Schlüssel Ki das zugehörige Ergebnis SRES und liefert es an das VLR zurück. Stimmt SRES mit dem erwarteten Ergebnis überein, gilt der Teilnehmer als zugangsberechtigt, und der Verbindungsaufbau wird fortgesetzt, ansonsten wird er abgebrochen. Auf diese Weise vermeidet man ein unberechtigtes Zugreifen auf das GSM-Netz. Ferner ist es aufgrund der Struktur der Algorithmen praktisch unmöglich – selbst bei Kenntnis einiger der zusammengehörigen Paare RAND und SRES –, sich einen persönlichen Schlüssel Ki zu verschaffen.

Nach erfolgreicher Authentifizierung leitet das VLR den Wechsel in den Verschlüsselungsmodus ein. Dazu sendet sie in der Cipher-Mode-Command die Zahl Kc an die Basisstation, die die Meldung ohne Kc an die Mobilstation weiterleitet. Die Mobilstation kann mit Hilfe des SIM-Moduls aus der erhaltenen Zufallszahl RAND den Wert von Kc selbstständig berechnen. Durch die Cipher-Mode-Complete-Meldung wird der Start des Verschlüsselungsmodus signalisiert. Anzumerken ist, dass das MSC/VLR mit der Cipher-Mode-Command-Meldung die Mobilstation auch auffordern kann, in der Cipher-Mode-Complete-Meldung ihre Gerätekennung IMEI zwecks Prüfung im Equipment Identification Register zu senden.

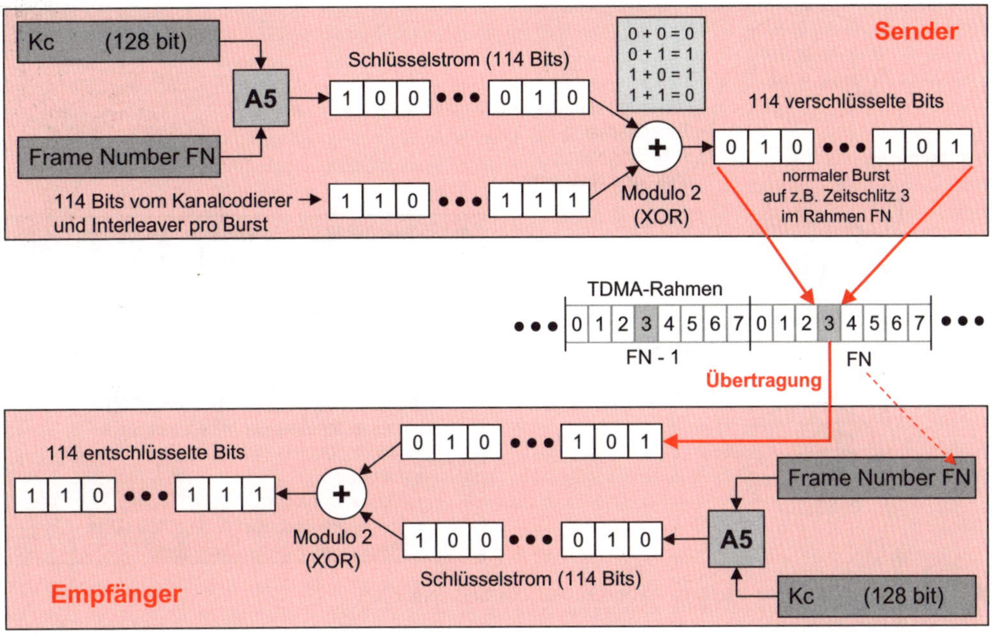

Bild 5.26 Verschlüsselung

> **!** Die Verschlüsselung bei der Funkübertragung geschieht nach dem in Bild 5.26 illustrierten Prinzip: Aus der Zahl Kc und der jeweils aktuellen TDMA-Rahmennummer FN erzeugt der Sender mit Hilfe des Algorithmus A5 einen so genannten Schlüsselstrom, bestehend aus 114 Bits, und addiert ihn zu den im aktuellen Burst zu übertragenden codierten Bits. Die Entschlüsselung am Empfänger erfolgt mit dem gleichen Schlüsselstrom.

Denn bei der verwendeten Modulo-2-Addition liefert die zweimalige Addition des Schlüsselstroms (wegen 0 + 0 = 0 und 1 + 1 = 0) die ursprüngliche Bitfolge.

5.4 Prozeduren und Algorithmen

Dieser Abschnitt erläutert die wichtigsten Prozeduren und Algorithmen, die im GSM-System vor und bei dem Aufbau einer Gesprächsverbindung sowie während der bestehenden Verbindung ablaufen. Einen Überblick über diese Prozeduren gibt Bild 5.27.

5.4.1 Aktivierung der Mobilstation

5.4.1.1 Identifikation gegenüber der SIM-Karte

Nach dem Einschalten der Mobilstation wird der Nutzer aufgefordert, seine persönliche Identifikations-Nummer, die 4- bis 8-stellige PIN, einzugeben, um sich als rechtmäßiger Nutzer der SIM-Karte auszuweisen. Nach 3-maliger falscher Eingabe der PIN wird die SIM-Karte für die weitere Nutzung gesperrt und kann erst durch Eingabe einer weiteren 8-stelligen Geheimzahl wieder aktiviert werden. Wurde die PIN als korrekt erkannt, so beginnt die Zell- und Netzsuche.

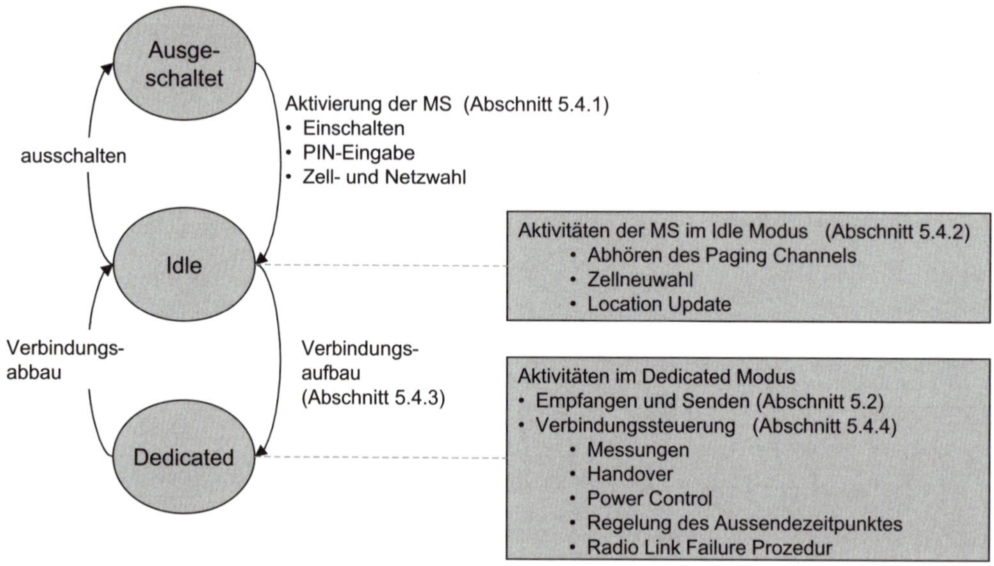

Bild 5.27 Überblick über wichtige Aktionen und Zustände einer MS

5.4.1.2 Zellwahl

> **!** Bevor der Teilnehmer Gespräche beginnen und entgegennehmen kann, muss zunächst eine geeignete Funkzelle für die Versorgung gefunden werden. Um als geeignet zu gelten, muss die Zelle einen hinreichenden Empfangspegel gewährleisten. Ferner darf sie nicht (z.B. aus Wartungsgründen) gesperrt sein, und sie darf nicht zu den «verbotenen» Netzen gehören (z.B. als D1-Funkzelle für einen D2-Teilnehmer).

Die folgende Beschreibung des Zellwahlmechanismus geht davon aus, dass sich der Teilnehmer im Versorgungsgebiet seines Heimatnetzes aufhält und auch über dieses telefonieren möchte.

Zur Auswahl einer Zelle muss die Mobilstation zunächst die Empfangspegel auf mehreren Frequenzträgern bestimmen. Dabei kann die Mobilstation auf die Liste der auf der SIM-Karte abgespeicherten BCCH-Frequenzen zurückgreifen, die zu der zuletzt besuchten Zelle und deren Nachbarn gehören, im ungünstigsten Fall muss sie alle GSM-Träger vermessen. Die Mobilstation sortiert die Träger nach Stärke des Empfangspegels in einer Liste und arbeitet anschließend beim stärksten Träger beginnend die folgenden Schritte ab:

1. Prüfung auf BCCH-Träger
Anhand des vom Frequency Correction Bursts verursachten Peaks im Leistungsdichtespektrum (siehe Abschnitt 5.2.3.1.2) kann die Mobilstation erkennen, ob es sich bei dem Träger um einen BCCH-Träger handelt. Wenn dies der Fall ist, erfolgt Schritt 2, andernfalls wird die Prüfung bei dem nächststärksten Träger fortgesetzt.

2. Rahmensynchronisation
Ist der Frequency Correction Burst erkannt, weiß die Mobilstation, dass im nächsten TDMA-Rahmen ein Synchronisation Burst folgen muss. Aus diesem lassen sich die aktuelle TDMA-Rahmennummer und die Lage des Broadcast Control Channels bestimmen.

3. Decodierung der BCCH-Information
Die auf dem BCCH abgestrahlte Systeminformation gibt der Mobilstation u.a. Aufschluss

darüber, zu welchem Betreiber die Zelle gehört und ob sie gesperrt ist oder nicht. Handelt es sich um eine Zelle aus einem «verbotenen» Netz, so muss die Mobilstation wieder bei Schritt 1 mit dem nächststärksten Träger beginnen. Bei einer gesperrten Zelle aus dem Heimatnetz kann die Mobilstation auf die BCCH-Information zurückgreifen, um die Lage der BCCH-Frequenzen der Nachbarzellen zu erfahren, und den Prozess mit diesen Frequenzen fortsetzen.

4. Prüfung des Empfangspegels
Hat die Mobilstation eine aus organisatorischer Sicht zulässige Zelle gefunden, so muss sie die dortigen Empfangsbedingungen prüfen. Da eine Mobilstation i. Allg. eine geringere Sendeleistung besitzt als die Basisstation, muss nicht nur gewährleistet sein, dass die Mobilstation den BCCH-Träger der Zelle mit ausreichender Stärke empfängt. Auch die Signalisierungsmeldungen der Mobilstation kann die Basisstation nur bei hinreichendem Empfangspegel detektieren. Um diesen Gesichtspunkt bei der Zellplanung zu berücksichtigen, geht man von zwei Annahmen aus:

- Die Mobilstationen greifen i.Allg. mit dem in der Zelle maximal erlaubten Sendepegel MS_TXPWR_MAX_CCH auf einen Kontrollkanal zu.
- Die Werte der Funkausbreitungsdämpfung für den Uplink und den Downlink stimmen näherungsweise überein – zumindest nach einer Mittelung über einen gewissen zeitlichen Bereich.

Unter diesen Voraussetzungen kann man aus der Bedingung

RXLEV ≥ RXLEV_ACCESS_MIN im Downlink

auch auf einen hinreichenden Uplink-Pegel schließen. Bei MS_TXPWR_MAX_CCH und RXLEV_ACCESS_MIN handelt es sich um 2 von zahlreichen Netzplanungsparametern, die am OMC eingestellt werden können. Die Mobilstation erfährt die Werte dieser beiden Parameter über den BCCH. Die obige Bedingung ist in den GSM-Spezifikationen in etwas anderer Form zu finden, nämlich als

> **C1-Kriterium**
>
> C1 = RXLEV – RXLEV_ACCESS_MIN – DELTA ≥ 0 (Downlink)
>
> Dabei ist der Korrekturterm DELTA gleich null, falls die Mobilstation tatsächlich in der Lage ist, mit dem erlaubten Pegel MS_TXPWR_MAX_CCH zu senden. Mobilstationen mit geringerem Sendepegel P sollten dementsprechend einen um DELTA = MS_TXPWR_MAX_CCH – P höheren Empfangspegel messen, d.h. sich näher bei der Basisstation aufhalten, um bei einem Verbindungsaufbau erfolgreich zu sein (Bild 5.28).

5. Prüfung der Priorität der Zelle
Der Netzbetreiber kann Zellen mit Prioritäten (2 Klassen) versehen und somit dafür sorgen, dass Mobilstationen vorzugsweise bestimmte Zellen auswählen. Nur falls keine geeignete Zelle mit der höheren Priorität gefunden werden kann, wählt die Mobilstation eine Zelle mit niedriger Priorität.

5.4.1.3 Netzwahl

> Verlässt ein Mobilteilnehmer den Bereich des versorgenden Netzes, so ist eine Netzneuwahl durchzuführen, die automatisch oder manuell erfolgen kann.

Bei der automatischen Netzwahl versucht die Mobilstation eine geeignete Zelle in einem Netz aus der Liste der bevorzugten Netze zu finden, die auf der SIM-Karte abgespeichert ist.

Im manuellen Modus zeigt die Mobilstation nach erfolgter Zellwahl die Namen der Netze zur Auswahl an, in denen sie geeignete Zellen gefunden hat.

5.4.1.4 Anmeldung

Dass sich ein Teilnehmer nach dem Einschalten der MS beim Netz anmelden (Attach-Prozedur) bzw. beim Ausschalten abmelden

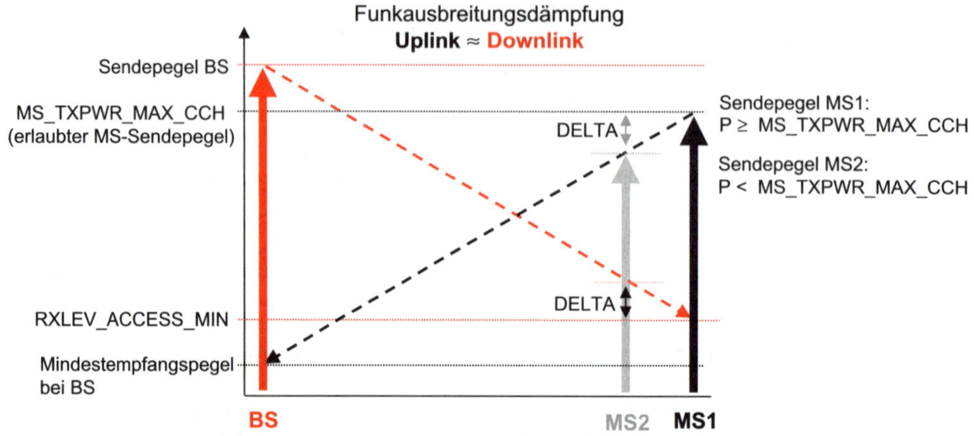

C1-Kriterium

RXLEV ≥ RXLEV_ACCESS_MIN	bei hoher MS-Sendeleistung (z.B. MS1)
RXLEV ≥ RXLEV_ACCESS_MIN + DELTA	bei geringer MS-Sendeleistung (z.B. MS2)

Bild 5.28 Das C1-Kriterium für die Zellwahl

(Detach-Prozedur) muss, ist zwar im GSM-System nicht zwingend vorgeschrieben, aber dennoch sind die entsprechenden Prozeduren in den meisten Netzen realisiert.

> **!** Die Detach-Prozedur, die beim Ausschalten der Mobilstation oder bei Entnahme der SIM-Karte erfolgt, signalisiert dem VLR, dass der Teilnehmer nicht erreichbar ist.

Falls ein Anruf erfolgt, wird dem Anrufer mitgeteilt, dass der Mobilteilnehmer vorübergehend nicht erreichbar ist, so dass sich die folgenden Prozesse im Verbindungsaufbau – und damit Kanalbelegungen – vermeiden lassen.

> **!** Durch die Attach-Prozedur meldet sich der Teilnehmer als wieder erreichbar zurück.
>
> Auf der Funkschnittstelle erfolgt die Attach-Detach-Signalisierung über den SDCCH.

Nach der Anmeldung befindet sich die Mobilstation in einer Art Standby-Modus, der in der GSM-Terminologie als Idle Mode bezeichnet wird – auch wenn das Wort «*idle*», also auf deutsch «untätig», das Verhalten der Mobilstation nicht vollkommen korrekt beschreibt, wie der folgende Abschnitt zeigt.

5.4.2 Aktivitäten der Mobilstation im Idle-Modus

5.4.2.1 Abhören des Paging Channels

> **!** Bei einem ankommenden Ruf für einen Mobilteilnehmer senden die Basisstationen der jeweiligen Location Area Paging-Meldungen aus. Um sie zuverlässig zu empfangen, muss die Mobilstation in einem bestimmten Rhythmus den Paging Channel abhören.

Wie in Abschnitt 5.2.4.1 dargestellt, gibt es innerhalb jedes CCH-Multiframes der Länge 235 ms mehrere CCCH-Blöcke, in denen die

Basisstation Paging-Meldungen versenden kann. Um jedoch die Batterielebensdauer der Mobilstation zu verlängern, teilt man die Teilnehmer (unter Verwendung der letzten Ziffern der IMSI) in mehrere so genannte Paging-Gruppen ein. Eine Mobilstation muss so nicht mehr jeden CCCH-Block decodieren, sondern nur noch einen in jedem n-ten CCH-Multiframe. Der Parameter n (im Standard BS_PA_MFRS genannt), der die Periode für die Paging-Meldungen einer Gruppe angibt, lässt sich vom OMC aus einstellen. Für z.B. $n = 6$ muss die Mobilstation nur etwa alle 1,4 Sekunden den Paging Channel abhören.

Da durch diese Maßnahme eine kontinuierliche Empfangsbereitschaft vermieden wird, nennt man den Mechanismus auch *Discontinuous Receiption* (DRX).

5.4.2.2 Zellneuwahl

> Bewegt sich der Teilnehmer mit der Mobilstation im Idle Mode weiter, so kann dabei ein Zellwechsel erfolgen. Die zugehörige Prozedur bezeichnet man als *Cell Reselection* (Zellneuwahl); sie sollte – auch wenn es einige Gemeinsamkeiten gibt – deutlich von der Handover-Prozedur, also dem Zellwechsel während einer bestehenden Verbindung, unterschieden werden.
>
> Da die Entscheidungsbefugnis für einen Zellwechsel im Idle Mode bei der Mobilstation liegt, ist diese Prozedur vollständig im GSM-Standard spezifiziert.

Empfangspegelmessungen
Als Voraussetzung für eine Zellneuwahl führt die Mobilstation Empfangspegelmessungen durch, wobei sowohl der BCCH-Träger der bedienenden Zelle als auch die BCCH-Träger der Nachbarzellen vermessen werden. Um eine sicherere Entscheidungsbasis zu erhalten, bildet die Mobilstation aus mehreren aufeinander folgenden Messungen die Mittelwerte der Empfangspegel:

RXLEV(b): Empfangspegel der bedienenden Zelle
RXLEV(n): Empfangspegel der Nachbarzelle n, $n = 1, 2, 3, \ldots$

Decodierung der BCCH-Informationen
Als weitere Voraussetzung für eine Zellneuwahl benötigt die Mobilstation die Werte einiger Parameter, die in den Systeminformationen der Broadcast Control Channels der bedienenden Zelle und der Nachbarzellen zu finden sind. Daher muss die MS diese Informationen von Zeit zu Zeit decodieren (mindesten alle 30 Sekunden für die eigene Zelle und mindestens alle 5 Minuten für die 6 stärksten Nachbarzellen). Ferner sind mindestens einmal pro 30 Sekunden die Synchronization Channels der 6 stärksten Nachbarzellen auszulesen.

Vergleich der Empfangsbedingungen

> Das Hauptkriterium für einen Zellwechsel besteht im Vergleich der C1-Werte (siehe Abschnitt 5.4.1.2) für die bedienende Zelle und die Nachbarzelle.

Liegt die Nachbarzelle in der gleichen Location Area wie die bedienende Zelle, so kann die Mobilstation den Zellwechsel völlig selbstständig durchführen, d.h. ohne das Netz zu informieren und ohne Signalisierungskanäle zu belegen. In diesem Fall erfolgt der Zellwechsel, falls der C1-Wert – also im Wesentlichen der Empfangspegel – einer Nachbarzelle n besser ist als der der bedienenden Zelle b:

> **Cell Reselection ohne Wechsel der Location Area**
>
> $C1(n) > C1(b)$

Da der Empfangspegel aufgrund der in Kapitel 2 beschriebenen Funkausbreitungsmechanismen rasch und stark schwankt, kann es selbst bei geringen Bewegungen der Mobilstation zu einem Zellwechsel kommen.

Falls der Zellwechsel mit einem Wechsel der Location Area und der dazu gehörigen

Signalisierungslast verbunden ist, möchte man ein häufiges Hin-und-her-Wechseln vermeiden. Eine Zellneuwahl findet daher in diesem Fall erst bei einem deutlich besseren C1-Wert der Nachbarzelle statt:

> **Cell Reselection mit Wechsel der Location Area**
>
> $C1(n) > C1(b) + \text{CELL\_RESELECT\_HYSTERESIS}$
>
> Dabei legt der über den BCCH abgestrahlte Planungsparameter CELL_RESELECT_HYSTERESIS fest, um welches Maß die neue Zelle besser sein muss.

Damit die Zelle *n* überhaupt als neue Zelle in Frage kommt, muss sie natürlich einen ausreichenden Empfangspegel besitzen ($C1(n) > 0$), und sie darf nicht gesperrt sein.

In der GSM Phase 2 wurde das bisher beschriebene C1-Kriterium für die Zellneuwahl zu dem so genannten C2-Kriterium erweitert, bei dem sich durch neue Zellplanungsparameter verschiedene Zellen unterschiedlich stark gewichten lassen, so dass der Netzbetreiber den Zellwahlprozess besser beeinflussen kann. Ferner lässt sich diese Gewichtung zeitabhängig gestalten, so dass z. B. kleine Funkzellen (Mikrozellen) für Mobilstationen mit hohen Geschwindigkeiten in der kurzen Durchquerungszeit gesperrt sind, während sie von «langsamen» Mobilstationen, die sich dort länger aufhalten, ausgewählt werden.

Bei einer guten Netzplanung sollte ein besserer C1- bzw. C2-Wert in der neuen Zelle das Hauptkriterium für einen Zellwechsel sein. Daneben gibt es weitere Kriterien, um Ausnahmefälle zu behandeln.

Weitere Gründe für einen Zellwechsel:

- Sperrung der bedienenden Zelle,
- geringer Empfangspegel in der bedienenden Zelle: $C1(b) < 0$,
- zahlreiche aufeinander folgende Paging-Meldungen nicht decodierbar,
- Scheitern der Kontaktaufnahme zum Netz über den Random Access Channel.

5.4.2.3 Location Update

> Bei einem Zellwechsel vergleicht die Mobilstation die auf der SIM-Karte abgespeicherte Location-Area-Kennung (LAI, siehe Abschnitt 5.3.3.2) mit der aus den BCCH-Informationen ausgelesenen Information. Bei einer festgestellten Abweichung führt die MS eine so genannte Location-Update-Prozedur durch, bei der im Endeffekt dem Home Location Register der neue Aufenthaltsbereich mitgeteilt wird, um bei einem kommenden Ruf auffindbar zu sein. In der gleichen Prozedur bekommt der Teilnehmer eine (neue) temporäre Kennung zugeteilt.

Die Location-Update-Prozedur, die einige wenige Sekunden dauert (typischerweise etwa 3 s), läuft in folgenden Schritten ab. Sie sind in Bild 5.29 als rote Kreise markiert.

Schritt 1: Zuweisung des Signalisierungskanals SDCCH

In einer Channel-Request-Meldung fordert die MS über den Random Access Channel einen Signalisierungskanal an. Bei erfolgreichem Empfang wählt der Base Station Controller einen freien SDCCH aus und fordert die zuständige BS auf, ihn zu aktivieren.

Anschließend teilt die BS der MS in der Immediate-Assignment-Meldung die physikalischen Parameter des Kanals (Frequenz, Zeitschlitz, Sub-Channel Number, ...) sowie den einzustellenden Timing-Advance-Wert mit.

Die Zuweisungsphase schließt mit der Location-Updating-Request-Meldung ab, die die Mobilstation über den zugeteilten SDCCH an die Basisstation sendet. Über diese Mitteilung erfährt das Netz erstmalig, dass ein Location Update durchzuführen ist. Die MS meldet sich dabei mit ihrer bisherigen TMSI und der Kennung der alten Location Area. Ferner enthält die Meldung die Classmark Information, also z. B. die maximale Sendeleistung und den Frequenzbereich der MS.

Ausgehend von der Location-Updating-Request-Meldung fordert das neue Visitor Lo-

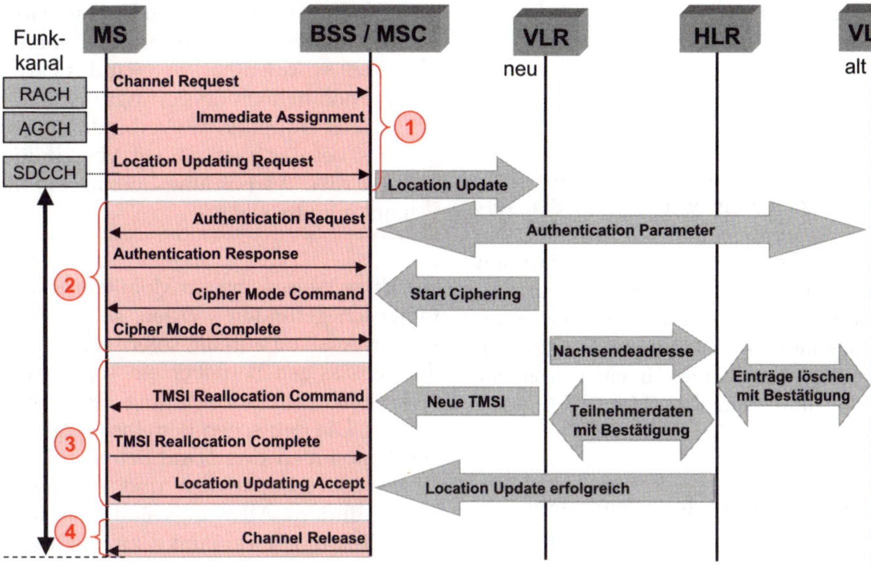

Bild 5.29 Erfolgreicher Location Update

cation Register vom bisherigen VLR die Parameter für die anschließende Authentifizierung an.

Schritt 2: Authentifizierung und Start des Verschlüsselungsmodus
Wie in Abschnitt 5.3.4 beschrieben, muss sich der Teilnehmer als zugangsberechtigt ausweisen; anschließend wird die Mobilstation angewiesen, in den Verschlüsselungsmodus zu wechseln und eventuell ihre Gerätekennung IMEI zu senden.

Schritt 3: Zuweisung einer neuen TMSI und Durchführung des Location Update
Nach erfolgreicher Prüfung der Zugangsberechtigung wird der Location Update durchgeführt: Das VLR teilt dem HLR die neue «Nachsendeadresse» mit und fordert die teilnehmerspezifischen Daten an. Das HLR veranlasst das alte VLR, die Teilnehmerdaten zu löschen.

In der TMSI-Reallocation-Meldung, die zudem die Kennung der neuen Location Area enthält, bekommt der Teilnehmer vom VLR eine neue TMSI zugewiesen, deren Empfang die MS mit der TMSI-Reallocation-Complete-Meldung quittiert.

Der erfolgreiche Abschluss der Prozedur wird der Mobilstation in der Location-Update-Accept-Meldung angezeigt.

Schritt 4: Abbau der Funkverbindung
Mit der Channel-Release-Meldung teilt die Basisstation der Mobilstation den Abbau der Funkverbindung mit; der SDCCH kann anschließend für andere Verbindungen genutzt werden.

Anmerkungen
Die Location-Update-Prozedur wird nicht nur bei einem Wechsel des Aufenthaltsbereiches, sondern in ähnlicher Form auch beim Anmelden (IMSI Attach) genutzt. Ferner kann das Netz die Mobilstationen zu einem periodischen Location Update auffordern, um – nach einem eventuellen Datenverlust – die Bestände in einem bestimmten zeitlichen Rhythmus auf den aktuellen Stand zu bringen. Der Wert der zwischen 6 Minuten und 24 Stunden einstellbaren Periode für diese Aktionen ist in den BCCH-Informationen enthalten.

5.4.3 Prozeduren beim Verbindungsaufbau

Soll ein Mobilteilnehmer angerufen werden, so stellt sich – zusätzlich zum Verbindungsaufbau bei einem von ihm initiierten Ruf (Mobile Terminating Call) – die Aufgabe des Auffindens des Teilnehmers. Da ansonsten die beiden Verbindungsaufbauprozeduren ähnlich sind, behandelt dieser Abschnitt ausführlicher nur den kommenden Ruf, also z.B. einen Anruf von dem in Bild 5.30 rot markierten Festnetztelefon zu dem ebenfalls rot markierten Mobiltelefon. Die Signalisierungsabläufe für einen von der Mobilstation initiierten Ruf (Mobile Originating Call) sind in Bild 5.31b skizziert.

5.4.3.1 Wegesuche auf der Festnetzseite

> ! Der von einem Festnetzteilnehmer ausgehende Ruf wird auf der Basis der Netzvorwahl an ein geeignetes Gateway-MSC des jeweiligen Mobilfunknetzes weitergeleitet, das dann mit Hilfe der eigentlichen Rufnummer das relevante Home Location Register bestimmt und dort den aktuellen Aufenthaltsbereich des gerufenen Mobilteilnehmers erfragt.
>
> Nach Eintreffen des Verbindungswunsches bei der zuständigen MSC initiiert diese den Verbindungsaufbau auf der Funkschnittstelle.

Auf diese Weise kann ein Mobilteilnehmer automatisch gefunden werden, selbst wenn er sich im Ausland aufhält, sofern mit einem der dort ansässigen Betreiber ein sog. Roaming-Abkommen zur Verrechnung der Gebühren besteht. Die deutschen Betreiber besitzen solche Abkommen jeweils mit Betreibern in etwa 70 bis 100 europäischen und außereuropäischen Ländern. Allerdings sind beim International Roaming zwei Punkte zu beachten:

1. Da es das GSM-System in 3 verschiedenen Frequenzbändern gibt, muss eine Mobilstation verwendet werden, die in dem Frequenzbereich des jeweiligen Betreibers arbeiten kann.

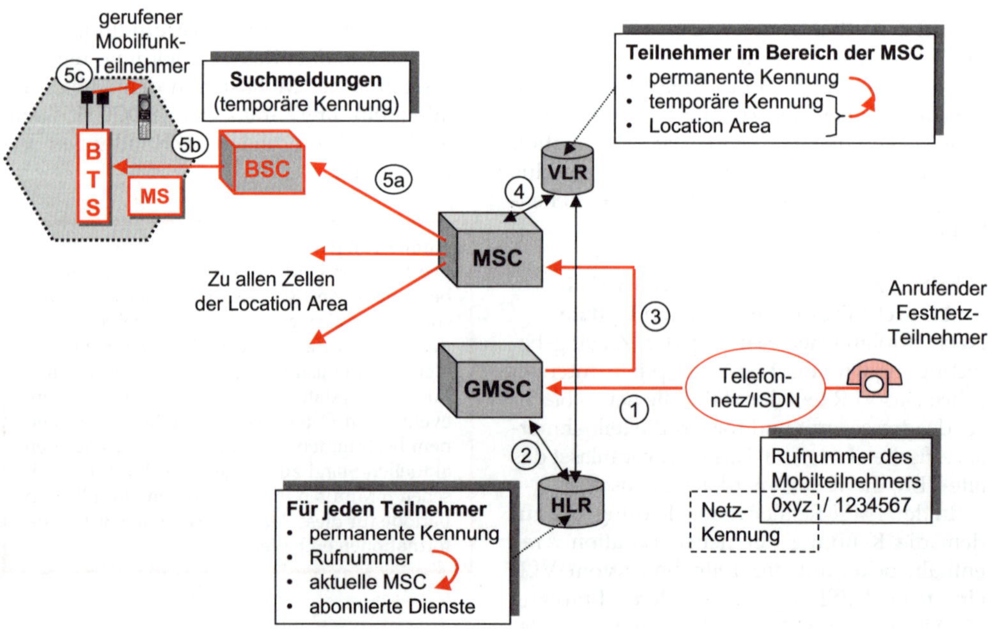

Bild 5.30 Wegesuche auf der Festnetzseite

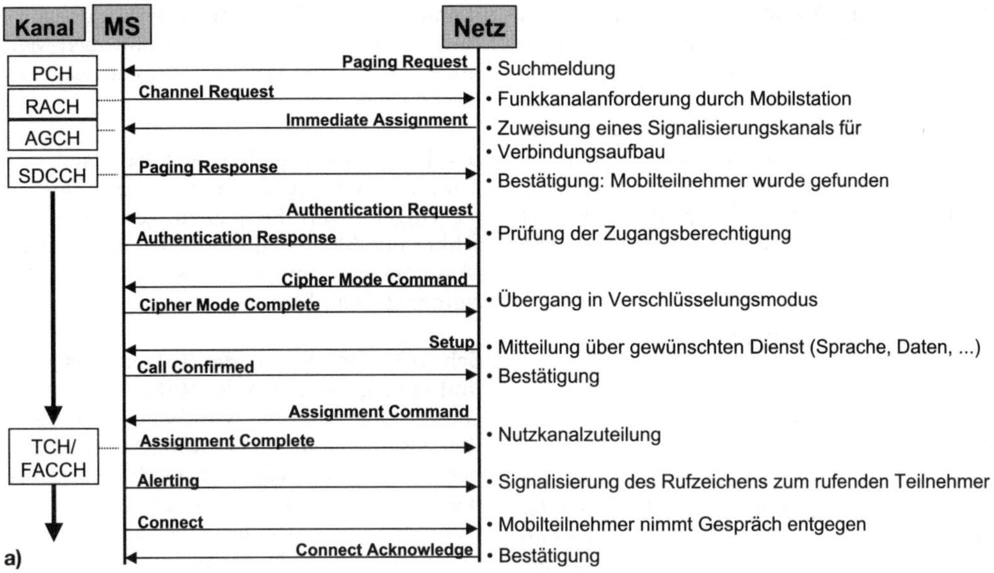

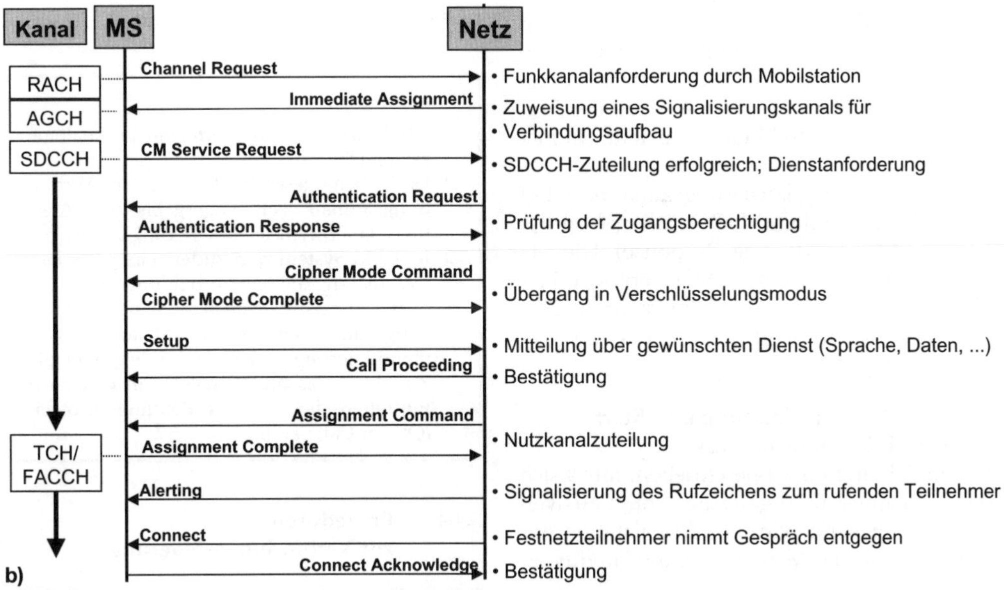

Bild 5.31 Erfolgreicher Verbindungsaufbau auf dem Funkweg, a) Mobile Terminating Call, b) Mobile Originating Call

2. Hält sich der Mobilteilnehmer im Ausland auf, so fallen – auch wenn er angerufen wird – höhere Gebühren an als in seinem Heimatnetz. Da man dem anrufenden Gesprächspartner – dem i. Allg. der Aufenthaltsort des Mobilteilnehmers nicht bekannt ist – die erhöhten Gebühren nicht zumuten möchte, schlägt man sie der Rechnung des angerufenen Mobilteilnehmers zu.

5.4.3.2 Aufbau der Funkverbindung

Schritt 1: Paging und Zuweisung eines Signalisierungskanals
Das Mobile Switching Centre schickt über die Base Station Controller und Basisstationen eine Suchmeldung (Paging) in alle Zellen der aktuellen Location Area. Diese Meldung enthält i. Allg. die temporäre Kennung des gerufenen Teilnehmers. Nach Detektion der Paging-Meldung meldet sich die MS (Bild 5.31 a) über den Random Access Channel mit einer Funkkanalanforderung (Channel Request). Von Seiten des BSC wird ihr dann zunächst ein SDCCH unter Angabe des Trägers und des Zeitschlitzes zugeteilt (Immediate Assignment).

Über diesen Signalisierungskanal bestätigt die Mobilstation dem MSC den Empfang der Paging-Meldung (Paging Response). Die MS meldet sich dabei mit der TMSI. Ferner enthält die Meldung die Classmark Information, also z. B. die maximale Sendeleistung und den Frequenzbereich der MS.

Schritt 2: Authentifizierung und Start des Verschlüsselungsmodus
Wie in Abschnitt 5.3.4 beschrieben, muss sich der Teilnehmer als zugangsberechtigt ausweisen; anschließend wird die Mobilstation angewiesen, in den Verschlüsselungsmodus zu wechseln.

Schritt 3: Austausch der Verbindungsparameter
Mittels der Setup-Meldung wird der Mobilstation u. a. die Nummer des rufenden Teilnehmers (verschlüsselte Übertragung auf dem Funkwege) sowie der zu aktivierende Dienst (Sprache, Daten, Datenrate, Übertragungsmodus) mitgeteilt. In der Call-Confirmed-Meldung bestätigt die MS, dass sie in der Lage ist, diesen Dienst anzunehmen.

Schritt 4: Zuteilung eines Nutzkanals
Daraufhin teilt der Base Station Controller unter Angabe von Frequenzträger und Zeitschlitz der Mobilstation einen Nutzkanal zu (Assignment Command, bestätigt durch Assignment Complete).

Schritt 5: Generierung des Rufzeichens und Entgegennehmen des Rufes
Die Alerting-Meldung wird bei der Mobilstation zusammen mit dem «Klingelzeichen» generiert; über sie erhält der rufende Teilnehmer das Freizeichen. Das Entgegennehmen des Gesprächs durch den gerufenen Mobilteilnehmer wird dem Netz durch die Connect-Meldung signalisiert (Bestätigung mit Connect Acknowledge). Danach steht die Verbindung, und das Gespräch kann beginnen.

Anmerkungen
- Die Schritte 3 und 5 erfolgen in Analogie zum ISDN.
- Der oben geschilderte Standard-Verbindungsaufbau (vom Paging bis zum Alerting) dauert typischerweise ca. 2 bis 3 s.
- Im GSM-System sind zudem einige Varianten zulässig, die den Verbindungsaufbau in Bezug auf Aufbauzeit bzw. Funkkanalnutzung optimieren. So kann z. B. auf eine Authentifizierung verzichtet werden, oder die Zuteilung des Nutzkanals kann erst nach Eintreffen der Connect-Meldung erfolgen (Off Air Call Setup).

5.4.4 Prozeduren zur Verbindungssteuerung

Nach dem Aufbau einer Verbindung befindet sich die Mobilstation im Dedicated Mode. In diesem Modus gibt es einige wichtige Prozeduren zur Steuerung der Funkverbindung (engl.: *radio link control*), die der Aufrechterhaltung der Verbindung, der Verbesserung der Übertragungsqualität bzw. netzplanerischen Gesichtspunkten dienen. Dazu gehören

- der Kanal- und Zellwechsel im Connected Mode (Handover),
- die automatische Sendeleistungsregelung (Power Control),
- der Ausgleich der Signallaufzeitänderungen (Timing Advance Control),
- der geregelte Abbau der Verbindung (Radio Link Failure) bei geringer Verbindungsqualität.

Die genannten Steuerungsprozesse basieren auf Messungen, die von der Mobil- und Basisstation durchgeführt werden. Die Verarbeitung der Messwerte geschieht grundsätzlich im Base Station Sub-System, in dessen Verantwortungsbereich auch die Verbindungssteuerung für den Dedicated-Modus liegt – die Aufgabenteilung zwischen BTS und BSC ist von Hersteller zu Hersteller verschieden.

Im Gegensatz zum Idle-Modus hat die Mobilstation also keine Entscheidungsbefugnis (außer bei der Radio-Link-Failure-Prozedur), sondern unterstützt das BSS nur durch die gesammelten Messwerte, die sie als Measurement Reports im Takt von etwa 0,5 s über den Slow Associated Control Channel an das BSS sendet.

5.4.4.1 Messungen

5.4.4.1.1 Messgrößen

Tabelle 5.8 gibt einen Überblick über die gemessenen Größen.

Anmerkungen

- Neben den genannten Größen ist auch der Wert des MS-Sendepegels TXPWR von Bedeutung.
- Zur effizienten Übertragung an das BSS sind die gemessenen Größen wie in Bild 5.32 gezeigt codiert.
- Bei RXQUAL bedeutet ein niedriger Wert eine gute und ein hoher Wert eine schlechte Qualität. Es besteht also eine Analogie zu Schulnoten. Abhängig von anderen Größen ist die Sprachqualität bis zu einem RXQUAL von etwa 4 bis 5 akzeptabel. Zu beachten ist, dass es sich bei den durch RXQUAL codierten Bitfehlerraten um Fehlerraten vor der Kanaldecodierung (also vor der Fehlerkorrektur) handelt.
- Die Basisstation misst auch den Pegel auf den jeweils unbelegten Kanälen. Ein hoher Pegel auf einem solchen Kanal deutet darauf hin, dass er von starken Störungen belastet ist, da er in anderen Funkzellen in der Nähe verwendet wird. Diese Information kann die Basisstation bei der Kanalzuteilung nutzen, um beim Verbindungsaufbau vorzugsweise Kanäle mit geringem Störpegel zuzuweisen.

Tabelle 5.8 Messgrößen für die Verbindungssteuerung

Größe	Erläuterung	Messung durch
RXQUAL	Qualität der eigenen Verbindung (Bitfehlerrate)	MS und BTS
RXLEV(b)	Empfangspegel für die eigene Verbindung	MS und BTS
RXLEV(n)	Empfangspegel der BCCH-Frequenzen der durch die Funknetzplanung für jede Zelle festgelegten Nachbarzellen	MS
RXLEV(idle)	Empfangspegel der unbelegten Kanäle	BTS
TA	Signallaufzeit (Abstand) zwischen MS und BTS	BTS

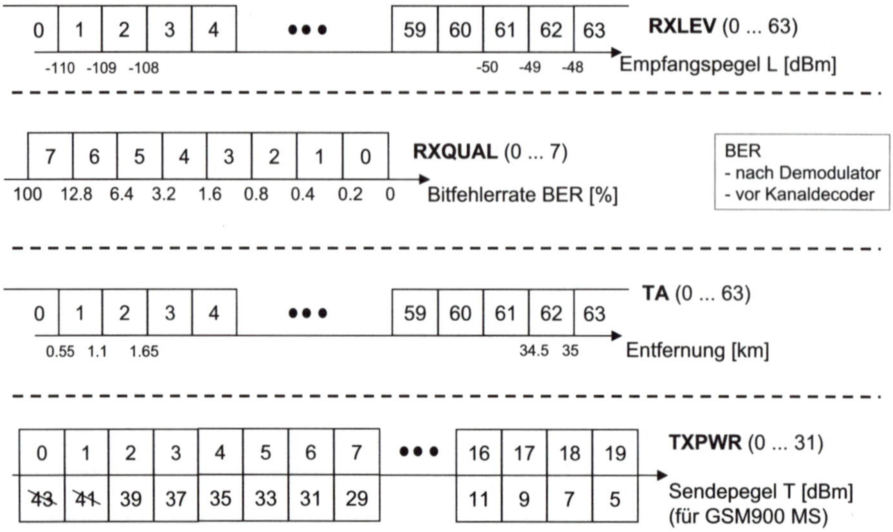

Bild 5.32 Codierung der Messwerte in GSM

5.4.4.1.2 Nachbarzellmessungen

> Um geeignete Zielzellen für einen Handover zu finden, führt die Mobilstation Empfangspegelmessungen auf den BCCH-Trägern der Nachbarzellen durch. Der Netzbetreiber kann über das Operation and Maintenance Centre für jede Zelle bis zu 32 Nachbarzellen als mögliche Zielzellen für einen Handover festlegen.
>
> Im Dedicated Mode werden die BCCH-Träger dieser Zellen der Mobilstation über den Slow Associated Control Channel mitgeteilt.

Da bei 32 Nachbarzellen einige durchaus die gleiche BCCH-Trägerfrequenz haben können, muss es für die Mobilstation noch ein weiteres Unterscheidungsmerkmal geben (Bild 5.33). Dieses ist der in Abschnitt 5.2.3.1.3 bereits erwähnte Base Station Identity Code (BSIC). In jeweils den TDMA-Rahmen mit den Idle-Bursts (siehe Abschnitt 5.2.2.2.3) hat die MS genügend Zeit, die Synchronization Channels der Nachbarzellen zu decodieren. Über diese erfährt sie zum einen den BSIC, so dass sich die Messungen auf einer BCCH-Frequenz eindeutig einer bestimmten Zelle zuordnen lassen, und zum anderen die aktuelle Frame Number (FN) der jeweiligen Zelle, so dass sich die Mobilstation bereits vorab grob auf eine mögliche Zielzelle synchronisieren kann.

5.4.4.1.3 Messwert-Reports

Innerhalb jeder SACCH-Periode (480 ms) wird für die in Tabelle 5.8 aufgeführten Größen jeweils ein Wert – durch Mittelung über mehrere Einzelwerte – bestimmt. Die Mobilstation fasst diese Werte zu Messwert-Reports zusammen und schickt sie in der jeweils nächsten Periode über den Slow Associated Control Channel an die Basisstation (Bild 5.34). Der Messwert-Report enthält die Werte für RXQUAL, RXLEV(*b*) sowie die RXLEV(*n*)-Werte der jeweils 6 stärksten Nachbarn (Bild 5.35). Die Nachbarzellmessungen werden mit Informationen über die zugehörigen BCCH-Träger und BSICs versehen, so dass das bedienende Base Station Sub-System sie eindeutig den einzelnen Zellen zuordnen kann. Dem Messwert-Report vorangestellt sind Angaben zum aktuell eingestellten Sendepegel und Timing Advance bei der Mobilstation. Die Befehle zur Einstellung dieser Größen er-

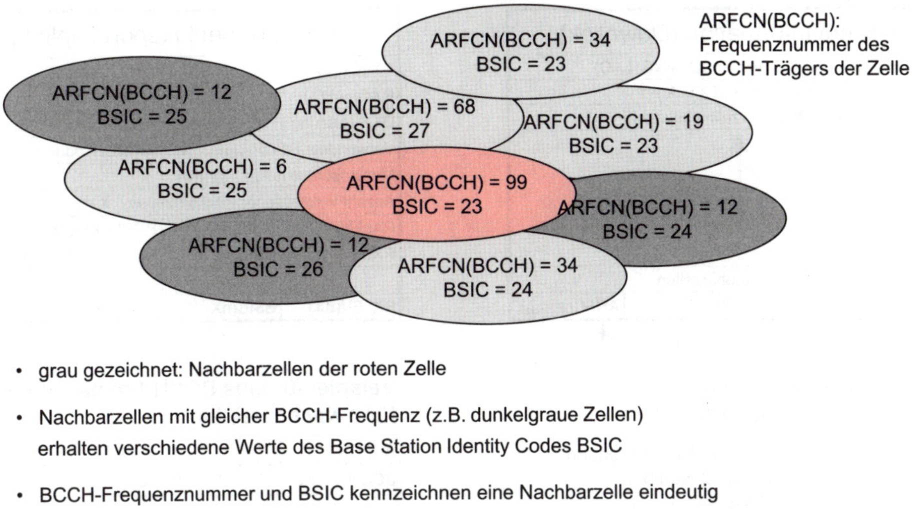

Bild 5.33 Planung von Nachbarzellen

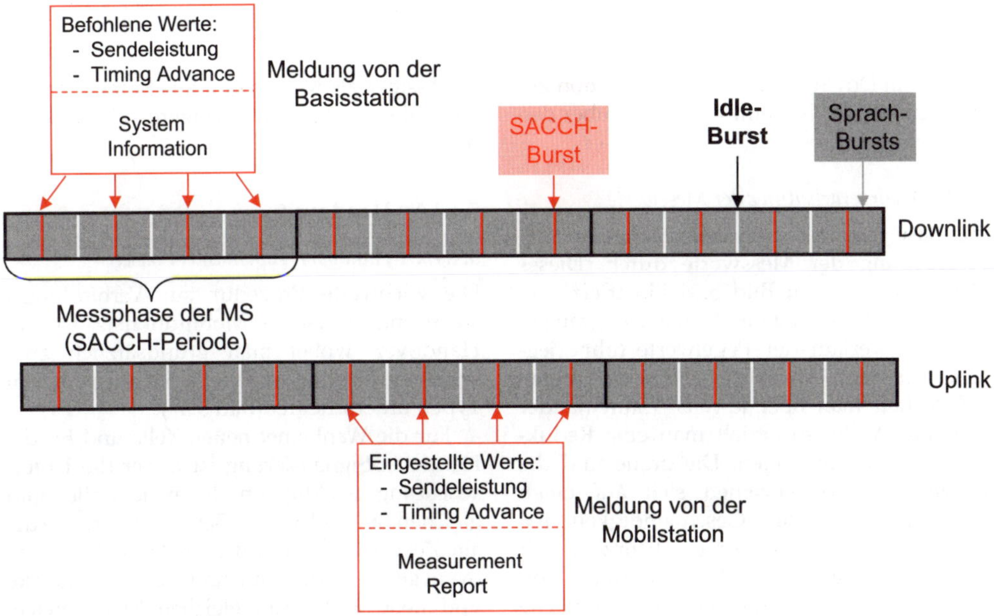

Bild 5.34 Signalisierung zur Verbindungssteuerung

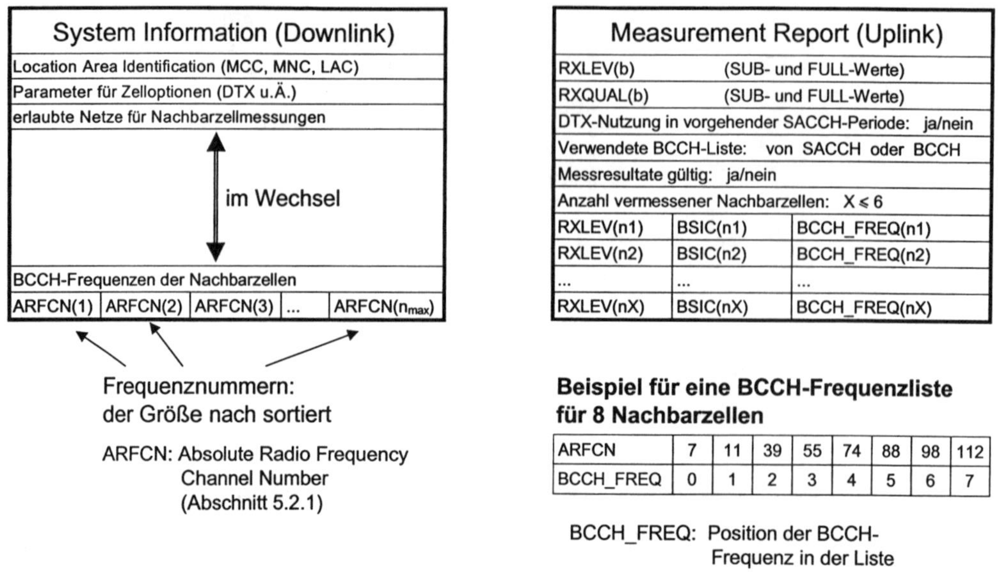

Bild 5.35 Austausch von Systeminformationen und Messwerten

hält sie im Downlink von der Basisstation zusammen mit der Systeminformation über den SACCH.

5.4.4.1.4 Vorverarbeitung der Messwerte

Das Base Station Sub-System führt eine Vorverarbeitung der Messwerte durch. Dieses kann z.B. – wie in Bild 5.36 illustriert – in Form einer Mittelung geschehen: Der grau gezeichnete Verlauf der Pegelwerte (ohne jegliche Mittelung) weist starke Schwankungen auf. Mittelt man über jeweils 5 aufeinander folgende Werte, so erzielt man eine Reduktion der Schwankungen. Die graue und die schwarze Kurve beziehen sich auf einen Mobilteilnehmer der Geschwindigkeit v = 5 km/h (Fußgänger). Für ein Fahrzeug mit v = 50 km/h und einer Mittelungsdauer von 5 SACCH-Perioden ergibt sich eine zehnfache Mittelungsstrecke und daher sehr glatter Kurvenverlauf (rote Kurve).

Neben der Mittelung können auch verschiedene Gewichtungen der Messwerte vorgenommen werden. So sind Messungen aus Phasen, in denen Discontinuous Transmission (siehe Abschnitt 5.2.2.1) aktiv war, unzuverlässiger als Messungen aus Sprachphasen. Sie sollten daher ein geringeres Gewicht erhalten.

5.4.4.2 Handover

5.4.4.2.1 Handover-Typen und -Phasen

Die wichtigste Prozedur zur Verbindungssteuerung in einem Mobilfunknetz ist der Handover, wobei man grundsätzlich zwischen den beiden in Tabelle 5.9 aufgeführten Typen unterscheidet (Bild 5.37).

Für die Wahl einer neuen Zelle und für die Handover-Signalisierung ist ferner die Unterscheidung wichtig, ob die neue Zelle zum gleichen BSC- oder MSC-Bereich gehört wie die alte Zelle. Die folgende Beschreibung des Handovers geht von der Annahme aus, dass die alte und neue Zelle zum gleichen MSC-Bereich, aber zu verschiedenen BSC-Bereichen gehören.

Die gesamte Handover-Prozedur läuft in mehreren Phasen ab, die in Tabelle 5.10 zusammengefasst sind.

Das Thema Messwerte und deren Vorverarbeitung wurde bereits eingehend in Abschnitt 5.4.4.1 behandelt.

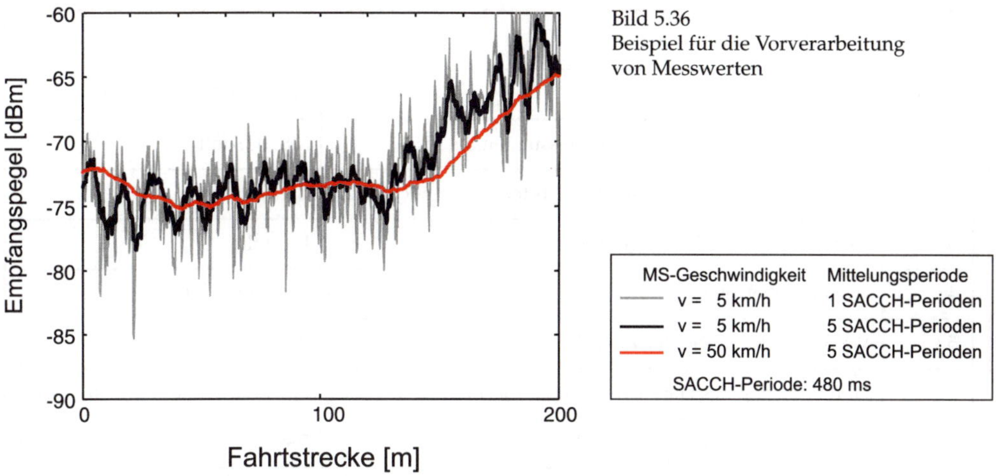

Bild 5.36
Beispiel für die Vorverarbeitung von Messwerten

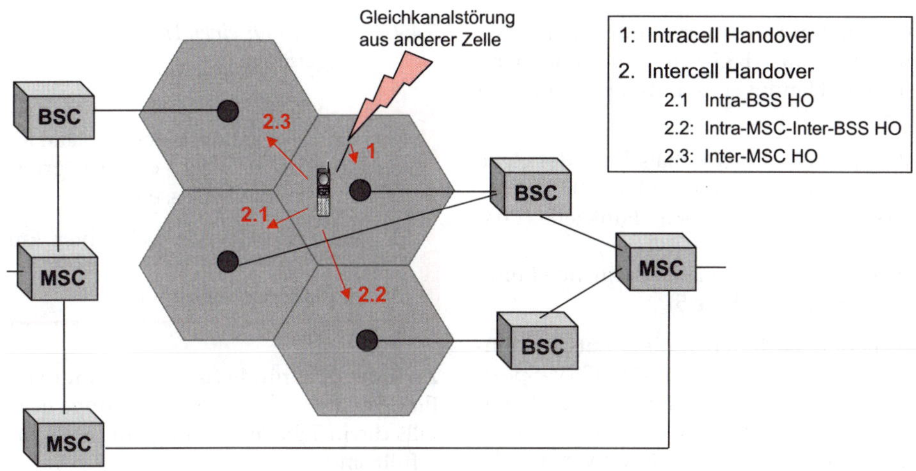

Bild 5.37 Handover-Typen

Tabelle 5.9 Handover-Typen

Typ	Erläuterung	Mögliche Ursache
Intercell Handover	Automatisches Weiterreichen einer Verbindung von einer Funkzelle zur nächsten	Änderung der Empfangsbedingungen durch Bewegung der MS
Intracell Handover	Wechsel des Kanals innerhalb der gleichen Funkzelle	Störungen durch Verbindungen in anderen Zellen

Tabelle 5.10 Handover-Phasen

Phase	Aktion	Beteiligte Netzelemente
1	Messungen und Transport der Messungen ins BSS	MS, BTS (alt)
2	Vorverarbeitung der Messungen (Mittelung, Gewichtung)	BSS (alt)
3	Feststellung eines Handover-Grundes	BSS (alt)
4	Wahl der Zielzelle	BSC (alt), MSC
5	Wahl eines Kanals in der Zielzelle	BSC (neu)
6	Durchführung des Handovers (Signalisierung)	BSS (neu), MSC, BSS (alt), MS
7	Freigabe der Kanäle beim alten BSS	BSS (neu), MSC, BSS (alt)

Basierend auf den vorverarbeiteten Messwerten hat das BSS im Zusammenhang mit einem Handover 3 Entscheidungen zu treffen:

- Ist ein Wechsel des Kanals bzw. der Zelle erforderlich oder ratsam (Phase 3)?
- Welches ist die beste neue Funkzelle (Phase 4)?
- Ist ein geeigneter Kanal in der neuen Funkzelle verfügbar (Phase 5)?

Die Kriterien, nach denen diese Entscheidungen zu treffen sind, sind in den GSM-Spezifikationen nicht im Detail festgelegt. Somit bietet sich den Netzbetreibern und den Herstellern von Base Station Sub-Systems die Möglichkeit, sich durch ausgefeilte Handover-Algorithmen von anderen Betreibern und Herstellern zu differenzieren. Da es im Rahmen dieses Buches jedoch nicht möglich ist, auf alle Facetten der verschiedenen Algorithmen einzugehen, soll der Handover-Entscheidungsalgorithmus anhand eines Beispiels aus den GSM-Spezifikationen erläutert werden. Obwohl keine Verpflichtung dazu besteht, bildet der dargestellte Algorithmus doch die Basis zahlreicher anderer in der Praxis eingesetzter Algorithmen.

5.4.4.2.2 Beispiel für einen Handover-Algorithmus

> **!** Ein Handover kann aus den verschiedensten Gründen erfolgen, die sich grob in 2 Gruppen einteilen lassen:
>
> - zwingende Gründe (schlechter Empfang),
> - netzplanerische Gründe.

Zwingende Gründe für einen Handover
Eine Situation aus der ersten Gruppe liegt vor, falls die in Tabelle 5.11 aufgeführten Kriterien erfüllt sind.

Bei den kursiv gedruckten Größen handelt es sich um vom OMC aus für jede Zelle individuell einstellbare Planungsparameter.

Netzplanerische Gründe für einen Handover – Das Power-Budget-Kriterium
Aus netzplanerischer Sicht ist ein Handover ratsam, falls eine Nachbarzelle einen besseren Empfangspegel verspricht (selbst wenn der Pegel in der eigenen Zelle hinreichend ist) oder falls die eigene Funkzelle stark ausgelastet ist. Ferner kann die Zellwahl bei hierarchischer Zellstruktur durch Vergabe von Prioritäten beeinflusst sowie abhängig von der Geschwindigkeit der Mobilstation gestaltet

Tabelle 5.11 Zwingende Gründe für einen Handover

Grund	Erläuterung	Kriterium
Qualität	Bitfehlerrate zu hoch – und guter Pegel – und schlechter Pegel	RXQUAL > *L_RXQUAL_HO* – RXLEV(b) > *L_RXLEV_INTRA* ⇒ Intracell HO – RXLEV(b) ≤ *L_RXLEV_INTRA* ⇒ Intercell HO
Pegel	Empfangspegel zu niedrig	RXLEV(b) < *L_RXLEV_HO*
Abstand	Abstand MS-BTS zu groß	TA > *MAX_MS_RANGE*

werden. Das wichtigste Kriterium ist das im Folgenden erläuterte Power-Budget-Kriterium.

> **!** Das Power Budget einer bedienenden Zelle *b* bezüglich einer Nachbarzelle *n* ist definiert als:
>
> PBGT(*b*, *n*) =
> RXLEV(*n*) – MS_TXPWR_MAX(*n*) – (RXLEV*(*b*) – MS_TXPWR_MAX(*b*))

Zur Vereinfachung der Darstellung wurde angenommen, dass die Mobilstation in der Lage ist, mit dem jeweils in den Zellen erlaubten maximalen Sendepegel MS_TXPWR_MAX zu senden. Für schwächere Mobilstationen sind Korrekturterme wie bei der Zellwahl (Abschnitt 5.4.1.2) anzubringen. Bei dem Downlink-Empfangspegel der eigenen Verbindung RXLEV(*b*) ist zu berücksichtigen, dass er durch eine Sendeleistungsregelung der Basisstation um einen bestimmten Betrag (PWR_C_D) niedriger ausfallen kann als bei der Verwendung der maximalen Sendeleistung. Um einen fairen Vergleich mit den Nachbarzellmessungen auf den jeweiligen BCCH-Trägern (maximale Sendeleistung) zu gewährleisten, muss man den eigenen Empfangspegel bei voller BS-Sendeleistung RXLEV*(*b*) berechnen und verwenden:

RXLEV*(*b*) = RXLEV(*b*) + PWR_C_D

Die Bedeutung der Terme in der Power-Budget-Formel lässt sich anhand zweier Spezialfälle verstehen:

Spezialfall 1 des Power-Budget-Kriteriums
Für zwei etwa gleich große, benachbarte Zellen sind die dort erlaubten maximalen Sendeleistungen i. Allg. auch gleich groß, d.h., MS_TXPWR_MAX(*b*) = MS_TXPWR_MAX(*n*). In diesem Fall reduziert sich das Power-Budget-Kriterium auf einen Vergleich der Empfangspegel:

PBGT(*b*, *n*) = RXLEV(*n*) – RXLEV*(*b*)

Ein positives Power Budget heißt, dass der Pegel der Nachbarzelle besser als der der bedienenden Zelle ist.

Spezialfall 2 des Power-Budget-Kriteriums
Bei gleichen Empfangspegeln RXLEV(*n*) = RXLEV*(*b*) erhält man als Spezialfall

PBGT(*b*, *n*) = – MS_TXPWR_MAX(*n*) + MS_TXPWR_MAX(*b*)

sodass die Zelle, bei der der Empfangspegel mit einer geringeren Sendeleistung erreichbar ist, bevorzugt wird (PBGT > 0).

Beim Power-Budget-Kriterium vergleicht man also gewissermaßen das Verhältnis von Nutzen (Empfangspegel) und Aufwand (Sendeleistung) zwischen der bedienenden und jeder Nachbarzelle.

Um ein häufiges unnötiges Hin-und-her-Schalten zu vermeiden, löst das Base Station Sub-System den Handover nicht gleich aus, sobald die Nachbarzelle nur etwas besser ist, sondern erst wenn das Power Budget einen vorgegebenen Wert, das so genannte Handover Margin, überschreitet:

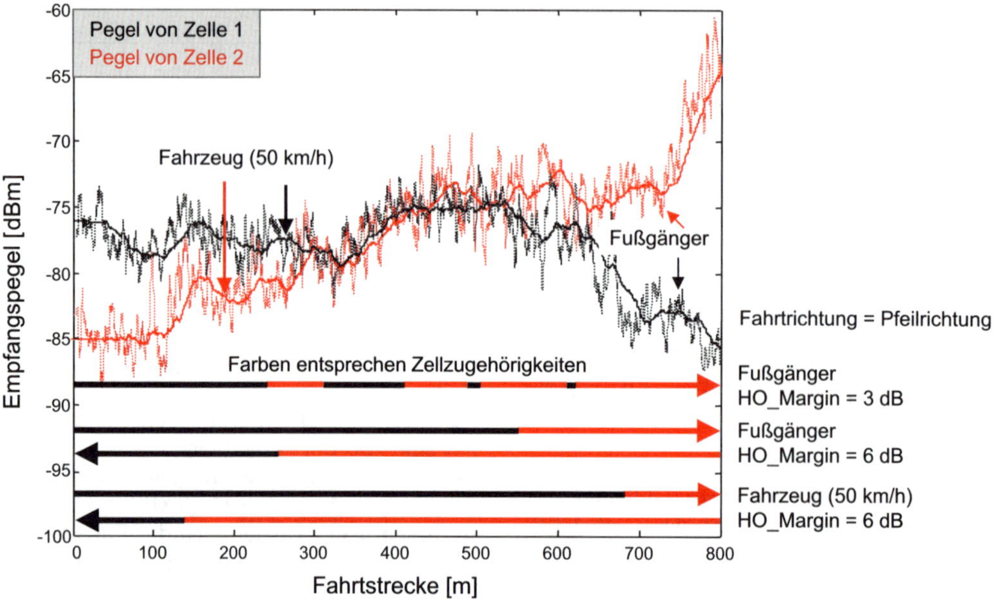

Bild 5.38 Beispiel für Power Budget Handover

Kriterium für einen Power Budget Handover

PBGT(b, n) > HO_MARGIN(b, n)

HO_MARGIN(b, n) ist ein für jedes Zellpaar (b, n) individuell einstellbarer Planungsparameter, der das Handover-Verhalten und die Zellgrenzen im entscheidenden Maße beeinflusst, wie in Bild 5.38 anhand von Messungen unter realen Gegebenheiten illustriert ist. Bei zu geringen Werten des HO-MARGINs kann es zu häufigen Hin-und-her-Schaltungen kommen, bei zu hohen Werten zu Verschleppungen der Zellgrenze. Ferner ist zu beachten, dass der Handover-Ort von der Fahrtrichtung abhängt; in diesem Zusammenhang spricht man von der Handover-Hysterese. Insgesamt zeigt dieses Beispiel, dass Zellgrenzen keine scharfen Trennlinien, sondern ausgedehnte Bereiche sind.

Anforderung an den Mindestpegel

Damit eine Nachbarzelle n überhaupt als Zielzelle für einen Handover in Frage kommt, muss sie einen ausreichenden Empfangspegel gewährleisten können:

RXLEV(n) > RXLEV_MIN(n)

Dabei ist RXLEV_MIN(n) ein für jede Nachbarzelle n individuell einstellbarer Planungsparameter.

Für Mobilstationen, die die in der Nachbarzelle n maximal erlaubte Sendeleistung MS_TXPWR_MAX(n) nicht erreichen können, ist auf der rechten Seite der Ungleichung – analog zum C1-Kriterium für die Zellwahl im Idle Mode – noch ein Korrekturterm DELTA einzufügen.

In Bild 5.39 sind in einem Diagramm mit den wichtigsten Messgrößen RXQUAL, RXLEV(b) und RXLEV(n) die Bereiche für einen Handover eingezeichnet, die durch die Netzplanungsparameter festgelegt sind. Der Einfachheit halber wurde angenommen, dass

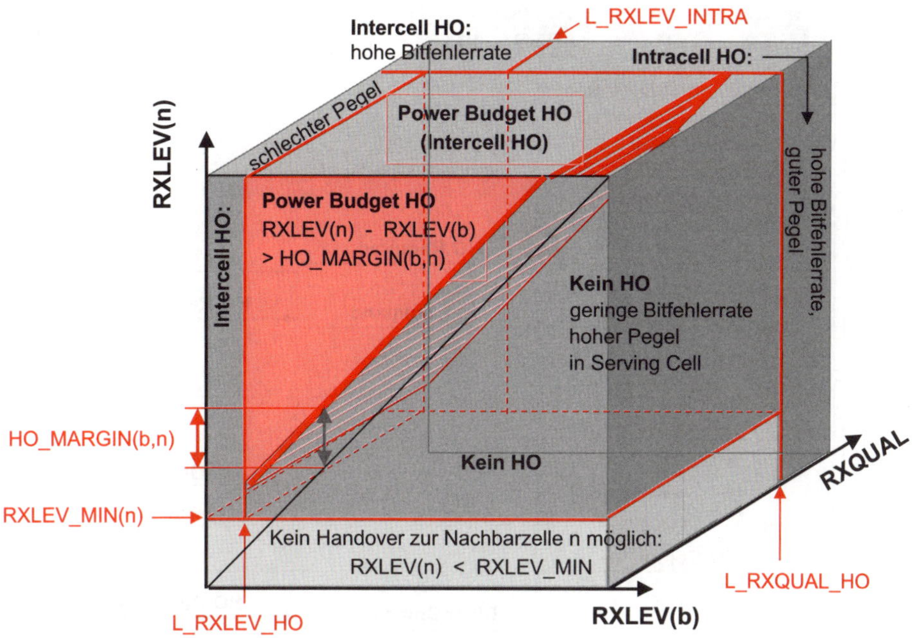

Bild 5.39 Handover-Entscheidung

sowohl die Mobil- als auch die Basisstation mit der jeweils maximal erlaubten Leistung sendet und dass die Werte der Maximalleistung in allen beteiligten Zellen die gleichen sind.

Wahl der Zielzelle
Die Nachbarzellen, die diese Mindestanforderungen für den Empfangspegel erfüllen, werden in einer Zielzellenliste (bei komplexeren Algorithmen auch in mehreren Listen) sortiert. Die Reihenfolge in der Liste legt man häufig auf Basis der Power-Budget-Werte, aber auch unter Berücksichtigung von Verkehrslasten oder von eingestellten Zellprioritäten fest.

Falls die Zielzelle an der Spitze der Liste zur gleichen BSC-Area gehört wie die bisher bedienende Zelle, so kann der Base Station Controller den Handover selbstständig durchführen und muss das MSC nur darüber informieren. Anderenfalls reicht der BSC die Zielzellenliste weiter an das Mobile Switching Centre.

Wahl eines Kanals in der Zielzelle
Das MSC fragt zunächst bei dem für die erste Zielzelle zuständigen BSC nach, ob dort freie Funkkanäle zur Übernahme der Mobilstation zur Verfügung stehen. Daraufhin wählt der BSC – eventuell unter Berücksichtigung des gemessenen Störpegels – einen geeigneten Funkkanal aus und sendet die zugehörigen Parameter an das MSC zurück. Sollten alle Kanäle belegt sein, so arbeitet das MSC die anderen Zellen in der Liste der Reihenfolge nach ab.

5.4.4.2.3 Durchführung eines Handovers – Signalisierung

Der Signalisierungsablauf bei der Durchführung eines Handovers ist in Bild 5.40 für den Fall dargestellt, dass die Zielzelle zwar zu einem anderen BSC-Bereich gehört als die bisher bedienende Zelle, aber zum gleichen MSC-Bereich.

In der ersten Phase empfängt die Mobilstation über den zu ihrer eigenen Downlink-Verbindung gehörenden Slow Associated Control

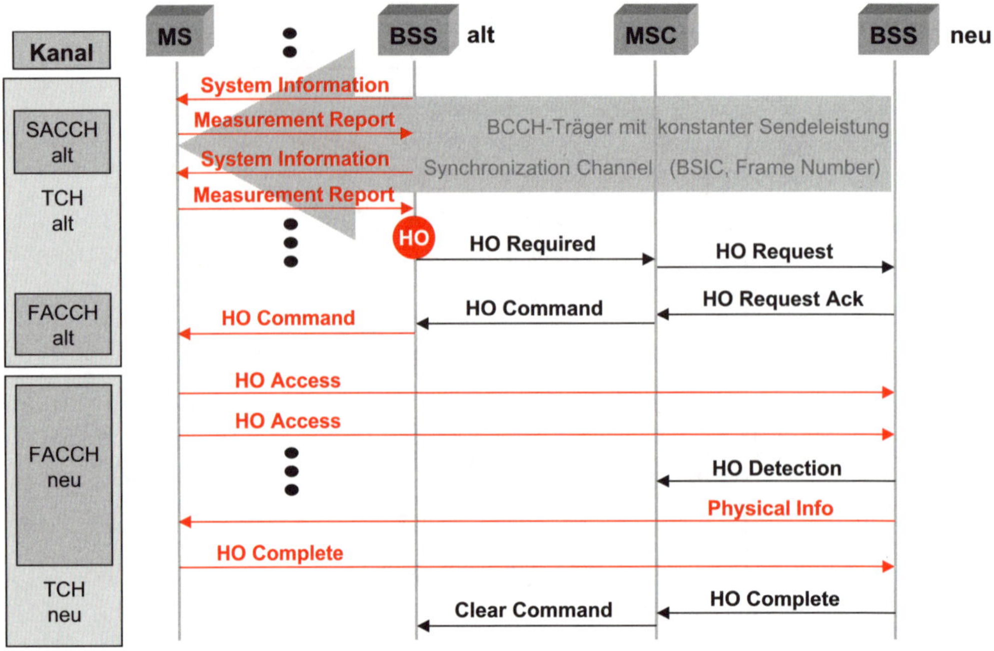

Bild 5.40 Erfolgreicher Intercell Handover

Channel die Systeminformationen, die Auskunft über die Lage der BCCH-Träger der Nachbarzellen geben. Die Mobilstation führt Messungen durch, detektiert von Zeit zu Zeit die Synchronisation Channels (Base Station Identity Code, Frame Number) der Nachbarzellen und sendet Messwert-Reports über den Slow Associated Control Channel an die Basisstation.

Auf Basis der vorliegenden Uplink- und Downlink-Messungen stellt das Base Station Sub-System zu dem durch den roten Kreis gekennzeichneten Zeitpunkt fest, dass ein Handover-Grund vorliegt. Das BSS reicht die Liste der Zielzellen zusammen mit dem detektierten Grund an das MSC weiter (Handover Required).

Daraufhin fordert die MSC beim neuen BSC einen Kanal an. Die entsprechende Handover-Request-Meldung enthält u. a. Angaben über

- den Handover-Grund,
- den geforderten Kanaltyp (Sprache, Daten, Datenrate, ...),
- die Zellkennungen der alten und neuen Zelle,
- den Typ der Mobilstation (Classmark Information),
- den vom MSC ausgewählten Nutzkanal zwischen BSC und MSC.

Nach Auswahl eines geeigneten Kanals sendet der BSC eine Bestätigung zurück an das MSC (Handover Request Acknowledge). Diese Meldung, in der u. a. eine Beschreibung des ausgewählten physikalischen Kanals (Frequenz, Zeitschlitz u. Ä.) sowie eine Handover-Referenznummer zu finden ist, wird als Handover Command an die Mobilstation weitergereicht.

Daraufhin versucht die Mobilstation unter Angabe der Handover-Referenznummer in der neuen Zelle auf den neuen Kanal zuzugreifen (Handover Access). Da i. Allg. keine bitgenaue Synchronität zur neuen Zelle besteht, verwendet die Mobilstation – wie beim ersten Zugriff beim Gesprächsaufbau – den Access Burst, den sie vorsorglich mehrmals wiederholt. Aus der Lage des Access Bursts in ihrem Zeitschlitzraster kann die Basisstation den Timing-Advance-Wert bestimmen und der Mobilstation mitteilen (Physical Information).

Sollte der Zugriff auf den neuen Kanal fehlschlagen, so kehrt die MS auf den alten, weiterhin reservierten Kanal zurück. Im ungünstigen, aber seltenen Fall kann sich jedoch auch ein Gesprächsabbruch ereignen. Ein erfolgreich durchgeführter Handover wird dem Netz mittels der Handover-Complete-Meldung angezeigt. Nach Eintreffen der daraus resultierenden Clear-Command-Meldung kann der alte BSC den bisher belegten Funkkanal freigeben.

> ! Bis zum Eintreffen der Clear-Command-Meldung bleibt zwar der alte Kanal für die Mobilstation reserviert, die Sprachinformation wird während des Handovers jedoch nur über eine Basisstation und einen Kanal übertragen. Als Abgrenzung zu einem Soft Handover, bei dem vorübergehend 2 (oder sogar mehr) Verbindungen bestehen, bezeichnet man dieses Verfahren als Hard Handover.

In der Phase zwischen der Handover-Command- und Handover-Complete-Meldung, die typischerweise 2 bis 3 Zehntelsekunden dauert, können einige wenige Sprachrahmen verloren gehen, was sich als leichtes Knacken bemerkbar macht.

5.4.4.3 Power Control

Sowohl die MS als auch die BTS können ihre Sendeleistung automatisch an die jeweiligen Empfangsbedingungen anpassen. D.h., eine MS in der Nähe der BTS sendet i. Allg. mit einer geringeren Leistung – bzw. wird mit einer geringeren Sendeleistung von der BTS versorgt – als eine MS am Zellrand.

Die Strategie bei der Regelung ist, allen Verbindungen etwa gleiche Empfangsqualitäten bzw. -pegel zu bieten.

> ! Der Nutzen der automatischen Leistungsregelung liegt in der
>
> - ❑ Reduktion von Störungen für andere Teilnehmer,
> - ❑ Verlängerung der Batterielebensdauer der MS.

Wie beim Handover, so sind auch bei der Sendeleistungsregelung nur einige grundsätzliche Anforderungen und der Signalisierungsmechanismus, nicht jedoch die Details bezüglich der Entscheidungskriterien standardisiert. Ferner ist es dem Betreiber überlassen, ob und in welcher Form er die Sendeleistungsregelung einsetzt.

Einige wichtige im Standard festgelegte Punkte sind im Folgenden aufgeführt:

- ❑ Jede Verbindung ist getrennt regelbar.
- ❑ Uplink und Downlink sind getrennt regelbar.
- ❑ Die Downlink-Kanäle auf dem BCCH-Träger dürfen nicht geregelt werden.
- ❑ Der Regelungsbereich ist wie in Bild 5.41 illustriert festgelegt.
- ❑ Die Entscheidung über eine Regelung liegt im BSS.

Ferner gibt es Anforderungen an die Schnelligkeit und Genauigkeit einer Sendeleistungseinstellung.

Die nicht standardisierten Entscheidungsalgorithmen beruhen im Wesentlichen auf einem Vergleich der vorverarbeiteten RXQUAL- und RXLEV-Messwerte mit gewissen Schwellwerten, die vom Operation and Maintenance Centre aus für jede Funkzelle individuell einstellbar sind.

Bild 5.42 zeigt ein Beispiel für einen solchen Entscheidungsprozess mit den zugehörigen Parametern. Eine Illustration des zeitlichen Verlaufs der Sendeleistung einer Mobilstation ist in Bild 5.43 zu finden. Anhand der dargestellten Sende- und Empfangspegel für eine Messfahrt in Meschede lässt sich gut die Anpassung der Sendeleistung an die Empfangsverhältnisse erkennen.

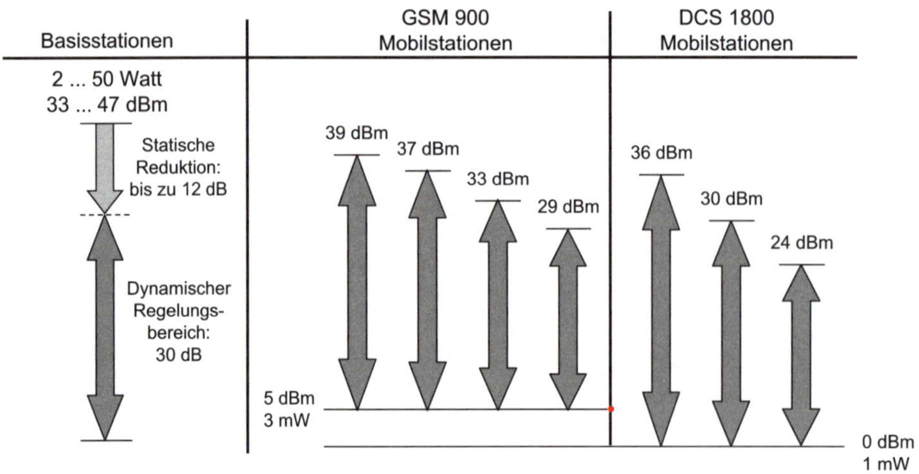

Bild 5.41 Regelungsbereiche für Power Control

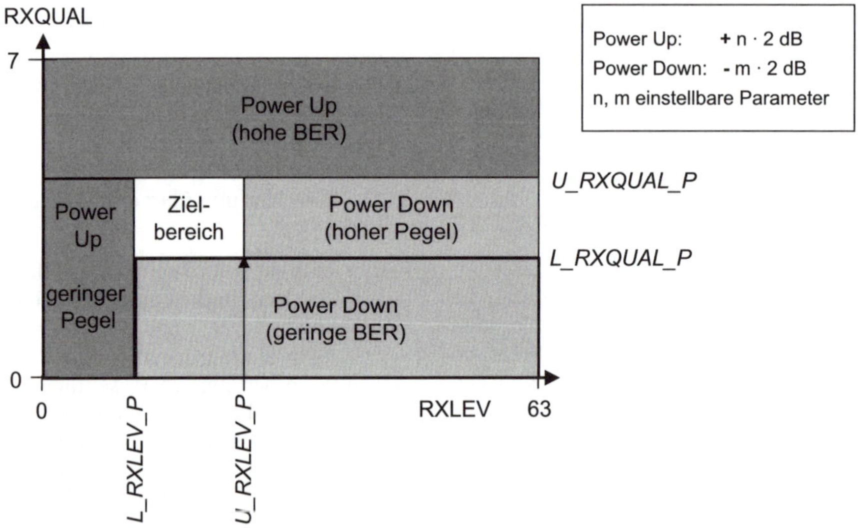

Bild 5.42 Beispiel für Power-Control-Entscheidungskriterien

Die Regelung erfolgt bei diesem Beispiel in einer geschlossenen Schleife (Close Loop Power Control): Die Mobilstation misst den *DL-Pegel* und die DL-Qualität und sendet die Messwerte an die Basisstation, die basierend auf diesen Messwerten die *DL-Sendeleistung* einstellt. Umgekehrt legt die Basisstation die von ihr ermittelten *UL-Messwerte* bei einem Power-Control-Befehl zugrunde, der die Mobilstation anweist, die *UL-Sendeleistung* zu ändern. Im Gegensatz dazu würde bei einem Open-Loop-Power-Control-Prozess z.B. die Mobilstation ihre Sendeleistung anhand des von ihr gemessenen DL-Pegels einstellen.

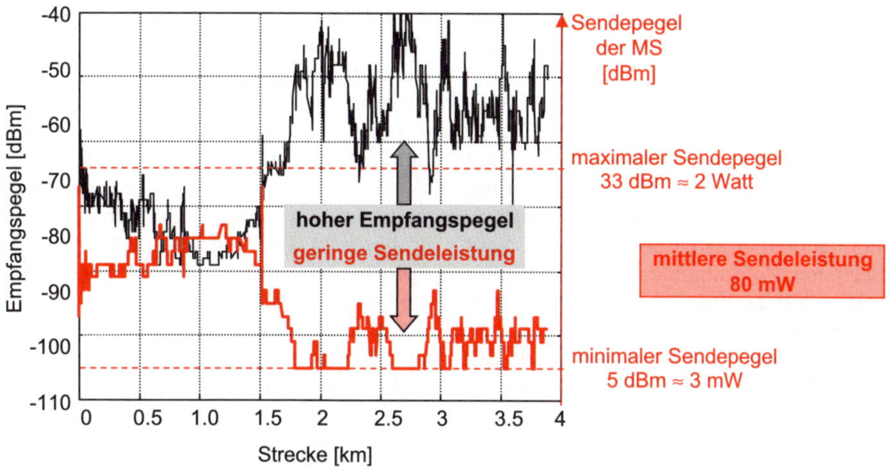

Bild 5.43 Verlauf des Empfangs- und Sendepegels für eine Testfahrt

> **!** Da der Regelungstakt von der SACCH-Periode (480 ms) bestimmt und damit im Sekundenbereich liegt, spricht man von einer langsamen Leistungsregelung. Für den UMTS-Standard ist dagegen eine schnelle Leistungsregelung im Millisekundentakt vorgesehen.

5.4.4.4 Regelung des Aussendezeitpunktes der MS

Während der Verbindung kann sich der Abstand der MS zur BTS ändern. Erhöht sich z. B. der Abstand, so benötigt das Funksignal, das sich mit Lichtgeschwindigkeit ausbreitet, eine längere Zeit von der MS zur BTS. Eine Abstandsänderung von 300 m entspricht dabei einer Laufzeit von 1 µs. Die Ankunftszeit eines Datenpakets bei der BTS verschiebt sich also. Somit könnte es bei zu hohen Abstandsänderungen zu einer Kollision mit der Verbindung im folgenden Zeitschlitz kommen. Um dies zu vermeiden, misst die BTS ständig die Verschiebung der Ankunftszeit und weist gegebenenfalls die MS an, den Aussendezeitpunkt zu korrigieren, so dass die Datenpakete im richtigen Zeittakt bei der BTS ankommen.

5.4.4.5 Radio Link Failure

Durch sehr ungünstige Funkausbreitungsbedingungen – z. B. in einer Tiefgarage – kann es zu einem unerwünschten Abbruch der Funkverbindung kommen, wenn selbst Handover-Versuche fehlschlagen. Um in solchen Fällen sowohl die Mobilstation als auch andere Netzelemente in einen definierten Zustand zurückzusetzen, belegte Funkkanäle wieder frei zu geben und die Gebührenzählung zu stoppen, sind besondere Mechanismen erforderlich:

> **!** Die Radio-Link-Failure-Prozedur dient dazu, den Verlust des Funkkontakts zwischen Mobil- und Basisstation automatisch zu erkennen und einen geordneten Verbindungsabbau einzuleiten.

Zu beachten ist dabei allerdings, dass ein solcher Verbindungsabbau nicht zu zeitig erfolgen sollte, also nicht in Phasen, in denen die Verbindungsqualität von einem Teilnehmer normalerweise zwar als (vorübergehend) schlecht, aber noch nicht als «abbruchreif» empfunden wird.

Die Radio-Link-Failure-Prozedur, die in der Mobil- und Basisstation separat abläuft, funktioniert nach folgendem Mechanismus (Bild 5.44): Anhand des Fehler erkennenden Block-Codes können sowohl die Basisstation als auch die Mobilstation zuverlässig feststellen, ob eine SACCH-Meldung fehlerfrei empfangen wurde oder nicht. Bei Fehlerfreiheit erhöht die Station einen Zähler (Radio Link Failure Counter S), anderenfalls erniedrigt sie ihn. Bei mehreren aufeinander folgenden nicht decodierbaren Meldungen erreicht der Zähler den Wert 0, und die Verbindung wird automatisch abgebaut.

Die Verwendung der Decodierbarkeit der SACCH-Meldung bei der Radio-Link-Failure-Prozedur hat den Vorteil, dass diese Meldungen regelmäßig gesendet werden, während die Bitfehlerrate (RXQUAL) bei der Sprachübertragung mit eingeschaltetem Discontinuous Transmission ein weniger zuverlässiges Maß für die Verbindungsqualität ist.

5.4.5 Überblick über die Signalisierungsprotokolle in GSM

Die Bilder 5.45 und 5.46 geben einen Überblick über die im GSM-Standard verwendeten Signalisierungsprotokolle. Es kommen sowohl GSM-spezifische als auch aus anderen Systemen entlehnte Protokolle zum Einsatz.

Protokolle im Funkteilsystem

Auf der Funkseite (Bild 5.45) ist die Vermittlungsschicht in 3 Teilschichten zerlegt. Die oberste dieser Teilschichten übernimmt Aufgaben, wie sie auch z. B. im ISDN erforderlich sind. Dazu gehört insbesondere der gezielte Aufbau einer Verbindung zwischen 2 Teilnehmern. Typische Meldungen der Call-Control-Schicht sind die in Abschnitt 5.4.3.2 besprochenen Setup-, Call-Confirmed-, Alerting- und Connect-Meldungen.

In einem Funknetz sind für einen Verbindungsaufbau zusätzliche Vorkehrungen zu treffen. Die Mobility-Management-Teilschicht ist dabei verantwortlich für

- die Aktualisierung des Aufenthaltsbereiches (Location Update),
- das Ein- und Ausbuchen eines Teilnehmers (IMSI Attach/Detach),
- die Zuweisung von temporären Kennungen (TMSI Reallocation),
- die Zugangsberechtigungsprüfung (Authentication).

Damit das Mobilitätsmanagement seine Aufgaben wahrnehmen kann, muss zunächst eine Funkverbindung zwischen der Mobilstation und der Basisstation eingerichtet werden. Dies ist die wesentliche Aufgabe der Radio-Resource-Management-Schicht.

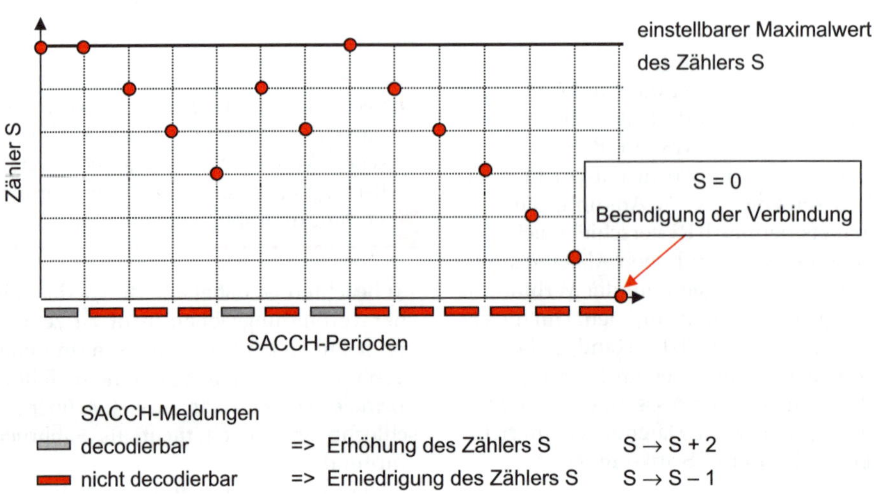

Bild 5.44 Radio Link Failure

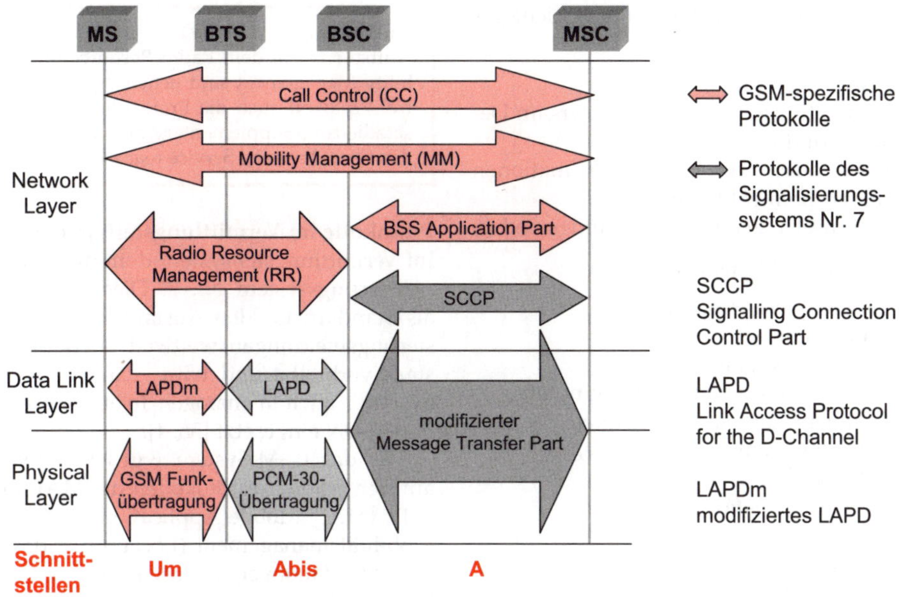

Bild 5.45 Protokolle für die Signalisierung im Access Network

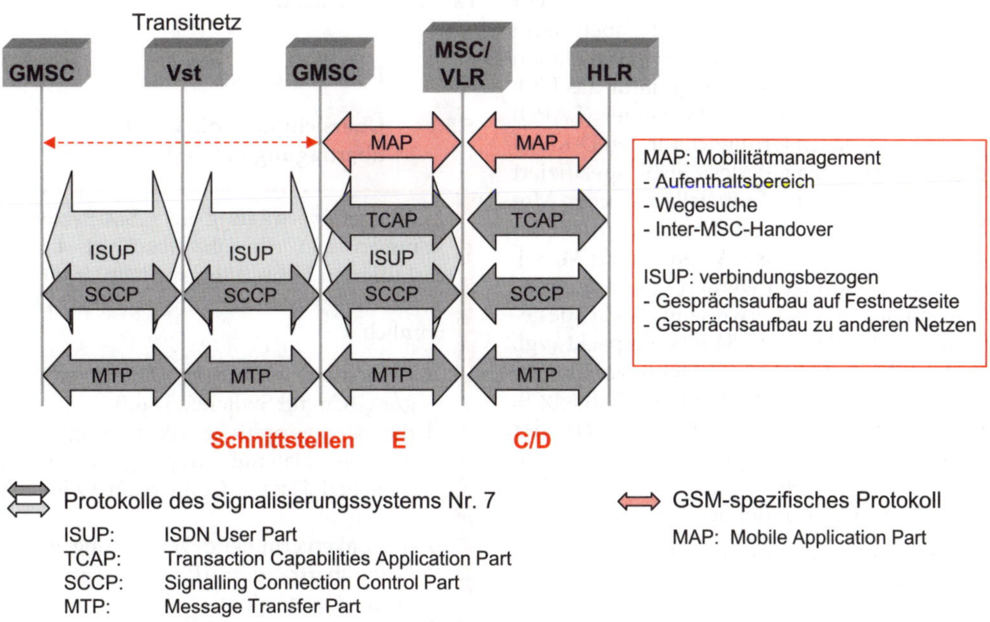

Bild 5.46 Protokolle für die Signalisierung im Core Network

Zu den weiteren Aufgaben jener Schicht gehören

- ❑ die Zellwahl im Idle Mode,
- ❑ die Durchführung eines Handovers im Dedicated-Modus,
- ❑ der Austausch von Systeminformationen und Measurement Reports,
- ❑ der Wechsel in den Verschlüsselungsmodus.

Typische RR-Meldungen sind:

- ❑ Paging Request/Response,
- ❑ Channel Request,
- ❑ Immediate Assignment,
- ❑ Ciphering Mode Command/Complete,
- ❑ Assignment Command/Complete,
- ❑ Handover Command/Complete,
- ❑ Handover Access,
- ❑ Physical Information,
- ❑ Channel Release,
- ❑ System Information,
- ❑ Measurement Report.

Die Signalisierungsmeldungen aller 3 Teilschichten der Vermittlungsschicht müssen in Pakete geeigneter Größe zerlegt und gesichert übertragen werden. Diese Aufgabe übernimmt die Sicherungsschicht. Zwischen Basisstation und Base Station Controller ist dafür das Link Access Protocol for the D-Channel (LAPD) vorgesehen, das ursprünglich für den D-Kanal (Signalisierungskanal) des ISDN spezifiziert wurde [4]. Auf der Schnittstelle zwischen Mobil- und Basisstation setzt man das LAPD in modifizierter Form als LAPDm ein [2; 34; 35]. Schicht-3-Meldungen werden – bis auf einige Spezialfälle – typischerweise in Blöcke, bestehend aus 23 Oktetts = 184 Bits, verpackt (vgl. Bild 5.12). Solche Schicht-2-Meldungen lassen sich sowohl in einem bestätigten Modus (z. B. bei der Signalisierung auf dem SDCCH) oder in einem unbestätigten Modus (z. B. Systeminformationen) versenden.

Zu den Aufgaben der Schicht 1 gehören

- ❑ die Bildung physikalischer Kanäle,
- ❑ die Modulation,
- ❑ die Kanalcodierung und das Interleaving,
- ❑ die Durchführung von Messungen,
- ❑ die Regelung der Sendeleistung und des Timing-Advance-Wertes,
- ❑ die Frequenz- und Zeitsynchronisierung.

> **Anmerkung**
> Aufbauend auf dem Radio Resource und Mobility Management sind neben dem Call-Control-Protokoll auch die Protokolle für die Zusatzdienste (Supplementary Services) und für den Short Message Service realisiert.

Protokolle im Vermittlungsteilsystem
Im Vermittlungsteilsystem dominiert das Signalisierungssystem Nr. 7. Dieses System ist als Standard für den Austausch von Signalisierungsmeldungen weltweit anerkannt und stark verbreitet und wird – außer im GSM-System – auch in analogen Telefonnetzen und dem ISDN eingesetzt [36; 4].

Für das GSM-System wurden aufbauend auf den Standardprotokollen die MAP-Protokolle (MAP: Mobile Application Part) für das Mobilitätsmanagement (Location Update, Inter-MSC-Handover, …) entwickelt. Für die verbindungsbezogene Signalisierung, also z. B. für den Aufbau einer Verbindung zu einem Festnetzteilnehmer, ist der ISDN User Application Part zuständig.

5.5 Datendienste

5.5.1 Übersicht über die Datenübertragung in GSM

> ! Für Datenübertragung im GSM-System kommen alle drei in Abschnitt 4.4.3 diskutierten Vermittlungsprinzipien und Verbindungsarten zum Einsatz (Bild 5.47), nämlich
>
> - ❑ die leitungsvermittelte Datenübertragung (Circuit Switched Data),
> - ❑ die paketvermittelte verbindungsorientierte Datenübertragung (Packet Switched Data – Connection Oriented),
> - ❑ die paketvermittelte verbindungslose Datenübertragung (Packet Switched Data – Connectionless).

Die leitungsvermittelte Datenübertragung, deren Hauptanwendungsgebiet in der Übertragung eines längeren kontinuierlichen Daten-

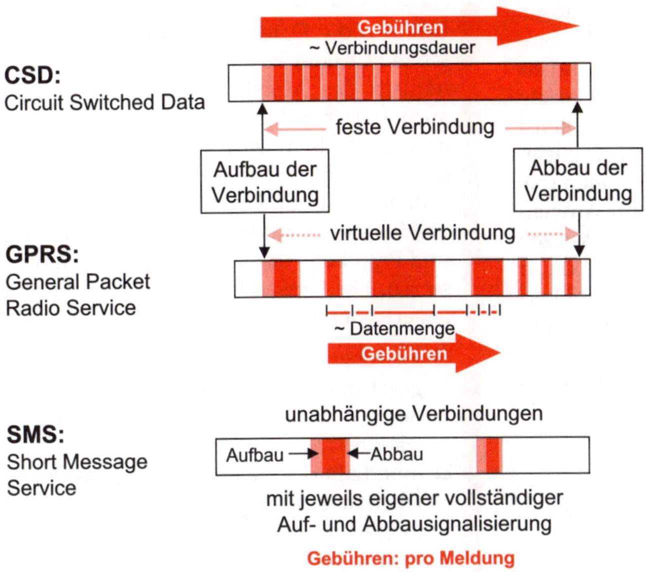

Bild 5.47
Datendienste in GSM
und ihre Hauptmerkmale

stroms (FAX, Dateitransfer) besteht, wurde bereits in der GSM-Phase 1 spezifiziert. Angeboten werden verschiedene Trägerdienste (zur Begriffserläuterung siehe Abschnitt 1.3.1) mit unterschiedlichen Datenraten und Qualitätsstufen in Bezug auf Bitfehlerraten und Verzögerungszeiten. Die Nutzdatenrate war zunächst auf maximal 9,6 kbit/s beschränkt. Durch die in der GSM-Phase 2+ spezifizierten Möglichkeiten zur Kanalbündelung lässt sich die Nutzdatenrate auf bis zu 64 kbit/s steigern; die entsprechenden Datendienste bezeichnet man mit dem Ausdruck High Speed Circuit Switched Data (HSCSD). Aufbauend auf diesen Trägerdiensten wurde als Teledienst die Fax-Übertragung (Fax-Gruppe 3) und ein Wechsel zwischen Fax- und Sprachübertragung spezifiziert. Die Gebühren erhebt man im Fall der leitungsvermittelten Dienste üblicherweise auf Basis der Verbindungsdauer und der zugeteilten Datenrate.

Seit einigen Jahren erfreut sich der Short Message Service (SMS), mit dem es möglich ist, Kurznachrichten an andere Mobilfunkteilnehmer oder kurze E-Mails an Internet-Nutzer zu schicken, zunehmender Beliebtheit: Die GSM Association berichtet Ende 2000 von weltweit etwa 10 Milliarden versendeter Short Messages pro Monat. Der Short Message Service ist als vollständiger Teleservice spezifiziert, d.h., sowohl Anwendungs- als auch Darstellungsaspekte von Kurznachrichten sind festgelegt. Eine Short Message besteht aus maximal 160 alphanumerischen Zeichen.

Die Übermittlung von Kurznachrichten erfolgt nach dem Prinzip der paketvermittelten verbindungslosen Datenübertragung, auch Datagramm-Modus genannt. D.h., Kurznachrichten werden völlig unabhängig voneinander übermittelt – selbst dann, wenn es sich um Teile einer größeren Nachricht oder um ein Paar aus Nachricht und Antwort handelt. Für jeden Short-Message-Transfer, der über Signalisierungskanäle abgewickelt wird und jeweils einen gesonderten Verbindungsaufbau erfordert, berechnet der Betreiber eine bestimmte Gebühr.

Eine neuere Entwicklung bei der Datenübertragung im GSM-System ist der *General Packet Radio Service*, der gegen Ende des Jahres 2000 von vielen Netzbetreibern eingeführt wurde. Bei diesem paketvermittelten verbindungsorientierten Trägerdienst belegt eine so genannte virtuelle Verbindung (siehe Abschnitt 4.4.3) nur dann Funkkanäle und andere Netzressourcen, wenn tatsächlich Daten zu übertragen sind; in Übertragungspausen können die Funkkanäle von anderen Verbindungen genutzt werden. Dementsprechend erhebt man die Gebühren auf Basis der tatsächlich übertragenen Datenmenge. Dieser Dienst ist daher besonders für Anwendungen geeignet mit nur sporadisch anfallenden Daten (begleitet von längeren Pausen) oder für Anwendungen mit häufig zu übertragenden kurzen Datenpaketen. Als wichtige Beispiele dafür sind die Internet-Nutzung bzw. die Fernüberwachung und -steuerung von Maschinen oder des Straßenverkehrs zu nennen.

Eine Zusammenfassung dieses Abschnitts findet sich in Tabelle 5.12.

5.5.2 Leitungsvermittelte Datenübertragung – Circuit Switched Data

5.5.2.1 Erläuterung von Begriffen und Unterscheidungsmerkmalen

Generell ist bei der Realisierung von Datendiensten zu beachten, dass die entsprechenden Anwendungen häufig sehr geringe Bitfehlerraten ($<10^{-6}$) erfordern. Dies bedingt einerseits besondere Übertragungsverfahren und spezielle Protokolle zur Fehlerkorrektur auf der sehr anfälligen Funkstrecke. Andererseits möchte man auch innerhalb eines Mobilfunknetzes Datendienste in der Form anbieten, wie sie die Teilnehmer aus leitungsgebundenen Netzen, wie z.B. dem ISDN, gewohnt sind.

> **!** Um also die Datenkommunikation zwischen PCs oder Fax-Geräten nicht nur innerhalb des Mobilfunknetzes, sondern auch zwischen Mobilfunk- und Festnetz zu ermöglichen, sind im GSM-Standard gewisse Funktionen vorgesehen, die die Datenformate und Steuerungsprotokolle des Festnetzes in die speziellen Formate und Protokolle des Mobilfunknetzes umsetzen. Die Umsetzung ist an zwei Stellen erforderlich (Bild 5.48):
>
> - zwischen dem datentauglichen Endgerät und der GSM-spezifischen Sende- und Empfangseinheit der Mobilstation,
> - innerhalb des Gateway-MSC, das den Übergang zu einem anderen Netz ermöglicht.
>
> Im ersten Fall bezeichnet man die Funktionseinheit als Terminal Adaption Function, im zweiten Fall als Interworking Function.

Bei einer leitungsvermittelten Datenübertragung verläuft die Verbindungsaufbausignalisierung innerhalb des GSM-Netzes (zwischen MS und dem Gateway MSC) sehr ähnlich wie bei der Sprachübertragung.

Die dabei zugeteilten Kanäle (Funkkanal und Kanäle auf den Leitungen zwischen BTS und Gateway-MSC) bleiben so lange für diese Verbindung reserviert, bis diese durch eine

Tabelle 5.12 Überblick über die Datendienste in GSM

	Circuit Switched Data	General Packet Radio Service	Short Message Service
Abkürzung	CSD bzw. HSCSD	GPRS	SMS
Vermittlungsprinzip	leitungsvermittelt	paketvermittelt – verbindungsorientiert	paketvermittelt – verbindungslos
maximale Datenrate	9,6 kbit/s (CSD) 64 kbit/s (HSCSD)	ca. 160 kbit/s	160 Zeichen pro Meldung
Prinzip der Gebührenabrechnung	Verbindungsdauer	Datenmenge	pro Meldung

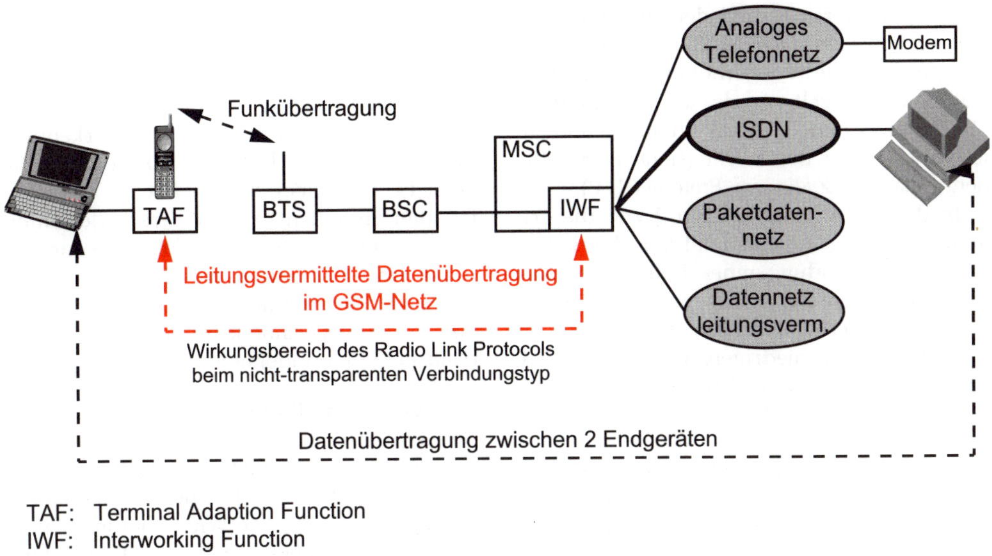

Bild 5.48 Netzarchitektur bei leitungsvermittelten Datendiensten

entsprechende Gesprächsabbausignalisierung für beendet erklärt wird. Zu betonen ist, dass sich die «Leitungsvermittlung» bei diesen Diensten auf die Datenübertragung innerhalb des GSM-Netzes bezieht, vom Gateway-MSC aus kann die weitere Übertragung über ein Paketdatennetz erfolgen.

Für die leitungsvermittelte Datenübertragung in GSM gibt es 2 Verbindungstypen, die sich im Wesentlichen durch die verwendeten Fehlerschutzmaßnahmen unterscheiden (Tabelle 5.13).

Bei dem transparenten Verbindungstyp setzt man als Fehlerschutzmaßnahme Faltungscodes verschiedener Stärke sowie das Interleaving ein. Dadurch lassen sich zwar eine konstante Nutzdatenrate und eine maximale Verzögerungszeit (<300 ms) garantieren, doch welchen Prozentsatz an Fehlern der Faltungsdecoder selbstständig korrigieren kann, hängt stark von den Empfangsverhältnissen ab. Um aber eine niedrige Bitfehlerrate ($<10^{-6}$) zu erreichen, verwendet man beim nicht transparenten Verbindungstyp zusätzlich einen Fehler erkennenden Blockcode, so dass der Empfänger als fehlerhaft erkannte Datenblöcke erneut anfordern kann. Allerdings kann es bei schlechten Empfangsbedingungen zu häufigen Wiederholungen von Datenpaketen und damit zu nicht kalkulierbaren Verzögerungen

Tabelle 5.13 Verbindungstypen bei der leitungsvermittelten Datenübertragung

Verbindungstyp	Transparent (T)	Nicht transparent (NT)
Fehlerschutz	Fehler korrigierender Faltungscode	Fehle korrigierender Faltungscode + Fehler erkennender Blockcode f. ARQ
Bitfehlerrate	abhängig von Empfangsbedingungen	sehr gering
Verzögerungszeit	gering	abhängig von Empfangsbedingungen
effektive Datenrate	konstant	abhängig von Empfangsbedingungen

sowie einer Verringerung der effektiven Datenrate kommen. Den Mechanismus, der in diesem Fall die Wiederholung schadhafter Datenpakete regelt und der auf der gesamten Strecke zwischen Terminal Adaption und Interworking Function wirkt (siehe Bild 5.48), nennt man das *Radio Link Protocol* (RLP).

In den GSM-Phasen 1 und 2 war die Datenübertragung auf maximal 9,6 kbit/s und auf die Verwendung eines Full-Rate-Kanals (d.h. auf einen Zeitschlitz pro Verbindung) beschränkt. Ferner war bereits die Möglichkeit vorgesehen, niedrigere Datenraten (z.B. 4,8 kbit/s und 2,4 kbit/s) bei einem stärkeren Fehlerschutz sowie Half-Rate-Kanäle zu nutzen. Im Laufe des Jahres 2000 haben viele Netzbetreiber mit dem High Speed Circuit Switched Data Service einen Dienst der GSM-Phase 2+ eingeführt, bei dem sich die Nutzdatenrate auf einem Full-Rate-Kanal durch verbesserte Kanalcodierungsmethoden auf 14,4 kbit/s und die Nutzdatenrate pro Verbindung durch Bündelung mehrerer Kanäle auf 64 kbit/s steigern lässt.

Der nächste Abschnitt erläutert zunächst einige wichtige Aspekte der Datenübertragung über einen Full-Rate-Kanal mit einer Nutzdatenrate von 9,6 kbit/s, den man im GSM-Standard als TCH/F9.6 bezeichnet. Daran anschließend werden die notwendigen Modifikationen zur Realisierung der anderen Datenraten diskutiert.

5.5.2.2 Leitungsvermittelte Datenübertragung am Beispiel des Full-Rate-Kanals TCH/F9.6

Das Transportformat

Möchte man über eine Mobilstation Daten übertragen, so muss die Terminal Adaption Function in der MS diese Daten in das passende GSM-spezifische Format umwandeln. Bei Verwendung eines TCH/F9.6 liefert die Terminal Adaption Function alle 5 ms 60 Bits an die Sendeeinheit der Mobilstation, wobei sich die 60 Bits in 48 Nutzbits und 12 Bits für Synchronisations- und Steuerungszwecke aufteilen. Die reine Nutzdatenrate beträgt also 9,6 kbit/s (48 Bits pro 5 ms), zu übertragen ist allerdings insgesamt eine Datenrate von 12 kbit/s.

4 aufeinander folgende Blöcke fasst man zu einem Datenrahmen von $4 \cdot 60 = 240$ Bits zusammen, den man mit einem Fehler erkennenden Faltungscode (Rate 1/2) mit Punktierung versieht. Die dabei entstehenden 456 codierten Bits verteilt man zum Zweck des Interleavings auf 22 aufeinander folgende normale Bursts eines Full-Rate-Kanals. Die im Vergleich zur Sprachübertragung lange Interleavingzeit von ca. 100 ms ermöglicht eine effiziente Vermeidung von Bündelfehlern.

Das Radio Link Protocol

Wie in Abschnitt 5.5.2.1 erläutert, schützt man beim nicht transparenten Verbindungstyp die Daten zusätzlich durch einen Fehler erkennenden Blockcode. Die Wiederholung schadhafter Datenpakete regelt das Radio Link Protocol (RLP). Ein RLP-Rahmen besteht aus 240 Bits, die sich folgendermaßen aufteilen:

- ❑ 200 Nutzbits,
- ❑ 24 Bits für den Fehler erkennenden Blockcode,
- ❑ 16 Bits für den Header.

Die Informationen im Header dienen vor allem der Initialisierung und Beendigung des Protokollablaufs, der Flusssteuerung sowie der Steuerung des Wiederholmechanismus.

Eine Angabe von Adressen ist nicht erforderlich, da die RLP-Rahmen nur über fest aufgebaute Verbindungen ausgetauscht werden.

Bei dem Wiederholmechanismus handelt es sich um ein so genanntes Fensterprotokoll (siehe Abschnitt 3.4.5.2), bei dem die gesendeten Informationsrahmen mit einer Sendefolgenummer N(S) (N(S) = 0, …, 63) versehen werden. Der Empfänger bestätigt erfolgreich empfangene Rahmen unter Angabe der Empfangsfolgenummer N(R).

Zur Übertragung über die Funkstrecke werden die 240 Bits eines jeden RLP-Rahmens – wie im vorherigen Abschnitt beschrieben – mit einem Fehler erkennenden Faltungscode versehen und in einem Interleaving-Verfahren auf 22 Bursts verteilt. Weitere Informationen zum Radio Link Protocol findet man in [34] und [35].

Verbindungsaufbausignalisierung
Die Verbindungsaufbausignalisierung erfolgt in der gleichen Weise wie bei einem Sprachdienst (Abschnitt 5.4.3.2). Die Information, dass eine leitungsvermittelte Datenverbindung aufgebaut werden soll, steckt in der Setup-Meldung, die unter anderen die folgenden Angaben enthält:

- die gewünschte Datenrate,
- den Verbindungstyp (transparent, nicht transparent).

5.5.2.3 Mögliche Datenraten auf Full-Rate- und Half-Rate-Kanälen

Neben der soeben erläuterten leitungsvermittelten Datenübertragung mit 9,6 kbit/s lassen sich auf Full-Rate- und Half-Rate-Kanälen noch weitere Datenraten mit unterschiedlich starkem Fehlerschutz bei der Funkübertragung realisieren (Bild 5.49).

Die maximal erzielbare Nutzdatenrate auf einem Zeitschlitz (Full-Rate-Kanal) liegt bei 14,4 kbit/s. Durch Verringerung der Nutzdatenrate lässt sich der Fehlerschutz erhöhen und somit die Funkübertragung sicherer gestalten.

5.5.2.4 High Speed Circuit Switched Data

Unter der Bezeichnung High Speed Circuit Switched Data wurden für die GSM-Phase 2+ Mechanismen standardisiert, die die Steigerung der Nutzdatenrate durch Bündelung von Kanälen erlauben (Bild 5.50).

Dieser Abschnitt erläutert zunächst die Regeln und Restriktionen, die bei der Kanalbündelung zu beachten sind. Anschließend werden einige Modifikationen diskutiert, die sich bei der Verwendung von gebündelten Kanälen im Zusammenhang mit z.B. der Kanalzuteilung, dem Handover oder der Sendeleistungsregelung ergeben.

Weitere Informationen über HSCSD findet man in [2] und [39].

5.5.2.4.1 Regeln für die Bündelung von Kanälen

Regel 1: Erlaubte elementare Datenkanäle
Für einen HSCSD-Kanal können nur die elementaren Datenkanäle TCH/F14.4, TCH/F9.6 und TCH/F4.8 gebündelt werden, wobei nur ein Kanaltyp pro Verbindung erlaubt ist, nicht aber eine Kombination aus z.B. einem TCH/F9.6 und einem TCH/F4.8.

Regel 2: Hauptkanal und Asymmetrie
Ein HSCSD-Kanal muss mindestens einen elementaren Datenkanal als *Duplexkanal* (also mit Uplink und Downlink im Frequenzduplex mit Zeitversatz) enthalten. Für den nicht transparenten Verbindungstyp lassen sich zusätzliche Kanäle asymmetrisch vergeben, allerdings nur zu Gunsten einer höheren Kanalzahl im Down-

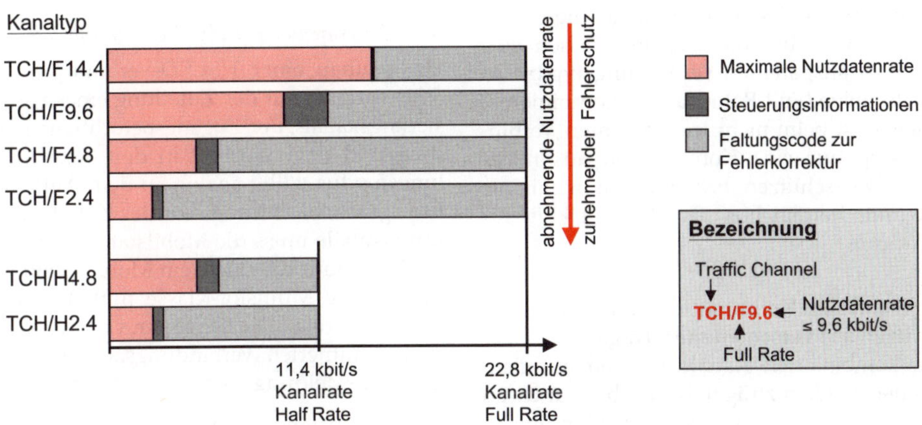

Bild 5.49 Full-Rate- und Half-Rate-Kanäle für die leitungsvermittelte Datenübertragung

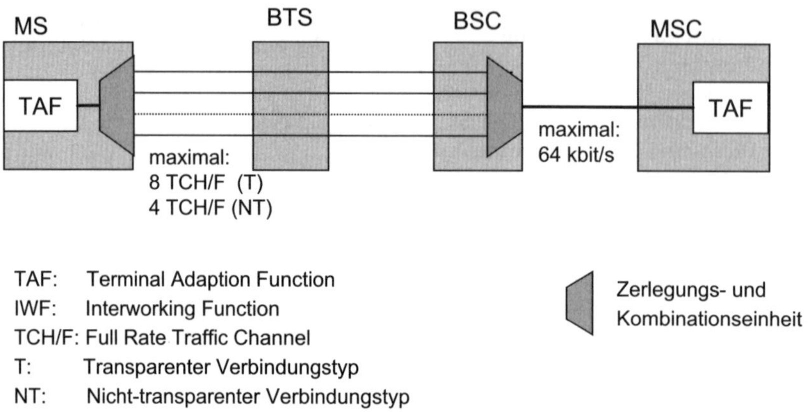

Bild 5.50 Bündelung von Full-Rate-Kanälen für eine Datenverbindung

link. Ein HSCSD-Kanal kann also z.B. aus einem elementaren Uplink-Kanal und 3 elementaren Downlink-Kanälen bestehen.

Einen Duplexkanal benötigt man für wesentliche Signalisierungszwecke, wie z.B. für die Messwert-Reports und Handover-Kommandos; man bezeichnet ihn daher auch als Hauptkanal.

Regel 3: Obergrenze für die Datenrate und die Zahl kombinierbarer Kanäle
Auf den Schnittstellen zwischen BSC und MSC bzw. zwischen den MSCs ist die Datenrate für eine Verbindung auf 64 kbit/s beschränkt. Diese Tatsache begrenzt auch die Nutzdatenrate auf der Funkstrecke zwischen Mobil- und Basisstation. Solange diese Einschränkungen beachtet werden, lassen sich bei dem transparenten Verbindungstyp bis zu 8 Zeitschlitze (Full-Rate-Kanäle) kombinieren; dagegen ist beim nicht transparenten Verbindungstyp nur eine Kombination aus maximal 4 Zeitschlitzen erlaubt. Die maximale Datenrate beträgt hier also 4 · 14,4 kbit/s = 57,6 kbit/s.

Regel 4: Keine Kombination von Zeitschlitzen auf verschiedenen Trägern
Alle kombinierten Kanäle müssen auf dem gleichen Frequenzträger liegen bzw. müssen bei Verwendung von Frequency Hopping in paralleler Weise die Frequenz wechseln.

Regel 5: Einteilung der Mobilstationen in Multislot-Klassen
Die Kombination von Kanälen bedeutet eine zusätzliche Anforderung an die Mobilstationen. Abhängig von der Anzahl und der Lage der kombinierten Kanäle ist ein schnelleres Umstimmen von der Sende- auf die Empfangsfrequenz oder sogar eine zusätzliche Empfangseinheit erforderlich. Daher teilt man die Mobilstationen gemäß ihrer Fähigkeiten, Kanäle zu kombinieren, in 18 so genannte Multislot-Klassen ein. Beim Verbindungsaufbau teilt die Mobilstation dem Base Station Sub-System ihre Multislot-Fähigkeit mit, sodass diese bei der anschließenden Kanalzuteilung berücksichtigt werden kann.

5.5.2.4.2 Aufbau einer HSCSD-Verbindung

Der Aufbau einer HSCSD-Verbindung (Bild 5.51) verläuft mit der Zuteilung eines Signalisierungskanals, der Zugangsberechtigungsprüfung und dem Wechsel in den Verschlüsselungsmodus völlig analog zu dem Aufbau einer Sprachverbindung. Vor der Zuteilung der Datenkanäle muss die Mobilstation dem Base Station Controller und dem Mobile Switching Centre ihre Multislot-Klasse mitteilen (Classmark Change). Die bei einem von der Mobilstation initiierten Verbindungsaufbau folgende Setup-Meldung enthält u.a. Angaben über

- ❑ den Typ eines (eventuell) benötigten Modems,

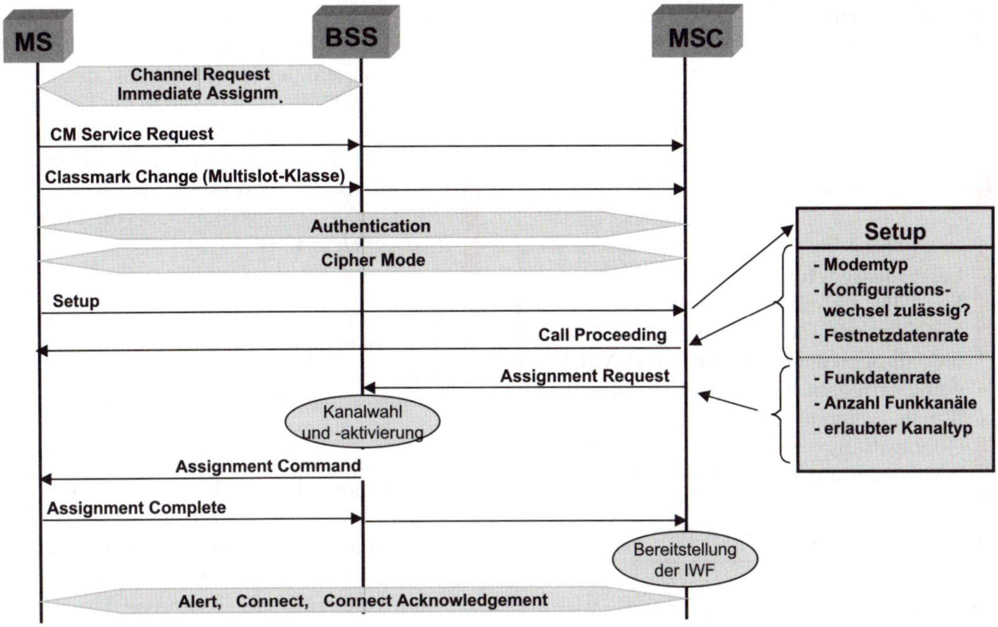

Bild 5.51 Aufbau einer HSCSD-Verbindung (Mobile Originating)

- die zulässigen bzw. nicht zulässigen Codierverfahren bei der Funkübertragung (TCH/F14.4, TCH/F9.6 oder TCH/F4.8),
- die maximale Anzahl zuzuteilender TCH/F,
- die gewünschte Datenrate im Bereich des Festnetzes (z.B. im ISDN),
- die gewünschte Datenrate bei der Funkübertragung (nur beim nicht transparenten Verbindungstyp),
- die Zulässigkeit einer vom Nutzer initiierten Änderung der Kanalkonfiguration.

Als Antwort auf die Setup-Meldung bestätigt das Mobile Switching Centre den Modemtyp, die Festnetzdatenrate sowie die Zulässigkeit eines Konfigurationswechsels (Call Proceeding) und fordert den Base Station Controller auf, die gewünschten Funkkanäle bereitzustellen (Assignment Request). Der Base Station Controller wählt eine Multislot-Konfiguration aus, die den Anforderungen entspricht, aktiviert die zugehörigen Funkkanäle bei der Basisstation und teilt die Multislot-Konfiguration der Mobilstation mit (Assignment Command). In die quittierte Assignment-Complete-Meldung fügt der Base Station Controller Angaben über die gewählte Nutzdatenrate pro Kanal sowie über die Anzahl der Kanäle ein. Somit ist das Mobile Switching Centre daraufhin in der Lage, die erforderlichen Interworking-Funktionen bereitzustellen.

Die weitere Signalisierung verläuft wie beim Aufbau einer Sprachverbindung.

5.5.2.4.3 Steuerung einer HSCSD-Verbindung

Assoziierte Signalisierungskanäle
Jede HSCSD enthält mindestens einen Duplex Traffic Channel, nämlich den Hauptkanal. Mit diesem Hauptkanal sind – genau wie bei einem Sprachkanal – sowohl ein Slow Associated Control Channel (SACCH) zum Austausch von Messwertreports, Systeminformationen und Sendeleistungsbefehlen als auch ein Fast Associated Control Channel (FACCH) für Handover-Befehle verknüpft.

Es besteht also eine bidirektionale Signalisierungsverbindung.

Alle weiteren bidirektionalen Nutzkanäle besitzen ebenfalls jeweils einen separaten bidirektionalen SACCH, für die unidirektionalen Nutzkanäle gibt es den SACCH nur im Downlink. Zu beachten ist, dass nur der Hauptkanal einen FACCH enthält.

Leistungsregelung
Für alle bidirektionalen Kanäle einer HSCSD-Verbindung lassen sich die Sendeleistungen über die jeweiligen SACCHs getrennt regeln. Da die unidirektionalen Kanäle keinen Uplink-SACCH für die Übermittlung von Messwert-Reports besitzen, muss der Uplink-SACCH des Hauptkanals einen komprimierten Report an die Basisstation liefern.

Er enthält den jeweils schlechtesten Wert für den Pegel (RXLEV) und die Qualität (RXQUAL), der im Downlink auf allen unidirektionalen Kanälen und auf dem Hauptkanal gemessen wurde.

Handover
Ein Handover kann nur für die gesamte Verbindung, aber nicht für einzelne Kanäle erfolgen. Die Verbindung lässt sich also nicht auf mehrere Zellen aufteilen. Somit ist auch nur ein FACCH pro Verbindung erforderlich.

Bei einem Handover müssen – wie beim Gesprächsaufbau – die Parameter zur Konfiguration der Verbindung (z. B. gewünschte Kanalzahl und Datenrate, Multislot-Klasse) an den neuen Base Station Controller übergeben werden, damit dieser geeignete Kanäle auswählen kann.

Konfigurationswechsel
Während einer bestehenden Verbindung kann es erforderlich sein, die Kanalkonfiguration zu ändern. So kann sich z. B. das Base Station System bei auftretenden Kapazitätsengpässen dazu entscheiden, einigen HSCSD-Verbindungen einzelne Kanäle zu entziehen. Umgekehrt besteht auch die Möglichkeit, zusätzliche Kanäle zuzuteilen, wenn es die jeweilige Verkehrslast in der Zelle erlaubt. Im ersten Fall spricht man von einem *Resource Downgrading*, im zweiten Fall von einem *Resource Upgrading*.

Ein Konfigurationswechsel kann jedoch nicht in einer beliebigen Weise, sondern nur im Rahmen gewisser Randbedingungen erfolgen:

Bei einem vom Base Station Sub-System initiierten Konfigurationswechsel ist Folgendes zu beachten: Bei einem nicht transparenten Verbindungstyp lässt sich die Zahl zugeteilter Kanäle zwischen 1 und der maximal gewünschten Kanalzahl variieren. Beim transparenten Verbindungstyp muss die Datenrate konstant bleiben, ein Resource Up- oder Downgrading ist also nur bei gleichzeitiger Änderung des Codierverfahrens erlaubt. So ist zum Beispiel eine Änderung zwischen 2 TCH/F4.8 und einem TCHF/9.6 möglich.

Die Mobilstation kann einen Konfigurationswechsel nur dann initiieren, wenn eine entsprechende Vereinbarung beim Verbindungsaufbau getroffen wurde (siehe Abschnitt 5.5.2.4.2). Sie handelt dabei mit dem Netz die neuen Ressourcen ähnlich wie beim Verbindungsaufbau aus.

5.5.3 Short Message Service

Den Short Message Service gibt es in 3 Formen, nämlich als:

- Short Message Mobile Terminating Point-to-Point,
- Short Message Mobile Originating Point-to-Point,
- Cell Broadcast Short Message Service.

Bei dem *Cell Broadcast Short Message Service* werden Kurznachrichten von allgemeinem Interesse in bestimmten geografischen Gebieten an alle Mobilteilnehmer verteilt, die sich in den jeweiligen Zellen befinden.

> In den ersten beiden Fällen wird eine Kurznachricht aus maximal 160 Zeichen von *einem* Teilnehmer gezielt an *einen* anderen Teilnehmer versandt – daher die Bezeichnung Point-to-Point; die Zusätze «Mobile Terminating» und «Mobile Originating» bedeuten, dass der Empfänger bzw. der Absender ein Mobilteilnehmer ist.

Ein Überblick über die Anwendungen des Short Message Service ist in [40] zu finden.

5.5.3.1 Der Short Message Service Point-to-Point

> Der Transport einer Short Message (Bild 5.52) erfolgt über ein Short Message Service Centre, das die Nachricht zwischenspeichert und sie anschließend an den Adressaten weiterzuleiten versucht. Sollte der Adressat vorübergehend nicht erreichbar sein, so bleibt die Short Message für eine bestimmte, vom Absender vorgebbare Zeit im Short Message Service Centre gespeichert.

Erkennt das zuständige Mobilfunknetz (das VLR oder HLR), dass sich der Teilnehmer z. B. wieder eingebucht hat, so informiert es das Short Message Service Centre, das daraufhin einen erneuten Übermittlungsversuch unternimmt. Die Mobilstation speichert eine eintreffende Short Message auf der SIM-Karte und informiert den Nutzer über akustische Signale oder Zeichen auf dem Display über das Vorliegen neuer Meldungen.

Neben der eigentlichen Nachricht enthält die Short Message die Nummer des Absenders sowie das Datum und die Uhrzeit ihres Eintreffens am Short Message Service Centre. Auch für den Fall, dass die Speicherkapazität der SIM vorübergehend erschöpft ist, sind Mechanismen vorgesehen, die eine Auslieferung der Kurznachricht erlauben, sobald durch Löschen alter Nachrichten wieder genügend Speicher zur Verfügung steht.

Eine wichtige Rolle beim Short Message Service kommt also dem Service Centre zu, das über ein Mobile Switching Centre an das GSM-Netz angeschlossen ist. Das entsprechende MSC bezeichnet man als Short Message Gateway MSC (oder beim Mobile Originated Short Message Service auch als Short Message Interworking MSC).

Das Short Message Service Centre wird nicht als Teil des GSM-Netzes angesehen; seine Funktionsweise ist daher nicht im GSM-Standard festgelegt. Spezifiziert sind lediglich der Transportmechanismus zwischen der Mo-

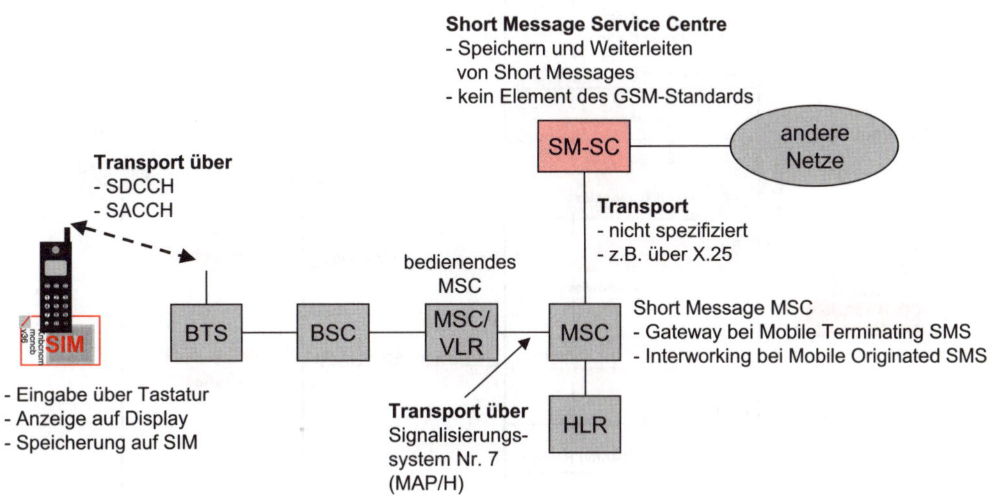

Bild 5.52 Netzarchitektur für den Short Message Service

bilstation und dem Short Message Gateway MSC sowie Signalisierungsabläufe, um einen Teilnehmer aufzufinden bzw. um dessen Wiedererreichbarkeit zu melden.

Der Transport einer Short Message innerhalb des GSM-Netzes erfolgt vollständig über Signalisierungskanäle: Auf dem Funkweg verwendet man entweder den Stand Alone Dedicated Control Channel (SDCCH), wenn sich die Mobilstation unmittelbar vor dem Empfang oder Aussenden einer Short Message im Idle Mode befunden hat, oder den Slow Associated Control Channel während einer bereits bestehenden Verbindung. Der Short Message Service lässt sich also parallel zu beispielsweise einem Sprachdienst nutzen. Auf der Strecke zwischen MS und bedienendem MSC nutzt er eine Signalisierungsverbindung der Mobility-Management-Schicht (siehe Abschnitt 5.4.5); die weitere Übermittlung zwischen dem bedienenden MSC und dem Gateway/Interworking MSC übernimmt das Signalisierungssystem Nr. 7.

Die konkrete Signalisierung für einen Mobile Originated Short Message Service (ohne gleichzeitige Sprachverbindung) ist in Bild 5.53 für den Fall illustriert, dass der SMS im Idle Mode initiiert wird. Zunächst muss der Teilnehmer über die Tastatur seines Mobilfunkgerätes die Kurznachricht und die Adresse des Empfängers eingeben, eventuell kann er dabei auf unterstützende Programme zurückgreifen. Ferner besteht die Möglichkeit, die Meldung mit zusätzlichen Informationen zu versehen, die die weitere Behandlung der Meldung durch die Netzelemente regeln. Dazu gehören u. a.:

- ein Verfallsdatum,
- eine Prioritätenangabe,
- eine Bestätigungsanforderung über das erfolgreiche Ausliefern der Meldung an den Empfänger (wobei allerdings nur bestätigt wird, dass die Short Message z. B. erfolgreich auf der SIM-Karte des Empfängers abgespeichert wurde, nicht aber, dass der Empfänger sie gelesen hat).

Die gesamte Meldung bezeichnet man als SMS-SUBMIT-Meldung. Sobald der Teilnehmer auf seinem Endgerät die Taste zum Ver-

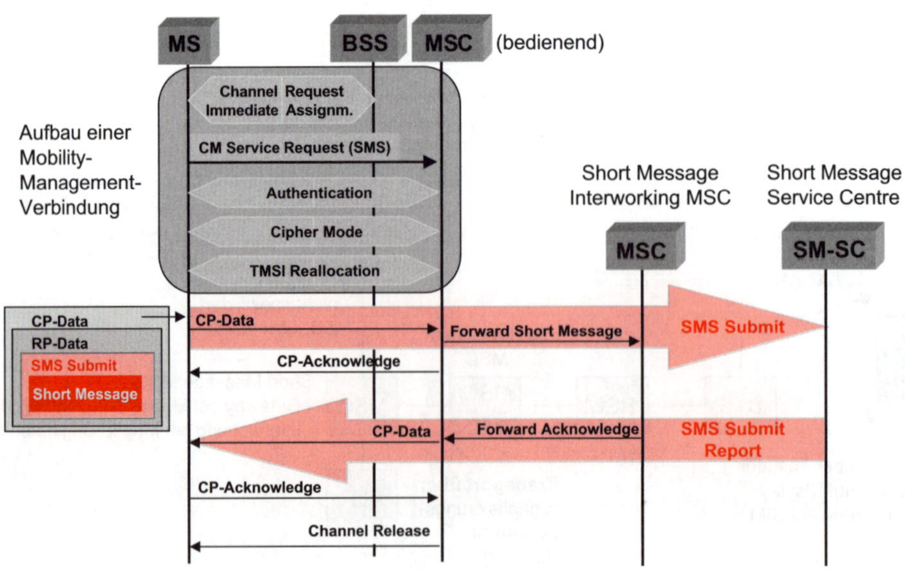

Bild 5.53 Short Message Service (Mobile Originating)

senden der Meldung drückt, wird zunächst eine Funkverbindung zur Basisstation und dann eine Verbindung zum bedienenden MSC aufgebaut. Der Signalisierungsablauf erfolgt in dieser Phase völlig analog zu dem bei einem Location Update bzw. zu dem bei einem normalen Gesprächsaufbau. Durch das Wechselspiel von Channel Request und Immediate Assignment erhält die Mobilstation einen Stand Alone Dedicated Control Channel zugeteilt. Mittels der CM-Service-Request-Meldung initiiert sie den Verbindungsaufbau zum bedienenden MSC, das aus dieser Meldung ersehen kann, dass die Mobilstation eine Short Message übertragen möchte. Anschließend erfolgen die Zugangsberechtigungsprüfung (Authentication) und der Wechsel in den Verschlüsselungsmodus (Cipher Mode). Da die Übertragung von Short Messages nicht für zeitkritische Anwendungen vorgesehen ist, nutzt man die aufgebaute Verbindung häufig, um dem Teilnehmer eine neue TMSI zuzuteilen (TMSI Reallocation). Anschließend wird die SMS-SUBMIT-Meldung gewissermaßen zweimal verpackt, dabei mit netzinternen Steuerungsdaten versehen und an das bedienende MSC geschickt. Dieses leitet sie (in etwas anderer Verpackung) als Forward-Short-Message-Meldung an das Short Message Interworking MSC weiter, das wiederum für den Transport an das Short Message Service Centre sorgt.

Die CP-Acknowledge-Meldung ist die Bestätigung, dass das bedienende MSC die vorangehende CP-Data-Meldung erfolgreich empfangen hat. Der Empfang der Meldung am Short Message Service Centre wird der Mobilstation über die CP-Data-Meldung im Downlink bestätigt. Die anschließende CP-Acknowledge-Meldung quittiert den Erhalt dieser Meldung. Falls die beteiligten Netzelemente Meldungen nicht decodieren können, versenden sie Fehlermeldungen, um einen Wiederholmechanismus in Gang zu setzen.

Zu betonen ist, dass die Bestätigung über eine erfolgreiche Auslieferung der Short Message an den Empfänger über eine separate Short-Message-Prozedur (Mobile Terminating) verbunden mit einem erneuten Verbindungsaufbau erfolgen muss.

Der Mobile Terminating Short Message Transfer verläuft bis auf einige zu diskutierende Modifikationen sehr ähnlich (Bild 5.54). Die vom Short Message Service Centre versandte Meldung heißt SMS-Deliver-Meldung und enthält neben der eigentlichen Kurznachricht u.a. noch die Kennung des Absenders sowie das Datum und die Uhrzeit des Eintreffens beim Serving Centre. Zum Weiterleiten fordert das SMS Gateway MSC beim Home Location Register – analog zu einen normalen ankommenden Gesprächswunsch – den aktuellen Aufenthaltsbereich des Teilnehmers an (SMS Routing Information) und übergibt die Meldung an das bedienende MSC/VLR. Von dort aus wird mittels einer Paging-Meldung der Verbindungsaufbau zur Mobilstation initiiert. Anschließend erfolgt die Übertragung der Meldung und ein Austausch von Bestätigungen (bzw. von Fehlermeldungen bei nicht erfolgreicher Übertragung).

5.5.3.2 Der Cell Broadcast Short Message Service

Beim Cell Broadcast Service werden über ein Cell Broadcast Centre Informationen von allgemeinem Interesse in bestimmten geografischen Regionen verteilt.

Bei diesen Informationen kann es sich zum Beispiel um Wetter- oder Verkehrsmeldungen handeln. Bei einer anderen Anwendung erhalten die Mobilstationen die Festnetzvorwahl für den jeweiligen Aufenthaltsbereich, so dass der Mobilteilnehmer erkennen kann, ob zur Zeit ein kostengünstiges Gespräch ins Festnetz möglich ist. Da es sich um spezifische Meldungen für das Gebiet einer Zelle oder für eine Region handeln kann, erlaubt der Cell Broadcast Service eine Verteilung auf Zellbasis sowie die Gruppierungen von Zellen. Das Cell Broadcast Centre verteilt die Meldungen über die Base Station Controller, die sie an die jeweiligen Basisstationen weiterleiten; das MSC ist nicht beteiligt.

Cell-Broadcast-Meldungen, die für eine vom Bereitsteller vorgegebene Zeit zyklisch von der Basisstation wiederholt werden, bestehen aus maximal 93 alphanumerischen Zei-

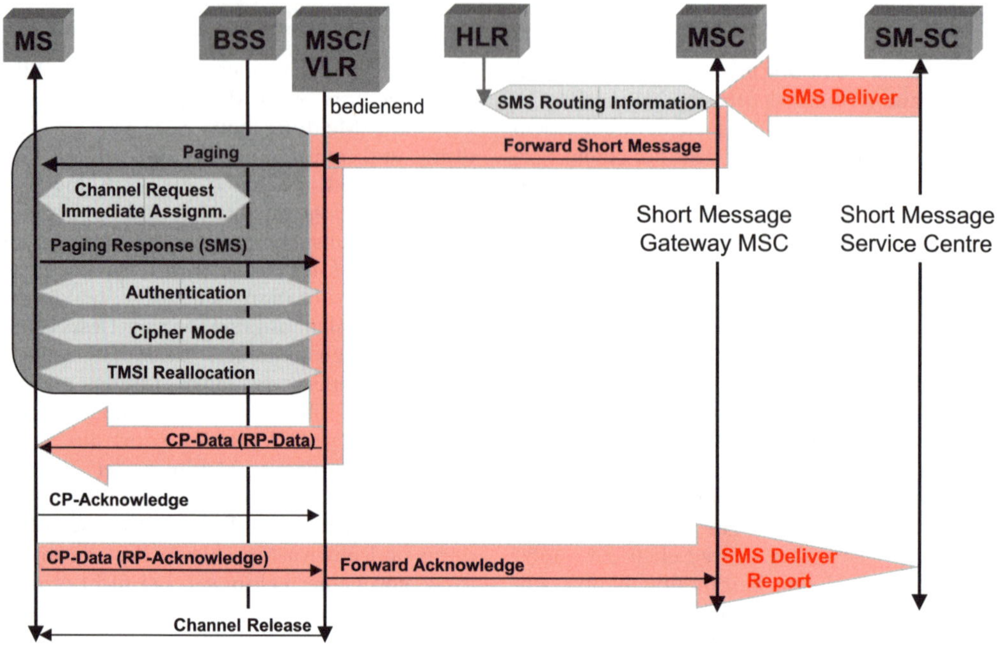

Bild 5.54 Short Message Service (Mobile Terminating)

chen. Allerdings lassen sich bis zu 15 solcher elementarer Meldungen zu einer größeren Meldung verketten. Um die Anzeige unerwünschter Meldungen (z.B. Werbung) zu unterbinden, sind Meldungen in verschiedene Klassen unterteilt. Der Mobilteilnehmer kann sich also entscheiden, ob er überhaupt den Cell Broadcast Service nutzen möchte und wenn ja, welche Art von Meldungen er empfangen möchte.

Um die Cell-Broadcast-Meldungen zu verteilen, verwendet die Basisstation einen physikalischen Kanal, der ursprünglich als Stand Alone Dedicated Control Channel (SDCCH) vorgesehen war. D.h., ein SDCCH wird durch einen Cell Broadcast Channel (CBCH) ersetzt, so dass in der Zeit, in der Cell-Broadcast-Meldungen zu senden sind, bei der Kanalkonfiguration aus dem Beispiel aus Bild 5.18 nur noch 7 SDCCHs für Signalisierungszwecke zur Verfügung stehen.

5.5.4 General Packet Radio Service

5.5.4.1 Allgemeine Anforderungen an den General Packet Radio Service

Bei der Standardisierung des General Packet Radio Service, die 1992 mit ersten Überlegungen begann, standen folgende Anforderungen im Vordergrund:

- eine Datenübertragung nach dem Prinzip der Paketvermittlung im gesamten Funknetz mit den wesentlichen Merkmalen:
  - eine Zuteilung der Kanäle nach Bedarf,
  - Gebühren auf Basis der übertragenen Datenmenge;
- ein effizientes Zusammenspiel mit anderen Paketdatennetzen, wie dem Internet und Paketdatennetzen nach dem X.25-Standard (z.B. Datex-P in Deutschland),
- eine Steigerung der Nutzdatenrate,

- die Sicherstellung einer vorgegebenen Dienstqualität (Verzögerungszeit, Paketverlustraten),
- die Realisierung eines schnellen Short Message Transfers über GPRS,
- die Ermöglichung eines anonymen Zugangs,
- die Bereitstellung von Funktionen zum Ausfiltern unerwünschter Daten.

Besonders die ersten 3 Forderungen bedingten einen starken Eingriff in den ursprünglichen GSM-Standard mit wesentlichen Neuerungen und Erweiterungen sowohl im Hinblick auf die Funkübertragungstechnik als auch bezüglich der Netzarchitektur und der zwischen den Netzelementen verwendeten Protokolle.

Die Möglichkeit des anonymen Zugangs, bei dem ein Nutzer keine feste Kennung erhält, lässt sich z.B. bei einer Autobahngebührenerhebung über GPRS verwenden. Der Nutzer erwirbt dabei eine spezielle SIM-Karte, die – ähnliche wie eine Telefonkarte – einen bestimmten Betrag an Autobahngebühren enthält. Passiert das Fahrzeug des Nutzers eine bestimmte Barke, so meldet die mit der SIM-Karte bestückte Mobilstation diesen Vorgang automatisch über GPRS an einen Rechner der Autobahnbetreibergesellschaft, und die Gebühren werden abgebucht. Durch den anonymen Zugang lässt sich das unerlaubte Erstellen von Bewegungsprofilen vermeiden.

In der ersten Phase von GPRS sind die oben genannten Möglichkeiten nur für Punkt-zu-Punkt-Verbindungen (engl.: *point-to-point*, PTP) anwendbar. In der zweiten Phase sind auch Point-to-Multipoint-Verbindungen (PTM) möglich, bei der ein Nutzer gleichzeitig mehrere andere Nutzer ansprechen kann, wobei man die folgenden beiden Optionen unterscheidet:

- PTM Multicast,
- PTM Group Call.

Bei einem Multicast-Dienst wird die Information (ähnlich wie beim Cell Broadcast Service) in einem festgelegten Gebiet ausgestrahlt, wobei sich zusätzlich angeben lässt, ob die Informationen für alle Teilnehmer oder nur für eine vorgegebene Gruppe bestimmt sind. Der Absender erhält keine Bestätigung darüber, wer die Informationen empfangen hat. Ein Group Call richtet sich an eine vom Absender spezifizierte Gruppe von Teilnehmern, wobei nur in solchen Zellen ein Ruf ausgestrahlt wird, in denen das Netz die Gruppenteilnehmer vermutet. Bei einem Group Call kann der Initiator Bestätigungen darüber erhalten, wer den Ruf empfangen hat.

Solche Point-to-Multipoint-Verbindungen haben ihre Anwendung z.B. bei der Zugsteuerung oder bei der Verkehrstelematik (Flottensteuerung durch Spediteure).

Ferner ist zu erwähnen, dass innerhalb des Internet-Protokolls (IP) definierte IP-Multicast-Dienste ebenfalls angeboten werden.

5.5.4.2 Funkkanäle für GPRS

Analog zu der in Abschnitt 5.2 diskutierten Basiskonfiguration der Funkkanäle unterscheidet man auch beim General Packet Radio Service zwischen Nutz- und Kontrollkanälen, d.h. zwischen:

- Packet Data Traffic Channels und
- Packet Control Channels.

Während Abschnitt 5.5.4.2.1 zunächst die möglichen Transportformate der Nutzkanäle und deren wesentlichen Eigenschaften vorstellt, erläutert Abschnitt 5.5.4.2.2 die Hauptaufgaben der Kontrollkanäle. Der anschließende Abschnitt 5.5.4.2.3 hat Fragen der Kanalkonfiguration zum Inhalt, also Fragen zur Anzahl und der Lage der jeweiligen Kanäle auf den Frequenzen und Zeitschlitzen einer Funkzelle.

5.5.4.2.1 Transportformat der Paketdatenkanäle

Für die Übertragung über die Funkstrecke werden die Daten in jeweils 4 aufeinander folgende normale Bursts eines Zeitschlitzes verpackt, die $4 \cdot 114$ Bits = 456 Bits transportieren können (siehe Abschnitt 5.2.2.2.1).

Aufbau eines Funkblockes

Im Detail bedeutet dies Folgendes: Die noch zu besprechenden höheren Protokollschichten liefern Daten in Paketen an die so genannte RLC/MAC-Schicht (Bild 5.55). Dabei ist RLC

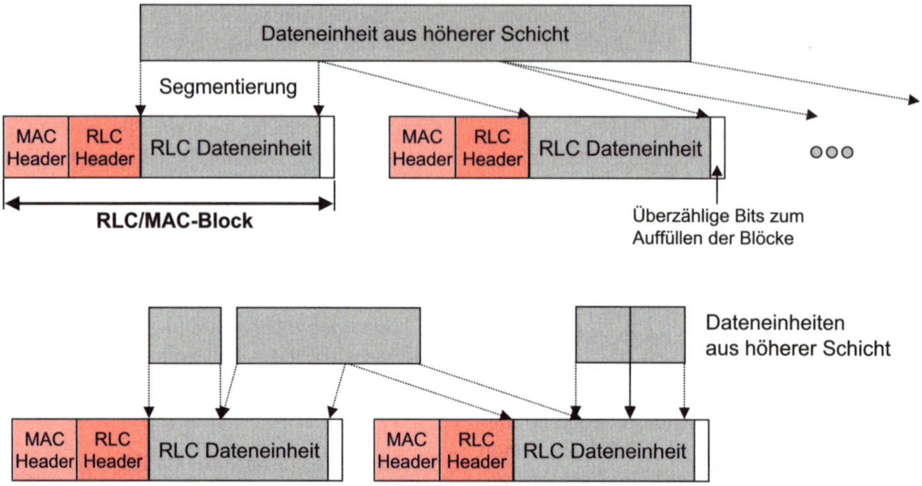

Bild 5.55 Bildung von RLC/MAC-Blöcken

die Abkürzung für Radio Link Control und MAC für Medium Access Control. Die RLC-Schicht hat im Wesentlichen 2 Aufgaben:

Die RLC-Schicht verpackt die angelieferten Datenpakete in so genannte RLC/MAC-Blöcke mit einer für die Funkübertragung geeigneten Größe, d.h., sie zerlegt größere Datenpakete (Segmentierung) und verteilt sie auf mehrere Blöcke oder sie fasst mehrere kleine Datenpakete zu einem Block zusammen. Ferner überwacht die RLC-Schicht die Übertragung der Blöcke und leitet im Fehlerfall eine Wiederholung nach einem selektiven ARQ-Verfahren ein.

Die MAC-Schicht regelt die Zuteilung der Funkkanäle, d.h. die Frage, welche Verbindung zu welchen Zeitpunkten ihre RLC-Rahmen über einen bestimmten Funkkanal (Frequenz, Zeitschlitz) übertragen darf. Dabei sind Mechanismen vorgesehen, die es erlauben, dass sich mehrere Verbindungen einen physikalischen Kanal teilen (siehe Abschnitt 5.4.4.5.5).

Um diese Aufgaben erledigen zu können, werden die Daten der höheren Schichten mit zusätzlichen Steuerungsinformationen (Header) versehen. Die resultierenden RLC/MAC-Blöcke sind also nach dem in Bild 5.55 gezeigten Prinzip aufgebaut, wobei die Daten der höheren Protokollschichten in den RLC-Dateneinheiten transportiert werden.

Fehlerschutz und Datenraten

Für die Funkübertragung schützt man die RLC/MAC-Blöcke mittels Redundanzbits zur Fehlererkennung und -korrektur. Dabei besteht die Wahl zwischen 4 Codierschemata (engl.: *coding schemes*) verschiedener Stärke.

Von diesen soll zunächst dasjenige mit dem stärksten Fehlerschutz erläutert werden (Coding Scheme CS1, Bild 5.56).

Der RLC/MAC-Block besteht in diesem Fall aus insgesamt 184 Bits, die man mit einer Block Check Sequence aus 40 Bits zur Fehlererkennung und 4 Tail Bits versieht. Durch den anschließenden Faltungscode der Rate 1/2 entstehen daraus 456 Bits, die unter Verwendung eines Interleaving-Verfahrens auf 4 normale Bursts verteilt werden.

Bei den anderen Coding Schemes (CS2, CS3 und CS4, Bild 5.57) verschiebt sich das Verhältnis zwischen Informations- und Redundanzbits zu Gunsten der Informationsbits, die

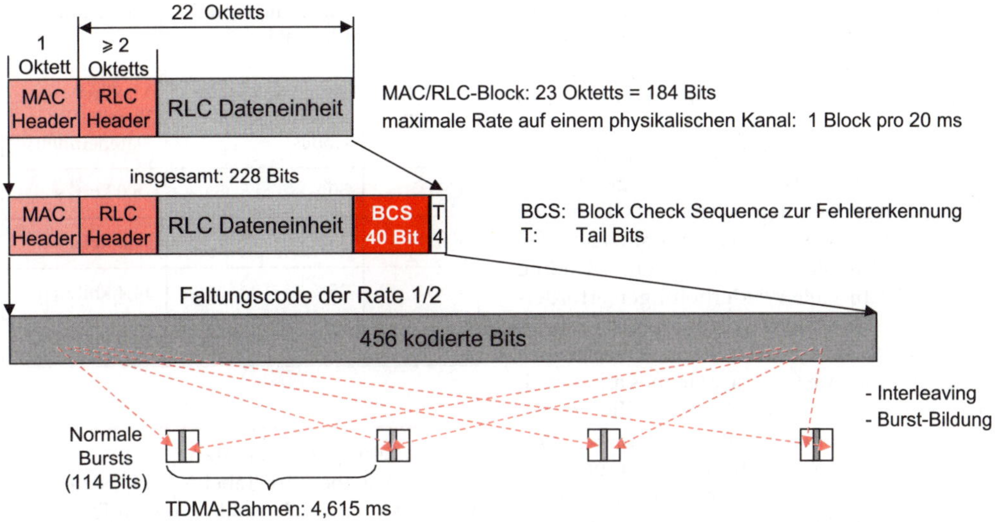

Bild 5.56 Struktur eines RLC/MAC-Blockes für das Codierschema 1

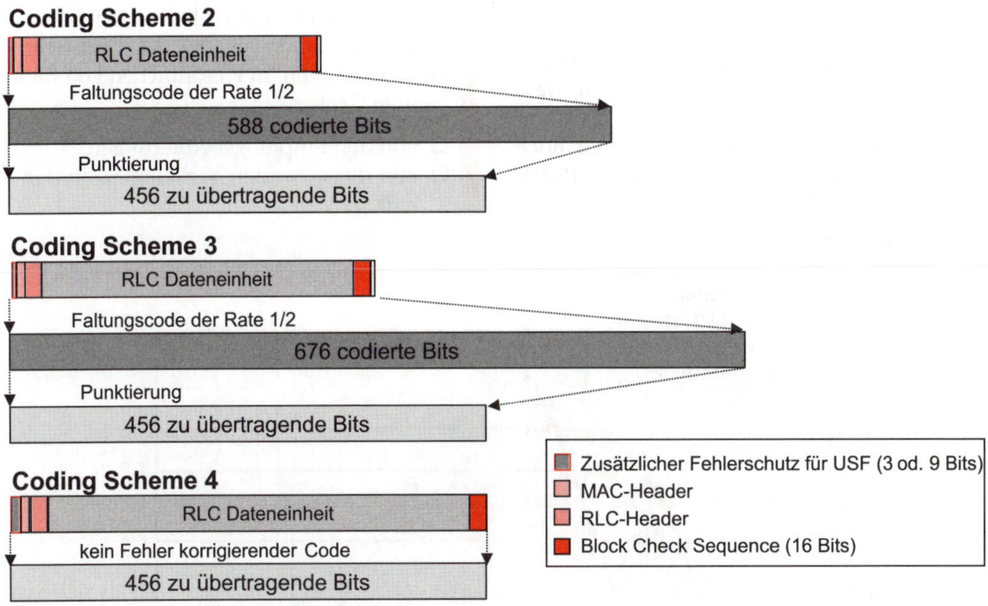

Bild 5.57 Weitere Codierschemata für GPRS

Übertragung ist damit allerdings auch fehleranfälliger. Somit ist es ratsam, bei sehr guten Empfangsbedingungen das Coding Scheme 4 und bei schlechten Empfangsbedingungen das Coding Scheme 1 einzusetzen. Um diesen Sachverhalt zu illustrieren, sind in Bild 5.58 die Datendurchsätze in Abhängigkeit vom Nutz-/zu-Störleistungs-Verhältnis CIR für die verschiedenen Coding Schemes skizziert. Bei geringen CIR-Werten sind beim Coding Scheme 4 sehr viele Wiederholungen erforderlich, d.h., der Durchsatz geht gegen null. In dem Bereich bis zu CIR ≈ 20 dB erweisen sich daher die anderen Coding Schemes als vorteilhaft. Hingegen treten bei hohen CIR-Werten, die in einem Funknetz zu einem großen Prozentsatz vorkommen, kaum Übertragungsfehler auf, so dass in diesem Fall das Coding Scheme 4 den besten Durchsatz liefert. Ausführliche quantitative Untersuchungen sind beispielsweise in [43] zu finden.

Die mit diesen Coding Schemes maximal erzielbaren Bitraten (bezogen auf die Bits der RLC-Dateneinheiten) sind in Tabelle 5.14 zusammengefasst, wobei anzumerken ist, dass die transportierte Nutzdatenrate niedriger liegt, da auch die RLC-Dateneinheiten noch Steuerungsinformationen der höheren Protokollschichten enthalten.

Tabelle 5.14 Datenraten und Fehlerschutz der GPRS-Codierschemata

Coding Scheme	Anteil des Fehler korrigierenden Codes	Maximale Bitrate (RLC-Dateneinheit)
CS1	50%	8,0 kbit/s
CS2	33%	12,0 kbit/s
CS3	25%	14,4 kbit/s
CS4	0%	20,0 kbit/s

Bündelung von Kanälen
Die Angaben in Tabelle 5.14 beziehen sich auf einen Zeitschlitz. Bei GPRS ist es möglich, bis zu 8 Zeitschlitze für eine Verbindung zu bündeln und somit Datenraten von theoretisch bis zu 160 kbit/s zu erzielen. Die tatsächlich erreichbaren Datenraten fallen jedoch i. Allg. geringer aus und hängen im Wesentlichen von folgenden Größen ab:

- ❑ von den Empfangsbedingungen,
- ❑ von der gesamten Verkehrslast in der Zelle,

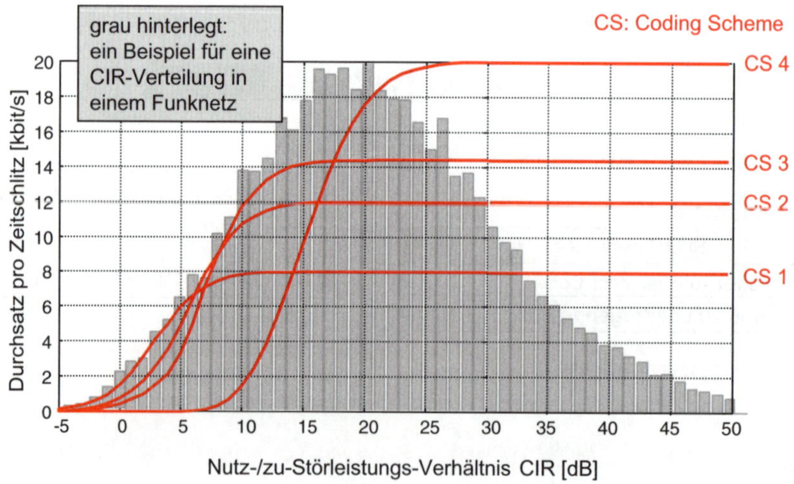

Bild 5.58 Der Datendurchsatz für die GPRS-Coding-Schemes in Abhängigkeit vom Nutz-/zu-Störleistungs-Verhältnis

- von der Fähigkeit der Mobilstation, Zeitschlitze zu kombinieren, d.h. von ihrer Multislot-Klasse. (Für GPRS sind 30 Multislot-Klassen spezifiziert.)

Der zuletzt genannte Punkt deutet an, dass es – ähnlich wie bei HSCSD – Regeln für die zu kombinierenden Zeitschlitze gibt. So müssen z.B. wie bei HSCSD alle kombinierten Kanäle auf dem gleichen Frequenzträger liegen bzw. müssen bei Verwendung von Frequency Hopping in paralleler Weise die Frequenz wechseln. Im Gegensatz zu HSCSD kann eine GPRS-Verbindung allerdings völlig asymmetrisch sein, benötigt also keinen Hauptkanal im Duplexbetrieb.

5.5.4.2.2 Kontrollkanäle für die Paketdatenübertragung

Bei den Kontrollkanälen für die Paketdatenübertragung nimmt man die gleiche Gliederung in Broadcast, Common und Dedicated Control Channels vor, wie sie im Zusammenhang mit der Sprachübertragung beschrieben wurde. Die meisten der in Abschnitt 5.2.3 erläuterten Kontrollkanäle finden sich auch mit der analogen Bedeutung bei der Paketübertragung wieder, wie die Zusammenstellung in Tabelle 5.15 zeigt. Für den Transport der jeweiligen Signalisierungsmeldungen greift man auf 2 Formate zurück, die bereits bei den ursprünglichen Steuerungskanälen zum Ein-

Tabelle 5.15 Kontrollkanäle für die Paketdatenübertragung

Typ	Name	UL/DL	Abk.	Erläuterung	Transport
Broadcast	Packet Broadcast Control Channel	DL	PBCCH	– Systeminformation wie normaler BCCH – Konfiguration der Packet Channels	Standardformat
Common PCCCH	Packet Paging Channel	DL	PPCH	– Transport von Suchmeldungen	Standardformat
	Packet Random Access Channel	UL	PRACH	– Anforderung von Paketdatenkanälen	RACH-Format
	Packet Access Grant Channel	DL	PAGCH	– Zuteilung der Paketdatenkanäle	Standardformat
	Packet Notification Channel	DL	PNCH	– Mitteilung über einen Gruppen- oder Broadcast-Ruf an die jeweiligen Mitglieder	Standardformat
Dedicated PDCCH	Packet Associated Control Channel	UL & DL	PACCH	– Power Control Kommandos – Neuzuteilung von Kanälen – netzgesteuerte Zellneuwahl	Standardformat
	Packet Timing Advance Control Channel UL	UL	PTCCH/U	– zur Bestimmung des Timing Advance Wertes für eine MS, die sich im Paket-transfermodus befindet	RACH-Format
	Packet Timing Advance Control Channel DL	DL	PTCCH/D	– Mitteilung der gemessenen Timing Advance Werte an mehrere Mobilstationen	Standardformat

satz gekommen sind (Abschnitt 5.2.3), nämlich auf:

- das Standardtransportformat für Steuerungskanäle (40 Bit Blockcode, Faltungscode der Rate 1/2, Interleaving über 4 normale Bursts),
- das RACH-Transportformat (Abbildung von 36 codierten Bits auf einem Access Burst).

5.5.4.2.3 Kanalkonfiguration für GPRS

Um die Kanalkonfiguration für eine GPRS-fähige Funkzelle festzulegen, muss man angeben, welche physikalischen Kanäle (Frequenzträger, Zeitschlitz) für die Paketdatenübertragung genutzt werden dürfen. Dabei sind einige Regeln zu beachten:

Regel 1: Feste und dynamische Konfiguration
Es ist zwar prinzipiell möglich, einige physikalische Kanäle der Funkzelle von vornherein ausschließlich für GPRS zu reservieren. Aber der Standard erlaubt auch eine bedarfsorientierte dynamische Konfiguration, d.h., ein physikalischer Kanal lässt sich abhängig von den aktuellen Anforderungen in der Funkzelle für die Paketdaten- *oder* für die Sprachübertragung bzw. für die leitungsvermittelte Datenübertragung nutzen.

Regel 2: Nutzung der Standardsteuerungskanäle
In Zellen mit wenig GPRS-Verkehr können die Aufgaben der Broadcast und Common Control Channels für die Paketdatenübertragung auch von den entsprechenden Standardsteuerungskanälen wahrgenommen werden.

Regel 3: Erlaubte Kanalkombinationen
Auf einen physikalischen Kanal lassen sich Packet Channels in einer der folgenden Arten kombinieren:

- PDTCH + PDCCH (Nutz- und dedizierte Steuerungskanäle),
- PBCCH + PCCCH (Broadcast und Common Control Channels),
- PBCCH + PCCCH + PDTCH + PDCCH (alle Typen von Packet Channels),
- PCCCH + PDTCH + PDCCH (alle Typen von Packet Channels bis auf Broadcast).

Diese Kanalkombinationen können prinzipiell auf jedem physikalischen Kanal verwendet werden, sofern er nicht mit Standardsteuerungskanälen belegt ist.

Regel 4: Rahmenstruktur
Bei den Paketdatenkanälen kommt ein aus 52 TDMA-Rahmen bestehender Mehrfachrahmen (PCH-Multiframe) zum Einsatz (Bild 5.59), innerhalb dessen sich die einzelnen Kanäle einer Kanalkombination abwechseln.

Anmerkung
Für die Broadcast und Common Control Channels ist auch ein Mehrfachrahmen aus 51-TDMA-Rahmen ähnlich wie bei den entsprechenden Standardsteuerungskanälen erlaubt.

5.5.4.3 GPRS-Systemarchitektur

5.5.4.3.1 Netzelemente und Netzbereiche

Da die ursprünglich für GSM spezifizierten Netzelemente keine Paketvermittlung erlaubten, musste man für die Realisierung von GPRS neue Netzelemente einführen bzw. bestehende Netzelemente um Zusatzfunktionen erweitern (Bild 5.60). Die Zusatzkomponenten und Erweiterungen werden in diesem Abschnitt erläutert.

Mobilstation
Erste Mobilstationen, die GPRS unterstützen und bis zu 3 Kanäle bündeln können, sind seit etwa Ende des Jahres 2000 auf dem Markt.

Generell unterscheidet man 3 Klassen von GPRS-fähigen Endgeräten (Tabelle 5.16), die sich in Bezug auf folgende Merkmale unterscheiden:

- Möglichkeit zur gleichzeitigen Übertragung von Paketdaten und z.B. von Sprache,

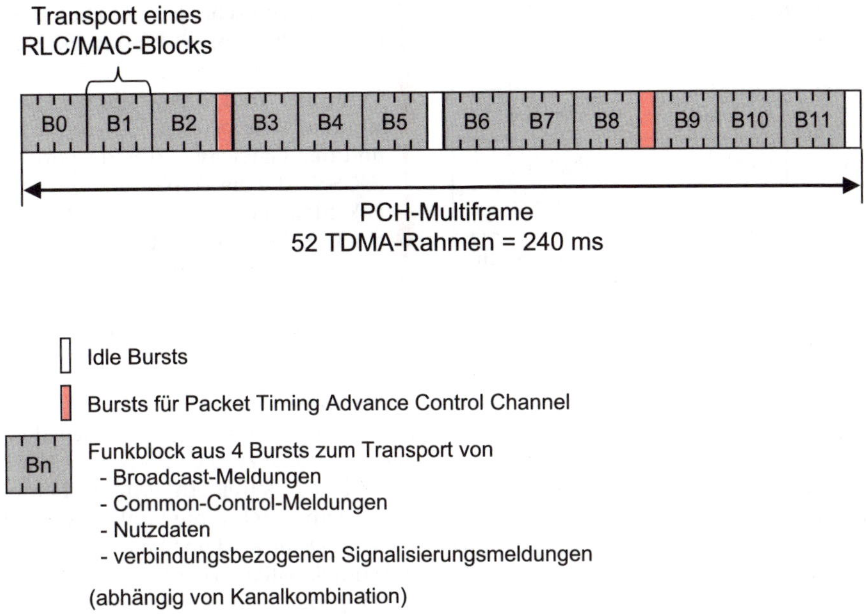

Bild 5.59 Rahmenstruktur der Paketdatenkanäle

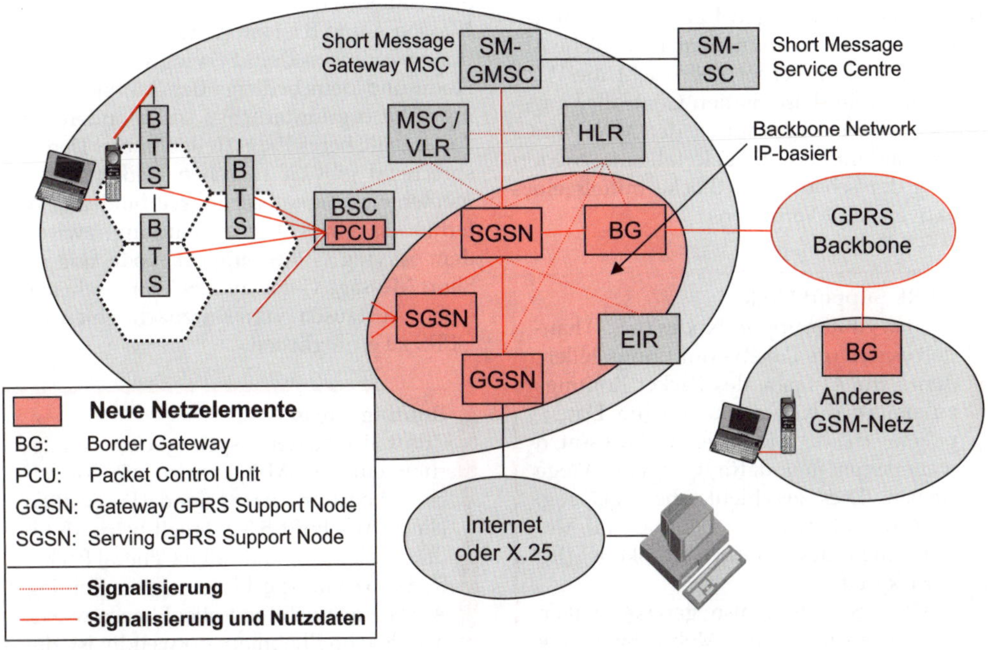

Bild 5.60 GPRS-Netzarchitektur

Tabelle 5.16 Klasseneinteilung für GPRS-fähige Mobilstationen

MS-Klasse	gleichzeitige Übertragung	gleichzeitiges Einbuchen
Class A	möglich	möglich
Class B	nicht möglich	möglich
Class A	nicht möglich	nicht möglich

- Möglichkeit zum gleichzeitigen Einbuchen für GPRS und andere Dienste (z.B. Sprache), d.h.,
  - sowohl GPRS-Paging-Meldungen als auch andere Paging-Meldungen können empfangen werden,
  - sowohl der Aufbau einer GPRS- als auch einer anderen Verbindung kann von der MS initiiert werden.

Base Station Sub-System
Das Base Station Sub-System wurde um eine Packet Control Unit (PCU) erweitert, deren Aufgabe darin besteht, Datenpakete in MAC/RLC-Blöcke zu zerlegen bzw. sie aus diesen Blöcken wieder zusammenzubauen (siehe Abschnitt 5.5.4.2.1). Ferner überwacht die PCU, die zumeist im Base Station Controller angeordnet ist, die Übertragung der MAC/RLC-Blöcke und initiiert im Fehlerfall eine Wiederholung der schadhaften Blöcke mittels eines selektiven ARQ-Verfahrens.

GPRS Support Node
Bei den GPRS Support Nodes (GSN) handelt es sich um Paketvermittlungsstellen, denen die Aufgabe des Packet Routings zukommt; d.h., sie müssen die Datenpakete an den jeweiligen Adressaten weiterleiten und dafür geeignete Wege suchen. Dies geschieht über das sog. Backbone Network, wobei man auf Mechanismen des Internet-Protokolls (IP) zurückgreift.

Die GSNs sind also gewissermaßen das Gegenstück zu den Mobile Switching Centres.

Man unterscheidet zwischen den Serving GPRS Support Nodes (SGSN), die über die angeschlossenen Base Station Controller und Basisstationen eine bestimmte Gruppe von Zellen versorgen, und den Gateway GPRS Support Nodes (GGSN), die die Verbindung mit anderen Paketdatennetzen, wie dem Internet oder einem X.25-Netz, herstellen. So muss das GGSN beispielsweise bei einem Verbindungsaufbau den Aufenthaltsbereich des Zielteilnehmers bei HLR erfragen.

Border Gateway
Die Border Gateways (BG) sollen den Übergang zwischen zwei GPRS-Netzen (von unterschiedlichen Betreibern) ermöglichen und dabei sicherheitsrelevante Funktionen wahrnehmen. Im Detail sind im Standard jedoch weder die Funktionalitäten der Border Gateways noch der Typ des Netzes festgelegt, das 2 GPRS-Netze verbindet (Inter-PLMN Backbone).

Weitere wichtige Komponenten für GPRS
Bei paralleler Nutzung von GPRS und z.B. Sprachdiensten durch Mobilstationen der Klassen A und B ist ein Abgleich von Informationen zwischen dem Serving GPRS Support Node und dem bedienenden Mobile Switching Centre erforderlich – insbesondere zum Aufenthaltsbereich des Teilnehmers. Dementsprechend gibt es zwischen beiden Netzelementen eine Signalisierungsverbindung. Weiterhin ist eine Datenverbindung zwischen dem Serving GPRS Support Node und dem Short Message Gateway MSC vorgesehen, um einen Austausch von Kurznachrichten über GPRS zu ermöglichen.

Routing Areas
Zusätzlich zu der ursprünglichen Gliederung eines GSM-Netzes in MSC-Bereiche, Location Areas und Funkzellen (siehe Abschnitt 5.3.2) spielt beim Mobilitätsmanagement für den General Packet Radio Service die Einteilung in Routing Areas eine wichtige Rolle: Ebenso wie es bei Sprachteilnehmern notwendig ist, deren aktuelle Location Area zu verwalten,

müssen für GPRS-Teilnehmer die Routing Areas, in denen sie sich jeweils aufhalten, im Netz bekannt sein. Nur so können die eintreffenden Datenpakete an die richtige Stelle weitergeleitet werden.

Sämtliche Zellen einer Routing Area müssen zu einer Location Area und einem Serving GPRS Support Node gehören.

5.5.4.3.2 Adressen und Kennziffern

International Mobile Subscriber Identity, IMSI

Wie in Abschnitt 5.3.3.1 beschrieben, erhält jeder GSM-Teilnehmer eine nicht öffentlich bekannte IMSI, die seiner eindeutigen Identifizierung im Netz dient. Dies gilt auch für GSM-Teilnehmer, die nur für den General Packet Radio Service registriert sind. Eine Ausnahme bilden Teilnehmer mit ausschließlich anonymer Zugriffsberechtigung, z.B. für eine Verkehrsdatenerfassung (siehe Abschnitt 5.5.4.1).

Packet Temporary Mobile Subscriber Identity, P-TMSI

Um die Anonymität eines Teilnehmers zu wahren, wird dieser im Netz zumeist nicht mit der IMSI, sondern mit einer temporären Kennung, der TMSI, angesprochen. Bei leitungsvermittelten Diensten vergibt das Visitor Location Register die normale TMSI, bei paketvermittelten Diensten vergibt das Serving GPRS Support Node zusätzlich eine P-TMSI («P» wie Packet).

Temporary Logical Link Identifier, TLLI

Zur Identifizierung einer Verbindung zwischen einer MS und dem Serving GPRS Support Node verwendet man den Temporary Logical Link Identifier, der bei einem Verbindungsaufbau aus der P-TMSI abgeleitet oder – z.B. beim anonymen Zugriff – mittels eines Zufallsprozesses erzeugt wird.

Teilnehmeradressen im Paketdatennetz

Neben den zuvor genannten Identifikationsnummern, mit denen ein Teilnehmer innerhalb des GPRS-Netzes angesprochen wird, benötigt er noch eine oder mehrere Internetadressen (oder X.121-Adressen für X.25-Netze), um mit anderen Teilnehmern kommunizieren bzw. um auf das Internet (oder ein X.25-Netz) zugreifen zu können. Die Zuteilung der Adressen erfolgt

- entweder bei Abschluss des Nutzungsvertrages (fest)
- oder bei jedem Verbindungsaufbau (dynamisch).

Adressen der GPRS Support Nodes

Die GPRS Support Nodes besitzen zum einen Internet-Adressen, um ein Routing der Datenpakete zu ermöglichen, und zum anderen Adressen, die auf dem Zeichengabesystem Nr. 7 basieren und die einen Austausch von Signalisierungsmeldungen zwischen den Support Nodes und anderen Netzelementen, wie dem HLR und EIR, erlauben.

Access Point Name

Der Access Point Name (Name des Zugangspunktes) bezeichnet innerhalb eines GPRS-Netzes einerseits das externe Datennetz (oder ein anderes GPRS-Netz), zu dem eine Verbindung aufgebaut, und andererseits den Gateway GPRS Support Node, der dabei benutzt werden soll.

Routing Area Identity, RAI

Zur eindeutigen Kennzeichnung einer Routing Area verwendet man den RAI, der aus dem Mobile Country Code (MCC), Mobile Network Code (MNC) und dem Location Area Code (LAC) sowie einem vom jeweiligen Betreiber vergebenen Routing Area Code (RAC) besteht.

RAC = MCC-MNC-LAC-RAC

Cell Identifier

Bei der Zuteilung von Zellidentifikationsnummern ergibt sich kein Unterschied zu dem herkömmlichen Nummerierungsverfahren.

5.5.4.4 Wesentliche Prozeduren und Algorithmen im GPRS-Netz

5.5.4.4.1 Mobility-Management-Zustände

Bei der Nutzung von GPRS unterscheidet man 3 Phasen oder Zustände (engl.: *states*), in denen sich ein Teilnehmer bzw.

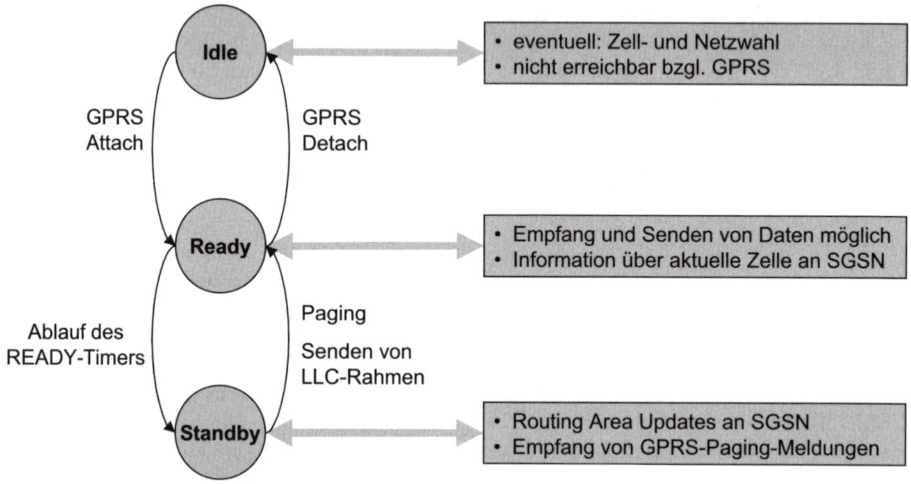

Bild 5.61 Zustände des GPRS Mobility Managements

eine Mobilstation befinden kann (Bild 5.61). Man bezeichnet sie als

- Idle,
- Standby,
- Ready

und ordnet sie der Protokollschicht des GPRS Mobility Managements zu, da abhängig von dem jeweiligen Zustand verschiedene Maßnahmen bei der Verwaltung des Aufenthaltsbereiches zu treffen sind.

Idle

Im Idle-Zustand hat der Teilnehmer zwar eventuell schon sein Endgerät eingeschaltet und sich im Standard-GSM-Netz, aber nicht im GPRS-Netz eingebucht. D.h., er ist zwar für normale Gespräche erreichbar, und die Mobilstation führt eventuelle Zellwechsel durch, aber im Netz liegt keine aktuelle Routing-Information vor. Daten aus einem GPRS-Multicast-Dienst können empfangen werden.

Standby

In diesem Modus ist die Mobilstation bei dem zuständigen Serving GPRS Support Node angemeldet und muss ihn über einen eventuellen Wechsel der Routing Area (RA), aber nicht über einen Zellwechsel informieren. Die Entscheidung über einen Zell- oder RA-Wechsel trifft allein die Mobilstation.

Die Mobilstation kann ferner GPRS-Paging-Meldungen sowie Nutzdaten aus Multicast- und Group-Call-Services empfangen; bei Mobilstationen der Klasse A und B ist ebenfalls ein Empfang von Paging-Meldungen für Sprachdienste oder leitungsvermittelte Datendienste möglich.

Ready

Im Ready-Zustand kann die Mobilstation auch für Punkt-zu-Punkt-Verbindungen Daten empfangen und senden. In diesem Zustand muss der Serving GPRS Support Node nicht nur über die Routing Area, sondern die genaue Zelle, in der sich der Teilnehmer aufhält, informiert sein. Die Entscheidung über einen Zellwechsel liegt (anders als bei leitungsvermittelten Diensten, siehe Abschnitt 5.4.4.2) zunächst bei der Mobilstation – es sei denn, das Netz entschließt sich, die Kontrolle zu übernehmen und fordert die Mobilstation auf, die dafür erforderlichen Messwerte zu liefern.

Einen Überblick über die Mobility-Management-Zustände und die in ihnen erlaubten Aktionen gibt Tabelle 5.17.

Tabelle 5.17 Übersicht Mobility-Management-Zustände

GPRS Mobility Management State	Idle	Standby	Ready
Zell- und Netzwechsel durch MS	ja	ja	ja
Zellwechsel netzgesteuert	nein	nein	möglich
Routing Area im Netz bekannt	nein	ja	ja
Zelle im Netz bekannt	nein	nein	ja
Empfang von GPRS Multicast	ja	ja	ja
Empfang von GPRS Group Calls	nein	ja	ja
Empfang von Paging für GPRS	nein	ja	ja
Empfang von Paging von CSD	ja	MS-Klassen A, B	MS-Klasse A
Übertragung von GPRS-Nutzdaten	nein	nein	ja
Übertragung von CSD-Nutzdaten	ja	MS-Klasse A	MS-Klasse A

5.5.4.4.2 Zellwahl im Idle- und Standby-Zustand

Bei der Zellwahl in diesen beiden Zuständen kommen die gleichen Methoden und Algorithmen wie bei der herkömmlichen Zellwahl zum Einsatz (siehe Abschnitt 5.4.2.2). Zur Steuerung der Algorithmen verwendet man die von den ursprünglichen Algorithmen bekannten Parameter, deren Werte jedoch separat einstellbar sind.

5.5.4.4.3 GPRS-Anmeldung

Um Daten senden zu können, muss sich die Mobilstation mit der GPRS-Attach-Prozedur anmelden, die in Bild 5.62 für den Fall eines kombinierten GPRS- und IMSI-Attach dargestellt ist. Dazu baut sie zunächst eine Funkverbindung auf (Channel Request, Immediate Assignment) und teilt dann dem Serving GPRS Support Node den Anmeldungswunsch mit. Die entsprechende Attach-Request-Meldung enthält u. a.

- die P-TMSI des Teilnehmers (oder in Ausnahmefällen die IMSI),
- Angaben zur Multislot-Klasse der Mobilstation,
- die bisherige Routing-Area-Kennung.

Falls die bisherige Routing Area zu einem anderen SGSN gehört, fragt das neue SGSN beim alten an, ob dort ein Teilnehmer mit der P-TMSI bekannt ist, und fordert die zugehörige IMSI und Authentication-Tripletts an. Anschließend kann eine Prüfung der Zugangsberechtigung und der Gerätekennung IMEI erfolgen. Bei allen folgenden Prozeduren findet eine Verschlüsselung statt. Falls sowohl ein Update der Routing Area als auch der Location Area notwendig ist, so lassen sich beide Prozeduren gemeinsam durchführen. Der Signalisierungsablauf bei dieser Prozedur ist dem in Bild 5.29 skizzierten Ablauf für einen herkömmlichen Location Update sehr ähnlich und involviert neben den beteiligten SGSNs auch das alte und neue MSC/VLR sowie das HLR (Bild 5.63). Mit der anschließenden Attach-Accept-Meldung bestätigt das SGSN die erfolgreiche Anmeldung und kann gleichzeitig dem Teilnehmer eine neue P-TMSI zu-

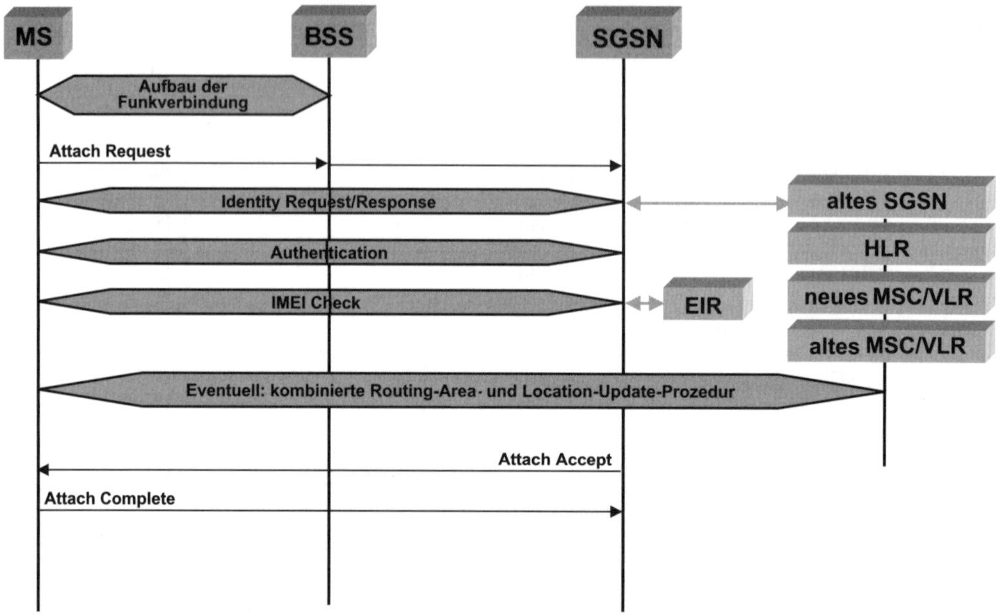

Bild 5.62 GPRS-Attach-Prozedur

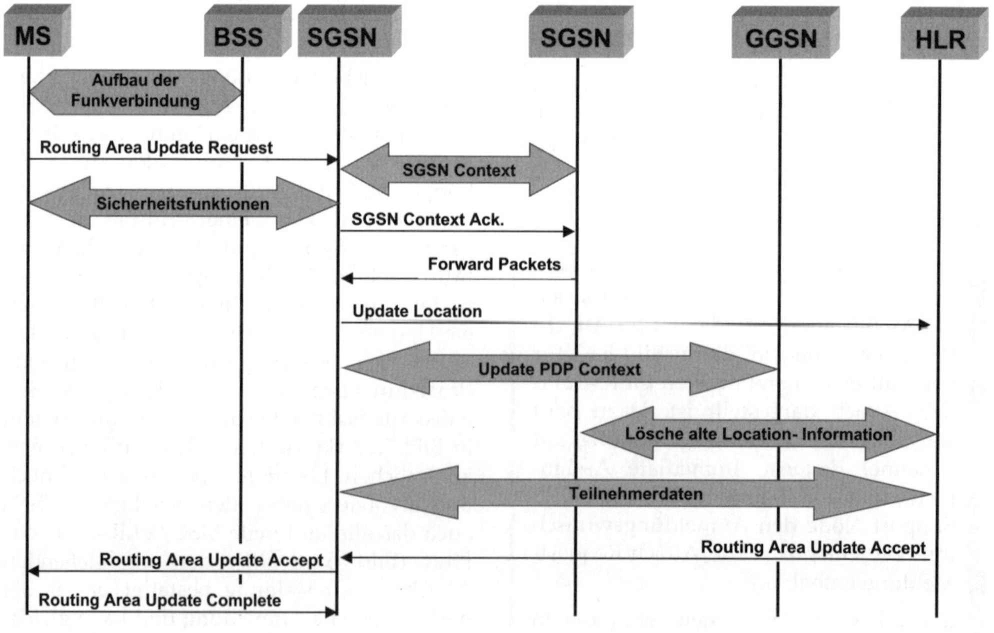

Bild 5.63 Routing Area Update

weisen. Den Empfang einer neuen P-TMSI bestätigt die Mobilstation mit der Attach-Complete-Meldung.

5.5.4.4.4 Aufbau einer Verbindung zu einem Datennetz

Um eine Verbindung zu einem anderen Datennetz, also z. B. zum Internet, herzustellen, wird die PDP-Context-Activation-Prozedur verwendet (Bild 5.64). PDP steht dabei für Packet Data Protocol. Nach erfolgtem Funkverbindungsaufbau teilt die Mobilstation dem Serving GPRS Support Node die folgenden Angaben mit:

- den gewünschten Datennetztyp (Internet, X.25),
- die gewünschte eigene Datennetzadresse,
- die gewünschte Dienstqualität.

Die Dienstqualität (*Quality of Service*, QoS) setzt sich zusammen aus

- dem Mittel- und Spitzenwert des Datendurchsatzes,
- der tolerierbaren Verzögerungszeit bei der Übertragung einer bestimmten Datenmenge,
- der Zuverlässigkeit bei der Übertragung von Datenpaketen (maximale Verlustraten),
- der Priorität bei der Aufrechterhaltung einer Verbindung in Ausnahmefällen (z. B. Netzüberlast).

Für den General Packet Radio Service verfolgt man also das Konzept, dass die Teilnehmer bei jedem Verbindungsaufbau eine bestimmte Dienstqualität – im Rahmen der bei Vertragsabschluss festgelegten Grenzen – aushandeln können. Auf Basis der aktuellen Netzauslastung muss das GPRS-Netz prüfen, inwieweit es den Forderungen nachkommen kann.

Das Ergebnis teilt das SGSN in der PDP-Context-Activation-Accept-Meldung der Mobilstation mit, so dass sich der Teilnehmer entscheiden kann, ob er mit dem Angebot zufrieden ist oder nicht. In der gleichen Meldung erhält der Teilnehmer eine Datennetzadresse dynamisch zugewiesen, sofern er keine feste Adresse besitzt.

Zuvor baut der SGSN eine Verbindung zum zuständigen Gateway GPRS Support Node auf, dem die Verbindungsparameter übergeben werden und der diese in einer Verbindungskontexttabelle zusammen mit einer Gebührenabrechnungsnummer abspeichert. Zur Kennzeichnung der entsprechenden Verbindung zwischen SGSN und GGSN vergibt das SGSN einen so genannten *Tunnel*

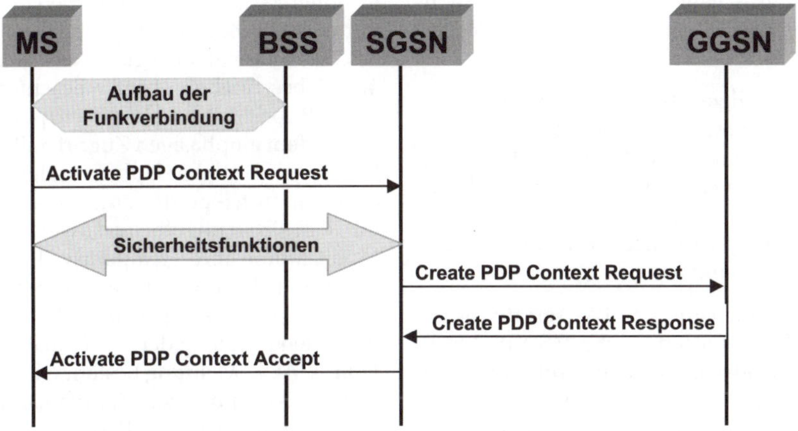

Bild 5.64 PDP-Context-Activation-Prozedur

Identifier (TID), der sich aus der IMSI und der Angabe zum gewünschten Datennetztyp zusammensetzt.

Nach einer erfolgreich abgeschlossenen PDP-Context-Activation-Prozedur ist eine virtuelle Verbindung zwischen dem GPRS-Teilnehmer und dem zuständigen GGSN aufgebaut, die der Teilnehmer beispielsweise dazu nutzen kann, um E-Mails zu versenden oder um im Internet zu surfen.

5.5.4.4.5 Der Packet Transfer Mode: Übertragung von Datenpaketen

> ! Der Teilnehmer nutzt die aufgebaute virtuelle Verbindung also nur sporadisch, um Daten zu senden oder zu empfangen. Nur für diese Übertragungsphasen, auch Packet Transfer Mode genannt, muss eine Funkverbindung aufgebaut werden.

Wie dieses geschieht, soll zunächst an einer vom Netz initiierten Übertragung erläutert werden.

Mobile Terminating Packet Transfer
Nachdem der Teilnehmer unter Verwendung der Temporary Logical Link Identity über den Packet Paging Channel gerufen wurde und sich mit einem Packet Channel Request gemeldet hat, bekommt er über den Packet Access Grant Channel in der Packet Downlink Assignment u.a. die folgenden Informationen:

- die Zeitschlitze, die für die folgende Datenübertragung vorgesehen sind,
- eine Temporary Flow Identity (TFI), durch die die Funkverbindung eindeutig gekennzeichnet ist,
- einen Timing-Advance-Wert, sofern dieser im Netz bekannt ist.

Hat die BS keinen gültigen TA-Wert für die betroffene MS, so fordert sie die MS auf, Access Bursts zu schicken, aus deren Ankunftszeiten sie den TA-Wert berechnen kann.

Die Temporary Flow Identity kann die BS (genauer: die Packet Control Unit im Base Station Controller) dazu verwenden, die Funkkanalvergabe beim anschließenden Packet Transfer dynamisch zu steuern. D.h., auf den der betrachteten MS zugewiesenen Zeitschlitzen kann sie auch die RLC/MAC-Blöcke – also die Daten – für andere Mobilstationen ablegen. Da diese Blöcke den jeweiligen TFI im Header enthalten, kann jede MS erkennen, ob der Block für sie bestimmt ist oder nicht.

Auf diese Weise kann die BS Zeitschlitze – gerecht und abhängig von der aktuellen Verkehrslast und Verbindungsqualität – flexibel zwischen mehreren Verbindungen aufteilen. Die Auswahl der Zeitschlitze, die Vergabe der TFI und die dynamische Kanalzuteilung sind Aufgaben der MAC-Schicht.

Während der Übertragungsphase (Bild 5.65) versieht die BS zwischenzeitlich einige RLC/MAC-Blöcke mit einem Polling-Aufruf, d.h. mit einer Aufforderung an die MS, den Empfang der letzten Blöcke zu quittieren. In der Packet Downlink ACK/NACK teilt die Mobilstation mit, welche Blöcke korrekt empfangen und welche als schadhaft erkannt wurden. Dieser selektive ARQ-Mechanismus ist ein Bestandteil der RLC-Schicht.

Mobile Originated Packet Transfer
Die Initiierung einer Datenübertragung durch die Mobilstation kann in einer Phase oder in zwei Phasen geschehen (Bild 5.66). In jedem Fall muss die Mobilstation mit einer Packet-Channel-Request-Meldung einen Kanal anfordern. Dieser Zugriff über den Packet Random Access Channel erfolgt – wie in Abschnitt 4.4.1.1 beschrieben – unter Beachtung vergebener Prioritäten und Persistenzpegel.

Bei dem einphasigen Zugriff teilt die BS der MS in der Packet-Uplink-Assignment-Meldung unmittelbar die zugewiesenen Kanäle mit. Um sich eindeutig auszuweisen, muss die Mobilstation ihre Temporary Logical Link Identity (TLLI) in die ersten übertragenen Datenpakete eintragen, und die Basisstation muss den Empfang der TLLI mit einer Packet-Uplink-ACK-Meldung bestätigen.

Beim zweiphasigen Zugriff kann die Mobilstation in der Packet Resource Request (die u.a. auch den TLLI enthält) weitere Angaben

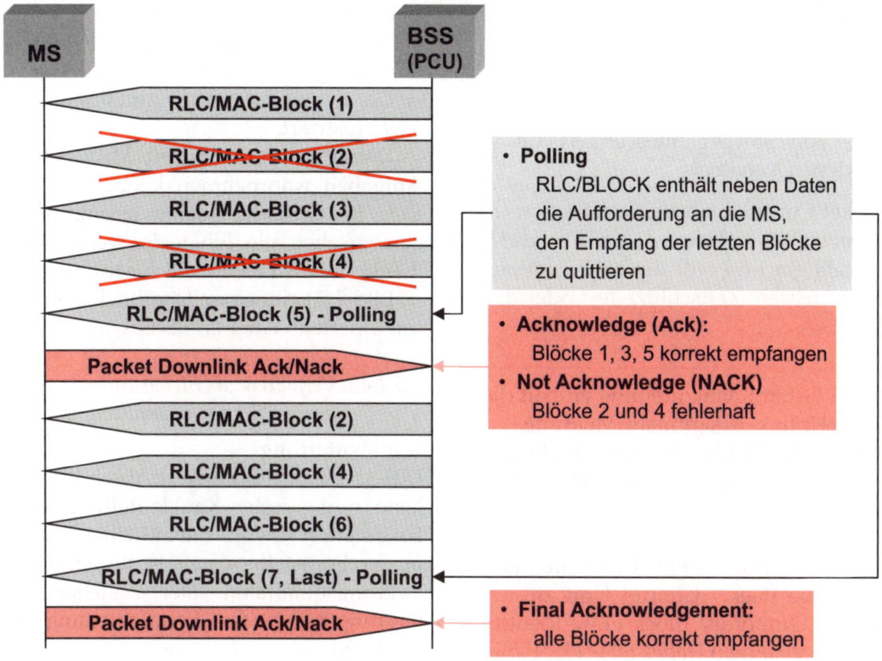

Bild 5.65 Beispiel für eine Übertragungsphase im Downlink

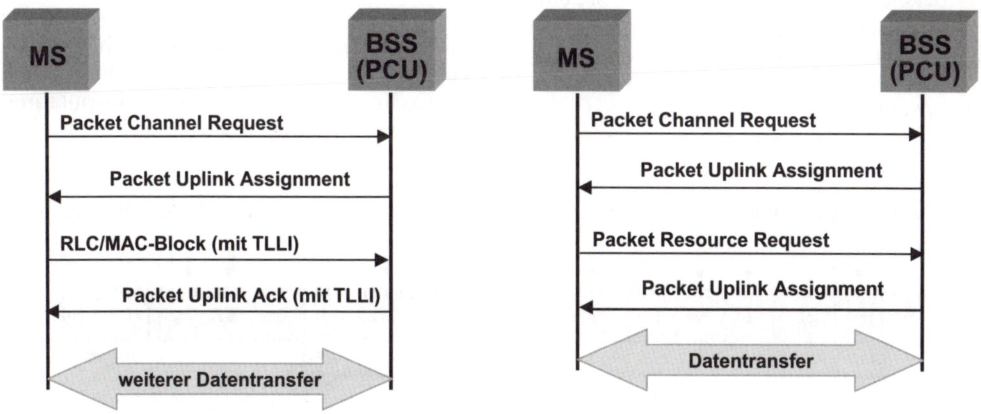

Bild 5.66 Initialisierung des Datentransfers durch die MS

für die nachfolgende Kanalzuteilung machen; dazu gehören u.a.:

- die gewünschte Priorität,
- der gewünschte Spitzendurchsatz,
- Werte von Störpegelmessungen auf verschiedenen Kanälen.

Die Packet Control Unit im Base Station Controller bezieht diese Informationen bei der Kanalauswahl ein und teilt der Mobilstation einen oder mehrere Zeitschlitze fest oder dynamisch zu.

> **!** Bei der festen Kanalzuteilung enthält die Packet-Uplink-Assignment-Meldung eine Angabe darüber, welche Funkblöcke für die Übertragung von RLC/MAC-Blöcken durch die jeweilige MS reserviert wurden (Bild 5.67).
>
> Bei der dynamischen Kanalzuteilung vergibt die Packet Control Unit zusätzlich zur Temporary Block Flow Identity einen so genannten *Uplink State Flag* (USF) an die Mobilstation. Der Wert des USF ist durch 3 Bits codiert, sodass sich bis zu 8 Verbindungen einen Zeitschlitz teilen können. Die Basisstation versieht die Datenpakete im Downlink mit dem USF; eine Mobilstation, die auf den ihr zugeteilten Zeitschlitzen ihren USF-Wert empfängt, darf im nächsten Funkblock einen RLC/MAC-Block, also Daten, senden.

Ein Beispiel für eine Übertragungsphase im Uplink mit dem zugehörigen selektiven ARQ-Mechanismus ist in Bild 5.68 zu finden.

Die dynamische Kanalzuteilung ist in Bild 5.69 illustriert.

Damit die RLC- und die MAC-Schicht ihre Aufgaben wahrnehmen können, müssen die RLC/MAC-Blöcke mit Steuerungsinformationen versehen sein. Einige der wesentlichen Elemente sind in Tabelle 5.18 zusammengefasst.

Bild 5.70 gibt einen Überblick über die Phasen innerhalb einer GPRS-Session.

5.5.4.4.6 Verfahren zur Steuerung der Verbindungsqualität

Kanalzuteilung

Durch die im vorherigen Abschnitt beschriebene dynamische Kanalzuteilung kann die Basisstation sowohl die aktuelle Lastsituation in der Funkzelle als auch die aktuellen Verbindungsqualitäten aller bestehenden Verbindungen bei der Kanalzuteilung berücksichtigen.

Resource Reallocation

Mittels einer Resource-Reallocation-Prozedur lässt sich die Anzahl zugeteilter Zeitschlitze sowie das verwendete Coding Scheme ändern. Sollte sich z.B. nach der Übertragung mehrerer Datenblöcke eine hohe Fehlerrate ergeben, so kann der betroffenen Mobilstation ein Coding Scheme mit stärkeren Korrektureigenschaften zugewiesen werden.

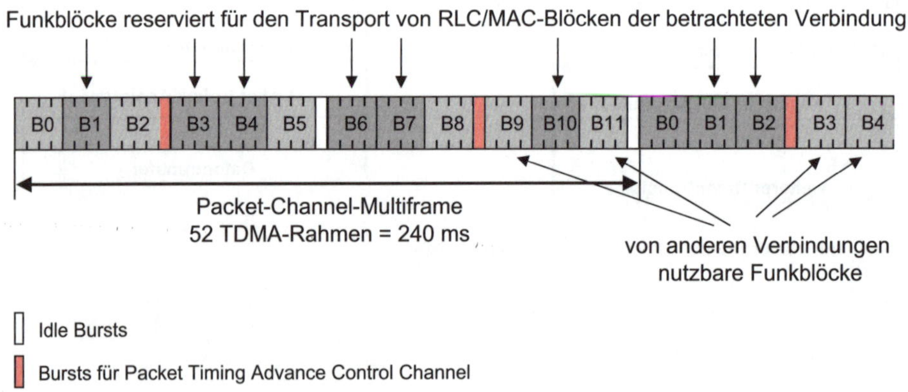

Bild 5.67 Illustration der festen Kanalzuteilung

Bild 5.68
Beispiel für eine Übertragungsphase im Uplink

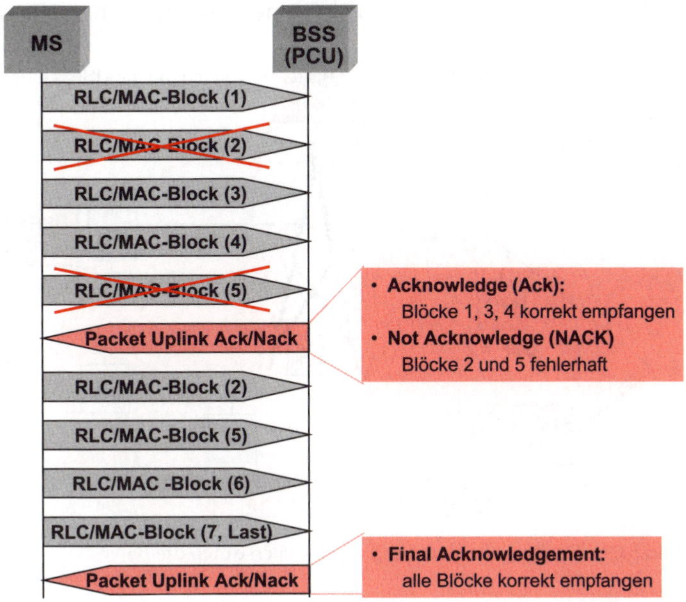

Tabelle 5.18 Steuerungsinformationen der RLC/MAC-Blöcke

Abk.	Name	Erläuterung	UL/DL
BSN	Block Sequence Number	Nummerierung der RLC-Blöcke (modulo 128) für die Wiederholungsanforderung im Fehlerfall	UL & DL
CV	Countdown Value	Angabe der voraussichtlich noch zu sendenden RLC-Blöcke für die aktuelle Übertragungsphase	UL
FBI	Final Block Indicator	Kennzeichnung des letzten Downlink RLC-Blockes in der aktuellen Übertragungsphase	DL
M & LI	More Bit & Length Indicator	Angabe, ob Daten aus mehreren Rahmen der höheren Protokollschichten im RLC-Rahmen enthalten sind und welche Länge sie haben	UL & DL
TFI	Temporary Flow Identifier	Für die aktuelle Übertragungsphase temporär vergebene Kennung (siehe Bild 5.69)	UL & DL
TLLI	Temporary Logical Link Identifier	Beim Einbuchen für eine GPRS-Session vergebene temporäre Kennung der Mobilstation	UL
USF	Uplink State Flag	Zur Unterscheidung von bis zu 8 Verbindungen, die sich einen physikalischen Kanal teilen (siehe Bild 5.69)	DL
PR	Power Reduction	Sendeleistungsreduktion bei aktuellem Downlink-Block gegenüber der BCCH-Sendeleistung	DL

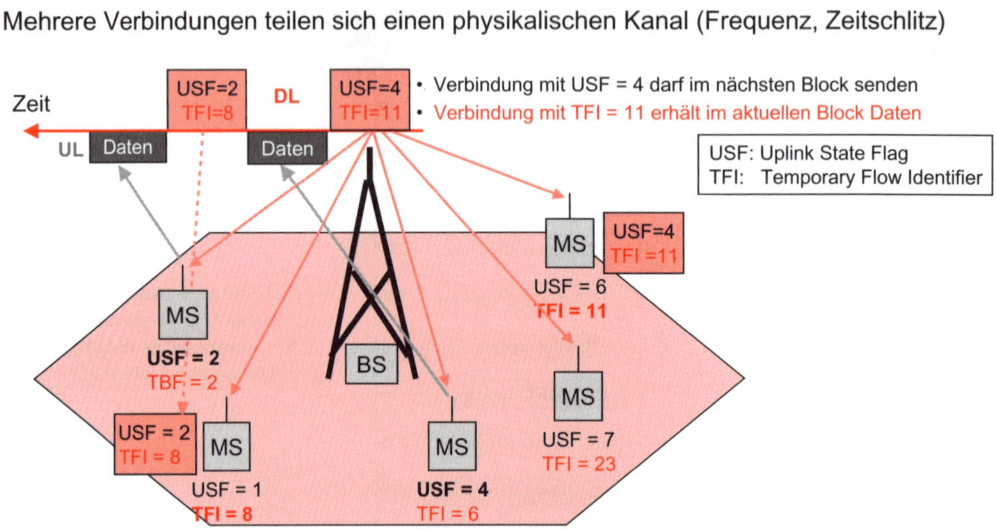

Bild 5.69 Dynamische Zuteilung von Kanälen durch die BS

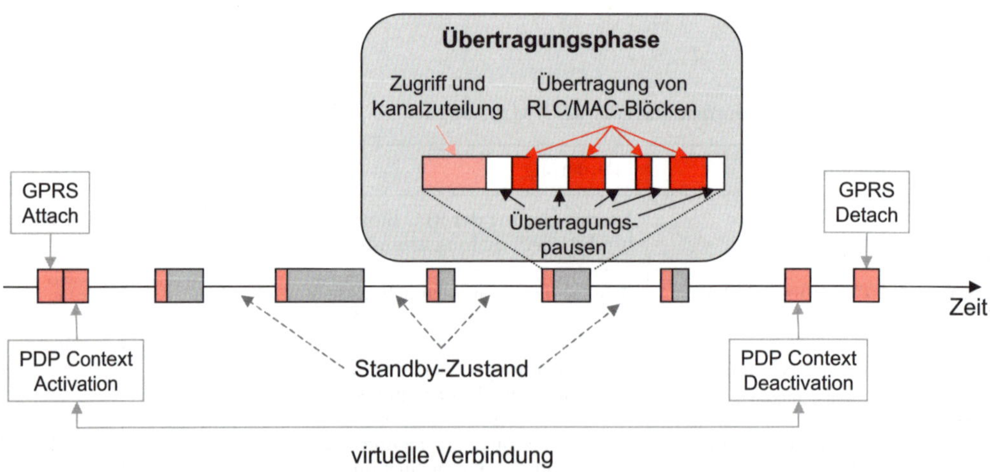

Bild 5.70 Illustration einer GPRS-Session

Cell Reselection

Wie bereits erwähnt, ist in erster Linie die Mobilstation dafür verantwortlich, die geeignetste Funkzelle auszuwählen. Allerdings kann sich auch das Netz entscheiden, die Kontrolle zu übernehmen. Diese Entscheidung muss es der Mobilstation mitteilen; gleichzeitig fordert das Netz die Mobilstation auf, Messwerte zu liefern.

Power Control

Die Mobilstation stellt den Sendepegel P_{TN} – für jeden zugeteilten Zeitschlitz separat – auf der Basis der in Tabelle 5.19 zusammengefassten Größen ein:

Die auf dem Zeitschlitz TN einzustellende Sendeleistung der Mobilstation ergibt sich damit aus:

$$P_{TN} = min\ (\Gamma_{TN} - \alpha \cdot C_{TN}, P_{MAX})$$

Tabelle 5.19 Parameter und Messgrößen für die Sendeleistungsregelung bei GPRS

Größe	Erläuterung
C_{TN}	von der MS im DL auf dem Zeitschlitz mit Nummer TN gemessener und bewerteter Empfangspegel
P_{MAX}	maximal erlaubter UL-Sendepegel in der Funkzelle
Γ_{TN}	legt den Zielbereich für die Sendeleistungsregelung auf Zeitschlitz mit Nummer TN fest
α	Gewichtungfaktor mit Werten zwischen 0 und 1 für den gemessenen Empfangspegel $RXLEV_{TN}$

Dabei sorgt die Minimum-Funktion «*min*» dafür, dass der Sendepegel durch den maximal erlaubten Wert P_{MAX} beschränkt bleibt. Ferner lässt sich erkennen, dass die Sendeleistung mit zunehmendem Empfangspegel und seiner zunehmenden Gewichtung abnimmt.

Messungen
Eine Mobilstation, die für den GPRS eingebucht ist bzw. aktiv an ihm teilnimmt, muss einige Messungen vornehmen. Dazu gehören die bereits im Zusammenhang mit dem Sprachdienst erläuterten Qualitäts- und Pegelmessungen. Zusätzlich hat die Mobilstation Angaben zur Variation der gemessenen Größen zu liefern, und sie muss von Zeit zu Zeit auch Pegel auf unbelegten Zeitschlitzen (die als Störpegel zu deuten sind) messen und die zugehörigen Messwerte an die Basisstation senden.

5.5.4.5 Übersicht über die Protokolle für den GPRS-Nutzdatentransport

Eine Übersicht über die Protokolle, die beim General Packet Radio Service Verwendung finden, gibt Bild 5.71. Einige Protokolle wurden speziell für GPRS entwickelt (rote Pfeile), bei anderen hat man auf Protokolle zurückgegriffen, die aus anderen Kommunikationsnetzen bekannt sind.

In den obersten Schichten sind die Anwendungsprotokolle zu finden. Betrachtet man als Beispiel das World Wide Web, so wird eine zu ladende Internet-Seite in mehrere Datenpakete zerlegt, wobei es die Aufgabe der Netzschicht ist, diese Datenpakete sicher über einen gewählten Verbindungsweg an den richtigen Adressaten zu befördern.

GPRS Tunnel Protocol, GTP
Die beim Gateway GPRS Support Node einlaufenden Pakete werden mit einer Adresse versehen und über das Intra-PLMN-Backbone-Netz an den zuständigen Serving GPRS Support Node weitergeleitet.

Subnetwork Dependent Convergence Protocol, SNDPC
Das SNDPC bereitet die eintreffenden Datenpakete der Netzschicht für die Übertragung zwischen SGSN und MS auf. Zu seinen Aufgaben gehören die Kompression der Daten und Steuerungsinformationen aus der höheren Schicht sowie die Zerlegung der Datenpakete in einen oder mehrere LLC-Rahmen (s. u.).

Logical Link Control, LLC
Die Aufgabe des Logical Link Control ist es, für eine sichere Verbindung zwischen dem SGSN und der MS zu sorgen. Die LLC-Rahmen mit einer maximalen Länge von 1560 Oktetts enthalten neben den Nutzdaten einen Header mit einer Nummerierung, mit temporären Adressen sowie mit Angaben zur Länge des Rahmens. Eine angehängte Frame Check Sequence ermöglicht die Erkennung von Übertragungsfehlern und die Wiederholung schadhafter LLC-Rahmen.

Radio Link Control, RLC
Für die Funkübertragung werden LLC-Rahmen in einen oder mehrere RLC/MAC-Blöcke zerlegt bzw. verpackt. Diese Aufgabe über-

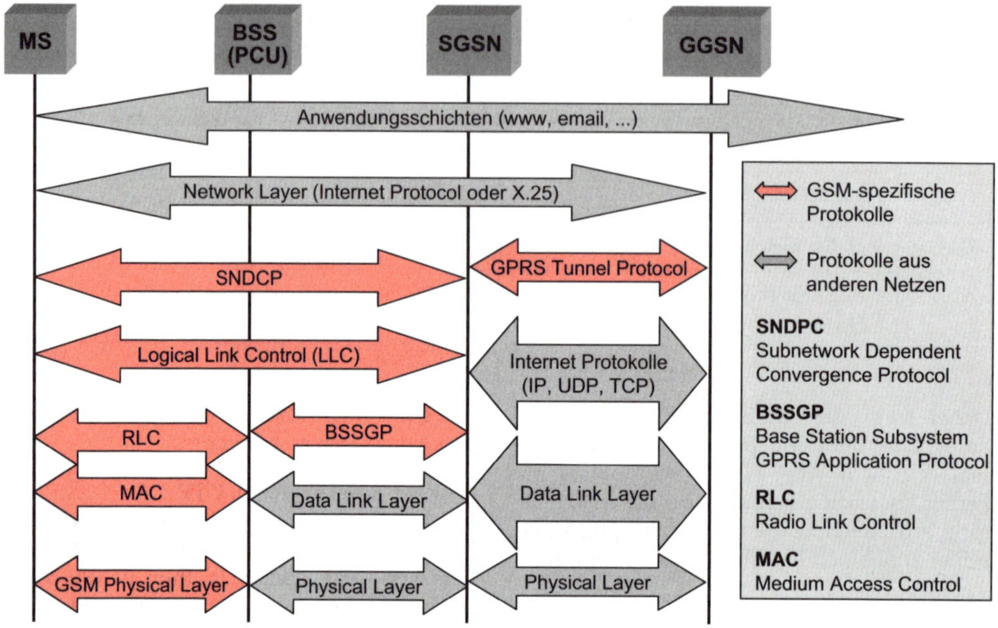

Bild 5.71 Überblick über die Protokolle für GPRS

nimmt die RLC-Schicht, die ferner mittels eines selektiven ARQ-Verfahrens für den sicheren Transport der Blöcke zwischen MS und der Packet Control Unit im Base Station Controller sorgt.

Medium Access Control, MAC
Die wesentlichen Aufgaben der MAC-Schicht bestehen darin, Zeitschlitze für die Übertragungsphasen zuzuweisen sowie die festen und dynamischen Kanalzuteilungen zu steuern.

GSM Physical Layer, PHL
GPRS-spezifische Inhalte der physikalischen Schicht sind u.a. die in Abschnitt 5.5.4.2.1 beschriebenen 4 Coding Schemes mit dem zugehörigen Interleaving sowie Festlegungen zum Power Control, zur Zellwahl und zur Durchführung von Messungen.

> **Anmerkung**
> Aufbauend auf der LLC-Schicht wird sowohl das GPRS Mobility Management als auch der Transport von Short Messages über GPRS realisiert.

Weitere Informationen zum General Packet Radio Service findet man in [2; 41, 42 und 103].

5.5.5 Steigerung der Datenrate: Enhanced Data Rates for GSM Evolution (EDGE)

In dem vorangegangenen Abschnitt wurde erläutert, wie sich die Nutzdatenrate durch Bündelung von Kanälen steigern lässt. So kann man bei leitungsvermittelten Diensten (HSCSD) Datenraten von bis zu 64 kbit/s erzielen. Der General Packet Radio Service erreicht bei einer Bündelung von 8 Zeitschlitzen und einem Verzicht auf Fehler korrigierende Codes bei etwa 160 kbit/s seine Grenzen.

> **!** Um die Nutzdatenrate für eine Verbindung darüber hinaus zu steigern, ist ein deutlicher Eingriff in die GSM-Übertragungstechnik erforderlich. Das unter der Bezeichnung EDGE (*Enhanced Date Rates for GSM Evolution*) seit 1997 diskutierte und inzwischen standardisierte Maßnah-

menpaket beruht auf der Verwendung eines höherwertigen Modulationsverfahrens, nämlich der 8-PSK. Bei diesem in Abschnitt 3.3.3 näher erläuterten Verfahren fasst man jeweils 3 Bits zu einem Symbol zusammen, das bei der Modulation durch einen von 8 möglichen Phasenwinkeln dargestellt wird. Auf diese Weise lässt sich die Datenrate – unter Beibehaltung des GSM-Trägerabstandes von 200 kHz – um den Faktor 3 steigern. Zu beachten ist jedoch, dass dieses

- mit einer verringerten Störfestigkeit und
- mit höheren Anforderungen an die Linearität

der Leistungsverstärker in Mobil- und Basisstationen verbunden ist.

Beide Probleme lassen sich jedoch durch geeignete Maßnahmen entschärfen:

Wie bereits in Bild 3.3 illustriert, treten in Funknetzen zwar zu einem gewissen Prozentsatz Situationen auf, die eine hohe Störfestigkeit erfordern, in vielen Fällen liegen jedoch hohe CIR-Werte vor, die eine Nutzung des EDGE-Modus erlauben. Falls sich die Empfangsbedingungen verschlechtern, bietet EDGE die Möglichkeit, rasch und flexibel in einen anderen Übertragungsmodus mit stärkerem Fehlerschutz (aber geringerer Nutzdatenrate) zu wechseln. Insgesamt lässt sich also der mittlere Datendurchsatz steigern – wenn auch nicht in allen Fällen um einen Faktor 3. Eine andere Methode, die geringere Störfestigkeit von EDGE zu berücksichtigen, besteht darin, bestimmte Trägerfrequenzen nur für EDGE zu nutzen und sie in einem größeren Wiederverwendungsabstand zu vergeben. Diese Methode ist jedoch weniger flexibel und vom Standpunkt der Gesamtkapazität im Funknetz auch weniger effizient als das zuvor genannte Verfahren.

Aufgrund der Anforderungen bezüglich der Linearität des Leistungsverstärkers wird es 2 Typen von EDGE-fähigen Mobilstationen geben:

- Mobilstationen, die EDGE nur im Downlink nutzen können,
- Mobilstationen, die EDGE im Downlink und im Uplink nutzen können.

Da hohe Datenraten vor allem im Downlink erforderlich sind, kommt man für viele Anwendungen mit den kostengünstigeren Mobilstationen des ersten Typs aus.

Eine EDGE-fähige Basisstation ist sowohl mit herkömmlichen GSM-Trägern als auch mit EDGE-Trägern bestückt, wobei sie selbstverständlich im EDGE-Modus sowohl empfangen als auch senden kann.

Die 8-PSK lässt sich zur Datenratensteigerung sowohl bei leitungsvermittelten als auch bei paketvermittelten Datendiensten nutzen. Im ersten Fall spricht man von ECSD (Enhanced Circuit Switched Data), im zweiten von EGPRS (Enhanced General Packet Radio Service).

Beide Trägerdienste greifen zum Transport der Daten auf das Burstformat der normalen Bursts zurück (siehe Abschnitt 5.2.2.2.1). Allerdings ist zu beachten, dass gegenüber einem normalen Burst nicht 156,25 Bits, sondern 156,25 Symbole transportiert werden. Diese teilen sich jedoch – analog zu der in Abschnitt 5.2.2.2.1 beschriebenen Weise – auf in

- 8,25 Symbole für die Schutzperiode,
- 6 Tail-Symbole,
- 26 Symbole für eine Trainingssequenz,
- $2 \cdot 58$ Symbole für Nutzinformation und Kanalcodierung.

Die zuletzt genannten 116 Symbole, die 348 Bits entsprechen, enthalten auch die beiden in Abschnitt 5.2.2.2.1 erwähnten Stealing Flags, die angeben, ob der Burst Nutzdaten oder Signalisierungsinformationen wie einen Handover-Befehl transportiert.

Bei einem Verzicht auf Fehler korrigierende Codes lassen sich also pro Zeitschlitz in einem TDMA-Rahmen (T_{TDMA} = 5 ms · 24/26) maximal 346 Nutzbits übertragen. Da von 26 TDMA-Rahmen nur 24 für den Nutzdatentransport verwendbar sind (siehe Abschnitt 5.2.2.2.3), ergibt sich eine maximale Datenrate von r_{max} = 346 Bits/5 ms = 69,2 kbit/s.

Bei 8 kombinierten Zeitschlitzen erhält man als theoretische obere Grenze für die Datenrate bei EDGE einen Wert von etwa 554 kbit/s.

! Wie schon beim herkömmlichen CSD und GPRS legt man auch bei EDGE verschiedene Kanalcodierungsschemata, d.h. Fehler korrigierende Faltungscodes unterschiedlicher Stärke, fest. Die resultierenden Datenraten und der Anteil der Redundanzbits sind aus Bild 5.72 zu ersehen.

Abhängig von den Empfangsbedingungen ist neben dem Wechsel des Codierschemas auch ein Wechsel zwischen der 8-PSK und der GMSK möglich.

Um die nach der Fehlerkorrektur durch den Faltungscoder verbliebenen Restfehler zu beseitigen, kommen bei EGPRS – wie bei GPRS – ARQ-Verfahren zum Einsatz, die mit den in Abschnitt 3.4.5.1 diskutierten Verfahren der Incremental Redundancy und der Link Adaption verknüpft sind. Diese Verfahren erlauben eine Anpassung des Fehlerschutzes an die aktuell herrschenden Ausbreitungs- und Störbedingungen, wobei sich die Anpassung flexibler und schneller gestalten lässt als bei GPRS.

Weitere Informationen zu EDGE findet man beispielsweise in [44].

5.6 Einige ausgewählte Anwendungen

5.6.1 Gruppenrufe, Rundrufe und Prioritäten für den Bahnfunk und für andere professionelle Anwendungen

Dieser Abschnitt diskutiert einige Leistungsmerkmale, die im GSM-Standard unter der Bezeichnung ASCI (*Advanced Speech Call Items*) eingeführt wurden, um Anforderungen für professionelle Anwendungen gerecht zu werden. Zu diesen Anwendungen zählen z.B. die Steuerung einer Fahrzeugflotte (man denke an eine Spedition oder ein Taxi-Unternehmen) oder der Bahnfunk. So hat die internationale Vereinigung der Bahngesellschaften Mitte der 90er-Jahre beschlossen, den um GPRS und die ASCI-Merkmale erweiterten GSM-Standard als Basis für die Zugsteuerung und die Kommunikation innerhalb des Bahnpersonals zu nutzen.

! Das ASCI-Paket [45; 46] umfasst

- Sprachrundrufe (Voice Broadcast Service),
- Gruppenrufe für Sprache (Voice Group Call),

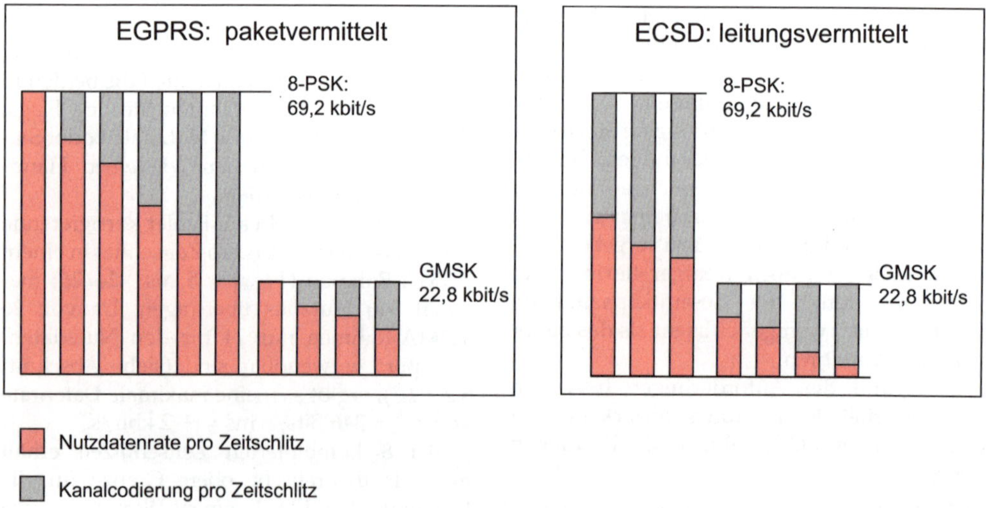

Bild 5.72 Überblick über Codierschemata für EDGE

- die Vergabe von Prioritäten für den Verbindungsaufbau (*Enhanced Multi-Level Priority and Pre-emption*, EMLPP).

Ein Test der ASCI-Funktionalität seitens der T-Mobil erfolgte auf der EXPO 2000 [47]. Dabei wurden z.B. Hostessen und einige Sicherheitskräfte mit speziellen Endgeräten ausgestattet und waren so für Sprachrundrufe bzw. Gruppenrufe erreichbar.

Sprachrundrufe

Bei Sprachrundrufen gibt es einen Sprecher, der eine Sprachnachricht an eine Gruppe von Zuhörern verteilen möchte. Zu dieser Gruppe, die vorab festgelegt wird, können sowohl Mobil- als auch Festnetzteilnehmer gehören. Ebenso ist als Sprecher sowohl ein Mobil- als auch ein Festnetzteilnehmer erlaubt. Ferner ist ein Rundruf immer mit einem bestimmten geografischen Bereich, also einer Gruppe von Funkzellen, verknüpft. Zu betonen ist, dass es bei einem Rundruf jeweils nur einen festen Sprecher gibt, d.h., die Rolle des Sprechers kann während des Rundrufes nicht an andere Teilnehmer übertragen werden.

Um den Rundruf – wie auch den unten beschriebenen Gruppenruf – zu realisieren, wurde die ursprüngliche GSM-Netzarchitektur um ein *Group Call Register* (GCR), das zumeist beim Mobile Switching Centre angeordnet ist, erweitert.

Der Initiator eines Rundrufs wählt eine für diesen Ruf speziell vergebene Nummer. Aus dieser Nummer geht hervor, dass ein bestimmtes GCR für die weitere Wegeleitung zuständig ist. In dem Group Call Register sind unter der gewählten Nummer Informationen darüber zu finden, in welchen Zellen der Ruf auszustrahlen ist und welche Teilnehmer gerufen werden sollen.

Auf der Basis dieser Informationen lassen sich Verbindungen zu den Festnetzteilnehmern der Gruppe aufbauen. Ferner können die Mobilteilnehmer, die sich in den festgelegten Zellen aufhalten, über den anstehenden Rundruf in Kenntnis gesetzt werden. Dies geschieht über die sog. *Notification Channels* der Zellen. Die Notification-Meldung enthält eine Angabe über den Kanal (Frequenz, Zeitschlitz), auf dem der Rundruf erfolgt. Die Notification-Meldung wird während der Dauer des Rundrufs periodisch abgestrahlt, so dass auch Teilnehmer, die erst nach Beginn des Rufs die betreffenden Zellen erreichen, noch in den Ruf «einsteigen» können.

Gruppenteilnehmer, die gerade ein anderes Gespräch führen, erhalten eine Benachrichtigung über die assoziierten Kontrollkanäle (SACCH oder FACCH, siehe Abschnitt 5.2.3.3).

Alle zuhörenden Mobilteilnehmer in einer Funkzelle erhalten die Rundrufinformationen über einen gemeinsamen Downlink-Kanal. Bewegt sich eine zuhörende Mobilstation fort, so führt sie dabei die in Abschnitt 5.4.2.2 beschriebene Cell-Reselection-Prozedur durch. Nach erfolgtem Zellwechsel hört sie den Notification Channel ab und erfährt so, auf welcher Frequenz und auf welchem Zeitschlitz sie mit dem Empfang der Rundrufinformationen fortfahren kann.

Handelt es sich bei dem Initiator des Rufs um einen Mobilteilnehmer, so bekommt er einen normalen Sprachkanal zugeteilt. Bei einem eventuellen Zellwechsel erfolgt ein normaler Handover.

Der Rundruf wird vom Initiator beendet.

Gruppenrufe

Der Gruppenruf unterscheidet sich insofern vom Rundruf, dass die Rolle des Sprechers wechseln kann. Ein Teilnehmer initiiert den Gruppenruf und ist der erste Sprecher. Während des Rufs kann jeder andere Teilnehmer an dem Gruppenruf die Rolle des Sprechers anfordern. Da es bei den Anforderungen zu Kollisionen kommen kann, muss eine Koordination erfolgen. Diese übernimmt das zuständige Mobil Switching Centre in Zusammenarbeit mit den Base Station Controllers.

Enhanced Multi-Level Priority and Pre-emption

Der in diesem Abschnitt beschriebene Mechanismus zur Prioritätenvergabe und -behandlung ist eine Erweiterung eines für das ISDN vorgesehenen Mechanismus.

Innerhalb des GSM-Standards kann ein Gespräch mit einem von 7 Prioritätswerten versehen sein. Den Prioritätswert kann das Netz (auf der Basis voreingestellter Werte) vergeben oder er kann in gewissen Bereichen vom Teilnehmer beim Verbindungswunsch gewählt werden.

Die Prioritäten werden bei der Zuteilung von Ressourcen (Funkkanäle, Kanäle zwischen Vermittlungsstellen, ...) an allen Stellen im Netz berücksichtigt, in besonderen Fällen kann es sogar zur Verdrängung bzw. zur Unterbrechung bestehender Gespräche kommen. Ferner besteht die Möglichkeit, beschleunigte Verbindungsaufbauprozeduren durchzuführen.

5.6.2 Mobiler Internet-Zugang und das Wireless Application Protocol (WAP)

Das Anliegen bei der Entwicklung des Wireless Application Protocols

> ! Das Ziel bei der Entwicklung des Wireless Application Protocols (WAP) bestand (und besteht) darin, Mobilfunkteilnehmern den Zugang zu Diensten zu bieten, die denen des Internets ähnlich sind. Dabei wurde besonderer Wert darauf gelegt, dass dieser Zugang über herkömmliche, nur geringfügig modifizierte mobile Endgeräte möglich sein soll.

Im Vergleich zu einem Internet-Zugang über einen Computer bietet ein mobiles Endgerät

- eine geringere Speicherkapazität,
- ein deutlich kleineres Display, das nicht zur Anzeige komplexer Grafiken geeignet ist,
- eingeschränkte Interaktionsmöglichkeiten (keine Maus, eingeschränkte Tastatur).

Zudem sind die begrenzten Übertragungskapazitäten in einem Mobilfunknetz zu berücksichtigen.

Angesichts dieser Einschränkungen verfolgt man bei WAP den Ansatz, Inhalte (und auch Steuerungsinformationen) auf das Wesentliche zu begrenzen, d.h., auf dem Display des Endgerätes werden nur Textinformationen oder sehr einfache Grafiken angezeigt. Ein Mikrobrowser, der sich typischerweise durch 4 Tasten des Endgeräts bedienen lässt, erlaubt eine Menüführung und eine Navigation durch die internetähnlichen Seiten.

WAP-Standardisierung

Die Standardisierung von WAP erfolgt in dem 1997 gegründeten WAP-Forum (www.wapforum.org), dem inzwischen mehr als 350 Mitglieder (Endgerätehersteller, Hersteller von Netzkomponenten, Software-Häuser, Netzbetreiber, Service-Provider) angehören. Das WAP-Forum unterhält enge Kontakte zu Standardisierungsorganisationen, die für den Mobilfunkbereich (z.B. ETSI) oder den Internetsektor (z.B. W3C) zuständig sind. Die WAP-Spezifikationen sind gebührenfrei auf der Homepage des WAP-Forums erhältlich [49]. Dort wie auch auf der Homepage der GSM Association findet man ebenfalls einige einführende Dokumente [50; 51; 104].

Die Anwendungsschicht von WAP

Die Darstellung der Informationen auf dem Handy-Display erfolgt auf der Basis der Wireless Markup Language (WML). Diese Seitenbeschreibungssprache bildet innerhalb von WAP das Gegenstück zur Hyper Text Markup Language (HTML), also zur Beschreibungssprache von Internetseiten. Dabei werden Informationen in Form von Decks (Kartenstapel), die aus einer oder mehreren Cards (Karten) bestehen, an das Handy übertragen. Auf dem Display lässt sich jeweils nur eine Card darstellen, allerdings speichert das Handy alle Cards eines Decks, sodass man zwischen den Cards eines Decks wechseln kann, ohne auf das Netz zuzugreifen.

Die Wireless Markup Language stellt Befehle bereit, um

- eine Gliederung in Cards vorzunehmen,
- das Layout von Cards festzulegen,
- Text zu formatieren (fett, kursiv, unterstrichen),

- Links (Verbindungen) zu anderen Cards und zu anderen Decks herzustellen,
- Auswahllisten anzubieten,
- Menüs und Formulare zu erstellen und
- einfache Grafiken einzubinden.

Ein Beispiel für ein WML-Dokument und das zugehörige Erscheinungsbild auf dem Handy-Display zeigt Bild 5.73. Grafiken müssen in einem speziellen Format vorliegen (als WAP-Bitmap mit der Dateiendung «.wbmp») und können bisher nur als Schwarzweiß-Grafiken dargestellt werden. Zusammen mit der Programmiersprache WML-Skript (Analogon zu JavaScript bei HTML-Seiten), die es erlaubt, WML-Decks interaktiv zu gestalten, bildet die Wireless Markup Language einen wichtigen Bestandteil des Wireless Application Environments (WAE), der obersten Schicht des Wireless Application Protocols. Zum WAE gehören ferner die Funktionen der Wireless Telephony Applications (WTA), die eine programmierbare Schnittstelle zur Realisierung spezieller Telefondienste bieten. Damit ist es z.B. möglich, die Anrufweiterleitung menügesteuert durchzuführen oder auf ein im Netz abgelegtes Telefonbuch zuzugreifen, eine Nummer zu erfragen und automatisch eine Verbindung zu der selektierten Rufnummer aufzubauen.

Die WAP-Netzarchitektur

Ein Beispiel für eine Netzarchitektur, mit denen diese Dienste realisiert werden, ist in Bild 5.74 gezeigt.

Eine Mobilstation startet als Client eine Anfrage (Request) nach einer bestimmten Information. Die zugehörige Adresse ist – wie bei einer Internetseite – durch einen Uniform Resource Locator (URL) gegeben. Die gewünschte Information kann entweder auf einem speziellen WAP Application Server oder einem normalen WWW-Server abgelegt sein. In letzterem Fall wird der Request über ein WAP-Gateway an den jeweiligen WWW-Server weitergeleitet. Auch die Antwort (Response) verläuft über das WAP-Gateway. Ein HTML-Dokument muss dabei zunächst gefiltert und in ein WML-Dokument gewandelt werden.

Die Übertragung innerhalb des Funknetzes erfolgt in einer binär codierten kompakten Form (binäres WML). Ein WAP-Gateway kann auch als so genannter Proxi-Server dienen.

```
<?xml version="1.0"?>
<!DOCTYPE wml PUBLIC "-//WAPFORUM//DTD
WML 1.1//EN" "http://www.wapforum.org/DTD/wml_1.1xml">

<wml>
   <card id="init" newcontext="true">
      <do type= "options" label ="Inhalte">
         <go href="#Inhalt"/>
      </do>
      <p align="left"> <img src ="logo1.wbmp" alt="Uni-Paderborn"/> </p>
      <p align="center"> <b> Fachhochschule Meschede </b> </p>
      <p align="center"> eine Abteilung der </p>
      <p align="center"> Uni GH Paderborn </p>
   </card>

   <card id="Inhalt" title=" Studium in Meschede">
        <p> <a href="uwap/info.wml">&#xBB;Studiengaenge      </a> br/> </p>
        <p> <a href="uwap/info.wml">&#xBB;Veranstaltungen</a> br/> </p>
        <p> <a href="uwap/info.wml">&#xBB;Dozenten           </a> br/> </p>
        <p> <a href="uwap/info.wml">&#xBB;wichtige Termine</a> br/> </p>
        <p> <a href="uwap/info.wml">&#xBB;Anschrift          </a> br/> </p>
   </card>
..
</wml>
```

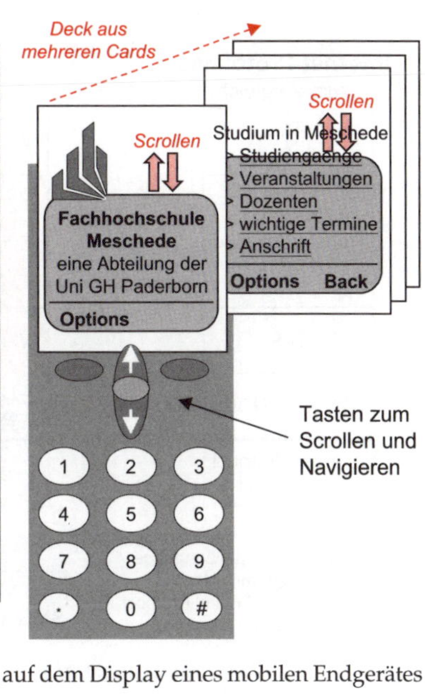

Bild 5.73 Beispiel für ein WML-Dokument und seine Darstellung auf dem Display eines mobilen Endgerätes

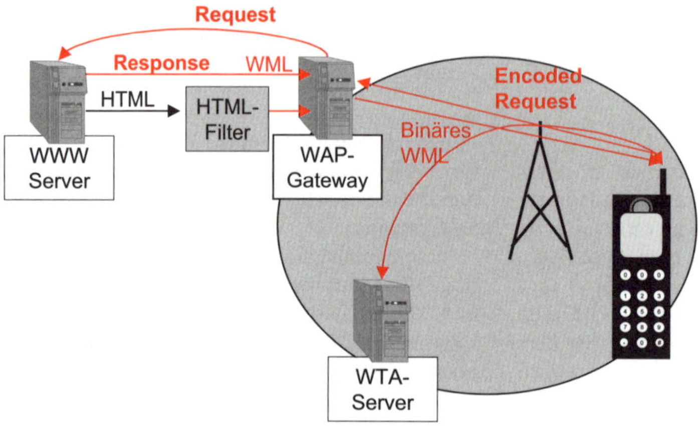

Bild 5.74
Beispiel für ein WAP-Netz

D.h., häufig angefragte Informationen werden dort zwischengespeichert und können bei einer erneuten Anfrage direkt an die jeweilige Mobilstation gesandt werden, ohne den ursprünglichen WWW-Server einzubeziehen.

Die Protokollarchitektur von WAP

Die WAP-Protokollarchitektur ist in Bild 5.75 im Vergleich zur Internet-Protokollarchitektur illustriert. Die oberste Schicht des Protokollstapels, das Wireless Application Environment, wurde bereits zuvor erläutert.

Zu den Aufgaben des darunter liegenden Wireless Session Protocols gehört es, eine Verbindung zwischen der Mobilstation und dem WAP-Gateway aufzubauen. Innerhalb dieser Schicht sind Mechanismen vorgesehen, um

- die Übertragung überflüssiger Steuerungsinformationen zu reduzieren und um

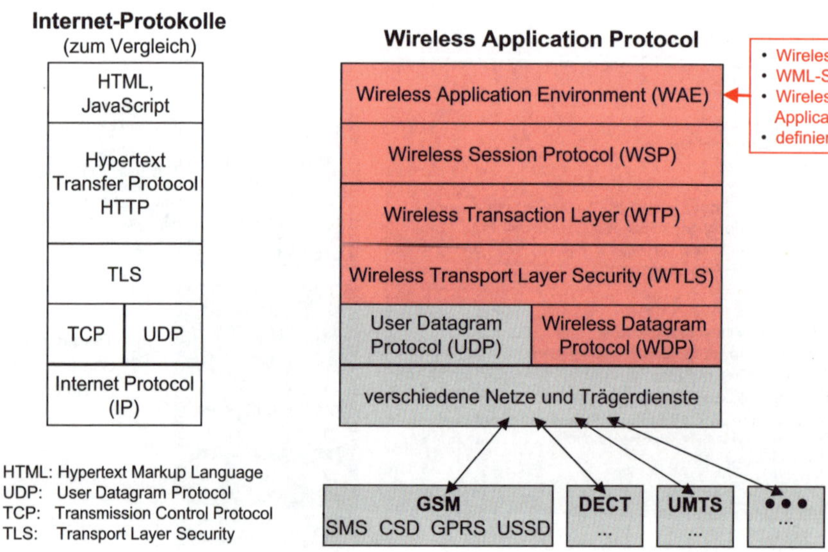

Bild 5.75 Die WAP-Protokollarchitektur

- Sessions zwischenzeitlich auszusetzen und später – ohne aufwendigen Austausch der Verbindungsparameter – einfach und schnell wieder aufzunehmen.

Ferner bietet die WSP-Schicht auch einen verbindungslosen Dienst zum schnellen Austausch kurzer Informationen. Hervorzuheben ist, dass das Wireless Session Protocol auch sog. Push-Dienste ermöglicht, bei denen ein Server – ohne vorherige Anfrage – Informationen an den Client senden kann (z. B. Straßenverkehrsmeldungen, Entwicklung von Aktienkursen).

Die Aufgabe des Wireless Transaction Protocols besteht darin, die zu übertragenden Informationen in Datenpakete zu zerlegen bzw. zusammenzufassen und diese bei Bedarf durch ein selektives ARQ-Verfahren gegen Übertragungsfehler zu sichern.

Die sicherheitsrelevanten Funktionen werden durch die Wireless Transport Layer Security (WTLS) abgedeckt. Sie basieren auf den für das Internet entwickelten Mechanismen des Transport Layer Security und umfassen

- die Zugangsberechtigungsprüfung (Authentication),
- die Verschlüsselung von Daten,
- den Integrity Check, d. h., es wird überprüft, ob die erhaltenen Daten echt sind und nicht verfälscht wurden; als unecht eingeschätzte Daten lassen sich automatisch zurückweisen.

Das Wireless Datagram Protocol, das den darüber liegenden Schichten eine verbindungslose Paketübertragung bietet, hat die Aufgabe, eine Anpassung an die darunter liegenden Trägerdienste vorzunehmen, so dass sich WAP-Anwendungen ohne Modifikationen in den unterschiedlichsten Mobilfunknetzen betreiben lassen. Zwar ist GSM derzeit das bedeutendste Mobilfunknetz für WAP-Anwendungen, doch lassen sich diese auch bei DECT (siehe Abschnitt 6.1) und UMTS (siehe Abschnitt 6.5) sowie bei zahlreichen anderen Systemen nutzen.

Innerhalb von GSM sind wiederum mehrere Trägerdienste für WAP möglich, nämlich

- der Circuit Switched Data Service (CSD),
- der General Packet Radio Service (GPRS),
- der Short Message Service (SMS)
- sowie die Unstructured Supplementary Services Data (USSD).

Der zuletzt genannte Dienst hat in manchen Beziehungen ähnliche Eigenschaften wie der Short Message Service: Daten werden in Paketen zu maximal 182 Zeichen über GSM-Signalisierungskanäle transportiert, d. h., der Bedarf an Funkressourcen ist gering (damit allerdings auch die Übertragungsrate). Im Gegensatz zum SMS handelt es sich bei USSD um einen verbindungsorientierten Dienst.

In der Startphase von WAP wurde in den GSM-Netzen in Deutschland CSD als Trägerdienst genutzt. Für WAP-Anwendungen sind jedoch paketvermittelte Datendienste günstiger, so dass sich voraussichtlich GPRS zum vorherrschenden Trägerdienst entwickeln wird.

Anzumerken ist, dass – wenn in der Netzschicht des jeweiligen Trägerdienstes das Internet Protocol (IP) zum Einsatz kommt (z. B. bei GPRS, vgl. Abschnitt 5.5.4.5) – das Wireless Datagram Protocol durch das im Zusammenhang mit dem IP-üblichen User Datagram Protocol (UDP) ersetzt wird [3].

5.6.3 Location Services

Das wesentliche Kennzeichen eines Mobilfunknetzes ist, dass die Teilnehmer Telekommunikationsdienste von jedem beliebigen Ort innerhalb des Versorgungsgebietes wahrnehmen können. Die Idee, die hinter den so genannten Location Services (LCS) steckt, besteht darin, diese Dienste in verschiedener Weise mit der Position des Teilnehmers zu verknüpfen und damit ihren Wert zu steigern.

Daraus ergeben sich drei Fragestellungen, die in diesem Abschnitt diskutiert werden sollen:

- Wie geschieht diese Verknüpfung, und welche Location-Services-Typen resultieren daraus?
- Welche prinzipiellen Methoden der Positionsbestimmung gibt es?
- Wie sieht die Netzarchitektur zur Realisierung der Location Services aus?

Die wichtigsten Typen und einige Beispiele für Location Services sind in Tabelle 5.20 zusammengefasst.

Tabelle 5.20 Typen von Location Services

Typ	Beispiele
Sicherheitsdienste	– bei einem Notruf wird automatisch die Position übermittelt – Katastrophenwarnungen werden an alle Mobilfunkteilnehmer, die sich in den betroffenen Gebieten aufhalten, übermittelt
positionsbezogene Gebühren	– günstigere Gebühren für eine Privatperson in deren Heimbereich – günstigere Gebühren für Firmenangehörige am Arbeitsplatz
positionsabhängiger Verbindungsaufbau	– bei einer Panne wird das Gespräch automatisch an die nächstgelegene Werkstatt weitergeleitet
Positionsverfolgung	– Verkehrsüberwachung – Verfolgung der Positionen von Fahrzeugen (z. B. Taxis oder Lkws) und Transportgütern durch die Zentrale
positionsbezogene Informationsdienste	– Navigation – Informationen über Gebäude oder Landschaften bei Besichtigungstouren – regionale Wettervorhersage oder Werbung – mobile gelbe Seiten: z. B. Hinweise auf nahe gelegene Restaurants
Informationen für die Netzplanung und -gestaltung	– positionsabhängige Handover- oder Kanalzuteilungsalgorithmen – mit Positionsdaten verknüpfte Messwerte zur Netzgüte und Verkehrslast lassen sich in der Netzplanung berücksichtigen

Methoden zur Positionsbestimmung

Die einfachste, ohne jegliche zusätzliche Modifikationen durchführbare Methode zur Positionsbestimmung beruht darauf, dass im Funknetz bekannt ist, in welcher Zelle ein Gespräch begonnen wurde.

In den Kernbereichen von Großstädten, bei denen die Zellradien in Bereichen von einigen hundert Metern liegen, ergibt sich eine recht brauchbare Angabe. In ländlichen Gebieten ist die Methode für viele Anwendungen jedoch zu ungenau.

Eine andere Methode, bei der zumindest keine Modifikation der Mobilstation vorgenommen werden muss, besteht darin, an mehreren bekannten Orten die Ankunftszeiten (Time of Arrival, TOA) eines von der Mobilstation ausgesandten Signals zu messen. Dazu platziert man an verschiedenen Stellen im Netz so genannte *Location Measurement Units* (LMU), wobei diese am Standort einer Basisstation, aber auch an anderen Orten installiert werden können (Bild 5.76).

Um eine Positionsbestimmung vorzunehmen, wird die betreffende Mobilstation durch eine Handover-Command-Meldung dazu veranlasst, Handover-Access-Bursts zu senden. Mindestens 3 Location Measurement Units messen die Ankunftszeiten dieser Meldungen und leiten ihre Messwerte an ein Mobile Location Centre (MLC) weiter. Aus der Differenz $\Delta\tau_{j,k} = \tau_j - \tau_k$ zwischen jeweils 2 Ankunftszeiten und den bekannten Positionen der zugehörigen LMUs kann das MLC darauf schließen, dass sich die Mobilstation auf einer bestimmten, zwischen den LMUs verlaufenden Hyperbel befindet. Aus dem Schnittpunkt mehrerer Hyperbeln ergibt sich die Position der MS. Ungenauigkeiten bei diesem Verfahren kommen insbesondere durch die Mehrwegeausbreitung zustande. Ferner ist zu beachten, dass sich ein beträchtlicher Aufwand durch die zu installierenden LMUs ergibt.

Eine Positionsbestimmung durch Messungen von Ankunftszeiten ist auch durch modifizierte Mobilstationen möglich. Bei dieser als Enhanced-Observed-Time-Difference (E-OTD) bezeichneten Methode misst die Mobilstation die Differenz zwischen den Ankunftszeiten

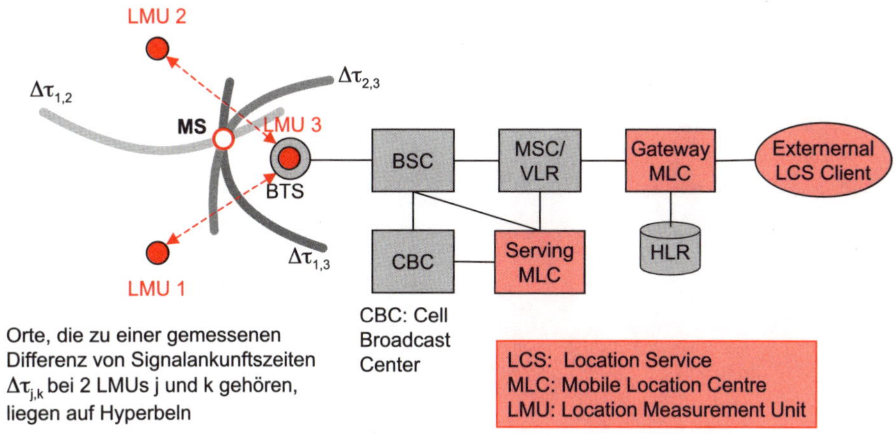

Bild 5.76 Beispiel für eine Netzarchitektur zur Realisierung von Location Services

von bestimmten Signalen, die von mehreren Basisstationen abgestrahlt werden.

Aus den gemessenen Zeitdifferenzen lässt sich allerdings nur dann – ähnlich wie bei der vorherigen Methode – die Position berechnen, wenn

- entweder die vermessenen Signale synchron ausgestrahlt wurden
- oder die Zeitdifferenz zwischen den Aussendezeitpunkten bekannt ist.

Auch diese Methode erfordert also einen nicht geringen zusätzlichen Aufwand und ist in ihrer Genauigkeit ebenfalls durch die Mehrwegeausbreitung eingeschränkt.

> ! Die höchste Messgenauigkeit lässt sich für Mobilstationen erzielen, die zusätzlich mit einem GPS-Empfänger ausgestattet sind.

Dabei verwendet das Global Positioning System (GPS) ebenfalls die Methode der Messung von Ankunftszeiten. Die Referenzsignale werden dabei von Satelliten abgestrahlt, die in etwa 20 000 km Entfernung die Erde umkreisen. Für diese Methode müssen hinreichende Empfangspegel von mindestens 4 Satelliten vorliegen – eine Voraussetzung, die gerade innerhalb von Gebäuden oder in engen Straßenschluchten kritisch sein kann.

Netzarchitektur

Die vorangehende Diskussion hat gezeigt, dass die unterschiedlichen Methoden zur Lokalisierung von Mobilstationen verschiedene Vor- und Nachteile besitzen bzw. auf manche Mobilstationen gar nicht anwendbar sind. Insofern greift man auf die gesamte Vielfalt der geschilderten Methoden zurück.

Eine Anwendung, die eine Lokalisierung erfordert, gelangt zunächst zum Gateway Mobile Location Centre (GMLC). Das GMLC erfragt den Aufenthaltsbereich des Teilnehmers beim HLR und überprüft, ob die Anwendung autorisiert ist, die Position des Teilnehmers zu erhalten. Aus Datenschutzgründen muss ein Teilnehmer (außer bei den Sicherheitsdiensten) sein ausdrückliches Einverständnis über eine Positionsbestimmung erklären. Dies kann er generell für bestimmte Anwendungen tun, oder er wird über eine Anfrage zur Positionsbestimmung informiert und kann sich entscheiden, ob er sie zulassen will oder nicht.

Eine zulässige Positionsanfrage leitet das GMLC an das Serving Mobile Location Centre (SMLC) weiter. Dieses wählt eine (oder mehrere) Positionsbestimmungsmethoden aus, aktiviert eventuell die Location Measurement Units, berechnet aus den angelieferten Messdaten die Position und schätzt die zugehörige Genauigkeit ab.

Weitere Informationen zu Location Services findet man unter [52; 53 und 54].

6 Weitere bedeutende Mobilfunksysteme

Ein wesentliches Merkmal des zuvor besprochenen GSM-Systems besteht darin, dass es die Möglichkeit bietet, von nahezu jedem beliebigen Ort Europas aus telefonieren und Daten austauschen zu können bzw. überall erreichbar zu sein. Diese Möglichkeit steht jeder Person offen, sofern sie sich entschließt, Kunde bei einen GSM-Betreiber (eventuell über einen Service Provider) zu werden. Bei GSM-Netzen handelt es sich also um öffentliche Netze, für deren Betrieb die jeweiligen Betreibergesellschaften in einem Ausschreibungs- oder Versteigerungsverfahren eine Lizenz erwerben mussten, und die den jeweiligen Kunden eine europaweite Mobilität garantieren. Das Gleiche gilt für das Universal Mobile Telecommunications System (UMTS), das in Abschnitt 6.5 näher erläutert wird.

Hingegen ist es das Ziel der in den Abschnitten 6.1 bis 6.4 zu besprechenden Systeme, im Büro- oder Heimbereich unliebsame und lästige Kabel z.B. zwischen der Telefonanschlussbuchse und dem Telefon, zwischen Computer und Drucker oder sogar bei einer Computervernetzung zu vermeiden, um eine höhere Flexibilität zu erreichen. Der Betrieb der jeweiligen Netze ist zumeist auf lokal begrenzte, nicht öffentliche Bereiche beschränkt und erfordert dementsprechend keinen Lizenzerwerb. (Selbstverständlich dürfen nur behördlich zugelassene Systemkomponenten verwendet werden, und es sind allgemeine Betriebsbedingungen – z.B. zur maximalen Sendeleistung – einzuhalten.) Man spricht daher von privaten lokalen Funknetzen. Ferner ist zu betonen, dass es bei diesen Systemen auch Einschränkungen für die Bewegungsgeschwindigkeit eines Nutzers gibt: Die Systeme sind i. Allg. auf Fußgängergeschwindigkeiten oder sogar nur auf stationäre Anwendungen ausgelegt.

Bei derartigen Funksystemen für die lokale Vernetzung kann man nochmals zwischen den in Bild 6.1 illustrierten Systemarten unterscheiden, wobei sich die Grenze jedoch nicht eindeutig festlegen lässt:

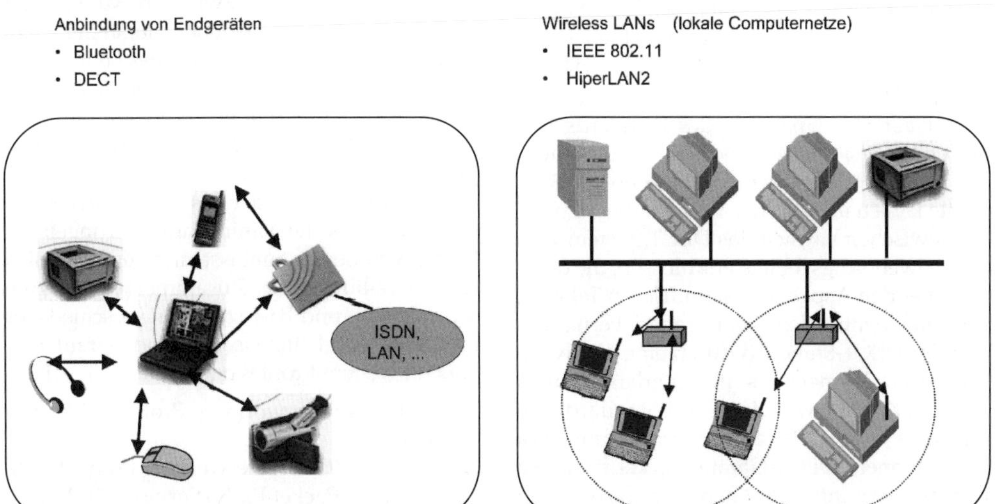

Bild 6.1 Systeme für die drahtlose lokale Vernetzung

- Systeme für die drahtlose lokale Vernetzung von Geräten zum Austausch von Information bzw. Daten bis zu einer Datenrate von etwa 1 bis 2 Mbit/s;
- Systeme für die lokale Vernetzung von Computern bei Datenraten von einigen 10 Mbit/s und mehr.

Als derzeit bedeutendste Vertreter dieser Systeme sind das DECT- und das Bluetooth-System für die erste Art sowie die Systeme nach dem IEEE-802.11- und dem HiperLAN/2-Standard für die 2. Art zu nennen. Die Funktionsweise dieser Systeme und die Bedeutung der Abkürzungen werden in den folgenden Abschnitten erläutert.

6.1 Digital Enhanced Cordless Telecommunications (DECT)

6.1.1 Anmerkungen zur Entwicklung des DECT-Standards

Der Entstehungsprozess

Der DECT-Standard (DECT: Digital Enhanced Cordless Telecommunications) wurde Ende der 80er- und Anfang der 90er-Jahre als europaweit einheitlicher Standard konzipiert, um die analogen schnurlosen (engl.: *cordless*) Telefonsysteme zu ersetzen und dabei Verbesserungen in Bezug auf die Sprachqualität, Abhörsicherheit und Nutzungsmöglichkeiten zu schaffen. Die damalige Bedeutung der Abkürzung DECT, nämlich Digital European Cordless Telephone, deutet auf den Ursprung des Standards hin. Die erste Version des Standards wurde seitens der ETSI 1992 verabschiedet, die ersten Endgeräte kamen im Sommer 1993 auf den Markt.

Inzwischen hat sich das DECT-System weitere Anwendungsgebiete erschlossen, die deutlich über den Aspekt des schnurlosen Telefons für den Heimbereich hinausgehen. Ferner hat sich der DECT-Standard durch eine weltweite Akzeptanz in mehr als 100 Ländern ähnlich rasch verbreitet wie der GSM-Standard. Bis Ende des Jahres 2000 wurden insgesamt etwa 75 Millionen DECT-Geräte verkauft. Diese und weitere Informationen zur Verbreitung von DECT findet man auf den Internetseiten des DECT Forums [56].

DECT-Standardisierung

Anders als bei GSM bestand das ursprüngliche Anliegen der DECT-Standardisierung nicht darin, komplette Telekommunikationsdienste zu spezifizieren und das Zusammenspiel mit anderen Netzen (Interworking) zu regeln. Vielmehr wurde zunächst eine Art Baukastenprinzip mit vielen Signalisierungsmöglichkeiten und verschiedenen Trägerdiensten entwickelt, aus denen sich auf flexible Weise eine Vielzahl von Telekommunikationsdiensten zusammensetzen lässt. Die entsprechenden Festlegungen sind in den so genannten *Common Air Interface Specifications* dokumentiert:

ETSI Technical Specification 300 175-1...-8: Digital Enhanced Cordless Telecommunications (DECT) Common Air Interface

- Part 1: Overview
- Part 2: Physical Layer
- Part 3: Medium Access Control Layer
- Part 4: Data Link Control Layer
- Part 5: Network Layer
- Part 6: Identities and Addressing
- Part 7: Security Features
- Part 8: Speech Coding and Transmission

Da es beim Zusammenbau von Diensten und bei der Regelung des Interworkings mit anderen Netzen (ISDN, analoges Telefonnetz) jedoch einige Freiheiten gab, war ein reibungsloses Zusammenspiel zwischen Mobil- und Basisstationen verschiedener Hersteller nicht gewährleistet. Daher entschloss man sich, wichtige Telekommunikationsdienste und den Übergang zu anderen Netzen detailliert in so genannten *Application Profiles* (Anwendungsprofile) zu spezifizieren.

Die Basis dafür bildet das *Generic Access Profile* (GAP), das die Minimalanforderungen für Fernsprechdienste umfasst und diesbezüglich für ein reibungsloses Zusammenwirken zwischen Mobil- und Basisstationen verschiedener Hersteller sorgt. Inzwischen sind darauf aufbauend weitere Profiles entstanden, wie z. B.:

- die ISDN Interworking Profiles (IIP und IAP),
- das DECT/GSM Interworking Profile (GIP),
- der DECT Packet Radio Service (DPRS),
- das DECT Multimedia Access Profile (DMAP).

Überblick über wichtige Leistungsmerkmale

!

Das DECT-System zeichnet sich durch folgende wichtige Leistungsmerkmale aus, von denen einige in den anschließenden Abschnitten ausführlicher erläutert werden:

- Mehrzellenbetrieb mit Roaming und Handover;
- viele Anwendungsbereiche (siehe auch Abschnitt 6.1.2):
  - schnurlose Telefonanlage für den Heim- und Bürobereich,
  - drahtlose Anbindung eines Computers an das ISDN,
  - drahtlose Verbindung zwischen Computer und Drucker, ... [57],
  - Fernüberwachung und Steuerung von Maschinen (Telemetrie),
  - drahtlose Anbindung von Strichcodelesern und Kreditkartenterminals;
- zahlreiche Tele- und Trägerdienste:
  - Sprachdienst mit hoher Qualität, Bildtelefonie, ISDN-Dienste,
  - Datendienste bis 552 kbit/s (in weiteren Versionen bis 2 Mbit/s);
- Zusatzdienste wie z. B.
  - Rufnummernanzeige,
  - Anklopfen, Makeln,
  - Anrufweiterleitung;
- Zugang zu vielen anderen Netzen:
  - analoges Telefonnetz, ISDN,
  - lokale Computernetze (Ethernet, Token Ring),
  - direktes Interworking mit dem Internet-Protokoll;
- sicherheitsrelevante Netzfunktionen:
  - Authentication,
  - Verschlüsselung,
  - temporäre Kennungen.

Für die Authentication und Verschlüsselung verwendet DECT ähnliche Mechanismen, wie sie für den GSM-Standard erläutert wurden (siehe Abschnitt 5.3.4). Zu beachten ist dabei, dass nicht nur eine Authentication der Mobilstation, sondern auch eine Authentication der Basisstation durch die Mobilstation erfolgen kann.

Eine detaillierte Darstellung des DECT-Systems mit seinen Protokollen findet man in [58]. Eine knappen und guten Überblick gibt [59].

6.1.2 Systemarchitektur

6.1.2.1 Anwendungsbereiche und Systemkonfigurationen

Schnurloses Telefon für den Heimbereich

!

Für die Anwendung im Heimbereich besteht die Systemkonfiguration i. Allg. aus einem sog. *Fixed Part* (FP) und einem oder mehreren schnurlosen, *Portable Parts* (PP) genannten, Telefonen (Bild 6.2). Der Portable Part entspricht der Mobilstation des GSM-Standards, dem Fixed Part kommen mehrere Aufgaben zu:

Der *Radio Fixed Part* (RFP) hat eine ähnlich Aufgabe wie eine GSM-Basisstation, nämlich die der funktechnischen Versorgung eines bestimmten Gebietes. Aufgrund der geringeren Sendeleistung und Empfängerempfindlichkeit ist die Reichweite bei DECT deutlich geringer als bei GSM. Sie beträgt typischerweise ca. 50 m in Gebäuden sowie etwa 200 bis 300 m im Freien und hängt stark von den Funkausbreitungsbedingungen ab (Wandstärken, Hindernisse, Installationsort; siehe Abschnitt 7.3.5).

Anders als eine GSM-Basisstation besitzt der DECT Fixed Part eine gewisse Vermittlungsfunktion, nämlich für Interngespräche.

Bei solchen Gesprächen müssen sich die betreffenden Portable Parts im Versorgungsbereich eines DECT Fixed Parts befinden, und ihre Kennziffern müssen dort registriert sein (in einer kleinen Datenbank DB).

Um einen Fixed Part an ein externes Netz wie das analoge Telefonnetz oder das ISDN anzuschließen, benötigt er eine Interworking Function, die die DECT-spezifischen Übertragungsverfahren und Signalisierungsprotokolle an die des externen Netzes anpasst.

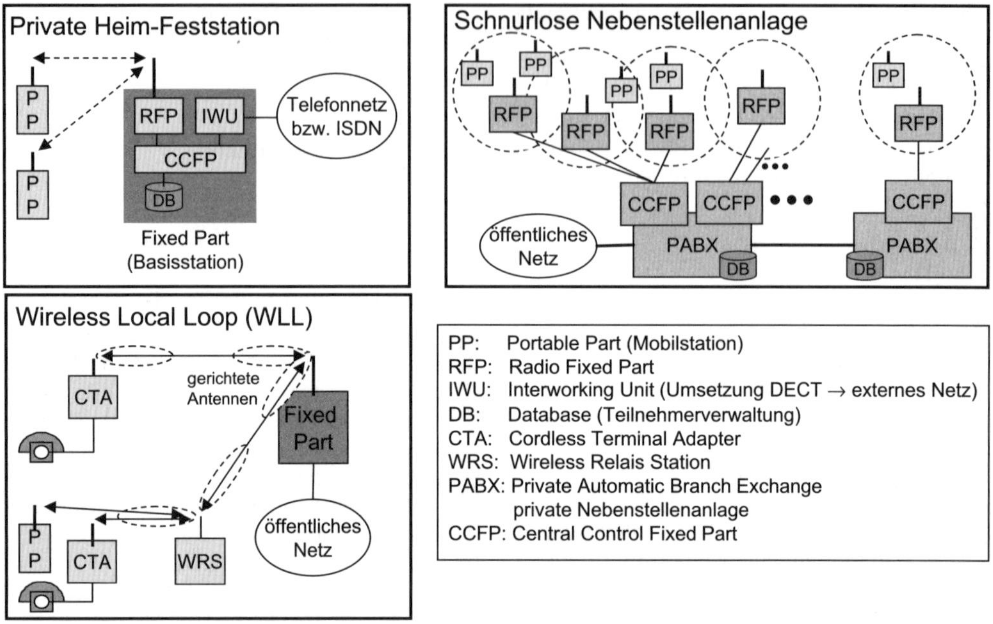

Bild 6.2 DECT-Anwendungsbereiche und Konfigurationen

Mehrzellenbetrieb und Schnurlose Nebenstellenanlagen

Um Bürogebäude oder ein größeres Firmengelände zu versorgen, erlaubt der DECT-Standard den Mehrzellenbetrieb (Bild 6.2). Dazu installiert man an verschiedenen Orten des zu versorgenden Bereiches mehrere Radio Fixed Parts. Diese werden über ein lokales Netz an eine gemeinsame zentrale Steuerungseinheit (Central Control Fixed Part CCFP) und dann weiter an eine private Nebenstellenanlage (Private Automatic Branch Exchange PABX) angeschlossen. Häufig sind die zentralen Steuereinheiten sowie die Datenbanken für die Teilnehmerverwaltung auch in die privaten Nebenstellenanlagen integriert. Bei einem größeren Firmengelände oder bei einer Firma mit verschiedenen Standorten lassen sich mehrere Steuerungseinheiten und Nebenstellenanlagen zu einem größeren Netz verbinden. Auf diese Weise ist eine Versorgung von vielen tausend DECT-Teilnehmern in einem Netz mit einigen hundert Radio Fixed Parts möglich [60].

Das für eine solche Konfiguration vorgesehene Mobilitätsmanagement erlaubt ein Roaming zwischen den verschiedenen Netzbereichen, wobei die aktuellen Aufenthaltsbereiche (Location Areas) eines Teilnehmers in den jeweiligen Datenbasen gespeichert sind. Ferner sorgen Handover-Mechanismen für die Aufrechterhaltung einer Verbindung bei einer Positionsänderung des Teilnehmers. Solche Handover können sehr schnell und vollkommen unterbrechungsfrei ausgeführt werden, wenn die beteiligten Zellen zu dem gleichen Cluster gehören. Bei einem Cluster (im Sinne von DECT) handelt es sich um eine Gruppe von Zellen, die bei der Systemkonfiguration festzulegen ist. Dieser Begriff eines Clusters sollte nicht mit demjenigen verwechselt werden, wie er im Zusammenhang mit der Frequenzplanung gebräuchlich ist (Abschnitt 7.5.2.1).

Öffentliche DECT-Netze

Der DECT-Standard ermöglicht auch den Betrieb von öffentlichen Netzen. Bei dieser als Cordless Terminal Mobility bezeichneten Anwendung kann man mit seinem DECT-Endgerät (bei verschiedenen Tarifen) sowohl von seiner Heimbasisstation aus als auch über das von einem Betreiber in z. B. einem Innenstadtbereich installierte Netz telefonieren. Ferner wird man bei einem ankommenden Ruf in dem jeweiligen Versorgungsbereich gefunden. Ein solches öffentliches Netz wurde Ende der 90er-Jahre in Italien errichtet, musste jedoch nach einiger Zeit aufgrund veränderter regulatorischer Randbedingungen seinen Betrieb einstellen [61.

Drahtlose Zugangsnetze auf DECT-Basis

> **!** Einen bedeutenden Marktanteil von DECT machen so genannte *Wireless-Local-Loop*(WLL)-Anwendungen aus, bei denen der Anschluss von fest installierten Endgeräten an das öffentliche Telefonnetz nicht über Kabel, sondern über DECT-Funkverbindungen realisiert wird (Bild 6.2).

Weltweit gibt es bereits mehrere Millionen solcher WLL-DECT-Anschlüsse [61]. Bei Verwendung von gerichteten Antennen mit hohem Antennengewinn und bei freier Sicht lassen sich Reichweiten von etwa 5 km erzielen, die man durch den Einsatz von DECT-Relaisstationen (*Wireless Relay Station*, WRS) weiter steigern kann. Solche Relaisstationen, die es auch für den Heim- und Bürobereich gibt, verhalten sich in der einen Richtung als Portable Part und in der anderen Richtung als Radio Fixed Part.

Die Antenne des Radio Fixed Parts ist bei dieser Anwendung an exponierter Stelle installiert; ebenso lässt sich die Antenne des Cordless Terminal Adapters, ein Portable Part mit einem Anschluss für ein anderes fest installiertes Endgerät, z. B. auf dem Dach des zu versorgenden Gebäudes montieren.

Integration von DECT in GSM-Netze

Die einfachste Form des Zusammenwirkens von DECT und GSM setzt ein Dual-Mode-Endgerät voraus, d. h. ein Endgerät, in dem sowohl die Übertragungsverfahren und Protokolle des GSM- als auch die des DECT-Standards realisiert sind. Hält man sich in der Nähe seines Hauses auf, so telefoniert man über die DECT-Basisstation zu den üblichen Festnetztarifen. Verlässt man den DECT-Versorgungsbereich, so kann mit dem gleichen Gerät das GSM-Netz genutzt werden – allerdings zu den höheren Mobilfunkgebühren. Einige Betreiber bieten ihren Kunden dabei die Möglichkeit, in beiden Bereichen unter ein und derselben Rufnummer erreichbar zu sein und auch eine (gemeinsame) Endabrechnung zu erhalten. Ein Handover, also ein unterbrechungsfreies Weiterreichen einer bestehenden Verbindung, zwischen DECT- und GSM-Zellen ist jedoch in dem bisher beschriebenen Fall nicht möglich.

Neben dieser bereits realisierten Form der Konvergenz von DECT und GSM hat man eine andere, weitergehende Form des Zusammenspiels standardisiert, die eine Erweiterung von GSM-Netzen um öffentlich zugängliche DECT-Zellen erlaubt. Die DECT-Zellen können dabei z. B. die Versorgung von Bereichen hoher Verkehrslast (Bahnhöfe, Flughäfen, Fußgängerzonen) übernehmen. In diesem Fall werden die DECT Fixed Parts über eine spezielle Interworking-Einheit an ein GSM-MSC angeschlossen, so dass die volle Mobilität – also auch ein Handover zwischen DECT und GSM – möglich ist [58].

Direct Modus

> **!** Der DECT-Standard ermöglicht auch mobile Endgeräte, die direkt – d. h. ohne eine Basisstation, die an ein externes Netz angeschlossen werden muss – miteinander kommunizieren.

So lässt sich beispielsweise über DECT ein Datenaustausch zwischen 2 Laptops oder zwischen einem PC und einem Drucker oder zwischen einer Videokamera und einem PC realisieren.

6.1.2.2 Adressen und Kennziffern

Wie im GSM-Standard so gibt es auch beim DECT-Standard einige Kennziffern, um Teilnehmer, Geräte und Funkzellen zu identifizieren. Je nach Anwendungsgebiet sind die jeweiligen Kennziffern unterschiedlich aufgebaut.

So unterscheidet man auf Seiten des Fixed Parts zwischen 5 so genannten *Access Rights Classes* (ARC) und auf Seiten des Nutzers zwischen 8 *Portable User Types* (PUT). Dieser Abschnitt erläutert den Aufbau und die Verwendung der jeweiligen Kennziffern für die folgenden beiden Anwendungsszenarien (Bild 6.3):

- ARC A: Heimbereich mit einem Radio Fixed Part oder kleine Nebenstellenanlage mit bis zu 7 Radio Fixed Parts;
- ARC B: große Nebenstellenanlage mit bis zu 256 Radio Fixed Parts.

In beiden Fällen besteht die Kennziffer eines Radio Fixed Parts, die Radio Fixed Part Identity RFPI, aus

- einem Bit (E), das angibt, ob weitere Access Rights Identifier in der Zelle verfügbar sind,
- dem Access Rights Code (ARC),
- einem Hersteller- bzw. Netzbetreibercode,
- einer Kennung desjenigen Fixed Parts (FPN), der die Radio Fixed Parts steuert,
- einer Fixed Part Subnumber (FPS),
- der Nummer des jeweiligen Radio Fixed Parts (RPN).

Jeder Radio Fixed Part strahlt seine RFPI in einem bestimmten Rhythmus ab, sodass sie alle Portable Parts in der Zelle decodieren können (siehe Abschnitt 6.1.3.6).

Während der Hersteller- und Betreibercode sowie die FPN nur durch autorisierte Hersteller, Händler bzw. Institutionen vergeben werden, kann der Betreiber des DECT-Netzes die FPS und RPN eigenständig zuteilen. (Allerdings ist bei einem einzelnen Radio Fixed Part nur RPN = 0 zulässig.) Um Teilnehmerklassen mit unterschiedlichen Zugriffsrechten zu ermöglichen, gibt es neben dem Primary ARI bei größeren DECT-Netzen noch einen Secondary

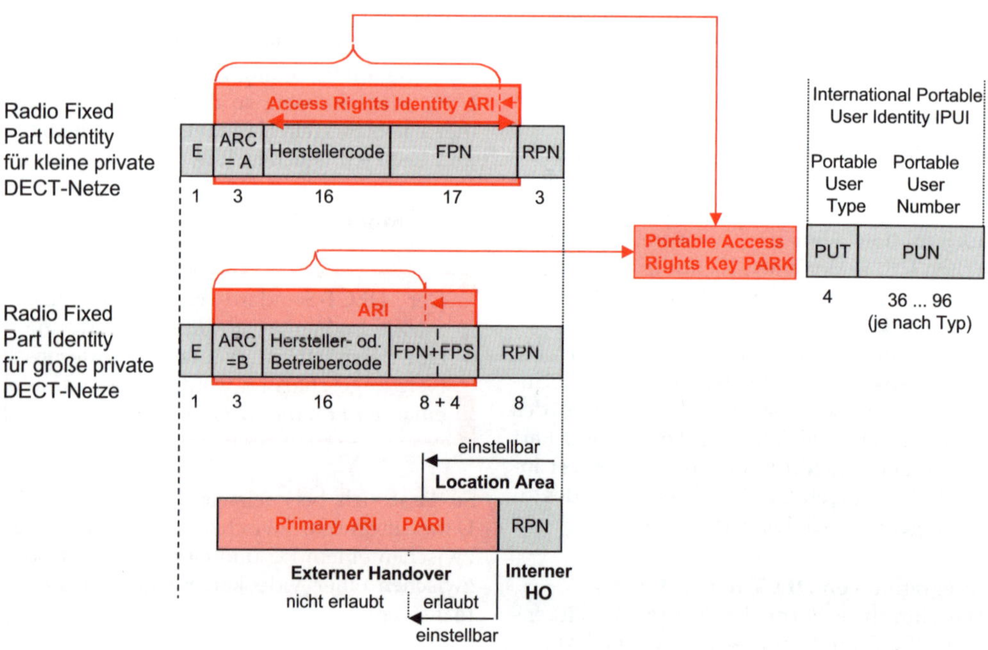

Bild 6.3 Kennziffern des DECT-Systems

und Tertiary Access Rights Identifier. Anhand des E-Bits kann der Portable Part erkennen, ob neben dem Hauptzugriffsrecht weitere Zugriffsrechte bestehen.

> ! Im Portable Part sind die Kennziffern der Radio Fixed Parts in Form der *Portable Access Rights Keys* (PARKs) abgespeichert, für die es ein Zugriffsrecht hat. Der PARK besteht entweder aus dem kompletten ARI oder den ersten Ziffern einer ARI. Der Portable Part hat ein Zugriffsrecht auf alle Radio Fixed Parts, deren erste Ziffern mit dem PARK übereinstimmen.

Ferner lassen sich anhand der RFPI Location Areas und verschiedene Handover-Bereiche konfigurieren (siehe Bild 6.3).

Die Teilnehmerkennung setzt sich, wie in Bild 6.3 gezeigt, aus dem PARK sowie aus der *International Portable User Identity* (IPUI) zusammen. Beim Einbuchen in eine Location Area vergibt der Fixed Part ferner eine temporäre Kennung (*Temporary User Identity*, TPUI), die innerhalb der Location Area eindeutig ist und mit der ein Teilnehmer bei einem ankommenden Ruf ausgerufen wird (Paging).

6.1.3 Funkkanäle

6.1.3.1 Physikalische Kanäle

Frequenzband

> ! Für das DECT-System ist in Europa der Frequenzbereich zwischen 1880 MHz und 1900 MHz reserviert.

Ableger des DECT-Systems, wie das nordamerikanische Personal Wireless Telecommunications System, arbeiten in etwas anderen Frequenzbändern.

Modulation

> ! DECT verwendet – wie GSM – eine GMSK-Phasenmodulation, aber mit etwas anderen Parametern. So beträgt z. B. die Modulationsrate 1152 kbit/s entsprechend einer Bitdauer von $T_b \approx 0{,}87$ µs.

Multiplex- und Duplex-Verfahren

> ! Durch Verwendung verschiedener Trägerfrequenzen für die Modulation teilt man das Frequenzspektrum in 10 Frequenzträger mit einem Trägerabstand von 1728 kHz ein; zusätzlich ist jeder Träger in 24 Zeitschlitze unterteilt (Bild 6.4). DECT nutzt also auch eine Kombination aus Frequenz- und Zeitmultiplex (FDM und TDM, siehe Abschnitt 4.2.2).

Bei einem Telefongespräch sind der Verbindung 2 dieser Zeitschlitze zugeteilt, die beide auf dem gleichen Träger liegen müssen: einer für den Uplink und einer für den Downlink. Im Uplink überträgt der Portable Part in den zugeteilten Zeitschlitz alle 10 ms, also mit der Periode der TDMA-Rahmendauer, die Daten an den Radio Fixed Part; die Übertragung im Downlink geschieht um 12 Zeitschlitze (5 ms) versetzt. DECT verwendet also ein Zeitduplex-Verfahren (TDD, siehe Abschnitt 4.2.2) für die Richtungstrennung.

Bei reinen Sprachanwendungen wählt man eine symmetrische Aufteilung der Zeitschlitze in Up- und Downlink, bei Datenanwendungen sind auch asymmetrische Aufteilungen und die Bündelung von Kanälen für eine Verbindung mit bis zu 23 Zeitschlitzen für den Downlink und einem Zeitschlitz für den Uplink (als Rückkanal für Signalisierung erforderlich) möglich.

Im Gegensatz zum GSM-Standard ist kein Frequency Hopping vorgesehen.

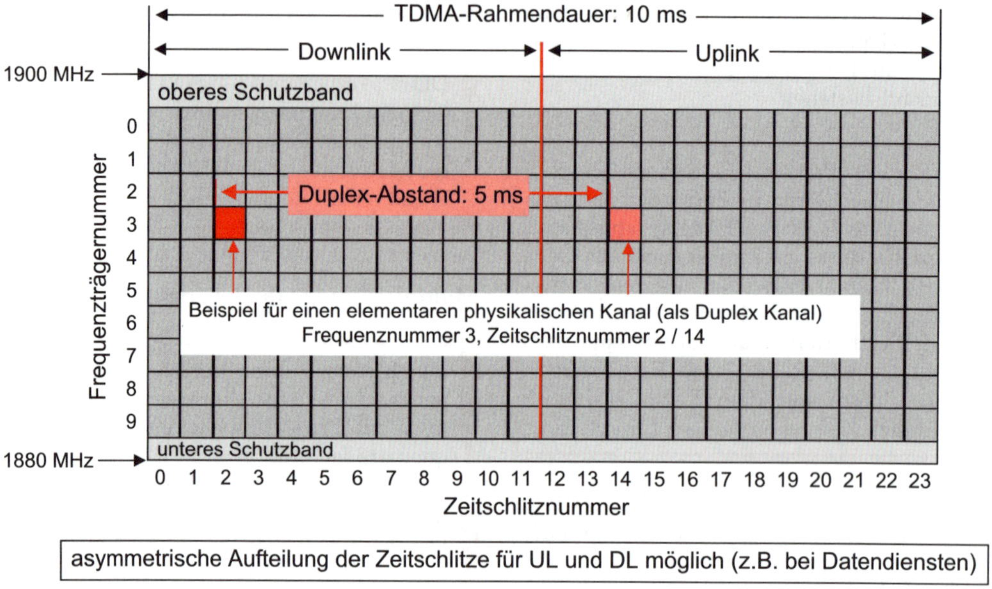

Bild 6.4 Physikalische Kanäle bei DECT

6.1.3.2 Transportformate

> **!** Der Transport der Bits findet in so genannten *Physical Packets* statt, die in etwa den Bursts des GSM-Standards entsprechen.

Insgesamt gibt es 4 Typen von Physical Packets, von denen hier aber nur das hauptsächlich eingesetzte Basic Physical Packet näher erläutert werden soll:

Für eine Bitrate von 1152 kbit/s, eine TDMA-Rahmendauer von 10 ms und 24 Zeitschlitzen pro Rahmen erhält man rein rechnerisch 480 Bits (10 ms · 1152 kbit/s / 24), die pro Zeitschlitz in einem TDMA-Rahmen transportiert werden können.

Von diesen 480 Bits entfallen 60 Bits auf eine Guard Period, die garantiert, dass bei geringen Synchronisierungsungenauigkeiten die Physical Packets zweier aufeinander folgender Zeitschlitze sich nicht überlappen.

Bei den verbleibenden 420 Bits ergibt sich die in Bild 6.5 skizzierte Aufteilung:

Das S-Feld, das aus einer festen Sequenz von 32 Bits besteht, dient der Synchronisation des Empfängers.

Das A-Feld enthält noch zu besprechende Steuerungsinformationen (48 Bits, siehe Abschnitt 6.1.3.7), die durch einen Fehler erkennenden Blockcode (16 Bits *Cyclic Redundancy Check*, CRC) geschützt sind.

Für die Nutzdaten im B-Feld gibt es einen ungeschützten Übertragungsmodus, bei dem man die 320 Bits ohne jeglichen Fehlerschutz sendet, und einen geschützten Übertragungsmodus, bei dem 4 Blöcke zu 64 Bits jeweils mit einem Fehler erkennenden Blockcode (16 Bits) versehen werden. Damit ergeben sich also folgende maximale Nutzdatenraten für einen elementaren physikalischen Kanal:

- 32 kbit/s (im ungeschützten Übertragungsmodus),
- 25,6 kbit/s (im geschützten Übertragungsmodus).

Die 4 Bits des X-Feldes liefern einen Cyclic Redundancy Check über ausgewählte Bits des B-Feldes und dienen somit der Erkennung

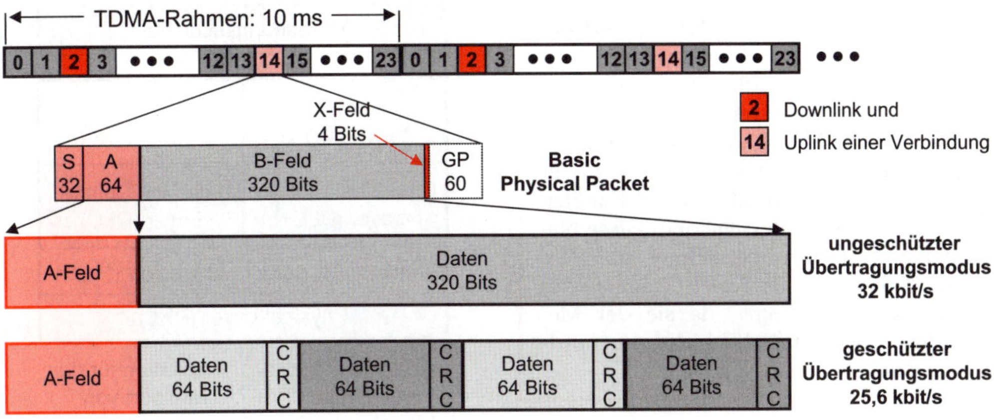

S-Feld:	Synchronisierung	CRC:	Cyclic Redundancy Check (Fehlererkennung)
A-Feld:	Signalisierung	GP:	Guard Period
B-Feld:	Nutzdaten	X-Feld:	Cyclic Redundancy Check (CRC)

Bild 6.5 Aufbau eines Basic Physical Packets

von Fehlern im B-Feld. Auf diese Weise lässt sich abschätzen, ob die Verbindungsqualität akzeptabel oder ein Handover erforderlich ist.

Ferner besteht die Option, die 4 Bits des X-Feldes innerhalb der eigentlichen Guard Period als so genanntes Z-Feld zu wiederholen. Dadurch lassen sich Störungen detektieren, die durch schlecht synchronisierte Nachbarzellen entstehen.

> ! Auffällig ist, dass jedes Basic Physical Packet sowohl Nutz- als auch Steuerungsdaten transportiert, während im GSM-Standard ein Burst entweder nur Steuerungs- oder nur Nutzdaten trägt und viele Steuerungskanäle auf separaten Zeitschlitzen liegen. Ferner besitzt ein Physical Packet im DECT-Standard im Gegensatz zum GSM-Burst keine Trainingssequenz.

Im GSM-System ist sie erforderlich, um die durch Mehrwegeausbreitung verursachten Signalverzerrungen ausgleichen zu können. Ohne einen Entzerrer (Equalizer) kann es zu deutlichen Verschlechterungen der Übertragungsqualität kommen, wenn Umweglaufzeiten in der Größenordnung der Bitdauer oder darüber liegen.

Bei einem Einsatz von DECT innerhalb von Gebäuden sind Umweglaufzeiten durch Reflexionen i. Allg. gering (<0,1 µs, siehe Abschnitt 2.6.1). Sie sind also deutlich kleiner als die Bitdauer und führen somit zu keinen entscheidenden Qualitätseinbußen. Bei einem Einsatz von DECT im Freien oder in größeren Hallen müssen jedoch Vorkehrungen getroffen werden, um negative Auswirkungen der Mehrwegeausbreitung zu vermeiden. Dies geschieht z.B. bei WLL-Anwendungen durch den Einsatz gerichteter Antennen, die die aus Reflexionen entstandenen störenden Signale weitgehend ausblenden. Ferner existieren bereits Vorschläge, wie sich Entzerrer auf Basis des S-Feldes realisieren lassen [62].

Neben dem bisher besprochenen Basic Physical Packet gibt es noch drei andere Arten von Physical Packets, die verschiedene Datenraten bieten. Das High Capacity Physical Packet ermöglicht beispielsweise eine Datenrate von bis zu 80 kbit/s, benötigt dafür allerdings zwei benachbarte Zeitschlitze.

Mit Hilfe der Physical Packets und der verschiedenen Übertragungsmodi lässt sich also im DECT-Standard eine Vielzahl von elementaren Kanälen bilden, die sich in ihren Datenraten, in ihren Fehlerschutzmechanismen sowie in ihrem Bedarf an physikalischen Kanälen (Zeitschlitzen) unterscheiden. Diese elementaren Kanäle bezeichnet man im DECT-Standard als *Bearer* (Träger) oder auch als *MAC-Bearer*, da sie der Medium-Access-Control-Schicht zuzuordnen sind.

Der Einsatz solcher Bearer für den Transport von Daten der höheren Schichten ist sowohl als Simplex Bearer (in einer Übertragungsrichtung) als auch als Duplex Bearer möglich. Ferner lassen sich Bearer auch kombinieren, um eine höhere Datenrate für eine Verbindung zu erzielen.

6.1.3.3 Sicherungsschicht

Um die Zuverlässigkeit der Übertragung zu steigern, ist beim DECT-Standard oberhalb der MAC-Schicht eine Sicherungsschicht (Data Link Control Layer DLC) vorgesehen. Sie hat die Aufgabe, die Daten aus den höheren Schichten so aufzubereiten, dass sie mit der jeweils geforderten Dienstqualität (maximal erlaubte Bitfehlerraten und Verzögerungszeiten) über die MAC-Bearer übertragen werden können. Dazu bietet die DLC-Schicht verschiedene Formen der Segmentierung sowie unterschiedliche hybride ARQ-Verfahren an.

Insbesondere existieren verschiedene Verfahren zur Sicherung von Nutz- und Signalisierungsdaten. Insofern teilt sich die DLC-Schicht in 2 Bereiche (Bild 6.6).

Oberhalb der DLC-Schicht für den Signalisierungsbereich liegt der Network Layer, der für den Aufbau (und Abbau) von Verbindungen (siehe Abschnitt 6.1.4), für das Mobilitätsmanagement und für den Meldungsaustausch bei den sicherheitsrelevanten Netzfunktionen zuständig ist.

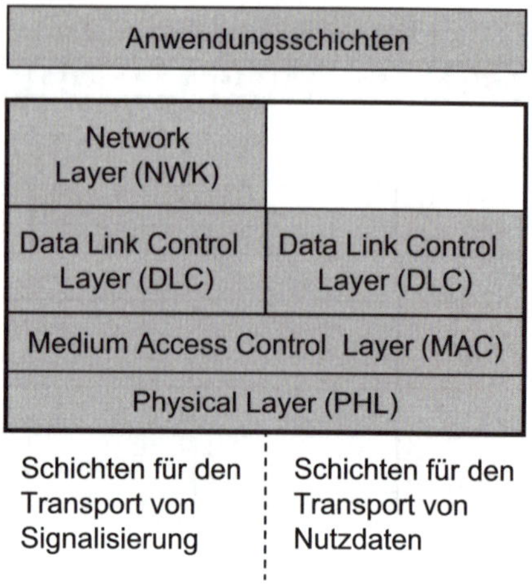

Bild 6.6 Die DECT-Protokollarchitektur

6.1.3.4 Sprachkanäle

Die Digitalisierung der Sprachsignale beim DECT-Standard basiert auf dem Prinzip der Abtastung und Quantisierung, wie es im Pulse-Code-Modulationsverfahren (PCM) des ISDN eingesetzt wird. D.h., es erfolgt eine Abtastung des Sprachsignals mit 8 kHz und eine Einteilung der Abtastwerte in $256 = 2^8$ Quantisierungsstufen. Daraus resultiert beim PCM-Verfahren eine Sprachdatenrate von 64 kbit/s. Spezielle Maßnahmen erlauben es, diese Datenrate ohne eine Einbuße der Sprachqualität zu reduzieren. Diese Maßnahmen beruhen darauf, dass ein Abtastwert relativ gut aus den vorgehenden vorhersagbar ist, so dass lediglich die Differenz zwischen dem vorher berechneten und dem tatsächlichen Wert übertragen werden muss. Bei gleichzeitiger Anpassung (Adaption) der Quantisierungsstufen an den Signalverlauf lässt sich die für die digitale Übertragung des Sprachsignals erforderliche Datenrate auf 32 kbit/s verringern.

Das im DECT-System eingesetzte und oben skizzierte Verfahren, das man *Adaptive Differential Pulse Code Modulation* (ADPCM) nennt, bietet – sofern keine Störungen der Funkübertragung auftreten – eine mit dem ISDN-Netz vergleichbare Sprachqualität.

Die Sprachbits der Rate 32 kbit/s werden ohne jeglichen Fehlerschutz (ungeschützter Übertragungsmodus) unter Verwendung des Basic Physical Packets übertragen.

Die ungeschützte Übertragung äußert sich u.a. in einer – verglichen mit dem GSM-Standard – deutlich geringeren Empfängerempfindlichkeit. Um eine Bitfehlerrate unter 0,1% zu erzielen, muss der Empfangspegel oberhalb von −86 dBm liegen, wobei dieser Wert noch keinen Sicherheitszuschlag gegenüber dem Kurzzeit-Fading enthält (zum Vergleich: Empfängerempfindlichkeit bei GSM ≈ −100 dBm inklusive Sicherheitszuschlag). Für DECT-Funkzellen mit kleinen Radien reicht diese Empfindlichkeit jedoch i. Allg. aus, für spezielle Anwendungen lassen sich gerichtete Antennen oder Repeater zur Reichweitensteigerung einsetzen. Ferner sind verschiedene DECT-Zellen i. Allg. besser voneinander isoliert als GSM-Zellen, so dass auch Gleichkanalstörungen geringer ausfallen. Sollten sie dennoch auftreten, so bietet DECT die Möglichkeit durch einen schnellen Intracell Handover und eine dynamische Kanalwahl, diesen Störungen auszuweichen (siehe Abschnitt 6.1.5).

6.1.3.5 Datenkanäle

Aufbauend auf der DLC-Schicht ermöglicht DECT die Datenübertragung sowohl in einen leitungs- als auch in einen paketorientierten Modus. Für den zuletzt genannten Fall wurde der *DECT Packet Radio Service* – ein Analogon zum General Packet Radio Service (siehe Abschnitt 5.5.4) – spezifiziert. Der DPRS erlaubt bei einer asymmetrischen und dynamisch gestaltbaren Bündelung von bis zu 23 physikalischen Kanälen zu je 24 kbit/s eine maximale Datenrate von 552 kbit/s.

Ferner ist im Standard das Interworking mit verschiedenen Standards von lokalen Computernetzen (Ethernet, Token Ring) sowie mit dem Internetprotokoll festgelegt.

Für eine weitere Steigerung der Datenraten sind in DECT höherwertige Modulationsverfahren (vergleichbar mit EDGE, siehe Abschnitt 5.5.5) vorgesehen, mit deren Hilfe man eine Datenrate von 2 Mbit/s anstrebt.

6.1.3.6 Kontrollkanäle

Im Gegensatz zum GSM-Standard, bei dem verschiedene Typen von Kontrollkanälen sowie Kontrollkanäle und Nutzkanäle weitgehend auf getrennten physikalischen Kanälen untergebracht sind, kann im DECT-Standard im Prinzip jeder physikalische Kanal sowohl mit Nutz- als auch mit Kontrollinformationen belegt sein.

Ein Großteil der Kontrollinformationen findet sich dabei im A-Feld eines Physical Packets (Bild 6.7), aber auch das B-Feld kann außer zum Nutzdatentransport zur Übertragung von einigen Signalisierungsmeldungen (Verbindungsaufbau, Meldungen mit Tertiary Access Rights Key) verwendet werden.

Die Kontrollinformationen im A-Feld sind in Tabelle 6.1 zusammengestellt. Diese Kontrollinformationen werden abwechselnd – in einem bestimmten Rhythmus – kontinuierlich auf allen Verbindungen in einer Zelle gesendet. Ist in der Zelle noch keine Verbindung aktiv, so richtet der Radio Fixed Part einen so genannten *Dummy Bearer* (oder *Beacon Channel*) ein, um die für die Orientierung der Portable Parts wichtigen Systeminformationen abzustrahlen.

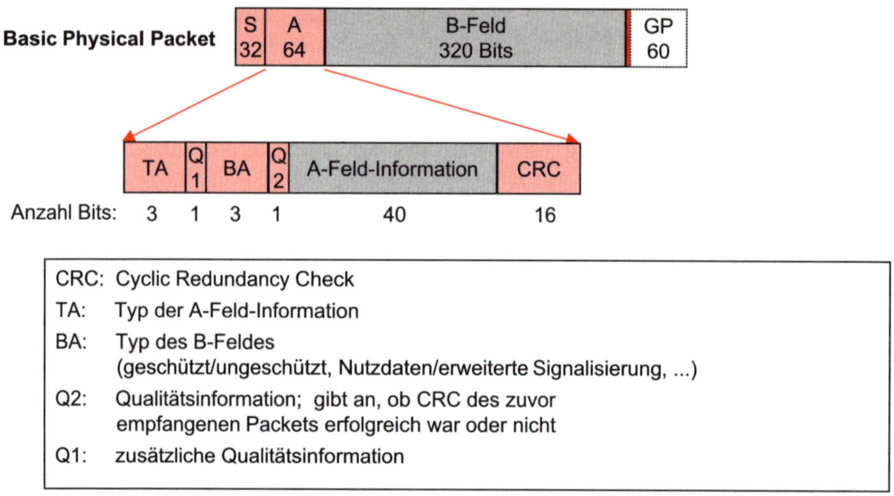

Bild 6.7 Kontrollinformationen im A-Feld

Tabelle 6.1 Kontrollinformationen im A-Feld

Symbol	Name	UL/DL	Wichtige Informationselemente
Q_T	System Information Channel	DL	❑ aktuelle Multiframe-Nummer ❑ Systeminformationen – Anzahl der Transceiver – unterstützte Frequenzträger – eventuell: Secondary Access Rights Identifier
N_T	Identities Channel	UL & DL	❑ Radio Fixed Part Identity (RFPI)
M_T	MAC Control Channel	UL & DL	❑ Kanalanforderungen und -freigaben ❑ Handover-Anforderungen ❑ Bestätigungsmeldungen ❑ Wartekommandos bei Verzögerungen
P_T	Paging Channel	DL	❑ Paging-Meldungen ❑ Radio Fixed Part Identity ❑ Handover-Einschränkungen ❑ Informationen über belegte od. bessere Kanäle
C_T	Control Informations Higher Layers	UL & DL	❑ Signalisierungsinformationen aus höheren Schichten

6.1.4 Verbindungsaufbau

Aktivierung des Portable Parts und Zellwahl
Nach dem Einschalten wechselt der Portable Part in den Active-Unlocked-Zustand (Bild 6.8). In diesem Zustand synchronisiert er sich auf die umliegenden Radio Fixed Parts, decodiert die Systeminformationen und führt Empfangspegelmessungen durch.

Auf der Basis dieser Informationen wählt er den stärksten Radio Fixed Part aus, zu dem er die Zugriffsrechte besitzt, und geht damit in den Idle-Locked-Zustand über. Im Idle-Locked-Zustand ist der Portable Part in der Lage, Paging-

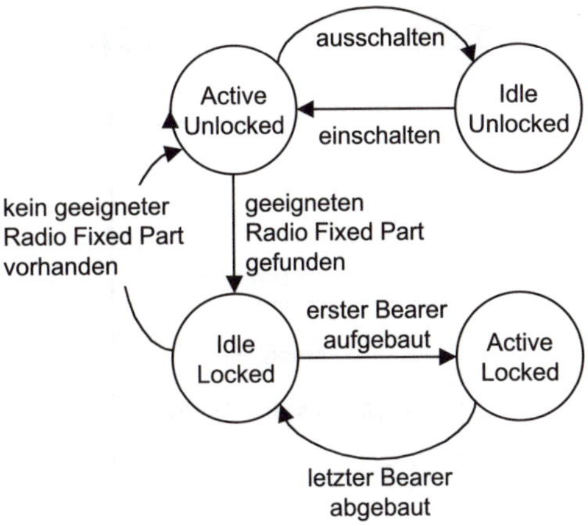

Bild 6.8 Zustände des Portable Parts

Meldungen zu empfangen und eine Verbindung aufzubauen. Er muss von Zeit zu Zeit die Synchronität zum Radio Fixed Part überprüfen bzw. wiederherstellen, Systeminformationen decodieren und eine Zellneuwahl bei veränderten Empfangsbedingungen durchführen.

Dynamische Kanalwahl

> ! Um eine Verbindung aufzubauen, muss der Portable Part geeignete Kanäle auswählen. Dazu führt er auf allen Kanälen, die für einen Verbindungsaufbau in Frage kommen, mindestens einmal alle 30 Sekunden Empfangspegelmessungen durch.

Einschränkungen resultieren aus Folgendem (Bild 6.9):

Ein Radio Fixed Part mit z.B. nur einem Transceiver kann pro Zeitschlitz auch nur eine Verbindung versorgen. Die in Bild 6.9 grau markierten Zeitschlitze stehen dem Portable Part daher nicht zur Verfügung (und werden als *Blind Slots* bezeichnet).

> ! Der Portable Part führt solche Messungen auch während einer laufenden Verbindung durch, um eventuell bessere Zeitschlitze zu finden.

In diesem Fall ergeben sich weitere Einschränkungen, die in Bild 6.9 rot gekennzeichnet sind.

Ein hoher Empfangspegel zeigt an, dass der entsprechende Kanal in der Nähe von einer anderen Verbindung genutzt wird, so dass auf diesem Kanal starke Störungen zu erwarten sind.

> ! Die Empfangspegel, die also als Störpegel zu deuten sind, dienen der anschließenden Klassifikation von Kanälen (Bild 6.10).

Kanäle, die einen sehr hohen Störpegel besitzen oder aus anderen Gründen für die Zuteilung nicht zulässig sind, werden als «busy» eingestuft. Der Portable Part wählt für den folgenden Verbindungsaufbau Kanäle mit möglichst

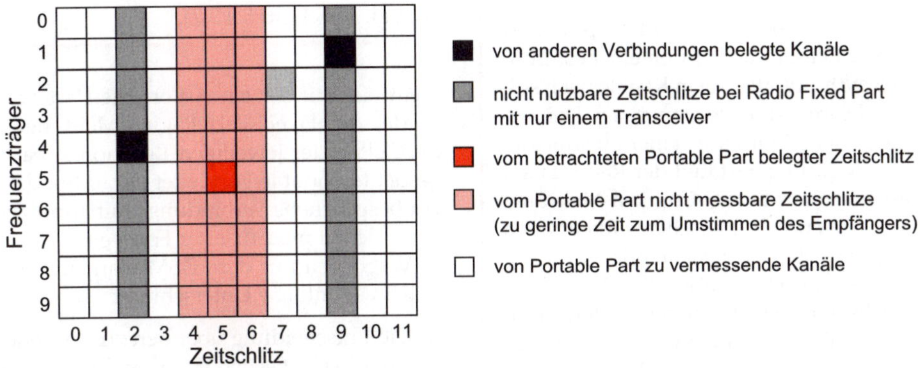

Bild 6.9 Einschränkungen bei der Kanalvermessung und -wahl

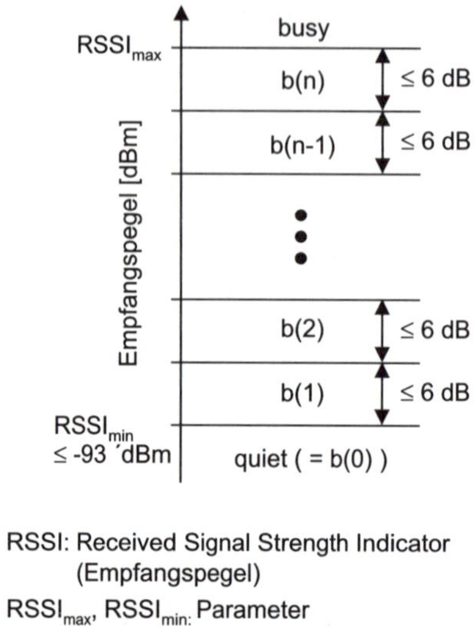

Bild 6.10 Einteilung der Funkkanäle in Bänder gemäß des gemessenen Empfangspegels

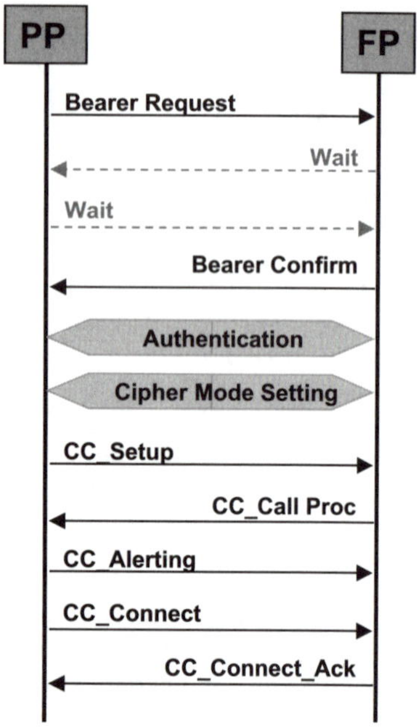

Bild 6.11 Verbindungsaufbau, initiiert durch den Portable Part

geringem Störpegel aus, wobei als «busy» eingeordnete Kanäle auf keinen Fall verwendet werden dürfen. Falls in der Klasse b(j) keine Kanäle zur Verfügung stehen oder falls auf diesen Kanälen keine Verbindung zustande kommt, kann der Portable Part einen Kanal aus der nächstbesten Klasse b(j+1) wählen.

Verbindungsaufbauprozedur

> Der Portable Part initiiert einen Verbindungsaufbau mit Hilfe der Bearer-Request-Meldung (Bild 6.11), die er zu einem bestimmten Zeitpunkt auf dem gewählten Kanal an den Radio Fixed Part sendet. Dieser sucht in einem bestimmten Rhythmus alle freien Kanäle nach solchen Bearer-Anforderungen ab. Den erfolgreichen Empfang einer Bearer-Request-Meldung bestätigt der Radio Fixed Part mit einer Bearer-Confirm-Meldung, wobei eventuell zwischenzeitlich auch Hinweise über zu beachtende Wartezeiten ausgetauscht werden (Wait).
>
> Falls der Zugriff scheitert, unternimmt der Portable Part einen weiteren Versuch auf dem nächstbesten Kanal.

Innerhalb der zulässigen Verbindungsaufbaudauer von 3 Sekunden sind maximal 10 Zugriffsversuche erlaubt, wobei der Portable Part nach 3 Versuchen den Radio Fixed Part wechseln darf.

> Bei einer erfolgreichen Bearer-Anforderung verläuft der weitere Verbindungsaufbau ähnlich wie im GSM-Standard (vgl. Abschnitt 5.4.3.2).

Liegt ein Ruf für einen Portable Part vor, so sendet der Fixed Part Paging-Meldungen in die Zellen der jeweiligen Location Area. Der gesuchte Portable Part leitet daraufhin die zuvor besprochene Verbindungsaufbauprozedur in nur leicht modifizierter Form ein.

Verglichen mit dem GSM-Standard zeigen sich 3 wesentliche Unterschiede:

- Die Entscheidung über den zu verwendenden physikalischen Kanal trifft der Portable Part (und nicht das Base Station Sub-System).

- Der erste Zugriff, d.h. die Kanalanforderung, kann im Prinzip auf jedem Kanal erfolgen (und nicht nur auf einem speziell dafür vorgesehen Random Access Channel).
- Die Gesprächsaufbausignalisierung verläuft i. Allg. auf dem gleichen physikalischen Kanal wie der spätere Nutzdatenaustausch, d.h., es gibt keinen Stand Alone Dedicated Control Channel auf gesonderten physikalischen Kanälen.

6.1.5 Handover

Handover-Arten

> ! Wie der GSM-Standard, so ermöglicht auch DECT mehrere Handover-Arten. Sie unterscheiden sich durch die Beziehung zwischen alter und neuer Zelle (Bild 6.12).

Ein External Handover zwischen Zellen, die zu unterschiedlichen Fixed Parts gehören, kann nur erfolgen, wenn dies ausdrücklich bei der Systemkonfiguration festgelegt wurde (siehe Abschnitt 6.1.2.2). In diesem Fall ist eine Signalisierung über ein externes, nicht zum DECT-System gehörendes Netz erforderlich, so dass es zu einer kurzzeitigen Unterbrechung der Verbindung kommen kann.

Dagegen lässt sich ein Internal Handover komplett innerhalb eines Fixed Parts abwickeln, wobei in der Übergangsphase i. Allg. sowohl eine Verbindung über den bisherigen als auch über den neuen Radio Fixed Part besteht. Der Handover verläuft also vollkommen unterbrechungsfrei. Besonders effizient lässt er sich ausführen, wenn die beiden Radio Fixed Parts zum gleichen Cluster gehören (siehe Abschnitt 6.1.2.1). In diesem Fall wird der Handover auf der MAC-Schicht durchgeführt, so dass keine Auswirkungen in den höheren Schichten zu verzeichnen sind. Liegen die beiden Zellen in verschiedenen Clustern oder ist die Verbindung auf MAC-Ebene unterbrochen, so wird ein Connection Handover innerhalb der DLC-Schicht ausgeführt.

Durch einen Intracell Handover kann man unter Beibehaltung der gleichen Zelle den physikalischen Kanal wechseln, um einer starken Störung auszuweichen.

Handover-Kriterien

Ebenso wie im GSM-Standard sind auch im DECT-Standard nur die Signalisierungsabläufe und einige Mechanismen zur Detektion

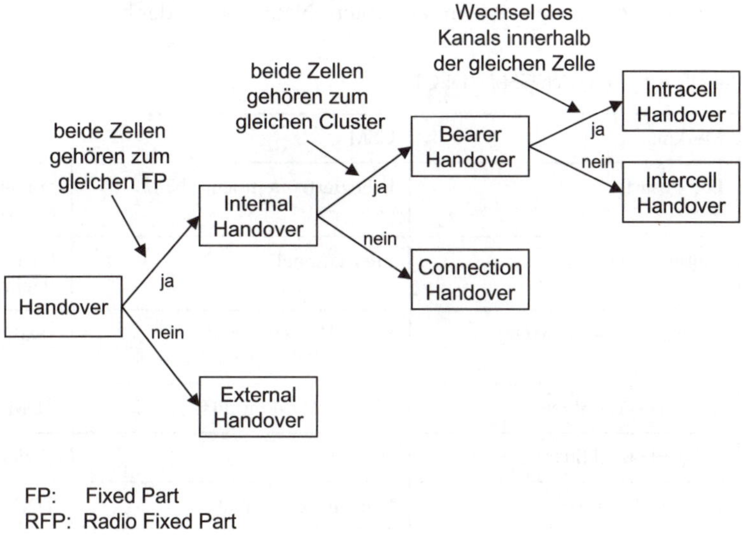

Bild 6.12
Handover-Arten
bei DECT

eines Handovers, jedoch keine Details des Entscheidungsprozesses spezifiziert.

> Im Gegensatz zu GSM trifft der *Portable Part* die Entscheidung über einen Handover, wobei er für die Überwachung der Verbindungsqualität auf u.a. die folgenden Größen zurückgreift:
>
> - auf den Cyclic Redundancy Check für verschiedene Datenfelder,
> - auf den gemessenen Empfangspegel, auch *Received Signal Strength Indicator* (RSSI) genannt,
> - auf den Vergleich zwischen X- und Z-Feld (Abschnitt 6.1.3.2),
> - auf die Q1- und Q2-Bits, d.h. Rückmeldungen des Radio Fixed Parts über einen erfolgreichen bzw. nicht erfolgreichen Cyclic Redundancy Check (Abschnitt 6.1.3.6).

Ausführung des Handovers am Beispiel eines Bearer Handovers

Während der bestehenden Verbindung überwacht der Portable Part nicht nur die Qualität der eigenen Verbindung. Er führt auch Messungen des Empfangspegels von benachbarten Radio Fixed Parts durch. Dabei decodiert der Portable Part deren Kennziffern, um festzustellen, ob sie zu einem erlaubten Netz gehören. Ferner ordnet der Portable Part die Kanäle nach dem gemessenen Interferenzpegel (siehe Abschnitt 6.1.4). Sinkt die Verbindungsqualität zu sehr ab oder werden die Empfangsbedingungen in einer Nachbarzelle deutlich besser, so initiiert der Portable Part eine Handover-Prozedur. Er benutzt dazu die in Abschnitt 6.1.4 beschriebene Bearer-Setup-Prozedur, wobei die Bearer-Request-Meldung u.a. die Identität des neuen Radio Fixed Parts sowie eine Angabe über den gewählten Kanal enthält. Für eine gewisse Zeit läuft die Verbindung anschließend über 2 Bearer – über den alten und über den neuen. Der Fixed Part prüft, welcher der beiden Bearer die bessere Verbindungsqualität liefert, und gibt nach spätestens 160 ms den schlechteren Bearer mit einer Release-Meldung wieder frei.

Um ein häufiges Wechseln zu vermeiden, dürfen innerhalb von 3 Sekunden nicht mehr als 2 Handover erfolgen.

6.1.6 Vergleich zwischen GSM und DECT

Im Laufe des Abschnitts 6.1 hat sich gezeigt, dass es zwischen dem GSM- und DECT-System zwar einige Gemeinsamkeiten, aber auch bedeutende Unterschiede gibt, die u.a. aus den verschiedenen Anwendungsbereichen resultieren. Daher sind in Tabelle 6.2 wichtige Merkmale der beiden Systeme gegenübergestellt.

Tabelle 6.2 Vergleich GSM – DECT

Merkmal	GSM	DECT
Betriebsart	lizenziert; öffentliches Netz	zumeist lizenzfrei, als privates Netz
Mobilitätsbereich	international	lokal begrenzt (Heimbereich, Büro)
Frequenzbereiche [MHz]	890...915/935...960 1710...1785/1805...1880	1880...1900
Multiplex-Verfahren	TDM & FDM mit FH	TDM & FDM
Trägerabstand [kHz]	200 kHz	1728 kHz
Duplex-Verfahren	FDD mit Zeitversatz	TDD

Tabelle 6.2 *Fortsetzung*

Merkmal	GSM	DECT
Rahmenlänge	4,6 ms	10 ms
Zeitschlitze pro Rahmen	8	24
Bitdauer	3,7 µs	0,868 µs
Modulierte Bitrate pro Frequenzbreite [bit/s/Hz]	1,35	0,666
Sprachübertragung	13 kbit/s + Fehler korrigierender Code	32 kbit/s (uncodiert)
MS-Sendeleistung	0,25 – 8 Watt	0,25 Watt
Reference Sensitivity	ca. – 104 dBm	ca. – 86 dBm
zulässige Umweglängen	ca. 5 km	ca. 100 m
Kontrollkanäle realisiert durch	gesonderte physikalische Kanäle	Kontroll- und Nutz-informationen in jedem Burst
Frequenzzuteilung an BS	Frequenzplanung	dynamisch (durch System)
Sicherheitsfunktionen	– Anonymität – Verschlüsselung – Authentifizierung	– Anonymität – Verschlüsselung – Authentifizierung
Kanalwahl durch	Base Station Sub-System	Portable Part
Handover-Entscheidung	Base Station Sub-System	Portable Part

6.2 Bluetooth

6.2.1 Anmerkungen zur Entwicklung des Industriestandards Bluetooth

Das Funksystem Bluetooth wurde entwickelt, um Kabelverbindungen zwischen verschiedenen Geräten, wie z. B. zwischen

- Computer/Laptop und Drucker,
- Computer und Digitalkamera,
- Computer und Maus,
- Handy und Laptop,
- Handy und Headset (Sprechgarnitur),

durch preiswerte und flexible Funkverbindungen zu ersetzen. Das wesentliche Anliegen bestand und besteht darin, kurze Entfernungen, d.h. einige Meter, in Energie sparender Weise und ohne großen Installationsaufwand zu überbrücken.

Die Entwicklung von Bluetooth geht auf eine Initiative der schwedischen Firma Ericsson und anderen Firmen wie IBM, Intel, Nokia und Toshiba zurück, die im Jahre 1998 die Bluetooth Special Interest Group (BSIG) gründeten. Diese Gruppe, der inzwischen weit mehr als 1000 Unternehmen aus verschieden Bereichen (Auto- und Flugzeugindustrie, Unterhaltungselektronik, Computer- und Telekommunikationsbranche) angehören, stellte eine erste Version der Spezifikationen im Mai 1998 vor. Inzwischen hat sich Bluetooth zu einem weit verbreiteten Industriestandard entwickelt. Die Spezifikationsdokumente können lizenzfrei über die Homepage der Bluetooth Special Interest Group [63] bezogen werden. Einen Foliensatz zur Illustration der wichtigsten Abläufe findet man unter [64]; einen Überblick über das System gibt [65].

Der Name «Bluetooth» wurde als Anspielung auf den dänischen Wikingerkönig Harald mit dem Beinamen Blauzahn (Bluetooth) gewählt, der im 10. Jahrhundert große Teile Skandinaviens in seinem Reich vereinte.

6.2.2 Netzkonfigurationen

Damit die genannten Endgeräte über Funkverbindungen kommunizieren können, benötigen sie ein aus einem Hochfrequenzteil und einem Basisbandcontroller bestehendes Bluetooth-Funkmodul. Dieses Modul ist entweder fest in dem Gerät installiert, oder es lässt sich extern über eine Standardschnittstelle des jeweiligen Gerätes (z. B. den USB-Ausgang eines Computers) anschließen. Ein mit einem solchen Funkmodul ausgestattetes Gerät wird im folgenden kurz *Station* genannt.

! Die über eine Funkverbindung kommunizierenden Stationen bilden in der Bluetooth-Terminologie ein Piconetz (Bild 6.13). Ein Piconetz kann aus maximal 8 Stationen bestehen, wobei sich allerdings mehrere Piconetze zu einem so genannten *Scatternetz* zusammenfassen lassen.

Um sie zu identifizieren, besitzen die Stationen eine Gerätekennung – die aus 48 Bits bestehende Device ID, die analog zu einer Ethernet-Adresse nach dem IEEE-802.3-Standard aufgebaut ist (siehe [4]). Ein Piconetz kann auch einen Access Point enthalten, also eine Station, die den Zugang zu einem anderen Netz – z. B. zu einem LAN – herstellt.

! Möchte eine Station mit den anderen Stationen des Piconetzes in Kontakt treten, so übernimmt sie für eine gewisse Zeit die Master-Funktion und ist damit für die Vorgabe eines Zeittaktes sowie für die Zuteilung der Funkkanäle verantwortlich. Die anderen Stationen haben als Slave den Anweisungen des Masters zu folgen.

Während im GSM- und DECT-System eine hierarchische Aufteilung in Mobil- und Basisstationen vorgenommen wurde, sind im Bluetooth-Standard alle Stationen prinzipiell gleichberechtigt. Man bezeichnet solche Netzstrukturen ohne feste hierarchische Ordnung auch als «Ad-hoc-Netze».

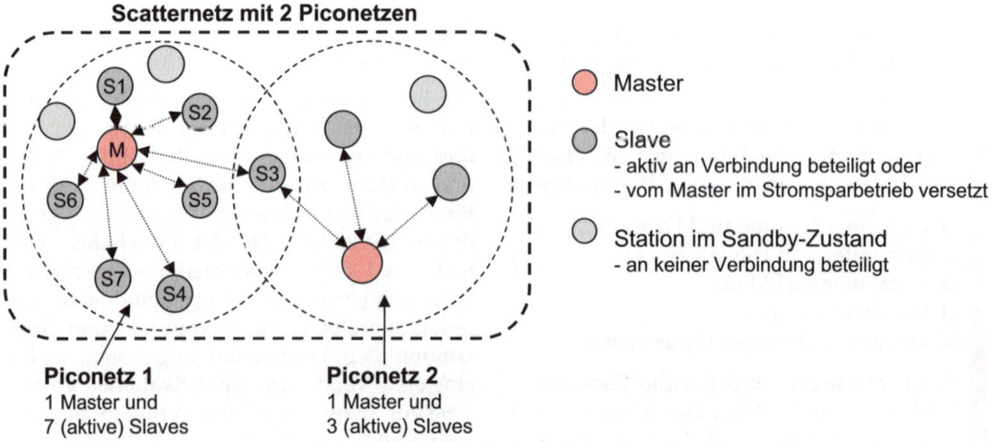

Bild 6.13 Beispiel für eine Bluetooth-Netzkonfiguration

6.2.3 Funkübertragung

Frequenzbereich

> **!** Bluetooth verwendet das für industrielle, wissenschaftliche und medizinische Anwendungen international reservierte ISM-Band im Bereich von 2,4 GHz. ISM ist die Abkürzung für Industrial, Scientific and Medical.

Funkkanäle

Da der Betrieb von Funkanwendungen im ISM-Band lizenzfrei und damit unkoordiniert erfolgt, wurden im Bluetooth-Standard Vorkehrungen getroffen, um die Auswirkungen von Störungen durch bzw. auf andere Anwendungen gering zu halten. Als eine wesentliche Maßnahme verwendet man Frequency Hopping in der folgenden Form:

Im Bereich des 2,4-GHz-Bandes sind 79 Frequenzträger mit Mittenfrequenzen bei

$$f_n = (2401 + n \cdot 1)\ \text{MHz},\ n = 1, 2, 3, \ldots, 78, 79$$

vorgesehen. Der Trägerabstand beträgt also 1 MHz. Ferner gibt es eine Unterteilung in Zeitschlitze der Dauer T_{TS} = 625 µs. Die Datenübertragung erfolgt in Form von Paketen, die einen oder bis zu 5 aufeinander folgende Zeitschlitze belegen können. Nach jeder Übertragung eines Datenpakets wechseln Sender und Empfänger nach einem abgestimmten Verfahren die Frequenz (Bild 6.14). Für den Fall, dass die Pakete nur jeweils einen Zeitschlitz belegen, erfolgt ein Frequenzwechsel also alle 625 µs.

> **!** Durch diese Frequenzwechsel machen sich etwaige Störungen durch andere Anwendungen in dem ISM-Band sowie Fading-Einbrüche nur kurzzeitig bemerkbar, so dass daraus resultierende Übertragungsfehler durch entsprechende Fehlerschutzmaßnahmen behoben werden können.

Gleiches gilt für Störungen durch benachbarte Piconetze, die andere, unabhängige Sprungfolgen nutzen. Man geht davon aus, dass in einem Scatternetz 10 Piconetze aktiv sein können, ohne dass die Übertragungsqualität deutlich leidet.

Zu betonen ist, dass pro Piconetz genau ein Kanal mit einer nutzbaren Übertragungsbandbreite von 1 MHz und einer Bitrate von r_b = 1 Mbit/s (bezogen auf die modulierten Bits) verwendet wird. Durch Frequency Hopping spreizt man diesen Kanal auf eine Bandbreite von ca. 80 MHz und reduziert so die Auswirkungen von Störungen.

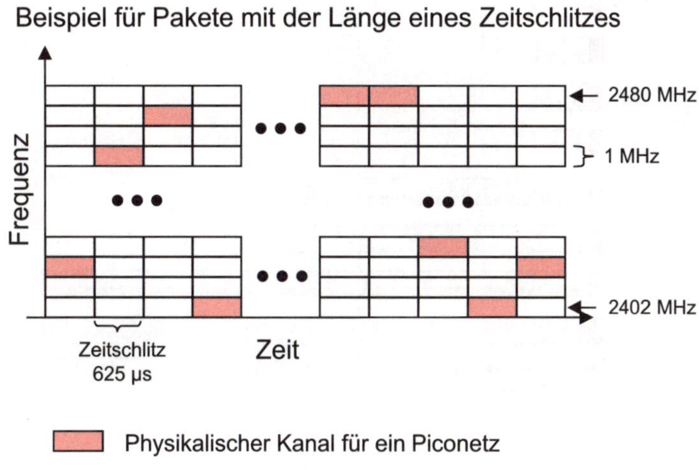

Bild 6.14
Frequency Hopping
bei Bluetooth

Die Duplexübertragung ist als eine Art Zeitduplex gestaltet, d.h., bezogen auf den Master folgt auf die Sendephase von 1 bis 5 Zeitschlitzen unmittelbar die Empfangsphase. Sende- und Empfangsphase bilden zusammen einen Rahmen (Frame).

Verbindungstypen
Bluetooth bietet zwei verschiedene Verbindungstypen:

- Synchronous Connection-Oriented Link (SCO),
- Asynchronous Connection-Less Link (ACL).

Bei der synchronen verbindungsorientierten Übertragung, die vor allem für Sprachdienste vorgesehen ist, sind bestimmte Zeitschlitze für die Dauer der Verbindung reserviert. Auf dem Funkkanal eines Piconetzes lassen sich bis zu 3 Verbindungen des SCO-Typs mit einer Datenrate von jeweils 64 kbit/s unterbringen.

Bei der asynchronen verbindungslosen Übertragung kann der Master die Kapazität des Funkkanals unter Verwendung eines Polling-Verfahrens (siehe Abschnitt 4.4.1) variabel aufteilen. Bei einer symmetrischen Verbindung beträgt die maximale Datenrate ca. 430 kbit/s pro Richtung. Für eine asymmetrische Verbindung gibt es mehrere Möglichkeiten: Maximal lassen sich ca. 720 kbit/s für eine Übertragungsrichtung erzielen, für die Rückrichtung (Bestätigungen) sind in diesem Fall 57,6 kbit/s vorgesehen.

Transportformate und Fehlerschutz
In Bild 6.15 sind die wesentlichen Formate für den Nutzdatentransport illustriert, daneben gibt es noch einige besondere Formate für bestimmte Signalisierungsmeldungen.

Generell besteht ein Paket aus

- einem Access Code, der u.a. der Synchronisierung dient und i.Allg. die Adresse des Masters in codierter Form enthält;

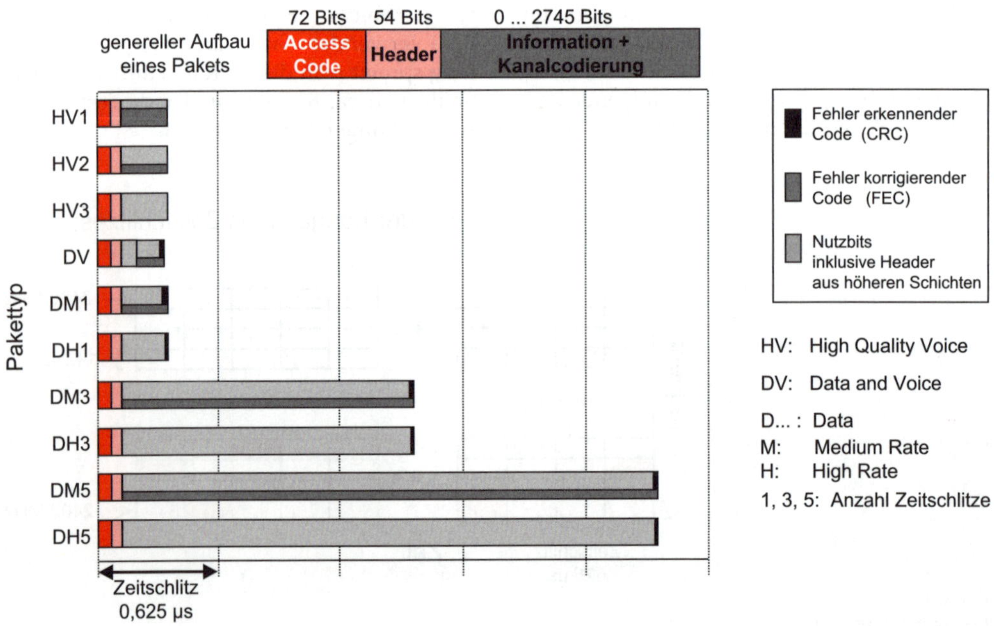

Bild 6.15 Wichtige Transportformate

- einen Header mit folgenden Angaben:
  - eine 3-Bit-Adresse der Zielstation (AM_ADDR: Active Member Address),
  - der Typ des Pakets,
  - ein Bit zur Flusskontrolle,
  - jeweils ein Bit als Sende- und Empfangsfolgenummer für ein Stop-and-Wait-ARQ-Protokoll,
  - 8 Bits zur Fehlererkennung im Header;
- einem Anteil aus Nutzdaten inklusive Fehlerschutz.

Für eine SCO-Verbindung gibt es 3 Transportformate, die sich durch die Stärke des Fehler korrigierenden Codes unterscheiden. Bei dem stärksten Fehlerschutz der Code-Rate 1/3 entstehen aus 80 Sprachbits 240 codierte Bits, die in einem HV1-Paket transportiert werden. Die beiden Übertragungsrichtungen (Master → Slave, Slave → Master) wechseln sich dabei in einem Zeitduplex-Verfahren mit einer Rahmendauer von 2 Zeitschlitzen (1,25 ms) ab. So ergibt sich eine Duplex-Verbindung mit einer Nutzdatenrate von 2 · 64 kbit/s (80 Bits pro 1,25 ms pro Richtung), die für die Dauer der Verbindung den kompletten Träger belegt. Verzichtet man vollständig auf die Fehlerkorrektur (HV3-Paket), so sind 3 solcher Duplex-Verbindungen möglich, bei einer Code-Rate 1/2 (HV2-Paket) sind es 2.

Bei den ACL-Verbindungen setzt man hybride ARQ-Verfahren (siehe Abschnitt 3.4.5.1) zum Schutz gegen Übertragungsfehler ein; es handelt sich in diesem Fall um eine Kombination aus Fehler korrigierenden Codes mit einem Stop-and-Wait-Mechanismus zur Wiederholung schadhafter Datenpakete. Deshalb ist auch bei einer asymmetrischen Datenübertragung ein Rückkanal erforderlich, um Bestätigungen bzw. Wiederholanforderungen zu senden.

Für ACL-Verbindungen sind Pakete unterschiedlicher Länge (1, 3 oder 5 Zeitschlitze) und mit verschieden starkem Fehlerschutz (Code-Rate 1 und 2/3) vorgesehen. Je nach Aufteilung auf die beiden Übertragungsrichtungen ergeben sich die in Tabelle 6.3 aufgeführten maximalen Datenraten, die sich allerdings bei schlechten Funkbedingungen aufgrund des ARQ-Verfahrens weiter verringern können.

Darüber hinaus ist zu erwähnen, dass es mit dem DV-Paket (Bild 6.15) ein Format zur gleichzeitigen Übertragung von Sprache und Daten über eine einzige Verbindung gibt.

Reichweite

Wie bereits erwähnt, ist Bluetooth für die Funkübertragung im Nahbereich gedacht. Dementsprechend ist ein Funkmodul im Normalfall auf eine Sendeleistung von 1 mW (0 dBm) ausgelegt. Eine Übertragung mit akzeptabler Qualität ist gewährleistet, solange

Tabelle 6.3 Formate und Datenraten bei symmetrischen und asymmetrischen ACL-Verbindungen

Symmetrische Verbindungen				Asymmetrische Verbindungen				
Format	Nutzbits pro Paket	Rahmendauer	max. Datenrate [kbit/s]	Format M → S	Format S → M	Rahmendauer	max. Datenrate [kbit/s] M → S	S → M
DM1	136	1,25 ms	108,8	DM1	DM1	1,25 ms	108,8	108,8
DH1	216		172,8	DH1	DH1		172,8	172,8
DM3	968	3,75 ms	258.1	DM3	DM1	2,50 ms	387,2	54,4
DH3	1464		390,4	DH3	DH1		585,6	86,4
DM5	1792	6,25 ms	286,7	DM5	DM1	3,75 ms	477,9	36,3
DH5	2712		433,9	DH5	DH1		723,8	57,6

der Empfangspegel oberhalb des spezifizierten Empfindlichkeitsschwellwertes von –70 dBm liegt. (Für Pegelwerte oberhalb von –70 dBm muss die Bitfehlerrate vor der Fehlerkorrektur kleiner als 0,1 % sein.)

Geht man im Nahbereich von einer Freiraumdämpfung aus (siehe Abschnitt 2.3), so ergibt sich bei einer Entfernung von $r = 10$ m und einer Frequenz von etwa $f = 2{,}4$ GHz der Empfangspegel

$$\begin{aligned} RXLEV &= 0\ \text{dBm} - 32{,}4 - 20 \cdot \log 2{,}4 - 20 \cdot \log 10 \\ &= -60\ \text{dBm} \end{aligned}$$

Gegenüber zusätzlichen Dämpfungen durch Hindernisse bleibt also ein Spielraum von 10 dB. Bei einem Abstand von 100 m sinkt der Empfangspegel um weitere 20 dB. Für Reichweiten von etwa 100 m benötigt man daher einen um 20 dB höheren Sendepegel (20 dBm). Die entsprechende Sendeleistung von 100 mW lässt sich durch den Einsatz von Leistungsverstärkern erzielen. Bei Verwendung dieser höheren maximalen Sendeleistung ist jedoch auch eine auf Empfangspegelmessungen basierende Sendeleistungsregelung im Standard vorgeschrieben.

6.2.4 Verbindungsaufbau und sicherheitsrelevante Netzfunktionen

Verbindungsaufbau

Nach dem Einschalten oder nach der Beendigung einer Übertragungsphase befindet sich eine Station im Standby-Zustand (Bild 6.16). Im Standby-Zustand muss jede Station bestimmte Frequenzen abhören, ob Paging- oder Inquiry-Meldungen vorliegen. Dieses Abhören geschieht alle 1,28 Sekunden für eine Dauer von etwa 11 ms. Jede übertragungswillige Station kann solche Inquiry- bzw. Paging-Meldungen senden und damit

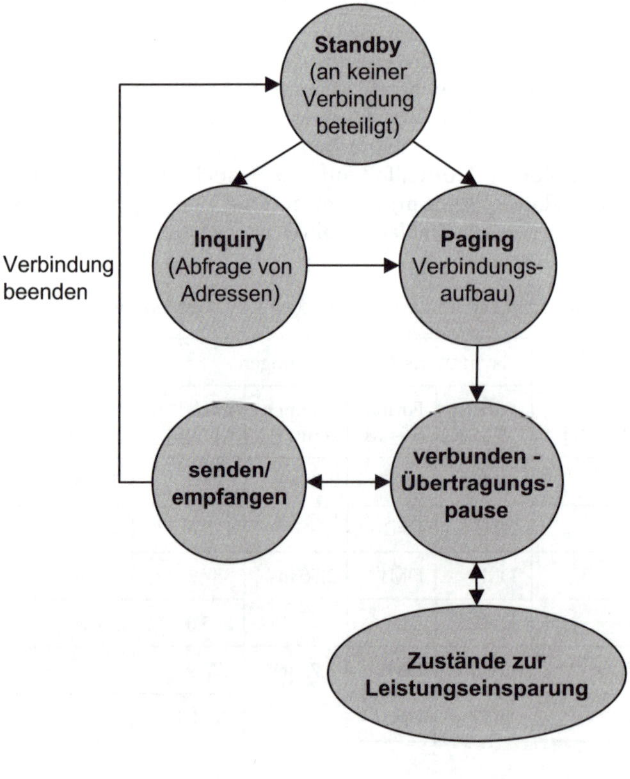

Bild 6.16
Zustände einer Bluetooth-Station

den Standby-Zustand verlassen, um die Kommunikation mit einer oder mehreren anderen Stationen aufzunehmen. Die übertragungswillige Station wird im Folgenden als Station A bezeichnet.

Station A benutzt die Inquiry-Prozedur und -Meldung, um nach Stationen mit bisher nicht bekannter Device ID in ihrer Reichweite zu suchen. Empfängt eine Station B die Inquiry-Meldung, so antwortet sie nach einer zufällig gewählten Zeit mit ihrer Device ID und einer Angabe über ihren Zeittakt. Kollidieren die Antworten mehrerer Stationen, so erfolgt eine Wiederholung mit einer ähnlichen Kollisionsauflösungsstrategie wie beim ALOHA-Verfahren (siehe Abschnitt 4.4.1.1).

Nach erfolgter Inquiry-Prozedur kennt die Station A die Device IDs und die Zeittakte aller Stationen in ihrer Reichweite. Ihr ist damit bekannt, welche Stationen zu welcher Zeit den Funkkanal abhören, um zu prüfen, ob Paging-Meldungen vorliegen. Station A kann nun damit beginnen, Verbindungen zu einer oder mehreren dieser Stationen aufzubauen. Dazu sendet Station A auf 16 festgelegten Frequenzen identische Paging-Meldungen aus, die die Device ID der gerufenen Station enthalten. Sollte keine Antwort erfolgen, so wiederholt Station A die Paging-Meldung auf weiteren 16 Frequenzen. Beim Empfang einer Paging-Meldung antwortet die gesuchte Station B mit ihrer Device ID. Den Empfang der Antwort bestätigt Station A mit ihrer Device ID. Ferner teilt Station A der Station B den für die folgende Verbindungsphase gültigen Zeittakt mit, sodass A und B anschließend die gleiche Hoppingfolge im richtigen Rhythmus benutzen. Station A wird damit zum Master, Station B zum Slave. In der Verbindungsphase identifizieren sich die beteiligten Stationen mit Hilfe der temporär vergebenen Active Member Address (AM_ADDR). Sie besteht aus 3 Bits und liefert somit eine eindeutige Kennung der maximal 8 aktiven Stationen in einem Piconetz.

In Übertragungspausen können die Slaves vom Master in einen Stromsparmodus versetzt werden.

Sicherheitsrelevante Netzfunktionen
Als sicherheitsrelevante Netzfunktionen benutzt Bluetooth ähnliche Verfahren, wie sie in Abschnitt 5.3.4 für das GSM-System besprochen wurden. Dazu gehören:

- die Authentication (Zugangsberechtigungsprüfung) nach einem Challenge-Response-Verfahren,
- die Verschlüsselung mit einer Schlüssellänge, die zwischen den beteiligten Stationen ausgehandelt wird.

6.3 HiperLAN/2

6.3.1 Anmerkungen zur Entwicklung des HiperLAN-Standards

Der HiperLAN-Standard wurde seitens der ETSI als europäischer Standard für drahtlose lokale Computernetze mit Übertragungsraten von einigen Mbit/s entwickelt. Aus dieser Anwendung ergibt sich der Name High Performance Radio Local Area Network mit der Abkürzung HiperLAN. Als eine erste Version entstand etwa Mitte der 90er-Jahre der HiperLAN/1-Standard [58]. Produkte nach diesem Standard konnten sich bisher jedoch nicht am Markt etablieren. Dies mag einerseits auf die Konkurrenz durch Produkte nach dem IEEE-802.11-Standard (siehe Abschnitt 6.4) zurückzuführen sein, der in etwa parallel dazu in den USA vom Institute of Electrical and Electronics Engineers entwickelt wurde. Andererseits verstärkte die ETSI Ende der 90er-Jahre die Aktivitäten zur Standardisierung von HiperLAN/2. Auch wenn die Namensgebung auf eine kontinuierliche Fortentwicklung von HiperLAN/1 hindeutet, sollte HiperLAN/2 eher als ein komplett neues System angesehen werden.

Die ETSI verabschiedete die Spezifikationen für HiperLAN/2 Ende 1999, an neuen Leistungsmerkmalen und Verbesserungen wird jedoch kontinuierlich weitergearbeitet.

Zu den wesentlichen Leistungsmerkmalen von HiperLAN/2 gehören:

- Übertragungsraten von mehreren 10 Mbit/s,
- Mechanismen zu Garantie von vereinbarten Werten zur Dienstqualität,
- sicherheitsrelevante Netzfunktionen (Authentication, Verschlüsselung),
- Verfahren zur automatischen Frequenzwahl,
- Mehrzellenbetrieb und Handover,
- Stromsparmechanismen,
- Zusammenspiel mit anderen Netzen und deren Protokollen (Ethernet, UMTS, Firewire, ...).

Ein Überblick über den HiperLAN/2-Standard ist in [66] und [67] zu finden.

6.3.2 Netzkonfigurationen und Anwendungsbeispiele

Ein HiperLAN/2-Netz kann aus mehreren Funkzellen bestehen, die funktechnisch von den Basisstationen, den so genannten *Access Points* (APs), versorgt werden (Bild 6.17). Jeder Access Point ist mit einem oder mehreren Transceivern (Sende- und Empfangseinheiten) bestückt, von denen jeder auf einem eigenen, vom Access Point ausgewählten Frequenzträger arbeitet (Abschnitt 6.3.5). Das Versorgungsgebiet eines APs lässt sich in bis zu 8 Sektoren unterteilen.

Die Access Points sind i. Allg. untereinander über ein kabelgebundenes Netz, z. B. ein Ethernet-LAN, miteinander verknüpft. In einer Funkzelle können sich eine oder mehrere Mobile Terminals (MT) befinden.

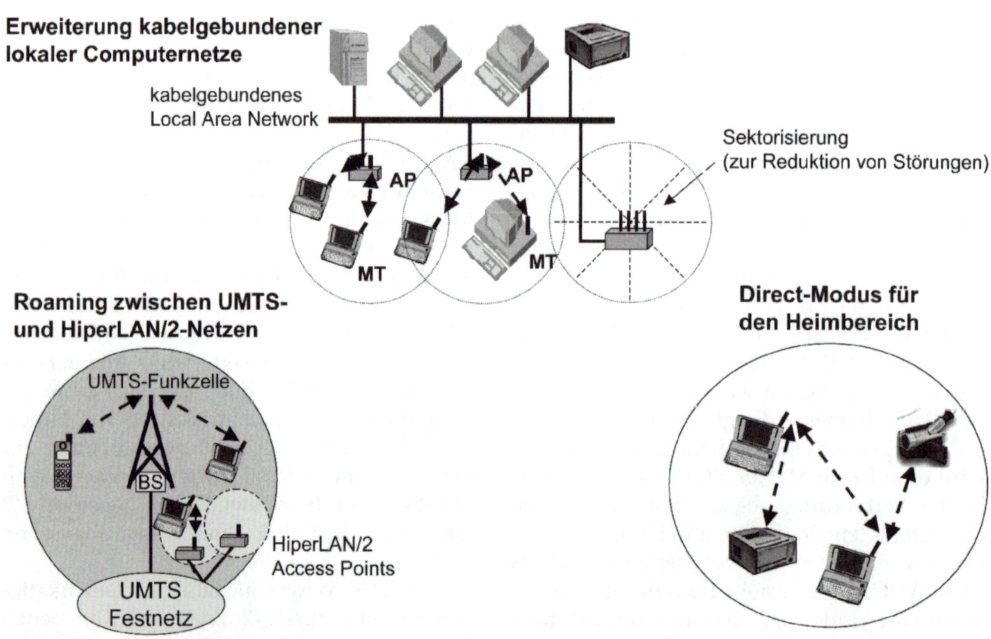

Bild 6.17 Netzkonfigurationen und Anwendungsbeispiele für HiperLAN/2

Bei der Installation muss jedes Netz mit einem Network Identifier und jeder Transceiver mit einem Access Point Identifier versehen werden.

HiperLAN/2-Netze können sowohl als private als auch als öffentliche Netze betrieben werden.

Ferner erlaubt HiperLAN/2 auch einen Direct Mode, bei dem 2 oder mehr Mobile Terminals direkt, d.h. ohne einen Access Point, miteinander Daten austauschen. In diesem Fall, der vor allem für Anwendungen im Heimbereich gedacht ist, übernimmt eines der Terminals – ähnlich wie bei Bluetooth – die Rolle eines Masters.

Alle Erläuterungen in den folgenden Abschnitten beschränken sich auf den Fall, dass ein Access Point vorhanden ist.

Einige Anwendungsbeispiele sind im Folgenden skizziert (siehe auch Bild 6.17):

Erweiterung kabelgebundener Netze
HiperLAN/2 ermöglicht es, in flexibler Weise mit einem Laptop auf das jeweilige lokale Computernetz zuzugreifen, z.B. bei Vorlesungen und Seminaren an Hochschulen, bei Tagungen und Weiterbildungsveranstaltungen oder bei Arztvisiten in Krankenhäusern.

Inter- und Intranet-Zugang
Ferner können HiperLAN/2-Netze zum Beispiel an Flughäfen oder in Hotels installiert sein. In diesem Fall ist das HiperLAN/2-Netz an einen speziellen Access Server angeschlossen, der die Verbindung zum Internet oder einem firmeneigenen Intranet herstellt.

Roaming zwischen HiperLAN/2- und UMTS-Netzen
Weiterhin ist ein Zusammenspiel zwischen HiperLAN/2 und UMTS (siehe Abschnitt 6.5) geplant. Während die UMTS-Basisstationen eine flächendeckende Versorgung bei einer Datenrate von einigen 100 kbit/s liefern, sind die HiperLAN/2-Access-Points für die Versorgung von Hochlastbereichen bei Datenraten von einigen 10 Mbit/s zuständig. Durch spezielle Signalisierungsprotokolle zum Mobility Management und den Anschluss der Access Points an das UMTS-Festnetz wird ein Roaming zwischen HiperLAN/2- und UMTS-Netzen möglich.

Home Networks
HiperLAN/2 ist auch für Anwendungen im Heimbereich gedacht. Es unterstützt ein Zusammenspiel mit IEEE-1394-Standard (auch Firewire genannt [68]), der im Bereich der drahtgebundenen Vernetzung von Geräten der Unterhaltungselektronik (z.B. zwischen PC und Camcorder) eine wichtige Rolle spielt. Für den Heimbereich bietet sich der Direct Mode als Netzkonfiguration an.

6.3.3 Funkkanäle

Frequenzbereich

> In Europa sind für HiperLAN/2 die folgenden Frequenzbänder im Bereich von etwa 5 GHz reserviert. Im Gegensatz zu dem für Bluetooth vorgesehenen ISM-Band dürfen sie nur durch Wireless LANs, nicht jedoch von Systemen mit anderen Anwendungen genutzt werden:
>
> - 5,150 GHz…5,350 GHz,
> - 5,470 GHz…5,725 GHz.

Der erste Bereich ist ausschließlich für Anwendungen innerhalb von Gebäuden vorgesehen, der zweite für Anwendungen innerhalb und außerhalb von Gebäuden. Dabei gibt es jeweils Einschränkungen bezüglich der abgestrahlten Leistungen (mittlere EIRP ≤0,2 W bzw. mittlere EIRP ≤1 W).

Physikalische Kanäle

> Durch Frequenzmultiplex erzeugt man 19 Frequenzträger mit einem Trägerabstand von 20 MHz, davon entfallen 8 Träger auf das erste und 11 Träger auf das zweite Band. Die rechnerisch verbleibenden 75 MHz bilden die Schutzbänder zu anderen Systemen in benachbarten Bändern (Bild 6.18).
>
> Jeder Träger ist mittels Orthogonal Frequency Division Multiplex (OFDM, siehe Abschnitt 4.2.4) in 52 Teilträger unterteilt. Auf 48 dieser Teilträger werden Nutzdaten übertragen, jeweils 4 Teilträger dienen als so genannte Pilotkanäle.

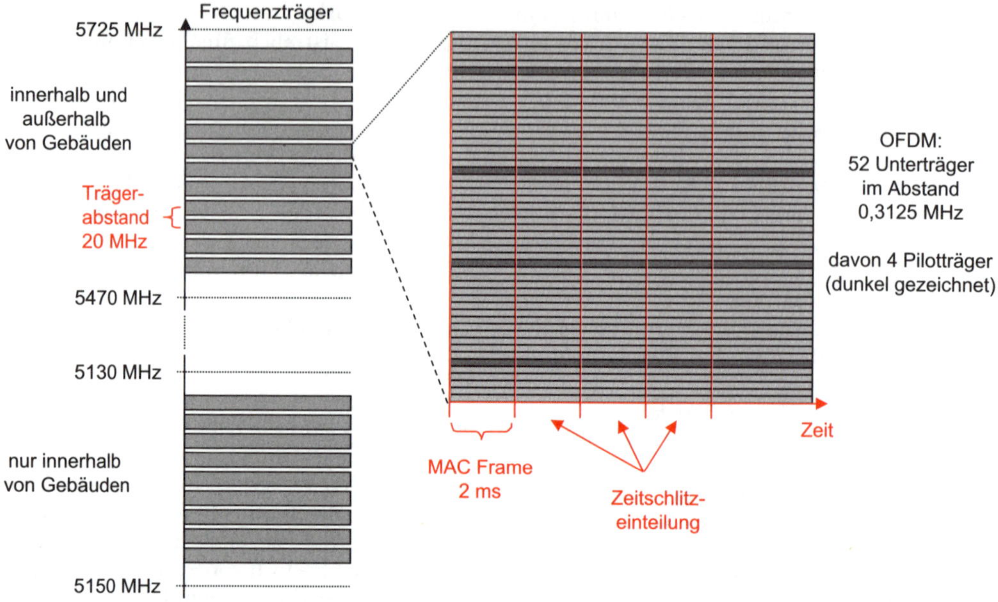

Bild 6.18 Multiplex-Verfahren bei HiperLAN/2

Auf ihnen sendet man festgelegte Symbole, so dass der Empfänger die bei der Übertragung aufgetretenen Phasenverschiebungen abschätzen und bei der Demodulation der unbekannten Nutzdaten korrigieren kann (kohärente Demodulation).

Durch die Aufteilung des Nutzdatenstroms auf 48 Teilströme, die parallel auf den einzelnen Teilträgern übertragen werden, lassen sich die durch Mehrwegeausbreitung verursachten Intersymbol-Interferenzen weitgehend vermeiden (siehe Abschnitt 4.2.4).

Modulation und Kanalcodierung

Die Bitströme jedes Unterträgers werden mit einem der folgenden Verfahren moduliert (siehe Abschnitt 3.3):

- BPSK (1 Bit pro Symbol),
- QPSK (2 Bits pro Symbol),
- 16 QAM (4 Bits pro Symbol),
- 64 QAM (6 Bits pro Symbol).

Betrachtet man z.B. die BPSK, so überträgt man alle 4 µs 48 modulierte Bits parallel auf den Unterträgern, wobei der Zeitraum von 4 µs eine Schutzperiode von 0,8 µs (entsprechend einem Umweg von 240 m) enthält. Die 48 Bits bilden ein so genanntes OFDM-Symbol. Damit ergibt sich eine Datenrate von 12 Mbit/s. Bei den höherwertigen Modulationsverfahren erhält man dementsprechend die 2-, 4- bzw. 6fache Datenrate, also 24 Mbit/s, 48 Mbit/s bzw. 72 Mbit/s.

HiperLAN/2 sieht als Fehlerschutzmaßnahmen hybride ARQ-Verfahren vor. Für die Fehlerkorrektur kommt dabei ein Faltungscode der Code-Rate 1/2 zum Einsatz, aus dem sich durch Punktierung Codes der Rate 3/4 und 9/16 ableiten lassen.

Daraus ergeben sich die in Tabelle 6.4 aufgeführten Übertragungsarten, auch *Physical Modes* genannt.

Zu beachten ist, dass mit zunehmender Bitrate auch die Störanfälligkeit des Übertragungsmodus steigt. Dies berücksichtigt man durch ein Verfahren zur Link Adaption, bei dem man den Übertragungsmodus an die aktuell herrschenden Funkausbreitungsbedingungen (gemessene Störpegel, Bitfehlerraten, …) anpasst. Die Anpassung kann sehr schnell, d.h. in Takten von 2 ms, erfolgen.

Tabelle 6.4 Übertragungsarten in HiperLAN/2

Physical Mode	Modulation	Code-Rate	Bitrate
1	BPSK	1/2	6 Mbit/s
2	BPSK	3/4	9 Mbit/s
3	QPSK	1/2	12 Mbit/s
4	QPSK	3/4	18 Mbit/s
5	16 QAM	9/16	27 Mbit/s
6	16 QAM	3/4	36 Mbit/s
7	64 QAM	3/4	54 Mbit/s

Zeitmultiplex und Zeitduplex

Zusätzlich zur Einteilung des Spektrums in Frequenzträger und Teilträger verwendet HiperLAN/2 eine Art Zeitmultiplex (TDM). Die TDMA-Rahmen mit einer Dauer von 2 ms nennt man MAC Frames (Bild 6.18). MAC steht dabei für *Medium Access Control*.

Als Duplexverfahren kommt ein Zeitduplex (TDD) zum Einsatz, wobei sich ein MAC Frame weitgehend variabel zwischen Downlink (AP → MT) und Uplink (MT → AP) aufteilen lässt.

Die Zuteilung von Übertragungskapazitäten erfolgt nach einem Reservierungsverfahren (siehe Abschnitt 4.4.1), d.h., der Access Point regelt die Zuteilung von Zeitschlitzen an die einzelnen Mobile Terminals.

Möchte ein Mobile Terminal Daten senden, so muss es sich – ähnlich wie bei GPRS – über einen Random Access Channel um Übertragungskapazitäten bewerben. Die Verwaltung und Zuteilung von Funkkanälen ist Aufgabe der MAC-Schicht der HiperLAN/2-Protokolle.

Logische Kanäle

Wie schon beim GSM- und DECT-System besprochen, so gibt es auch im HiperLAN/2-Standard neben den Kanälen für die Nutzdatenübertragung mehrere Kontrollkanäle für verschiedene organisatorische Aufgaben. Die Nutz- und Kontrollkanäle und deren Aufgaben sind in Tabelle 6.5 zusammengefasst.

Transportformate

Im Gegensatz zum GSM-System, bei dem für die unterschiedlichen logischen Kanäle verschiedene Zeitschlitze bzw. TDMA-Rahmen i.Allg. fest reserviert sind, kann im HiperLAN/2-Standard jeder logische Kanal im Prinzip in jedem MAC Frame auftreten. Die Informationen der logischen Kanäle werden dabei in verschiedenen Formaten transportiert; d.h., die jeweiligen Informationen sind in Pakete unterschiedlicher Länge verpackt und mit einem bestimmten Fehlerschutz versehen. Für den Transport der Nutzkanäle und einiger Signalisierungskanäle ist als Transportkanal der so genannte Long Transport Channel (LCH) vorgesehen. Er transportiert die Daten in Blöcken von 54 Oktetts, wobei 3 Oktetts für den Fehler erkennenden Blockcode und 4 Bits für weitere Steuerungszwecke vorgesehen sind. Daneben ist noch der Short Transport Channel (SCH) mit einer Blocklänge von 9 Oktetts zu erwähnen. Eine Folge solcher Datenblöcke, die zum Empfänger transportiert werden, nennt man einen *PDU Train* (PDU: *Protocol Data Unit*).

Wie in Bild 6.19 illustriert, beginnt jeder MAC-Rahmen mit einem BCH-, FCH- und ACH-Transportblock. Diese enthalten Systeminformationen, Angaben zu den zugeteilten Ressourcen und Übertragungsmodi bzw. Bestätigungen über erfolgreich empfangene Kanalanforderungen. Dem schließt sich eine Phase an, in der im Downlink Nutzdaten (UDCH, UBCH, UMCH) oder Steuerungsdaten (LCCH, RBCH, DCCH) übertragen werden können. Gemäß der Zeitduplexstruktur folgt daraufhin eine Uplink-Phase, die sich ebenfalls für den Transport von Nutzdaten (UDCH) oder Steuerungsdaten (LCCH, RBCH, DCCH) verwenden lässt. Der abschließende Random Access Channel Block dient in erster

Tabelle 6.5 Logische Kanäle im HiperLAN/2-Standard

Abk.	Name	Richtung	Erläuterungen
BCCH	Broadcast Control Channel	DL	– Netz-, AP- und Sektorkennung – Power Control Parameter – Angaben über Aufbau des aktuellen MAC Frames – Wake-up-Indikator
FCCH	Frame Control Channel	DL	– Angaben über die zugeteilten Ressourcen und den jeweiligen Physical Mode
RFCH	Random Access Feedback Channel	DL	– Bestätigung erfolgreich empfangener Kanalanforderungen
RBCH	RLC Broadcast Channel	DL	– Broadcast-Meldungen aus höheren Schichten – Verschlüsselungsparameter
DCCH	Dedicated Control Channel	UL & DL	– Signalisierungskanal für Verbindungsaufbau und Verbindungssteuerung
LCCH	Link Control Channel	UL & DL	– Austausch von ACK/NACK-Meldungen für selektives ARQ-Verfahren
ASCH	Association Control Channel	UL	– Kanalanforderungen beim Verbindungsaufbau und beim Handover
UDCH	User Data Channel	UL & DL	– Nutzdatentransport zwischen einem AP und einem MT
UBCH	User Broadcast Channel	DL	– Nutzdatentransport von AP zu allen MTs in der Zelle
UMCH	User Multicast Channel	DL	– Nutzdatentransport von AP zu einer Gruppe von MTs in der Zelle

Linie zum Transport von Kanalanforderungen in der Bewerbungsphase (ASCH), kann aber auch vom Link Control Channel, d.h. zum Austausch von ACK- bzw. NACK-Meldungen für ein selektives ARQ-Verfahren, benutzt werden.

Zu betonen ist ferner, dass bei einer Sektorisierung die einzelnen Phasen in Teilphasen für die unterschiedlichen Sektoren eingeteilt sind. Sektoren werden also nicht wie im GSM-System durch getrennt zugeteilte Frequenzen, sondern durch zugeteilte Übertragungszeiträume realisiert.

6.3.4 Verbindungsaufbau

Nach dem Einschalten führt das Mobile Terminal Empfangspegelmessungen auf den HiperLAN/2-Trägern durch und decodiert die BCCH-Informationen. Es wählt dann den zu einem erlaubten Netz gehörenden Access Point mit dem besten Empfangspegel aus.

Danach erfolgt die erste Phase des Verbindungsaufbaus, die als Association bezeichnet wird. Dazu sendet das Mobile Terminal einen Association Request über den Association Control Channel an den Access Point.

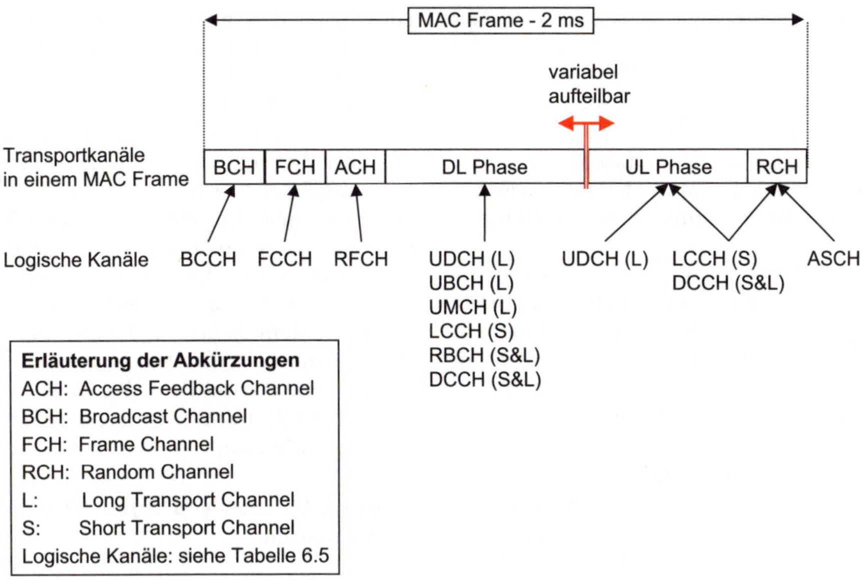

Bild 6.19 Transport logischer Kanäle – Aufbau eines MAC Frames

Dieser weist bei erfolgreichem Empfang dem Mobile Terminal einen MAC Identifier zu, mit dem das Terminal bei allen weiteren Aktionen identifiziert wird.

Anschließend einigen sich Mobile Terminal und Access Point auf die so genannten *Link Capabilities*, zu denen u.a. die unterstützten bzw. zu verwendenden

- Verschlüsselungs- und Authentifizierungsverfahren,
- Physical Modes und
- Protokolle aus höheren Schichten

gehören.

Anschließend kann (muss aber nicht) ein Wechsel in den Verschlüsselungsmode und eine Zugangsberechtigungsprüfung (Authentication) erfolgen. Für Beides bietet HiperLAN/2 mehrere verschiedene Verfahren an [66]. Die Authentication kann von beiden Seiten – Access Point und Mobile Terminal – angefordert werden.

Laufen die genannten Schritte erfolgreich ab, so ist das Mobile Terminal zum Access Point assoziiert, und der eigentliche Verbindungsaufbau zu einem anderen, z.B. zu einem festen, an das Ethernet angeschlossenen Terminal wird durchgeführt.

Ist diese Verbindung hergestellt, so kann das Mobile Terminal bei Bedarf mit einer Resource-Request-Meldung Funkkanalressourcen vom Access Point anfordern. Dieser verwaltet die Ressourcen zentral und teilt sie auf möglichst faire Weise und unter Beachtung der jeweils geforderten Dienstqualität den assoziierten Mobile Terminals zu. Die entsprechende Resource-Grant-Meldung enthält Angaben darüber, zu welchem Zeitpunkt wie viele Datenpakete in welchem Physical Mode gesendet werden dürfen.

6.3.5 Verbindungssteuerung und Verwaltung der Funkressourcen

Zell- und Frequenzwechsel – Handover

> **!** Der HiperLAN/2-Standard sieht einige Handover-Mechanismen vor, wobei die Entscheidung für einen Handover normalerweise von dem Mobile Terminal auf der Basis gemessener Empfangs- und Störpegel getroffen wird.

Allerdings besteht auch die Möglichkeit, dass der Access Point einen Handover befiehlt (Forced Handover). Wie im GSM-Standard, so sind auch im HiperLAN/2-Standard nur die Signalisierungsmechanismen, nicht aber die Entscheidungsalgorithmen spezifiziert.

Grundsätzlich unterscheidet man zwischen den in Tabelle 6.6 aufgeführten Handover-Typen.

Aufgrund der besonderen Realisierungsform von Sektoren über zugeteilte Übertragungsphasen lässt sich ein Sector Handover sehr schnell durchführen. Nachdem das Mobile Terminal dem Access Point den gewünschten Sektor mitgeteilt hat, kann es im nächsten Rahmen in den neuen Sektor wechseln.

Der Radio Handover dient dazu, einer starken Störung auszuweichen, indem man die Frequenz wechselt. Ein Radio Handover ist somit nur bei Access Points möglich, die mit mehreren Transceivern bestückt sind.

Die eigentliche Mobilität der Terminals ermöglicht der Network Handover. Diesen Wechsel von einem Access Point zum nächsten leitet das Mobile Terminal i. Allg. dadurch ein, dass es sich beim alten Access Point unter Angabe des Handover-Grundes abmeldet. Sollte der Handover fehlschlagen, so kann das Terminal innerhalb von 255 Rahmen (ca. 0,5 s) zum alten AP zurückkehren, ohne dass die Verbindung neu aufgebaut werden muss.

Nach dem Abmelden sendet das Mobile Terminal eine Handover-Association-Request-Meldung, die die alte MAC- und AP-Kennung enthält, an den neuen Access Point. Dieser vergibt daraufhin einen neuen MAC Identifier. Anschließend handeln beide Stationen – ähnlich wie beim Verbindungsaufbau – die Link Capabilities aus (siehe Abschnitt 6.3.4). Ob anschließend die Verbindung komplett neu aufgebaut werden muss (mit Austausch von Verschlüsselungsparametern und Authentication), hängt davon ab, ob die vorhandenen Signalisierungsmechanismen im Festnetz einen Austausch von Verbindungsparametern zwischen dem neuen und dem alte Access Point erlauben.

Der neue Access Point bestätigt einen erfolgreichen Handover mit einer Handover-Complete-Meldung.

Tabelle 6.6 Handover-Typen bei HiperLAN/2

Handover-Typ	Erläuterung
Sector Handover	Wechsel des Sektors bei gleich bleibendem Access Point
Radio Handover	Intracell Handover, d.h. Wechsel des Frequenzträgers bei gleich bleibendem Access Point
Network Handover	Wechsel des versorgenden Access Points

Dynamic Frequency Selection – Dynamische Frequenzwahl

> ! Die dynamische Frequenzwahl ist ein Mechanismus, mit dem ein Access Point die für den Betrieb geeignetste Frequenz (oder Frequenzen) selbstständig auswählt, d.h., ein Frequenzplanungsprozess ist für ein HiperLAN/2-Netz nicht erforderlich.

Die Auswahl einer Frequenz, die mit wenigen Störungen durch benachbarte HiperLAN/2-Netze oder andere drahtlose Computernetze belastet ist, geschieht durch den jeweiligen Access Point auf der Basis von Pegelmesswerten, die von ihm selbst gesammelt wurden oder die ihm die versorgten Mobile Terminals angeliefert haben. Dabei kann der Access Point vorgeben, auf welchen Frequenzen und zu welchen Zeiten die Mobile Terminals Messungen durchführen sollen. Der Algorithmus für die Auswahl einer Frequenz ist nicht spezifiziert. Im Standard festgelegt ist jedoch, dass der Access Point die Mobile Terminals mit einer mehrmals über den RBCH zu versendenden Meldung über einen bevorstehenden Frequenzwechsel informieren muss.

Transmission Power Control – Sendeleistungsregelung

> ! Um seine Sendeleistung den Empfangsbedingungen anzupassen, verwendet das Mobile Terminal einen empfangspegelbasierten Open-Loop-Power-Control-Mechanismus, für den der Access Point gewisse Parameter über den BCCH vorgibt.

Die Bezeichnung Open-Loop bedeutet, dass das Mobile Terminal seine Sendeleistung auf der Grundlage eigener Pegelmessungen einstellt. Dabei wird eine annähernd symmetrische Ausbreitungsdämpfung für den Uplink und Downlink angenommen, und das Mobile Terminal versucht seine Sendeleistung so zu regeln, dass ein vom Access Point vorgegebener Zielempfangspegel erreicht wird. Der Sendepegel lässt sich in mehreren Stufen im Bereich zwischen –15 dBm und 30 dBm einstellen.

Für den Downlink – also für den Access Point – gilt der gleiche Regelungsbereich. Der Regelungsalgorithmus ist jedoch nicht im Detail spezifiziert. Allerdings gibt es einige Einschränkungen an die Regelungsgeschwindigkeit. So darf der Access Point beispielsweise die Sendeleistung nicht zu rasch erhöhen, um benachbarten Access Points die Gelegenheit zu geben, auf die dadurch zunehmenden Störungen zu reagieren, z.B. durch die Wahl einer neuen Frequenz.

Stromsparbetrieb – Sleep Mode

> ! Ein Mobile Terminal kann in einen Sleep Modus eintreten, hat dies jedoch zuvor dem Access Point anzuzeigen.

Während des zugehörigen Meldungsaustausches, bei dem der Access Point eine Quittung zurückschickt, einigen sich beide Seiten auf einen bestimmten Rhythmus, in dem das Mobile Terminal den Broadcast Channel abzuhören hat. Liegen Daten für ein Mobile Terminal im Sleep Modus vor, so speichert der Access Point sie zunächst und zeigt das Vorliegen der Daten durch eine Meldung in dem nächsten der vereinbarten BCCH-Rahmen an.

Prüfung auf Lebenszeichen – Alive

> ! Der Access Point überprüft von Zeit zu Zeit, ob assoziierte Mobile Terminals, die lange keine Aktionen vorgenommen haben, noch erreichbar sind.

Dazu sendet er Alive-Request-Meldungen, auf die die erreichbaren Mobile Terminals mit einem Acknowledgement antworten müssen.

6.3.6 Protokollarchitektur

Die Protokollarchitektur für den HiperLAN/2-Standard ist in Bild 6.20 illustriert.

Physical Layer
Die physikalische Schicht enthält u.a. Festlegungen zur Trägereinteilung, zur Fehlerkorrektur, zur Modulations- und OFDM-Technik sowie Angaben zu Sendeleistungen und Empfängerempfindlichkeiten.

Medium Access Control Layer
Zur MAC-Schicht gehören Spezifikationen zum Zeitmultiplex- und Zeitduplex-Verfahren und dem damit verbundenen Aufbau von MAC Frames. Die MAC-Schicht ist damit auch für die Regelung des Zugriffs und für die Verteilung von Übertragungskapazitäten zuständig.

Innerhalb der MAC Frames werden sowohl Nutz- als auch Steuerungsdaten transportiert. Dementsprechend ist die oberhalb der MAC-Schicht liegende Schicht zweigeteilt.

Error Control
Für den sicheren Nutzdatentransport ist jeweils pro Verbindung eine Error-Control-Funktion, also das selektive ARQ-Verfahren verantwortlich.

Radio Link Control
Im Bereich der Verbindungssteuerung (Radio Link Control RLC) gibt es 3 Funktionsblöcke: Die *Association Control Functions* (ACF) sind

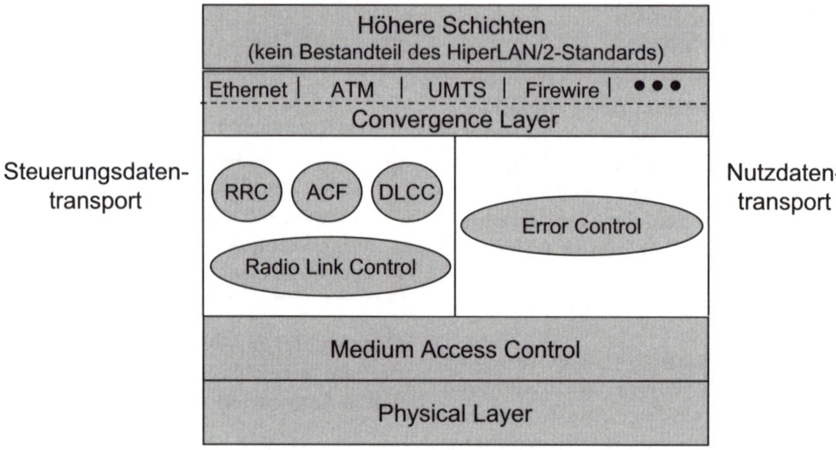

Bild 6.20 Die Protokollarchitektur von HiperLAN/2

für Auf- und Abbau einer Association (inklusive Authentication und Verschlüsselung) zum Access Point zuständig. Die *Radio-Resource-Control-Funktionen* (RRC) umfassen die Verfahren und Signalisierungsmechanismen für den Handover, die dynamische Frequenzwahl, die Leistungsregelung und den Stromsparbetrieb.

Die *DLC Control Functions* (DLCC) sind für den Aufbau der eigentlichen Nutzverbindung zuständig.

Convergence Layer
Der Convergence Layer nimmt die Anpassung der Protokolle und Datenstrukturen des Festnetzes (Ethernet, UMTS, Firewire, ...) an die des HiperLAN/2-Funknetzes vor.

6.4 Wireless LANs nach dem Standard IEEE 802.11

Bereits in den 80er-Jahren hat das Institute of Electrical and Electronics Engineers (IEEE) [69] bedeutende Standards für drahtgebundene lokale Computernetze herausgegeben, zu denen die Standards IEEE 802.5 (Token Ring) und IEEE 802.3 (Ethernet) gehören [4]. Bei der Entwicklung des Standards IEEE 802.11 stand daher in den 90er-Jahren die Idee einer drahtlosen Variante des Ethernets im Hintergrund, was sich insbesondere an Gemeinsamkeiten bei den Zugriffsverfahren zeigt (siehe Abschnitt 6.4.2).

Im Jahre 1997 wurden die Spezifikationen für 3 Varianten verabschiedet, die sich in ihrer physikalischen Schicht zwar deutlich unterscheiden, aber dennoch in der darüber liegenden MAC-Schicht die gleichen Zugriffsverfahren nutzen.

> **!** Die jeweiligen physikalischen Schichten, die Datenraten von bis zu 2 Mbit/s bieten, sind grob charakterisiert durch die folgenden Übertragungsmerkmale:
>
> - ISM-Frequenzbereich bei 2,4 GHz unter Verwendung einer Codespreiztechnik,
> - ISM-Frequenzbereich bei 2,4 GHz unter Verwendung von Frequency Hopping,
> - Infrarotübertragung bei Wellenlängen zwischen 850 nm und 950 nm.

Bei der Spreiztechnik gelang es durch Erweiterungen, die Datenrate auf bis zu 11 Mbit/s zu steigern. Die entsprechende Weiterentwicklung, bei der die MAC-Schicht beibehalten wird, bezeichnet man als den Standard IEEE 802.11 (b); Produkte sind bereits erhältlich.

Ferner arbeitet das IEEE an einer weiteren Variante (IEEE 802.11 (a)) mit Datenraten bis zu 54 Mbit/s, die im 5-GHz-Bereich auf dem OFDM-Prinzip basiert und bei der man eine weitgehende Harmonisierung mit dem HiperLAN/2-Standard anstrebt.

Bei marktüblichen Produkten sind derzeit im Wesentlichen nur die Varianten, die im ISM-Band arbeiten, zu finden. Daher werden nur sie in den folgenden Abschnitten behandelt.

Man bezeichnet die Hauptübertragungsvarianten von IEEE 802.11 i. Allg. mit den Abkürzungen

- FHSS (Frequency Hopping Spread Spectrum) und
- DSSS (Direct Sequence Spread Spectrum).

IEEE 802.11 ermöglicht – wie HiperLAN/2 – sowohl Ad-hoc-Netze im Direct-Mode-Betrieb als auch Netze aus einer oder mehreren Funkzellen, die über einen oder mehrere Access Points an ein kabelgebundenes Netz nach dem Ethernet-Standard angeschlossen sind.

Die Stationen besitzen eine Adresse, die aus 48 Bits besteht und analog zu einer Ethernetadresse gemäß dem IEEE-802.3-Standard aufgebaut ist [4].

Überblicksartikel, Foliensätze bzw. ausführliche Darstellungen zum IEEE-802.11-Standard findet man unter [70; 71 bzw. 72; 105].

6.4.1 Funkkanäle

Sowohl die Frequency-Hopping- als auch die Spreiztechnik-Variante von IEEE 802.11 arbeiten – wie Bluetooth – im ISM-Band zwischen 2400 MHz und 2480 MHz.

FHSS

Um Frequency Hopping zu realisieren, teilt man das ISM-Band – ähnlich wie bei Bluetooth – in 79 Frequenzträger mit einem Abstand von 1 MHz ein. Unter Verwendung dieser Frequenzen sind zahlreiche untereinander unkorellierte Sprungfolgen definiert, wobei Frequenzsprünge typischerweise im Abstand von einer Zehntelsekunde erfolgen.

Als Modulationsform kommt GMSK zum Einsatz. Auf diese Weise erzielt man auf einem physikalischen Kanal eine Datenrate von 1 Mbit/s. Eine höherwertige – damit aber auch störanfälligere – Variante von GMSK ermöglicht eine Datenrate von 2 Mbit/s.

DSSS

In der Grundvariante wird der Bitstrom von 1 Mbit/s durch einen Code (Barker-Code) mit Spreizungsfaktor SF = 11 gespreizt. Anschließend erfolgt eine Modulation mit einer differentiellen BPSK.

Der Ausdruck «differentiell» bedeutet dabei, dass man ein Bit nicht durch eine absolute Phase, sondern als eine Phasenänderung darstellt: Ist das zu übertragende Bit eine «0», so behält man die Phase bei; ist es eine «1», so wechselt die Phase um den Wert π. Bei Verwendung einer differenziellen QPSK lässt sich die Datenrate – ähnlich wie beim Frequency-Hopping-Modus – auf 2 Mbit/s unter Beibehaltung der Bandbreite eines Trägers steigern. Für die Variante IEEE 802.11 (b) werden mehrere Bits zu Symbolen zusammengefasst und verschiedene Symbole mit unterschiedlichen komplementären Codes (gewissermaßen orthogonalen Codes) gespreizt.

Diese als *Complimentary Code Keying* bezeichnete Technik ermöglicht – unter Beibehaltung der ursprünglichen Bandbreite – Datenraten von bis zu 11 Mbit/s.

Für den DSSS-Modus unterteilt man das ISM-Band in mehrere Frequenzträger mit einem Abstand von 5 MHz (Bild 6.21). In Europa lassen die regulatorischen Randbedingungen 9 Träger zu. Da ein Frequenzträger eine Breite von ca. 20 MHz besitzt, überlappen sich die Träger. Benachbarte Funkzellen sollten daher nicht mit gleichen und nicht mit benachbarten Frequenzträgern versehen werden.

Vergleich mit HiperLAN/2
IEEE 802.11 versucht also durch Verfahren wie Frequency Hopping oder wie die Spreiztechnik den Einfluss dominanter

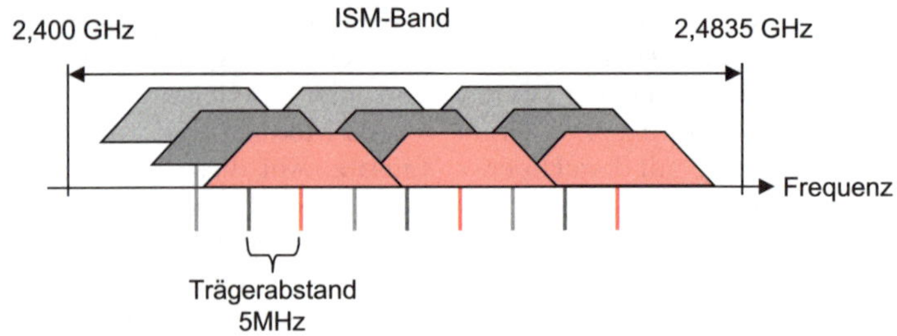

Bild 6.21 Frequenzträger für den DSSS-Modus von IEEE 802.11

Störungen auf bestimmten Frequenzen gering zu halten. Diese mehr *statistisch orientierten Verfahren* führen zu einer *Ausmittelung* von Störleistung über den jeweiligen Frequenzbereich. Ebenso werden vom IEEE 802.11 verursachte Störleistungen über einen größeren Frequenzbereich verteilt und damit reduziert. Im Vergleich dazu verfolgt der HiperLAN/2-Standard einen anderen Weg: Durch die dynamische Frequenzwahl und den Radio Handover kann ein HiperLAN/2-Netz *gezielt* dominanten Störern ausweichen. Durch Sendeleistungsregelung reduziert man die Störungen für andere Netze und Systeme.

Ferner ist zu betonen, dass zwar auch IEEE 802.11 eine Anpassung verschiedener Übertragungsmodi an unterschiedliche Störverhältnisse bietet, doch ist diese längst nicht so schnell und flexibel wie die Link Adaption bei HiperLAN/2.

6.4.2 Zuteilung von Übertragungskapazitäten

Auch hinsichtlich der Zuteilung von Übertragungskapazitäten unterscheidet sich IEEE 802.11 deutlich von HiperLAN/2. Während bei letzterem System die Funkkanäle über ein Reservierungsverfahren zentral vergeben werden, verwendet IEEE 802.11 in erster Linie eine dezentral organisierte Technik, die auf dem CSMA-Verfahren (CSMA: Carrier Sense Multiple Access, siehe Abschnitt 4.4.1.2) des Ethernets beruht.

Dieses Verfahren ist in Bild 6.22 skizziert:

Im ersten Schritt muss eine sendewillige Station, z. B. Station A, prüfen, ob das Übertragungsmedium frei ist oder nicht. Diesen Vorgang bezeichnet man als *Clear Channel Assessment*. Dass das Medium belegt ist, lässt sich anhand zweier Methoden feststellen:

- Der Empfangspegel auf dem Kanal liegt oberhalb eines Schwellwerts (*energy above threshold*).
- Ein für einen IEEE-802.11-Kanal charakteristisches Bitmuster wird detektiert (Carrier Sense).

Hat die Prüfung ein freies Medium ergeben, so kann Station A mit der Übertragung von Daten an z. B. Station B beginnen. Bei einem längeren Datenpaket sendet A zunächst eine RTS-Meldung (RTS: *request to send*) unter Angabe der Adresse und der gewünschten Übertragungszeit. Diese Meldung wird sowohl von der Station B als auch von der Station C empfangen. C weiß nun, dass sie in der reservierten Zeit keine Daten übertragen darf.

Station D konnte die RTS-Meldung aufgrund starker Signaldämpfungen nicht empfangen. Um auch solche versteckten Stationen (Hidden Nodes), die eine Übertragung stören könnten, über die Belegung des Mediums zu informieren, sendet die eigentliche Zielstation, also B, eine CTS-Meldung (*clear to send*) unter Angabe des reservierten Übertragungszeitraums.

Nach Abschluss der Reservierungsphase überträgt Station A das Datenpaket an Station B, die unmittelbar anschließend mit einer ACK- oder NACK-Meldung bestätigen sollte, ob das Paket erfolgreich empfangen wurde oder nicht.

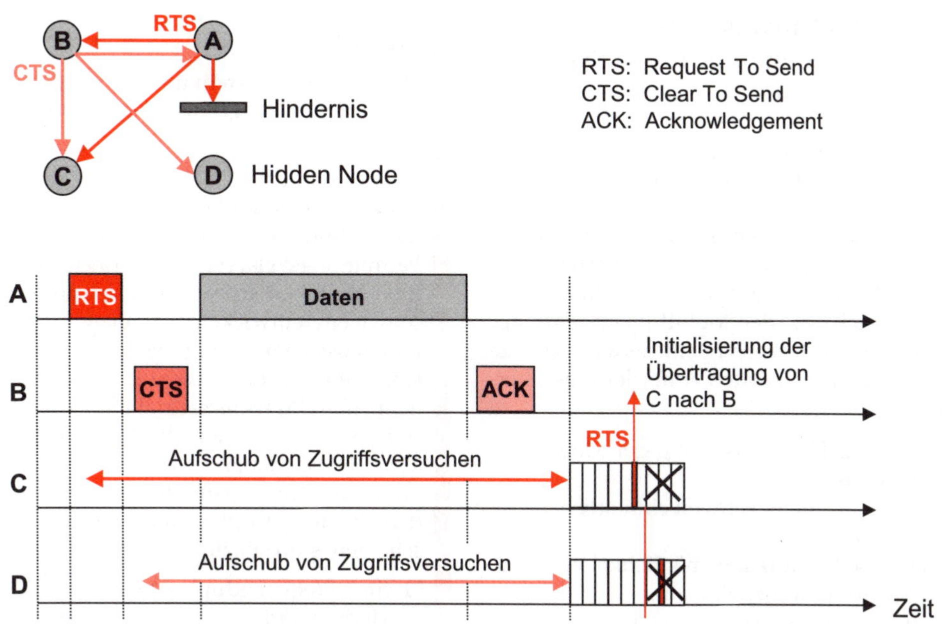

Bild 6.22 Dezentraler Zugriffsmechanismus bei IEEE 802.11

Bleibt die ACK-Meldung aus, so muss Station A das Datenpaket wiederholen und sich dazu nach einer gewissen Zeit, die mit einem Zufallsmechanismus bestimmt wird, erneut um das Übertragungsmedium bewerben. Die maximale Größe eines Datenpakets von ca. 2350 Bytes begrenzt die reservierbare Übertragungszeit.

Sind bei einer anderen Station (C oder D) in der Zwischenzeit ebenfalls zu übertragende Daten angefallen, so unternehmen sie in der in mehrere Zeitschlitze aufgeteilten Bewerbungsphase einen Zugriffsversuch: Dazu würfelt jede der sendewilligen Stationen eine Zufallszahl aus. Die Stationen erniedrigen ihre Zufallszahlen in jedem Zeitschlitz der Bewerbungsphase um den Wert 1. Ist eine Station bei dem Wert 0 angekommen, so darf sie in dem entsprechenden Zeitschlitz einen Zugriffsversuch unternehmen. Die anderen Stationen müssen ihren Zugriffsversuch zurückstellen, dürfen aber den erreichten Zählerstand beibehalten.

Anmerkungen

- Zu betonen ist, dass es trotz all der beschriebenen Vermeidungsstrategien weiterhin zu Kollisionen aufgrund von Reaktions- bzw. Signallaufzeiten kommen kann.
- Für kurze Datenpakete, deren Länge unterhalb eines einstellbaren Schwellwerts liegt, ist es effizienter und daher auch erlaubt, auf den RTS-CTS-Meldungsaustausch zu verzichten und gleich das Datenpaket zu senden.
- Um auch die Echtzeitübertragung bei Sprachdiensten zu ermöglichen, besitzt IEEE 802.11 auch eine so genannte *Point Coordination Function* (PCF), mit der sich eine Art Zeitduplex-Verbindung einrichten lässt.

6.5 Das Universal Mobile Telecommunications System (UMTS)

6.5.1 Anmerkungen zur Entstehung des UMTS-Standards

Bereits Ende der 80er-Jahre starteten unter Federführung der International Telecommunication Union ITU [73] die ersten Aktivitäten zur Entwicklung der Mobilfunksysteme der 3. Generation. Dabei kristallisierten sich insbesondere die folgenden Anforderungen heraus:

- weltweite Harmonisierung der Mobilfunkstandards,
- Betrieb in einem weltweit einheitlichen Frequenzband,
- universelle Nutzungsmöglichkeiten (breites Anwendungsspektrum),
- ein vielfältiges Dienstespektrum (Sprache, Video, Daten, Multimedia) mit Datenraten bis zu 2 Mbit/s mit hoher Dienstqualität,
- effiziente Nutzung des Frequenzspektrums (hohe Netzkapazitäten),
- Konvergenz mit dem Festnetz (ISDN).

Anmerkung
Die Datenrate von 2 Mbit/s ist nur für quasistatische Anwendungen (in Gebäuden) gefordert. In anderen Umgebungen sind die Anforderungen an die Datenrate geringer (384 kbit/s in Innenstadtbereichen und Fußgängerzonen, 144 kbit/s bei hohen Fahrzeuggeschwindigkeiten).

In Europa wurden daraufhin mehrere von der Europäischen Union geförderte Forschungsprojekte ins Leben gerufen, aus denen drei verschiedene Systemvorschläge hervorgingen [74]. Diese wurden 1997 – zusammen mit 2 weiteren Vorschlägen – der ETSI zur Prüfung vorgelegt. Nach einer eingehenden Leistungsbewertung wählte die ETSI zwei der Vorschläge aus, um sie ihrerseits in weiter ausgearbeiteter und harmonisierter Form bei der ITU als Universal Mobile Telecommunications System (UMTS) einzureichen.

Wie GSM lässt sich UMTS grob in

- ein Funkteilsystem und
- ein Vermittlungsteilsystem

gliedern.

Während das UMTS-Vermittlungsteilsystem im Wesentlichen auf der Architektur und den Protokollen des GSM-Vermittlungsteilsystems mit seinen GPRS-Erweiterungen aufbaut und sich aus diesem weiterentwickelt, hat man für das Funkteilsystem völlig neue Konzepte eingeführt. Eine wesentliche Komponente des UMTS Terrestrial Radio Access (UTRA) ist die Verwendung von CDMA als Mehrfachzugriffsverfahren, wobei zwei Übertragungsmodi (entsprechend den beiden ausgewählten Systemvorschlägen, s. o.) spezifiziert wurden:

- ein Frequenzduplex-Modus (FDD-Modus) und
- ein Zeitduplex-Modus (TDD-Modus).

Der FDD-Modus arbeitet mit gepaarten Frequenzträgern (für Uplink und Downlink), von denen jeder mittels eines reinen CDMA-Verfahrens in mehrere Codekanäle unterteilbar ist.

Das verwendete CDMA-Verfahren ist auch unter dem Namen Wideband CDMA (W-CDMA) bekannt. Der FDD-Modus ist für die großflächige Funknetzabdeckung gedacht.

Der TDD-Modus arbeitet in ungepaarten Frequenzbändern. Uplink und Downlink nutzen den gleichen Frequenzträger, sind aber in ihrer Zeitlage getrennt. Bei dem TDD-Modus ist ein Frequenzträger in 15 Zeitschlitze und jeder Zeitschlitz nochmals in mehrere Codekanäle aufgeteilt. Wegen der Kombination aus TDMA und CDMA bezeichnet man das Verfahren auch als TD/CDMA. Der TDD-Modus eignet sich wegen seiner Möglichkeit, Funkkanäle flexibel zwischen Uplink und Downlink aufzuteilen, für den Einsatz in Gebieten mit hoher (einseitiger) Verkehrslast. Ferner sind Anwendungen im Bereich privater Netze (schnurlose Telefone, drahtlose lokale Vernetzung), wie sie in den Abschnitten 6.1 – 6.4 diskutiert wurden, denkbar.

Neben UMTS – als Vorschlag der ETSI – hat die ITU auch weitere Vorschläge als Systeme der 3. Generation akzeptiert. Dabei handelt es sich um (siehe auch Bild 6.23):

- cdma2000, eine Weiterentwicklung des derzeitigen amerikanischen CDMA-Systems IS-95,
- UWC-136, eine um das EDGE-Verfahren (siehe Abschnitt 5.5.5) erweiterte Variante des derzeitigen amerikanischen TDMA-System D-AMPS,
- TD-SCDMA, ein von der chinesischen Standardisierungsbehörde CATT vorgeschlagenes System, das dem UMTS-TDD-Modus ähnelt, aber u.a. eine geringere Trägerbreite besitzt,
- die Erweiterung des DECT-Systems für Datenraten bis zu 2 Mbit/s.

Diese Systemfamilie wird unter dem Namen IMT-2000 (International Mobile Telecommunications 2000) geführt. Mehrere internationale Gremien arbeiten an einer Harmonisierung der Systeme mit dem wesentlichen Ziel, Multimode-Endgeräte einfach realisieren zu können und ein Roaming zwischen den Systemen zu ermöglichen.

An der Standardisierung von UMTS beteiligen sich derzeit im Rahmen des 3rd Generation Partnership Projects (3GPP) neben der ETSI Standardisierungsorganisationen aus den USA, Japan, China und Korea. 3GPP hat inzwischen mehrere hundert Spezifikationsdokumente – gegliedert in 15 Serien (siehe Anhang D.2) – herausgegeben [75].

Eine ausführliche Darstellung der internationalen Standardisierungsaktivitäten findet man in [74], detaillierte Darstellungen von UMTS in [101 u. 102]. Einen Ausblick auf Entwicklungstrends über UMTS hinaus gibt [100].

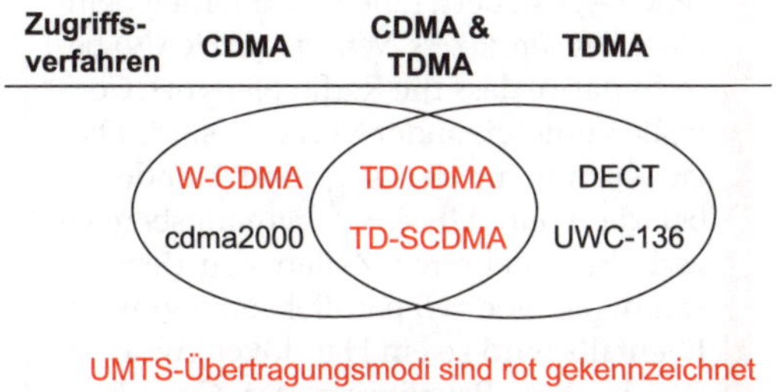

Bild 6.23 Die Systeme der IMT-2000-Familie und ihre Zugriffsverfahren

6.5.2 UMTS-Systemarchitektur

Um einem GSM-Betreiber die Einführung von UMTS zu erleichtern, greift man in der ersten Phase im Bereich des UMTS Core Networks (Vermittlungsteilsystems) auf die Netzelemente und die Architektur des GSM-Systems mit seinen GPRS-Erweiterungen für die Paketdatenübertragung zurück (vgl. Abschnitt 5.3).

Die entsprechende UMTS-Systemarchitektur ist in Bild 6.24 illustriert.

> Als wesentliche Netzelemente sind dabei die Mobile Switching Centres (MSC) für die Leitungsvermittlung, die GPRS Support Nodes für die Paketvermittlung sowie die Register VLR, HLR, EIR und AuC zur Verwaltung von Teilnehmer-, Mobilitäts- und Equipment-Daten zu finden. Ebenso werden für UMTS andere aus dem GSM-Standard bekannten Netzelemente weiter verwendet. Dazu gehören
>
> - das Operation and Maintenance Centre,
> - das Short Message Gateway MSC,
> - das Group Call Register für Broadcast- und Gruppenrufe,
> - die für positionsbezogene Dienste benötigten Elemente wie Mobile Location Centres und Location Measurement Units.
>
> Die Signalisierungsmechanismen beruhen auf dem bewährten Mobile Application Protocol (MAP, siehe Abschnitt 5.4.5) und den Signalisierungsprotokollen für GPRS (siehe Abschnitt 5.5.4.5).

Um jedoch die geforderten höheren Datenraten und Multimediadienste zu realisieren, sind in weiteren Phasen von UMTS einschneidende Eingriffe in das Core Network erforderlich [102]. Dabei ist geplant, das komplette Core Network (also auch für die Sprachübertragung) als IP-Network (IP: Internet Proto-

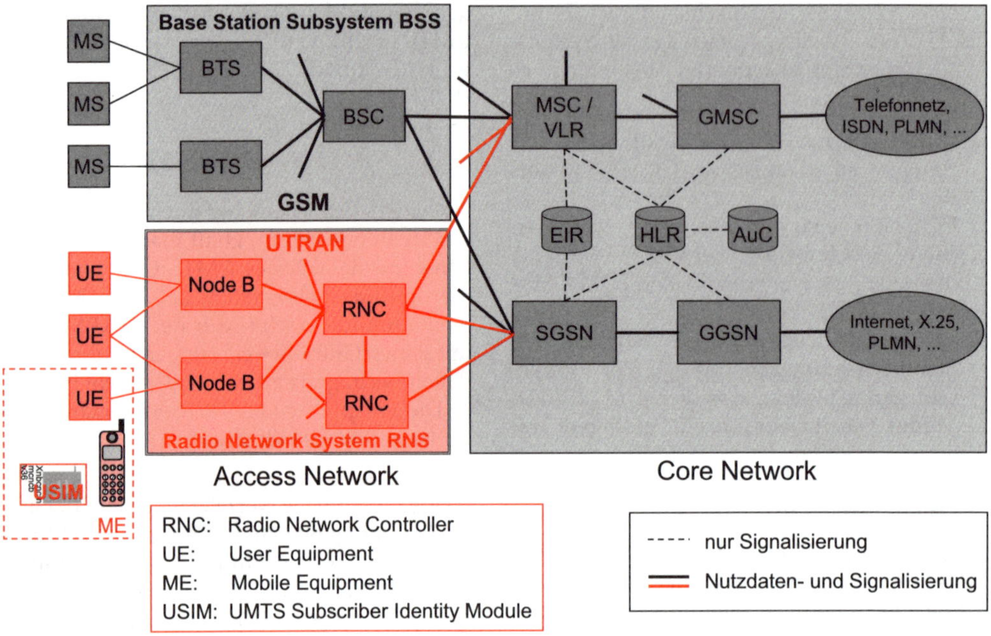

Bild 6.24 Die UMTS-Systemarchitektur

col) auszulegen, wobei der Asynchronous Transfer Mode (ATM) [3; 4] als Transportmechanismus vorgesehen ist.

Die entscheidenden Änderungen gegenüber GSM – die bereits in der Einführungsphase von UMTS zum Tragen kommen – wurden im Bereich des Access Networks und der Mobilstationen vorgenommen. Zwar sind auch dort ähnliche Netzelemente wie in GSM zu finden, doch besitzen diese zum Teil weitergehende Funktionalitäten; vor allem aber gibt es wesentliche Neuerungen bei den Schnittstellen zwischen den Elementen, von denen die Änderungen auf der Funkschnittstelle bereits erwähnt wurden.

Um also UMTS-Netzelemente deutlich von ihren GSM-Entsprechungen zu unterscheiden, hat man andere Namen gewählt.

Die Mobilstation bezeichnet man als *User Equipment* (UE). Sie besteht aus dem Mobile Equipment (dem mobilen Endgerät) und dem UMTS Subscriber Identity Module (USIM).

Der GSM-Basisstation (genauer: dem Base Station Equipment) entspricht im UMTS-Standard in etwa der Node B, dem die Aufgabe der funktechnischen Versorgung einer oder aber auch mehrerer Zellen (Sektorzellen, die von einem Standort betrieben werden) zukommt. Ein Node B kann im FDD-Modus, im TDD-Modus oder in beiden Betriebsarten (Dual Mode) des UMTS arbeiten.

Mehrere Nodes B werden durch einen *Radio Network Controller* (RNC) – dem Analogon zum Base Station Controller (BSC) – gesteuert. Eine Besonderheit beim *UMTS Radio Access Network* (UTRAN) besteht darin, dass die Radio Network Controller untereinander vernetzt sind. Dies ist wichtig für den sog. Soft Handover, bei dem ein UE im Übergangsbereich zwischen mehreren Zellen von den zuständigen Nodes B parallel versorgt wird. Ebenfalls wird so ein Handover zwischen RNCs ohne Beteiligung des Core Networks ermöglicht.

Gehören die beiden Nodes B zu verschiedenen RNC-Bereichen, so muss zum einen ein Austausch von Signalisierungsmeldungen stattfinden, aber auch die Nutzdaten sind von einem zum anderen Radio Network Controller weiterzuleiten.

Die UMTS-spezifischen Schnittstellen enthalten i. Allg. in ihren Bezeichnungen die Buchstaben I für Interface und u für UMTS:

- Uu: Schnittstelle zwischen UE und Node B,
- Iub: Schnittstelle zwischen Node B und RNC,
- Iur: Schnittstelle zwischen zwei RNCs,
- IuCS: Schnittstelle zwischen RNC und MSC (CS: Circuit Switching),
- IuPS: Schnittstelle zwischen RNC und SGSN (PS: Packet Switching).

6.5.3 Funkkanäle

6.5.3.1 Frequenzbänder und physikalische Kanäle

Wie in Bild 6.25 illustriert, sind für UMTS verschiedene Frequenzbänder etwas unterhalb sowie etwas oberhalb von 2 GHz reserviert; Erweiterungen auf andere Frequenzbänder sind in der Diskussion.

> ! Jeder der UMTS-Frequenzträger besitzt eine Breite von etwa 5 MHz. Dementsprechend erhält man im UMTS-Band 12 Duplex-Frequenzträger für den FDD-Modus und 7 ungepaarte Frequenzträger für den TDD-Modus. Für den FDD-Modus beträgt der Duplexabstand 190 MHz.

Im Sommer 2000 ersteigerten in Deutschland 6 Betreibergesellschaften jeweils 2 Duplexträger für den FDD-Modus und 5 dieser Gesellschaften einen weiteren Träger für den TDD-Modus. Es wurden also nur 5 der möglichen 7 ungepaarten Träger vergeben, sodass sich ein hoher Schutzabstand zu benachbarten Systemen (z. B. zum DECT) einhalten lässt.

Zwar erfolgte die Vergabe der Frequenzen in Blöcken von 5 MHz, doch der UMTS-Standard bietet die Möglichkeit, die Trägermittenfrequenzen in einem Raster von 200 kHz einzustellen, so dass auch Trägerabstände von z. B. 4,4 MHz erlaubt sind (sofern es die Störbedingungen zulassen).

Bild 6.26 illustriert, wie sich diese Frequenzträger in einem UMTS-Funknetz einsetzen lassen. Aufgrund des Soft Handovers, des Spreizungsgewinns und der Ausmittelung von Störungen durch das CDMA-Übertragungsverfahren, können gleiche Frequenzen prinzipiell in benachbarten Zellen vergeben werden. Installiert man in einer hierarchischen Funknetzstruktur unter den Makrozellen (großflächige Versorgung) zusätzliche Mikrozellen in Hochlastgebieten, so müssen diese andere Frequenzen erhalten als die Makrozelle, die ihr überlagert ist. Wegen der stark unterschiedlichen Sendeleistung in den

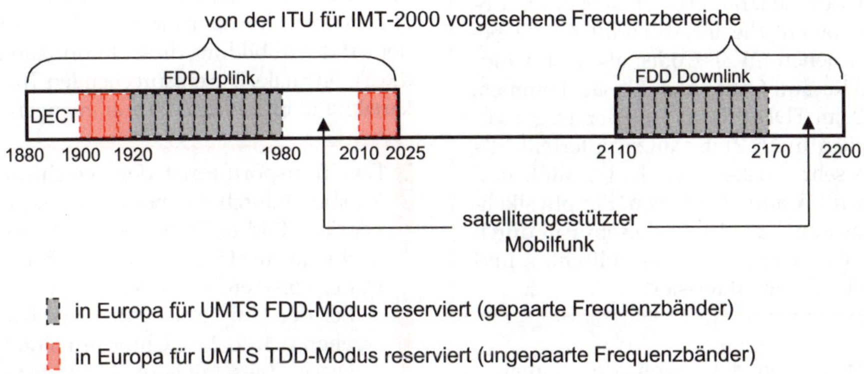

Bild 6.25 Der UMTS-Frequenzbereich

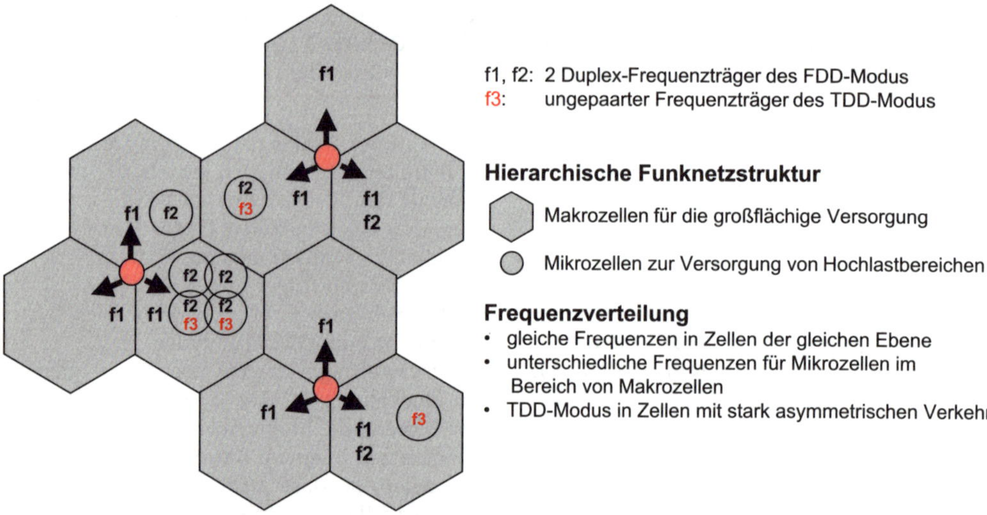

Bild 6.26 Illustration der Frequenzverteilung in einem UMTS-Netz

verschiedenen Zelltypen bestände anderenfalls ein großes Risiko, dass die Makrozelle die Mikrozelle so stark stören würde, dass eine Decodierung der Signale in der Mikrozelle nicht möglich wäre.

> **!** Sowohl der FDD- als auch der TDD-Modus besitzen eine CDMA-Komponente, um einen Frequenzträger in einzelne Codekanäle einzuteilen; die Chip-Rate der Codes beträgt r_{chip} = 3,84 Mchip/s. Ein physikalischer Kanal ist also im Wesentlichen durch die Trägerfrequenz und seinen Code charakterisiert, wobei als Codes sowohl die in Abschnitt 4.2.3.2 besprochenen OVSF-Codes als auch Gold- und Kasami-Codes zum Einsatz kommen.
>
> Beim TDD-Modus ist jeder Träger zusätzlich in 15 Zeitschlitze unterteilt, die sich sehr flexibel zwischen Uplink und Downlink aufteilen lassen. Ein physikalischer Kanal ist also in diesem Fall durch die Trägerfrequenz, den Zeitschlitz und den Code charakterisiert.

Die Modulation der gespreizten Signale erfolgt mit einem QPSK-Verfahren.

6.5.3.2 Transportkanäle für den FDD-Modus

Obwohl der FDD- und der TDD-Modus zahlreiche Gemeinsamkeiten aufweisen, so gibt es doch – gerade beim Transportformat der Daten – einige entscheidende Unterschiede. Daher werden die beiden Modi zunächst getrennt diskutiert.

Eine gute zusammenfassende Darstellung des FDD-Übertragungsmodus findet man in [76].

Für die Übertragung unterschiedlicher Arten von Nutz- und Signalisierungsinformationen bestehen verschiedene Anforderungen bezüglich des Transportformats, d.h. bezüglich der Art der Abbildung dieser Informationen auf die Codekanäle. Die entsprechenden Transportkanäle sind in Tabelle 6.7 zusammengefasst.

> **!** Das Transportformat der verschiedenen Kanäle ist durch Rahmen der Dauer 10 ms geprägt (Bild 6.27), wobei jeder Rahmen nochmals in 15 Zeitschlitze (Slots) der Dauer von 0,667 ms unterteilt ist.
>
> Bei der Chip-Rate von 3,84 Mchip/s ergeben sich so 2560 Chips pro Slot.
>
> Diese Zeitschlitzeinteilung dient jedoch *nicht* dazu, ein TDMA-Verfahren

Tabelle 6.7 Transport-Kanäle

Abk.	Name	Richtung	Erläuterung
BCH	Broadcast Channel	DL	– Verteilung von Systeminformationen in der Zelle
CPCH	Common Packet Channel	UL	– zum Senden kurzer Nutzdatenpakete, unterliegt dabei einem Wettbewerbsverfahren
DCH	Dedicated Channel	UL & DL	– ein nur einem UE zugeteilter Kanal
DSCH	Downlink Shared Channel	DL	– mehrere UEs teilen sich diesen Kanal zum Empfang von Nutz- oder Signalisierungsdaten
FACH	Forward Access Channel	DL	– zum Senden kleiner Datenmengen im Downlink – Zuteilung von Dedicated Channels
PCH	Paging Control Channel	DL	– Paging Channel – Überwachung des Sleep Modus
RACH	Random Access Channel	UL	– Zufallszugriffskanal für die Kanalanforderung nach einem Slotted-Aloha-Verfahren zum Senden kurzer Nutzdatenpakete

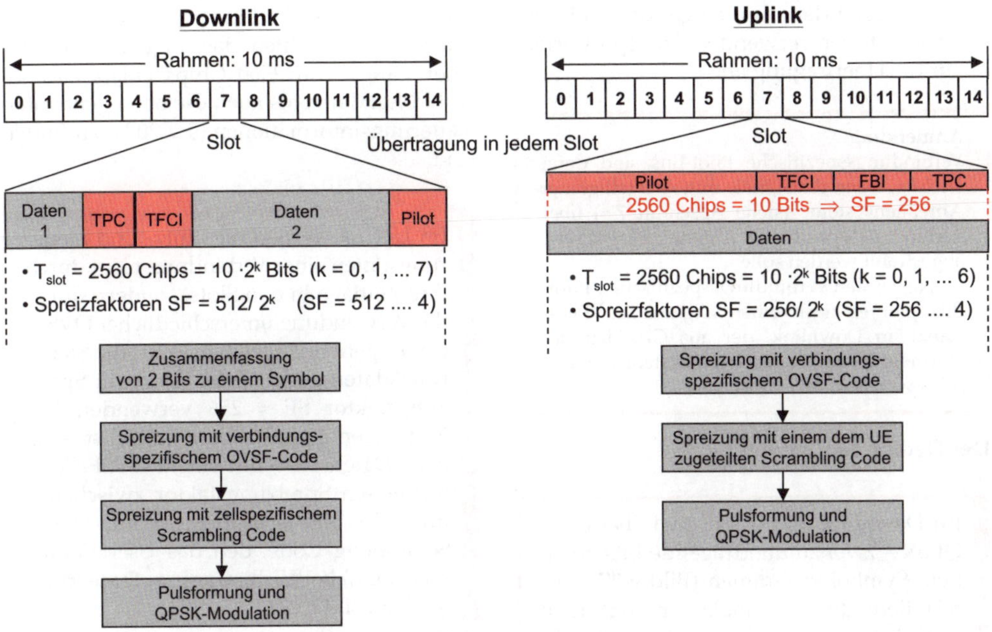

Bild 6.27 Transportkanäle für den FDD-Modus – der Dedicated Channel

mit verschiedenen Verbindungen auf den einzelnen Zeitschlitzen zu realisieren, *sondern* sie soll einen schnellen Austausch von Informationen zur Verbindungssteuerung ermöglichen.

Diese Informationen, die als Kontrollinformationen auf der physikalischen Schicht anzusehen sind, enthalten je nach Transportkanal zum Beispiel:

- *Pilot Bits*, d.h. eine bekannte Bitfolge, mit deren Hilfe der Empfänger eine Kanalschätzung und eine kohärente Demodulation vornehmen kann;
- *Transmission Power Control Bits* (TPC), die dem jeweiligen Empfänger anzeigen, ob er beim Senden im nächsten Slot die Leistung erhöhen oder erniedrigen soll;
- *Feedback Information* (FBI), die zur Steuerung eines Sendediversitätsverfahrens oder Makrodiversitätsverfahrens dienen können;
- ein *Transport Format Combination Indicator* (TFCI) zeigt dem Empfänger das im jeweiligen Rahmen verwendete Transportformat für die Übertragung an.

Anmerkung
Verbindungsspezifische Pilot-Bits sind dann wichtig, wenn die Signale mittels intelligenter Antennensysteme (siehe Abschnitt 7.6) über verbindungsspezifische Antennendiagramme abgestrahlt werden sollen.

Neben den verbindungsspezifischen Pilot-Bits gibt es noch einen allgemeinen Pilot-Kanal im Downlink, der aus Gründen der Harmonisierung mit anderen Systemen eingeführt wurde.

Der Dedicated Channel

Im Downlink fasst man – wie bei einer QPSK – zwei zu übertragende Bits zu einem Symbol zusammen (Bild 6.27). Die resultierenden Symbole spreizt man zunächst mit einem verbindungsspezifischen OVSF-Code und anschließend mit einem zellspezifischen Scrambling Code (siehe Abschnitt 4.2.3.2).

Tabelle 6.8 Datenraten und Spreizfaktoren für den Dedicated Channel im Downlink

Datenrate [kbit/s]	Bits pro Slot	Symbole pro Slot	Spreizfaktor
15	10	5	512
30	20	10	256
60	40	20	128
120	80	40	64
240	160	80	32
480	320	160	16
960	640	320	8
1920	1280	640	4

Je nach Spreizfaktor lassen sich dann im Downlink die in Tabelle 6.8 aufgeführten Datenraten pro Verbindung transportieren. Dabei ist zu beachten, dass in jedem Slot, der einer Länge von 2560 Chips entspricht, sowohl Nutzdaten als auch die oben genannten Steuerungsinformationen (5…20%) zu finden sind.

Im Uplink werden die Nutz- und Steuerungsdaten einer Verbindung nicht durch ihre Zeitlage in den Slots, sondern durch die Verwendung unterschiedlicher OVSF-Codes getrennt, wobei man für die Steuerungsdaten einen OVSF-Code mit Spreizungsfaktor SF = 256 verwendet. Die Nutzdaten spreizt man zunächst – je nach Datenrate – mit einem OVSF-Code mit einem Spreizungsfaktor zwischen 4 und 256 und anschließend mit einem Scrambling Code, den das User Equipment (UE) bei Verbindungsaufbau erhalten hat (Bild 6.27).

Ein UE kann bis zu 6 Verbindungen gleichzeitig betreiben, die durch unterschiedliche orthogonale Codes (oder Phasenlagen) voneinander getrennt sind. Insgesamt ergeben sich abhängig vom Spreizungsfaktor die in Tabelle 6.9 aufgeführten Datenraten.

Die prinzipiellen Mechanismen sind bei den anderen Transportkanälen ähnlich. Allerdings sind – aufgrund ihrer Funktionen – einige Besonderheiten zu beachten, die im Folgenden exemplarisch anhand des Broadcast und des Random Access Channels vorgestellt werden.

Broadcast Channel

> Der Broadcast Channel (Bild 6.28) überträgt in jedem Slot eines Rahmens 18 Bits, die die letzten 90 % eines Slots belegen. Zu Beginn des Slots ist ein spezielles Code-Wort, bestehend aus 256 Chips, eingefügt. Dieses Code-Wort ist innerhalb des UMTS-Standards eindeutig festgelegt und ermöglicht es dem User Equipment, den Zeitschlitztakt der jeweiligen Zelle zu detektieren. Es dient also dem ersten Schritt bei der Synchronisierung zwischen User Equipment und dem Node B und wird als *Primary Synchronization Code Word* bezeichnet.

Die Bits des Broadcast Channel werden mit einem speziellen, der jeweiligen Zelle zugeordneten Scrambling Code gespreizt (SF = 256), den man den *Primary Scrambling Code* der Zelle nennt.

Tabelle 6.9 Datenraten und Spreizfaktoren für den Dedicated Channel im Uplink

Datenrate [kbit/s]	Bits pro Slot	Spreizfaktor
15	10	256
30	20	128
60	40	64
120	80	32
240	160	16
480	320	8
960	640	4

Random Access Channel

Beim Random Access Channel, der dem ersten Zugriff des User Equipments auf das Netz und der damit verbundenen Kanalanforderung dient, treten gegenüber dem GSM-System einige zusätzliche Schwierigkeiten auf, die es zu lösen gilt. Zum einen ist es nicht sinnvoll, bestimmte Zeitschlitze ausschließlich für den Random Access fest zu reservieren; zum anderen benutzen benachbarte Zellen die gleichen Frequenzen, so dass Vorkehrungen notwendig sind, um einen Zugriff der richtigen Zelle zuzuordnen.

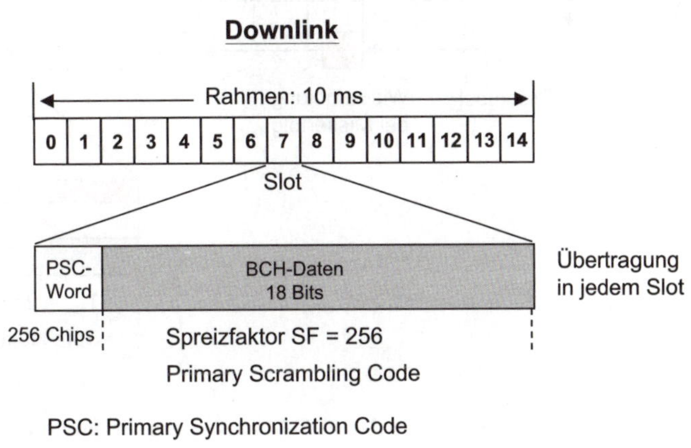

Bild 6.28
Transportkanäle für den FDD-Modus – der Broadcast Channel

> Die Zeitschlitze, in denen das User Equipment für den Random Access zugreifen darf, werden ihm im Downlink mitgeteilt. Die Anzeige des Zugriffswunsches geschieht über eine so genannte Preambel, die der eigentlichen Random-Access-Meldung vorausgeht (Bild 6.29). Sie enthält ein Code-Wort (die Signatur), das zufällig unter 16 möglichen Signaturen vom User Equipment ausgewählt wird. Die Spreizung erfolgt mit einem zellspezifischen Code, sodass sich der Zugriffsversuch einer bestimmten Zelle zuordnen lässt.

Die erforderliche Sendeleistung berechnet das User Equipment aus der von ihm gemessenen Funkausbreitungsdämpfung und dem im Uplink vorliegenden Störpegel, dessen Wert es über den Broadcast Channel erfährt. Hat der Node B eine Präambel korrekt empfangen, so teilt er dies dem User Equipment unter Angabe der Signatur mit. Nach einer vorgegebenen Zahl von Zeitschlitzen darf dann das User Equipment die Random-Access-Meldung mit der Kanalanforderung senden. Diese Meldung wird – je nach Datenumfang und Vorgaben durch den Node B – mit einem OVSF-Code mit Spreizungsfaktor SF = 32…256 und anschließend mit einem zellspezifischen Scrambling Code gespreizt.

> Falls das User Equipment keine Bestätigung über den Empfang der Präambel erhält, so wiederholt es den Zugriffsversuch mit einer neu gewählten Präambel und eventuell höherer Sendeleistung. Die maximale Anzahl von Wiederholungen ist als Parameter vorgegeben.

Ferner ist anzumerken, dass sich die Zugriffsversuche über einen Persistenzmechanismus (siehe Abschnitt 4.4.1.1) steuern lassen.

6.5.3.3 Kanalcodierung, Ratenanpassung und Multiplexing im FDD-Modus

Wie im vorhergehenden Abschnitt erläutert, besitzen die Transportkanäle eine Einteilung in Rahmen mit einer Dauer von 10 ms, wobei je nach Wahl des Spreizungsfaktors eine unterschiedlich Anzahl von Bits transportiert werden kann.

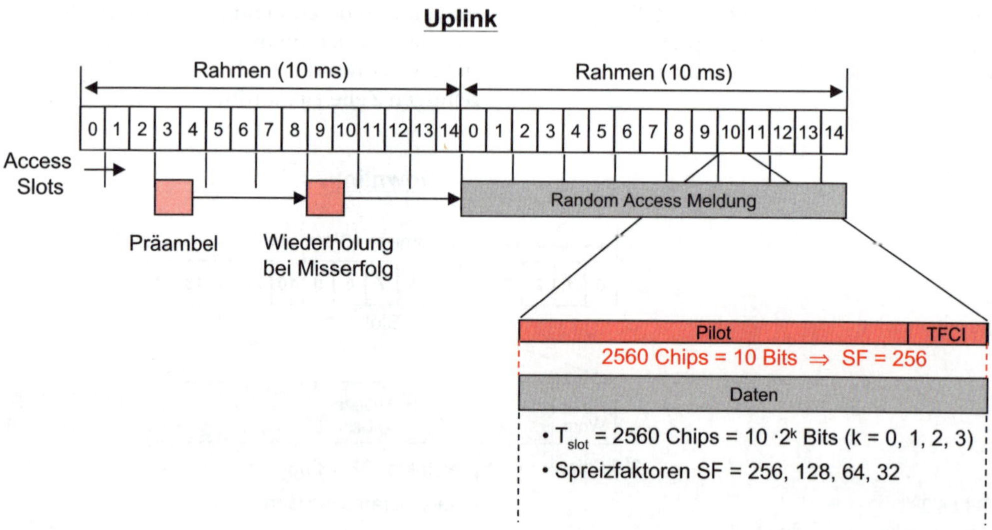

Bild 6.29 Transportkanäle für den FDD-Modus – der Random Access Channel

Die Datenbits, die die höheren Protokollschichten anliefern, werden mit Redundanzbits zur Fehlerkorrektur versehen, umgeordnet (Interleaving) und auf mehrere Rahmen verteilt.

Für die Kanalcodierung sieht der UMTS-Standard folgende Verfahren vor:

- Faltungscodes der Code-Rate 1/2 und 1/3,
- Turbocodes der Code-Rate 1/3,
- den Verzicht auf Kanalcodierung.

Die codierten Bits werden – je nach Dienst – auf einen, 2, 4 oder 8 Rahmen verteilt (Inter-Frame Interleaving). Die gewählte Anzahl von Rahmen nennt man das Sendeintervall. Durch Punktierung der Fehler korrigierenden Codes (siehe Abschnitt 3.4.3), Wiederholung von Bits oder Discontinuous Transmission passt man die Datenmenge an die Vorgaben durch die Transportformate (siehe Tabellen 6.8 und 6.9) an.

Mehrere Transportkanäle lassen sich durch Multiplexbildung zu einem Transportkanal zusammenfassen (Coded Composite Transport Channel). Bei dem zusammengesetzten Datenstrom führt man nochmals ein Interleaving innerhalb jedes Rahmens von 10 ms durch (Intra-Frame Interleaving).

Die oben genannten Schritte der Kanalcodierung, des Interleavings, der Ratenanpassung und der Multiplexbildung sind in Bild 6.30 zusammengefasst.

Betrachtet man die Sprachübertragung, so nutzt UMTS den bereits für den GSM-Standard spezifizierten Adaptive Multi-Rate (AMR) Speech Codec (siehe Abschnitt 5.2.2).

Die wesentliche Eigenschaft dieses Verfahrens zur Sprachcodierung besteht darin, dass sich die Sprachbitrate abhängig von den jeweiligen Empfangsbedingungen und der Auslastung des Funknetzes gestalten lässt. Dabei hat man die Wahl zwischen 8 Codec-Modes, die Bitraten zwischen 4,75 kbit/s und 12,2 kbit/s liefern, wobei die Sprachbits in Rahmen von 20 ms erzeugt werden. Die Bits werden je nach ihrer Wichtigkeit für die Sprachqualität (vgl. Abschnitt 5.2.2.2) mit unterschiedlich starkem Fehlerschutz versehen – die wichtigsten sind durch einen Fehler korrigierenden Faltungscode der Rate 1/3 sowie durch einen Fehler erkennenden Blockcode geschützt. Nach dem Interleaving und der Ratenanpassung lassen sich die codierten Sprachdaten eventuell zusammen mit anderen Daten (z.B. zusammen mit Steuerungsdaten) auf einem Dedicated Channel mit einer Datenrate von z.B. 15 kbit/s, 30 kbit/s oder 60 kbit/s transportieren. Die zu wählende Datenrate richtet sich vor allem nach dem jeweils aktiven Codec-Mode.

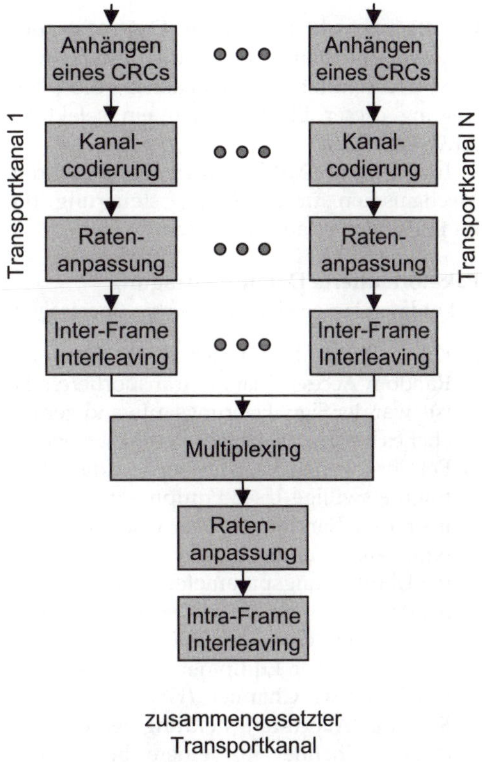

Bild 6.30 Kanalcodierung, Ratenanpassung und Multiplexing für den FDD-Modus

Durch den AMR Codec ist also die Größe der pro Rahmen zu transportierenden Blöcke variabel. Hingegen verwendet man bei der Datenübertragung Blöcke einer festen Größe. Bei der leitungsvermittelten Datenübertragung, die eine bestimmte Bitrate garantieren soll, ist ebenfalls die Anzahl der Blöcke pro Sendeintervall fixiert, bei einer paketorientierten Datenübertragung lässt sie sich jedoch variabel gestalten.

6.5.3.4 Zugriffssteuerung im FDD-Modus

! Wie beim General Packet Radio Service des GSM-Standards (siehe Abschnitt 5.5.4.4.5) gibt es auch beim UMTS eine kombinierte RLC/MAC-Schicht, die für die Steuerung der Verbindungsqualität und der Zugriffe auf das Übertragungsmedium zuständig ist und die dabei mit ähnlichen Mechanismen wie bei GPRS arbeitet.

Die RLC-Schicht zerlegt die Daten aus den höheren Schichten in Böcke einer festen Größe (s. o.) und schützt – je nach Dienst – die Übertragung dieser Blöcke durch ein selektives ARQ-Verfahren.

Innerhalb der MAC-Schicht gibt es mehrere Mechanismen für die Zugriffssteuerung, die im Folgenden erläutert werden.

Paketorientierte Datenübertragung
Paketdaten lassen sich auf 3 Arten übertragen:

- Kurze Pakete lassen sich direkt über den Random Access Channel transportieren. So ist zwar der Signalisierungsaufwand gering, aber es besteht die Gefahr von Kollisionen.
- Bei der zweiten Variante fordert das übertragungswillige User Equipment zunächst über den Random Access Channel einen Nutzkanal – unter Angabe der gewünschten Übertragungsparameter – an. Das Netz prüft, ob es die Anforderung bedienen kann. Falls dies der Fall ist, teilt das Netz dem User Equipment über den Forward Access Channel (FACH) in einer Resource-Allocation-Meldung einen Dedicated Channel mit einem bestimmten Transportformat zu. Falls das Netz stark belastet ist, so erfolgt zunächst eine Bestätigung der empfangenen Kanalanforderung, und die Zuteilung von Übertragungskapazitäten geschieht später mittels einer Capacity-Allocation-Meldung. Während der Übertragungsphase lässt sich das Transportformat – unter Kontrolle des Radio Network Systems – wechseln.
- Falls das User Equipment bereits einen Dedicated Channel für einen anderen Dienst besitzt, den Kanal für diesen Dienst jedoch nicht mehr benötigt, so kann es direkt Paketdaten in dem zuvor benutzten Transportformat senden.

Leitungsvermittelte Datenübertragung und Sprachübertragung
In diesem Fall erfolgt der Zugriff ähnlich wie bei der zweiten Variante für die paketorientierte Datenübertragung. Nach der Bewerbung über den RACH oder nach einer Kanalanforderung über eine bereits bestehende Verbindung erhält das User Equipment einen Dedicated Channel zugeteilt, wobei es für die anschließende Übertragungsphase die Wahl zwischen mehreren vorgegebenen Transportformaten hat. Diese Wahlfreiheit ist insbesondere dann wichtig, wenn – wie bei der Sprachübertragung (s. o.) – Daten mit variabler Rate zu senden sind.

6.5.3.5 Zellsuche im FDD-Modus bei asynchronen Basisstationen

Wie in Abschnitt 6.5.3.2 erläutert, wird jedes Signal im Downlink mit einem zellspezifischen Scrambling Code gespreizt. Jeder Funkzelle lassen sich 16 Scrambling Codes zuordnen, von denen ein bestimmter die Rolle des Primary Scrambling Codes übernimmt, mit dem insbesondere die Informationen auf dem Broadcast Channel gespreizt werden. Insgesamt gibt es 512 verschiedene Scrambling-Code-Gruppen, die nochmals in 64 Untergruppen aufgeteilt sind, in denen sich dementsprechend 8 verschiedene Primary Scrambling Codes befinden.

Bei 512 verschiedenen Scrambling-Code-Gruppen lässt sich also eine Funkzelle in einem größeren geografische Bereich eindeutig anhand ihres Primary Scrambling Codes identifizieren.

Um diesen über Korellationsempfänger zu decodieren, muss sich das User Equipment als erstes auf den Slot- und Rahmentakt des Nodes B synchronisieren. Dies geschieht im ersten Schritt mit Hilfe der in Abschnitt 6.5.3.2 beschriebenen Primary Synchronization Code Words, die zu Beginn jedes Slots übertragen werden (Bild 6.31).

Daneben gibt es noch 16 verschiedene Secondary Synchronization Code Words, die ebenfalls zu Beginn jedes Slots in einer bestimmten Reihenfolge übertragen werden. Aus der Reihenfolge der empfangenen Secondary Synchronization Code Words kann das User Equipment zwei Dinge bestimmen:

- den Beginn eines Rahmens und
- die Teilgruppe der Scrambling Codes, zu der die Zelle gehört.

Durch dieses Verfahren hat sich das User Equipment also auf den Rahmen- und Slottakt des versorgenden Nodes B synchronisiert und muss nun nur noch für die 8 Primary Scrambling Codes in der Teilgruppe prüfen, welcher den besten Korellationsempfang liefert. Nach Bestimmung des Primary Scrambling Codes kann es die BCCH-Information decodieren und sich in der Zelle einbuchen.

6.5.3.6 Anmerkungen zum TDD-Modus

! Auch der TDD-Modus ist geprägt von der Rahmenstruktur mit einer Periode von 10 ms. Jeder Rahmen ist ebenfalls in 15 Zeitschlitze unterteilt, die im TDD-Modus als echte TDMA-Zeitschlitze anzusehen sind, d.h., auf verschiedenen Zeitschlitzen lassen sich verschiedene Verbindungen unterbringen. Wie in Bild 6.32 illustriert kann man die Zeitschlitze sehr flexibel zwischen Uplink und Downlink aufteilen.

Allerdings muss man durch Synchronisierungsmaßnahmen oder geeignete Verfahren zur Kanalzuteilung dafür sorgen, dass keine kritischen Störungen zwischen benachbarten Mobilstationen auftreten (vgl. Abschnitt 4.2.2.2).

Die Struktur eines auf einem Zeitschlitz übertragenen Bursts ist vom Prinzip her ähnlich wie beim GSM-Standard. Der Burst besteht im Wesentlichen aus zwei Perioden für Datensymbole mit einer dazwischen liegenden Midambel (Trainingssequenz), die der Kanalschätzung dient. Zum Abschluss jedes Bursts ist eine Guard Period zu finden. Ferner lassen sich in einen Burst auch TPC- und TFCI-Bits integrieren (vgl. Abschnitt 6.5.3.2).

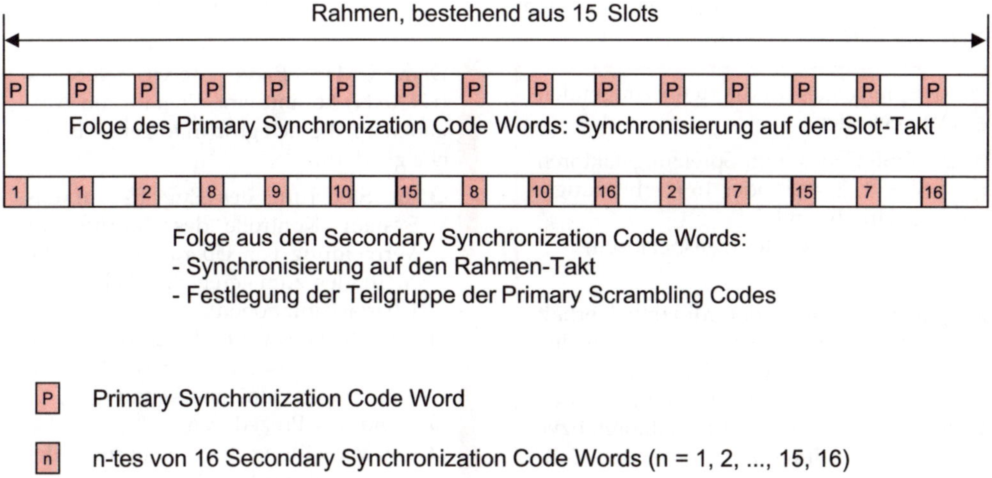

Bild 6.31 Illustration zur Synchronisierung und Zellsuche

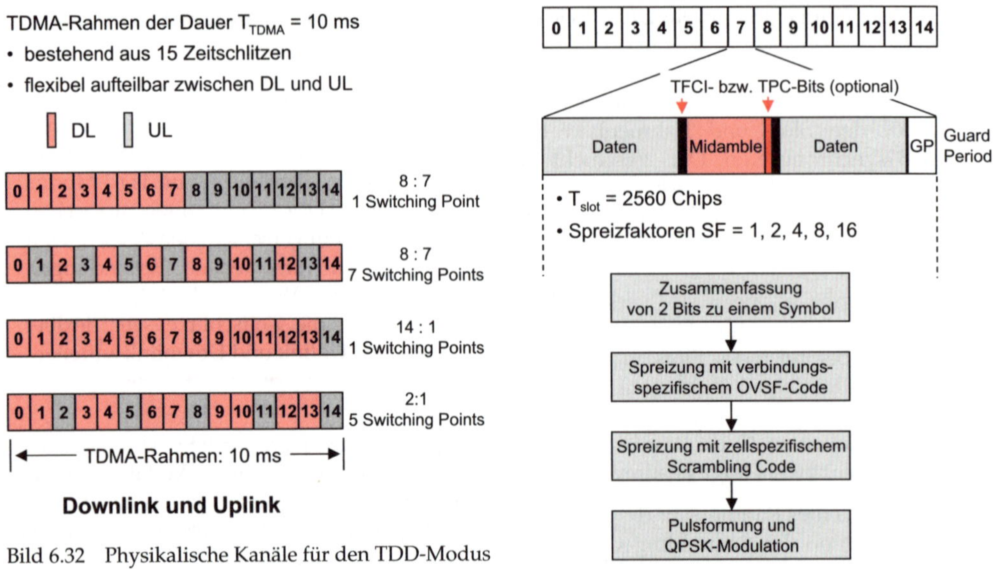

Bild 6.32 Physikalische Kanäle für den TDD-Modus

Über ein Codemultiplex-Verfahren kann ein Zeitschlitz auf bis zu 8 Teilnehmer aufgeteilt werden. Wegen der relativ geringen Anzahl von gleichzeitig übertragenen Signalen lassen sich die gegenseitigen Störungen der Verbindungen auf einem Zeitschlitz rechnerisch beseitigen. Das entsprechende Verfahren, das auf einer gemeinsamen Schätzung der Funkkanäle aller beteiligten Teilnehmer mittels spezieller Midambeln beruht, nennt man *Joint Detection CDMA*.

> **!** Als Spreizcodes für die zu übertragenden Daten werden
>
> ❑ OVSF-Codes mit Spreizungsfaktoren SF = 1, 2, 4, 8, oder 16 (verbindungsspezifisch) und
> ❑ Scrambling Codes (zellspezifisch)
>
> eingesetzt.
>
> Je nach Länge der Midambel erhält man bei einem Spreizfaktor SF = 16 eine Kanaldatenrate von 24,4 kbit/s bzw. 27,6 kbit/s. Höhere Datenraten lassen sich durch geringere Spreizfaktoren bzw. durch Bündelung von Codes und Zeitschlitzen erzielen.

Für die Sprachcodierung, die Kanalcodierung, das Interleaving, die Ratenanpassung, die Zugriffs- und Verbindungssteuerung werden ähnliche Verfahren wie beim FDD-Modus eingesetzt.

Weitere Informationen zum TDD-Modus findet man beispielsweise in [77].

6.5.4 Wichtige Funktionen des UMTS Radio Access Networks

> **!** Dem UMTS Radio Access Network (UTRAN) kommt eine Vielfalt von Aufgaben zu, die sich grob in folgende Bereiche gliedern:
>
> ❑ die Steuerung des Zugriffs auf das System (Kontrolle des Zugriffs zur Vermeidung von Überlastsituationen, Methoden zum geregelten Abbau von Überlastsituationen),
> ❑ sicherheitsrelevante Funktionen, wie die Verschlüsselung und die Vergabe temporärer Teilnehmerkennungen,
> ❑ Handover-Prozeduren,
> ❑ die Verwaltung und Steuerung der Funkkanäle und -verbindungen.

Gewisse Aspekte der Verbindungssteuerung – wie die Fragen der Funkkanalzuteilung, des Datentransfers und der Kanalcodierung wurden bereits in Abschnitt 6.5.3 besprochen. Der jetzige Abschnitt diskutiert einige weitere wichtige Teilaufgaben des UTRANs.

6.5.4.1 Sendeleistungsregelung – Power Control

Wie in Abschnitt 4.2.3.4 erläutert, ist für CDMA-Systeme im Uplink eine schnelle und genaue Sendeleistungsregelung erforderlich, damit nicht eine dominierende Verbindung die Decodierung anderer, schwächerer Verbindungen in der Funkzelle verhindert. Dies gilt insbesondere für den FDD-Modus.

> Die generelle Strategie bei der Sendeleistungsregelung besteht darin, die Sendeleistung so einzustellen, dass für jede Verbindung ein bestimmtes Nutz-/zu-Störleistungs-Verhältnis SIR erreicht wird. Den Zielwert des SIRs, das so genannte SIR Target, gibt der Radio Network Controller vor, wobei er den Zielwert abhängig von Ergebnissen von Qualitätsmessungen im Netz langsam verändern kann. Die Vorgabe des SIR Targets bezeichnet man als *Outer Loop Power Control*.
>
> Dagegen versteht man unter der *Inner Loop Power Control* die Nachführung der Sendeleistung des User Equipments und des Nodes B gemäß des eingestellten SIR Targets.
>
> Die Inner Loop Power Control erfolgt etwa im Millisekundentakt und damit sehr schnell (bei GSM liegt der Regelungstakt im Bereich von einer Sekunde, siehe Abschnitt 5.4.4.3).

Betrachtet man z.B. den FDD-Modus, so schätzt im Uplink der Node B in einem Slot das SIR für das empfangene Signal. Im nächsten Downlink-Slot (also 667 µs später) befiehlt er dem User Equipment mittels der TPC-Bits (siehe Abschnitt 6.5.3.2), die Sendeleistung um einen festen Betrag zu erhöhen oder zu erniedrigen:

- geschätztes SIR < SIR Target: Erhöhung der Sendeleistung;
- geschätztes SIR > SIR Target: Erniedrigung der Sendeleistung.

Im Downlink verläuft der Prozess völlig analog: Das User Equipment schätzt in einem Slot das SIR und befiehlt dem Node B im nächsten Uplink Slot, die Sendeleistung für die Verbindung zu erhöhen bzw. zu erniedrigen. Es handelt sich also in beiden Übertragungsrichtungen um einen Closed-Loop-Power-Control-Prozess (vgl. Abschnitt 5.4.4.3).

Das prinzipielle Verhalten der Sendeleistungsregelung beim FDD-Modus ist in Bild 6.33 illustriert, und zwar für eine einzelne Mobilstation, bei der sich die Störungen nur durch das Empfängerrauschen, aber nicht durch andere Mobilstationen ergeben.

Die schwarze Kurve zeigt einen typischen Verlauf des Kurzzeit-Fadings bei UMTS. Bei einer Fahrzeuggeschwindigkeit von $v = 36$ km/h erfolgt die Sendeleistungsregelung etwa alle 7 mm, so dass bei einer Schrittweite von 2 dB die Sendeleistungsregelung auf den Kurzzeit-Fading-Verlauf gerade noch reagieren kann und dafür sorgt, dass das resultierende Signal-zu-Störleistungs-Verhältnis in einem Streifen von etwa 2 dB um den hier eingestellten Zielwert von 0 dB konzentriert ist. Bei Fußgängergeschwindigkeiten sind kleinere Schrittweiten (ca. 1 dB) günstig, und man erzielt eine noch bessere Konzentration des Empfangspegelverlaufs. Bei hohen Geschwindigkeiten (>100 km/h) hat die Sendeleistungsregelung Schwierigkeiten – selbst bei größeren Schrittweiten –, dem Kurzzeit-Fading zu folgen. In diesem Fall ergibt sich jedoch eine hohe Wirksamkeit des Interleavings (siehe Abschnitt 3.4.4).

Beim TDD-Modus ist das Prinzip der Sendeleistungsregelung sehr ähnlich. Während jedoch beim FDD-Modus eine Verzögerung von nur einem Slot zwischen Messung und Sendeleistungsbefehl auftritt, hängt die Verzögerungszeit im TDD-Modus von der Aufteilung der Zeitschlitze zwischen Uplink und Downlink ab und kann daher zwischen einem und 14 Slots betragen.

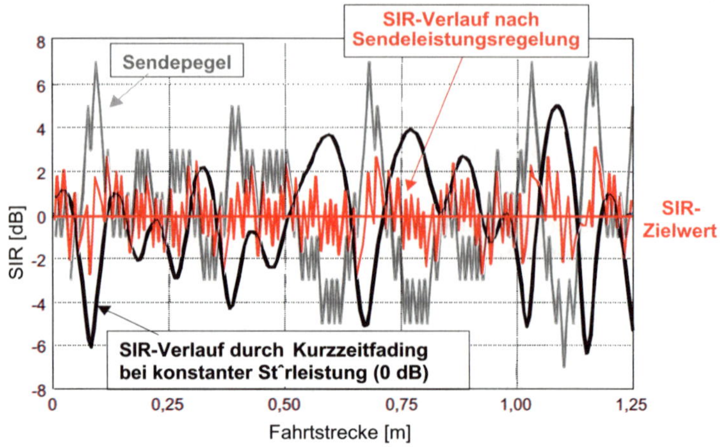

Bild 6.33
Illustration zur Sendeleistungsregelung

6.5.4.2 Handover

UMTS unterstützt mehrere Formen eines Handovers:

Soft Handover

Beim Soft Handover wird das User Equipment im Übergangsbereich zwischen 2 oder mehreren Zellen gleichzeitig über mehrere Standorte versorgt; man spricht in diesem Zusammenhang auch von der *Makrodiversität*. Das Downlink-Signal muss dazu in einer bestimmten Funktionseinheit, die i. Allg. im Radio Network Controller angeordnet ist, auf die verschiedenen Standorte aufgeteilt werden, umgekehrt sind die verschiedenen Uplink-Signale zu kombinieren.

> ! Soft Handover wird im FDD-Modus bei der leitungsvermittelten Datenübertragung verwendet, bei der paketvermittelten Datenübertragung wird der Handover als Hard Handover durch geführt, d.h., es besteht jeweils nur eine Verbindung zu einem Standort. Beim TDD-Modus ist der Soft Handover eine Option, die zwar realisiert sein kann, aber nicht realisiert sein muss.

Ein Soft Handover ist nur dann möglich, wenn die beteiligten Zellen die gleichen Frequenzen verwenden. Ferner sind die Aussendungen der beteiligten Zellen für die jeweiligen Dedicated Channels zu synchronisieren.

Beim FDD-Modus kann das User Equipment aus dem in Abschnitt 6.5.3.5 beschriebenen Synchronisationsmechanismus den Zeitversatz zwischen den beteiligten Zellen bestimmen und seinen Wert über die alte Zelle an die neue weiterleiten. Durch Verschiebung des Aussendezeitpunktes auf den Dedicated Channel im Downlink versucht man weitgehende Synchronität herzustellen. Um allerdings nicht die Orthogonalität der OVSF-Codes im Downlink zu verlieren (siehe Abschnitt 4.2.3.2), kann der Aussendezeitpunkt nur in Vielfachen von 256 Chips verlagert werden.

Interfrequency Handover

> ! Für den Fall, dass benachbarte Zellen verschiedene Frequenzen verwenden, ist ein Interfrequency Handover erforderlich, der nicht als Soft Handover durchgeführt werden kann.
>
> Aufgrund der TDMA-Struktur beim TDD-Modus lassen sich bei diesem die dazu benötigten Empfangspegelmessungen auf den verschiedenen Frequenzen einfach realisieren (siehe Abschnitt 4.2.2.3).

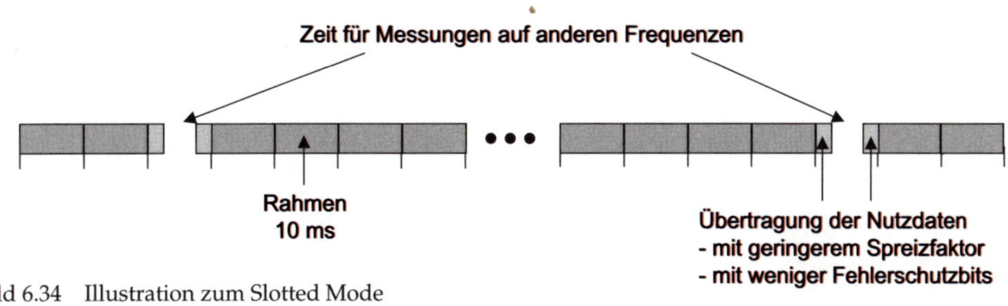

Bild 6.34 Illustration zum Slotted Mode

Im FDD-Modus sendet und empfängt das User Equipment normalerweise kontinuierlich – zumindest bei leitungsvermittelten Diensten. Um dennoch Zeiträume für Messungen auf anderen Frequenzen zu schaffen, wurde ein so genannter *Slotted-Modus* eingeführt. Dabei verwendet das betreffende User Equipment in manchen Rahmen einen geringeren Spreizfaktor oder weniger Bits zum Fehlerschutz als sonst üblich, so dass sich Übertragungszeiten komprimieren lassen und ein Spielraum für Messungen verbleibt (Bild 6.34).

Intersystem Handover

> **!** Als Intersystem Handover bezeichnet man einen Handover zwischen einer UMTS-Funkzelle und einer Funkzelle eines anderen Mobilfunksystems. Von besonderer Bedeutung ist der Wechsel zwischen UMTS- und GSM-Funkzellen, der sowohl in der einen (UMTS → GSM) wie in der anderen Richtung (GSM → UMTS) unterstützt wird.

Um einen solchen Handover für ein Multi-Mode-Endgerät zu ermöglichen, müssen GSM-Funkzellen Informationen über benachbarte UMTS-Funkzellen und UMTS-Funkzellen Informationen über benachbarte GSM-Zellen ausstrahlen. Die Handover-Signalisierung verläuft dabei über das Core Network.

7 Aspekte der Funknetzplanung

7.1 Generelle Ziele der Funknetzplanung

Wie bereits in der Einleitung erwähnt, hatten die Mobilfunknetze in den letzten Jahren einen starken Teilnehmerzuwachs zu verzeichnen. Auch wenn sich die Zunahme an Teilnehmern verringern wird, so ist dennoch in Zukunft mit einem starken Anstieg des Kapazitätsbedarfs in Mobilfunknetzen zu rechnen – und zwar aufgrund neuer Anwendungsmöglichkeiten mit erhöhten Anforderungen an die Datenrate. Diese Entwicklung verspricht einem Netzbetreiber einerseits gute Gewinne, konfrontiert ihn andererseits aber auch mit der Herausforderung, den drastisch steigenden Kapazitätsbedarf auf effiziente und ökonomische Weise zu decken. Die vorrangigste Aufgabe eines Mobilfunkbetreibers ist es daher, sein Netz durch geeignete Planungsmaßnahmen und kapazitätssteigernde Methoden den wachsenden Teilnehmerzahlen und Anwendungsmöglichkeiten anzupassen, und den Teilnehmern dabei eine hohe Dienstqualität zu garantieren.

> ! Das generelle Ziel der Funknetzplanung besteht in der Sicherstellung der Versorgung eines hohen Verkehrsaufkommens für eine große Vielfalt von Diensten mit hoher Dienstqualität bei möglichst niedrigen Kosten.

7.2 Qualitätskriterien und Planungsrichtlinien

7.2.1 Der Begriff der Versorgung

Um die Kosten niedrig zu halten, sollte man beim Funknetzausbau mit möglichst wenig Equipment und insbesondere mit möglichst wenigen Basisstationsstandorten auskommen.

Insgesamt kommt es aber nicht nur darauf an, bestimmte Dienste kostengünstig anzubieten, sondern zusätzlich muss auch eine hinreichende Dienstqualität gewährleistet sein, um ein hohes Maß an Kundenzufriedenheit zu erreichen. Damit die Forderung nach Kundenzufriedenheit in einen – heutzutage stark computerunterstützten – Planungsprozess einbezogen werden kann, muss sie in gut handhabbare Bedingungen umgesetzt werden.

Das Ziel dieses Abschnitts ist es daher, die Begriffe «zufriedene Kunden» und «Dienstqualität» zu präzisieren und sie in Planungsrichtlinien umzusetzen.

> Geht man zunächst von Sprachdiensten aus, so äußert sich eine hohe Dienstqualität im Wesentlichen
>
> - in einer niedrigen Blockierrate B (d.h., ein Gesprächswunsch darf nur in wenigen Fällen zurückgewiesen werden, da alle Kanäle belegt sind),
> - in einer guten Übertragungsqualität, d.h. in einer niedrigen Bitfehlerrate (engl.: *bit error rate*, BER),
> - in einer geringen Gesprächsabbruchrate.
>
> ! Für Datendienste, bei denen aufgrund der Paketvermittlung und der Verwendung von ARQ-Verfahren (siehe Abschnitt 3.4.5) der Datendurchsatz schwanken kann, spielen Größen wie
>
> - die minimale, mittlere und maximale Datenrate,
> - Übertragungsverzögerungszeiten und
> - Paketverlustraten
>
> eine große Rolle.
>
> Wegen der Unwägbarkeiten bei der Funkausbreitung und der Netzauslastung ist es nicht möglich, eine hohe Dienstqualität in allen Fällen zu garantieren, sondern man geht üblicherweise von Versorgungswahrscheinlichkeiten zwischen 90 % und 98 % aus.

Für simulative Kapazitätsuntersuchungen zum UMTS-Standard hat man beispielsweise als Randbedingung 98% zufriedene Teilnehmer gefordert [78], wobei ein Teilnehmer als *unzufrieden* gilt, falls

- ❑ bei leitungsvermittelten Diensten
  - sein Verbindungswunsch zurückgewiesen wurde (Blockierung),
  - die Bitfehlerrate für mehr als 5% der Verbindungszeit oberhalb einer bestimmten Grenze lag (> 0,1% bei Sprache, $>10^{-6}$ bei Daten),
  - die Verbindung abgebrochen ist;
- ❑ bei paketvermittelten Diensten
  - sein Verbindungswunsch zurückgewiesen wurde (Blockierung),
  - die tatsächliche Datenrate weniger als 10% der gewünschten Datenrate betragen hat,
  - die Verbindung abgebrochen ist.

Für große Funknetze ist es i. Allg. schwierig und sehr rechenzeitaufwendig, alle im Netz ablaufenden Algorithmen wie Power Control, Handover, Frequency Hopping oder ARQ-Verfahren nachzubilden und die resultierenden Bitfehlerraten zu ermitteln. Zwar wurden für die Einbeziehung der genannten Verfahren in Planungstools Konzepte entwickelt und in einigen Fällen auch in der Praxis erfolgreich angewendet [79], doch im Allgemeinen geht man im Planungsprozess von einfacheren Forderungen aus:

- ❑ Festlegung einer oberen Grenze für die Blockierwahrscheinlichkeit, z.B. $B < 1\%$ oder $B < 2\%$,
- ❑ Festlegung eines Zielwertes für den Versorgungsgrad V, z.B. $V = 90\%$ oder $V = 95\%$ der Zellfläche.

> **!** Ein Flächenelement des Funknetzgebietes gilt als versorgt, wenn das berechnete Verhältnis aus Nutzleistung C und gesamter Störleistung I_{ges} hinreichend groß ist, wobei sich die Störleistung aus dem Empfängerrauschen N und den Gleich- und Nachbarkanalstörungen I (Interference) zusammensetzt (vgl. Abschnitt 3.2):
>
> $$C/I_{ges} \geq CIR_{min},\ I_{ges} = N + I \qquad \text{(Gl. 7.1)}$$

7.2.2 Wichtige Empfängerschwellwerte

Der Wert für das Nutz-/zu-Störleistungs-Verhältnis CIR_{min}, der mindestens vorliegen muss, um eine geringe Bitfehlerrate zu garantieren, wird üblicherweise aus Computersimulationen ermittelt. In den entsprechenden Computermodellen ist die komplette Signalverarbeitungskette (Kanalcodierung, Interleaving, Codespreizung, Modulation, ...) des jeweiligen Mobilfunksystems nachgebildet. Ferner enthalten diese Modelle die Effekte der Mehrwegeausbreitung, insbesondere ist daher im CIR_{min} auch ein Sicherheitszuschlag bezüglich der Auswirkungen des Kurzzeit-Fadings berücksichtigt.

> **!** Im Planungsprozess wird somit i. Allg. nur der lokale Mittelwert der Nutz- und Störleistungen betrachtet, d.h., Dämpfungsberechnungen enthalten nur den entfernungsabhängigen Anteil und den Langzeitschwund.

Bei der Planung spielen 2 Betrachtungen eine große Bedeutung:

- ❑ die Reichweitenberechnung und
- ❑ die Berechnung von Gleich- und Nachbarkanalstörungen für die Frequenzplanung.

Reichweitenberechnung

> **!** Vernachlässigt man bei der Reichweitenberechnung zunächst die Gleich- und Nachbarkanalstörungen ($I = 0$), so erhält man den Mindestpegel $RXLEV_{min}$, der vorliegen muss, um eine Versorgung (eine geringe Bitfehlerrate) zu garantieren, aus dem Störabstand zum Rauschpegel N:
>
> $$RXLEV_{min}\,[\text{dBm}] = N\,[\text{dBm}] + CIR_{min}\,[\text{dB}] \qquad \text{(Gl. 7.2)}$$

Die zusätzlichen Gleich- und Nachbarkanalstörungen berücksichtigt man durch einen Sicherheitszuschlag, auch *Interference Degrada-*

tion Margin (IDM) genannt. Um einen ausreichenden Störabstand gegen das Rauschen N sowie die Gleich- und Nachbarkanalstörungen I zu garantieren, muss für den Empfangspegel RXLEV gelten:

$$\text{RXLEV} \geq \text{RXLEV}_{\text{min}} + \text{IDM} \qquad \text{(Gl. 7.3)}$$

Wie in Bild 7.1 illustriert, nimmt der erforderliche Wert des IDMs mit ansteigenden Gleich- und Nachbarkanalstörungen, also mit abnehmendem C/I, zu. Dies hat folgende Konsequenzen: Mit zunehmender Last im Mobilfunknetz steigen auch die Störungen und somit das IDM. Damit nimmt der Versorgungsradius ab, die versorgbare Zellfläche schrumpft. Diese lastabhängige Zellgrößenveränderung, die man auch als «Atmen der Zelle» (cell breathing) bezeichnet, ist insbesondere bei der Planung von CDMA-Netzen zu beachten [80].

Beispiel: Mindestempfangspegel bei GSM
Bei der Planung von GSM-Netzen ergeben sich folgende typische Empfängerschwellwerte (vgl. Abschnitt 3.2):

$N = -113$ dBm, $\text{CIR}_{\text{min}} = 9$ dB $\Rightarrow \text{RXLEV}_{\text{min}} = -104$ dBm

Anzumerken ist, dass bei GSM-Basisstationen vielfach eine höhere Empfindlichkeit erzielt wird ($\text{RXLEV}_{\text{min}} < -104$ dBm), während einige Klassen von Mobilstationen unempfindlicher sind, so dass man in diesen Fällen häufig von einem $\text{RXLEV}_{\text{min}}$ von –102 dBm oder –100 dBm ausgeht.

Beispiel: Mindestempfangspegel bei UMTS
Aufgrund der erhöhten Bandbreite durch die Spreizung ist die Rauschleistung N bei CDMA-Systemen zwar deutlich höher, doch wird dieser Effekt am Empfänger durch den Spreizungsgewinn kompensiert. Die erhöhte Bandbreite führt sogar zu einer verbesserten Resistenz gegen das frequenzabhängige Kurzzeit-Fading. Durch diese und weitere Verbesserungen bei der Übertragungstechnik erzielt man bei UMTS eine hohe Empfindlichkeit.

So sind in den UMTS-Spezifikationen z.B. für einen Dienst mit einer Nutzdatenrate von 12,2 kbit/s, der sich für die Sprachübertragung einsetzen lässt, die folgenden Werte für die Empfängerempfindlichkeit einer Basisstation angegeben:

FDD-Modus: $\text{RXLEV}_{\text{min}} = -121$ dBm
TDD-Modus: $\text{RXLEV}_{\text{min}} = -109$ dBm

Die Werte verleiten auf den ersten Blick zu der Annahme, dass der FDD-Modus eine wesentlich leistungsfähigere Übertragungstechnik nutzt als der TDD-Modus und somit einen deutlich besseren Empfindlichkeitswert erzielt.

Zu beachten ist jedoch, dass im FDD-Modus kontinuierlich gesendet und empfangen wird, während eine Sprachverbindung für den Uplink und den Downlink jeweils nur einen von 15 Zeitschlitzen belegt. Für Systeme mit einer TDMA-Komponente – wie für GSM oder den UMTS-TDD-Modus – beziehen sich die in den Spezifikationen angegebenen Werte für Sende- und Empfangspegel auf den jewei-

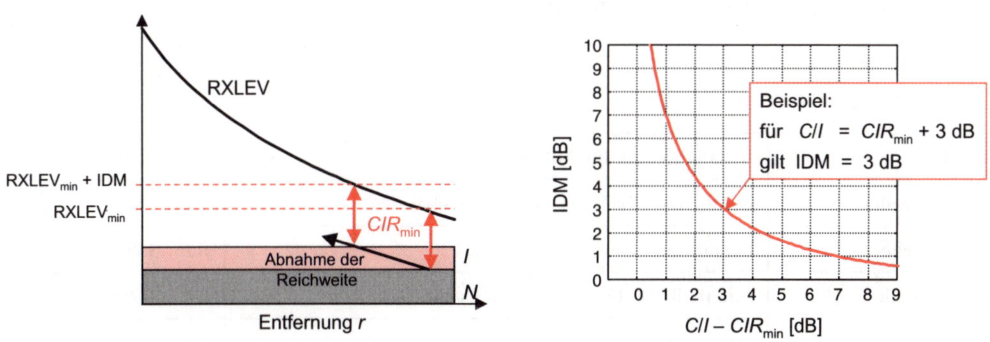

Bild 7.1 Illustration zum Interference Degradation Margin, IDM

lig aktiven Zeitschlitz. Die mittleren Leistungen haben einen geringeren Wert als die dort auftretenden Spitzenwerte (gemäß der Anzahl der Zeitschlitze in einem TDMA-Rahmen). Zur Bildung von Mittelwerten sind also die Spitzenleistungen beim TDD-Modus um einen Faktor 15 zu reduzieren. Bei Berücksichtigung des Faktors 1/15 – entsprechend einem Pegel von −11,8 dB – ergeben sich für den FDD- und TDD-Modus annähernd die gleichen Empfindlichkeiten.

Berechnung von Gleich- und Nachbarkanalstörungen für die Frequenzplanung

Bei diesem Schritt verwendet man direkt die Gleichung $C/I_{\text{ges}} \geq \text{CIR}_{\min}$, $I_{\text{ges}} = N + I$, um zu prüfen, ob 2 Zellen die gleichen Frequenzen verwenden dürfen oder nicht (siehe Abschnitt 7.5.2).

7.3 Funkausbreitungsmodelle

7.3.1 Allgemeine Aspekte der Funkausbreitung

Wie im vorangehenden Abschnitt erläutert, benötigt man für die Planung der Zellgrößen und die Frequenzplanung die lokalen Mittelwerte der Nutz- und Störpegel. Daher befasst sich dieser Abschnitt noch einmal genauer mit einigen Modellen zur Berechnung der Funkausbreitungsdämpfung.

Eine sehr detaillierte Darstellung von Funkausbreitungsmodellen findet sich in [8].

Wie bereits in Abschnitt 2.1 erwähnt, setzt sich der lokale Mittelwert des Empfangspegels zusammen aus

- einer deterministisch beschriebenen Dämpfung L_{D}, die vor allem von der Entfernung r zwischen Sender und Empfänger abhängt;
- einer statistisch beschriebenen Dämpfung L_{L}, die man *Langzeitschwund* oder *Long Term Fading* nennt.

Um die Dämpfung unter Einbeziehung der jeweiligen Geländestruktur und Bebauung möglichst exakt zu berechnen, wurden die deterministischen Ausbreitungsmodelle ständig verbessert und verfeinert. Je mehr Details der Bebauung man einbezieht, desto besser werden die Pegelberechnungen und desto geringer sind die im Langzeitschwund zu berücksichtigenden statistischen Schwankungen. Andererseits steigen jedoch mit zunehmendem Detaillierungsgrad die Berechnungszeiten, so dass man gute Kompromisse erarbeiten muss.

! Die Funkausbreitung ist entscheidend durch die Installationshöhe der Basisstationsantenne (verglichen mit der Höhe umliegender Hindernisse) bestimmt. Dementsprechend unterscheidet man die in Tabelle 7.1 aufgeführten Zelltypen, deren Namensgebung sich an der jeweiligen Ausdehnung orientiert. Je kleiner die Zellen und je geringer die Antenneninstallationshöhe ist, desto mehr gehen die Details der Umgebung wie z.B. die Gebäudehöhe und -ausrichtung in die Dämpfungsberechnungen ein.

Tabelle 7.1 Zelltypen

Zelltyp	Installation der BS-Antenne	Gültigkeitsbereich
Makrozelle	deutlich oberhalb des höchsten Gebäudes	1…20 km
Kleinzelle	bei mittlerer Gebäudehöhe	0.2…3 km
Mikrozelle	unterhalb der Dachkante von Gebäuden	20…1000 m
Picozelle	innerhalb von Gebäuden	in Gebäuden

7.3.2 Funkausbreitung in Makrozellen

Wie bereits in Abschnitt 2.4 angedeutet, beschreibt man die Funkausbreitungsdämpfung zwischen einem Sender und Empfänger im Abstand r häufig durch eine Formel der Form

$$L_D(r) = A + B \cdot \log r \quad \text{(Gl. 7.4)}$$

L_D entfernungsabhängige Dämpfung in dB
r Entfernung MS-BS in km
A Verlust bei 1 km Entfernung (*unit loss*)
B Ausbreitungskoeffizient (*propagation index, loss per decade*)

Die Ausbreitungsparameter A und B hängen dabei von folgenden Größen ab:

- der Installationshöhe der Basisstationsantenne H_{BS} [m],
- der Installationshöhe der Mobilstationsantenne H_{MS} [m],
- der verwendeten Frequenz f [MHz],
- den Kenngrößen des Geländeverlaufs (Topographie),
- den Kenngrößen der Geländenutzung (Morphologie).

Anmerkungen

- L_D (1 km) = A
- L_D (10 km) = $A + B$

Aus diesen Formeln resultieren die Bezeichnungen «unit loss» für A und «loss per decade» für B.

Bei den im Folgenden betrachteten Ausbreitungsformeln handelt es sich um so genannte empirische Modelle, d.h., man hat die Formeln nicht aus den Maxwell-Gleichungen – also den Grundgleichungen der Elektrodynamik – abgeleitet, sondern aus der Erfahrung gewonnen. So haben umfangreiche Messungen in der 60er- und 70er-Jahren zu den Okumura-Hata-Formeln geführt [81; 82].

Okumura-Hata-Formeln
Der Gültigkeitsbereich der Okumura-Hata-Formeln erstreckt sich auf Makrozellen in einem annähernd ebenen Gelände mit BS-Anteneninstallationshöhen von 30 bis 200 m und auf einen Frequenzbereich von 150 bis 1500 MHz. Bezüglich der Geländenutzung wird unterschieden zwischen

- städtischen Gebieten mit starker Bebauung (*urban environment*),
- vorstädtischen Gebieten mit mittlerer Bebauung (*sub-urban environment*),
- ländlichen Gebieten mit leichter Bebauung (*rural quasi-open environment*),
- ländlichen Gebieten ohne wesentliche Hindernisse (*rural open environment*).

Für städtische Gebiete wurden die folgenden Abhängigkeiten gefunden:

Okumura-Hata-Formel (Urban Environment)

$$A = 69{,}55 + 26{,}16 \cdot \log f\,[\text{MHz}] - 13{,}82 \cdot \log H_{BS}\,[\text{m}] \quad \text{(Gl. 7.5)}$$

$$B = 44{,}90 - 6{,}55 \cdot \log H_{BS}\,[\text{m}] \quad \text{(Gl. 7.6)}$$

Sollte die Höhe der Mobilstationsantenne (gerechnet vom Erdboden) deutlich von dem Wert von 1 bis 2 m abweichen, so ist A durch einen entsprechenden Term zu korrigieren.

Cost-231-Hata-Modell
Im Bereich zwischen 1500 und 2000 MHz ist der Einheitsverlust A stärker und hängt auch stärker von der Frequenz ab. Für das als Cost-231-Hata-Modell bezeichnete Funkausbreitungsmodell gelten die folgenden Formeln für städtische Gebiete:

Cost-231-Hata-Modell (urban environment)

$$A = 46{,}3 + 33{,}9 \cdot \log f\,[\text{MHz}] - 13{,}8 \cdot \log H_{BS}\,[\text{m}] \quad (+\,3\text{ dB für Großstadtzentren}) \quad \text{(Gl. 7.7)}$$

$$B = 44{,}9 - 6{,}65 \cdot \log H_{BS}\,[\text{m}] \quad \text{(Gl. 7.8)}$$

Bild 7.2 zeigt den Verlauf von A und B in Abhängigkeit von der Frequenz und Anteneninstallationshöhe. Dabei ergeben sich die folgenden Beobachtungen:

- Die Ausbreitungsdämpfung hängt stark von der BS-Antennenhöhe ab.
- Innerhalb des GSM900-Bereichs ist die Abhängigkeit von der Frequenz gering.

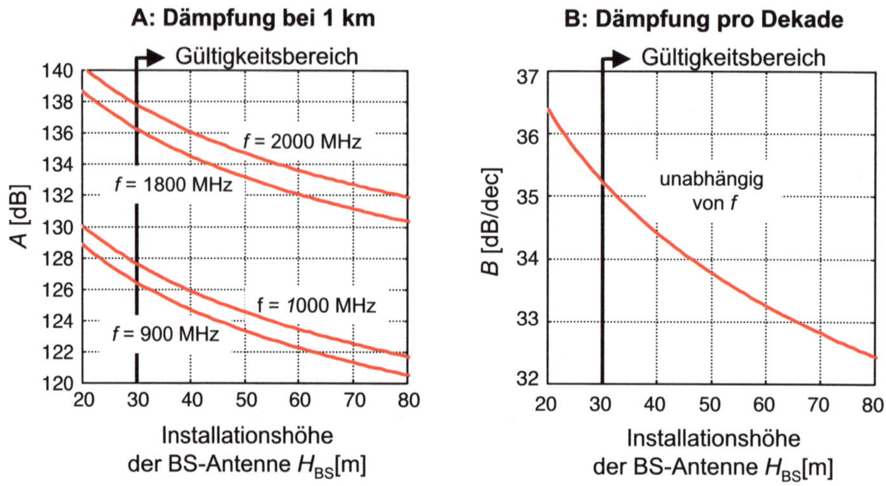

Bild 7.2 Die Dämpfungskonstanten für die Hata-Modelle in städtischer Umgebung (urban environment)

- Für den DCS1800-Bereich ist die Dämpfung um etwa 10 dB höher als für den GSM900-Bereich; eine zusätzliche Dämpfung um 10 dB bedeutet in etwa eine Halbierung des maximalen Zellradius (siehe Abschnitt 7.4.3).

Diese zusätzlichen 10 dB an Dämpfung, die eine großflächige Versorgung im 1800-MHz-Bereich schwieriger gestalten, setzen sich folgendermaßen zusammen:

- Zum Einen erhöht sich bereits bei der Freiraumausbreitung die Dämpfung um 6 dB bei einer Verdopplung der Frequenz (siehe Abschnitt 2.3).
- Zum Anderen werden Wellen mit höheren Frequenzen und geringeren Wellenlängen weniger stark in den geometrischen Schattenraum gebeugt. Daraus erklärt sich ein zusätzlicher Verlust bei einer Frequenzverdopplung von ca. 3…4 dB in Anwesenheit von Hindernissen und Abschattungen [8].

Das Okumura-Hata- und Cost-231-Hata-Modell für andere Umgebungen

Ähnliche Formeln wie für die städtischen Gebiete gibt es auch für andere Geländetypen – sowohl für das Okumura-Hata- als auch für das Cost-231-Hata-Modell. Der Verlust pro Dekade B hat den gleichen Wert wie in städtischen Gebieten. Lediglich der Einheitsverlust $A = A_{urban} - A_{korr}$ ist um einen Korrekturterm A_{korr} geringer als der Einheitsverlust A_{urban} im städtischen Gebiet. In Tabelle 7.2 sind diese Korrekturterme zusammengefasst.

Die in diesem Abschnitt diskutierten Formeln bieten eine gute Ausgangsbasis, um z.B. Zellradien abzuschätzen und um Aussagen über Verhältnisse von Nutz- und Störleistungen zu gewinnen. In Computerprogrammen für die Planung von Funknetzen benutzt man Verfeinerungen dieser Formeln, wobei auch durchgeführte Funkfeldmessungen einbezogen werden können.

In diesen verfeinerten Modellen berücksichtigt man Angaben zur Geländenutzung und zum Geländeverlauf, die sich z.B. aus Luftaufnahmen bestimmen lassen und die den Funknetzbetreibern als digitale morphologische und topographische Datenbanken in verschiedenen Auflösungen vorliegen. Bei Makrozellen verwendet man eine Einteilung des zu planenden Gebietes in Flächenelemente von etwa 100 m × 100 m, die durch eine von 10 bis 20 Nutzungsklassen (z.B. Wald, Wasser, Stadt, Vorstadt) charakterisiert werden [83].

Ein Beispiel für eine aus Planungstools gewonnene Pegelberechnung wird in Abschnitt 7.4.4 vorgestellt.

Tabelle 7.2 Korrekturterme für das Okumura-Hata- und das Cost-231-Hata-Modell

Gebiet	A_{korr} [dB]	A_{korr} [dB] $f = 1000$ MHz	A_{korr} [dB] $f = 2000$ MHz
Suburban	$2 \cdot (\log(f/28))^2 + 5{,}4$	10,2	12,3
Rural (quasi open)	$4{,}8 \cdot (\log f)^2 - 18{,}3 \cdot \log f + 35{,}9$	24,2	27,8
Rural (open)	$4{,}8 \cdot (\log f)^2 - 18{,}3 \cdot \log f + 40{,}9$	29,2	32,8

7.3.3 Funkausbreitung in Kleinzellen

> Bei kleiner werdenden Funkzellen und bei Installationshöhen der BS-Antennen im Bereich mittlerer Gebäudehöhen sind weitere Details der Bebauung bei der Dämpfungsberechnung einzubeziehen. Ein für den Fall von städtischen Kleinzellen häufig verwendetes Modell stellt das *Cost-Walfish-Ikegami-Modell* dar. Bei diesem Modell unterscheidet man zunächst, ob eine direkte Sichtverbindung zwischen Basis- und Mobilstation besteht oder nicht. Man bezeichnet diese beiden Situationen als *Line-of-Sight* (LOS) bzw. als *Non-Line-of-Sight* (NLOS).

Für den LOS-Fall liefert das Modell eine Dämpfung, die nur etwas stärker als die Freiraumdämpfung ist:

Dämpfung für LOS:

$$L_D(r) = 42{,}6 + 20 \cdot \log f\,[\text{MHz}] + 26 \cdot \log r\,[\text{km}],\ r > 0{,}02\ \text{km} \qquad \text{(Gl. 7.9)}$$

Bei einer NLOS-Konstellation berücksichtigt das Cost-Walfish-Ikegami-Modell die in Tabelle 7.3 aufgeführten Parameter.

Die Dämpfung $L_D = L_{Fr} + L_{msd} + L_{rts}$ setzt sich aus 3 Teilen zusammen [8], nämlich aus

- der Freiraumdämpfung L_{Fr},
- der Dämpfung durch Beugung an mehreren zwischen MS und BS liegenden Dachkanten (Multi Screen Diffraction Loss L_{msd}),
- der Dämpfung bei der Beugung und Streuung in der Umgebung der Straßenschlucht, in der sich die MS aufhält (Roof-top-to-street diffraction and scatter loss L_{rts}).

Insgesamt ergeben sich längere Gleichungen [8], die hier nicht im Detail dargestellt werden sollen. Für den Spezialfall der in Tabelle 7.3

Tabelle 7.3 Parameter für das Cost-Walfish-Ikegami-Modell

Größe	Abkürzung	Zahlenbeispiel
Höhe (über Grund) der BS-Antenne	H_{BS}[m]	17 m
Höhe (über Grund) der MS-Antenne	H_{MS}[m]	1,5 m
verwendete Frequenz	f [MHz]	900 MHz 1800 MHz
mittlere Höhe der Gebäude	H_G[m]	15 m
Straßenbreite	d_S[m]	20 m
Gebäudeabstand	d_G[m]	40 m
Orientierung der Straße bzgl. der Verbindungslinie MS-BS	Φ	90°

aufgeführten Beispielwerte erhält man die folgenden, stark vereinfachten Formeln:

$$L_D(r) = 132{,}8 + 38 \cdot \log r \quad \text{(bei 900 MHz)} \qquad \text{(Gl. 7.10)}$$

$$L_D(r) = 142{,}9 + 38 \cdot \log r \quad \text{(bei 1800 MHz)} \qquad \text{(Gl. 7.11)}$$

Diese Formeln zeigen 2 wesentliche Effekte:

- Die Dämpfung in Kleinzellen ist deutlich größer als in Makrozellen, sie steigt zudem stärker mit der Entfernung an (B = 38 dB pro Dekade).
- Auch in Kleinzellen besteht zwischen GSM900 und DCS1800 ein Unterschied von ca. 10 dB bei der Dämpfung.

7.3.4 Funkausbreitung in Mikrozellen

Die stark steigenden Teilnehmerzahlen in Mobilfunknetzen erfordern einen ständigen Ausbau des Funknetzes mit neuen, immer kleiner werdenden Funkzellen. Um diese kleinen Funkzellen gut gegeneinander abzuschirmen, d.h. um Gleichkanalstörungen klein zu halten, installiert man bei den so genannten Mikrozellen die Basisstationsantennen deutlich unterhalb der Dachkante der umliegenden Gebäude, z.B. an der Gebäudefassade. Die zugehörigen Basisstationen leuchten also einen eingegrenzten Bereich aus, der stark von der Anordnung der umliegenden Gebäude bestimmt ist.

> **!** Um bei Mikrozellen den Empfangspegel vorherzusagen, ist eine morphologische Datenbank mit hoher Auflösung (ca. 5 m × 5 m) und genauer Angabe der Gebäudehöhen erforderlich; auch die Ausrichtung von Gebäuden und der Verlauf von Straßen hat einen großen Einfluss auf die Funkausbreitung.

Dies ist in Bild 7.3 illustriert, auf dem viele Details der Bebauung zu erkennen sind. Die Basisstation (mit einer EIRP von 27 dBm, vgl.

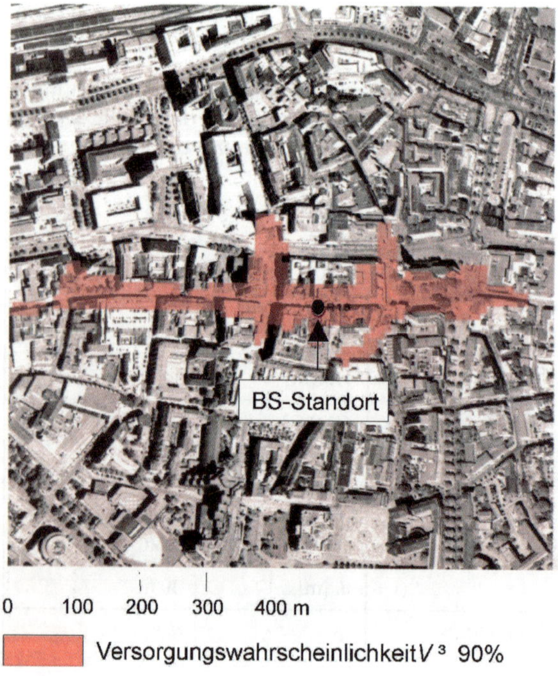

Bild 7.3
Versorgungsgebiet einer Mikrozelle
(Quelle: Mannesmann Mobilfunk GmbH, Niederlassung Nord-West)

Gl. 2.10) leuchtet im Wesentlichen nur den Straßenzug aus, in dem sie installiert ist; in Seitenstraßen ist der Versorgungsbereich auf einige zehn Meter beschränkt.

Eine komplette Beschreibung mit einfachen Formeln ist naturgemäß nicht möglich. Dennoch sollen einige wesentliche Effekte anhand einfacher Modelle erläutert werden.

Bei der Funkausbreitung in Mikrozellen unterscheidet man – ebenso wie in Kleinzellen – zwischen den in Bild 7.4 dargestellten LOS- und NLOS-Konstellationen.

> **LOS**
> Betrachtet man die Funkausbreitung längs einer Straße, so nimmt die Dämpfung bei kleinen Entfernungen *r* zunächst langsam zu, d.h., der Ausbreitungskoeffizient *B* liegt in einem Bereich von ca. *B* = 20…30 dB pro Dekade. Nach dem sog. Break Point r_{Br} ist jedoch eine deutlich stärkere Zunahme der Dämpfung mit Werten im Bereich von $B \approx 40$ dB pro Dekade zu verzeichnen.

Dieses Verhalten lässt sich aus der Überlagerung zweier Funkwellen erklären [8; 5], nämlich der Überlagerung

- der Welle, die den Empfänger auf dem direkten Weg erreicht, und
- der Welle, die den Empfänger über eine Reflexion am Boden erreicht (Bodenwelle).

Der Break Point r_{Br}, bei dem sich das aus der Überlagerung resultierende Verhalten der Dämpfung deutlich ändert, ergibt sich aus [12]:

$$r_{Br} = 4 \cdot H_{BS} \cdot H_{MS}/\lambda \qquad \text{(Gl. 7.12)}$$

> **Beispiel**
> Für eine Wellenlänge von $\lambda = 0{,}15$ m ($f = 2$ GHz) und Antennenhöhen von $H_{BS} = 8$ m und $H_{MS} = 1{,}5$ m ergibt sich $r_{Br} = 320$ m.

Dem in Bild 7.4 gezeigten Dämpfungsverlauf liegen ferner die in [78] angegebenen Ausbreitungsformeln zugrunde, bei denen vor dem Break Point eine Dämpfung gemäß der Freiraumausbreitungsformel (siehe Abschnitt 2.3) angenommen wurde:

$$L_D(\mathrm{r}) = L_{Fr}(r) = 32{,}4 + 20 \cdot \log f\,[\mathrm{GHz}] + 20 \cdot \log r\,[\mathrm{m}] \text{ für } r \le r_{Br} \qquad \text{(Gl. 7.13)}$$

$$L_D(r) = 32{,}4 + 20 \cdot \log f\,[\mathrm{GHz}] + 20 \cdot \log r_{Br}\,[\mathrm{m}] + 40 \cdot \log (r/r_{Br}) \text{ für } r \ge r_{Br} \qquad \text{(Gl. 7.14)}$$

Dabei sollte betont werden, dass es bei Mikrozellen (und auch bei Picozellen) üblich ist, Frequenzen in Gigahertz und Abstände in Metern anzugeben.

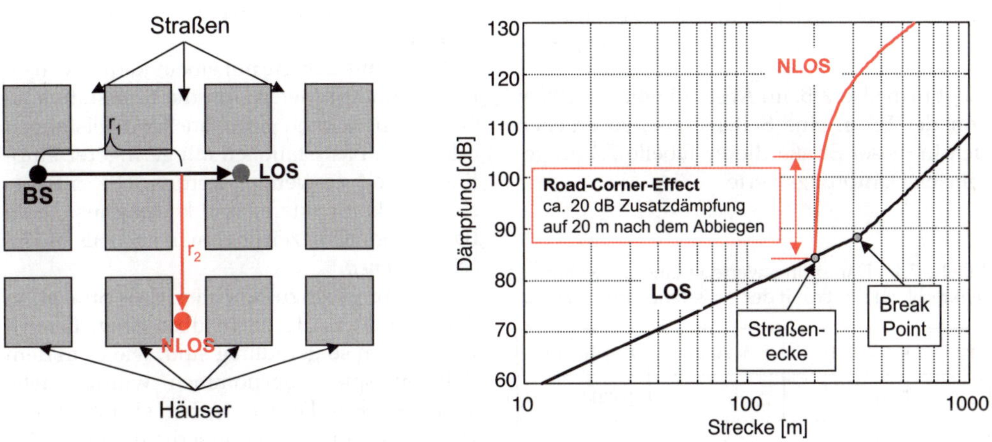

Bild 7.4 Illustration des Dämpfungsverlaufs in Mikrozellen

Bei einem Abstand von $r = 1000$ m ($r > r_{Br}$) und einer Frequenz $f = 2$ GHz ergibt sich so eine Dämpfung von:

$$L_D(1000\ \text{m}) = 108{,}3\ \text{dB} \qquad \text{(Gl. 7.15)}$$

NLOS
Nach dem Abbiegen in eine Seitenstraße zeigt sich eine starke Zunahme der Dämpfung (siehe rote Kurve in Bild 7.4). Die Funkwellen können den Empfänger nur noch über eine Beugung an der jeweiligen Häuserkante oder über Reflexionen erreichen, wobei starke Verluste entstehen.

Eine Formel, die dieses Verhalten beschreibt, findet sich in [84]. Man zerlegt die Strecke zwischen Sender und Empfänger in 2 Teile r_1 (von der BS bis zur Straßenecke) und r_2 (von der Straßenecke bis zur MS, siehe Bild 7.4) und führt eine so genannte illusorische Distanz d_I ein:

$$d_I = r_1 + r_2 + c \cdot r_1 \cdot r_2 \qquad \text{(Gl. 7.16)}$$

Die Strecken sind jeweils in Metern anzugeben; die Konstante c berücksichtigt den Winkel der Ecke ($c = 0{,}5$ für eine rechtwinklige Kreuzung). Die Dämpfung bei NLOS beschreibt man durch eine Formel, die der bei der Freiraumausbreitung ähnelt:

$$L_D = 32{,}4 + 20 \cdot \log f\,[\text{GHz}] + 20 \cdot \log d_I \text{ für } r_1 + r_2 \leq r_{Br} \qquad \text{(Gl. 7.17)}$$

Biegt man also z. B. im Abstand von $r_1 = 200$ m von der BS in eine Seitenstraße, so ergeben sich in dieser Straße die in Tabelle 7.4 aufgeführten Dämpfungswerte.

Tabelle 7.4 Dämpfungswerte in einer Seitenstraße senkrecht zur Straße mit der Basisstation für $f = 2$ GHz

r_2	$r_2 = 0$ m	$r_2 = 20$ m	$r_2 = 100$ m
d_I	200	2220	10 300
L_D	84,4	105,3	118,7

Road-Corner-Effect
Verglichen mit dem Dämpfungswert an der Kreuzung ($r_2 = 0$ m), steigt die Dämpfung innerhalb von $r_2 = 20$ m um etwa 20 dB an. Den damit verbundenen raschen Abfall des Empfangspegels nach einer Gebäudekante bezeichnet man als den Road-Corner-Effect. Durch spezielle Planungsmaßnahmen und Handover-Algorithmen ist dafür zu sorgen, dass auch in solchen Extremfällen kein Abbruch der Verbindung erfolgt.

In Bild 7.3 ist der rasche Abfall des Empfangspegels in den Seitenstraßen deutlich zu erkennen.

Reichweitenabschätzungen
Geht man davon aus, dass eine zur Versorgung der Mikrozelle eingesetzte Basisstation beispielsweise mit einer EIRP von 27 dBm arbeitet (Sendeleistung inklusive Antennengewinn), so ergeben sich mit Hilfe der Werte aus Gleichung 7.15 und Tabelle 7.4 folgende Empfangspegel bei der MS:

- bei LOS und $r = 1000$ m: RXLEV = 27 dBm – 108,3 dBm = –81,3 dBm;
- bei NLOS und $r_1 = 200$ m, $r_2 = 100$ m: RXLEV = 27 dBm – 118,7 dBm = –91,7 dBm.

In umgekehrter Richtung, d. h. für den Uplink, sind die Verhältnisse ähnlich. Die Empfangspegel liegen also deutlich oberhalb der Empfängerempfindlichkeiten von –100 dBm … –104 dBm.

Um somit Gebiete mit einem Radius von einigen hundert Metern um die Basisstation zu versorgen, können geringere Sendeleistungen oder auch Basisstationen mit geringerer Empfindlichkeit verwendet werden. Die entsprechenden kompakteren und kostengünstigeren Basisstationen bezeichnet man auch als *Mikrobasisstationen*.

Allerdings ist zu beachten, dass Straßen in der Realität i. Allg. nicht über einen Bereich von 1000 m so geradlinig sind, wie es in dem Zahlenbeispiel angenommen wurde (siehe auch Bild 7.3). Ferner ergeben sich aufgrund von Wanddämpfungen innerhalb von Gebäuden niedrigere Empfangspegel.

7.3.5 Versorgung innerhalb von Gebäuden – Funkausbreitung in Picozellen

Die vorangehenden Abschnitte haben die Funkausbreitung für den Fall behandelt, dass die BS-Antenne außerhalb von Gebäuden installiert ist.

> **!** Für Mobilstationen, die sich ebenfalls außerhalb von Gebäuden befinden, lassen sich mit den bisher angegebenen Modellen die Empfangspegel berechnen, bei Mobilstationen innerhalb von Gebäuden müssen zusätzliche – hauptsächlich durch Außenwände verursachte – Dämpfungen berücksichtigt werden. Sie liegen in einem Bereich von 10 … 25 dB.
>
> Von einer Picozelle spricht man, wenn die BS-Antenne innerhalb eines Gebäudes installiert ist und die Mobilstationen versorgt, die sich dort bzw. in einem kleinen Umkreis von dem Gebäude aufhalten.

Für eine Versorgungsplanung sind in diesem Fall Angaben zum Aufbau und zur Einrichtung des Gebäudes erforderlich (Dicke von Wänden und Decken, Anordnung des Mobiliars und von Türen, Größe und Form von Räumen und Korridoren, …). Zu betonen ist ferner, dass auch die Positionen der anwesenden Personen die Funkausbreitung stark beeinflussen können.

Zur Berechnung der Empfangspegel in Picozellen gibt es zwei prinzipiell verschiedene Ansätze:

Als deterministischer Ansatz ist die Ray-Tracing-Methode weit verbreitet [8], bei der man alle (oder zumindest die stärksten) Ausbreitungspfade sucht, auf denen elektromagnetische Wellen über Beugung, Streuung und Reflexionen vom Sender zum Empfänger gelangen können, und bei der man anschließend die zugehörigen Signalamplituden addiert. Dieses Verfahren ist jedoch sehr rechenzeitintensiv und erfordert zudem eine genaue Kenntnis der Positionen und Ausrichtungen von Hindernissen und Öffnungen.

Ein empirischer Ansatz [85], der die Dämpfung durch Möbel und Wände mittels durch Messungen gewonnener Parameterwerte berücksichtigt (Bild 7.5), liefert eine gute Abschätzung der Reichweite von Funksignalen in Picozellen. Die Gesamtdämpfung setzt sich additiv zusammen aus:

- der Freiraumausbreitung $L_{Fr}(r) = 32{,}4 + 20 \cdot \log f\,[\text{GHz}] + 20 \cdot \log r\,[\text{m}]$,

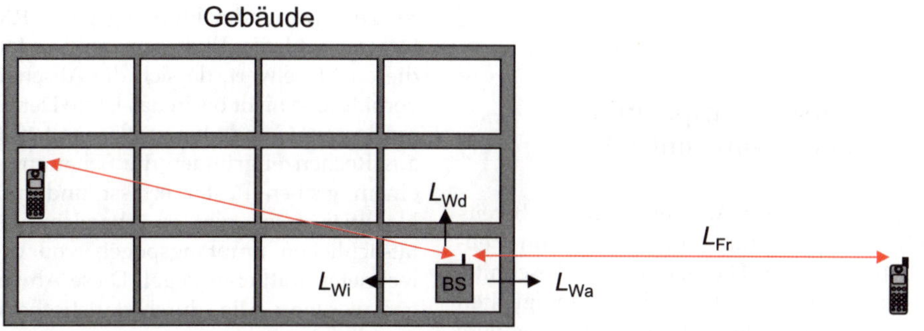

L_{Wa}: Dämpfung durch Außenwände 10 ... 25 dB
L_{Wi}: Dämpfung durch Innenwände leichte Wände: 3 ... 6 dB, massive Wände 7 ... 15 dB
L_{Wd}: Dämpfung durch Decken ca. 15 dB / 20 dB / 30 dB für insgesamt 1 / 2 / 3 Decken
L_{Fr}: Freiraumdämpfung

Bild 7.5 Illustration zur Funkausbreitungsdämpfung in Picozellen

- der Dämpfung durch Außen- und Innenwände L_{Wa}, L_{Wi},
- der Dämpfung durch Decken: L_{Wd},
- der Dämpfung durch Möbel oder andere Hindernisse $L_H(r)$.

Zahlenbeispiele
Betrachtet man ein DECT-System mit einem Sendepegel von 24 dBm und einer Frequenz von f = 1,8 GHz, so ergibt sich – unter Vernachlässigung von Hindernissen – bei einer Entfernung von r = 300 m (im Freien) und einer Außenwanddämpfung von L_{Wa} = 15 dB ein Empfangspegel von:

$$\text{RXLEV} = 24\ \text{dBm} - 32{,}4\ \text{dB} - 20 \cdot \log 1{,}8\ [\text{GHz}] - 20 \cdot \log 300\ [\text{m}] - 15\ \text{dB} = -78\ \text{dBm}$$

Ebenso erhält man innerhalb eines Bürogebäudes bei einem Abstand von r = 30 m und einer dämpfenden Decke mit L_{Wd} = 17 dB und drei dämpfenden Wänden mit je L_{Wi} = 6 dB einen Empfangspegel von:

$$\text{RXLEV} = 24\ \text{dBm} - 32{,}4\ \text{dB} - 20 \cdot \log 1{,}8\ [\text{GHz}] - 20 \cdot \log 30\ [\text{m}] - 17\ \text{dB} - 3 \cdot 6\ \text{dB} = -78\ \text{dBm}$$

Gegenüber der DECT-Empfängerempfindlichkeit von –86 dBm besteht ein hinreichend großer Sicherheitsabstand von 8 dB, der zusätzliche Dämpfungen – z.B. durch Möbel – abfangen kann. Eine Reichweite von 30 m in Gebäuden bzw. von 300 m im Freien ist also plausibel.

7.4 Versorgungsplanung – Größe von Funkzellen

Im vorangehenden Abschnitt wurden bereits einige Beispiele zur Abschätzung von Zellradien diskutiert. Das Ziel dieses Abschnitts ist es, einige Schritte und Abhängigkeiten bei der Versorgungsplanung – insbesondere bei Makro- und Kleinzellen – genauer zu beleuchten.

7.4.1 Wichtige Größen für die Versorgungsplanung

!

Um eine Funkversorgungsplanung durchzuführen, benötigt man zum einen die im vorangehenden Abschnitt erläuterten bzw. verfeinerte Ausbreitungsmodelle sowie einige Sender- und Empfängerkenngrößen der Mobil- und Basisstation (vgl. Bild 2.4). Dazu gehören

- der maximale Pegel des Sendeleistungsverstärkers in der BTS,
- die Kenngrößen der BS-Antenne (Antennendiagramm, Gewinn, horizontale und vertikale Ausrichtung der Hauptstrahlungsrichtung, Installationshöhe),
- der Verlust auf dem Kabel zwischen BS-Sendeleistungsverstärker und Antenne,
- ein Diversitätsgewinn durch den Empfang mit 2 Antennen bei der BTS,
- der maximale Pegel des Sendeleistungsverstärkers in der MS,
- der Gewinn der MS-Antenne (dieser wird zumeist als 0 dBi angenommen),
- die Empfängerempfindlichkeit.

Aus diesen Größen ergibt sich für jedes Flächenelement im Versorgungsgebiet ein mittlerer zu erwartender Empfangspegel RXLEV_m. Der tatsächliche Wert schwankt jedoch um diesen Mittelwert, da sich die Abschattungsverhältnisse nicht bis in das letzte Detail erfassen lassen. Gerade bei großen Zellen, für die aus Rechenzeitgründen die Bebauung nur in einem großen Raster erfasst und nur grob klassifiziert ist, gibt es Abweichungen des tatsächlichen Empfangspegels von dem berechneten mittleren Pegel. Diese Abweichungen werden i. Allg. durch statistische Verfahren berücksichtigt.

Somit lässt sich letztlich für jedes Flächenelement und damit auch für jede Funkzelle nur eine bestimmte Versorgungswahrscheinlichkeit angeben.

Dieser Sachverhalt ist in Bild 7.6 illustriert. Es zeigt den mittleren entfernungsabhängigen

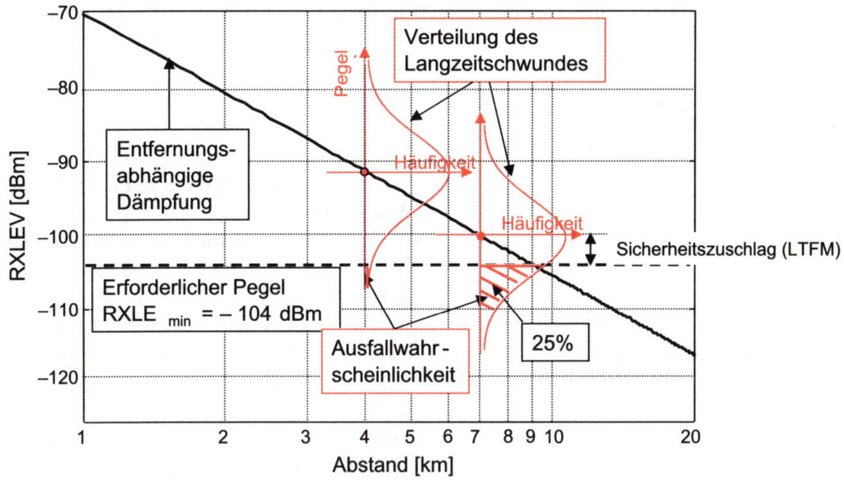

Bild 7.6 Illustration zur Versorgungswahrscheinlichkeit

Empfangspegel (durchgezogene schwarze Gerade) einer Mobilstation in Abhängigkeit vom Abstand zur Basisstation für ein typisches Ausbreitungsmodell. Um diesen mittleren Pegel schwankt der tatsächliche Pegel gemäß der rot eingezeichneten Normalverteilung mit einer Standardabweichung von $\sigma = 6$ dB (für das Beispiel). Für eine akzeptable Sprachqualität muss der tatsächliche Pegel größer als $RXLEV_{min} = -104$ dBm sein. Betrachtet man also die Fläche zwischen der Pegelachse und der Normalverteilung, so gibt der Prozentsatz der Fläche unterhalb von $RXLEV_{min}$ (rot schraffierte Fläche) die Ausfallwahrscheinlichkeit, der Prozentsatz oberhalb von $RXLEV_{min}$ die Versorgungswahrscheinlichkeit an.

Bei einem Abstand von 4 km beträgt die Versorgung nahezu 100%, bei 7 km liegt sie nur noch bei 75%. Mittelt man die Versorgungswerte für verschiedene Positionen und Abstände über die gesamte Funkzelle, so erhält man die Versorgungswahrscheinlichkeit für die Funkzelle. In dem gezeigten Beispiel ergibt sich bei einem Zellradius von $R = 7$ km (durch komplizierte Formeln) eine Versorgung von 90%.

Sicherheitszuschläge gegenüber dem Long Term Fading

> **!** Um eine Versorgung von $V = 90\%$ zu erzielen, benötigt man einen gewissen Sicherheitszuschlag LTFM gegenüber dem Long Term Fading.

Bei $V = 90\%$ und einer einzelnen Zelle (keine Mehrfachversorgung; s.u.) ergibt sich in etwa aus Computersimulationen: $LTFM = 0{,}67 \cdot \sigma$, wobei σ die Standardabweichung des Long Term Fadings ist.

Für $\sigma = 6$ dB erhält man so: LTFM = 4 dB.

Für eine höhere Versorgungswahrscheinlichkeit von z.B. $V = 95\%$ ist ein deutlich größerer Sicherheitszuschlag von ca. $LTFM \approx 1{,}3 \cdot \sigma$ zu verwenden.

Mehrfachversorgung und Handover-Gewinn

> **!** Durch die Mehrfachversorgung steigt natürlich die Versorgungswahrscheinlichkeit gegenüber der Betrachtung bei einer einzelnen isolierten Funkzelle, wie in Bild 7.7 illustriert ist. Da die Verbesserungen bei der Versorgung entscheidend

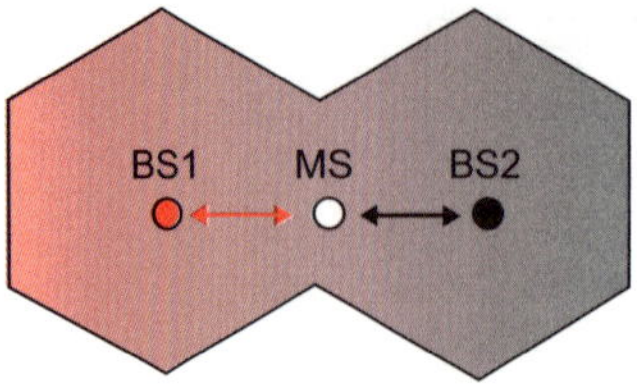

Versorgungswahrscheinlichkeit v
Ausfallwahrscheinlichkeit $u = 1 - v$

Beispiel:
Mobilstation in der Mitte zwischen zwei Basisstationen
für jede einzelne Zelle: $v = 0{,}8 \Rightarrow u = 0{,}2$
für die 2fach-Versorgung: $u_{ges} = u^2 = 0{,}04 \Rightarrow v_{ges} = 0{,}96$

Bild 7.7 Illustration der Mehrfachversorgung

! von dem verwendeten Handover-Mechanismus abhängen, bezeichnet man den entsprechenden Gewinn auch als Handover-Gewinn G_{HO}.

Bei einem idealen Power Budget Handover, bei dem die Mobilstation ohne Verzögerung zu der Basisstation mit dem besten Empfangspegel wechselt, kompensiert der Handover-Gewinn in etwa den Sicherheitszuschlag für das Fading.

Bei einem realen Handover vermeidet man ein rasches und häufiges Wechseln zwischen den Zellen durch die Einführung eines Handover Margins (siehe Abschnitt 5.4.4.2.2), dementsprechend fällt dort der Handover-Gewinn um ca. 2 dB geringer aus. Beim UMTS lässt der Soft-Handover einen schnellen Wechsel zu. Führt man zudem noch eine Kombination der bei den Basisstationen empfangenen Signale durch, so ergeben sich zusätzliche Handover-Gewinne. Die mittels der verschiedenen Handover-Verfahren erzielte Mehrfachversorgung bezeichnet man auch als *Makrodiversität* (*Macro Diversity*).

! Berücksichtigt man die diskutierten Sicherheitszuschläge und Gewinne, so muss für einen zufrieden stellenden Empfangspegel die folgende Relation erfüllt sein (vgl. Gl. 7.3):

$$\text{RXLEV} \geq \text{RXLEVmin} + \text{IDM} + \text{LTFM} - G_{HO} \qquad \text{(Gl. 7.18)}$$

In einem realen Funknetz hat man also sehr viele Basisstationen zu betrachten. D.h., man muss für ein Flächenelement nicht nur einen Empfangspegelwert, sondern mehrere berechnen, nämlich bezüglich aller Basisstationen, die für die Versorgung – aber auch für eine Störung – des jeweiligen Flächenelements in Frage kommen.

Ein Flächenelement wird anschließend der Zelle zugerechnet, deren Basisstation z.B. den besten Empfangspegel liefert.

Aber auch andere Zellwahlkriterien können berücksichtigt werden. Färbt man die Flächenelemente gemäß ihrer Zellzugehörigkeit ein, so erhält man einen Überblick über die Gestalt und die Größen der zu erwartenden Funkzellen (Bild 7.8). Allerdings handelt es sich dabei auch nur um eine Art «wahrscheinlichster» Zuordnung, denn die tatsächliche Zellzuordnung hängt z.B. von der Bewegungsrichtung und Geschwindigkeit der Mobilstation sowie von dem dynamischen Verhalten des Handover-Algorithmus ab (siehe z.B. Abschnitt 5.4.4.4.2).

Zu beachten ist, dass die Größe der Funkzellen in Bild 7.8 zum Zentrum hin abnimmt. Aufgrund des dort herrschenden Gesprächsaufkommens musste die Standortdichte dort höher als am Rand des Gebietes gewählt werden.

Die Größe einer Funkzelle hängt also nicht nur von den Funkausbreitungsbedingungen und Sender- und Empfängerkenngrößen, sondern auch von der Teilnehmerdichte und dem Gesprächsaufkommen ab (vgl. Abschnitt 7.5.2.5).

7.4.2 Beispielrechnung zur Abschätzung der Zellgröße

Als Beispiel werden städtische Makrozellen mit den in Tabelle 7.5 aufgeführten Sender- und Empfängerkenngrößen betrachtet. Die ebenfalls angegebenen Funkausbreitungsparameter erhält man aus den Okumura-Hata-Formeln (Abschnitt 7.3.2) bei einer BS-Antennenhöhe von $H_{BS} = 30$ m und den Frequenzen $f_{UL} = 900$ MHz, $f_{DL} = 945$ MHz. Als Standardabweichung des Long Term Fadings wurde ein Wert von $\sigma = 6$ dB angenommen, für eine Ver-

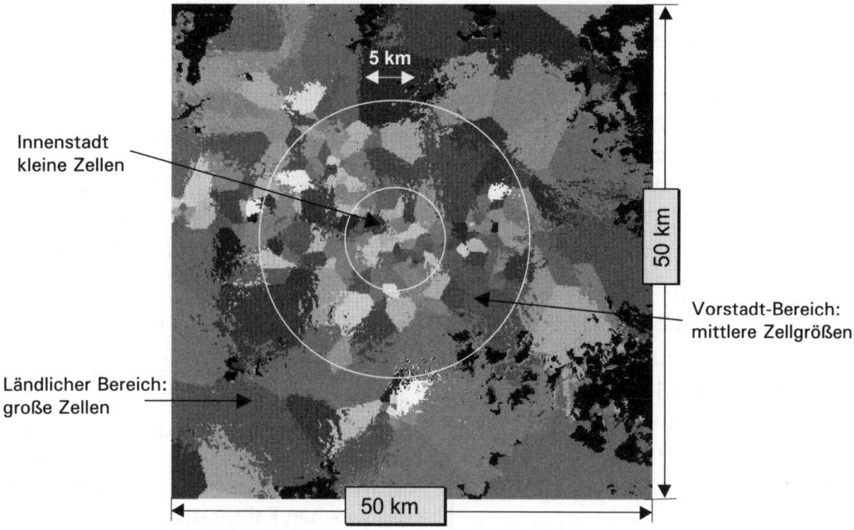

Bild 7.8 Beispiel für die Zellstruktur in einem realen Funknetz

Tabelle 7.5 Beispiele für Sender- und Empfängerkenngrößen sowie für Funkausbreitungsparameter bei städtischen GSM-Makrozellen

Abk.	Erläuterung
A_{UL} = 126,4 dB	Dämpfungsverlust bei 1 km (Uplink)
A_{DL} = 126,9 dB	Dämpfungsverlust bei 1 km (Downlink)
$B_{UL} = B_{DL} = 35{,}2$	Dämpfungsverlust pro Dekade
LTFM = 4 dB	Sicherheitszuschlag gegenüber Long Term Fading
G_{HO} = 2 dB	Handover-Gewinn
$TXPWR_{BS}$ = 46 dBm	maximaler Pegel des Sendeleistungsverstärkers in der BS
$TXPWR_{MS}$ = 33 dBm	maximaler Pegel des Sendeleistungsverstärkers in der MS
G_{BS} = 15 dBi	Antennengewinn der BS-Antenne
G_{MS} = 0 dBi	Antennengewinn der MS-Antenne
G_{AD} = 4 dB	Diversitätsgewinn durch Empfang mit 2 BS-Antennen
L_{Kab} = 3 dB	Kabelverlust
L_{Com} = 3 dB	Verlust durch Antennen-Combiner
$RXLEV_{min, UL}$ = – 104 dBm	Empfängerempfindlichkeit (Uplink)
$RXLEV_{min, DL}$ = – 102 dBm	Empfängerempfindlichkeit (Downlink)
IDM = 3 dB	Interference Degradation Margin

sorgung von 90% benötigt man dementsprechend einen Sicherheitszuschlag von 4 dB.

Rechnet man alle Gewinne und Verluste zusammen, so erhält man für den Uplink und den Downlink die folgenden Relationen, die erfüllt sein müssen, um einen zufrieden stellenden Empfang zu gewährleisten (vgl. Gl. 7.18):

$$TXPWR_{BS} - L_{Com} - L_{Kab} + G_{BS} - A_{DL} - B \cdot \log R + G_{MS} \geq RXLEV_{min,\,DL} + IDM + LTFM - G_{HO}$$

$$TXPWR_{MS} + G_{MS} - A_{UL} - B \cdot \log R + G_{BS} - L_{Kab} + G_{AD} \geq RXLEV_{min,\,UL} + IDM + LTFM - G_{HO}$$

Durch Umstellen beider Relationen erhält man zwei Bedingungen für den maximal möglichen Zellradius R:

$$A_{DL} + B \cdot \log R \leq LB_{DL} \quad \text{(Gl. 7.19)}$$

$$A_{UL} + B \cdot \log R \leq LB_{UL} \quad \text{(Gl. 7.20)}$$

Dabei berechnet sich das so genannte Link Budget (LB) folgendermaßen:

$$LB_{DL} = TXPWR_{BS} - L_{Com} - L_{Kab} + G_{BS} + G_{MS} - RXLEV_{min,\,DL} - IDM - LTFM + G_{HO} \quad \text{(Gl. 7.21)}$$

$$LB_{UL} = TXPWR_{MS} + G_{MS} + G_{BS} - L_{Kab} + G_{AD} - RXLEV_{min,\,UL} - IDM - LTFM + G_{HO} \quad \text{(Gl. 7.22)}$$

Für die angegebenen Beispielwerte ergibt sich:

$LB_{DL} = 152$ dB
$LB_{UL} = 148$ dB

Aufgrund der deutlich niedrigeren Sendeleistung erhält man also – trotz des Antennendiversitätsgewinns und der besseren Empfindlichkeit bei der BS – ein geringeres Link Budget im Uplink, d.h., die Zellgröße ist durch den Uplink begrenzt:

$$A_{UL} + B \cdot \log R \leq LB_{UL} = 148 \text{ dB}$$

Aus dieser Ungleichung ergibt sich ein maximaler Zellradius von $R = 4{,}1$ km.

Das Link Budget hat also einen entscheidenden Einfluss auf die Zellgröße. Dieser Sachverhalt ist in Bild 7.9 illustriert. Es zeigt, um welchen Faktor der Zellradius bei gegebenen Ausbreitungsbedingungen zu- bzw. abnimmt, falls sich das Link Budget um einen bestimmten Betrag verbessert bzw. verschlechtert. Zu betonen ist, dass die Anzahl benötigter Basisstationsstandorte umgekehrt proportional zum Quadrat des Zellradius ist, d.h., bei halbem Zellradius benötigt man die vierfache Zahl an Standorten.

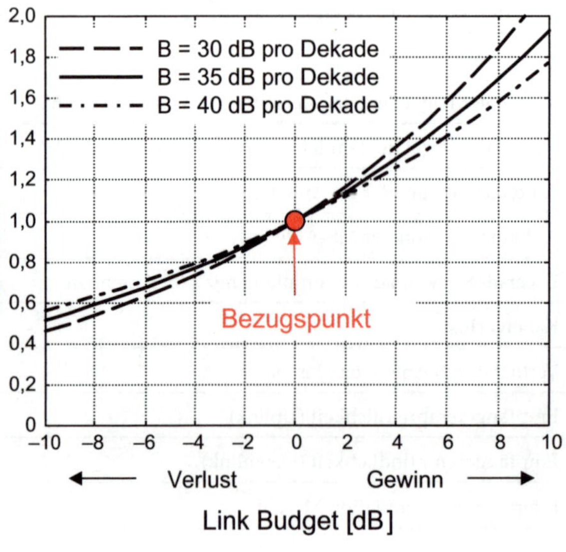

Bild 7.9
Abhängigkeit der Zellgröße vom Link Budget

7.4.3 Einfluss der Datenrate

Dieser Abschnitt diskutiert den Zusammenhang, der zwischen der Datenrate, der Reichweite und dem Energieverbrauch in der Mobilstation besteht.

Bei TDMA-Systemen, wie dem GSM-System, bezieht sich die maximale Sendeleistung der Mobilstation auf die jeweils aktiven Zeitschlitze. Erhöht man also die Übertragungsdatenrate durch Bündelung der Kanäle, so kann z. B. eine 2-Watt-Mobilstation auf allen zugeteilten UL-Zeitschlitzen mit der Leistung 2 Watt senden. Die Reichweite ist also die gleiche wie bei einer elementaren Verbindung über einen Zeitschlitz. Allerdings erhöht sich der Energieverbrauch proportional mit der Anzahl belegter UL-Zeitschlitze.

Erhöht man die Datenrate, wie z. B. bei EDGE (siehe Abschnitt 5.5.5), durch höherwertige und damit störanfälligere Modulationsverfahren, so sinkt die Reichweite. Entsprechende Untersuchungen für EDGE sind in [44] zu finden.

Bei CDMA-Systemen wie UMTS sinkt mit zunehmender Datenrate der Spreizfaktor SF und damit der Spreizungsgewinn G_{sp}. Bei z. B. einer Verdopplung der Datenrate nimmt der Spreizungsgewinn um 3 dB ab, was zu einem Verlust von 3 dB im Link Budget und damit zu einer geringeren Reichweite führt (sofern die Verluste nicht durch andere Maßnahmen ausgeglichen werden können).

Bei einer Verzehnfachung der Datenrate (von z. B. 20 kbit/s auf 200 kbit/s) würde dies gemäß Bild 7.9 zu etwa einer Halbierung der Reichweite führen. Aus diesem Grund ist eine flächendeckende Versorgung mit hochratigen Datendiensten (>384 kbit/s) auch bei UMTS nicht zu erwarten; zumal bei UMTS im 2-GHz-Bereich die Funkausbreitungsdämpfung um 10 dB höher ist als bei GSM im 900-MHz-Bereich.

> **!** Tendenziell bedingt eine Erhöhung der Datenrate eine Steigerung der mittleren Sendeleistung oder eine Abnahme der Reichweite. Dies ist darauf zurückzuführen, dass für die erfolgreiche Detektion am Empfänger pro Bit eine bestimmte Energie vorliegen muss.

7.4.4 Beispiel für eine computergestützte Versorgungsplanung

In diesem Abschnitt werden die Schritte bei der Versorgungsplanung anhand von einigen Bildern erläutert, die mit Hilfe eines in Praxis eingesetzten Planungstools erzeugt wurden.

Bei dem zu versorgenden Gebiet handelt es sich um das Stadtgebiet von Bielefeld und dessen nähere Umgebung.

Für 13 beispielhaft ausgewählte (fiktive) Standorte erfolgte eine Berechnung der Empfangspegelwerte (Feldstärke). Die drei Pfeile pro Standort deuten an, dass jeweils 3 Sektorzellen versorgt werden, wobei die Hauptstrahlungsrichtungen der jeweiligen Sektorantennen in Richtung der Pfeile zeigen. Die 3-dB-Breite der verwendeten Antennen beträgt 90° (horizontal), als abgestrahlte Leistung (EIRP, siehe Gl. 2.10) wurde ein Wert von knapp 50 dBm angenommen.

Anhand der Bilder 7.10 und 7.11 ist deutlich zu erkennen, dass bei den hier behandelten Makrozellen die Auflösung deutlich geringer ist als bei der Mikrozellenplanung in Bild 7.3.

Bild 7.10 zeigt den Empfangspegel bezüglich des Standortes R09, für Bild 7.11 wurden die Empfangspegel bezüglich aller Standorte und Sektoren berechnet und die jeweils höchsten Werte dargestellt.

In der Umgebung der Basisstationsstandorte liegen die Pegelwerte i. Allg. oberhalb von −80 dBm, so dass dort eine gute Versorgung – zumindest außerhalb von Gebäuden – zu erwarten ist. Für die Versorgung innerhalb von Gebäuden hat man zusätzliche Dämpfungen durch Wände zu berücksichtigen (siehe Abschnitt 7.3.5).

Mit zunehmendem Abstand von den betrachteten Basisstationen fällt der Pegel naturgemäß ab. Hier übernehmen andere Basisstationen die Versorgung, die in Bild 7.11 nicht berücksichtigt wurden. Auffällig ist der rasche Abfall des Empfangspegels in südwestlicher Richtung. Dieser Effekt wird durch einen Höhenzug verursacht, der für eine starke Abschattung sorgt.

Für die Illustration der Funkzellenstruktur in Bild 7.12 wurde jedes Flächenelement der Zelle zugerechnet, deren Basisstation den bes-

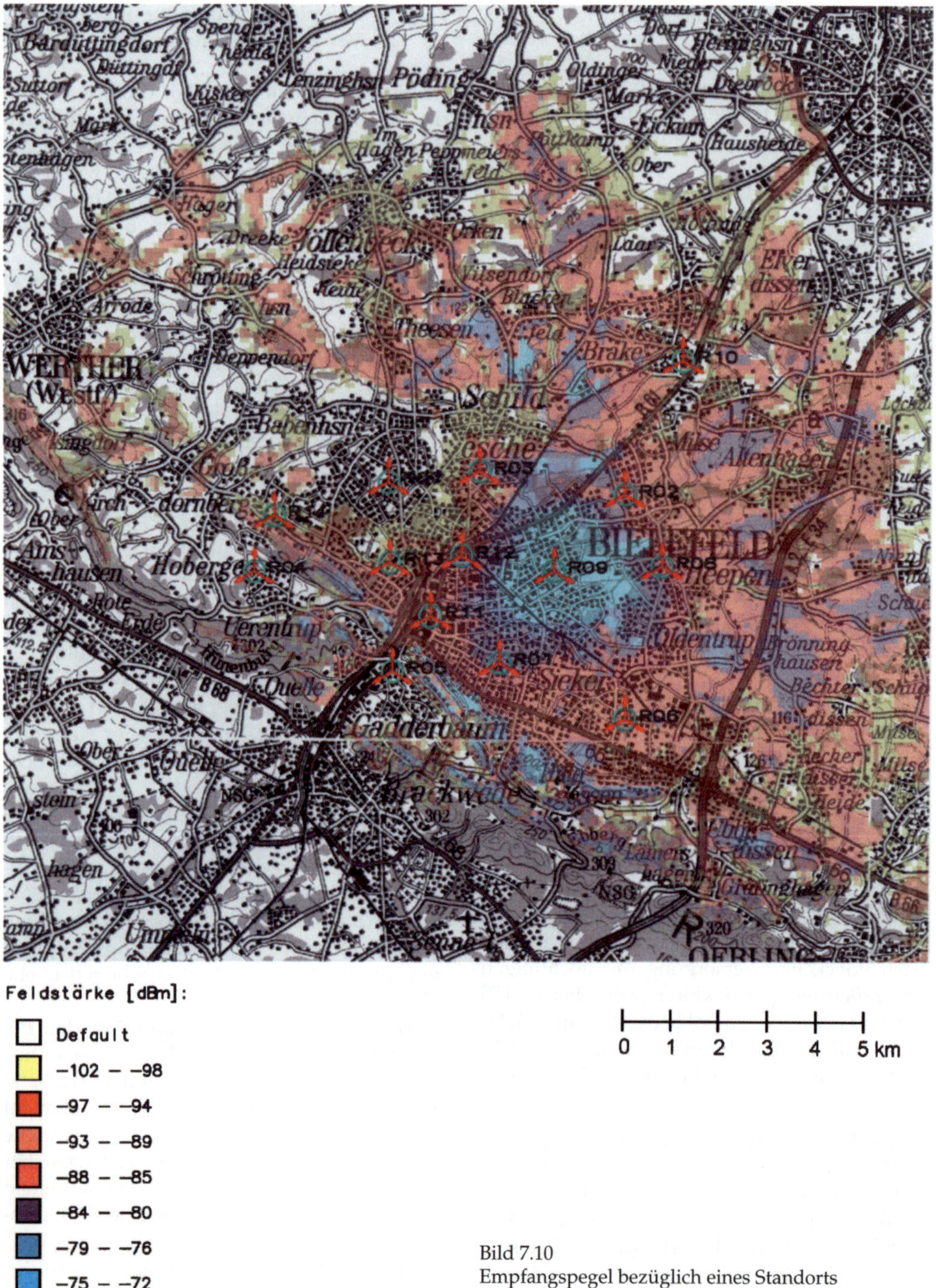

Bild 7.10
Empfangspegel bezüglich eines Standorts
(Quelle: Mannesmann Mobilfunk GmbH, Niederlassung Nord-West)

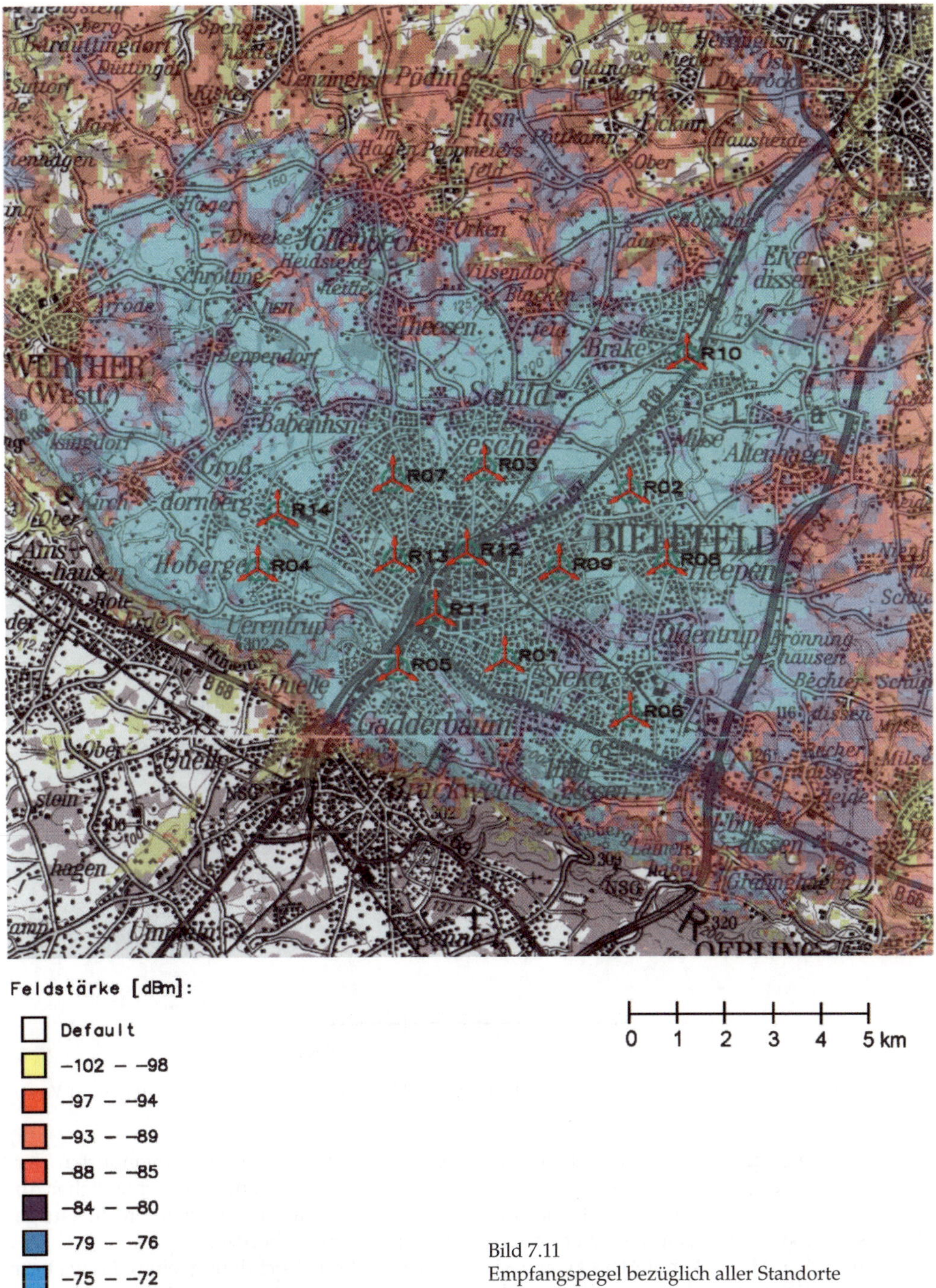

Bild 7.11
Empfangspegel bezüglich aller Standorte
(Quelle: Mannesmann Mobilfunk GmbH, Niederlassung Nord-West)

Bild 7.12 Die Gestalt der Funkzellen (Quelle: Mannesmann Mobilfunk GmbH, Niederlassung Nord-West)

ten Empfangspegel liefert. Färbt man die Flächenelemente gemäß ihrer Zellzugehörigkeit ein, so erhält man einen Überblick über die Gestalt und die Größen der zu erwartenden Funkzellen. Man erkennt, dass zwar zwischen den Sektoren eines Standorts recht scharfe Zellgrenzen bestehen, dass aber Zellen, die von verschiedenen Standorten versorgt werden, aufgrund unterschiedlicher Abschattungsverhältnisse teilweise recht «ausgefranste» Grenzen besitzen.

Unter Berücksichtigung eines Long Term Fadings gemäß einer Gauß-Verteilung erhält man im nächsten Schritt Angaben zur Versor-

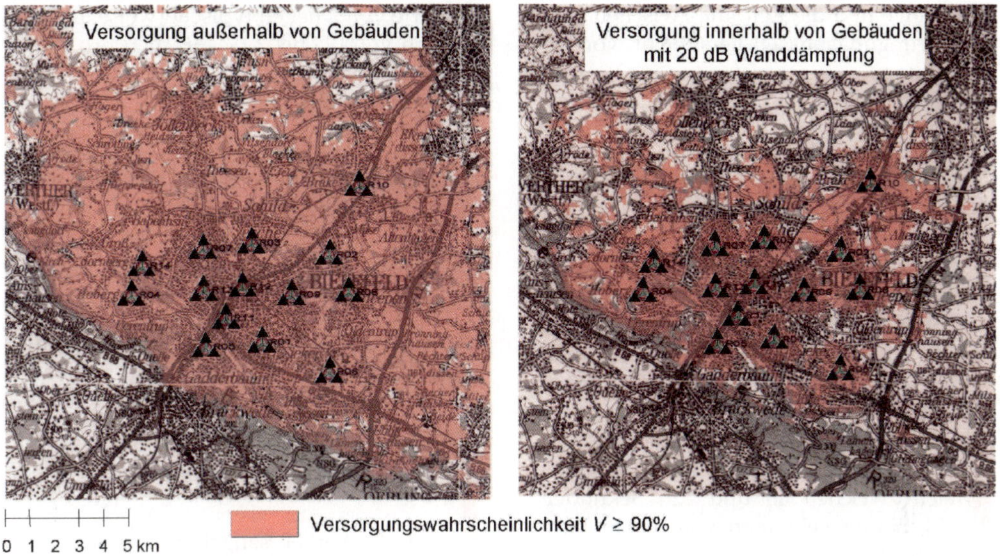

Bild 7.13 Darstellung des Versorgungsgebietes (Quelle: Mannesmann Mobilfunk GmbH, Niederlassung Nord-West)

gung. In Bild 7.13 sind die Gebiete eingefärbt, bei denen die Versorgungswahrscheinlichkeit besser als 90% ist. Dabei gilt das Gebiet als versorgt, falls unter Einbeziehung des Long Term Fadings der Empfangspegel besser als −102 dBm ist. Das linke Diagramm zeigt die Versorgung außerhalb von Gebäuden. Für die Versorgung in Gebäuden wurde eine zusätzliche Wanddämpfung von 20 dB angenommen. Dabei handelt es sich um einen verhältnismäßig hohen Wert, so dass das Versorgungsgebiet deutlich schrumpft und sogar einige kleine Lücken zwischen den Standorten bleiben.

7.5 Kapazitätsplanung

Um zu berechnen, wie viele Teilnehmer in einer Funkzelle versorgt werden können, sind 2 Punkte zu klären.

Zum einen ist die Anzahl der Funkkanäle, die in der Funkzelle zur Verfügung stehen, zu bestimmen. Zum anderen hat man die Anzahl versorgbarer Teilnehmer bei gegebener Funkkanalzahl zu berechnen. Der erste Punkt betrifft die Frequenz- und Kanalplanung und wird in Abschnitt 7.5.2 diskutiert. Beim zweiten Punkt handelt es sich um eine typische Aufgabe der Nachrichtenverkehrstheorie, die in Abschnitt 7.5.1 in ihren Grundzügen erläutert werden soll.

Ausführlichere Darstellungen findet man in [5; 86].

7.5.1 Grundzüge der Nachrichtenverkehrstheorie

Um seinen Kunden eine bestimmte Dienstqualität zu garantieren, muss ein Funknetzbetreiber in jeder Funkzelle eine ausreichende Zahl von Kanälen zur Verfügung stellen: Nur wenige Gesprächswünsche dürfen zurückgewiesen werden, und Übertragungsverzögerungen durch Wartezeiten in Warteschlangen sollten gering gehalten werden. Um dies zu gewährleisten, benötigt der Betreiber Kenntnisse über das Teilnehmerverhalten.

> **!** Bei Sprachdiensten ist das Verhalten durch die Gesprächsrate (Gespräche pro Zeit) und die Gesprächsdauer gekennzeichnet, bei Paketdatendiensten (z. B. Internet-Zugriffe) sind Größen, wie die Pa-

ketlänge und die Zeit, die zwischen zwei Übertragungsphasen verstreicht, von Bedeutung.

7.5.1.1 Beschreibung des Teilnehmerverhaltens bei Sprachdiensten

Gesprächsdauer
Die Gesprächsdauer beschreibt man üblicherweise als Zufallsvariable (mit einer Exponentialverteilung, siehe [5; 86]), d.h., für die tatsächlichen Gesprächslängen lassen sich nur Wahrscheinlichkeiten und ein Mittelwert τ angeben.

Die mittlere Gesprächsdauer τ in Mobilfunknetzen liegt typischerweise im Bereich zwischen 60 und 120 Sekunden [87]; häufig geht man von einem Wert von $\tau = 90$ s aus.

Den Kehrwert von τ bezeichnet man als die Ende-Rate μ (Anzahl beendeter Gespräche pro Zeit):

Ende-Rate: $\mu = 1/\tau$ (Gl. 7.23)

Gesprächsrate
Auch die Anfangszeiten von Gesprächen werden als Zufallszahlen beschrieben. Während jedoch bei der Gesprächsdauer die Ende-Rate die kennzeichnende Größe bildete, ist es in diesem Fall die Erzeugungs- oder Gesprächsrate, d.h. die Anzahl der Gesprächswünsche pro Zeit.

Um zu unterscheiden, ob es sich um die Gesprächsrate pro Teilnehmer oder um die gesamte Gesprächsrate aller Teilnehmer in der Funkzelle handelt, wird in diesem Buch die folgende Bezeichnung verwendet:

- λ Gesprächsrate pro Teilnehmer [Gespräche pro Teilnehmer pro Stunde]
- Λ Gesprächsrate in der Funkzelle [Gespräche in der Funkzelle pro Stunde]
- T Anzahl der Teilnehmer in der Funkzelle

Dabei besteht der Zusammenhang:

$\Lambda = T \cdot \lambda$ (Gl. 7.24)

Werte von λ liegen typischerweise im Bereich von 0,5 bis 2 Gesprächen pro Teilnehmer pro Stunde.

Beispiele für Werte der mittleren Gesprächslänge und -rate, die in realen Funknetzen gemessen wurden, findet man in [87].

Verkehrsangebot
Der Kanalbedarf in einer Funkzelle steigt mit zunehmender Gesprächsrate und zunehmender Gesprächsdauer, dementsprechend führt man die folgenden Definitionen ein:

Verkehrsangebot pro Teilnehmer:
$a = \lambda \cdot \tau$ (Gl. 7.25)

gesamtes Verkehrsangebot:
$A = \Lambda \cdot \tau = T \cdot a$ (Gl. 7.26)

Der in der Nachrichtenverkehrstheorie übliche Begriff des Verkehrsangebots bezeichnet den Nachrichtenverkehr, den die Teilnehmer erzeugen und den sie dem System «anbieten». Das Verkehrsangebot hängt also mit den von Teilnehmern gewünschten Kanalbelegungen zusammen; den Teil des Angebots, den das System tatsächlich versorgt, bezeichnet man als *Verkehrswert Y*, den abgewiesenen Teil als *Verkehrsrest R* (Bild 7.14). In diesem Buch werden häufig an Stelle des manchmal irreführenden Begriffs des Verkehrsangebots die Bezeichnungen *Verkehrsaufkommen* oder *Verkehrslast* verwendet.

Rein physikalisch gesehen ist das Verkehrsangebot als Produkt aus einer Dauer (Einheit: Sekunde) und einer Rate (Einheit: 1/Sekunde) einheitenlos. Um jedoch anzudeuten, dass es sich um Verkehrslasten (oder auch Verkehrswerte) handelt, versieht man die entsprechenden Zahlenwerte zu Ehren des dänischen Nachrichtenverkehrstheoretikers A. K. ERLANG mit der Pseudo-Einheit Erlang (Bezeichnung 1 Erl).

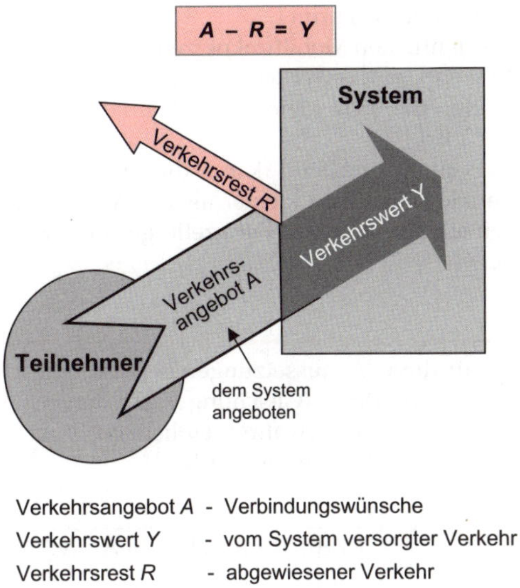

Bild 7.14 Nachrichtenverkehrstheoretische Größen

Falls die Gespräche vollständig koordiniert abliefen, d.h. wenn z.B. jede Minute ein Gespräch begänne ($\lambda = 1\ \text{min}^{-1}$), das genau eine Minute dauerte ($\tau = 1$ min), so könnte über einen Kanal genau die Verkehrslast $A = \Lambda \cdot \tau = 1$ Erl versorgt werden.

Da die Gesprächswünsche in der Praxis jedoch nicht koordiniert sind, sondern zufällig eintreffen, gibt es einerseits Überlappungen, die zu Blockierungen führen, und zum anderen Lücken in der Kanalbelegung. Bei zufällig eintreffenden Gesprächswünschen mit zufälliger Gesprächsdauer ist der versorgbare Verkehr pro Kanal also kleiner als 1 Erlang.

> **!** Der tatsächlich versorgte Verkehr, also der Verkehrswert Y, entspricht der Anzahl der Kanäle, die im Mittel belegt sind.

Ein Beispiel für die zeitlich veränderliche Kanalbelegung mit zufällig eintreffenden Verbindungswünschen und zufälligen Werten der Gesprächsdauer ist in Bild 7.15 gezeigt.

> **Zahlenbeispiel für die Berechnung des Verkehrsangebots**
> Gesprächsrate pro Teilnehmer:
> $\lambda = 0{,}8$ Gespräche pro Teilnehmer (Tln) pro Stunde (h)
>
> mittlere Gesprächsdauer: $\tau = 90$ s
>
> Teilnehmer in der Funkzelle: $T = 500$
>
> Verkehrslast pro Teilnehmer:
> $a = 0{,}8\ \text{h}^{-1} \cdot 90\ \text{s} = (0{,}8\ /\ 3600\ \text{s}) \cdot 90\ \text{s} = 0{,}02$ Erl
>
> gesamte Verkehrslast:
> $A = 500$ Tln. $\cdot\ 0{,}02$ Erl pro Tln. $= 10$ Erl

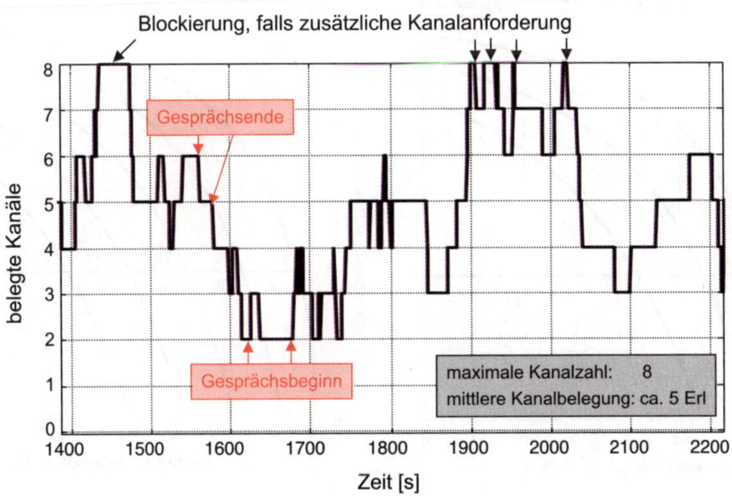

Bild 7.15 Kanalbelegung als Zufallsprozess

Anmerkung
Die Verkehrslast pro Teilnehmer liegt in GSM-Mobilfunknetzen typischerweise im Bereich zwischen $a = 0{,}01$ Erl und $a = 0{,}025$ Erl; vereinzelt werden auch höhere Werte beobachtet. Bei den Planungen berücksichtigt man die maximalen Verkehrslastwerte (Hauptverkehrsstunde), die in einem «normalen» Tages- bzw. Wochenablauf auftreten. Besondere Ereignisse (z. B. Fußballendspiele) können kurzfristig zu Überlastsituationen führen.

7.5.1.2 Bestimmung der Blockierraten für Sprachdienste

Mit Hilfe der Wahrscheinlichkeitsrechnung lässt sich ein Zusammenhang zwischen den folgenden Größen angeben:

- der Anzahl der Teilnehmer in einer Funkzelle T,
- der Verkehrslast pro Teilnehmer a,
- der Anzahl der Funkkanäle in der Zelle N,
- der Blockierrate B.

Die entsprechenden Herleitungen der Formeln sind zum Beispiel in [5] oder [86] zu finden. An dieser Stelle sollen nur die Ergebnisse und ihre Anwendungen diskutiert werden.

Die Erlang-B-Formel
In öffentlichen Mobilfunknetzen (z. B. in GSM-Netzen) ist die Verkehrslast pro Teilnehmer i. Allg. deutlich kleiner als 1 Erlang (s. o.): $a \ll 1$ Erl.

Dementsprechend kann die Anzahl der Kanäle N deutlich kleiner als die Anzahl der Teilnehmer T in der Funkzelle gewählt werden: $N \ll T$.

!

Für diese Voraussetzungen liefert die Erlang-B-Formel (Gleichung 7.27) die gesuchte Blockierwahrscheinlichkeit B in Abhängigkeit von A und N:

$$B(A,N) = \frac{A^N/N!}{1 + A^1/1! + A^2/2! + \ldots + A^N/N!},$$

$$\text{mit } N! = 1 \cdot 2 \cdot 3 \cdot \ldots \cdot (N-1) \cdot N \qquad \text{(Gl. 7.27)}$$

Da es für große Werte von N mühsam ist, die Blockierwahrscheinlichkeiten mit dem Taschenrechner zu bestimmen, findet man die Werte von B tabelliert (siehe Anhang E) oder grafisch dargestellt (Bild 7.16).

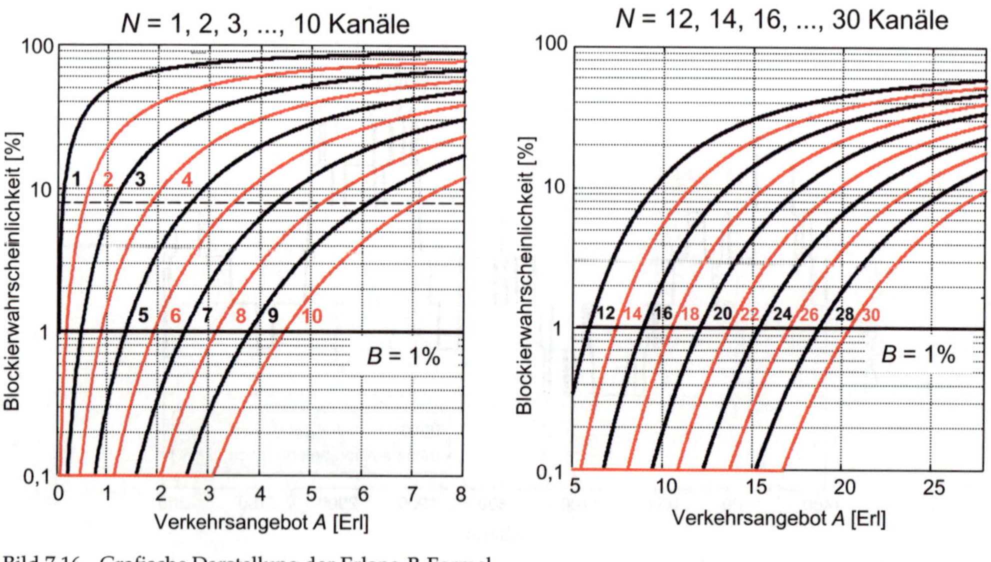

Bild 7.16 Grafische Darstellung der Erlang-B-Formel

Aus Bild 7.16 kann man beispielsweise ablesen,

- dass bei $B = 1\%$ und $N = 10$ etwa ein Verkehrsangebot von $A = 4{,}5$ Erl versorgt werden kann,
- dass für die Versorgung von $A = 3$ Erl bei $B \leq 1\%$ mindestens $N = 8$ Kanäle erforderlich sind,
- dass bei $A = 5$ Erl und $N = 10$ Kanäle die Blockierwahrscheinlichkeit $B \approx 2\%$ beträgt.

Die Erlang-Tabelle in Anhang E lässt sich auf ähnliche Weise nutzen.

Anmerkung zum Bündelgewinn
Im Zusammenhang mit der Erlang-B-Formel ist ein Effekt hervorzuheben, den man als Bündeleffekt oder auch als Bündelgewinn (engl. trunking gain) bezeichnet: Verdoppelt man z. B. die Anzahl der Kanäle von $N = 10$ auf $N = 20$, so lässt sich das bei $B = 1\%$ versorgbare Verkehrsangebot von $A = 4{,}5$ Erl auf $A = 12$ Erl steigern, also mehr als verdoppeln (siehe Bild 7.16).

Dieser Effekt erklärt sich daraus, dass bei größeren Zahlen die statistischen Schwankungen der Verkehrslast im Vergleich zur mittleren Verkehrslast geringer ausfallen, sodass das Risiko von Blockierungen sinkt.

! Insgesamt steigt somit die versorgbare Verkehrslast pro Kanal mit der Anzahl der Kanäle, wie in Bild 7.17 illustriert ist.

Beispiel 1: Berechnung der versorgbaren Teilnehmerzahl in einer GSM-Funkzelle
Betrachtet man eine GSM-Funkzelle mit 2 (Duplex-) Trägern, so ergeben sich bei 8 Zeitschlitzen pro Träger 16 (Duplex-) Funkkanäle und somit $N = 14$ Sprachkanäle, wenn man von 2 Funkkanälen für Signalisierungszwecke ausgeht (vgl. Abschnitt 5.2.4.2).

Für $N = 14$ und eine maximale Blockierung von $B = 1\%$ ergibt sich aus der Erlang-B-Formel (Tabelle in Anhang E oder Bild 7.16) ein erlaubtes Verkehrsangebot von $A = 7{,}35$ Erl. Für ein angenommenes Verkehrsangebot pro Teilnehmer von $a = 0{,}02$ erhält man somit eine maximale Zahl von $T = A/a \approx 370$ Teilnehmern in der Funkzelle.

Beispiel 2: Berechnung der erforderlichen Trägerzahl in einer GSM-Funkzelle
Ist umgekehrt die Anzahl der Teilnehmer T und das Verkehrsangebot a pro Teilnehmer bekannt, so lässt sich für eine vorgegebene Blockierwahrscheinlichkeit die Anzahl benötigter Frequenzträger bestimmen. So erhält man z.B. für $a = 0{,}02$ Erl pro Tln. und T = 800 Tln. ein gesamtes Verkehrsangebot von $A = 16$ Erl.

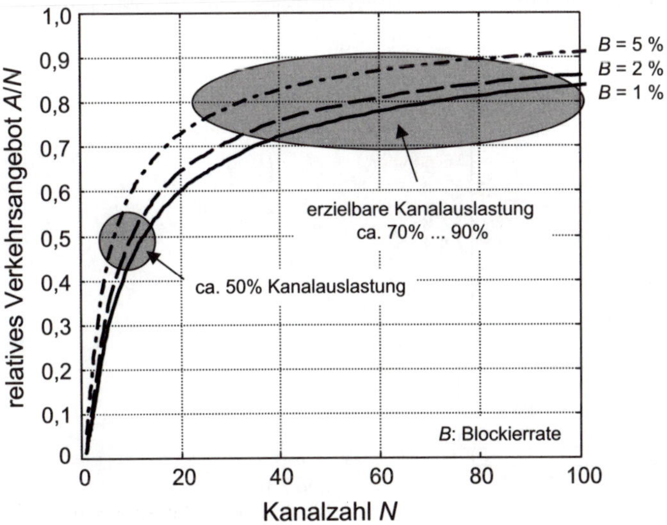

Bild 7.17
Verkehrsangebot pro Kanal

Drei Träger mit maximal 24 Funkkanälen reichen nicht aus, um diese Last mit dem geforderten $B < 1\%$ zu versorgen; daher ist ein 4. Träger erforderlich. Für 4 Träger sinkt die Blockierwahrscheinlichkeit unter 0,1 %.

! Die obigen Beispiele zeigen, dass eine GSM-Funkzelle bei Verkehrslasten im Bereich von $a = 0{,}02$ Erl pro Teilnehmer typischerweise einige hundert Teilnehmer versorgen kann – bei großen Funkzellen kann die versorgbare Teilnehmerzahl auch über 1000 liegen.

Der Gültigkeitsbereich der Erlang-B-Formel

Bei der Anwendung der Erlang-B-Formel sollten einige Randbedingungen beachtet werden:

- Sie gilt nur, falls $T \gg N$. Betrachtet man z. B. einen ISDN-Anschluss mit 2 Leitungen und 6 Teilnehmern (eine DECT-Basisstation im Büro mit 6 mobilen Endgeräten), so ist diese Bedingung nicht erfüllt. Statt der Erlang-Formel ist die so genannte Engset-Formel [86] zu verwenden, die in Bild 7.18 illustriert wird.
- Die Erlang-B-Formel gilt nur für reine Verlustsysteme, bei denen ein nicht bedienbarer Verbindungswunsch sofort abgewiesen wird. In Mobilfunksystemen ist aber auch der Einsatz von Warteschlangen (insbesondere bei paketvermittelten Diensten) und von Überlaufmechanismen vorgesehen. Der Begriff «Überlaufmechanismus» bedeutet z. B., dass ein in einer Zelle nicht bedienbarer Verbindungswunsch an eine Nachbarzelle weitergereicht wird, sofern diese einen ausreichenden Empfangspegel bietet und freie Kanäle besitzt. Man nennt dieses Verfahren auch *Directed Retry*.
- Die Erlang-B-Formel lässt sich unter den zuvor genannten Bedingungen auch auf leitungsvermittelte Datendienste anwenden. Sie ist allerdings zu modifizieren, falls die von den Teilnehmern gewünschten Dienste eine unterschiedliche Anzahl von Funkkanälen erfordern. Bild 7.19 zeigt die resultierenden Blockierraten für ein Beispiel, bei dem die Teilnehmer in einer GSM-Funkzelle sowohl Sprachdienste (mit einem Funkkanal) als auch Datendienste (HSCSD, siehe Abschnitt 5.5.2.4), die 2 oder mehr Funkkanäle pro Verbindung benötigen, anfordern. Bild 7.19 illustriert, in welchem Maße die Anzahl versorgbarer Teilnehmer pro Zelle mit zunehmender Nutzung von hochratigen Datendiensten zurückgeht, falls die Anzahl der Kanäle pro Zelle konstant bleibt. In dem gezeigten Beispiel lassen sich ohne Datenverkehr bei $B = 1\%$ (für Sprachdienste) etwa 1000 Teilnehmer versorgen (graue Kurve). Mit zunehmendem Datenverkehr sinkt die

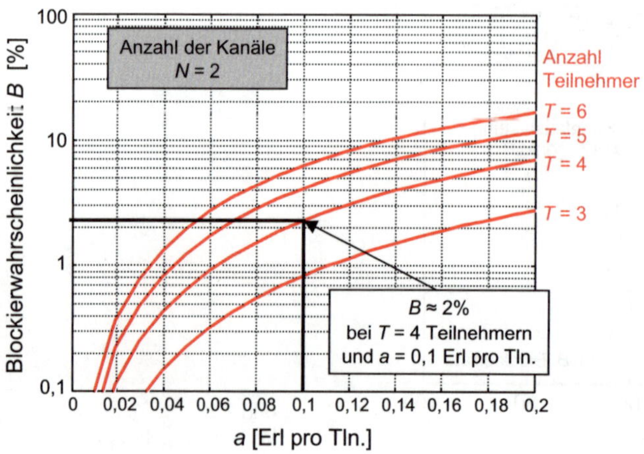

Bild 7.18
Illustration der Engset-Formel

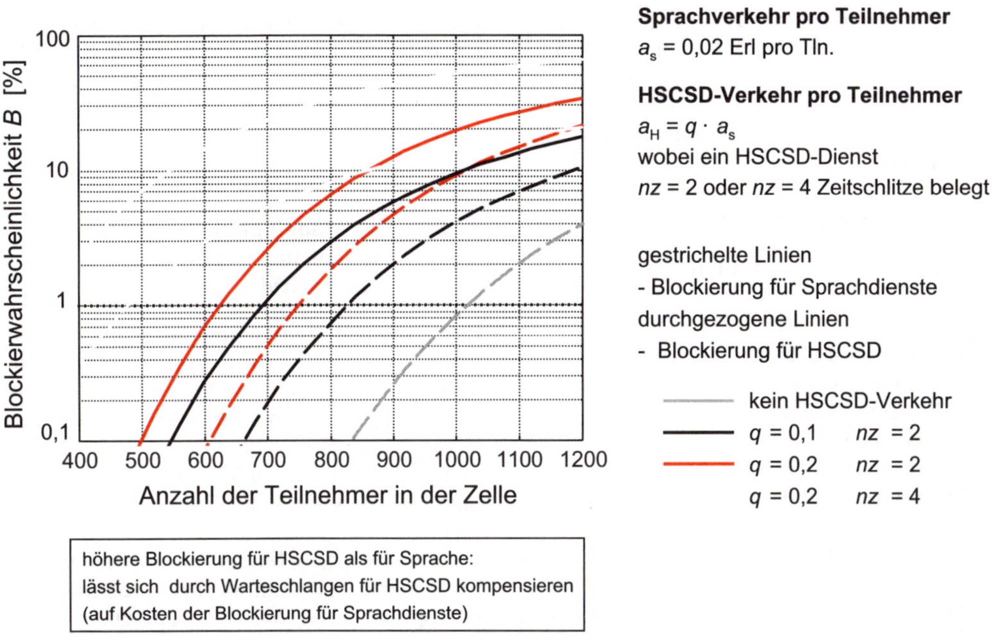

Bild 7.19 Beispiel für Blockierungen bei einem Gemisch aus Sprachdiensten und HSCSD in einer Funkzelle mit 4 Trägern

versorgbare Teilnehmerzahl auf 820, 750 bzw. 480, wenn man $B = 1\%$ für Sprachdienste zu Grunde legt. Bei HSCSD ist die Blockierung höher, da es schwieriger ist, 2 oder mehr freie Zeitschlitze als nur einen zu finden. In Abschnitt 7.6 werden einige Methoden zur Steigerung der Kanalzahl pro Zelle diskutiert.

7.5.1.3 Anmerkung zur Behandlung von Datendiensten

Mit zunehmender Zahl und Vielfalt der Datendienste gestalten sich die Kapazitätsberechnungen für eine Funkzelle deutlich schwieriger als bei reiner Nutzung von Sprachdiensten. Aussagen lassen sich i. Allg. nur noch mit Hilfe von Computersimulationen treffen. Dies hat mehrere Gründe:

Die Datendienste unterscheiden sich in ihrem Kanalbedarf. Erweiterte Erlang-Formeln, die Dienste mit unterschiedlichem Kanalbedarf berücksichtigen, sind wesentlich komplexer als die Erlang-B-Formel, wie bereits anhand des Bildes 7.19 für Gemisch aus Sprach- und HSCSD-Diensten ersichtlich wurde.

Gerade bei paketvermittelten Datendiensten wendet man Warteschlangenmechanismen an, wobei unterschiedliche Prioritäten vergeben werden können. Ferner führen ARQ-Verfahren zu nur schwer kalkulierbaren Schwankungen im Datendurchsatz.

Weiterhin ist zu beachten, dass es für Datendienste – im Gegensatz zu Sprachdiensten – kein einheitliches Verkehrsmodell gibt. So hängt z. B. die Häufigkeitsverteilung von Paketlängen von der jeweiligen Anwendung ab. Einige Modelle für Paketlängenverteilungen bei Anwendungen wie dem Bahnfunk, dem professionellen Paketdatenfunk sowie bei der Nutzung von E-Mail und World Wide Web sind in [42; 52 und 78] zu finden.

Insgesamt ist die Datenverkehrslast a pro Teilnehmer zu charakterisieren durch die Menge an Nutzdaten, die er pro Zeiteinheit (in der Hauptverkehrsstunde) übertragen möchte.

Die Verkehrslast pro Zelle ergibt sich analog zu Gl. 7.26 als $A = T \cdot a$, sofern alle Teilnehmer T im Mittel die gleiche Datenmenge übertragen: Anderenfalls ist eine Aufschlüsselung nach verschiedenen Nutzungsprofilen erforderlich.

7.5.2 Frequenzplanung

7.5.2.1 Das zellulare Prinzip

> Wie bereits in Abschnitt 3.1 erwähnt, ist zur Versorgung einer großen Teilnehmerzahl eine Mehrfachverwendung von Funkkanälen erforderlich. Daher teilt man das Versorgungsgebiet in viele Funkzellen mit typischerweise einigen Kilometern Durchmesser ein, und man verwendet die gleichen Frequenzen und Funkkanäle in mehreren verschiedenen Funkzellen. Allerdings müssen Funkzellen, in denen die gleichen Funkkanäle benutzt werden, einen hinreichend großen Abstand haben, so dass gegenseitige Störungen nicht zu stark sind.
>
> Zellen, in denen die gleichen Funkkanäle verwendet werden, heißen *Gleichkanalzellen* (engl.: *co-channel cells*).
>
> ! In welchem Abstand Frequenzen wieder verwendet werden dürfen, hängt ab von
>
> - der Störfestigkeit des verwendeten Übertragungsverfahrens (bei hoher Störfestigkeit des Systems lassen sich die Frequenzen dichter packen),
> - den verwendeten Antennen und eingestellten Antennenneigungswinkeln (mit bündelnden Antennen, z.B. Sektorantennen – vgl. Abschnitt 5.2.1 –, wird weniger Störung verbreitet und weniger Störung empfangen als z.B. mit rundstrahlenden Omniantennen),
> - systemtechnischen Verfahren zur Verbesserung des Nutz-/zu-Störleistungs-Verhältnisses, z.B. durch Reduktion der Störleistung mittels Sendeleistungsregelung (vgl. Abschnitt 5.4.4.3),
> - den Funkausbreitungsbedingungen (Stärke der Dämpfung von Störungen).

Die Frequenzplanung für ein reales Funknetz mit einigen tausend Zellen ist somit eine sehr komplexe Aufgabe, die heutzutage nur noch computerunterstützt durchgeführt wird. Die grundsätzlichen Zusammenhänge lassen sich jedoch anhand eines einfachen Modells erläutern.

7.5.2.2 Das Modell des homogenen hexagonalen Netzes – Cluster-Größe

Eine Funkzelle wird häufig durch ein regelmäßiges Sechseck (Hexagon) dargestellt, in dessen Mitte die Basisstation steht, die diese Funkzelle versorgt. Viele solcher gleichartigen hexagonalen Funkzellen lassen sich zu der in Bild 7.20 gezeigten Wabenstruktur – dem homogenen hexagonalen Netz – zusammenfügen.

Obwohl dieses Modell natürlich nur eine Idealisierung darstellt, besitzt es dennoch einen großen Wert bei der Kapazitätsanalyse von Mobilfunksystemen und bei der Erarbeitung von Planungsrichtlinien, und zwar aus folgenden Gründen:

- Es lassen sich die grundsätzlichen Zusammenhänge illustrieren, d.h., die wesentli-

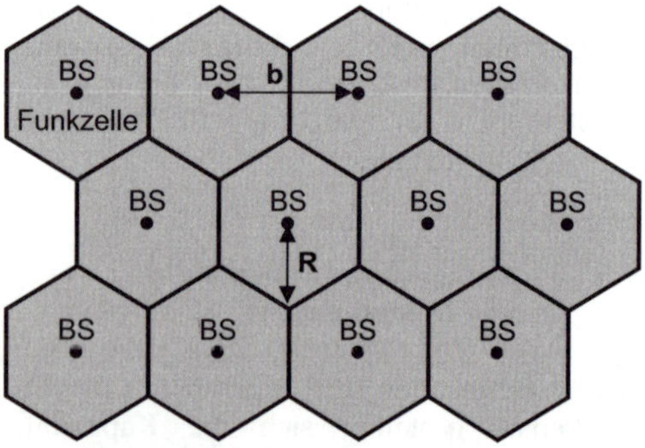

Geometrische Relationen:

- äußerer Zellradius R
- Standortabstand $b = \sqrt{3} \cdot R$
- Fläche einer Funkzelle: $H = 1/2 \cdot \sqrt{3} \cdot b^2$

Bild 7.20 Funknetz aus homogenen hexagonalen Funkzellen

chen Effekte finden sich in diesen Modellen wieder.

- Eine grobe Abschätzung über die Anzahl der benötigten Funkzellen, die Zellradien und die zu erwartende Kapazität ist möglich.
- Mittels Computer-Simulationen lassen sich die Gewinne durch Verfahren zur CIR-Verbesserung (z.B. durch Leistungsregelung) abschätzen.
- Homogene hexagonale Netze bilden standardisierte Modelle zum Vergleich verschiedener Mobilfunksysteme.

Weshalb verwendet man hexagonale Netze und nicht z.B. quadratische?

Aus ökonomischen Gründen stellt sich die Aufgabe, eine möglichst große Fläche mit möglichst niedriger BS-Standortdichte zu versorgen. Die maximale Funkreichweite ist durch die Sendeleistung, die Empfängerschwellwerte und durch die Funkausbreitungsbedingungen bestimmt. Das geometrische Gebilde mit maximaler Fläche bei vorgegebener Ausdehnung ist der Kreis. Die lückenlose Überdeckung einer Ebene bei minimaler Überlappung der Kreise, d.h. bei minimaler BS-Dichte, lässt sich durch die hexagonale Anordnung der Mittelpunkte, in denen die Basisstationen platziert werden, erreichen. Geht man nun davon aus, dass die Funkausbreitung isotrop ist, alle Basisstationen die gleiche Sendeleistung haben und Zellgrenzen durch die Orte gleicher Empfangsleistungen gebildet werden, so ergibt sich die hexagonale Zellstruktur.

Die Abweichungen eines realen Netzes von dieser idealen hexagonalen Struktur sind auf folgende Tatsachen zurückzuführen:

- BS-Standorte lassen sich nicht in regelmäßigen Abständen finden.
- Die Funkausbreitung ist nicht homogen, sondern abhängig von der (inhomogenen) Topographie und Morphologie.
- Die Teilnehmerverteilung ist nicht homogen; dies bedingt Zellen mit unterschiedlicher Größe und Sendeleistung.
- Die Zellgrenzen sind nicht geometrisch, sondern durch die vom System verwendeten Zellwechsel-Algorithmen bestimmt.

Bezüglich der zentralen Frage der Frequenzwiederverwendung in einem zellularen Netz haben homogene hexagonale Netze die angenehme Eigenschaft, dass es für sie viele regelmäßige Frequenzzuteilungsmuster mit unterschiedlichen Wiederverwendungsabständen gibt. In Bild 7.21 sind zwei solcher Muster dargestellt. Im linken Teil ist ein so genanntes «Cluster 7» zu sehen, d.h., bei diesem Frequenzmuster ist das gesamte Spektrum in 7 verschiedene Frequenzgruppen aufgeteilt. Die mittlere Zelle verwendet dabei die Frequenzgruppe 0. Die 6 Zellen, die in einem Ring um diese zentrale Zelle liegen, verwenden die Frequenzgruppen 1 bis 6. Durch Wiederholung dieser Struktur lässt sich das komplette Funknetz lückenlos überdecken. Um das zentrale Cluster von 7 Zellen liegen unmittelbar angrenzend 6 weitere solcher Cluster, in denen die Frequenzgruppen 0 bis 6 wiederholt werden. Man nennt diese Zellen den ersten Interferer-Ring. Er trägt am stärksten zu den Störungen in den zentralen Zellen bei. Weiter außen schließen sich zusätzliche, aber schwächere Störzellen an.

Zum Vergleich ist in Bild 7.21 noch ein anderes Frequenzmuster, nämlich das Cluster 4, gezeichnet. Hier gibt es also 4 Frequenzgruppen, die sich regelmäßig wiederholen. Wie im Cluster 4 gibt es 6 stärkste Störzellen im 1. Interferer-Ring.

Im Cluster 4 ist die Kapazität größer: Ein Betreiber, der z.B. insgesamt 56 Frequenzen hat, kann beim Cluster 4 jede Zelle mit 14 Frequenzen, beim Cluster 7 nur mit 8 Frequenzen bestücken.

Andererseits ist für das Cluster 4 der Abstand zwischen den Gleichkanalzellen geringer: Zwischen 2 Gleichkanalzellen liegt nur eine andere Zelle, während beim Cluster 7 fast 2 andere Zellen dazwischen liegen. Die resultierenden Störverhältnisse bei den beiden Clustern sind in Bild 7.22 illustriert. Allgemein lässt sich feststellen:

> Mit abnehmender Cluster-Größe K
>
> - steigt die Kapazität des Funknetzes,
> - steigen die Störungen im Funknetz.
>
> Bei der Planung ist also zwischen Kapazität und Qualität abzuwägen. Das Ziel ist, eine möglichst geringe Cluster-Größe

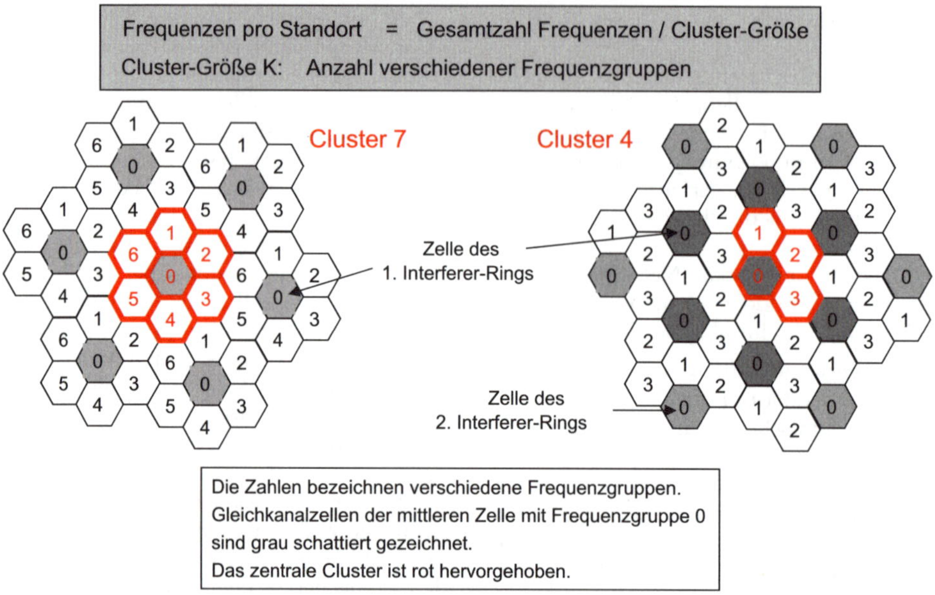

Bild 7.21 Beispiel für Frequenzwiederverwendung

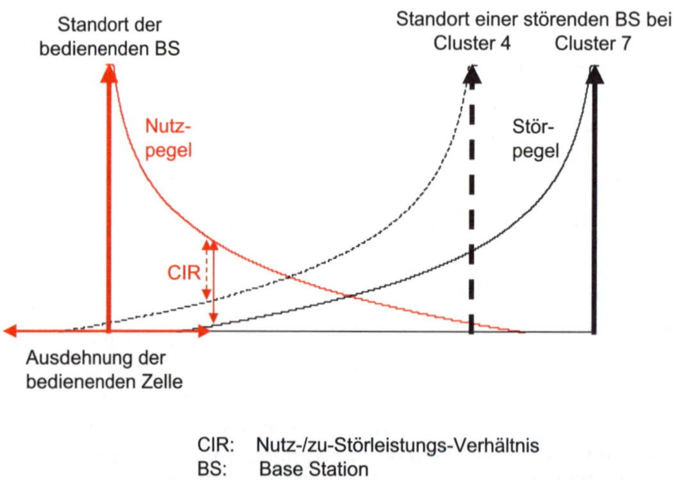

Bild 7.22
Störverhältnisse bei verschiedenen Cluster-Größen

zu erzielen, die Störungen dabei aber unter einer tolerierbaren Grenze zu halten.

Die Anzahl der Frequenzen pro BS-Standort N_{sto} ergibt sich aus der Gesamtzahl der Frequenzen N_{ges}, die dem Betreiber zur Verfügung stehen:

$$N_{sto} = N_{ges}/K \quad \text{(Gl. 7.29)}$$

Nach dieser grundsätzlichen Diskussion sollen im Folgenden die wichtigsten Begriffe und geometrischen Beziehungen zusammengestellt werden.

Ein Cluster ist eine Gruppe von Basisstationsstandorten (Hexagone), bei denen jede Frequenz genau einmal verwendet wird.

! Die Cluster-Größe K gibt die Anzahl der Standorte (Hexagone) in dieser Gruppe an.

Von einer Zelle 0 gelangt man zu einer ihrer 6 nächsten Gleichkanalzellen, indem man z.B. eine bestimmte Anzahl n von Zellen nach oben und dann eine andere Zahl m von Zellen nach schräg links oben geht. Die anderen Gleichkanalzellen im 1. Interferer-Ring erhält man auf ähnliche Art und Weise (z.B. n Schritte nach unten und m Schritte nach schräg rechts unten).

Aus diesen Zahlen n und m ergibt sich die Cluster-Größe K zu

$$K = n^2 + m^2 + n \cdot m \qquad n, m = 0, 1, 2, 3, \ldots \qquad \text{(Gl. 7.30)}$$

So erhält man z.B. für $n = 2$ und $m = 1$ das Cluster 7 und für $n = 2$ und $m = 0$ das Cluster 4. Für weitere Zahlenkombinationen sind die zugehörigen Cluster in Tabelle 7.6 aufgeführt. Für die im Buch betrachteten Mobilfunksysteme sind nur die Werte $K = 1, 3, 4, 7, 9, 12, 13, 16$ relevant.

! Zwischen dem Abstand benachbarter Standorte b, dem Wiederverwendungsabstand D und der Cluster-Größe K besteht die Relation:

$$D = b \cdot K^{1/2} = R \cdot (3K)^{1/2} \qquad \text{(Gl. 7.31)}$$

Dabei ist $R = b/\sqrt{3}$ der äußere Zellradius (siehe Bild 7.21).

Die Fläche H einer hexagonalen Funkzelle beträgt: $H = {}^1/_2 \cdot \sqrt{3} \cdot b^2$ (Gl. 7.32)

7.5.2.3 Sektorzellen

Im vorangehenden Abschnitt wurden Omnizellen betrachtet, bei denen die Basisstation ein annähernd kreisförmiges Gebiet (Hexagon) über eine rundstrahlende Antenne versorgt.

Bei der Sektorisierung unterteilt man eine Funkzelle i.Allg. in 3 Zellen, die von einem Standort aus über 3 getrennte Antennenanlagen versorgt werden. Da jede der Antennen eine bestimmte Richtwirkung hat, sinkt die Anzahl der störenden Zellen und damit auch die Störleistung auf etwa ${}^1/_3$. Frequenzen lassen sich damit in geringerem Abstand wiederverwenden, die Kapazität im Funknetz steigt.

Tabelle 7.6 Cluster-Größen, abhängig von n und m

$n \backslash m$	0	1	2	3	4	…
0	–	1	4	9	16	…
1	1	3	7	13	21	…
2	4	7	12	19	28	…
3	9	13	19	27	37	…
4	16	21	28	37	48	…
…	…	…	…	…	…	…

Die Sektorisierung, die in Bild 7.23 für ein Cluster 4 illustriert ist, wird in bestehenden Mobilfunknetzen sehr intensiv als kapazitätssteigernde Maßnahme eingesetzt.

Für Bild 7.23 und alle weiteren Betrachtungen wurden die Sektorantennen aus Bild 2.5 verwendet. Sie besitzen eine 3-dB-Breite von etwa 60° und eine 10-dB-Breite von etwa 120°.

! In der Praxis kommen verschiedene Sektorantennen mit 3-dB-Breiten zwischen typischerweise 60° und 120° zum Einsatz.

Anmerkung zur Cluster-Größe bei Sektorzellen

Betrachtet man die Basisstationsstandorte, so ist das Frequenzspektrum bei dem in Bild 7.23 gezeigten Cluster 4 zunächst in 4 Hauptgruppen aufgeteilt, d.h., auf jeden Standort entfällt ein Viertel aller Frequenzen. Innerhalb eines Standorts ist jede Gruppe nochmals in 3 Untergruppen für die 3 Sektoren unterteilt. Insgesamt benötigt man also 12 Frequenzgruppen. Um diesen Aspekt herauszustellen, verwendet man die Bezeichnung Cluster 4 × 3.

Unter dem Gesichtspunkt der Funknetzkapazität sollte das Cluster 4 × 3 als Cluster 4 und nicht als ein Cluster 12 angesehen werden, da sich die gleiche Anzahl von Frequenzträgern pro Standort ergibt wie bei einem Cluster 4 aus Omnizellen.

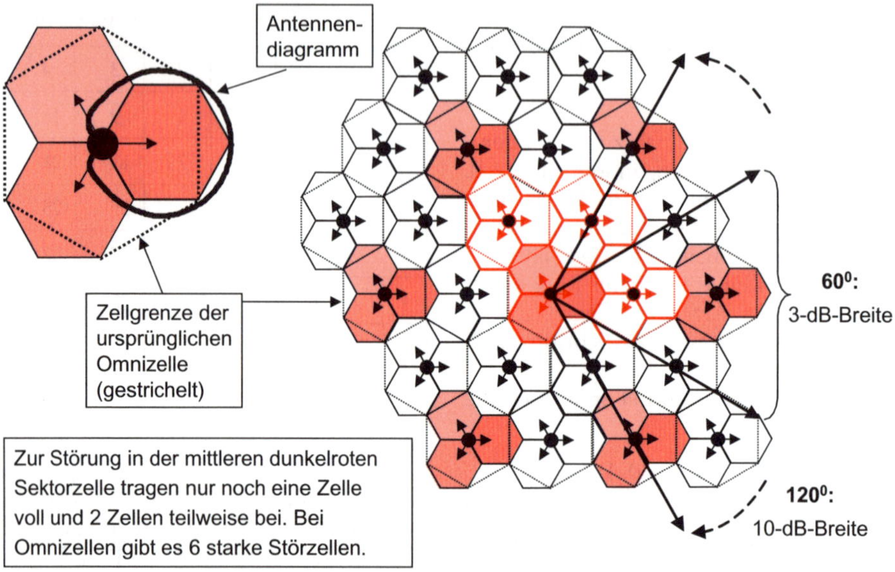

Bild 7.23 Illustration der Sektorisierung eines Clusters 4

7.5.2.4 Abschätzung des Nutz-/zu-Störleistungs-Verhältnisses

Um ein Gefühl zu vermitteln, welche Cluster-Größen realisierbar sind, soll zunächst eine grobe und stark vereinfachte Abschätzung durchgeführt werden.

Dazu betrachtet man eine Mobilstation am Zellrand, also im Abstand R zur Basisstation. Unter Verwendung eines Okumura-Hata-Funkausbreitungsmodells ergibt sich der Nutzpegel als:

$$C\,[\text{dBm}] = T - B \cdot \log R \qquad \text{(Gl. 7.33)}$$

wobei T eine Konstante ist, die Größen wie Sendeleistungen und Antennengewinne enthält. B ist der Ausbreitungskoeffizient (siehe Gl. 7.4).

Bei Omnizellen ergibt sich der Interferenzpegel im Wesentlichen durch die 6 Zellen im ersten Interferer-Ring im Wiederverwendungsabstand D:

$$I\,[\text{dBm}] = T + 10 \cdot \log 6 - \text{B} \cdot \log D \qquad \text{(Gl. 7.34)}$$

Dabei ist zu beachten, dass man bei 6 Störzellen die 6fache Störleistung erhält, d.h., der Störpegel steigt um $10 \cdot \log 6$.

Für das Nutz-/zu-Störleistungs-Verhältnis CIR [dB] folgt also:

$$\begin{aligned} \text{CIR}\,[\text{dB}] &= C\,[\text{dBm}] - I\,[\text{dBm}] \\ &= -B \cdot \log R - 10 \cdot \log 6 + B \cdot \log D \\ &= -10 \cdot \log 6 + B \cdot \log D/R \end{aligned} \qquad \text{(Gl. 7.35)}$$

Somit erhält man unter Verwendung der Relation $D = R \cdot (3K)^{1/2}$ (siehe Gleichung 7.31):

$$\text{CIR} = -\,10 \cdot \log 6 + 0{,}5 \cdot B \cdot \log(3K) \qquad \text{(Gl. 7.36)}$$

Diese Formel liefert jedoch zu optimistische Resultate, vor allem deshalb, weil das durch Abschattungen verursachte Long Term Fading vernachlässigt wurde.

Berücksichtigt man diese Größe sowie Variationen der Positionen von Nutzern und Störern in Computer-Simulationen, so erhält man Häufigkeitsverteilungen bzw. Wahrscheinlichkeitsfunktionen für die CIR-Werte. Zwei Beispiele sind in Bild 7.24 gezeigt. Aus dem Diagramm lässt sich Folgendes ablesen:

- Für eine Störfestigkeit des Übertragungsverfahrens von beispielsweise CIR_{min} = 10 dB (rot gepunktete senkrechte Linie) be-

Bild 7.24
Beispiel für eine Wahrscheinlichkeitsfunktion des Nutz-/zu-Störleistungs-Verhältnisses CIR für B = 38 dB/dec und eine Standardabweichung des Long Term Fadings von σ = 7 dB

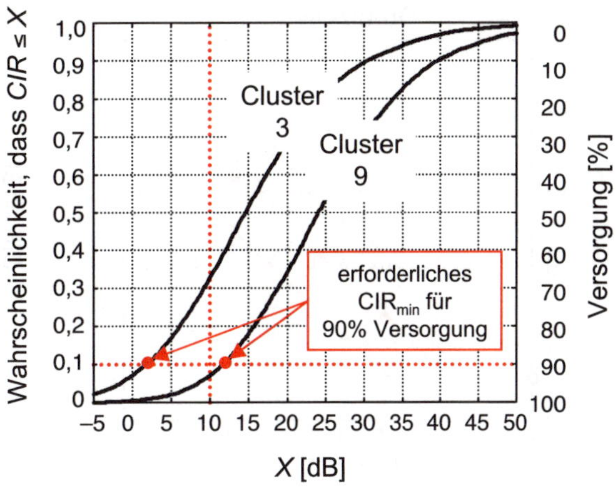

trägt die Versorgungswahrscheinlichkeit V = 67% bei einem Cluster 3 und V = 93% bei einem Cluster 9.

- Um eine Versorgung von V = 90% zu erzielen, benötigt man bei einem Cluster 3 eine Störfestigkeit von CIR_{min} = 2 dB und bei einem Cluster 9 von CIR_{min} = 12 dB.

Zu betonen ist, dass diese Werte von verschiedenen Größen abhängen. Dazu gehören

- der Dämpfungsverlust pro Dekade,
- die Standardabweichung des Long Term Fadings,
- der Zellwahlmechanismus.

Besonders einfach zu handhabende Zellwahlmechanismen sind:

- die geometrische Zellwahl, bei der die Mobilstation die Basisstation mit dem geringsten Abstand wählt,
- der ideale Power Budget Handover, bei dem die Mobilstation die Basisstation, die den besten Pegel unter Einbeziehung des Long Term Fadings liefert, auswählt.

Bei der zweiten Methode fallen die CIR-Werte je nach Long Term Fading typischerweise um ca. 4 bis 5 dB besser aus als bei der ersten. Ein realer Power Budget Handover, beim dem ein Handover Margin bei der Zellwahl zu berücksichtigen ist (siehe Abschnitt 5.4.4.2.2), liegt bezüglich der erzielten CIR-Werte zwischen beiden Methoden.

Extrahiert man aus den CIR-Wahrscheinlichkeitsfunktionen für verschiedene Cluster-Größen die Werte, die erforderlich sind, um eine Versorgung von V = 90% bzw. V = 95% zu garantieren, so erhält man die in Bild 7.25 gezeigten Diagramme. Zu beachten ist die Auftragung der Cluster-Größe im logarithmischen Maßstab.

Die Diagramme illustrieren den folgenden Effekt:

Zwar liefert die zuvor hergeleitete Abschätzung (Gl. 7.36) deutlich zu optimistische CIR-Werte, jedoch verläuft der Anstieg der CIR-Werte mit der Cluster-Größe für die realistischeren Modelle nahezu parallel zu dem durch die Gleichung 7.36 beschriebenen Anstieg. Dies gilt sowohl für Omni- als auch für Sektorzellen.

!

Somit lässt sich der Zusammenhang zwischen der erforderlichen Störfestigkeit CIR_{min} und der Cluster-Größe K in guter Näherung durch folgende Formel beschreiben:

$$CIR_{min}\,[\mathrm{dB}] \approx 0{,}5 \cdot B \cdot \log(3K) - \Gamma \qquad \text{(Gl. 7.37)}$$

wobei der Korrekturterm Γ u.a. von folgenden Größen abhängt:

- von der geforderten Versorgung V,
- von der Standardabweichung des Long Term Fadings σ,

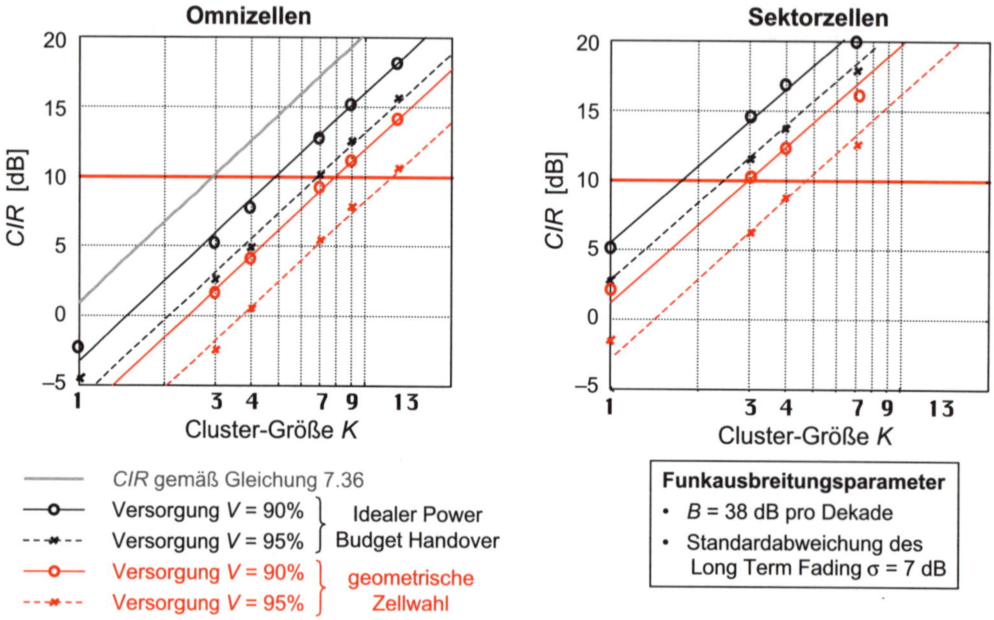

Bild 7.25 Nutz-/zu-Störleistungs-Verhältnisse für verschiedene Cluster-Größen, Versorgungswahrscheinlichkeiten und Funknetzstrukturen

- ❑ von dem Diagramm der verwendeten Antenne,
- ❑ von dem verwendeten Zellwahlmechanismus,
- ❑ von eventuell benutzten Verfahren zur CIR-Verbesserung (siehe Abschnitt 7.6).

Bild 7.25 illustriert zwei weitere wichtige Sachverhalte:

Betrachtet man beispielsweise ein CIR_{min} = 10 dB und eine geometrische Zellwahl bei V = 95%, so ist bei Omnizellen ca. ein Cluster 12 und bei Sektorzellen ca. ein Cluster 5 erforderlich. Der Kapazitätsgewinn durch Sektorisierung ergibt sich in etwa aus dem Verhältnis der Funkkanäle pro Standort, d.h. durch das Verhältnis 12/5 = 2,4.

Die Sektorisierung liefert also einen erheblichen Kapazitätsgewinn – und das ohne zusätzliche Standorte.

Eine höhere Anforderung an die Versorgung ist mit einem Kapazitätsverlust verbunden. Steigert man V von 90% auf 95%, so ist eine um etwa den Faktor 1,4 höhere Cluster-Größe erforderlich, d.h., die Kapazität sinkt um den gleichen Faktor.

Insgesamt deuten die gezeigten Ergebnisse darauf hin, dass für GSM-Funknetze aus Sektorzellen bei einer typischen Störfestigkeit von CIR_{min} = 9 dB ein Cluster 4 realisierbar ist. Bei 3 Sektoren pro Standort ist das Frequenzspektrum also in 12 Frequenzgruppen einzuteilen.

Durch die Verwendung zusätzlicher Interferenz mindernder Methoden lässt sich die Cluster-Größe weiter reduzieren.

7.5.2.5 Beispiel für eine Kapazitätsabschätzung

Betrachtet man beispielsweise einen GSM-Betreiber, dem 2 × 9,6 MHz an Frequenzspektrum und damit 48 Duplex-Träger zur Verfügung stehen, so ergeben sich bei einem Cluster 4 × 3 (Sektorzellen) 12 Duplex-Träger pro Standort, d.h. 4 Duplex-Träger pro Sektorzelle. Bei 8 Zeitschlitzen pro Träger erhält man so 32 Kanäle pro Zelle, von denen typischerweise 2 für Signalisierungszwecke benötigt werden.

Für Sprachdienste verbleiben also 30 Kanäle, mit denen sich bei einer maximal zulässigen Blockierung von $B = 1\%$ ein Verkehrsaufkommen von $A = 20{,}3$ Erl versorgen lässt. Bei $a = 0{,}02$ Erl pro Teilnehmer entspricht dies einer Teilnehmerzahl pro Funkzelle von $T_{\text{zelle}} \approx 1000$. Von einem Basisstationsstandort aus kann man also $T_{\text{sto}} \approx 3000$ Teilnehmer und eine Fläche von $H = 1/2 \cdot \sqrt{3} \cdot b^2$ Quadratkilometern versorgen (siehe Gleichung 7.32).

Bei einem Standortabstand von $b = 2$ km entspricht dies einer Teilnehmerdichte von etwa 870 Teilnehmern pro km² bzw. einer Verkehrsdichte von ca. 18 Erl/km².

7.5.2.6 Frequenzplanung für reale Funknetze

In realen Netzen, bei denen die Zellstrukturen keine solchen Regelmäßigkeiten und Symmetrien aufweisen, ist die Frequenzplanung wesentlich komplexer und kann nur mit Hilfe computergestützter Verfahren durchgeführt werden. Sie erfolgt in mehreren Schritten:

Aus der in Abschnitt 7.4 beschriebenen Versorgungsplanung ergibt sich die Größe der Funkzellen. Zusammen mit statistischen Daten über das Teilnehmerverhalten (Teilnehmerzahl, Gesprächsrate, -länge) lässt sich daraus der Kanalbedarf und damit die Anzahl benötigter Frequenzträger für jede Funkzelle ermitteln.

Ferner wird eine Interferenzanalyse vorgenommen, d.h., mittels der in Abschnitt 7.3 skizzierten Ausbreitungsmodelle berechnet man, welche Zellen sich in welchem Maße stören würden, wenn sie gleiche oder benachbarte Frequenzen verwenden würden. Eine gegenseitige Störung erachtet man bei einem GSM-Netz als akzeptabel, wenn z.B. das Nutz-/zu-Störleistungs-Verhältnis CIR besser als 9 dB (+ Sicherheitszuschlag) in mehr als einem bestimmten Prozentsatz der Zellfläche (z.B. 95%) beträgt. In diesem Fall dürfen die beiden Zellen die gleichen Frequenzen nutzen.

Das Ergebnis der Interferenzanalyse fasst man in einer Interferenzmatrix zusammen. Sie enthält in kompakter Form die Information, welchen Frequenzabstand 2 Zellen mindestens einhalten müssen:

- Frequenzabstand 0: Es dürfen gleiche Frequenzen verwendet werden.
- Frequenzabstand 1: Es dürfen (unmittelbar) benachbarte, aber keine gleichen Frequenzen verwendet werden.
- Frequenzabstand 2: Es dürfen keine gleichen und keine (unmittelbar) benachbarten Frequenzen verwendet werden.

Auch innerhalb einer Zelle mit mehreren Trägern gibt es bestimmte Regeln für den Frequenzabstand; z.B. dürfen innerhalb einer Zelle keine benachbarten Frequenzen vergeben werden.

Zusätzliche Einschränkungen entstehen z.B. an Landesgrenzen aus Absprachen zwischen den Netzbetreibern über die dort verwendbaren Frequenzen.

Liegen alle Randbedingungen (Kanalbedarf, Interferenzmatrix, sonstige Einschränkungen) fest, so versucht das Computerprogramm durch systematisches Ausprobieren verschiedener Kombinationen ein Frequenzmuster zu finden, das allen Anforderungen genügt und dabei die Störungen im Netz minimiert. Es handelt sich hierbei um ein sehr komplexes Problem, dessen mathematisch exakte Lösung nicht akzeptable Rechenzeiten erfordern würde. Die Komplexität ist auf die beiden folgenden Sachverhalte zurückzuführen:

Zum einen gibt es eine Unzahl von Möglichkeiten, die zur Verfügung stehenden Frequenzen auf die Funkzellen zu verteilen, von denen aber nur ein geringer Anteil die Randbedingungen erfüllt. So stehen z.B. für die beiden D-Netze jeweils ca. 60 Frequenzen zur Verfügung. Verteilt man diese 60 Frequenzen auf 1000 Funkzellen, so dass jede z.B. nur eine Frequenz erhält, so ergeben sich $60^{1000} = 10^{1800}$ (eine 1 mit 1800 Nullen!) verschiedene Kombinationen.

Zum anderen hat die Wahl der Frequenz für eine Zelle starke Auswirkungen auf die Wahl von Frequenzen an anderen weiter entfernten Zellen. Die Festlegung der Frequenzen für die ersten Zellen entscheidet somit schon darüber, ob die weitere Frequenzzuteilung erfolgreich sein kann.

Um trotz dieser Schwierigkeiten zu einer Lösung mit erträglicher Rechenzeit zu kommen, hat man aus der Erfahrung heraus verschiedene Verfahren entwickelt, die zwar nicht das mathematische Optimum, aber dennoch gute Frequenzmuster liefern. Bei diesen Suchstrategien beginnt man z.B. bei der Frequenzzuteilung mit Funkzellen, die sich in vorhergehenden Versuchen als die schwierigsten herausgestellt haben, also z.B. Funkzellen an Landesgrenzen.

> Die resultierenden Frequenzmuster weisen nicht die hohe Symmetrie wie bei den homogenen hexagonalen Zellstrukturen auf, sondern sind sehr unregelmäßig. Somit lässt sich nur eine Art mittlere Cluster-Größe $<K>$ angeben als
>
> $$<K> = N_{ges}/<N_{sto}> \qquad \text{(Gl. 7.38)}$$
>
> wobei N_{ges} die Gesamtzahl der Frequenzen und $<N_{sto}>$ die mittlere Anzahl von Frequenzen pro Standort ist.

In der Anfangsphase der GSM-Funknetze lag die mittlere Cluster-Größe in Stadtgebieten ca. bei 12 und höher. Heutzutage versucht man, die Cluster-Größe durch Verfahren der Störungsunterdrückung (siehe Abschnitt 7.6) zu reduzieren, um eine höhere Funknetzkapazität zu schaffen.

Im Folgenden sind die wichtigsten Schritte bei der Funknetzplanung – sowohl in Bezug auf die Versorgungs- als auch in Bezug auf die Frequenz- und Kapazitätsplanung zusammengestellt. Eventuell sind einige Schritte mehrfach zu durchlaufen, sofern sie nicht beim ersten Mal zu dem gewünschten Ergebnis führen. Detaillierte Darstellungen der Schritte bei der Funknetzplanung findet man z.B. in [83] oder [93].

Zusammenfassung:
Schritte bei der Funknetzplanung

0. Grobe Abschätzung des Bedarfs an Funkzellen
1. Festlegung der BS-Standorte
2. Festlegung der BS-Leistungskonfiguration (Sendeleistung, Antennen, ...)
3. Feldstärkeprädiktion
4. Bestimmung der Versorgungswahrscheinlichkeit
5. Funkzellenberechnung mittels Handover-Algorithmus
6. Voraussetzungen für Frequenzplan ermitteln
   - 6.1 Kanalbedarfsermittlung aus Verkehrslastschätzung
   - 6.2 Verträglichkeits-/Interferenzmatrix aus Interferenzberechnung
   - 6.3 Ermittlung der Restriktionen bei Frequenzvergabe (Landesgrenzen, Intermodulation)
7. Berechnung eines Frequenzplans aus 6.1...6.3
8. Verifikation des Frequenzplans (Interferenz, Kapazität)
9. Feineinstellung der Systemparameter (für z.B. Handover, Power Control, ...)
10. Analyse von Messdaten aus dem Netzbetrieb

7.5.2.7 Kapazitätsplanung bei Soft Blocking

Die bisher betrachtete konventionelle Frequenzplanungsmethode beruht darauf, die Frequenz so zu verteilen, dass selbst bei voller Auslastung der Funkkanäle die gegenseitigen Störungen von Gleichkanalzellen hinreichend klein bleiben. Die Kapazität einer Funkzelle ist also bei dieser Methode hart, d.h. durch die Anzahl der geplanten und installierten Kanäle begrenzt. Sie berechnet sich mit Hilfe der Erlang-B-Formel. Falls alle Kanäle belegt sind, wird ein zusätzlicher Verbindungswunsch i. Allg. abgewiesen. Man spricht in diesem Fall auch vom «Hard Blocking».

> Häufig lässt sich jedoch eine höhere Kapazität mittels der Soft-Blocking-Planungsmethode erzielen – insbesondere bei gleichzeitiger Anwendung interfe-

renzmindernder Maßnahmen (siehe Abschnitt 7.6).

Dabei plant man die Frequenzen mit einem deutlich engeren Wiederverwendungsabstand, d.h. bei deutlich geringerer Cluster-Größe *K*, als bei der Hard-Blocking-Methode. Um jedoch die Störungen in einem erträglichen Maß zu halten, dürfen nicht alle für eine Zelle vorgesehenen Kanäle gleichzeitig belegt werden. Man muss somit die Störsituation im Netz überwachen und einen neuen Verbindungswunsch abweisen, falls eine zu hohe Störung droht. Die Methoden zur Regelung des Zugriffs auf das Netz bezeichnet man als Admission Control, das Abweisen eines Verbindungswunsches bei drohender starker Störung als «Soft Blocking».

Damit nicht einzelne Verbindungen sehr stark und andere sehr wenig belastet sind, ist es bei dieser Methode erforderlich, die Störungen zu durchmischen und zu mitteln. Dies kann durch Frequency Hopping (wie z.B. bei GSM) oder durch Codespreizung (wie z.B. bei UMTS) geschehen.

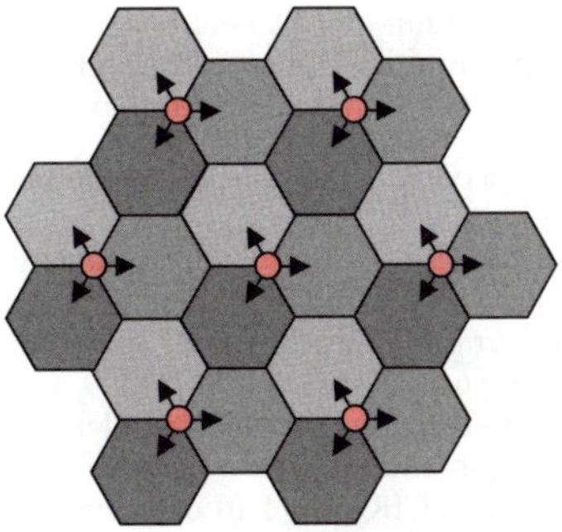

Beim Cluster 1 x 3 verwenden alle Standorte die gleichen Frequenzen. Benachbarte Sektorzellen besitzen verschiedene Frequenzen.

Im Cluster 1 x 1 werden in allen Zellen (auch in benachbarten Sektoren) die gleichen Frequenzen verwendet.

Bild 7.26 Cluster 1 × 3 aus Sektorzellen

Beispiel 1: GSM mit Frequency Hopping

In [88] wurde gezeigt, dass sich bei Verwendung von Power Control und Frequency Hopping für das GSM-System ein Cluster 1 × 3 realisieren lässt, falls man übliche Qualitätskriterien und Funkausbreitungsbedingungen zugrunde legt und die Kanalauslastung auf etwa 30 bis 40% begrenzt. Beim Cluster 1 × 3 erhält jeder Sektor ein Drittel aller Frequenzen, an benachbarten Standorten werden die gleichen Frequenzen verwendet (Bild 7.26).

Zu beachten ist, dass der BCCH-Träger (siehe Abschnitt 5.2.3.1) nicht in dem engen Cluster 1 × 3 betrieben werden kann, da er ständig mit voller Sendeleistung abgestrahlt werden muss. Er verursacht daher stärkere Störungen als diejenigen Träger, bei denen die Kanäle zum einen nicht voll ausgelastet sind und zum anderen in ihrer Sendeleistung geregelt werden können. Für den BCCH-Träger geht man üblicherweise von einem Cluster 4 × 3 aus.

Betrachtet man – wie im Beispiel aus Abschnitt 7.5.2.5 – ein Frequenzspektrum von 2 · 9,6 MHz, so benötigt man für das Cluster 4 × 3 des BCCHs 4 · 3 = 12 der insgesamt verfügbaren 48 Duplex-Träger. Die verbleibenden 36 Duplex-Träger werden in Gruppen zu 12 Duplex-Trägern auf die 3 Sektoren aufgeteilt.

Somit erhält man 13 Duplex-Träger pro Standort, von denen einer komplett und die anderen 12 (bei einer vorsichtigen Planung) zu etwa 30% auslastbar sind. Bei 8 Zeitschlitzen pro Träger (siehe Abschnitt 5.2.1.2) ergibt sich als versorgbare Verkehrslast (Sprachdienste) pro Sektorzelle:

$$A = (0{,}3 \cdot 12 \cdot 8 + 8 - 3)\ \text{Erl} = 33{,}8\ \text{Erl}$$

Dabei wurde angenommen, dass man 3 Zeitschlitze für Signalisierungszwecke benötigt.

Gegenüber der Hard-Blocking-Planung aus Abschnitt 7.5.2.5 (A = 20,3 Erl) nimmt also die Kapazität um mehr als 50% zu. Weitere Steigerungen sind durch die Verwendung von Discontinuous Transmission (DTX, siehe Abschnitt 5.2.2.1) möglich.

Beispiel 2: UMTS FDD-Modus

Wie in Abschnitt 6.5.3.3 beschrieben, findet für die Sprachübertragung im UMTS-Standard der Adaptive Multirate Codec seine Anwendungen; ferner lassen sich verschiedene Kanalcodierschemata und Spreizfaktoren (SF) nutzen.

Zur Vereinfachung der Darstellung wird in diesem Beispiel nur der Uplink betrachtet, und es werden folgende Annahmen getroffen:

- Der Sprachcodec liefert eine Sprachbitrate von 12,2 kbit/s.
- Die Sprachbits sind durch einen Faltungscoder der Rate $^1/_3$ geschützt.
- Die Spreizung erfolgt mit einem Spreizfaktor von SF = 64.
- Zur Decodierung des Signals nach der Entspreizung ist ein Nutz-/zu-Störleistungs-Verhältnis von CIR_{desp} = 1 (0 dB) erforderlich.

Im Uplink ist keine Orthogonalität der Codes zu erwarten (Orthogonalitätsfaktor $\alpha_{OF} = 1$), insofern entstehen Störungen durch Verbindungen innerhalb der gleichen Zelle (Intracell Interference I_{intra}, vgl. Abschnitt 4.2.3.5).

Bei einem UMTS-Netz aus Sektorzellen werden i. Allg. in jedem Sektor die gleichen Frequenzen eingesetzt; man spricht in diesem Zusammenhang von einem Cluster 1 × 1. Die Störungen aus den Nachbarzellen (Intercell Interference I_{inter}), die bei dieser engen Frequenzwiederverwendung entstehen, liegen in der Größenordnung der Intracell Interference:

$$I_{inter} = q \cdot I_{intra},\ q = 0{,}6 \ldots 1.0 \qquad \text{(Gl. 7.39)}$$

Für die folgenden Abschätzungen wird ein typischer Wert von $q = 0{,}8$ angenommen.

Geht man ferner davon aus, dass das Nutzsignal und jedes der Störsignale von den Verbindungen in der betrachteten Zelle mit der gleichen Leistung an der Basisstationsantenne eintrifft (perfekte Sendeleistungsregelung), so erhält man als Nutz-/zu-Störleistungs-Verhältnis (bezüglich der Intracell Interference) vor der Entspreizung:

$$C/I_{intra} = 1/(n-1) \qquad \text{(Gl. 7.40)}$$

Dabei ist n die Anzahl der aktiven Sprachteilnehmer in der betrachteten Funkzelle. (Jeweils einer davon ist als Nutzer und die anderen $n - 1$ als Störer anzusehen.)

Bei Vernachlässigung der Rauschleistung N (Gleichkanalstörungen dominieren) ergibt sich aus den zuvor diskutierten Relationen und der Gleichung 4.2 die Gleichung 7.41:

$$\begin{aligned} CIR_{desp} &= SF \cdot \frac{C}{N + I_{inter} + \alpha_{OF} \cdot I_{intra}} \\ &= SF \cdot \frac{C}{1{,}8 \cdot I_{intra}} = \frac{SF}{1{,}8 \cdot (n-1)} \end{aligned} \qquad \text{(Gl. 7.41)}$$

Das Nutzsignal ist somit noch detektierbar, solange die mittlere Anzahl aktiver Sprachteilnehmer pro Frequenzträger kleiner ist als

$$n = 1 + SF/(1{,}8 \cdot CIR_{desp}) = 1 + 64/1{,}8 = 36{,}6$$

> **!** Die Anzahl aktiver Teilnehmer in einem UMTS-Funknetz ist also i. Allg. durch die maximal zulässige Störleistung, nicht aber durch die Anzahl verfügbarer Codekanäle begrenzt. Es liegt somit eine Soft-Blocking-Konstellation vor.

Bei 2 · 10 MHz Frequenzspektrum kann der Betreiber eine Funkzelle mit 2 Duplex-Trägern ausstatten. Dementsprechend lassen sich über eine mit 2 Trägern bestückte UMTS-Funkzelle etwa 2 · 36,6 ≈ 73 Telefongespräche gleichzeitig führen, d. h., die versorgbare Verkehrslast bei Sprachdiensten beträgt A = 73 Erl.

Durch die Verwendung von DTX und Speech Codec Modes mit geringerer Sprachbitrate lässt sich diese Zahl steigern.

7.5.3 Die spektrale Kapazität und der Vergleich von Mobilfunksystemen

Dieser Abschnitt behandelt wichtige Kenngrößen zur Leistungsbewertung von Mobilfunksystemen.

> **!** Die Kapazität eines Mobilfunknetzes ist definiert als der Verkehr, der sich pro Fläche versorgen lässt.

Versorgung bedeutet dabei, dass den Teilnehmern eine bestimmte Dienstqualität garantiert wird (siehe Abschnitt 7.2). Die Angabe der Dienstqualität ist insofern wichtig, als dass die Kapazität des Mobilfunknetzes i. Allg. sinkt, falls man die Qualitätsanforderungen erhöht, wie in Abschnitt 7.5.2.4 anhand eines Beispiels demonstriert wurde.

Unter dem Verkehr ist bei Sprachdiensten das in Abschnitt 7.5.1 erläuterte Verkehrsangebot A zu verstehen. Für Sprachdienste ist der

Verkehr also bestimmt durch die Rate der in der betrachteten Fläche erzeugten Gespräche und durch die mittlere Gesprächsdauer, bei Datendiensten ist die Nutzdatenrate r_d zu berücksichtigen, die sich in den aktiven Verbindungsphasen erzielen lässt.

> Die Kapazität eines Funknetzes hängt von folgenden Faktoren ab (Bild 7.27):
> a) dem Verkehr, der sich pro Funkkanal versorgen lässt,
> b) der Anzahl der Kanäle pro Träger,
> c) der Anzahl der Funkkanäle, die sich aus einem bestimmten Spektrum bilden lassen,
> d) der Dichte, mit der Funkkanäle wieder verwendet werden können (Cluster-Größe),
> e) dem Frequenzspektrum, das dem Betreiber zur Verfügung steht,
> f) der Dichte der Basisstationsstandorte.

Die folgenden Absätze geben einige Erläuterungen zu diesen Faktoren (Bild 7.28).

Verkehr pro Kanal

Der Faktor «Verkehr pro Kanal» umfasst mehrere Aspekte:

Betrachtet man zunächst Sprachdienste bei einer Hard-Blocking-Planung, so ist die erzielbare Kanalauslastung in erster Linie durch die Erlang-B-Formel bestimmt (siehe Abschnitt 7.5.1.2).

Bei GSM-Funkzellen mit 2 bis 6 Trägern erreicht man z.B. Auslastungszahlen von 50 bis 80% (siehe Bild 7.17).

Die Kanalauslastung lässt sich steigern, wenn man den Verkehr zeitlich und räumlich verteilt. Eine zeitliche Verteilung ist über Warteschlangen (kurzfristig) oder über tageszeit- bzw. wochentagabhängige Gebühren (langfristig) möglich.

> Eine räumliche Verteilung des Verkehrs kann man über Mechanismen wie Directed Retry oder über einen verkehrslastabhängigen Handover bewerkstelligen: Sind in einer Zelle alle Funkkanäle belegt, so kann ein Gesprächswunsch (oder auch ein laufendes Gespräch) an eine be-

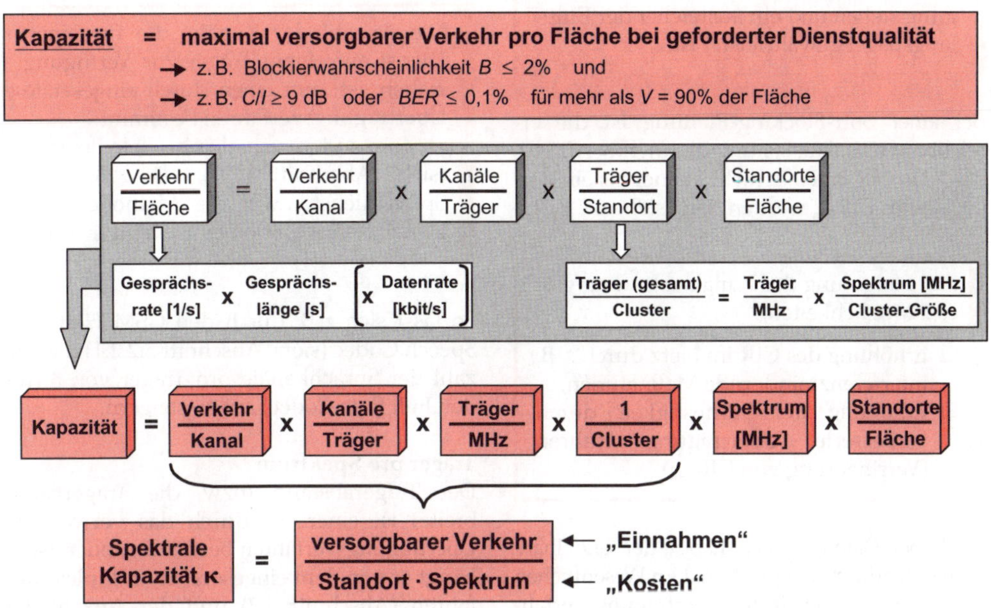

Bild 7.27 Kapazität von Mobilfunknetzen

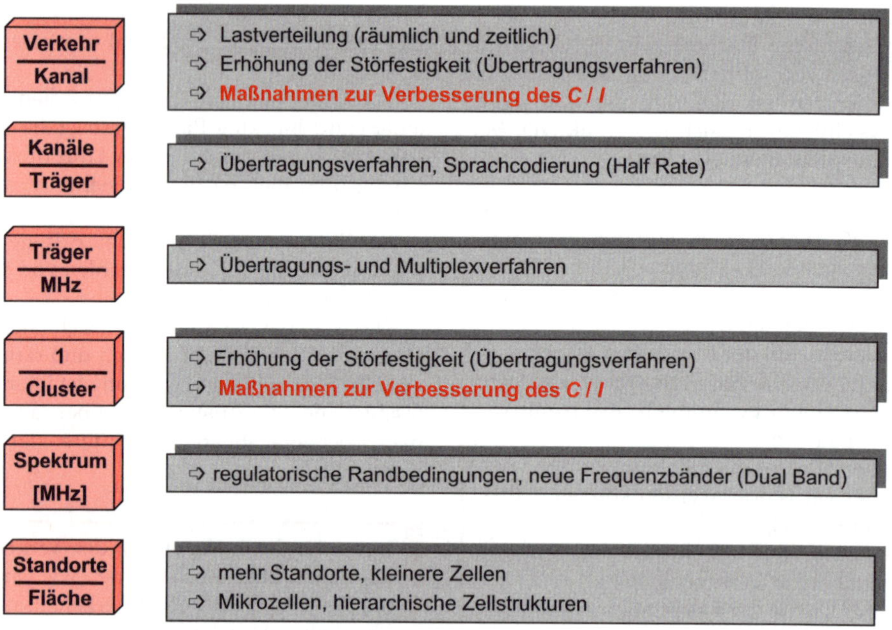

Bild 7.28 Prinzipielle Methoden zur Beeinflussung der kapazitätsbestimmenden Faktoren

nachbarte Zelle weitergeleitet werden, sofern dort genügend Kanäle zur Verfügung stehen und ein ausreichender Empfangspegel gewährleistet ist.

Bei einer Soft-Blocking-Planung ist die erreichbare Kanalauslastung dadurch bestimmt, dass das CIR im Netz nicht kleiner als ein vorgegebenes CIR_{min} werden darf (siehe Gl. 7.1).

Zur Steigerung der Kanalauslastung gibt es 2 Möglichkeiten:

- Erhöhung des CIR im Netz durch z. B. interferenzmindernde Maßnahmen,
- Erhöhung der Störfestigkeit durch verbesserte Übertragungsverfahren (Verringerung von CIR_{min}).

Auch bei Datendiensten hängt der erzielbare Nutzdatendurchsatz pro Kanal im Wesentlichen von der Störfestigkeit des Übertragungsverfahrens und dem im Netz vorliegenden CIR ab.

Kanäle pro Träger

Die Anzahl der Kanäle, die für einen Dienst auf einem Träger zur Verfügung stehen, ist zum einen durch eingesetzte Übertragungsverfahren bestimmt.

Zum anderen spielen bei Telediensten (siehe Abschnitt 1.3.1), wie z. B. beim Sprachdienst, auch die Methoden zur Datenratenreduktion eine wichtige Rolle.

So lässt sich z. B. durch den GSM Half Rate Speech Codec (siehe Abschnitt 5.2.2.1) die Anzahl der Sprachkanäle pro Träger von 8 (für den Full Rate Codec) auf 16 steigern.

Träger pro Spektrum

Der Trägerabstand (bzw. die Trägerbandbreite) ist einerseits durch das verwendete Übertragungsverfahren bestimmt; andererseits hängt er von dem eingesetzten Multiplex-Verfahren (Abschnitt 4.2) und der Anzahl der Kanäle pro Träger ab.

Cluster-Größe

Ebenso wie die Kanalauslastung bei einer Soft-Blocking-Planung ist die erreichbare Cluster-Größe dadurch bestimmt, dass das CIR im Netz nicht kleiner als ein vorgegebenes CIR_{min} werden darf (siehe Gl. 7.1).

> Zur Steigerung der Cluster-Größe gibt es 2 Möglichkeiten:
>
> - Erhöhung des CIR im Netz durch z. B. interferenzmindernde Maßnahmen,
> - Erhöhung der Störfestigkeit durch verbesserte Übertragungsverfahren (Verringerung von CIR_{min}).

Frequenzspektrum

Das Frequenzspektrum wird – zum Teil durch Versteigerung – von den Regulierungsbehörden des jeweiligen Landes vergeben. So haben z. B. die beiden D-Netz-Betreiber im Herbst 1999 jeweils etwa 25 zusätzliche Frequenzen im 1800-MHz-Bereich für insgesamt 400 Millionen DM ersteigert, eine UMTS-Lizenz mit 2 · 10 MHz Frequenzspektrum kostete jeder Betreibergesellschaft in Deutschland etwa 16 Milliarden DM.

Erwirbt ein Betreiber ein Spektrum in einem neuen Frequenzband, so bestehen die wesentlichen technischen Herausforderungen darin:

- Multi-Band-Endgeräte zu realisieren, die in allen Frequenzbändern arbeiten können,
- die neuen Frequenzen bei der Planung einzubeziehen,
- sie mit geringem Hardware-Aufwand einzusetzen,
- die neuen Frequenzen bei der Kanalwahl und bei den Handover-Algorithmen zu berücksichtigen.

Standorte pro Fläche

Der versorgbare Verkehr steigt in erster Näherung proportional zur Anzahl der Standorte pro Fläche.

In den vergangenen Jahren wurden daher von den GSM-Betreibern ständig neue Standorte akquiriert und mit Basisstationen ausgerüstet. In Großstädten beträgt der Standortabstand inzwischen teilweise nur noch einige 100 Meter.

Die Erhöhung der Standortdichte stellt zwar eine wirksame Methode zur Kapazitätssteigerung dar, aber neue geeignete Standorte sind teuer und nur schwer zu finden.

Spektrale Kapazität

Während die ersten 4 der oben genannten Faktoren durch Eigenschaften des Mobilfunksystems bestimmt sind, handelt es sich bei den letzten beiden Faktoren im Wesentlichen um Größen, die durch andere – nicht technische – Randbedingungen festgelegt sind: Dass die Kapazität mit dem zur Verfügung stehenden Frequenzspektrum und mit der BS-Standortdichte steigt, ist eine selbstverständliche Tatsache, die für jedes Mobilfunksystem gilt.

> Als Kenngröße zum Vergleich der Leistungsfähigkeit verschiedener Mobilfunksysteme wurde daher die so genannte spektrale Kapazität κ – als Kapazität pro Standort und pro Frequenzspektrum – eingeführt.

Da die Betreibereinnahmen im Wesentlichen durch den versorgten Verkehr und die Investitionskosten durch das zu erwerbende Frequenzspektrum sowie durch die zu errichtenden Standorte bestimmt sind, lässt sich die spektrale Kapazität als Verhältnis aus Gewinn und Aufwand deuten.

Betrachtet man Teledienste wie die Sprachübertragung, so gibt man die spektrale Kapazität in Einheiten von Erlang pro Standort und MHz an. Bei Trägerdiensten (siehe Abschnitt 1.3.1) ist auch die Nutzdatenrate, die über einen belegten Kanal transportiert werden kann, von Bedeutung; dementsprechend erfolgen die Angaben der spektralen Kapazität für solche Dienste in kbit/s pro Standort und MHz.

> Spektrale Kapazität für Teledienste (z. B. Sprache): κ_S [Erl/(Sto · MHz)]
>
> Spektrale Kapazität für Trägerdienste (Daten): κ_D [kbit/s/(Sto · MHz)]
>
> Sto: Standort

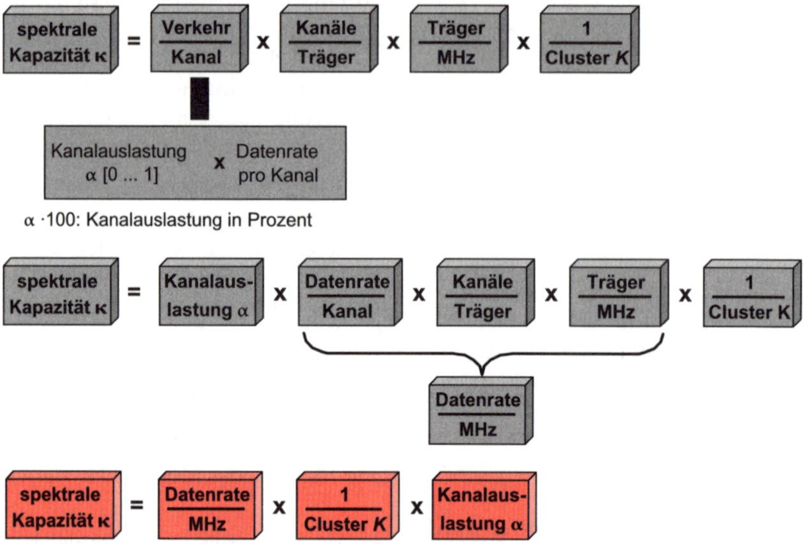

Bild 7.29 Umformungen zur spektralen Kapazität

Anmerkung
In einigen Fällen wird in der Literatur statt der standortbezogenen spektralen Kapazität die zellbezogene spektrale Kapazität verwendet. Bei Omnizelle (1 Standort – 1 Zelle) erhält man die gleichen Werte; für Sektorzellen mit 3 Sektoren pro Standort gilt:

standortbezogene spektrale Kapazität = 3 · zellbezogene spektrale Kapazität

Prinzipielle Abhängigkeiten

In Bild 7.29 wurde die Formel für die spektrale Effizienz umgestellt. Als Ergebnis erhält man die folgende Gleichung:

$$\kappa_D = \varepsilon \cdot \alpha / K$$

Dabei ist ε [kbit/s/MHz] die in Kapitel 3 eingeführte spektrale Effizienz, α die erzielbare Kanalauslastung und K die Cluster-Größe.

Steigert man die Störfestigkeit des Übertragungsverfahrens (z. B. durch eine stärkere Kanalcodierung), so nimmt der Faktor α/K zwar zu, andererseits sinkt jedoch die spektrale Effizienz ε (siehe Abschnitt 3.4.3). Bei der Auswahl der Übertragungstechnik hat man also das Produkt aus beiden Faktoren zu optimieren. Dabei ist allerdings zu beachten, dass das Optimum von vielen anderen Faktoren wie der Funkausbreitung und den eingesetzten Verfahren zur Störungsminderung abhängt.

Beispiele zur spektralen Kapazität
In der Beispielrechnung aus Abschnitt 7.5.2.5 ergab sich für ein GSM-Netz im Cluster 4 × 3 ein versorgbares Verkehrsangebot (an Sprachdiensten) von A = 20,3 Erl pro Zelle bei einem Blocking von B = 1 % und einem Spektrum von 2 · 9,6 MHz. Daraus erhält man:

κ_S = 1,06 Erl/Zelle · MHz = 3,18 Erl/Sto · MHz

Die Nutzdatenrate auf einem Full-Rate-Sprachkanal (ohne DTX) beträgt 13 kbit/s im Uplink und 13 kbit/s im Downlink. Bildet man die spektrale Kapazität κ_D bezüglich der Datenrate, so ergibt sie sich aus κ_S durch Multiplikation mit 26 kbit/s:

κ_D = 27,5 kbit/s/Zelle · MHz
= 82,5 kbit/s/Sto · MHz

Betrachtet man die Soft-Blocking-Planungen aus Abschnitt 7.5.2.7, so ergeben sich die folgenden Werte für die spektrale Kapazität:

GSM-Sprachdienst (13 kbit/s)

2·9,6-MHz-Spektrum
κ_S = 33,8 Erl/(Zelle · 19,2 MHz)
= 1,8 Erl/(Zelle · MHz) = 5,3 Erl/(Sto · MHz)
κ_D = 46 kbit/s/(Zelle · MHz)
= 137 kbit/s/(Sto · MHz)

UMTS-Sprachdienst (12,2 kbit/s)

2·10-MHz-Spektrum
κ_S = 73,2 Erl/(Zelle · 20 MHz)
= 3,7 Erl/(Zelle · MHz) = 11 Erl/(Sto · MHz)
κ_D = 89 kbit/s/(Zelle · MHz)
= 268 kbit/s/(Sto · MHz)

Bei der hier angegebenen groben Abschätzung erhält man für Sprachdienste somit etwa die 2fache spektrale Kapazität für UMTS im Vergleich zu GSM.

Bei paketvermittelten Datendiensten liegen die Werte für die spektrale Effizienz sowohl bei GSM als auch bei UMTS deutlich höher. Dies lässt sich darauf zurückführen, dass die zum Schutz gegen Übertragungsfehler eingesetzten ARQ-Verfahren sich gut an die jeweils herrschenden Empfangsbedingungen anpassen. Wiederholungen sind nur erforderlich, wenn bei schlechten Empfangsbedingungen tatsächlich Übertragungsfehler auftreten. Dagegen sind die Fehlerschutzmaßnahmen bei der Sprachübertragung, die auf ungünstige Empfangsverhältnisse ausgelegt sind, auch bei guten Verhältnissen aktiv und erfordern somit eines hohes Maß an Redundanzbits.

7.6 Kapazitätssteigernde Maßnahmen

In Abschnitt 7.5.3 wurden die Faktoren diskutiert, die die Kapazität eines Mobilfunknetzes bestimmen. Ferner wurden bereits die prinzipiellen Methoden angesprochen, mit denen sich diese Faktoren beeinflussen lassen.

Dieser Abschnitt geht noch einmal ausführlicher auf einige dieser kapazitätssteigernden Maßnahmen ein. Weitere Ausführungen findet man z. B. in [99].

Ein Mobilfunkbetreiber beurteilt solche Methoden nicht nur nach ihrem technischen Potential, sondern auch bezüglich der Kosten, die ihre Einführung mit sich bringt. Insofern sind insbesondere kapazitätssteigernde Maßnahmen interessant, die sich ohne neue Standorte und ohne zusätzliches Frequenzspektrum realisieren lassen.

Ferner ist zu beachten, dass eine Kapazitätssteigerung durch verbesserte Übertragungsverfahren i. Allg. neue Generationen von Endgeräten bedingt, deren Einführung ebenfalls mit nicht unerheblichen Kosten verbunden ist.

Somit sind Methoden, die auf der Verbesserung des Nutz-/zu-Störleistungs-Verhältnisses CIR im Netz beruhen, besonders attraktiv. Eine solche Verbesserung ist möglich durch

- eine Steigerung der empfangenen Nutzleistung *C*,
- eine Verringerung der Störleistung *I* im Netz,
- eine Mittelung von Nutz- und Störleistungen, sodass die Wahrscheinlichkeit von sehr geringen (und sehr hohen) CIR-Werten sinkt.

Ein Überblick über die Methoden zur Verbesserung des CIRs ist in Tabelle 7.7 zu finden.

7.6.1 Erhöhung der Dichte der Basisstationsstandorte

Trotz der damit verbundenen Kosten und trotz der Schwierigkeiten, neue geeignete Standorte für Basisstationen zu finden, wurden in der Vergangenheit viele neue Standorte errichtet, um die Kapazität von GSM-Mobilfunknetzen erheblich zu steigern. Gerade in Großstädten betragen die Standortabstände nur noch einige 100 Meter.

!

In erster Näherung steigt die Kapazität (Erl pro km^2) umgekehrt proportional zum Quadrat des Basisstationsabstandes *b*. Durch eine Halbierung von *b* sinkt die Zellfläche auf ein Viertel, d. h., die Kapazität nimmt um den Faktor 4 zu.

Allerdings ist zu beachten, dass bei geringen Abständen von Basisstationsantennen, die oberhalb von Dachkanten installiert sind, hohe gegenseitige Störungen zu erwarten sind.

Tabelle 7.7 Methoden zur Verbesserung des Nutz-/zu-Störleistungs-Verhältnisses CIR

Prinzip	Methode	Erläuterung
Steigerung von C	Power Budget Handover	Übergabe der Verbindung an die Zelle mit besten den Empfangsbedingungen
	Macro Diversity/ Soft Handover	Versorgung einer Mobilstation von mehreren BS-Standorten aus; Kombination der jeweiligen Signale
	Antenna (Micro) Diversity	Empfangen und/oder Senden über mehreren Antennen am gleichen Standort; Kombination der Signale
Verringerung von I	Discontinuous Transmission (DTX)	Abschalten des Senders bei Sprachpausen
	Power Control (PC)	Verringerung der Sendeleistung bei guten Empfangsbedingungen
	Sektorzellen	Versorgung mehrerer Zellen von einem Standort mittels Sektorantennen mit Öffnungswinkeln von 60° bis 120°
	Intelligente Antennensysteme	automatische Anpassung des Antennendiagramms an die Empfangsbedingungen (schmale Beams, Ausblenden von Störern)
	Antennen-Neigungs-winkel	Begrenzung der Funkreichweite und damit der Störungen durch vertikale Neigung der Antennen
	Mikrozellen	Begrenzung der Reichweite von Störungen durch Gebäude (geringe BS-Antennenhöhe)
Mittelung des CIR	Frequency Hopping (FH)	Wechsel der Frequenz von Datenblock zu Datenblock
	Underlay-Overlay-Planung	Unterteilung der Zelle in ringförmige Gebiete mit unterschiedlichem Frequenzwiederverwendungsabstand

Diesem unerwünschten Effekt kann man durch 3 Methoden begegnen:

- Man erhöht den Frequenzwiederverwendungsabstand – der Kapazitätsgewinn geht dadurch jedoch zurück.
- Man verändert die vertikale Hauptstrahlrichtung durch Neigung der Antennen. Auf diese Weise lassen sich Störungen in ihrer Reichweite begrenzen (Bild 7.30). Bei einem GSM-Netz in der Innenstadt von Stockholm wurden so bei Basisstationsabständen von etwa b = 400 m Kapazitätswerte von ca. 180 Erl/km erzielt [89]. Dabei standen dem Betreiber 2 · 5 MHz an Spektrum zur Verfügung, die in einem Cluster 4 × 3 auf die Sektorzellen verteilt wurden.
- Installiert man die Basisstationsantennen unterhalb der Dachkanten, so begrenzen die umliegenden Gebäude die Reichweite von Störungen. Die resultierenden Funkzellen bezeichnet man als Mikrozellen (siehe Abschnitt 7.3.1).

7.6.2 Hierarchische Zellstrukturen

Bei hierarchischen Zellstrukturen werden bestimmte Gebiete hoher Verkehrslast (Fußgängerzonen, Einkaufszentren, Bahnhöfe) durch mehrere, sich überlagernde Funkzellen versorgt (Bild 7.31). Häufig bestehen solche Funknetzstrukturen aus Mikrozellen mit Radien von hundert Me-

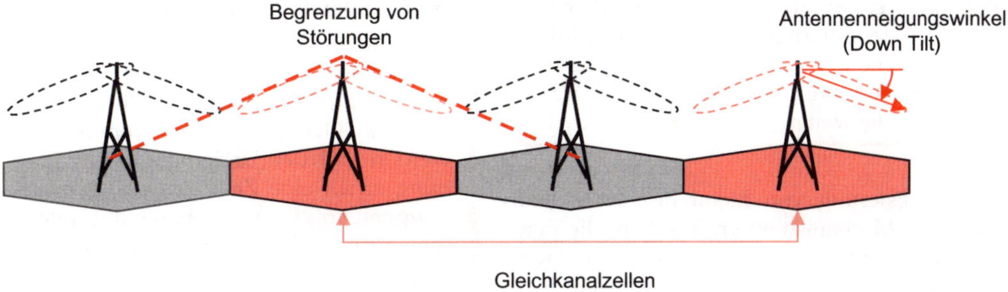

Bild 7.30 Begrenzung der Reichweite von Störungen durch Neigung der Basisstationsantenne (Antenna Down Tilt)

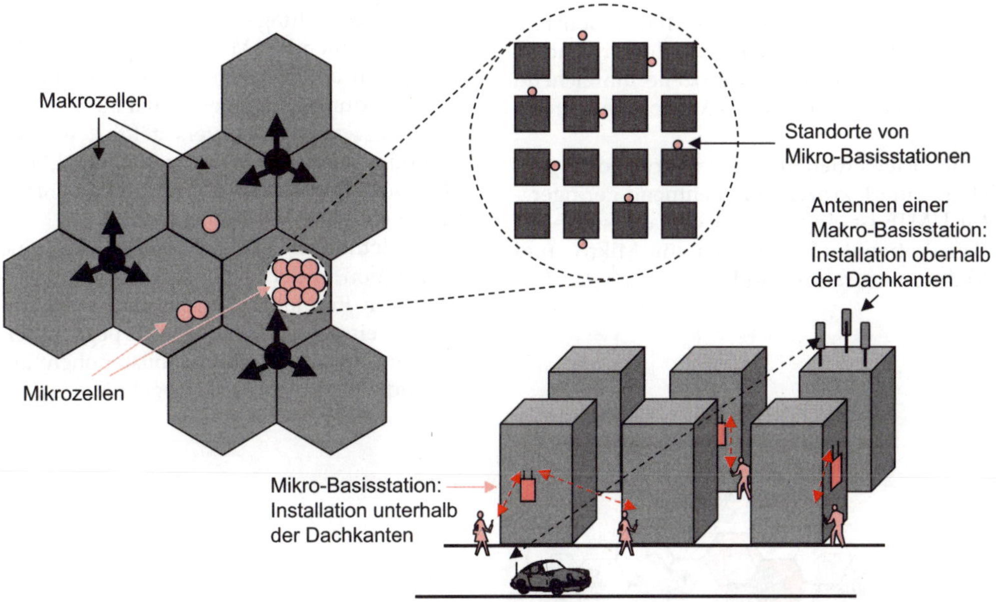

Bild 7.31 Illustration einer hierarchischen Funknetzstruktur

tern (oder auch weniger) und Makrozellen mit Radien von einigen Kilometern.

Die Mikrozellen erlauben die Versorgung einer hohen Verkehrsdichte und sind dabei in erster Linie für Teilnehmer mit geringer Bewegungsgeschwindigkeit (Fußgänger) gedacht. Teilnehmer in Fahrzeugen durchqueren Mikrozellen in etwa 10 bis 20 Sekunden und würden daher zahlreiche Handover vermeiden. Ferner besteht bei diesen Teilnehmern – aufgrund des Road-Corner-Effekts (siehe Abschnitt 7.3.4) – die Gefahr eines Gesprächsabbruchs.

Zu den Aufgaben der Makrozellen gehören daher:

- die weiträumige Versorgung,
- die Schließung der Versorgungslücken zwischen den Mikrozellen,
- die Versorgung von Teilnehmern in Fahrzeugen,

- ❑ die Versorgung des Überlaufverkehrs von den Mikrozellen (falls in einer Mikrozelle alle Kanäle belegt sind, kann der Verbindungswunsch an die Makrozelle weitergereicht werden).

Zur Realisierung von hierarchischen Zellen sind also Mechanismen erforderlich, die den Verkehr nach verschiedenen Gesichtspunkten (Empfangspegel, Geschwindigkeit, Zellauslastung) auf die unterschiedlichen Zelltypen aufteilen. Ein Beispiel für einen geschwindigkeitsabhängigen Handover-Algorithmus findet man in [91].

Prinzipiell lassen sich in Mikrozellen Frequenzen aus Makrozellen wiederverwenden, falls die Gleichkanal-Makrozelle hinreichend weit von der betrachteten Mikrozelle entfernt ist [92].

Jedoch werden die Wiederverwendungsabstände in Makrozellen zunehmend geringer – für UMTS ist ein Cluster 1 geplant (s. o.) –, so dass getrennte Frequenzen für Mikro- und Makrozellen ratsam sind.

7.6.3 Underlay-Overlay-Planung

Hierarchische Zellstrukturen sollten nicht mit der in Bild 7.32 illustrierten Underlay-Overlay-Planung verwechselt werden. Bei der Underlay-Overlay-Planung erhält eine Zelle zwei oder mehr Gruppen von Frequenzen, die mit unterschiedlichen Wiederverwendungsabständen geplant werden.

Im Beispiel aus Bild 7.32 ist eine Frequenzgruppe im Cluster 1 × 3 und die andere im Cluster 3 × 3 geplant worden.

Beim Verbindungsaufbau und auch während der laufenden Verbindung schätzt die Basisstation anhand von Messwerten ab, ob die Verbindung über einen Kanal auf der Frequenz des engeren Clusters geführt werden kann oder nicht. Dabei lassen sich geschätzte CIR-Werte, Empfangspegelwerte oder Entfernungsmessungen berücksichtigen.

Die Methode beruht auf der Idee, dass eine Mobilstation in der Nähe der Basisstation einen hohen Empfangspegel besitzt und demnach mit einem relativ hohen Störpegel arbeiten kann, während für Mobilstationen am Zellrand ein geringerer Störpegel nötig ist.

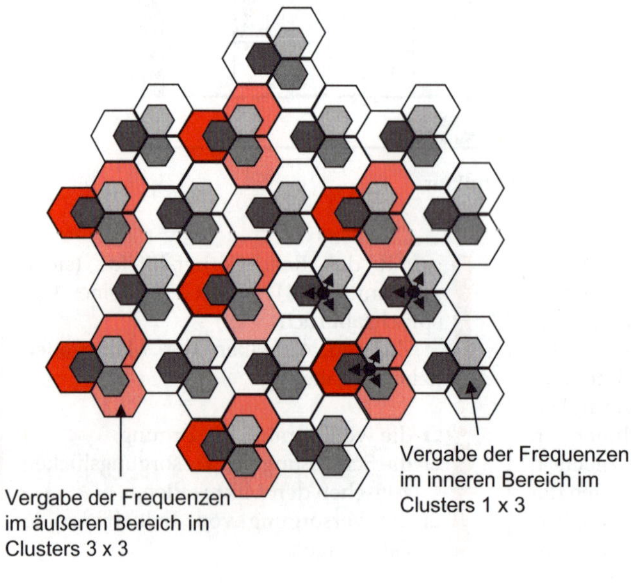

Bild 7.32
Beispiel für eine Underlay-Overlay-Planung

So entstehen innerhalb der Funkzelle 2 oder mehr Teilgebiete, in denen man verschiedene Cluster verwendet.

Gegenüber hierarchischen Zellstrukturen ist zu beachten, dass all diese Teilgebiete von einem Standort und über eine Antennenanlage versorgt werden. Hierarchische Zellstrukturen bieten daher eine höhere Flexibilität und ein wesentlich größeres Potenzial.

7.6.4 Frequency Hopping, Power Control und Discontinuous Transmission

Die Verfahren Frequency Hopping (FH), Power Control (PC) und Discontinuous Transmission (DTX) wurden von Anfang an im GSM-Standard als kapazitätssteigernde Maßnahmen vorgesehen (siehe Abschnitte 5.2.2.1, 5.2.1.3 und 5.4.4.3). Seit einigen Jahren werden sie zunehmend in der Praxis eingesetzt.

Geht man davon aus, dass bei einer Sprachverbindung jeder der beiden Gesprächspartner nur zu etwa 50% aktiv ist, so lässt sich durch DTX – also durch ein Abschalten des Senders bei Sprachpausen – die Störleistung im Netz auf ca. die Hälfte des ursprünglichen Wertes reduzieren.

Die Wirkungsweise von Power Control beruht darauf, dass bei Verbindungen mit guten Empfangsbedingungen die Sendeleistung verringert werden kann. Dadurch reduziert sich die Interferenzleistung für andere Verbindungen. Als Resultat nimmt sowohl die Häufigkeit sehr kleiner als auch die sehr hoher CIR-Werte ab.

Durch Frequency Hopping sorgt man dafür, dass alle Verbindungen in etwa im gleichen Maße von den Interferenzminderungen profitieren.

Beim Einsatz von Frequency Hopping, Power Control und Discontinuous Transmission bietet sich die in Abschnitt 7.5.2.7 beschriebene Soft-Blocking-Planung an.

Zu beachten ist jedoch, dass weder Power Control noch DTX bei GSM im Downlink auf dem BCCH-Träger eingesetzt werden darf. Damit verursacht der BCCH-Träger mehr Störungen als andere Träger.

Um dieser Tatsache Rechnung zu tragen, gibt es zwei Planungsstrategien (Bild 7.33):

Dedicated Band Planning

Die zur Verfügung stehenden Frequenzen werden in 2 Gruppen eingeteilt. Die Frequenzen der einen Gruppe werden ausschließlich als BCCH-Träger verwendet, die der anderen Gruppe ausschließlich für die anderen Träger. Aufgrund der unterschiedlichen Belastung durch Störungen vergibt man die BCCH-Frequenzen in einem größeren Cluster als die anderen Frequenzen, für die sich Power Control und DTX anwenden lässt.

Common Band Planning

Bei dieser Methode nimmt man eine gemeinsame Frequenzplanung für den BCCH-Träger und die anderen Träger vor. Dieses Verfahren beruht auf der Idee, dass sich mittels Frequency Hopping die starken Störungen auf den BCCH-Trägern mit den deutlich geringeren Störungen auf den anderen Trägern mischen, so dass im Mittel eine erträgliche Störsituation bei einer insgesamt geringeren Cluster-Größe entsteht.

Ergebnisse aus [90] zeigen, dass Dedicated Band Planning in den meisten Fällen die höheren Kapazitätswerte liefert. Im zitierten Artikel wurde ferner das Potential von FH, PC und DTX auf der Basis realer Planungsdaten für eine europäische Hauptstadt mittels Computersimulationen untersucht. Dabei hat sich herausgestellt, dass sich mit den genannten Verfahren ein Cluster 1 × 1 (für die Nicht-BCCH-Träger) realisieren lässt. Die Kapazität steigt dabei um etwa 100% gegenüber einer konventionellen Planung. Allerdings müssen gewisse Maßnahmen bei der Wahl der Hopping-Folgen (speziell bei der Wahl des Mobile Allocation Index Offsets, siehe Abschnitt 5.2.1.3) ergriffen werden, um auch Nachbarkanalstörungen zu reduzieren.

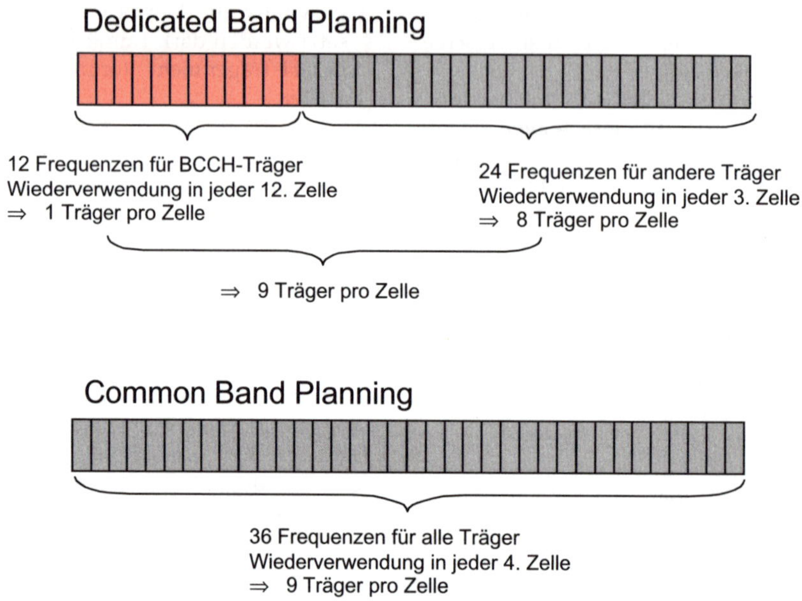

Bild 7.33 Illustration der Dedicated- und Common-Band-Planung

7.6.5 Intelligente Antennensysteme

Seit den letzten Jahren untersucht man mittels Computersimulationen, aber auch mittels Feldversuchen [94] die Möglichkeiten der Interferenzreduktion durch intelligente Antennen – auch adaptive Antennen genannt.

> ! Unter intelligenten oder adaptiven Antennen versteht man Systeme aus mehreren Einzelantennen (ein so genanntes Antennenarray), die i. Allg. bei der Basisstation eingesetzt werden und ihr Antennendiagramm abhängig von den Empfangsbedingungen einstellen können.

Dadurch ist es möglich, schmale Antennenkeulen zu formen (ca. 10° bis 20° horizontale Breite), die gezielt auf die zu versorgende Mobilstation ausgerichtet werden können. Aufgrund der schmalen Antennenkeulen wird im Downlink weniger Störung verbreitet und im Uplink weniger Störung empfangen.

> ! Adaptive Antennen bieten 3 Vorteile:
>
> - Durch die Bündelung der Energie in den schmalen Antennenkeulen erzielt man hohe Antennengewinne und damit große Reichweiten.
> - Auf Umwegen einfallende Signalpfade lassen sich ausblenden, so dass sich das Delay Spread und etwaige Intersymbol-Interferenzen (siehe Abschnitt 2.6.5) verringern.
> - Die Reduktion der Störungen kann in einen Kapazitätsgewinn umgesetzt werden.

Den Kapazitätsgewinn erreicht man über

- ein kleineres Cluster,
- eine höhere Auslastung der Kanäle
- oder über eine Mehrfachverwendung des gleichen physikalischen Kanals an einem Standort.

Die im letzten Punkt erwähnte Mehrfachverwendung bezeichnet man als *Space Divi-*

sion Multiple Access. Dabei nimmt man an, dass 2 Mobilstationen den gleichen Kanal verwenden dürfen, wenn sie sich bezüglich der Basisstation in verschiedenen Richtungen aufhalten, so dass nur geringe Überlappungen der jeweiligen Antennenkeulen auftreten.

Das Prinzip der Strahlformung ist in Bild 7.34 illustriert. Die Formung erfolgt mittels mehrerer Antennenelemente (typischerweise 8 Stück), denen Phasenschieber und Multiplikatoren vorgeschaltet sind. Die Wirkungsweise eines Phasenschiebers und eines reellen Multiplikators lassen sich mathematisch als Multiplikation des Signals mit einer komplexen Zahl beschreiben. Daher spricht man auch von komplexen Gewichtsfaktoren.

In dem Beispiel aus Bild 7.34 sind der Einfachheit halber zunächst nur die Phasenschieber aufgeführt. Betrachtet man die von den einzelnen Antennenelementen ausgehenden Wellen, so besitzen sie eine Laufwegdifferenz und damit einen Phasenunterschied, der von der gewählten Richtung α abhängt. Kompensiert man diesen Phasenunterschied durch die Phasenschieber, so überlagern sich die Wellen in der betrachteten Richtung konstruktiv, und ein schmaler Strahl bildet sich in dieser Richtung aus. In anderen Richtungen entstehen Nebenzipfel und Nullen.

Durch die Einstellung der Phasenschieber lässt sich also die Hauptstrahlrichtung des Antennenarrays (Anordnung aus Einzelantennen) beeinflussen. Durch zusätzliche Multiplikatoren kann die Form des Antennendiagramms verändert werden. So lassen sich z. B. Nebenzipfel unterdrücken.

Mit zunehmender Zahl der Antennenelemente wachsen die Variationsmöglichkeiten bei den Antennendiagrammen. Die Antennenkeulen werden um so schmaler, je breiter die Antenne ist.

Typischerweise arbeitet man mit 8 Antennenelementen in einem Abstand von etwa der halben Wellenlänge.

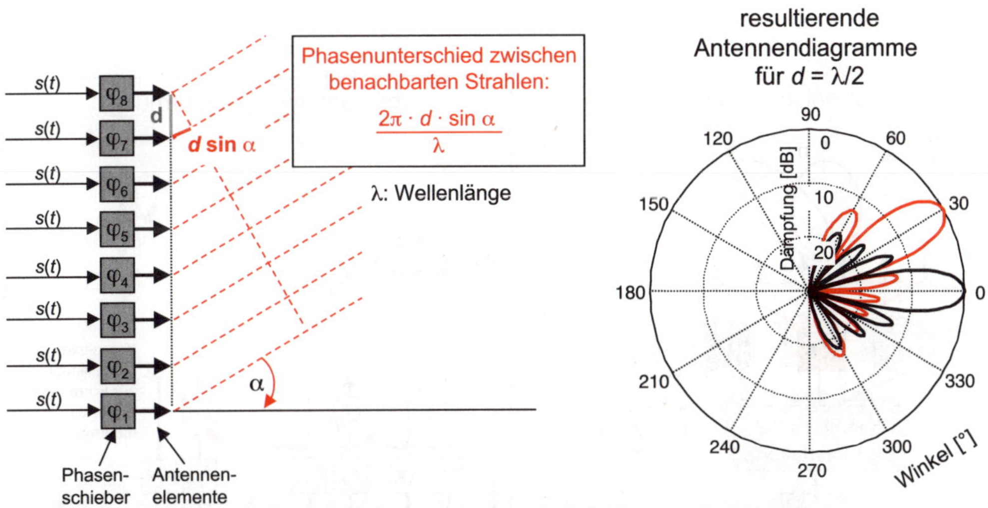

für $\varphi_i = 0$ (i = 1, ..., 8) überlagern sich die Wellen konstruktiv in Richtung $\alpha = 0°$
für $\varphi_i = \dfrac{2\pi \cdot d \cdot \sin 30°}{\lambda}$ (i = 1, ..., 8) überlagern sich die Wellen konstruktiv in Richtung $\alpha = 30°$
(Kompensation der unterschiedlichen Laufwege durch die Phasenschieber)

Bild 7.34 Beispiel für die Strahlformung bei einer Phased-Array-Antenne

Für die Realisierung intelligenter Antennensysteme gibt es zwei allgemeine Konzepte:

- Fixed Beams,
- Full Adaptive Beams.

Fixed Beams
Bei diesem Ansatz unterteilt man das Zellgebiet in mehrere feste Teilsektoren (linker Teil von Bild 7.35). Die unterteilte Zelle kann eine Omni- oder eine Sektorzelle sein. Die Anzahl der Teilsektoren bei einer Sektorzelle liegt – je nach Realisierungsform – zwischen 3 und 8. Dies entspricht Winkelbreiten von 40° bis 15°. Die Antennendiagramme für die unterschiedlichen Teilsektoren werden durch verschiedene feste Koeffizientensätze (Sätze von Phasenschiebern und Multiplikatoren mit festen Einstellungen) erzeugt.

Im Uplink empfängt die Basisstation das Signal einer Mobilstation über all diese Antennendiagramme, und sie verarbeitet diese Teilsignale zunächst parallel, bis sie einer Kombinationseinheit zugeführt werden. Diese Einheit führt entweder eine Art Maximum Ratio Combining (vgl. Abschnitt 2.6.4.3) durch, oder sie wählt das beste der Signale für die weitere Verarbeitung aus. Als Auswahlkriterium kann dabei – je nach Anordnung der Kombinationseinheit – der Empfangspegel, das CIR oder die Bitfehlerrate herangezogen werden.

Die Abstrahlung im Downlink erfolgt i. Allg. in der Richtung des besten Uplink-Empfangs.

Bewegt sich eine Mobilstation, so nimmt die Basisstation automatisch eine vom Teilnehmer unbemerkte Umschaltung zwischen den Teilsektoren vor. Da die Teilsektoren zur gleichen Zelle gehören, handelt es sich dabei nicht um einen Handover.

Full Adaptive Beams
Bei diesem Konzept erfolgt die Formung des Antennenstrahls vollkommen angepasst an die Empfangsbedingungen (rechter Teil von Bild 7.35). D.h., mittels Algorithmen zur Richtungsschätzung berechnet man zu jedem Zeitpunkt die einzustellenden Koeffizienten für die Strahlformung. Auf diese Weise kann das

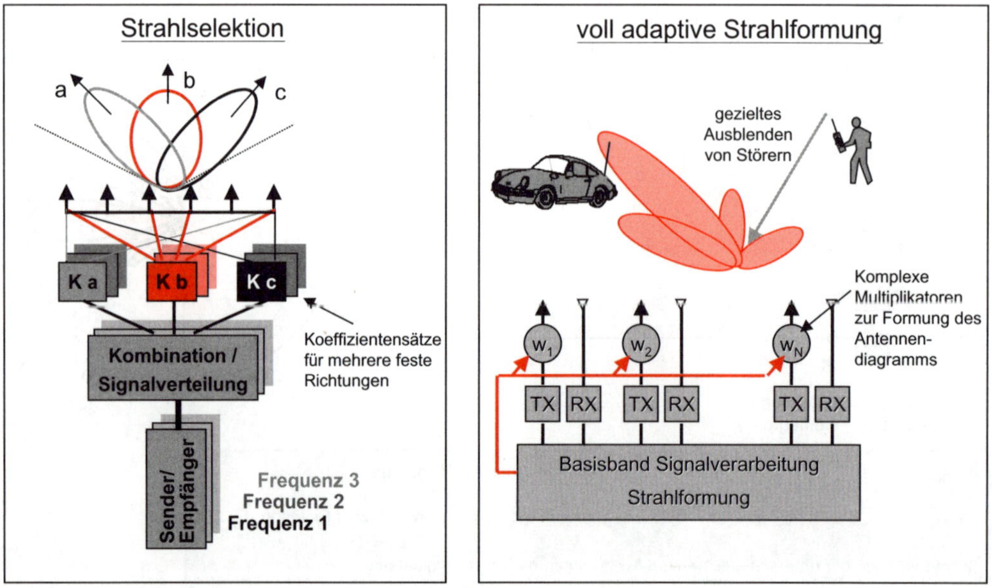

Bild 7.35 Prinzipielle Formen der Realisierung von adaptiven Antennen

Antennendiagramm kontinuierlich dem sich bewegenden Teilnehmer nachgeführt werden. Ferner ist im Uplink eine gezielte Ausblendung einiger besonders starker Störer möglich.

Für den Downlink geht man davon aus, dass das Signal in der Richtung abgestrahlt werden sollte, für die sich der beste Empfang im Uplink eingestellt hat.

Untersuchungen in [97] haben gezeigt, dass sich mit Hilfe der Fixed Beams (bei 6 Beams pro Sektor) in GSM-Netzen ein Cluster 1 × 3 bei einer nahezu vollständigen Auslastung der Kanäle erzielen lässt. Die 6 Beams führen zu einer Kapazitätssteigerung von etwa 70 bis 80%. Ferner konnte demonstriert werden, dass es günstig ist, den Einsatz von Fixed Beams mit Frequency Hopping zu kombinieren.

Durch die schmalen Antennenkeulen lässt sich zwar die Wahrscheinlichkeit starker Störungen deutlich reduzieren; aber dennoch können sie in einigen Fällen auftreten. Durch Frequency Hopping lassen sich diese in wenigen Fällen auftretenden starken Störungen gleichmäßig verteilen, so dass jede Verbindung mit einem geringen, zu verkraftenden Anteil belastet wird.

Zu beachten ist, dass die Strahlformung (weder als Fixed Beams noch als Full Adaptive Beams) nicht für den BCCH-Träger einsetzbar ist, da dieser in der gesamten Zelle abgestrahlt werden muss.

Weitere Details zu adaptiven Antennen findet man z. B. in [13; 94; 95; 96 und 98].

Anhänge

Anhang A Übungsaufgaben

Zu Kapitel 1

1.1 Wofür stehen die Abkürzungen GSM, DECT, UMTS, HiperLAN, ETSI, IEEE?

1.2 Welche Aufgaben hat der Network Layer, welche der MAC-Layer?

1.3 Klassifizieren Sie die nachfolgenden Dienste als Tele-, Träger-, Zusatz- oder Mehrwertdienst:
  a) Telefonauskunft
  b) Fax-Übertragung
  c) Verkehrsinformationsdienst
  d) Konferenzschaltung
  e) Short Message Service
  f) Synchrone Datenübertragung mit 9,6 kbit/s
  g) Mobilbox
  h) Zeitansage
  i) Rufumleitung

1.4 Welche besonderen Herausforderungen ergeben sich bei einem Mobilfunksystem gegenüber einem leitungsgebundenen Kommunikationssystem?

Zu Kapitel 2

2.1 Berechnen Sie für ein Funksignal die Laufzeiten für folgende Wege: 15 m, 600 m, 3 km, 36 km, 780 km, 36 000 km.

2.2 Wie groß ist die Wellenlänge bei f = 960 MHz, f = 2,4 GHz?

2.3 Berechnen Sie (ohne Taschenrechner) für P = 50 W, P = 0,8 W, P = 1 µW die Pegel in dBm.

2.4 Berechnen Sie (ohne Taschenrechner) für L = 44 dBm, L = 33 dBm, L = –60 dBm und L = – 100 dBm die Leistungen.

2.5 Berechnen Sie die EIRP einer Basisstation. Verwenden Sie die Kenngrößen aus Tabelle 2.1, wobei als BS-Antenne die Omni-Antenne aus Bild 2.5 zu verwenden ist.

2.6 Um welchen Betrag unterscheiden sich die Empfangspegel (bei Vernachlässigung von Short Term und Long Term Fading) für 2 Mobilstationen im Abstand von 1 km zur Basisstation, wobei sich die eine direkt in Hauptstrahlrichtung, die andere aber im Winkel von 30° zur Hauptstrahlrichtung der Sektor-Antenne aus Bild 2.5 befindet?

2.7 Man betrachte ein Bluetooth-Funkmodul (f = 2,45 GHz) mit einer Sendeleistung von 1 mW. Wie groß ist der Empfangspegel in 5 m bzw. 10 m Entfernung, wenn man Freiraumausbreitung annimmt (kein Antennengewinn, keine Kabelverluste)?

2.8 Berechnen Sie die mittlere Laufzeit und das Delay Spread für ein 2-Wege-Signal mit Komponenten τ_1 = 0 µs, P_1 = 1 µW, τ_2 = 1,1 µs, P_2 = 0,1 µW.

2.9 In welchem zeitlichen Abstand treten in etwa bei einer MS in einem Fahrzeug mit v = 90 km/h Kurzzeit-Fading-Einbrüche auf (f = 1 GHz)?

2.10 Man betrachte eine Umgebung mit einem Delay Spread von 30 ns. Um welche Art von Umgebung handelt es sich vermutlich? Ist ein System mit einer Übertragungsbandbreite von 5 MHz als breitbandig anzusehen?

2.11 Welche Maßnahmen gibt es, um die Auswirkungen des Kurzzeit-Schwundes zu reduzieren?

2.12 Mit welcher Wahrscheinlichkeit ergibt sich ein Kurzzeit-Fading-Einbruch von 10 dB
  a) bei einer Empfangsantenne,
  b) bei 2 Empfangsantennen und Selection Combining,
  c) bei 2 Empfangsantennen und Maximum Ratio Combining,
  d) bei 3 Empfangsantennen und Selection Combining?

2.13 Man betrachte Long Term Fading mit einer Standard-Abweichung von σ = 6 dB. Wie groß ist die Wahrscheinlichkeit für Fading-Einbrüche von 0 dB und mehr, 6 dB und mehr, 12 dB und mehr?

2.14 Durch welche Methoden lassen sich Intersymbol-Interferenzen vermeiden bzw. wie kann man ihre Auswirkungen reduzieren?

Zu Kapitel 3

3.1 Welches sind die wesentlichen Störquellen in einem Mobilfunknetz?

3.2 Wie groß ist der Rauschleistungspegel N [dBm] bei Bandbreiten von B = 1 MHz und B = 4 MHz, wenn man eine Temperatur von 17 °C und ein Empfängerrauschmaß von Z = 9 dB annimmt?

3.3 Was versteht man unter der Störfestigkeit eines Übertragungsverfahrens?

3.4 Nutzdaten der Rate 128 kbit/s werden durch einen Faltungscode der Rate 1/3 geschützt und anschließend in einem BPSK- bzw. in einem 8-

PSK-Verfahren moduliert. Wie groß sind jeweils die benötigte Bandbreite und die spektrale Effizienz? Wodurch wird die erhöhte Effizienz beim 8-PSK-Verfahren erkauft?

3.5 Welche Vorteile bietet die GMSK-Modulation und in welchen Systemen wird sie eingesetzt?

3.6 Was versteht man unter einer 16-QAM? In welchem System kommt dieses Verfahren zur Anwendung? Warum verwendet man es nicht z. B. im GSM-Standard?

3.7 Wie sieht das MSK- bzw. GMSK-Signal aus, falls alle zu modulierenden Bits den Wert 1 besitzen?

3.8 Welche prinzipiell verschiedenen Methoden zum Schutz gegen Übertragungsfehler gibt es? Welche Vor- und Nachteile besitzen sie und bei welchen Diensten werden sie jeweils eingesetzt?

3.9 Man betrachte einen Faltungscode der Rate 1/2. Welcher Anteil an codierten Bits muss bei einer Punktierung gestrichen werden, um einen Code der Rate 1/2 bzw. 9/16 zu erzielen. Was ist bei der Punktierung bzgl. der Lage der punktierten Bits zu beachten?

3.10 Wie lauten die ersten 10 codierten Bits, wenn man die Informationsbitfolge 1 1 1 1 1 in den Faltungscoder aus Bild 3.16 gibt?

3.11 Man betrachte einen Faltungscode der Rate 1/3 und der Rückgrifftiefe $L = 9$. Über wie viele codierte Bits ist die Information aus einem Nutzbit verteilt?

3.12 Ist das Interleaving in den D-Netzen oder in den E-Netzen wirksamer?

3.13 Man betrachte ein hybrides ARQ-Verfahren mit Fehler korrigierenden Codes der Rate 1/2 bzw. 3/4. Bei CIR-Werten von 8 dB ergeben sich die folgenden Blockfehlerraten BLER (defekter Datenblock):

a) CIR = 8 dB: BLER = 0,1 bei Code-Rate 1/2, BLER = 0,5 bei Code-Rate 3/4;

b) CIR = 12 dB: BLER = 0,01 bei Code-Rate 1/2, BLER = 0,1 bei Code-Rate 3/4.

Welche effektive Nutzdatenrate ergibt sich jeweils, wenn die Daten in Blöcken von 320 Bits mit einer Blockrate von $r_0 = 1$ Block pro 20 ms transportiert werden?
(*Hinweis*: Bei verzögerungsfreier Wiederholung von Blöcken ist die Rate erfolgreich übertragener Blöcke gegeben durch $r_{\text{erfolg}} = r_0 \cdot (1 - \text{BLER})$.)

3.14 Nehmen Sie an, dass im zweiten gezeichneten Sendefenster in Bild 3.24 bei den Blöcken 10 und 12 Übertragungsfehler auftreten, die der Empfänger nach Empfang von Block 13 meldet. Welche Blöcke muss der Sender wiederholen:

a) bei einem Fenster-Verfahren,

b) bei einem selektiven ARQ-Verfahren?

3.15 Man betrachte Nutzdaten mit einer Rate von 20 kbit/s, die durch einen Faltungscode der Rate 1/3 geschützt sind. Die codierten Bits spreizt man mittels Codesignalen auf eine Chip-Rate von 3,84 Mchip/s. Wie groß sind der Spreizfaktor SF und der Spreizungsgewinn G_{sp}?

Zu Kapitel 4

4.1 Zur Erweiterung des ursprünglichen GSM-Bandes ist ein Frequenzspektrum von 2 · 10 MHz vorgesehen. Wie viele Duplexkanäle können daraus gebildet werden (bei Vernachlässigung von Schutzbändern zu anderen Systemen)?

4.2 Was versteht man unter TDD? In welchen Systemen kommt dieses Verfahren zum Einsatz? Was sind Vor- und Nachteile?

4.3 Man betrachte eine DECT-Basisstation mit 4 Frequenzträgern. Wie viele Duplexkanäle stehen zur Verfügung?

4.4 Was ist der entscheidende Vorteil eines TDMA-Verfahrens? Was bestimmt die Grenzen dieses Systems?

4.5 Man betrachte folgende OVSF-Codes (vgl. Bild 4.8) mit einer Chipdauer von $T_{\text{chip}} = 0{,}25\ \mu\text{s}$.

- ❑ Spreizungsfaktor SF = 8: $c_8 = (+1, -1, -1, +1, -1, +1, +1, -1)$
- ❑ Spreizungsfaktor SF = 4: $c_{4,\text{a}} = (+1, +1, -1, -1)$, $c_{4,\text{b}} = (+1, -1, -1, +1)$

a) Welchen dieser Codes erhält eine Verbindung bei einer Datenrate von 0,5 Mbit/s?

b) Wie sieht das zugehörige gespreizte Signal (die Chipfolge) für die Bitfolge +1, +1, –1 aus?

c) Welcher Code ist zu wählen, wenn eine weitere Verbindung mit Datenrate 1 Mbit/s aufgebaut werden soll (mit Begründung)?

4.6 Wie lassen sich bei TDMA- bzw. bei CDMA-Systemen Verbindungen mit unterschiedlichen Datenraten realisieren?

4.7 Gehen Sie von folgenden idealisierten Annahmen für eine *isolierte* CDMA-Funkzelle aus:

- ❑ Vernachlässigung der Rauschleistung N und der Intercell Interference I_{inter},
- ❑ Orthogonalitätsfaktor $\alpha_{\text{OF}} = 1$, perfekte Leistungsregelung,
- ❑ erforderliches Nutz-/zu-Störleistungs-Verhältnis nach der Entspreizung $\text{CIR}_{\text{desp}} = 1{,}5$ dB,
- ❑ Chip-Rate 3,84 Mchip/s,
- ❑ zu spreizende Bitraten $r_{\text{bit}} = 60$ kbit/s und $r_{\text{bit}} = 240$ kbit/s.

a) Wie viele orthogonale Codes gibt es jeweils bei diesen Bitraten?

b) Wie viele Teilnehmer können jeweils versorgt werden?

4.8 Nennen Sie Vor- und Nachteile des CDMA-Verfahrens.
4.9 Welche Vorteile bietet es, CDMA mit TDMA zu kombinieren?
4.10 Eine Datenquelle liefert alle 4 µs 48 Bits.
a) Welche Bandbreite ergibt sich bei Verwendung einer BPSK-Modulation?
b) Wie groß dürfen Umweglängen maximal sein, wenn man annimmt, dass Umweglaufzeiten höchstens ein Zehntel der Bitdauer betragen dürfen?
c) Die Daten werden gemäß eines OFDM-Verfahrens auf 48 Teilträger aufgeteilt, wobei eine Schutzperiode von 0,8 µs verwendet wird. Wie groß ist nun die maximal erlaubte Umweglänge?
d) Welchen Abstand muss man zwischen den Teilträgern wählen? Welche Bandbreite ergibt sich insgesamt?
4.11 Welche Formen des Raummultiplexes werden in Mobilfunknetzen eingesetzt?
4.12 Welche Methoden gibt es, um Funkkanäle auf die Funkzellen zu verteilen? Nennen Sie Beispiele für den Einsatz der Methoden.
4.13 Was versteht man unter dem Capture Effect?
4.14 Bei einer Standardkonfiguration des RACHs im GSM-System gibt es etwa 220 RACH-Zeitschlitze pro Sekunde. Wie hoch ist der maximal erzielbare Durchsatz an Zugriffsversuchen pro Sekunde (ohne Capture Effect)?
4.15 Welche Methoden gibt es, Überlast auf dem RACH abzubauen bzw. zu vermeiden?
4.16 Welches ist der wesentliche Unterschied zwischen dem ALOHA- und CSMA-Verfahren?
4.17 Was versteht man unter Paketvermittlung und was unter Leitungsvermittlung? Nennen Sie Anwendungen.

Zu Kapitel 5

5.1 Wie viele Duplex-Frequenzträger gibt es im DCS1800-Band? Welche Mobilfunkbetreiber in Deutschland besitzen Frequenzspektrum im GSM900- und welche im DCS1800-Band?
5.2 Wie viele Funkkanäle gibt es in einer GSM-Funkzelle mit 4 Trägern? Können alle diese Funkkanäle für die Sprachübertragung genutzt werden?
5.3 Wie viele (Full-Rate-) Sprachkanäle gibt es maximal in einer Funkzelle mit einem Träger?
5.4 Für eine Sprachverbindung wird im Uplink die Trägerfrequenz 905 MHz und der Zeitschlitz mit der Nummer TN = 4 zugewiesen. Welche Trägerfrequenz und welche Zeitschlitznummer besitzt der entsprechende Downlink-Kanal?
5.5 Kann auf dem Zeitschlitz TN = 0 das Frequency Hopping über alle Frequenzträger einer Funkzelle durchgeführt werden (mit Begründung)?
5.6 Man betrachte Frequency Hopping in einer Funkzelle mit 4 Frequenzträgern. In welchem zeitlichen Abstand benutzt eine Sprachverbindung beim Cyclic Hopping jeweils den Träger 1?
5.7 Beim Random Hopping in einer Funkzelle mit 4 Trägern benutzt eine Mobilstation auf Zeitschlitz 4 die Träger in der Reihenfolge 1, 3, 4, 1, 2, 2, 3, 1, 4, 1. Eine andere Mobilstation, der ebenfalls der Zeitschlitz 4 zugewiesen ist, startet bei dem Träger mit der Nummer 2. Wie setzt sich ihre Hoppingfolge fort?
5.8 Wie viele Sprachbits werden bei einem Telefonat mit einer Dauer von 2 Minuten bei Verwendung des Full Rate bzw. bei Verwendung des Half Rate Speech Codec übertragen? Wie verändern sich diese Werte in etwa, wenn man DTX benutzt?
5.9 Wie viele Sprachrahmen werden (ohne DTX) innerhalb einer SACCH-Periode übertragen?
5.10 Aus welchen Teilen besteht ein normaler Burst?
5.11 Welche Maßnahme ergreift man bei Adaptive Multirate Codec (AMR), wenn sich die Empfangsbedingungen verschlechtern? Was kann man beim AMR tun, wenn die Funkzelle stark ausgelastet ist?
5.12 Welche Aufgaben hat der Broadcast Common Control Channel?
5.13 Wozu dient der Stand Alone Dedicated Control Channel?
5.14 Nennen Sie zu jeder der folgenden Steuerungsinformationen den Kontrollkanal, über den sie i. Allg. übertragen werden:
a) BCCH-Frequenzen der Nachbarzellen (Idle-Modus),
b) Handover-Kommando,
c) BCCH-Frequenzen der Nachbarzellen (Connected-Modus),
d) Messwerte,
e) Power-Control-Kommando,
f) Zell- und Netzkennung,
g) Kanalanforderung (Channel Request)
h) Zugangsberechtigungsprüfung,
i) Zuweisung einer neuen TMSI,
j) Parameter für die Zellwahl,
k) die aktuelle TDMA-Rahmennummer.
5.15 Auf wie vielen Downlink-Funkkanälen (Zeitschlitzen) in einer Zelle kann auf keinen Fall DTX und Power Control angewendet werden? Warum nicht?
5.16 Weshalb kann es beim Zugriff auf dem Random Access Channel zu Wiederholungen kommen? Wie werden die Wiederholzeiten bestimmt? Woher kennt die Mobilstation die maximale Anzahl erlaubter Wiederholungen?

5.17 Bei welchen Steuerungskanälen steigt die Last, wenn man die Anzahl der Zellen in einer Location Area vergrößert bzw. verkleinert?
5.18 Welche Entfernung zur BS besitzt eine MS, für die ein TA = 12 gemessen wurde?
5.19 Wie stellt die Mobilstation fest, ob sie dem Netz ihren Aufenthaltsbereich mitteilen muss?
5.20 Aus welchen Netzelementen besteht das GSM-System (in der Basisarchitektur)?
5.21 Welche Aufgaben hat das Operation and Maintenance Centre?
5.22 Welche Aufgaben hat das Mobile Switching Centre?
5.23 Welches Netzelement ist für die Auswahl eines Funkkanals beim Verbindungsaufbau zuständig?
5.24 Welche Bedeutung hat die TRAU? Warum ist sie i. Allg. bei dem MSC und nicht bei der Basisstation angeordnet?
5.25 Welche Maßnahme kann ein Betreiber ergreifen, wenn in einer Zelle kurzzeitig eine hohe Überlast auftritt?
5.26 Mit welcher Kennung wird ein Mobilteilnehmer bei einem ankommenden Gespräch i. Allg. gerufen? Welches Netzelement vergibt diese Kennung?
5.27 Man gehe davon aus, dass eine Signalisierungsmeldung auf dem SDCCH genau in 4 aufeinanderfolgenden Bursts transportiert wird. Wie lange ist der SDCCH bei einem Location Update mindestens belegt, wenn man annimmt, dass sowohl die MS als auch die BS ihre Meldungen im jeweils frühestmöglichen Block senden?
5.28 Nach welchem Prinzip erfolgt die Zugangsberechtigungsprüfung?
5.29 Welche Teilaufgaben sind beim Verbindungsaufbau auf dem Funkweg durchzuführen? Nennen Sie mindestens 3 Aspekte!
5.30 Zwei Mobilteilnehmer, die sich in der gleichen Funkzelle befinden, führen ein Gespräch miteinander. Über welche Netzelemente läuft die Verbindung?
5.31 Welche Bedingungen müssen i. Allg. erfüllt sein, damit eine Zelle von der Mobilstation ausgewählt wird?
5.32 Welche Aktionen führt die Mobilstation im Idle Mode durch?
5.33 Welche Netzelemente sind bei einer Zellneuwahl im Idle Mode beteiligt?
5.34 Mit welchen Mechanismen wird ein Mobilteilnehmer bei einem ankommenden Ruf gefunden?
5.35 Welche Größen werden von der MS und welche von der BS gemessen?
5.36 Welche Vorteile bietet die automatische Leistungsregelung? Welche Kanäle dürfen nicht geregelt werden (mit Begründung)?
5.37 Eine Mobilstation (GSM900) beginnt eine Verbindung mit der maximalen Sendeleistung von 2 Watt. In welcher Zeit kann sie bestenfalls die minimale Sendeleistung erreicht haben, wenn die Basisstation pro Regelungsschritt eine Pegelreduktion um 2 dB befiehlt?
5.38 Aus welchen Gründen kann ein Handover erfolgen?
5.39 Welche Phasen gibt es bei einem Handover?
5.40 Für eine Verbindung wurde RXQUAL = 6 und RXLEV = 30 (−80 dBm) gemessen. Welche Art von Handover erfolgt voraussichtlich?
5.41 Während eines Telefonats schweigt der Mobilteilnehmer für 5 Sekunden. Können in dieser Zeit Uplink-Messwerte bestimmt werden, wenn DTX aktiv ist?
5.42 Wozu dient das Handover Margin? Welche Vor- und Nachteile sind mit einer Erhöhung des Handover Margins verbunden?
5.43 Eine Mobilstation der Sendeleistung $P = 2$ W befindet sich in Zelle 0 im Connected Mode. Dabei werden die in Tabelle A.1 aufgeführten Empfangspegel bzgl. Zelle 0 und 6 Nachbarzellen ermittelt. Ferner sind in der Tabelle die in den Zellen jeweils erlaubten maximalen Sendepegel zu finden. Für weitere wichtige Handover-Parameter wurden für alle Zellen die gleichen Werte gewählt, nämlich HO_MARGIN = 4 dB, RXLEV_MIN = −98 dBm.

Die Zellen gehören zu 2 unterschiedlichen BSC-Bereichen A und B.

Betrachtet werden soll der Power-Budget-Handover gemäß Abschnitt 5.4.4.2.2.

a) Berechnen Sie die Power-Budget-Werte bezüglich aller Nachbarzellen.
b) Welche Zellen kommen als Zielzellen in Frage?
c) Welche Zelle wird zunächst ausgewählt? Welches Netzelement trifft die Auswahl?
d) Was geschieht, wenn in der besten Zelle alle Funkkanäle belegt sind?

5.44 Warum sendet die Mobilstation bei einem Handover den Handover Access Burst an die neue Basisstation? Auf welchem Kanal wird dieser Burst gesendet?
5.45 Wann gibt die alte Basisstation bei einem Handover den bisher benutzten Kanal wieder frei?
5.46 Man betrachte eine leitungsvermittelte Datenübertragung im Downlink mit einer Nutzdatenrate von 28,8 kbit/s. Wie viele Zeitschlitze benötigt man für den Downlink und für den Uplink mindestens? Wie viele Zeitschlitze würde man im Downlink für eine möglichst sichere Übertragung benötigen?
5.47 Wie viele HSCSD-Verbindungen, die jeweils 3 Zeitschlitze belegen, sind maximal gleichzeitig in einer Funkzelle mit 4 Trägern möglich,

Tabelle A.1 Empfangspegelmesswerte und maximale Sendepegel in verschiedenen Zellen

	Zelle 0	Zelle 1	Zelle 2	Zelle 3	Zelle 4	Zelle 5	Zelle 6
RXLEV [dBm]	–95	–88	–91	–92	–99	–96	–106
MS_TXPWR_MAX [dBm]	29	33	27	29	19	23	29
BSC-Bereich	A	A	A	A	B	B	B

wenn 2 Zeitschlitze als Signalisierungskanäle konfiguriert wurden?

5.48 Welche zusätzlichen Angaben sind beim Aufbau einer HSCSD-Verbindung gegenüber einer Sprachverbindung nötig?

5.49 In einer Funkzelle mit 2 Trägern ist eine sehr hohe Nutzung des Short Message Services zu verzeichnen. Die Verkehrslast aufgrund Sprachübertragungen liegt in einem Bereich, bei dem 2 Träger zur Versorgung gut ausreichen. Wie sollte die Kanalkonfiguration gegenüber Bild 5.18 geändert werden?

5.50 Kann ein Mobilteilnehmer während eines Telefongesprächs eine Short Message empfangen (mit Erläuterung)?

5.51 Welches Netzelement übernimmt die Zwischenspeicherung einer Short Message?

5.52 Was versteht man unter dem Cell Broadcast Short Message Service?

5.53 Mit welchen Paketdatennetzen ist beim General Packet Radio Service ein Interworking vorgesehen?

5.54 Welche Maßnahmen gegen den Schutz vor Übertragungsfehlern werden bei GPRS getroffen?

5.55 Welche Voraussetzungen müssen erfüllt sein, damit ein GPRS-Teilnehmer eine Datenrate von 160 kbit/s erhält?

5.56 Welche neuen Netzelemente wurden für die Realisierung von GPRS eingeführt? Wie sind diese miteinander verknüpft?

5.57 In welcher Beziehung können sich GPRS-fähige Endgeräte unterscheiden?

5.58 Was versteht man unter einer Routing Area?

5.59 Welche Angaben sind beim Aufbau einer Verbindung zu einem Datennetz erforderlich?

5.60 Wann erfolgt bei der GPRS-Nutzung die Zugangsberechtigungsprüfung?

5.61 Welche Aufgaben hat die RLC-Schicht beim General Packet Radio Service?

5.62 Eine Mobilstation, die sich eine Weile im Standby-Modus befunden hat, möchte über eine bestehende virtuelle Verbindung Daten übertragen. Wie geschieht dies?

5.63 Auf welche Weise kann die Packet Control Unit die Vergabe von Funkkanälen steuern?

5.64 Mit welcher Methode erzielt man bei EDGE die Datenratensteigerung? Welche Nachteile bringt diese Methode mit sich?

5.65 In welcher Form sind beim Wireless Application Protocol die Informationen gegliedert?

5.66 Welche Trägerdienste gibt es für WAP im GSM-System?

5.67 Nennen Sie einige Methoden der Positionsbestimmung.

Zu Kapitel 6

6.1 Nennen Sie einige Anwendungen des DECT-Systems.

6.2 Was versteht man unter Wireless-Local-Loop-Anwendungen?

6.3 Wie stellt der DECT Portable Part fest, ob er auf einen Radio Fixed Part zugreifen darf?

6.4 Wie viele Sprachverbindungen können über einen DECT Fixed Part mit 3 Trägern gleichzeitig geführt werden?

6.5 Eine DECT-Sprachverbindung belegt im Downlink auf Zeitschlitz 7 den Frequenzträger 3. Welchen Frequenzträger und welchen Zeitschlitz belegt sie im Uplink?

6.6 Berechnen Sie die Strecke, die ein Fußgänger (v = 1 m/s) zwischen aufeinander folgenden Uplink- und Downlink-Übertragungen bei DECT zurücklegt. Vergleichen Sie den Wert mit der halben Wellenlänge beim DECT-System. Ändert sich das Kurzzeit-Fading in diesem Zeitraum erheblich?

6.7 Eine Sprachverbindung ist hohen Störungen ausgesetzt. Welche Maßnahme sieht das DECT-System vor?

6.8 Weshalb ist bei einer DECT-Sprachübertragung die Reichweite geringer als bei einer GSM-Sprachübertragung? Nennen Sie 2 Gründe.

6.9 Welches Netzelement trifft im DECT-System i. Allg. die Entscheidung
a) bei der Kanalwahl,
b) bei einem Handover?

6.10 Wie viele Zeitschlitze müssen bei DECT für Signalisierungszwecke reserviert werden?

6.11 Wie erfolgt beim DECT-System die Frequenzplanung?

6.12 Nennen Sie Anwendungsgebiete von Bluetooth.
6.13 Wie sieht die Netzstruktur bei Bluetooth aus?
6.14 Weshalb ist es bei Bluetooth nicht sinnvoll, vom «Uplink»und «Downlink» zu sprechen?
6.15 Wie hoch ist in etwa die maximale Übertragungsrate in einem Bluetooth-Piconetz? Auf welche Weise erfolgt die Zuteilung von Übertragungskapazitäten?
6.16 Nennen Sie einige Anwendungen von HiperLAN/2.
6.17 Welches sind die wesentlichen Netzelemente von HiperLAN/2?
6.18 Welche Maßnahme setzt man bei HiperLAN/2 zur Vermeidung von Intersymbol-Interferenzen ein?
6.19 Wie groß ist in etwa die Wellenlänge bei HiperLAN/2?
6.20 Bei HiperLAN/2 überträgt man bei Verwendung einer BPSK alle 4 µs 48 Bits.
a) Wie werden diese Bits angeordnet?
b) Welche Datenrate ergibt sich?
c) Welche Datenrate erhält man, wenn man statt einer BPSK eine QPSK, eine 16 QAM bzw. eine 64 QAM verwendet?
d) Welche Nutzdatenrate ergibt sich jeweils, wenn man die Bits mit einem Faltungscode der Rate 1/2, 3/4 bzw. 9/16 schützt?
e) Nach welchen Kriterien wählt man die jeweilige Übertragungsart aus? Wie nennt man das Verfahren?
6.21 Wie sind Uplink und Downlink bei HiperLAN/2 getrennt?
6.22 Welche Handover-Typen sind bei HiperLAN/2 möglich?
6.23 Welche Übertragungsvarianten von IEEE802.11 gibt es?
6.24 Wie versucht man bei IEEE802.11 Kollisionen zu vermeiden?
6.25 Welche Maßnahmen sind in den folgenden Systemen vorgesehen, um die Auswirkungen von Störungen zu reduzieren?
a) DECT,
b) Bluetooth,
c) HiperLAN/2,
d) IEEE802.11.
6.26 Bei den Versteigerungen der UMTS-Lizenzen im Sommer 2000 haben 5 Betreibergesellschaften jeweils 25 MHz ersteigert. Mit wie vielen Trägern können die Betreiber eine Zelle maximal bestücken?
6.27 Nach welchem Prinzip werden die Frequenzen im UMTS-FDD-Modus an die Funkzellen vergeben?
6.28 Man betrachte 2 UMTS-Funkzellen. Die eine ist mit einem FDD-Duplexträger, die andere mit einem ungepaarten TDD-Träger ausgestattet. In beiden Fällen tritt für eine Sprachverbindung eine starke Störung auf. In welchem Fall kann ein Kanalwechsel zu einer Verbesserung der Verbindungsqualität führen?
6.29 Welche Methoden gibt es im UMTS-TDD-Modus, um Verbindungen mit unterschiedlichen Datenraten zu realisieren?
6.30 Nennen Sie einige wichtige UMTS-Netzelemente
a) im Vermittlungsteilsystem,
b) im Funkteilsystem.
6.31 Man betrachte einen Strom von Nutzdaten der Rate 60 kbit/s, die mit einem Faltungscode der Rate $^1/_2$ geschützt werden. Welchen Spreizungsfaktor muss man im FDD-Modus im Uplink wählen, welchen im Downlink?
6.32 Was versteht man unter einem Soft-Handover? Kann ein Soft-Handover von einer FDD- zu einer TDD-Funkzelle erfolgen?
6.33 Welche Art von Handover erfolgt bei einem Wechsel von einer Mikro- in eine Makrozelle und was ist dabei zu beachten?
6.34 Welche Zeit vergeht beim FDD-Modus bzw. beim TDD-Modus bei der 8:7-Aufteilung mit einem Switching Point (siehe Bild 6.32) zwischen einer Empfangsqualitätsmessung und dem zugehörigen Befehl zur Sendeleistungsregelung? Um welche Strecke hat sich ein Fußgänger (v = 1 m/s) in dieser Zeit fort bewegt? Vergleichen Sie diese Strecke mit der Wellenlänge bei UMTS. Kann die Sendeleistungsregelung in diesem Fall dem Kurzzeit-Fading folgen?

Zu Kapitel 7

7.1 Nennen Sie einige Kriterien für die Dienstgüte
a) bei Sprachdiensten,
b) bei paketvermittelten Datendiensten.
7.2 Welche Größen haben einen entscheidenden Einfluss auf die Funkausbreitungsdämpfung?
7.3 Durch welche Merkmale unterscheiden sich Makro- und Mikrozellen?
7.4 Bei Außerbetriebnahme analoger Mobilfunksysteme, wie dem C-Netz, werden Frequenzen im 450-MHz-Bereich frei, die für GSM-Netze genutzt werden könnten. Welcher Unterschied in der entfernungsabhängigen Dämpfung und der Funkreichweite ergibt sich in etwa, verglichen mit GSM900?
7.5 Was versteht man unter dem Break Point? Wo liegt er bei den folgenden Konstellationen: f = 1 GHz, H_{MS} = 1,5 m, H_{BS} = 6 m bzw. H_{BS} = 10 m?
7.6 Man betrachte eine Mikro-BS mit einer EIRP von 23 dBm bei einer Frequenz von f = 1,8 GHz.
a) Wie groß ist der Empfangspegel (Freiraumausbreitung vorausgesetzt) bei einer MS in 100 m Abstand?

b) Welcher Empfangspegel ergibt sich, wenn dann der Teilnehmer bei dieser Entfernung rechtwinklig in eine Seitenstraße abbiegt und dort eine Strecke von 10 m bzw. 50 m zurücklegt?

7.7 Man betrachte einen Wireless LAN Access Point nach dem IEEE-802.11-Standard (f = 2,4 GHz) mit einer Sendeleistung mit einer EIRP von 100 mW, der in einem Bürogebäude im Erdgeschoss installiert wird.

a) Wie groß ist der Empfangspegel bei einem Mobile Terminal, das sich zwei Räume weiter ebenfalls im Erdgeschoss im Abstand r = 10 m befindet?

b) Wie groß ist der Empfangspegel bei einem Mobile Terminal, das sich in einem Raum direkt über dem Access Point im Abstand r = 5 m befindet?

Annahmen: Freiraumdämpfung + 8 dB Dämpfung durch Hindernisse (Möbel), Dämpfung durch Decken: 15 dB, Dämpfung durch eine Wand: 6 dB.

7.8 Nennen Sie wichtige Kenngrößen für die Versorgungsberechnung.

7.9 Man betrachte Makrozellen im Stadtgebiet mit den in Tabelle A.2 aufgeführten Parametern:

a) Welchen Wert haben die Funkausbreitungsparameter A und B für den Up- und Downlink?

b) Wie groß ist der entfernungsabhängige Anteil des Empfangspegels für den Up- und Downlink bei r = 2,2 km?

c) Wie groß ist die Versorgungswahrscheinlichkeit, wenn man eine Standard-Abweichung des Long-Term-Fadings von s = 8 dB annimmt und nur die Versorgung von *einer* Zelle berücksichtigt?

d) Wie groß ist die Versorgungswahrscheinlichkeit, wenn sich der Teilnehmer in einem Gebäude mit einer Wanddämpfung von 16 dB befindet?

e) Welche Werte für die Versorgungswahrscheinlichkeiten aus c und d ergeben sich bei einer Zweifach-Versorgung, wenn die 2. Zelle den gleichen Wert für den entfernungsabhängigen Anteil des Empfangspegels liefert?

f) Berechnen Sie den maximalen Zellradius für eine Versorgung von 90% außerhalb von Gebäuden.

7.10 Betrachten Sie eine GSM- und eine UMTS-Mobilstation (FDD-Modus) mit jeweils einer Spitzensendeleistung von 0,25 Watt und ausgeschalteter Sendeleistungsregelung. Welche der Mobilstationen strahlt innerhalb eines Telefongesprächs von z.B. 2 Minuten Dauer mehr Energie ab? In welchem Verhältnis stehen die Energiewerte?

7.11 Was versteht man unter dem Handover-Gewinn? Warum bestehen Unterschiede zwischen GSM und UMTS?

7.12 Welche Verkehrslast pro Teilnehmer ergibt sich bei einer mittleren Gesprächslänge von 60 s und einer Gesprächsrate von 1 Gespräch pro Teilnehmer pro Stunde?

7.13 Man betrachte GSM-Funkzellen, die mit einem oder mehreren Trägern bestückt sind und Sprachteilnehmer (auf Full-Rate-Kanälen) versorgen sollen. Bestimmen Sie das versorgbare Verkehrsangebot pro Funkzelle bei einer Blockierrate von B = 2% und die versorgbare Teilnehmerzahl (Verkehrslast pro Teilnehmer wie in Aufgabe 7.12) für die in Tabelle A.3 aufgeführten Konstellationen.

Tabelle A.2 Beispielparameter für die Reichweitenberechnung

Uplink-Frequenz f_{UL} = 900 MHz	G_{BS} = 15 dBi	L_{Kab} = 3,5 dB
$RXLEV_{min,DL}$ = –102 dBm	G_{MS} = 0 dBi	L_{Com} = 3 dB
$RXLEV_{min,UL}$ = –104 dBm	G_{AD} = 4 dB	IDM = 0 dB
Long Term Fading σ = 8 dB	G_{HO} = 4 dB	H_{BS} = 40 m
	$TXPWR_{BS}$ = 46 dBm	$TXPWR_{MS}$ = 33 dBm

Tabelle A.3 Beispiele für Kanalkonfigurationen einer GSM-Funkzelle

Anzahl Duplexträger	1	2	4	6	8
Anzahl Zeitschlitze für Signalisierung	1	2	2	3	4

7.14 Ein GSM-Betreiber erwirbt 2 · 8 MHz Frequenzspektrum und stattet damit Sektorzellen in einem Cluster 3 × 3 aus.
a) Wie viele Träger erhält man maximal pro Funkzelle (bei gleichmäßiger Ausstattung)?
b) Wie viele Träger bleiben übrig? Wozu könnte man sie verwenden?
c) Welche Verkehrslast (Sprachverkehr) pro Zelle und pro Standort kann bei $B = 2\,\%$ versorgt werden (vgl. Aufgabe 7.13)?
d) Welche spektrale Kapazität erhält man (bezogen auf das in allen Sektorzellen verwendete Spektrum)?
d) Welchen Standortabstand muss man wählen, um eine Verkehrsdichte von 20 Erl/km^2 zu versorgen?
f) Um wie viel Prozent erhöht sich die Kapazität des Netzes, wenn man den Basisstationsabstand auf 80 % des ursprünglichen Abstandes reduziert?

7.15 Man betrachte eine GSM-Funkzelle mit 4 Trägern. Nach Abzug von Signalisierungskanälen verbleiben 30 Kanäle für die Nutzdatenübertragung. In der Funkzelle befinden sich 800 Teilnehmer, die sowohl Sprachdienste als auch HSCSD-Dienste bei folgendem Verkehrsmodell nutzen:
Sprache: $\lambda_S = 0{,}8$ pro Tln. pro Stunde, $\tau = 90$ s, 1 Kanal pro Verbindung;
HSCSD: $\lambda_H = 0{,}08$ pro Tln. pro Stunde, $\tau = 90$ s, 2 Kanäle pro Verbindung.
Die 30 Funkkanäle werden in 2 Gruppen fest eingeteilt: 22 Kanäle nur für Sprachverbindungen und 8 Kanäle nur für HSCSD-Verbindungen.
a) Wie viele HSCSD-Verbindungen können maximal gleichzeitig betrieben werden?
b) Wie hoch sind die Blockierraten B_S und B_H für Sprach- bzw. HSCSD-Dienste?
c) Vergleichen Sie die Resultate mit den entsprechenden Ergebnissen aus Bild 7.19. Es beruht auf der Annahme, dass jeder der 30 Kanäle – je nach Bedarf – sowohl für Sprach- als auch für HSCSD-Dienste nutzbar ist.

7.16 Welchen Kapazitätsgewinn erhält man, wenn man von Omnizellen in einem Cluster 12 auf Sektorzellen in einem Cluster 4 × 3 übergeht? Weshalb kann man bei Sektorzellen kleinere Cluster verwenden?

7.17 Nennen Sie die wesentlichen Schritte bei der Funknetzplanung.

7.18 Ein GSM-Betreiber erwirbt 2 · 7 MHz Frequenzspektrum und will damit eine Frequenzplanung bei Soft Blocking (Interferenzbegrenzung) durchführen. Dazu verwendet er für die BCCH-Träger ein Cluster 4 × 3 und für die restlichen Träger ein Cluster 1 × 1, wobei die Träger im Cluster 1 × 1 nur zu 10 % ausgelastet werden dürfen.
a) Handelt es sich um eine Common- oder um eine Dedicated-Band-Planung?
b) Wie viele Träger stehen pro Funkzelle, wie viele pro Standort zur Verfügung?
c) Welche Verkehrslast pro Zelle kann man (Sprache, Full Rate) versorgen, wenn man annimmt, dass die Träger im Cluster 1 × 1 zu 10 % ausgelastet werden dürfen und dass auf dem BCCH-Träger 3 Zeitschlitze als Signalisierungskanäle konfiguriert werden?

7.19 Gehen Sie von folgenden idealisierten Annahmen für CDMA-Funkzellen aus:
- Vernachlässigung der Rauschleistung N und der Intercell Interference I_{inter};
- Verhältnis von Inter- und Intracell Interference: $I_{inter} = q \cdot I_{intra}$, $q = 0{,}9$;
- Orthogonalitätsfaktor $\alpha_{OF} = 1$, perfekte Leistungsregelung;
- erforderliches Nutz-/zu-Störleistungs-Verhältnis nach der Entspreizung $CIR_{desp} = 1$ dB;
- Chip-Rate 3,84 Mchip/s;
- zu spreizende Bitraten $r_{bit} = 60$ kbit/s und $r_{bit} = 240$ kbit/s.

Wie viele Teilnehmer können jeweils versorgt werden?

7.20 Nennen Sie einige Interferenz reduzierende Maßnahmen, die
a) nicht für den BCCH-Träger einer GSM-Funkzelle angewendet werden dürfen,
b) für den BCCH-Träger einer GSM-Funkzelle angewendet werden dürfen.

7.21 Von welchen Faktoren hängt die Kapazität eines Mobilfunknetzes ab?

7.22 Welche Vorteile bieten adaptive Antennensysteme?

Anhang B Lösungen zu den Übungsaufgaben

Zu Kapitel 1

1.1 Siehe Abkürzungsverzeichnis, Anhang E.

1.2 Network Layer: Verbindungsaufbau zwischen 2 oder mehr Teilnehmern, Verwaltung des Aufenthaltsbereiches, Zugangsberechtigungsprüfung, Handover;
MAC-Layer: Zuteilung von Übertragungskapazitäten (Funkkanälen).

1.3 a) Mehrwertdienst; b) Teledienst; c) Mehrwertdienst; d) Zusatzdienst; e) Teledienst; f) Trägerdienst; g) Mehrwertdienst; h) Mehrwertdienst; i) Zusatzdienst.

1.4 Organisatorische Maßnahmen im Zusammenhang mit der Mobilität, besondere Übertragungsverfahren für die störanfällige Funkstrecke.

Zu Kapitel 2

2.1 0,05 µs, 2 µs, 10 µs, 120 µs, 2600 µs, 120 ms.

2.2 31,25 cm, 12,5 cm.

2.3 47 dBm, 29 dBm, –30 dBm.

2.4 25 W, 2 W, 1 nW, 0,1 pW.

2.5 EIRP = 44 dBm –3 dB –3 dB + 11 dBi = 49 dBm.

2.6 3-dB-Breite der Antennen: ca. 60°, d.h. 3 dB Dämpfung bei 30° gegenüber der Hauptstrahlrichtung.

2.7 RXLEV(5 m) = 0 dBm –54 dB = –54 dBm, RXLEV(10 m) = –60 dBm.

2.8 Gesamtleistung: 1,1 µW, mittlere Laufzeit: 0,1 µs, Delay Spread: $\Delta\tau = 0{,}32$ µs.

2.9 $\lambda/2 = 150$ mm, $v = 25$ m/s = 25 mm/ms, $\Delta t = 6$ ms.

2.10 $\Delta\tau = 30$ ns: Funkzellen in Gebäuden, Kohärenzbandbreite $B_c = 5{,}3$ MHz, Übertragungsbandbreite von 5 MHz nicht breitbandig in dieser Umgebung.

2.11 Zeit-, Frequenz- und Antennendiversität.

2.12 a) 10%, b) 1%, c) 0,4% (siehe Bild 2.20), d) $W_3(L_S > 10 \text{ dB}) = W_1(L_S > 10 \text{ dB})^3 = 0{,}1^3 = 0{,}001 = 0{,}1\%$.

2.13 $0 \text{ dB} = 0 \cdot \sigma$, $6 \text{ dB} = 1 \cdot \sigma$, $12 \text{ dB} = 2 \cdot \sigma \Rightarrow 50\%$, 16%, 2% (vgl. Tabelle in Bild 2.6).

2.14 Verwendung eines Entzerrers, Einsatz von Korrelatoren in einem RAKE-Empfänger, Aufteilung des Bitstroms auf mehrere Frequenzträger einer geringen Bandbreite (orthogonales Frequenzmultiplex), Absenken des vertikalen Antennenneigungswinkels, durch Antennen mit besonderer Richtcharakteristik.

Zu Kapitel 3

3.1 Empfängerrauschen, Gleich- und Nachbarkanalstörungen

3.2 –105 dBm, –99 dBm

3.3 SNR bzw. CIR, das benötigt wird, um eine geforderte Bitfehlerrate zu unterschreiten.

3.4 $B = 384$ kHz, $\varepsilon = {}^1/_3$ (BPSK); $B = 128$ kHz, $\varepsilon = 1$ (8-PSK); geringere Störfestigkeit bei 8-PSK.

3.5 Rascher Abfall des Leistungsdichtespektrums, geringe Anforderungen an Linearität des Leistungsverstärkers, Einsatz z.B. in DECT und GSM.

3.6 Quadratur-Amplituden-Modulation mit 16 verschiedenen Symbolen zu 4 Bits; Anwendung z.B. bei HiperLAN/2; als Amplitudenmodulation sehr störanfällig bei zeitlich stark variierendem Empfangspegel (Kurzzeit-Fading bei einem sich bewegenden GSM-Teilnehmer).

3.7 Konstanter Anstieg der Phase gemäß
$\varphi(t) = \varphi_0 + \pi \cdot t/2T_b$;
für das modulierte Signal gilt also:
$s(t) = A \cdot \cos(2\pi \cdot f_0 \cdot t + \varphi(t))$
$= A \cdot \cos(2\pi \cdot (f_0 + {}^1/_4\, T_b) \cdot t + \varphi_0)$;
Frequenzerhöhung gegenüber der Trägerfrequenz um ${}^1/_{4T_b} = r_b/4$.

3.8 Vorwärtsfehlerkorrektur, Fehlererkennung und ARQ-Verfahren, hybride ARQ-Verfahren;
Vorwärtsfehlerkorrektur: i. Allg. hoher Anteil an Redundanzbits erforderlich, aber konstante Verzögerungszeiten, Einsatz z.B. bei Sprachübertragung;
Fehlererkennung und ARQ: keine garantierbare Grenze bei Verzögerungen, geringe Fehlerraten, Anpassung an Empfangsbedingungen; Einsatz z.B. bei paketvermittelten Datendiensten.

3.9 Code-Rate ${}^3/_4$: ein Drittel der codierten Bits streichen, Code-Rate ${}^9/_{16}$: ein Neuntel der codierten Bits streichen; die punktierten Bits sollten möglichst gleichmäßig verteilt werden.

3.10 1, 1, 1, 1, 0, 1, 1, 0, 0, 1.

3.11 Verteilung der Information über 27 codierte Bits.

3.12 Wellenlänge bei 1800 MHz kleiner als bei 900 MHz; Interleaving bei kleinerer Wellenlänge wirksamer, da bei konstanter Interleavingzeit und Geschwindigkeit über mehr halbe Wellenlängen gemittelt wird.

3.13 Nutzbits pro Block = Code-Rate · 320 Bits;
Rate erfolgreich übertragener Nutzbits r = Code-Rate · (1 – BLER) · 320 Bits/20 ms;
für CIR = 8 dB: $r = 7{,}2$ kbit/s (Code-Rate 1/2), $r = 6{,}0$ kbit/s (Code-Rate 3/4);
für CIR = 12 dB: $r = 7{,}9$ kbit/s (Code-Rate 1/2), $r = 10{,}8$ kbit/s (Code-Rate 3/4); d.h., bei CIR = 8 dB liefert die stärkere Codierung den höheren Durchsatz, bei CIR = 12 dB die schwächere (Code-Rate 3/4).

3.14 a) Wiederholung von Block 10, 11, 12, 13; b) Wiederholung von Block 10 und 12.
3.15 Rate der codierten Bits: $r_b = 3 \cdot 20$ kbit/s. SF = 3840 kchip/s/60 kbit/s = 64, G_{sp} = 18 dB.

Zu Kapitel 4

4.1 10 MHz/200 kHz = 50.
4.2 Time Division Duplex: Uplink und Downlink auf der gleichen Frequenz, aber zeitversetzt; Einsatz z.B. bei DECT, TDD-Modus von UMTS, HiperLAN/2; *Vorteil*: Anpassung an asymmetrischen Datenverkehr; *Nachteil*: Mobile-Mobile-Störungen bei nicht-synchronisierten Netzen.
4.3 48.
4.4 Senden, Empfangen und Messung von Nachbarzellen über eine Antenne und eine Hochfrequenzeinheit möglich; Komplexität des benötigten Entzerrers steigt drastisch mit der Datenrate.
4.5 a) r_{chip} = 4 Mchip/s, SF = r_{chip}/r_{bit} = 8; Spreizung mit Code c_8;
b) (+1, –1, –1, +1, –1, +1, +1, –1, +1, –1, –1, +1, –1, +1, +1, –1, –1, +1, +1, –1, +1, –1, –1, +1);
c) zu wählen ist $c_{4,a}$, denn $c_{4,b}$ ist Vorfahre von c_8.
4.6 TDMA: Bündelung von Zeitschlitzen; CDMA: Codes mit unterschiedlichen Spreizfaktoren.
4.7 a) r_{bit} = 60 kbit/s: SF = 64, 64 orthog. Codes; r_{bit} = 240 kbit/s: SF = 16, 16 orthog. Codes;
b) CIR_{desp} = 1,4 dB entspricht dem Faktor 1,41; gemäß Gleichung 4.5 ergibt sich für r_{bit} = 60 kbit/s: $n = 64/1{,}41 + 1 \approx 46$ und für r_{bit} = 240 kbit/s: $n = 16/1{,}41 + 1 = 12$.
4.8 Siehe Abschnitt 4.2.3.5.
4.9 Asymmetrische Aufteilung zwischen Up- und Downlink; Nachbarzellmessungen ohne zusätzlichen Empfänger; Algorithmen zur Beseitigung von Intracell Interference werden handhabbar.
4.10 a) Bitrate 12 Mbit/s bei BPSK: 12 MHz; b) Umweglaufzeit $\approx 0{,}1 \cdot T_{bit}$ = 8,3 ns; Umweglänge: Δs = 2,5 m; c) Umweglaufzeit 0,8 µs; Umweglänge: Δs = 240 m; d) gemäß Gleichung 4.6: $\Delta f_{sub} = 1/(4\ \mu s - 0{,}8\ \mu s)$ = 0,3125 MHz; $\Delta f_{ges} = 48 \cdot \Delta f_{sub}$ = 15 MHz.
4.11 Wiederverwendung von Kanälen in verschiedenen Funkzellen, in verschiedenen Richtungen.
4.12 Siehe Abschnitt 4.3.
4.13 Siehe Abschnitt 4.4.1.1.
4.14 Gemäß Bild 4.18; maximaler Durchsatz: $D_{max} = e^{-1} \cdot D_0 \approx 0{,}37 \cdot 220/s \approx 81$ pro Sekunde.
4.15 Sperrung von Zugriffsklassen, Persistenzmechanismus (vgl. Abschnitt 4.4.1.1).
4.16 Bei CSMA wird vor dem Senden geprüft, ob das Übertragungsmedium frei ist, bei ALOHA nicht.
4.17 Siehe Abschnitt 4.4.3.

Zu Kapitel 5

5.1 75 MHz/0,2 MHz = 375 (–1 als Schutzband); GSM900: D1, D2; DCS1800: e-plus, Viag Interkom, D1, D2.
5.2 4 · 8 = 32 Duplexkanäle; einige davon als Kontrollkanäle.
5.3 7 Full-Rate-Sprachkanäle; ein Zeitschlitz für Kontrollkanalkombination aus Bild 5.17b).
5.4 f_{DL} = 950 MHz, TN_{DL} = 4.
5.5 Hopping über die BCCH-Frequenz ist auf Zeitschlitz 0 nicht möglich, BCCH muss auf fester Frequenz liegen.
5.6 Alle 4 TDMA-Rahmen (4 · 4,6 ms).
5.7 Hopping-Folge: 2, 4, 1, 2, 3, 3, 4, 2, 1, 2.
5.8 Full Rate: 13 kbit/s · 120 s = 1560 kbit ohne DTX (ca. 780 kbit mit DTX);
Half Rate: 5,6 kbit/s · 120 s = 672 kbit ohne DTX (ca. 340 kbit mit DTX).
5.9 480 ms/20 ms = 24.
5.10 Nutz- und Redundanzbits, Guard Period, Trainingsequenz, Stealing Flags, Tail Bits.
5.11 Wahl eines Codec Modes mit geringerer Sprachbitrate und stärkerem Fehlerschutz; Umschalten in den Half-Rate-Modus.
5.12 Systeminformationen verteilen (BCCH-Frequenzen der Nachbarzellen, Zellwahlparameter, Kanalkonfiguration der eigenen Zelle, Zell- und Netzkennungen.
5.13 Verbindungsaufbau, Location Update, IMSI Attach/Detach, Short Message Service.
5.14 a) BCCH; b) FACCH; c) SACCH; d) SACCH; e) SACCH; f) BCCH; oder SACCH; g) RACH; h) SDCCH; i) SDCCH; j) BCCH; k) SCH.
5.15 Kein PC und DTX auf allen 8 Zeitschlitzen des BCCH-Trägers, MSen führen Nachbarzellmessungen zu beliebigen Zeiten durch.
5.16 Unkoordinierter Zugriff auf den RACH; Wiederholungszeiten mit Zufallsmechanismus; maximale Anzahl der Wiederholungen über BCCH vorgegeben.
5.17 Vergrößerung der LA: Last auf PCH steigt, Verkleinerung der LA: Last auf SDCCH steigt.
5.18 6,66 km.
5.19 Vergleich der auf SIM-Karte abgespeicherten Location-Area-Kennung mit der vom BCCH abgestrahlten Kennung.
5.20 MS und SIM, BTS, BSC, TRAU, MSC/VLR, HLR, GMSC, AuC, EIR, OMC.
5.21 Fehlererkennung und -behebung, Konfiguration der Netzelemente, Software-Management-Sammlung von Daten zur Netzgüte, Teilnehmerverwaltung.
5.22 Verbindungsaufbau, Zielzellenauswahl und Verbindungsumschaltung bei Inter-BSC-Handover.
5.23 Base Station Controller.
5.24 Wandlung der Datenraten, Einsparung von Übertragungskosten.

5.25 Sperrung des Zugriffs für manche Mobilstationen.
5.26 TMSI, vergeben durch VLR.
5.27 Zeit zwischen 2 aufeinander folgenden DL-SDCCH-Blöcken: 51 · 4,6 ms = 235 ms (vgl. Bild 5.17a); Zeit zwischen aufeinander folgenden UL- und DL-SDCCH-Blöcken: 36 · 4,6 ms = 166 ms (vgl. Bild 5.17a); gemäß Bild 5.29 hat man folgende Meldungen auf dem SDCCH:
Location Update Request (UL) ⇒ Authentication Request (DL) ⇒ ... ⇒ Channel Release (DL); somit ist der SDCCH mindestens 166 ms + 4 · 235 ms = 1,1 s belegt.
5.28 Challenge-Response-Verfahren (siehe Abschnitt 5.3.4).
5.29 Anforderung eines Funkkanals, Zugangsberechtigungsprüfung, Wechsel in den Verschlüsselungsmodus, Austausch von Angaben über den gewünschten Dienst, Zuweisung eines Nutzkanals.
5.30 MS1 – BTS – BSC –TRAU – MSC – TRAU – BSC – BTS –MS2.
5.31 Erlaubtes Netz, Zelle nicht gesperrt, hinreichender Empfangspegel.
5.32 Pegelmessungen (bedienende und Nachbarzellen), Decodierung von BCCH und SCH (bedienende und Nachbarzellen), Abhören des Paging Channels.
5.33 Falls alte und neue Zelle in der gleichen Location Area: nur MS; falls alte und neue Zelle in der verschiedenen Location Area: MS, neues BSS, neues und altes VLR, HLR.
5.34 Anfrage beim HLR, Paging in allen Zellen der Location Area.
5.35 Siehe Tabelle 5.8.
5.36 Stromersparnis bei MS, Verringerung von Störungen, keine Regelung von Kanälen auf BCCH-Träger.
5.37 Von 33 dBm auf 5 dBm in 14 Schritten, Mindestdauer 14 · 480 ms = 6,72 s.
5.38 Hohe Bitfehlerrate, geringer Pegel, große Entfernung, bessere Empfangsbedingungen in Nachbarzelle (Power Budget HO), starke Zellauslastung.
5.39 Siehe Tabelle 5.10.
5.40 Hohe Bitfehlerrate, guter Pegel: Intracell HO.
5.41 Ja: Messung während der Übertragung von Comfort Noise und der Uplink-SACCH-Meldungen.
5.42 Vermeidung häufiger Rückschaltungen; Erhöhung des HO-Margins: weniger Rückschaltungen, aber Verschleppung der Zellgrenzen.
5.43 a) Die Power-Budget-Werte sind in Tabelle B.1 zu finden.
b) PBGT > HO_MARGIN = 4 dB für Zelle 2, 4 und 5, aber zu geringer Empfangspegel in Zelle 4 (−99 dBm < RXLEV_MIN = −98 dBm), d.h. nur Zelle 2 und Zelle 5 sind mögliche Zielzellen;
c) Auswahl von Zelle 2 (bester PBGT-Wert) durch BSC, da Zelle 0 und 2 im gleichen BSC-Bereich;
d) Weiterreichen der nur noch aus Zelle 5 bestehenden Zielzellenliste an MSC; Anfrage bei BSC B, ob in Zelle 5 Kanäle verfügbar.
5.44 Bestimmung des Timing-Advance-Wertes; auf dem neuen zugeteilten Kanal.
5.45 MSC erhält nach erfolgreichem HO über neues BSS ein Handover Complete und gibt ein Clear Command an altes BSS weiter.
5.46 Mindestens 2 Zeitschlitze zu 14,4 kbit/s; stärkerer Fehlerschutz: 3 · 9,6 kbit/s, 6 · 4,8 kbit/s.
5.47 Pro Träger 2 HSCSD-Verbindungen mit 3 Zeitschlitzen, also insgesamt maximal 8 (nicht 10!).
5.48 Siehe Abschnitt 5.5.2.4.2.
5.49 Mehr Zeitschlitze als SDCCHs konfigurieren.
5.50 Ja, über den Slow Associated Control Channel SACCH.
5.51 Short Message Service Center.
5.52 Verteilung von Kurznachrichten von allgemeinem Interesse in bestimmten geografischen Gebieten an alle Mobilteilnehmer, die sich in den jeweiligen Zellen befinden.
5.53 X.25, Internet.
5.54 Verschiedene Codierschemata für die Vorwärtsfehlerkorrektur + selektives ARQ-Verfahren.
5.55 MS ist fähig, 8 Zeitschlitze zu bündeln; 8 freie Zeitschlitze auf einem Träger der Zelle verfügbar; störungsfreie Übertragung (keine Wiederholung von Paketen).

Tabelle B.1 Berechnung des Power Budgets für verschiedene Zellen

	Zelle 0	Zelle 1	Zelle 2	Zelle 3	Zelle 4	Zelle 5	Zelle 6
RXLEV [dBm]	−95	−88	−95	−92	−99	−92	−106
MS_TXPWR_MAX [dBm]	29	33	23	29	19	27	29
PBGT(0, n) [dB]	–	3	6	3	6	5	−11

5.56 Serving und Gateway GPRS Support Nodes, verknüpft über ein IP-Netz.
5.57 In ihrer Fähigkeit, gleichzeitig am GPRS und an leitungsvermittelten Datendiensten teilzunehmen; in ihrer Fähigkeit, Zeitschlitze zu bündeln.
5.58 Gruppe von Zellen (Teilgebiet einer Location Area); im GPRS-Standby-Modus muss die aktuelle Routing Area des Teilnehmers im Netz bekannt sein, um eintreffende Datenpakete weiterleiten zu können.
5.59 Siehe Abschnitt 5.5.4.4.4.
5.60 Beim Einbuchen (GPRS Attach).
5.61 Packen von Datenpaketen einer geeigneten Größe; Überwachung der Übertragung mit einem selektiven ARQ-Verfahren.
5.62 Anforderung von Ressourcen über PRACH; feste oder dynamische Vergabe der Ressourcen durch PCU; kein erneuter vollständiger Verbindungsaufbau erforderlich.
5.63 Dynamische Kanalvergabe: Steuerung durch Temporary Flow Identifier (TFI) und Uplink State Flag (USF).
5.64 8-PSK; störanfälliger als GMSK; erhöhte Anforderungen an Linearität des Sendeleistungsverstärkers.
5.65 in Decks und Cards.
5.66 SMS, CSD, GPRS, USSD.
5.67 Siehe Abschnitt 5.6.3.

Zu Kapitel 6

6.1 Siehe Abschnitt 6.1.1.
6.2 Anschluss von fest installierten Endgeräten über Funkverbindungen.
6.3 Anhand der vom Radio Fixed Part abgestrahlten Access Rights Identifier.
6.4 36.
6.5 Frequenzträger 3, Zeitschlitz 19.
6.6 $v = 1$ m/s, $s = 0{,}5$ cm in 5 ms (TDD-Abstand), $\lambda/2 \approx 8$ cm $\gg$ s; keine erhebliche Änderung des Kurzzeit-Fadings.
6.7 Intracell Handover, Auswahl eines neuen Kanals mit weniger Störungen.
6.8 Geringere Sendeleistung, deutlich geringere Empfängerempfindlichkeit (keine Kanalcodierung).
6.9 a) Portable Part; b) Portable Part.
6.10 Keiner, Signalisierung in Nutzbursts integriert (A-Feld).
6.11 Keine feste Frequenzplanung, sondern dynamische Kanalwahl durch Portable Part.
6.12 Siehe Abschnitt 6.2.1.
6.13 Siehe Abschnitt 6.2.2.
6.14 Es gibt keine hierarchische Ordnung unter den Bluetooth-Stationen; jede kann die Rolle des Masters übernehmen.
6.15 Etwa 1 Mbit/s; Zuteilung der Ressourcen durch den jeweiligen Master; Polling-Verfahren.
6.16 Siehe Abschnitt 6.3.2.
6.17 Access Point (AP), Mobile Terminal (MT).
6.18 OFDM: parallele Übertragung von Bits und Symbolen auf 48 Teilträgern.
6.19 Ca. 6 cm.
6.20 a) 48 Bits parallel auf den 48 Teilträgern; b) 12 Mbit/s; c) 16-QAM: 48 Mbit/s, 64-QAM: 72 Mbit/s; d) siehe Tabelle 6.4; e) Link Adaptation: Auswahl der Übertragungsart abhängig von den Empfangsbedingungen.
6.21 Durch ein TDD-Verfahren.
6.22 Sector-, Radio- und Network-Handover (vgl. Tabelle 6.6).
6.23 Infrarot, FHSS, DSSS (vgl. Abschnitt 6.4.1).
6.24 Durch CSMA, erweitert um RTS-CTS-Meldungsaustausch (vgl. Abschnitt 6.4.2).
6.25 a) Intracell Handover und dynamische Kanalwahl; b) Frequency Hopping; c) Intracell Handover und dynamische Frequenzwahl, Power Control; d) Frequency Hopping bzw. Codespreizung.
6.26 2 Duplexträger im FDD-Modus und ein ungepaarter Träger im TDD-Modus.
6.27 Innerhalb einer Ebene können in benachbarten Zellen gleiche Frequenzen vergeben werden; bei hierarchischen Funknetzstrukturen benötigen die verschiedenen Ebenen verschiedene Frequenzen.
6.28 Ausweichen der Störung im TDD-Modus durch Wechsel des Zeitschlitzes; bei Wechsel des Codes im FDD-Modus ändert sich die Störsituation nicht.
6.29 Bündelung von Zeitschlitzen und Codes, Verwendung von Codes mit verschiedenen Spreizfaktoren.
6.30 Siehe Abschnitt 6.5.2.
6.31 UL: SF = 3840 kchip/s/120 kbit/s = 32, DL: SF = 3840 kchip/s/600 ksymbole/s = 64.
6.32 Siehe Abschnitt 6.5.4.2, Soft Handover zwischen FDD- und TDD-Funkzelle ist nicht möglich, da verschiedene Frequenzträger verwendet werden.
6.33 Interfrequency Handover; für Nachbarzellmessungen benötigt das User Equipment einen zweiten Empfänger oder es muss den Slotted Modus verwenden.
6.34 Regelungstakt: FDD-Modus: 0,67 ms ⇒ 0,67 mm, TDD-Modus: 10 ms ⇒ 10 mm; Wellenlänge $\lambda = 150$ mm;
Strecken deutlich kleiner als halbe Wellenlänge, Regelung kann Kurzzeit-Fading folgen.

Zu Kapitel 7

7.1 Siehe Abschnitt 7.2.1.
7.2 Installationshöhe der Basisstationsantenne, Installationshöhe der Mobilstationsantenne, verwendete Frequenz, Topografie, Morphologie.

7.3 Zellgröße; Makrozelle: BS-Antenne oberhalb der Dachkanten, Mikrozelle: BS-Antenne unterhalb der Dachkanten.

7.4 Gemäß Gleichung 7.5: ΔL_D = 26,16 · (log 900 MHz – log 450 MHz) ≈ 8 dB; im 450-MHz-Bereich ist die Dämpfung ca. 8 dB geringer, d.h., die Reichweite ist ca. 70% höher (vgl. Bild 7.9).

7.5 Stärkerer Anstieg der Dämpfung nach dem Break Point; H_{BS} = 6 m: r_{Br} = 120 m bzw. H_{BS} = 10 m: r_{Br} = 200 m.

7.6 a) RXLEV = 23 dBm – 32,4 – 20 · log(1,8 GHz) – 20 · log(100 m) = –54,5 dBm;
b) r_2 = 10 m: d_1 = 610 m, RXLEV = – 70,2 dBm; r_2 = 50 m: d_1 = 2650 m, RXLEV = – 83 dBm.

7.7 a) RXLEV = 20 dBm – 32,4 – 20 · log(2,4 GHz) – 20 · log(10 m) – 2 · 6 dB – 8 dB = –60 dBm;
b) RXLEV = 20 dBm – 32,4 – 20 · log(2,4 GHz) – 20 · log(5 m) – 15 dB – 8 dB = – 57 dBm.

7.8 Siehe Abschnitt 7.4.1 und Tabelle 7.5.

7.9 a) nach Gl. 7.5: A_{UL} =124,7, A_{DL} = 125,2, B = 34,4;
b) $RXLEV_{DL}$ = $TXPWR_{BS}$ – L_{Com} – L_{Kab} + G_{BS} + G_{MS} – A_{DL} – B · log(2,2 km) = – 82,5 dBm; $RXLEV_{UL}$ = $TXPWR_{MS}$ + G_{MS} + G_{BS} – L_{Kab} + G_{AD} – A_{UL} – B · log(2,2 km) = – 88 dBm;
c) Reichweite durch Uplink begrenzt; um 16 dB = 2 · σ größer als $RXLEV_{min,\,UL}$; Wahrscheinlichkeit für einen Long-Term-Fading-Einbruch von 2 · σ und mehr: 2% (siehe Bild 2.6); Versorgungswahrscheinlichkeit von 98%; (einzelne Zelle: kein HO-Gewinn)
d) im Gebäude: $RXLEV_{UL}$ = –88 dBm – 16 dB = –104 dBm = $RXLEV_{min,\,UL}$; 50% Versorgung;
e) außerhalb von Gebäuden: Ausfallwahrscheinlichkeit bei Zweifachversorgung $0{,}02^2$ = 0,0004, 99,96% Versorgung; innerhalb von Gebäuden: Ausfallwahrscheinlichkeit $0{,}5^2$ = 0,25, 75% Versorgung;
f) LB_{UL} = $TXPWR_{MS}$ + G_{MS} + G_{BS} – L_{Kab} + G_{AD} – $RXLEV_{min,\,UL}$ – IDM – LTFM + G_{HO} = 33 dBm + 0 dBi + 15 dBi – 3,5 dB + 4 dB – (–104 dBm) – 0 dB – 0,67 · 8 dB + 4 dB = 155,1 dB, wobei LTFM = 0,67 · s für V = 90% verwendet wurde (Abschnitt 7.4.1); aus A_{UL} + B · log $R \le LB_{UL}$ folgt $R \le 10^{(155{,}1-124{,}7)/34{,}4}$ = 5,8 km.

7.10 UMTS-MS sendet ständig, die GSM-MS nur in jedem 8. Zeitschlitz; GSM-MS verbraucht bei gleicher Spitzensendeleistung nur ein Achtel der Energie.

7.11 Gewinn durch Mehrfachversorgung; beim Soft Handover des UMTS kann sehr schnell zur Zelle mit den besten besten Empfangsbedingungen gewechselt werden; bei GSM ist i. Allg. ein Handover Margin zu beachten.

7.12 a = 0,0167 Erl pro Teilnehmer.

7.13 Siehe Tabelle B.2.

7.14 a) 40 Duplexträger, aufgeteilt in 9 Frequenzgruppen: 4 Duplexträger pro Funkzelle;
b) 4 Duplexträger bleiben, um z.B. Mikrozellen auszustatten;
c) 21,9 Erl pro Zelle, 65,7 Erl pro Standort;
d) Bezogen auf 2 · 7,2 MHz = 14,4 MHz: κ_S = 1,52 Erl/(MHz · Zelle) = 4,56 Erl/(MHz · Sto),
e) Standortfläche H = 65,7 Erl pro Standort / 20 Erl/km² = 3,29 km²; mit $H = {}^1/_2 \cdot \sqrt{3} \cdot b^2$ (Gleichung 7.32) erhält man für den Standortabstand b = 1,95 km;
f) Kapazität ~ $1/b^2$, b -> 0,8 · b, 1,56fache Kapazität, d.h. Kapazitätszuwachs um 56%.

7.15 a) 4, d.h., die Erlang-Tabelle ist bei HSCSD bei N = 4 Kanälen abzulesen;
b) Verkehrslast Sprache: A_S = 800 · 90 · 0,8/3600 = 16 Erl ⇒ B_S ≈ 3% (bei N_S = 22 Kanälen), Verkehrslast HSCSD: A_H = 1,6 Erl ⇒ B_H ≈ 5,5% (bei N_H = 4 Kanälen);
c) höhere Blockierung als bei dem gemeinsamen Pool von Kanälen aus Bild 7.19 (schwarze Kurven).

7.16 Faktor 3, d.h. 200% Kapazitätsgewinn; kleineres Cluster bei Sektorzellen, da bei bündelnden Antennen weniger Störungen verbreitet bzw. empfangen werden.

7.17 siehe Abschnitt 7.5.2.6.

7.18 a) Dedicated-Band-Planung;
b) insgesamt: 35 Duplexträger; 1 BCCH-Träger pro Zelle im Cluster 4 × 3 erfordert 12

Tabelle B.2 Beispiele für Kanalkonfigurationen einer GSM-Funkzelle

Anzahl Duplexträger	1	2	4	6	8
Anzahl Zeitschlitze für Signalisierung	1	2	2	3	4
Anzahl Sprachkanäle N	7	14	30	45	60
versorgbares Verkehrsangebot A [Erl]	2,94	8,2	21,9	35,6	49,6
versorgbare Teilnehmerzahl $T = A/a$	176	492	1314	2136	2976

Duplexträger, die restlichen 23 werden in jeder Zelle verwendet, d.h. 24 Duplexträger pro Zelle;

c) $A = (8 - 3 + 0{,}1 \cdot 23 \cdot 8)$ Erl = 23,4 Erl.

7.19 $n = 1 + \mathrm{SF}/((1 + q) \cdot \mathrm{CIR}_{\mathrm{desp}})$ (vgl. Abschnitt 7.5.2.7), $\mathrm{CIR}_{\mathrm{desp}} = 1$ dB entspricht Faktor 1,26; $r_{\mathrm{bit}} = 60$ kbit/s: SF = 64, $n = 27$; $r_{\mathrm{bit}} = 240$ kbit/s: SF = 16, $n = 7$.

7.20 a) Power Control, Discontinuous Transmission, adaptive Antennen; b) Sektorisierung, Absenkung des Antennenneigungswinkels, Mikrozellen.

7.21 Siehe Bild 7.28.

7.22 Erhöhung von Reichweite und Kapazität, Verringerung des Delay Spreads.

Anhang C Pegelwerte und Dezibel

In vielen nachrichtentechnischen Anwendungen – so auch im Mobilfunk – variieren die dort vorkommenden Leistungen, wie Sende- und Empfangsleistungen, über viele 10er-Potenzen. Daher ist es üblich und sinnvoll, statt direkt mit den Leistungen (engl.: *power*, *P*) mit logarithmierten Größen, den so genannten Pegeln (engl.: *level*, *L*), zu arbeiten. Aufgrund der Rechenregeln für den Logarithmus wird aus dem Verhältnis zweier Leistungen

$$v = P_1/P_0$$

eine Pegeldifferenz Δ, die definiert ist als

$$\Delta = 10 \log v = 10 \log P_1/P_0$$

Dabei bezeichnet «log» den Logarithmus zur Basis 10. Dementsprechend ergibt sich als Umkehrung aus einer Pegeldifferenz das zugehörige Leistungsverhältnis als

$$v = 10^{\Delta/10}$$

Die Pegeldifferenz Δ ist als einheitenlos zu betrachten. Um jedoch anzudeuten, durch welche Rechenvorschrift sie entstanden ist, versieht man sie mit der Pseudoeinheit Dezibel [dB].

Auf dem Funkübertragungsweg wird die Leistung durch mehrere Faktoren gedämpft oder verstärkt. Zur Berechnung der Empfangsleistung sind dann mehrere einzelne Leistungsverhältnisse zu multiplizieren. Aus den Rechenregeln für den Logarithmus folgt für die gesamte Pegeldifferenz:

$$v = v_1\, v_2\, v_3 \ldots$$
$$\Delta = \Delta_1 + \Delta_2 + \Delta_3 + \ldots$$

Es ist nützlich, sich einige wichtige Zahlenwerte zu merken, aus denen man viele andere Werte ohne Taschenrechner ausrechnen kann:

$$v = 1 \quad \Leftrightarrow \quad \Delta = 0 \text{ dB}$$
$$v = 10 \quad \Leftrightarrow \quad \Delta = 10 \text{ dB}$$
$$v = 2 \quad \Leftrightarrow \quad \Delta = 3 \text{ dB}$$

Beispiele

$v = 1000 = 10 \cdot 10 \cdot 10$,
$\Delta = 10 \text{ dB} + 10 \text{ dB} + 10 \text{ dB} = 30 \text{ dB}$

$v = 8 = 2 \cdot 2 \cdot 2$,
$\Delta = 3 \text{ dB} + 3 \text{ dB} + 3 \text{ dB} = 9 \text{ dB}$

$v = 0{,}25 = 1/(2 \cdot 2)$,
$\Delta = 0 \text{ dB} - 3 \text{ dB} - 3 \text{ dB} = -6 \text{ dB}$

$v = 50 = 10 \cdot 10/2$,
$\Delta = 10 \text{ dB} + 10 \text{ dB} - 3 \text{ dB} = 17 \text{ dB}$

$v = 1{,}25 = 10/8$,
$\Delta = 10 \text{ dB} - 9 \text{ dB} = 1 \text{ dB}$

Verwendet man bei den Leistungsverhältnissen die Bezugsgröße $P_0 = 1$ mW, so erhält man die im Mobilfunk üblich Angabe des zugehörigen Pegels in dBm mittels der folgenden Rechenvorschriften:

$$L\,[\text{dBm}] = 10 \cdot \log P[\text{mW}]$$
$$P\,[\text{mW}] = 10^{L[\text{dBm}]/10}$$

Beispiel

$2 \text{ W} = 2000 \text{ mW} = 2 \cdot 10 \cdot 10 \cdot 10 \cdot 1 \text{ mW} = 3 \text{ dB} + 10 \text{ dB} + 10 \text{ dB} + 10 \text{ dB} + 0 \text{ dBm} = 33 \text{ dBm}$

Bei der Addition der Pegelwerte ist die Regel «[dB + dBm] = [dBm]» zu beachten, denn bei den Pegelwerten in dB handelt es sich um einheitenlose Größen, die aus einheitenlosen Verhältnissen stammen.

Anhang D Spezifikationsdokumente

D.1 Einige wichtige GSM-Spezifikationsdokumente

Herausgegeben durch das European Telecommunications Standards Institute (ETSI)

Serie 01 **Allgemeine Systembeschreibung, Abkürzungen**

01.02 General Description of a GSM Public Land Mobile Network (PLMN)
01.04 Abbreviations and Acronyms

Serie 02 **Beschreibung von Diensten, Leistungsmerkmale von Mobilstationen**

02.01 Principles of Telecommunication Services Supported by a GSM Public Land Mobile Network
02.02 Bearer Services Supported by a GSM Public Land Mobile Network
02.03 Teleservices Supported by a GSM Public Land Mobile Network
02.04 General on Supplementary Services
02.34 High Speed Circuit Switched Data (HSCSD)
02.60 General Packet Radio Service – Service Description

Serie 03 **Netzfunktionen und -architektur; Realisierung von Diensten**

03.01 Network Functions
03.02 Network Architecture
03.03 Numbering, Addressing and Identification
03.08 Organization of Subscriber Data
03.09 Handover Procedures
03.10 GSM Public Land Mobile Network Connection Types
03.11 Technical Realization of Supplementary Services
03.12 Location Registration Procedures
03.20 Security Related Network Functions
03.22 Functions Related to Mobile Station in Idle Mode
03.30 Radio Network Planning Aspects
03.34 High Speed Circuit Switched Data (HSCSD) – Stage 2
03.40 Technical Realization of the Short Message Service Point to Point
03.41 Technical Realization of Short Message Service Cell Broadcast
03.64 General Packet Radio Service; Overall Description of the GPRS Radio Interface

Serie 04 **Spezifikationen der Schnittstellen und Protokolle (Schicht 2 und 3) zwischen der Mobilstation und dem Netz**

04.01 Mobile Station - Base Station System Interface; General Aspects and Principles.
04.05 Data Link Layer General Aspects
04.08 Mobile Radio Interface Layer 3 Specification
04.60 General Packet Radio Service; Mobile Station – Base Station System Interface; Radio Link Control/Medium Access Control Protocol
04.64 General Packet Radio Service; Mobile Station – Serving GPRS Support Node; Logical Link Control Layer Specification
04.65 General Packet Radio Service; Mobile Station – Serving GPRS Support Node; Subnetwork Dependent Convergence Protocol

Serie 05 **Die physikalische Schicht der Funkschnittstelle**

05.01 Physical Layer on the Radio Path; General Description
05.02 Multiplexing and Multiple Access on the Radio Path
05.03 Channel Coding
05.04 Modulation
05.05 Radio Transmission and Reception
05.08 Radio Subsystem Link Control
05.22 Radio Link Management in Hierarchical Networks

Serie 06 **Sprachcodierung, Voice Activity Detection, Discontinuous Transmission**
- 06.01 Full Rate Speech Processing Functions
- 06.02 Half Rate Speech Processing Functions
- 06.51 Enhanced Full Rate Speech Processing Functions; General Description

Serie 07 **Terminal Adaption Functions, Datenratenanpassung in der Mobilstation**
- 07.01 General on Terminal Adaptation Functions for Mobile Stations

Serie 08 **Spezifikationen zu den Schnittstelle zwischen Base Transceiver Station, Base Station Controller und Mobile Switching Centre bzw. Serving GPRS Support Node**
- 08.02 Base Station System – Mobile Switching Centre Interface; Interface Principles
- 08.08 Mobile Switching Centre – Base Station System Interface; Layer 3 Specification
- 08.18 Base Station System – Serving GPRS Support Node; BSS GPRS Protocol
- 08.52 Base Station Controller – Base Transceiver Station Interface; Interface Principles
- 08.58 Base Station Controller – Base Transceiver Station Interface; Layer 3 Specification

Serie 09 **Signalisierung innerhalb des Switching Sub-Systems, Interworking mit anderen Netzen**
- 09.01 General Network Interworking Scenarios
- 09.02 Mobile Application Part (MAP) Specification
- 09.11 Signalling Interworking for Supplementary Services
- 09.60 GPRS Tunnelling Protocol Across the Gn and Gp Interface
- 09.61 General Packet Radio Service; Interworking between the Public Land Mobile Network Supporting GPRS and Packet Data Networks

Serie 10 **Projekt Management; Status bei der Spezifikation neuer Leistungsmerkmale**
- 10.01 GSM Features and Releases

Serie 11 **Gerätespezifikation; Richtlinien für die Zulassungsprüfung**
- 11.10 Mobile Station Conformity Specification
- 11.11 Specification of the Subscriber Identity Module – Mobile Equipment Interface
- 11.14 Specification of the SIM Application Toolkit for the Subscriber Identity Module – Mobile Equipment Interface
- 11.20 The GSM Base Station System Equipment Specification

Serie 12 **Betriebs- und Wartungsaspekte**
- 12.00 Objectives and Structure of Network Management
- 12.01 Common Aspects of GSM Network Management
- 12.02 Subscriber, Mobile Equipment and Services Data Administration
- 12.03 Security Management
- 12.04 Performance Data Measurements
- 12.06 Operations and Performance Management

D.2 Überblick über die Spezifikationsdokumente des UMTS-Standards

Die Spezifikationsdokumente werden herausgegeben vom 3rd Generation Partnership Project (3GPP). Die Gliederung in Serien lehnt sich weitgehend an die der GSM-Spezifikationen an; d.h., die Thematik der GSM-Serie x findet (bis auf einige Ausnahmen) ihre Entsprechung in der UMTS-Serie mit der Nummer x + 20.

Beispiel: Beschreibung von Diensten; GSM-Serie 02, UMTS-Serie 22

Serie 21	Anforderungsspezifikationen, Begriffsklärungen, Übersicht über die Dokumente
Serie 22	Beschreibung von Diensten
Serie 23	Netzfunktionen und -architektur; Realisierung von Diensten
Serie 24	Spezifikationen der Schnittstellen und Protokolle (Schicht 2 und 3) zwischen dem User Equipment und dem Core Network
Serie 25	Spezifikationen zum UMTS Terrestrial Radio Access Network (UTRAN) 25.1xy Sender- und Empfängerkenngrößen 25.2xy Modulation, Spreizung, Kanalcodierung, Multiplexing, Transportkanäle, Prozeduren der physikalischen Schicht (Power Control, Synchronisation, Zellsuche, …) 25.3xy Schichten 2 und 3 der Funkschnittstelle 25.4xy Spezifikation der Schnittstellen zwischen Node B, RNC und Core Network
Serie 26	Spezifikationen zu Sprachcodecs, Videocodecs, ...
Serie 27	Terminal Adaption Functions, Realisierung von Datendiensten im User Equipment
Serie 28	freigehalten für neue Themenbereiche
Serie 29	Signalisierung innerhalb des Switching Sub-Systems, Interworking mit anderen Netzen
Serie 30	Projektmanagement; Status der Spezifikationen, Zeitpläne, Aufgabenpläne
Serie 31	Gerätespezifikation; Richtlinien für die Zulassungsprüfung
Serie 32	Betriebs- und Wartungsaspekte
Serie 33	Sicherheitsrelevante Netzfunktionen
Serie 34	Test Spezifikationen

D.3 Einige wichtige DECT-Spezifikationsdokumente

Herausgegeben durch das European Telecommunications Standards Institute (ETSI)

ETS 300 175	DECT Common Air Interface Specification – Part 1: Overview – Part 2: Physical Layer – Part 3: Medium Access Control Layer – Part 4: Data Link Control Layer – Part 5: Network Layer – Part 6: Identities and Addressing – Part 7: Security Features – Part 8: Speech Coding and Transmission
ETS 300 444	Generic Access Profile (GAP)
ETS 300 466	DECT/GSM Interworking Profile; General Description of Service Profiles; Functional Capabilities and Information Flows
ETS 301 649	DECT Packet Radio Service (DPRS)
ETS 301 650	DECT Multimedia Access Profile (DMAP) Application Specific Access Profile
ETS 300 765	Radio in the Local Loop Access Profile (RAP)
ETS 300 824	Cordless Terminal Mobility (CTM), CTM Access Profile (CAP).
ETR 056	System Description Document
ETR 246	Application of DECT Wireless Relay Stations (WRS)
ETR 178	A High Level Guide to DECT Standardization

D.4 Einige wichtige HiperLAN/2-Spezifikationsdokumente

Herausgegeben durch das European Telecommunications Standards Institute (ETSI)

ETR 101 031	Requirements and Architectures for Wireless Broadband Access
ETR 101 683	System Overview
ETS 101 475	Physical Layer
ETS 101 761	Data Link Control (DLC) Layer – Part 1: Basic Data Transport Functions – Part 2: Radio Link Control Protocol – Part 3: Profile for Business Environment – Part 4: Extension for Home Environment
ETS 101 493	Packet Based Convergence Layer – Part 1: Common Part – Part 2: Ethernet Service Specific Convergence Sublayer – Part 3: IEEE 1394 Service Specific Convergence Sublayer
ETS 101 763	Cell Based Convergence Layer – Part 1: Common Part – Part 2: UNI Service Specific Convergence Sublayer

D.5 Bluetooth-Spezifikationen

Herausgegeben von der Bluetooth Special Interest Group (BSIG); frei erhältlich unter deren Internetseiten (http://www.bluetooth.com/developer/specification/specification.asp):

Specification of the Bluetooth System:
Vol. 1, Core Specification,
Vol. 2, Profiles

D.6 Der IEEE 802.11-Standard

Der IEEE 802.11-Standard wird herausgegeben vom Institute of Electrical and Electronics Engineers. Informationen erhält man unter http://standards.ieee.org/wireless/overview.html#802.11.

D.7 WAP-Spezifikationen

Herausgegeben vom WAP-Forum; frei erhältlich unter deren Internetseiten (www.wapforum.org). Die Namen einiger Spezifikationsdokumente sind im Folgenden aufgeführt:

Wireless Application Environment Overview
Wireless Application Environment Specification
Wireless Application Protocol Architecture Specification
Wireless Datagram Protocol Specification
Wireless Markup Language
Wireless Markup Language Script
Wireless Session Protocol
Wireless Telephony Application Specification
Wireless Telephony Application Interface
Wireless Transport Layer Security Protocol
Wireless Transaction Protocol Specification

Anhang E Erlang-Tabelle

Die Zahlen in der Tabelle geben das versorgbare Verkehrsangebot A in Abhängigkeit von der Kanalzahl N (N = 1, 2, …, 100) und der Blockierrate B (B = 0,5%, 1%, 2%, 3%, 5%, 10%) an.

N	0,5%	1%	2%	3%	5%	10%
1	0.005	0.01	0.02	0.03	0.05	0.11
2	0.11	0.15	0.22	0.28	0.38	0.60
3	0.35	0.46	0.60	0.72	0.90	1.27
4	0.70	0.87	1.09	1.26	1.52	2.05
5	1.13	1.36	1.66	1.88	2.22	2.88
6	1.62	1.91	2.28	2.54	2.96	3.76
7	2.16	2.50	2.94	3.25	3.74	4.67
8	2.73	3.13	3.63	3.99	4.54	5.60
9	3.33	3.78	4.34	4.75	5.37	6.55
10	3.96	4.46	5.08	5.53	6.22	7.51
11	4.6	5.2	5.9	6.3	7.1	8.5
12	5.3	5.9	6.6	7.2	8.0	9.5
13	6.0	6.6	7.4	8.0	8.8	10.5
14	6.7	7.4	8.2	8.8	9.7	11.5
15	7.4	8.1	9.0	9.7	10.6	12.5
16	8.1	8.9	9.8	10.5	11.6	13.5
17	8.8	9.7	10.7	11.4	12.5	14.5
18	9.6	10.4	11.5	12.2	13.4	15.6
19	10.3	11.2	12.3	13.1	14.3	16.6
20	11.1	12.0	13.2	14.0	15.3	17.6
21	11.9	12.8	14.0	14.9	16.2	18.7
22	12.6	13.7	14.9	15.8	17.1	19.7
23	13.4	14.5	15.8	16.7	18.1	20.7
24	14.2	15.3	16.6	17.6	19.0	21.8
25	15.0	16.1	17.5	18.5	20.0	22.8
26	15.8	17.0	18.4	19.4	21.0	23.9
27	16.6	17.8	19.3	20.3	21.9	24.9
28	17.4	18.7	20.2	21.2	22.9	26.0
29	18.2	19.5	21.0	22.2	23.8	27.1
30	19.0	20.3	21.9	23.1	24.8	28.1
31	19.9	21.2	22.8	24.0	25.8	29.2
32	20.7	22.1	23.7	24.9	26.8	30.2
33	21.5	22.9	24.6	25.9	27.7	31.3
34	22.3	23.8	25.5	26.8	28.7	32.4
35	23.2	24.6	26.4	27.7	29.7	33.4
36	24.0	25.5	27.4	28.7	30.7	34.5
37	24.9	26.4	28.3	29.6	31.6	35.6
38	25.7	27.3	29.2	30.5	32.6	36.7
39	26.5	28.1	30.1	31.5	33.6	37.7
40	27.4	29.0	31.0	32.4	34.6	38.8
41	28.2	29.9	31.9	33.4	35.6	39.9
42	29.1	30.8	32.8	34.3	36.6	40.9
43	29.9	31.7	33.8	35.3	37.6	42.0
44	30.8	32.6	34.7	36.2	38.6	43.1
45	31.7	33.4	35.6	37.2	39.6	44.2
46	32.5	34.3	36.5	38.1	40.6	45.3
47	33.4	35.2	37.5	39.1	41.6	46.3
48	34.3	36.1	38.4	40.0	42.5	47.4
49	35.1	37.0	39.3	41.0	43.5	48.5
50	36.0	37.9	40.3	41.9	44.5	49.6

N	0,5%	1%	2%	3%	5%	10%
51	36.9	38.8	41.2	42.9	45.5	50.7
52	37.7	39.7	42.1	43.9	46.5	51.7
53	38.6	40.6	43.1	44.8	47.5	52.8
54	39.5	41.5	44.0	45.8	48.5	53.9
55	40.4	42.4	44.9	46.7	49.5	55.0
56	41.2	43.3	45.9	47.7	50.6	56.1
57	42.1	44.2	46.8	48.7	51.6	57.2
58	43.0	45.1	47.8	49.6	52.6	58.2
59	43.9	46.0	48.7	50.6	53.6	59.3
60	44.8	47.0	49.7	51.6	54.6	60.4
61	45.7	47.9	50.6	52.5	55.6	61.5
62	46.5	48.8	51.5	53.5	56.6	62.6
63	47.4	49.7	52.5	54.5	57.6	63.7
64	48.3	50.6	53.4	55.5	58.6	64.8
65	49.2	51.5	54.4	56.4	59.6	65.8
66	50.1	52.4	55.3	57.4	60.6	66.9
67	51.0	53.4	56.3	58.4	61.6	68.0
68	51.9	54.3	57.2	59.4	62.7	69.1
69	52.8	55.2	58.2	60.3	63.7	70.2
70	53.7	56.1	59.1	61.3	64.7	71.3
71	54.6	57.0	60.1	62.3	65.7	72.4
72	55.5	58.0	61.0	63.3	66.7	73.5
73	56.4	58.9	62.0	64.2	67.7	74.6
74	57.3	59.8	63.0	65.2	68.7	75.7
75	58.2	60.7	63.9	66.2	69.7	76.8
76	59.1	61.7	64.9	67.2	70.8	77.8
77	60.0	62.6	65.8	68.1	71.8	78.9
78	60.9	63.5	66.8	69.1	72.8	80.0
79	61.8	64.4	67.7	70.1	73.8	81.1
80	62.7	65.4	68.7	71.1	74.8	82.2
81	63.6	66.3	69.7	72.1	75.8	83.3
82	64.5	67.2	70.6	73.1	76.9	84.4
83	65.4	68.2	71.6	74.0	77.9	85.5
84	66.3	69.1	72.5	75.0	78.9	86.6
85	67.2	70.0	73.5	76.0	79.9	87.7
86	68.1	71.0	74.5	77.0	80.9	88.8
87	69.0	71.9	75.4	78.0	82.0	89.9
88	69.9	72.8	76.4	79.0	83.0	91.0
89	70.9	73.8	77.4	79.9	84.0	92.1
90	71.8	74.7	78.3	80.9	85.0	93.2
91	72.7	75.6	79.3	81.9	86.0	94.3
92	73.6	76.6	80.2	82.9	87.1	95.3
93	74.5	77.5	81.2	83.9	88.1	96.4
94	75.4	78.4	82.2	84.9	89.1	97.5
95	76.3	79.4	83.1	85.9	90.1	98.6
96	77.3	80.3	84.1	86.8	91.2	99.7
97	78.2	81.3	85.1	87.8	92.2	100.8
98	79.1	82.2	86.0	88.8	93.2	101.9
99	80.0	83.1	87.0	89.8	94.2	103.0
100	80.9	84.1	88.0	90.8	95.3	104.1

Anhang F Abkürzungsverzeichnis

3GPP	Third Generation Partnership Project
A3	Algorithmus für die Authentication
A5	Algorithmus für die Verschlüsselung
A8	Algorithmus für die Erzeugung eines Schlüssels
ACF	Association Control Function
ACK	Acknowledgement
ACL	Asynchronous Connection-Less Link
ADPCM	Adaptive Differential Pulse Code Modulation
AGCH	Access Grant Channel
AMPS	Advanced Mobile Phone System
AMR	Adaptive Multi-Rate (Speech Codec)
AN	Access Network
AP	Access Point
APN	Access Point Name
ARC	Access Rights Class
ARFCN	Absolute Radio Frequency Channel Number
ARI	Access Rights Identifier
ARQ	Automatic Repeat Request
ASCH	Association Control Channel
ASCI	Advanced Speech Call Items
ATM	Asynchronous Transfer Mode
AuC	Authentication Centre
BCC	Base Station Colour Code
BCCH	Broadcast Control Channel
BCH	Broadcast Channel
BCS	Block Check Sequence
BER	Bit Error Rate
BFI	Bad Frame Indicator
BG	Border Gateway
BLER	Block Erasure Rate
BPSK	Binary Phase Shift Keying
BS	Base Station
BSC	Base Station Controller
BSIC	Base Station Identity Code
BSIG	Bluetooth Special Interest Group
BSS	Base Station Sub-System
BTS	Base Transceiver Station
C1, C2	Cell-Selection-Kriterien
CAI	Common Air Interface
CBC	Cell Broadcast Centre
CBCH	Cell Broadcast Channel
CC	Call Control
CCCH	Common Control Channel
CCFP	Central Control Fixed Part
CCH	Control Channel
CCK	Complimentary Code Keying
CEPT	Conférence Européenne des Postes et Télécommunications
CDM	Code Division Multiplex
CDMA	Code Division Multiple Access
CI	Cell Identifier
CIR	Carrier-to-Interference Ratio
CM	Call Management
CN	Core Network
CRC	Cyclic Redundancy Check
CS	Coding Scheme
CSD	Circuit Switched Data
CSMA	Carrier Sense Multiple Access
CSMA/CA	CSMA Collision Avoidance
CTS	Clear To Send
D-AMPS	Digital AMPS
DCA	Dynamic Channel Allocation
DCH	Dedicated Channel
DCCH	Dedicated Control Channel
DCS	Digital Communication System
DECT	Digital Enhanced Cordless Telecommunications
DFS	Dynamic Frequency Selection
DL	Downlink
DLC	Data Link Control
DMAP	DECT Multimedia Access Profile
DQPSK	Differential QPSK
DPCCH	Dedicated Physical Control Channel
DPDCH	Dedicated Physical Data Channel
DPRS	DECT Packet Radio Service
DRX	Discontinuous Receiption
DSCH	Downlink Shared Channel
DSSS	Direct Sequence Spread Spectrum
DTX	Discontinuous Transmission
E-OTD	Enhanced Observed Time Difference
ECSD	EDGE Circuit Switched Data
EDGE	Enhanced Data Rates for GSM Evolution
EFR	Enhanced Full Rate Speech Codec
EGPRS	EDGE General Packet Radio Service
EIR	Equipment Identification Register
EIRP	Effective Isotropic Radiated Power
EMLPP	Enhanced Multi-Level Priority and Pre-emption
ERMES	European Radio Messaging System
ETSI	European Telecommunication Standards Institute
ETR	ETSI Technical Report
ETS	ETSI Technical Specification
FACCH	Fast Associated Control Channel
FACH	Forward Access Channel
FCA	Fixed Channel Allocation
FCCH	Frame Control Channel
FCCH	Frequency Correction Channel

FCS	Frame Check Sequence
FDM	Frequency Division Multiplex
FDMA	Frequency Division Multiple Access
FDD	Frequency Division Duplex
FEC	Forward Error Correction
FER	Frame Erasure Rate
FH	Frequency Hopping
FHSS	Frequency Hopping Spread Spectrum
FN	Frame Number
FP	Fixed Part
FPN	Fixed Part Number
FPS	Fixed Part Subnumber
FR	Full Rate
GAP	Generic Access Profile
GCI	Global Cell Identifier
GCR	Group Call Register
GGSN	Gateway GPRS Support Node
GMLC	Gateway Mobile Location Centre
GMSC	Gateway Mobile Switching Centre
GMSK	Gaussian Minimum Shift Keying
GSM	Global System for Mobile Communications
GPRS	General Packet Radio Service
GP	Guard Period
GPS	Global Positioning System
GTP	GPRS Tunnel Protocol
HiperLAN	High Performance Radio Local Area Network
HLR	Home Location Register
HO	Handover
HR	Half Rate
HSCSD	High Speed Circuit Switched Data
HSN	Hopping Sequence Number
HTML	Hyper Text Markup Language
IEEE	Institute of Electrical and Electronics Engineers
IMEI	International Mobile Equipment Identity
IMSI	International Mobile Subscriber Identity
IMT2000	International Mobile Telecommunications 2000
INMARSAT	International Maritime Satellite Organization
IP	Internet Protocol
IPUI	International Portable User Identity
ISDN	Integrated Services Digital Network
ISM	Industrial, Scientific, Medical
IS	Interim Standard (ISO)
ISO	International Standards Organization
ITU	International Telecommunication Union
ITU-R	ITU Radio Sector
IWU	Interworking Unit
JDC	Japanese Digital Cellular
LA	Location Area
LAC	Location Area Code
LAI	Location Area Identifier
LAN	Local Area Network
LAPD	Link Access Protocol for the D-Channel
LCCH	Link Control Channel
LCS	Location Service
LLC	Logical Link Control
LMU	Location Measurement Unit
LOS	Line of Sight
MAC	Medium Access Control
MAIO	Mobile Allocation Index Offset
MAP	Mobile Application Part
MCC	Mobile Country Code
MLC	Mobile Location Centre
MM	Mobility Management
MNC	Mobile Network Code
MOC	Mobile Originated Call
MoU	Memorandum of Understanding
MS	Mobile Station
MSC	Mobile Switching Centre
MSK	Minimum Shift Keying
MSISDN	Mobile Station ISDN Number
MSRN	Mobile Station Roaming Number
MT	Mobile Terminal
MTC	Mobile Terminating Call
MTP	Message Transfer Part
N(R)	Empfangsfolgenummer
N(S)	Sendefolgenummer
NACK	Negative Acknowledgement
NCC	Network Colour Code
NCH	Notification Channel
NLOS	Non Line of Sight
NWK	Network Layer
ODMA	Opportunity Driven Multiple Access
OFDM	Orthogonal Frequency Division Multiplex
OFDMA	Orthogonal Frequency Division Multiple Access
OMC	Operation and Maintenance Centre
OSI	Open System Interconnection
OVSF	Orthogonal Variable Spreading Factor
P-TMSI	Packet TMSI
PABX	Private Automatic Branch Exchange
PACCH	Packet Associated Control Channel
PAGCH	Packet Access Grant Channel
PARK	Portable Access Rights Key
PBCCH	Packet Broadcast Control Channel
PC	Power Control
PCCCH	Packet Common Control Channel

PCH Paging Channel
PCM Pulse Code Modulation
PCS Personal Communication System
PDP Packet Data Protocol
PDCCH Packet Dedicated Control Channel
PDTCH Packet Data Traffic Channel
PHL Physical Layer
PIN Personal Identification Number
PLMN Public Land Mobile Network
PMR Private Mobile Radio (Betriebsfunk)
PNCH Packet Notification Channel
PP Portable Part
PPCH Packet Paging Channel
PRACH Packet Random Access Channel
PSC Primary Scrambling Code
PSK Phase Shift Keying
PTCCH Packet Timing Advance Control Channel
PTM Point To Multipoint
PTP Point To Point
PUT Portable User Type

QAM Quadrature Amplitude Modulation
QoS Quality of Service
QPSK Quadrature Phase Shift Keying

RACH Random Access Channel
RAI Routing Area Identity
RAND Random Number for Authentication
RBCH RLC Broadcast Control Channel
RFCH Random Access Feed Back Channel
RFP Radio Fixed Part
RFPI Radio Fixed Part Identity
RFPN Radio Fixed Part Number
RLC Radio Link Control
RLL Radio in the Local Loop
RLP Radio Link Protocol
RNC Radio Network Controller
RNS Radio Network System
RR Radio Resource Management
RRC Radio Resource Control
RSS Radio Sub-System
RSSI Received Signal Strength Indicator
RTS Ready to Send
RX Receiver
RXLEV Received Level
RXQUAL Received Quality

SACCH Slow Associated Control Channel
SC Service Centre
SCO Synchronous Connection-Oriented Link
SDCCH Stand Alone Dedicated Control Channel
SDMA Space Division Multiple Access
SF Spreading Factor
SGSN Serving GPRS Support Node
SIM Subscriber Identification Module
SIR Signal-to-Interference-Ratio
SM-SC Short Message Service Centre
SMG Special Mobile Group
SMLC Serving Mobile Location Centre
SMS Short Message Service
SNDCP Subnetwork Dependent Convergence Protocol
SNR Signal-to-Noise Ratio
SPC Signalling Point Code
SRES Signed Response
SSS Switching Sub-System

TA Timing Advance
TAF Terminal Adaption Function
TCH Traffic Channel
TCH/F Full Rate Traffic Channel
TCH/H Half Rate Traffic Channel
TCP Transmission Control Protocol
TD/CDMA Time Division and Code Division Multiple Access
TDD Time Division Duplex
TDM Time Division Multiplex
TDMA Time Division Multiple Access
TFI Temporary Flow Identity
TLLI Temporary Logical Link Identifier
TMSI Temporary Mobile Subscriber Identity
TN Time Slot Number
TOA Time of Arrival
TPC Transmission Power Control
TPUI Temporary Portable User Identity
TS Technical Specification
TSC Training Sequence Code
TSG Technical Specification Group
TRAU Transcoding and Rate Adaption Unit
TRX Transceiver
TX Transmitter
TXPWR Transmit Power Level

UBCH User Broadcast Channel
UDCH User Data Channel
UDP User Datagram Protocol
UE User Equipment
UL Uplink
UMCH User Multicast Channel
UMTS Universal Mobile Telecommunication System
URL Uniform Resource Locator
USF Uplink State Flag
USIM UMTS Subscriber Identification Module
UTRA UMTS Terrestrial Radio Access
UTRAN UMTS Terrestrial Radio Access Network

VAD Voice Activity Detection
VLR Visitor Location Register

WAE	Wireless Application Environment
WAP	Wireless Application Protocol
WCDMA	Wideband CDMA
WDP	Wireless Datagram Protocol
WLAN	Wireless Local Area Network
WLL	Wireless Local Loop
WML	Wireless Markup Language
WRS	Wireless Relay Station
WSP	Wireless Session Protocol
WTA	Wireless Telephony Applications
WTP	Wireless Transaction Protocol
WTLS	Wireless Transport Layer Security

Literaturverzeichnis

[1] Internetseiten der GSM Association, www. gsmworld.com

[2] B. WALKE: *Mobilfunknetze und ihre Protokolle – Band 1*. Stuttgart: Teubner Verlag, 1998.

[3] M. BOSSERT; M. BREITBACH: *Digitale Netze*. Stuttgart – Leipzig: Teubner Verlag, 1999.

[4] W.D. HAASS: *Handbuch der Kommunikationsnetze – Einführung in die Grundlagen und Methoden der Kommunikationsnetze*. Berlin – Heidelberg: Springer Verlag, 1997.

[5] K. DAVID; T. BENKNER: *Digitale Mobilfunksysteme – Grundlagen und aktuelle Systeme*. Stuttgart: Teubner Verlag, 1996.

[6] K. BEUTH; R. HANEBUTH; G. KURZ; C. LÜDERS: *Nachrichtentechnik*. Würzburg: Vogel Buchverlag, 2001.

[7] J. GROSSKOPF: *Wellenausbreitung I*. Hochschul-Taschenbücher. Mannheim: Bibliografisches Institut, 1970.

[8] N. GENG; W. WIESBECK: *Planungsmethoden für die Mobilkommunikation – Funknetzplanung unter realen physikalischen Ausbreitungsbedingungen*. Berlin – Heidelberg – New York: Springer Verlag, 1998.

[9] W.C.Y. LEE: *Mobile Communications Design Fundamentals*. New York: Wiley-Interscience Publications, 1993.

[10] M.J. FEUERSTEIN; K.L. BLACKARD; T.S. RAPPAPORT et al.: Path Loss, Delay Spread and Outage Models as Functions of Antenna Height for Microcellular System Design. *IEEE Trans. Veh. Technol., Vol. 43*, No. 3, S. 407–498, Aug. 1994.

[11] HASHIMI: The Indoor Radio Propagation Channel. Proc. *IEEE, Vol. 81*, No. 7, July 1993.

[12] T.S. RAPPAPORT; S. SANDHU: Radio Wave Propagation for Emerging Wireless Communication Systems. *IEEE Antennas and Propagation Magazine, Vol. 36*, No. 5, 14–24, Okt. 1994.

[13] P.E. MORGENSEN; P.L. ESPENSEN; K.I. PEDERSEN; P. ZETTERBERG: Antenna Arrays and Space Division Multiple Access. In: *Evolution Towards 3rd Generation Systems*. Editors: P. JUNG, K. KAMMERLANDER, P. ZVONAR. Boston – Dordrecht – London: Kluwer Academic Press, 1999.

[14] A. KLEIN; W. MOHR: A Statistical Wideband Radio Channel Model Including the Directions-of-Arrival. Proc. *IEEE 4th Intern. Symp. on Spread Spectrum Techniques and Applications*, S. 102–106, Sept. 1996.

[15] W. MOHR: Radio Propagation for Local Loop Applications at 2 GHz. Proc. *IEEE Int. Conf. on Universal Personal Communication*, S. 119–123, 0kt. 1994.

[16] W.C.Y. LEE: *Mobile Cellular Telecommunications Systems*. New York: McGraw-Hill, 1989.

[17] K.D. KAMMEYER: *Nachrichtenübertragung*. Stuttgart: Teubner Verlag, 1996.

[18] J.G. PROAKIS: *Digital Communications*. New York: McGraw-Hill, 1995.

[19] S. BENEDETTO; E. BIGLIERI: *Principles of Digital Transmission*. New York: Kluwer Academic Press, 1999.

[20] M. MEYER: *Kommunikationstechnik*. Braunschweig: Vieweg, 1999.

[21] M. BOSSERT: *Kanalcodierung*. Stuttgart: Teubner Verlag, 1998.

[22] H. ROHLING: *Einführung in die Informations- und Codierungstheorie*. Stuttgart: Teubner Verlag, 1995.

[23] J. HAGENAUER; P. ROBERTSON; L. PAPKE: Iterative «Turbo») Decoding of Systematic Convolutional Codes with the MAP and SOVA Algorithms. *Proc. of the ITG-Conf. on Source and Channel Coding*. München, Frankfurt: VDE-Verlag, 1994.

[24] J. HAGENAUER; T. STOCKHAMMER: Channel Coding and Transmission Aspects for Wireless Multimedia. *Proc. IEEE 87*, S. 1764–1777, Okt. 1999.

[25] P. VARY; U. HEUTE; W. HESS: *Digitale Sprachsignalverarbeitung*. Stuttgart: Teubner 1998.

[26] P. VARY: Sprachcodec in GSM-Mobilfunknetzen. *Funkschau*, Nr. 7, 1998.

[27] H. SCHULTE; M. TANGEMANN: Multiplex- und Mehrfachzugriffsverfahren. *Deutsche Telekom Unterrichtsblätter, 52. Jg.*, Nr. 9, S. 516–524, Sept. 1999.

[28] N. HARTHUN; A. BÄHR: Einführung in die Bandspreiztechnik. *Deutsche Telekom Unterrichtsblätter, 52. Jg.*, Nr. 3, S. 176–185, März 1999.

[29] E.H. DINAN; B. JABBARI: Spreading Codes for Direct Sequence CDMA and Wideband CDMA Cellular Networks. *IEEE Commun. Magazine, Vol. 36*, No. 9, S. 48–55, Sept. 1998.

[30] ETSI SMG2: *Concept Group Alpha – Wideband Direct Sequence CDMA (WCDMA). Evaluation Document 3.0*. Dec. 1997.

[31] P. JUNG; B. STEINER: Konzept eines CDMA-Mobilfunksystems mit gemeinsamer Detektion für die dritte Mobilfunkgeneration. *Nachrichtentechnik Elektronik, Bd. 45*, 1995, Teil I: 10–14; Teil II: 24–27.

[32] P.W. Baier; T. Bing; A. Klein: TD-CDMA. Veröffentlicht in: Prasad, R; Mohr, W.; Konhäuser, W.: *Third Generation Mobile Communication Systems*. S. 26–72. Boston – London: Artech House, 2000.

[33] H. Rohling; T.K. May; K. Brüninghaus; R. Grünheid: Broadband OFDM Radio Transmission for Multimedia Applications. *Proc. IEEE, Vol. 87*, S. 1778–1789, Oct. 1999.

[34] M. Mouly, M.-B. Bernadette: *The GSM System for Mobile Communications*. Palaiseau: Selbstverlag, 1992.

[35] J. Eberspächer; H.-J. Vögel: *GSM – Global System for Mobile Communications*. Stuttgart: Teubner Verlag, 1997.

[36] J. Biala: *Mobilfunk und Intelligente Netze*. Braunschweig: Vieweg, 1994.

[37] Internetseiten des European Telecommunications Standards Institute (ETSI), www.etsi.org.

[38] History of GSM, http://www.gsmworld.com/about/history_gsm.html.

[39] J. Hämäläinen: High Speed Circuit Switched Data. In *Evolution Towards 3rd Generation Systems*. Editors: P. Jung, K. Kammerlander, P. Zvonar. Boston – Dordrecht – London: Kluwer Academic Press, 1999.

[40] Introduction to SMS, http://www.gsmworld.com/technology/sms.html.

[41] J. Hämäläinen: General Packet Radio Service. In *Evolution Towards 3rd Generation Systems*. Editors: P. Jung, K. Kammerlander, P. Zvonar. Boston – Dordrecht – London: Kluwer Academic Press, 1999.

[42] G. Brasche; B. Walke: Concepts, Services, and Protocols of the New GSM Phase 2+ General Packet Radio Service. *IEEE Commun. Magazine, Vol. 35*, No. 8, S. 94–104, Aug. 1997.

[43] P. Larsson; H. Olofsson: Performance Evaluation of Different Frequency Reuse Patterns and Channel Coding Schemes in GPRS. *Proc. 48th IEEE Vehicular Technology Conference, Vol. 1*, S. 139–143. New York, 1998.

[44] A. Furuskär; S. Mazur; F. Müller; H. Olofsson: EDGE: Enhanced Data Rates for GSM and TDMA/136 Evolution. *IEEE Pers. Commun.*, S. 56–66, Juni 1999.

[45] W. Webb: Advanced Speech Call Items. In: *Evolution Towards 3rd Generation Systems*. Editors: P. Jung, K. Kammerlander, P. Zvonar. Boston – Dordrecht – London: Kluwer Academic Press, 1999.

[46] M. Frömel: Bahn frei für GSM. GSM-Railway – Technik und Anwendungen. *net – Zeitschrift für Kommunikationsmanagement, Band 52*, Heft 12, Seite 54–57, 1998.

[47] S. Gneitling: Professioneller Mobilfunk – Konkurrenz belebt das Geschäft. *Funkschau Nr. 20*, S. 26–29, Sept. 2000.

[48] K. Manhart: Zahlungssysteme im M-Commerce. *Funkschau 25*, S. 18–23, Nov. 2000.

[49] Internetseite des WAP Forums, http://www.wapforum.org.

[50] *Wireless Application Protocol*. White Paper, herausgegeben vom WAP-Forum; erhältlich unter http://www.wapforum.org/what/whitepapers.htm, Juni 2000.

[51] *Introduction to the Wireless Application Protocol*. http://www.gsmworld.com/technology/wap.html.

[52] S. Buckingham: *An Introduction to Mobile Positioning*. Herausgegeben vom Mobile Lifestream Limited; erhältlich als White Paper unter http://www.gsmworld.com/technology/mls_presentations.html.

[53] GSM-NA Services Working Group, GSM Association Services Expert Rapporteur Group: *Location Based Services Service Requirements Document*. Editor R. Scott; erhältlich unter http://www.gsmworld.com/technology/mls_presentations.html, Jan. 2000.

[54] S. Hayes: Location Services – Just a Matter of Time. In: *Mobile News*, Feb. 2000; Herausgeber ETSI, erhältlich unter www.etsi.org.

[55] S. Schmitt: Telemetrie – Fernwirken über Handy. *Funkschau*, Nr. 13, S. 28–30, Juni 2000.

[56] Internetseite des DECT-Forums, www.dect.ch.

[57] B. Lauer: Multimediafähiger Datenfunk. *Funkschau*, Nr. 13, S. 43–45, Juni 2000.

[58] B. Walke: *Mobilfunknetze und ihre Protokolle – Band 2*. Stuttgart: Teubner Verlag, 1998.

[59] W. Ochsner: *DECT – The Standard Explained*. White Paper; erhältlich unter www.dect.ch, DECT Global Forum, Feb. 1997.

[60] *Applications of DECT Technology & Products*. http://www.dectweb.com/Introduction/applications.htm.

[61] *What is DECT? Some answers …* . http://www.dectweb.com/Introduction/answers.htm.

[62] J. Fuhl; G. Schultes; W. Kozek: Adaptive Equalization for DECT Systems Operating in Low Time-Dispersive Channels, Proc. *44th IEEE Conf. Vehicular Technology*, S. 714–718, 1994.

[63] Internetseiten der Bluetooth Special Interest Group; http://www.bluetooth.com.

[64] J. Kardach: *Bluetooth Tutorial*. Foliensatz erhältlich unter http://grouper.ieee.org/groups/802/11.

[65] H. Schulte: Bluetooth – ein neuer Funkstandard. *Deutsche Telekom Unterrichtsblätter, 53. Jg.*, Nr. 6, S. 276–279, Juni 2000.

[66] M. Johnson: *HiperLAN/2 – The Broadband Radio Transmission Technology Operating in the 5*

GHz Frequency Band. White Paper; erhältlich unter www.hiperlan2.com, HiperLAN/2 Global Forum, 1999.

[67] H.J. DRUDE; M. RADIMIRSCH: Kabelfreie 54-Mbit/s-Datenkommunikation. *Elektronik, Sonderheft Elektronik Wireless*, S. 30–34. Poing: WEKA Fachzeitschriften-Verlag, Okt. 2000.

[68] H. HOFFMANN: Firewire im Probelauf. *Computer und Automation*, Heft 3, Seite 34–37, 1999.

[69] Internetseiten des Institutes of Electrical and Electronics Engineers (IEEE): http://www.ieee.org.

[70] B. O'HARA; A. PETRICK: *IEEE 802.11 Handbook – A Designer's Companion*. New York: Standards Information Network IEEE Press, 1999.

[71] V. HAYES; G. ENNIS; P. BELANGER; W. DIEPSTRATEN; N. CHAYAT; J. BOER: *Tutorial on IEEE 802.11*. Foliensatz, erhältlich unter http://grouper.ieee.org/groups/802/11.

[72] J. ZYRAN; A. PETRICK: *IEEE 802.11 Tutorial*. White Paper, erhältlich unter www.wirelessethernet.com, Wireless Ethernet Compatibility Alliance, 1999.

[73] Internetseiten der International Telecommunication Union (ITU): http://www.itu.int.

[74] W. MOHR: Internationale Standardisierungsaktivitäten zur Definition der dritten Mobilfunkgeneration. *Frequenz, Band 54*, S. 97–105, März/April 2000.

[75] Internetseiten des 3rd Generation Partnership Projects (3GPP): http://www.3gpp.org.

[76] E. DAHLMANN; B. GUDMUNDSON; M. NILSON; J. SKÖLD: UMTS/IMT-2000 Based on Wideband CDMA. *IEEE Commun. Magazine, Vol. 36*, No. 9, S. 70–80, Sept. 1998.

[77] M. HAARDT; A. KLEIN; R. KOEHN; S. OESTREICH; M. PURAT; V. SOMMER; T. ULRICH: The TD-CDMA Based UTRA TDD Mode. *IEEE Journal on Selected Areas in Communications, Vol. 18*, No. 8, S. 1375–1385, Aug. 2000.

[78] Selection Procedures for the Choice of Radio Transmission Technologies of the Universal Mobile Telecommunications System. *ETSI Document UMTS 30.03*, Nov. 1997.

[79] U. REHFUESS; K. IVANOV; C. LÜDERS: A Novel Approach of Interfacing Link and System Level Simulations with Radio Network Planning. *Proc. Globecom 1998*, S. 1503–1508, 1998.

[80] K. ROHRBACHER: UMTS & Co. Netzplanungen für die dritte Mobilfunkgeneration. *Funkschau*, Heft 24, S. 64–67, Nov. 2000.

[81] Y. OKUMURA; E. OHMORI; T. KAWANO; K. FUKUDA: Field Strength and its Variability in VHF and UHF Land Mobile Radio Service. *Review of the Electrical Commun. Laboratory, Vol. 16*, No. 9–10, S. 825–873, 1968.

[82] M. HATA: Empirical Formula for Propagation Loss in Land Mobile Radio Services. *IEEE Transactions on Vehicular Technology, Vol. VT-29*, No. 3. S. 317–325, Aug. 1980.

[83] M. LUSTIG; N. MÜLLER; J. TENCKHOFF; A. WELLER: Planung von GSM-Mobilfunknetzen mit dem Software-Tool Pegasos. *Deutsche Telekom Unterrichtsblätter, 52. Jg.*, Nr. 5, S. 294–305, Mai 1999.

[84] J.E. BERG: A Recursive Method for Street Microcell Path Loss Calculations. *Proc. IEEE International Symposium on Personal, Indoor and Mobile Radio Communications*. Toronto, 1995.

[85] H. BENN; H. THOMAS: GSM in Indoor Business Environment. In: *Evolution Towards 3rd Generation Systems*. Editors: P. JUNG, K. KAMMERLANDER, P. ZVONAR. Boston – Dordrecht – London: Kluwer Academic Press, 1999.

[86] A.O. ALLEN: *Probability, Statistics and Queueing Theory with Computer Science Applications*. San Diego: Academic Press, 1997.

[87] V. BRASS; W.F. FUHRMANN: Traffic Engineering Experience from Operating Cellular Networks. *IEEE Commun. Magazine, Vol. 35*, No. 8, S. 66–71, Aug. 1997.

[88] K. IVANOV; C. LÜDERS; N. METZNER; U. REHFUESS: Spectral Capacity of Frequency Hopping GSM. In: *Evolution Towards 3rd Generation Systems*. Editors: P. JUNG, K. KAMMERLANDER, P. ZVONAR. Boston – Dordrecht – London: Kluwer Academic Press, 1999.

[89] P. GAASVIK: Examining the Swedish SuperCity Methodology for Increased Capacity and Indoor Coverage. *Proc. IIR Telecom & Technology Conference*. London, Juni 1997.

[90] U. REHFUESS; K. IVANOV: Comparing Frequency Planning Against 1 × 3 and 1 × 1 Re-Use in Real Frequency Hopping Networks. *Proc. 49th IEEE Veh. Technol. Conf.*, June 1999.

[91] K. IVANOV; G. SPRING: Mobile Speed Sensitive Handover in a Mixed Cell Environment. Proc. *IEEE 45th Vehicular Technology Conference, Vol. 2*, S. 892–896. New York, NY, USA, 1995.

[92] T. BENKNER: Ein spektrumneutrales Mikrozellsystem mit Makro-Schirmzellen. Vorträge der ITG-Fachtagung Mobile Kommunikation. *ITG-Fachber., Band 135*, S. 533–542. Berlin: VDE-Verlag, Sept. 1995.

[93] F. LAMPRECHT; A. BAIER: Methodik der Funknetzplanung für zellulare Mobilfunksysteme. Vorträge der ITG-Fachtagung Mobile Kommunikation. *ITG-Fachber., Band 135*, S. 517–524. Berlin: VDE-Verlag, Sept. 1995.

[94] S. ANDERSON; U. FORSSEN; J. KARLSSON; T. WITZSCHEL; A. KRUG: Ericsson/Mannesmann GSM Field-Trials with Adaptive Antennas. Vorträge der 2. EPMCC 97 und 3. *ITG-Fachta-*

gung, Bonn, ITG-Fachberichte, Band 145, Seite 77–85 Berlin – Offenbach: VDE-Verlag, 1997.

[95] H. BRIEL: Adaptive Antennen. *Funkschau*, Heft 22, Seite 78–80, 1998.

[96] J. FUHL; E. BONEK: A Comparative Analysis of Adaptation Schemes for Smart Antennas. *Proc. International Conf. on Telecommunications*, S. 427–432. Istanbul, 1996.

[97] K. IVANOV; C. LÜDERS; U. REHFUESS: Comparing and Estimating the Upper Bounds on the Capacity Gain from Different Smart Antenna Concepts in GSM Mobile Radio Networks. *Proc. 48th IEEE Veh. Technol. Conf.* Ottawa, May 1998.

[98] J.J. BLANZ; A. PAPATHANASSIOU; M. HAARDT; I. FURIO; P.W. BAIER: Smart Antennas for Combined DOA and Joint Channel Estimation in Time-slotted CDMA Mobile Radio Systems with Joint Detection. *IEEE Transactions on Vehicular Technology, Band 49*, Heft 2, S. 293–306, 2000.

[99] M. MADFORS; K. WALLSTEDT et al.: High Capacity with Limited Spectrum in Cellular Systems. *IEEE Commun. Magazine, Vol. 35*, No. 8, S. 38–45, Aug. 1997.

[100] W. MOHR; W. KONHÄUSER: Access Network Evolution Beyond Third Generation Mobile Communications. *IEEE Commun. Magazine, Vol. 32*, Nr. 12, S. 122–133, Dez. 2000.

[101] H. HOLMA; A. TOSKALA: *WCDMA for UMTS: Radio Access for Third Generation Mobile Communication*. Chichester, New York, Weinheim: John Wiley & Son Ltd., 2001.

[102] F. MURATORE: *UMTS: Mobile Communications for the Future*. Chichester, New York, Weinheim: John Wiley & Son Ltd., 2001.

[103] M. WITT (Hrsg.): *GRPS – Start in die mobile Zukunft*. Bonn: MITP-Verlag, 2000.

[104] T. ZIEGLER: *Einführung in WAP und WML*. Bonn: MITP-Verlag, 2000.

[105] E. NETT; M. MOCK; M. GERGELEIT: *Das drahtlose Ethernet*. Der IEEE 802.11 Standard: Grundlagen und Anwendungen. München: Addison-Wesley, 2001.

Stichwortverzeichnis

16 QAM 59, 237
3-dB-Breiten 29
3GPP (3rd Generation Partnership Projects) 108, 247
64 QAM 58, 237
8-PSK 201

A
A/D-Wandlung 50
Abschattungen 31
Absolute Radio Frequency Channel Number (ARFCN) 111
Abweisen eines Verbindungswunsches 299
Access
- Burst 127
- Classes 101
- Network 133, 248
- Point Name 189
Access Grant Channel (AGCH) 124, 128
Access Points (APs) 234
Access Rights Classes (ARC) 216
ACK 70
acknowledgement (ACK) 70
ACL 230
Adaptive Differential Pulse Code Modulation (ADPCM) 221
Adaptive Multirate Codec (AMR) 118, 255
Ad-hoc-Netze 228
Admission Control 299
ADPCM 221
Adressen 139, 141, 216
Advanced Speech Call Items (ASCI) 202
A-Feld 218
AGCH 124, 128
Alerting 151
--Meldung 152
Alive 241
ALOHA-Verfahren
–, Durchsatz 100
–, Stabilisierung 101
Amplitudenmodulation 53
AMR 118, 255
Anonymität 139
Antenna Diversity 306
Antennen, adaptive 310, 312
Antennen-Combiner 27
Antennendiversität 42
Antennengewinn 28
Antennen-Neigungswinkel 306
Antennensysteme, intelligente 306, 310
Anwendungsbereiche 213
Anwendungsprofile 212
Anwendungsschicht 20
Application Layer 20
Application Profiles 212
APs 234
ARC 216
ARFCN 111
ARQ 61
--Mechanismus, selektiver 196
--Protokolle, selektive 71
--Verfahren, hybrides 61, 68 f., 236
ASCI 202
Assignment
- Command 151 f.
- Complete 151 f.
Association Control Channel 238
asymmetrische Aufteilung der Zeitschlitze 82
asymmetrische Verbindung 230
Asynchronous Connection-Less Link (ACL) 230
Atmen der Zelle 265
Attach-Prozedur 145
AuC 136 f.
Ausbreitungskoeffizient 267
Aussendezeitpunkt, Regelung 165
Außenwände, Dämpfung durch 273
Authentication 213, 233, 239
- Centre 140
- Request 142, 151
- Response 151
Authentication Centre (AuC) 136 f.
Authentifizierung 149
Automatic Repeat Request (ARQ) 61
Autotelefonsysteme in Europa, analoge 15
Azimuth Spread 34

B
Bad Frame 118
Bahnfunk 110, 202
Base Station (BS) 137
Base Station Controller (BSC) 134, 137
Base Station Equipment 134
Base Station Identity Code (BSIC) 123, 154
Base Station Sub-System (BSS) 133
Basisstationen (BS) 19, 137
Basisstationsstandorte, Dichte 305
Base Transceiver Station (BTS) 134, 137
BCCH 120, 128, 238
--Frequenzen der Nachbarzellen 145
--Träger 121, 131, 154, 163, 299, 309
Beacon Channel 221
Bearer 219
- Handover 225
--Request-Meldung 224

Bearer
– Service 22, 108, 213
BER 55, 263
Bestätigung
–, negative 70
–, positive 70
Betriebsfunk 14
Bewerbungsphase 245
B-Feld 218
binäre Phasenumtastung 53
Binary Phase Shift Keying (BPSK) 53, 237
Bit, Energie 53
Bitdauer 111
bit error rate (BER) 55, 263
Bitfehlerrate 263
Bitsynchronisation bei Verbindungsaufbau 124
Bitübertragungsschicht 20 f.
Block-Code 63
Block Sequence Number (BSN) 197
Blockierrate 263, 286
Blocking
–, Hard- 96
–, Soft- 96
Bluetooth 227
– Special Interest Group 228
–, Frequency Hopping bei 229
–-Netzkonfiguration 228
–-Spezifikationen 333
Border Gateway 188
BPSK 53, 237
–, Bitfehlerraten 56
–-Signal, Bandbreite 54
Break Point 271
breitbandige Übertragung 37
Broadcast Channel 251, 253
Broadcast Common Control Channel (BCCH) 120, 238
BS 137
BSC 134, 137
–-Bereich 139
BSIC 123, 154
BSN 197
BSS 133
BS-Standort, Frequenzen 292
BTS 134, 137
Bündelfehler 66
Bündelfunk 14
Bündelgewinn 287
Bündelung von Kanälen 85
–, Regeln 173
Burst 115
– Typen 127
–, normale 201

C
C1-Kriterium 145
C2-Kriterium 148
CA 102
Call
– Confirmed 151
– Proceeding 151
–-Confirmed-Meldung 152
–-Control-Schicht 166
Capture Effect 99
Cards 204
carrier power 52
Carrier Sense Multiple Access (CSMA) 101, 244
carrier-to-interference-ratio (CIR) 52
CBCH 180
CCCH-Blöcke 129
CCH-Multiframe 129
CDM 78
CDMA 78, 246
–-Mobilfunksysteme 94
cdma2000 247
Cell
– breathing 265
– Broadcast Centre 179
– Broadcast Service 179
– Broadcast Short Message Service 179
– Identifier 189
– Reselection 146, 198
Cell Broadcast Channel (CBCH) 180
Cell Identifier (CI) 140
CEPT (Conférence des Administrations Européennes des Postes et Télécommunications) 14
Challenge-Response-Verfahren 140
Channel Request 151
–- Meldung 123, 148
Chipdauer 87
Chip-Rate 73, 250
Chips 72
CI 140
Cipher Mode Command 142, 151
Cipher Mode Complete 151
Cipher-Mode-Complete-Meldung 142
CIR 52
Circuit Switched Data 104, 168, 170
Class
–-1a-Bit 117
–-1b-Bit 117
–-2-Bit 117
Classmark Information 148
clear to send (CTS) 244
Close Loop Power Control 164, 259
Cluster 214, 291 f.
Cluster-Größe 298, 303
– bei Sektorzellen 293
Cluster-Größe K 292 ff.
CM Service Request 151
C-Netz 13 f.
co-channel cells 290
co-channel interference 51
Codebaum 87

Code Division Multiplex (CDM) 78
Code Division Multiple Access (CDMA) 78, 246
Codec Modes 119
Codemultiplex 86
Codemultiplex-Verfahren 78
–, Nachteile 92
–, Vorteile 92
Code-Rate 61, 236
Codesignal 72, 87
Codespreiztechnik 242
Codespreizung 299
Codierschema 182
– für EDGE 200
Codierung der Messwerte in GSM 154
Codierungsgewinn 65
Collision Avoidance (CA) 102
Common
– Air Interface 212
– Band Planning 309
– Control Channels 120
– Packet Channel 251
Complimentary Code Keying 243
Computernetze, drahtlose lokale 233
Connect 151
– Acknowledge 151
Connection Handover 225
Connect-Meldung 152
Constraint Length 63
Control Channels 109, 120
Control Informations Higher Layers 222
Convergence Layer 242
Cordless Terminal Mobility 214
Core Network 133
Cost-231-Hata-Modell 267
Cost-Walfish-Ikegami-Modell 269
Countdown Value (CV) 197
CSMA 101, 244
–, non-persistentes 102
–, persistentes 101
–, *p*-persistentes 102
CTS-Meldung 244
CV 197
Cyclic Hopping 112

D
Dämpfung
– durch Außenwände 273
– durch Decken 273
– durch Innenwände 273
– pro Dekade 30
–, entfernungsabhängige 31
D-AMPS 16
Darstellungsschicht 20
Data Link Control Layer (DLC) 220
Data Link Layer 20, 220
Daten, Verschlüsselung 207
Datenkanäle 221
Datennetz, Aufbau einer Verbindung 193
Datennetzadresse 193
Datenpakete, Übertragung 194
Datenrate, Grenze 201
Datenraten 252 f.
– auf Full-Rate- und Half-Rate-Kanälen 173
–, Realisierung verschiedener 90
Datenübertragung
– in GSM 168
–, leitungsvermittelte 105, 168, 170, 256
–, paketorientierte 256
Datenverkehrslast 289
dB 329
dBm 329
DCA 96
DCS 107
DCS1800 107, 110
Decke, Dämpfung durch 273
Decks 204
DECT 207, 212
– Packet Radio Service (DPRS) 221
–, Reichweite bei 213
–-Leistungsmerkmale 213
–-Netze, öffentliche 214
–-Relaisstationen 215
–-Spezifikationsdokumente 332
–-Standard 212
–-System 247
Dedicated
– Band Planning 309
– Channel 251 f.
– Control Channel 120, 125, 238
– Mode 152
Delay Spread 33
–, Beispiele 38
Detach-Prozedur 146
dezentraler Zugriffsmechanismus bei IEEE 802.11 245
Dezibel 329
Dienste, positionsbezogene 247
Dienstqualität 193, 263
Digital American Mobile Phone System (D-AMPS) 16
Digital Communication System (DCS) 107
Digital Enhanced Cordless Telecommunications (DECT) 207, 212
Direct Mode 215, 235, 243
Direct Sequence Spread Spectrum (DSSS) 73, 243
Discontinuous Receiption (DRX) 147
Discontinuous Transmission (DTX) 115, 299, 306, 309
Diversitätsgewinn 27, 44
Diversitätsverfahren 40
Downlink (DL) 19, 111, 252
DLC 220
DL 19, 111, 252
– Shared Channel 251
DRX 147

DSSS 73, 243
DTX 115, 299, 306, 309
Dualband 110
Dual-Mode-Endgerät 215
Dummy
- Bearer 221
- Burst 121, 127
Duplexabstand 79
Duplexkanäle pro MHz 85
Duplex-Verfahren 78, 217
Dynamic Channel Allocation (DCA) 96
Dynamic Frequency Selection 240
dynamische Frequenzwahl 240

E
ECSD 201
EDGE 200
–, Codierschema 202
–-fähige Mobilstationen 201
–, Grenze für die Datenrate 201
Effective Isotropic Radiated Power (EIRP) 235
Effizienz, spektrale 54, 58, 65, 75
EFR 115
EGPRS 201
EIR 136f.
EIRP 235
EMLPP 203
Empfängerempfindlichkeit 221
Empfängerkenngrößen 27, 277
Empfängerrauschen 50, 264
Empfangsfolgenummer 70, 171
Empfangspegel
–, Abfall nach einer Gebäudekante 272
–, lokaler Mittelwert 31, 39
Empfangspegelmessungen 83
Engset-Formel 288
Enhanced Circuit Switched Data (ECSD) 201
Enhanced Data Rates for GSM Evolution (EDGE) 200
Enhanced Full Rate Codex (EFR) 115
Enhanced General Packet Radio Service (EGPRS) 201
Enhanced Multi-Level Priority and Pre-emption 204
Enhanced-Full-Rate-Sprachcodec 118
Enhanced-Observed-Time-Difference (E-OTD) 208
Entzerrer 116, 219
E-OTD 208
equalizer 116, 219
Equipment Identification Register (EIR) 136f.
Erl 284
Erlang (Pseudo-Einheit) 284
–-B-Formel 286
–-Tabelle 334
ERMES 15
Error Control 241
ETSI 14, 212, 246
European Radio Message System (ERMES) 15
European Telecommunications Standards Institute (ETSI) 14, 212, 246
External Handover 225

F
FACCH 126, 128
Faktoren, kapazitätsbestimmende 302
Faltungscode 63
–, Punktierung 64
Fast Associated Control Channel (FACCH) 126, 128
FBI (Feedback Information) 252
FBI (Final Block Indicator) 197
FCA 97
FCCH 122, 128
FDD 79, 82, 111
FDD-Modus 93, 246, 256
FDM 78, 111
FDMA 78
FEC 61
Feedback Information (FBI) 252
Fehlererkennung 62
Fehlerkorrektur 62
Fehlerschutz 230
Fensterverfahren 70
FHSS 243
Final Block Indicator (FBI) 197
Fixed Beams 312
Fixed Channel Allocation (FCA) 97
Fixed Part (FP) 213, 216
FN 154
Forward Access Channel 251
Forward Error Correction (FEC) 61
FP 213
FR 115
Frame Control Channel (FCCH) 238
Frame Number (FN) 111, 154
Freiraumausbreitung 30
Freiraumausbreitungsformel 271
Freiraumdämpfung 30, 273
Frequency
- Correction Burst 127
- Hopping 67f., 112, 242, 299, 306, 309
- Hopping bei Bluetooth 229
Frequency Correction Channel (FCCH) 122, 128
Frequency Division Duplex (FDD) 79, 82, 111
Frequency Division Multiplex (FDM) 78, 111
Frequency Division Multiple Access (FDMA) 78
Frequency Hopping Spread Spectrum (FHSS) 243
Frequenz 25
Frequenzabstand 297
Frequenzband 217
Frequenzbereich 229, 235
- für GSM 109
- für Mobilfunksysteme 25
Frequenzdiversität 41, 92
Frequenzduplex 79, 111
- mit Zeitversatz 82

Frequenzduplex-Modus (FDD-Modus) 44, 93, 256
Frequenzen pro BS-Standort 292
Frequenzmodulation 53
Frequenzmultiplex 78, 111, 217, 235
–, orthogonales 94
--Verfahren 78, 111
Frequenzplanung 290, 297
Frequenzspektrum 303
Frequenzsprungverfahren 67
Frequenzträger 78, 111, 217, 235, 243
Frequenzverteilung in einem UMTS-Netz 250
Frequenzwahl, dynamische 240
Frequenzwechsel 239
Frequenzwiederverwendung 292
Full
- Adaptive Beams 312
Full Rate
- Channel 114
- Codec 71
--Kanal, Datenraten 173
--Kanal, Kanaldatenrate 117
--Sprachkanal 114
Full Rate Codec (FR) 115
Funkausbreitung 25
- in Kleinzellen 269
- in Makrozellen 267
- in Mikrozellen 270
- in Picozellen 273
–, Effekte 26
–, Einfluss der Atmosphäre 47
–, Wettereinfluss 47
Funkausbreitungsdämpfung 27
Funkausbreitungsmodelle 266
Funkfeststationen 19
Funkkanalauswahl, Kriterien 103
Funkkanäle 229, 235, 249
–, Mehrfachverwendung 96, 290
–, Verteilung auf die Funkzellen 97
–, Zuteilung der 77, 98
Funknetz
- aus homogenen hexagonalen Funkzellen 290
–, Zellstruktur in einem realen 277
Funknetzplanung
–, Schritte 298
–, Ziele 263
Funkressourcen
–, Verwaltung 239
Funkrufsysteme 14
Funkteilsystem 133, 246
Funkübertragung 229
Funkübertragungstechnik 49
Funkzelle 18, 96, 290
–, Anzahl der Teilnehmer 284
–, Größe 274
–, Kanalkonfiguration 127, 131
–, Teilnehmerzahl 297
Funkzellenstruktur 279
G
GAP 212
Gateway GPRS 188
Gateway GPRS Support Node 193
Gateway Mobile Location Centre (GMLC) 209
Gateway-MSC (GMSC) 135, 137, 150
Gaußsches Minimum Shift Keying (GMSK) 60
Gaußverteilung des Langzeitschwundes 32
GCI 140
GCR 203, 247
Gebühren, positionsbezogene 208
Geländenutzung, Kenngrößen 267
Geländeverlauf, Kenngrößen 267
Gemisch aus Sprach- und HSCSD-Diensten 289
General Packet Radio Service 169, 180, 184, 186, 188, 190, 247
Generation 2+ 17
Generic Access Profile (GAP) 212
Gespräche
–, Unterbrechung 204
–, Verdrängung 204
Gesprächsdauer 284
Gesprächsrate 284
Gleichkanalstörleistung 51
Gleichkanalstörungen 51, 264
Gleichkanalzellen 290
Global Cell Identifier (GCI) 140
Global Positioning System (GPS) 209
Global System for Mobile Communication (GSM) 107
Globalisierung 17
GMLC 209
GMSC 135, 137
GMSK 60
--Modulation 110
--Phasenmodulation 217
Gold-Codes 88
GP (Guard Period) 116, 127, 218, 257
GPRS
- Attach 198
- Mobility Management 190
- Support Nodes 188, 247
- Tunnelprotokoll (GTP) 199
–, Kanalkonfiguration 186
--Anmeldung 191
--Attach-Prozedur 191
--Codierschema 184 f.
--fähige Mobilstationen, Klasseneinteilung 188
--Nutzdatentransport, Protokolle 199
--Session 198
--Systemarchitektur 186
GPRS Support Nodes (GSN) 188
GPRS Tunnel Protocol (GTP) 199
GPS 209
Group Call 181
Group Call Register (GCR) 203, 247
Groupe Spéciale Mobile 107

Gruppenruf 203
GSM 107
–, Codierung der Messwerte 154
– mit Frequency Hopping 299
–, Datenübertragung 168
–, Frequenzbereiche 109
–, Mindestempfangspegel 265
–, Signalisierungsprotokolle 166
–900 110
--Antennen 29
--Bursttypen 127
--Funkzelle, Teilnehmerzahl 287
--Netze, Integration von DECT 215
--Phase 2 107
--Phase 2+ 107, 169
--Spezifikationsdokumente 330
--Standard, Verbreitung 16
--Standardisierung 108
--Systemarchitektur 131 f.
GSN 188
GTP 199
Guard Period (GP) 116, 127, 218, 257

H
Half Rate
– Codec 71
--Kanal, Datenraten 173
--Kanal, Kanaldatenrate 117
--Sprachkanal 114, 118
Half Rate Codex (HR) 115
Handover 24, 153, 156, 176, 215, 225, 239, 260
– Access 162, 208
– Complete 163
– Margin 159
– Request 162
– Required 162
–, Hard 163
–, netzplanerische Gründe 158
–, Soft 163, 260
–, zwingende Gründe 158
--Access-Burst 207
--Arten bei DECT 225
--Bereiche 217
--Entscheidungsalgorithmus 158
--Gewinn 275
--Hysterese 160
--Kriterien 225
--Referenznummer 162
--Typen bei HiperLAN/2 240
Hard Blocking 97, 298
Hard Handover 163
Hauptkanal 173 f., 176
Haupttransportformat für Steuerungskanäle 122
Hauptverkehrsstunde 286
Hidden Nodes 244
High Performance Radio Local Area Network 233
High Speed Circuit Switched Data 169, 173
HiperLAN/2
–, Anwendungsbeispiele 234
–, Handover-Typen 240
–, Leistungsmerkmale 234
–, Multiplex-Verfahren 236
–, Netzkonfigurationen 234
–, Protokollarchitektur 242
–, Übertragungsarten 237
--Spezifikationsdokumente 333
HiperLAN-Standard 233
–, logische Kanäle 238
HLR 136 f., 148 f.
HO_MARGIN 160
Home Location Register (HLR) 136 f., 148 f.
Home Networks 235
Hopping Sequence Number (HSN) 112 f.
HR 115
HSCSD 169
--Dienste 289
--Verbindung, Aufbau 174
--Verbindung, Steuerung 175
HSN 112 f.

I
Identifizierung 139, 141
Identities Channel 222
Idle
– Mode 146
– Slot 119
--Zustand 190
--Zustand, Zellwahl 191
IDM 265
IEEE 802.11 242 f.
--Standard 333
IMEI 140 f.
Immediate Assignment 151
Immediate-Assignment-Meldung 124
Impulsformung 50
IMSI 140 ff., 189
IMSI-Attach 191
IMT-2000 247
Incremental Redundancy 69, 202
Information Bits 116
Informationsdienste, positionsbezogene 208
Infrarotübertragung 242
INMARSAT 14
Innenwände, Dämpfung durch 273
Institute of Electrical and Electronics Engineers (IEEE) 242 f.
Integrity Check 207
Intercell
– Handover 157, 161, 225
– Interference 90, 300
Interference 51
Interference Degradation Margin (IDM) 265
Interferenzanalyse 297
Interferenzbegrenzung 52

Interferenzdiversität 92
Interferenzmatrix 297
Interfrequency Handover 260
Interleaving 66, 255
– bei der Sprachübertragung 117
–-Tiefe 67
Internal Handover 225
International MARitime SATellite Organization (INMARSAT) 14
International Mobile Equipment Identity (IMEI) 140 f.
International Mobile Subscriber Identity (IMSI) 140 ff., 189
International Mobile Telecommunications 2000 (IMT-2000) 247
International Portable User Identity (IPUI) 217
International Roaming 23
International Telecommunication Union (ITU) 246
Internet 180
–, anonymer Zugang 181
–-Zugang 235
–-Zugang, mobiler 204
Intersymbol-Interferenz 46, 75, 86, 236
Intersystem Handover 261
Interworking Function 170
Intracell
– Handover 97, 157, 225
– Interference 90, 300 f.
Intranet-Zugang 235
IPUI 217
ISM (Industrial, Scientific, Medical) 229, 242
ISM-Band 229, 242
ITU 246

J
Joint Detection CDMA 258

K
Kabelverlust 28
Kanal
–, logischer 131, 238
–, physikalischer 109, 131, 217 f.
Kanalanforderungen 225, 238
Kanalauslastung 301
Kanalcodierung 50, 61, 236
– bei der Sprachübertragung 117
– im FDD-Modus 254
Kanäle
–, Bündelung 85, 184
–, Regeln für die Bündelung 173
Kanalkonfiguration 180
– einer Funkzelle 127, 131
– für GPRS 186
–, Regeln 127
Kanalschätzung 75, 96, 252
Kanalwahl, dynamische 223
Kanalzuteilung 196
–, dynamische 96, 194 ff.
–, feste 97, 196
Kapazität
– eines Mobilfunknetzes 300
–, spektrale 300
Kapazitätsabschätzung 296
Kapazitätsgewinn durch Sektorisierung 296
Kapazitätsplanung 283
– bei Soft Blocking 298
kapazitätsbestimmende Faktoren 302
kapazitätssteigernde Maßnahmen 293, 305
Kapazitätsvergleich GSM – UMTS 299, 303
Kasami-Codes 88
Kennziffern 139, 216
Kleinzelle 266
–, Funkausbreitung 269
Kohärenzbandbreite 37
–, Beispiele 38
Kollisionsvermeidungsverfahren 102
Konfiguration
–, dynamische 186
–, feste 186
Konfigurationswechsel 176
Kontrollinformationen 221
Kontrollkanäle 221
– für die Paketdatenübertragung 185
–, Mehrfachrahmen für 129
–, Rahmenstruktur 128, 129
Korrelator 74
Kurzzeit-Fading, Ausgleich 113
Kurzzeitschwund 27
–, Maßnahmen gegen 40

L
LAC 140
LAI 140 f.
Langzeitschwund 26 f., 31
–, Gaußverteilung 32
LAPD 168
LAPDm 168
Laufzeit, mittlere 33
LCS 207
Leistungsdichte, spektrale 54
Leistungsregelung 176
–, automatische 163
–, langsame 165
–, schnelle 165
Leistungsverstärker 232
leitungsvermittelte Datenübertragung 105, 256
Leitungsvermittlung 105 f.
Lichtgeschwindigkeit 25
Line-of-Sight (LOS) 269
Link
– Adaption 69, 202, 236
– Budget 278
– Control Channel 238

Link Access Protocol for the D-Channel (LAPD) 168
LLC 19f., 199
LMU 208
local mean 31
Location
– Area 138, 148, 217
– Measurement Units 247
– Services, Realisierung von 207
– Update 148
Location Area Code (LAC) 140
Location Area Identity (LAI) 140f.
Location Measurement Unit (LMU) 208
Location Services (LCS) 207
Logical Link Control (LLC) 19f., 199
logischer Kanal 131, 238
lokaler Mittelwert des Empfangspegels 31, 39
long term fading 26f., 31
–, Sicherheitszuschläge gegenüber dem 275
LOS 269

M
MAC 19f., 182, 200, 220, 241
– Control Channel 222
– Frames 237
– Frames, Aufbau 239
--Bearer 219
--Blöcke 182, 196
--Schicht 182
Macro Diversity 306
Maintenance Sub-System 133
Makrodiversität (Macro Diversity) 260, 276
Makrozelle 266
–, Funkausbreitung 267
MAP (Mobile Application Part) 168
MAP (Mobile Application Protocol) 247
Maßnahmen, kapazitätssteigernde 293, 305
Master 228, 233
Maximum Ratio Combining 43
MCC 139
Measurement Report 156
Medium Access Control (MAC) 19f., 182, 200, 220, 241
Mehrfachversorgung 275
Mehrfachzugriffsverfahren 78
Mehrwegeausbreitung 32, 75, 96, 219
Mehrwertdienste 22, 108
Mehrzellenbetrieb 214
Memorandum of Understanding (MoU) 107
Messgrößen 153
Messungen 153
Messwert-Reports 154
Mikrobasisstationen 272
Mikrozellen 34, 266, 306f.
–, Funkausbreitung 270
Mindestempfangspegel
– bei GSM 265
– bei UMTS 265
Mindestpegel 160, 264
MLC 208, 247
MNC 139
Mobile
– Allocation 113
– Allocation Index Offset 113
– Originated Packet Transfer 194
– Originating Call 150, 151
– Terminating Call 150, 151
– Terminating Packet Transfer 194
Mobile Application Part (MAP) 168
Mobile Application Protocol (MAP) 247
Mobile Country Code (MCC) 139
Mobile Location Centre (MLC) 208, 247
Mobile Network Code (MNC) 139
Mobile Station (MS) 133, 137
Mobile Station Roaming Number (MSRN) 139ff.
Mobile Subscriber ISDN-Number (MSISDN) 139ff.
Mobile Switching Centre (MSC) 135, 137, 247
Mobile Terminals (MT) 234
Mobilfunknetz, Kapazität 300
Mobilfunksysteme
–, Aufbau 18
– der 1. Generation 13
– der 2. Generation 15
– der 3. Generation 17, 246
–, CDMA 93
–, Frequenzbereiche 25
–, Generationen 17
Mobilfunkteilnehmer, Identifizierung 139
Mobilfunkübertragung, Störquellen 50
Mobilität 22
– des Endgeräts 23
–, Grade 23
–, persönliche 23
Mobility Management 190
Mobility-Management-Teilschicht 166
Mobility-Management-Zustände 191
Mobilstationen (MS) 19
–, EDGE-fähige 201
–, GPRS fähige 186
Modulation 50, 53, 217, 236
Modulationsbitrate 115
Modulationsrate 217
Modulationsverfahren, höherwertige 56, 221
Morphologie 267
MoU 107
M-PSK, spektrale Effizienz 57
MS 133, 137
MSC 135, 137, 247
--Bereich 138
m-Sequenzen 88
MSISDN 139ff.
MS-MS-Störungen 82
MSRN 139ff.

MT 234
Multicast-Dienst 181
Multiplexing im FDD-Modus 254
Multiplextechniken im Mobilfunk 77
Multiplex-Verfahren 217
– bei HiperLAN/2 236
Multislot-Klassen 174, 183

N
Nachbarkanalstörleistung 51
Nachbarkanalstörungen 51, 264
Nachbarzellen 154
–, BCCH-Frequenzen 144
–, BCCH-Träger 121
Nachbarzellmessungen 92, 114, 121, 154
Nachrichtenverkehrstheorie 283
NACK 70
NCH 128, 203
Nebenstellenanlagen, schnurlose 214
Negative Acknowledgement (NACK) 70
negative Bestätigung 70
Network Handover 240
Network Layer (NWK) 20, 220
Netzarchitektur 207
Netze, Erweiterung kabelgebundener 235
Netzelemente, Konfiguration 136
Netzfunktionen, sicherheitsrelevante 140, 213, 233
Netzgestaltung, Informationen 208
Netzgüte, Daten zur 136
Netzkonfigurationen für HiperLAN/2 234
Netzplanung, Informationen 208
Netzplanungsparameter 145
Netzwahl 145
Netzzugangsberechtigung 140
Nicht transparent (NT) 171
NLOS 269
Node B 248
Non-Line-of-Sight (NLOS) 269
noise power 51
Normal Burst 127
Notification Channel (NCH) 128, 203
Nutzkanäle 109
–, Zuteilung 152
Nutzleistungen
–, lokaler Mittelwert 264
Nutz-/zu-Störleistungs-Verhältnis 294
–, Methoden zur Verbesserung 306
NWK 220

O
OFDM 78, 235, 243
–-Verfahren 95
OFDMA 78
Okumura-Hata-Formeln 267
OMC (Operation and Maintenance Centre) 136 f., 154, 247
Omni-Antenne 29
Omnizellen 134
Open Loop Power Control 164
–-Mechanismus 241
Operation 133
Operation and Maintenance Centre (OMC) 136 f., 154, 247
orthogonale Codes 72
Orthogonal Frequency Division Multiple Access (OFDMA) 78
Orthogonal Frequency Division Multiplex (OFDM) 78, 235, 243
Orthogonal Variable Spreading Factor Codes (OVSF-Codes) 72, 87
orthogonales Frequenzmultiplex 78, 93
Orthogonalität der Codes 86, 300
Orthogonalitätsfaktor 90
OSI-Referenzmodell 19
OVSF-Codes 72, 87

P
PACCH 185
Packet
– Control Channel 181
– Control Unit 188
– Data Traffic Channel 181
– Routings 188
– switched 104
– Switched Data – Connection Oriented 168
– Switched Data – Connectionless 168
– Transfer Mode 194
Packet Access Grant Channel (PAGCH) 185
Packet Associated Control Channel (PACCH) 185
Packet Broadcast Control Channel (PBCCH) 185
Packet Control Unit (PCU) 188
Packet Data Protocol (PDP) 193
Packet Notification Channel (PNCH) 185
Packet Paging Channel (PPCH) 185
Packet Random Access Channel (PRACH) 185
Packet Temporary Mobile Subscriber Identity (P-TMSI) 189
Packet Timing Advance Control Channel DL (PTCCH/D) 185
Packet Timing Advance Control Channel UL (PTCCH/U) 184
PAGCH 185
Paging 152
– Channel 123, 146, 222
– Control Channel 251
– Request 151
– Response 151
–-Meldung 224, 232
Paging Channel (PCH) 128
Paketdatenkanal
–, Transportformat 180
–, Rahmenstruktur 187
Paketdatennetz, Teilnehmeradressen 189
Paketdatenübertragung, Kontrollkanäle 185

paketorientierte Datenübertragung 256
Paketvermittlung
–, verbindungslose 104
–, verbindungsorientierte 104
Paritätsbits 62
PARKs 217
PBCCH 185
PC 306, 309
PCH 128
PCM 71
PCS 107
PCS1900 107, 110
PCU 188
PDP 193
– Context Activation 198
– -Context-Activation-Prozedur 193
Pegeleinbruch, mittlere Dauer 39
Persistenz 101
Persistenzpegel 101, 194
Personal Communication System (PCS) 107
Personal Mobility 23
persönliche Mobilität 23
persönlicher Schlüssel 140
Phase Shift Keying (PSK) 56
Phased-Array-Antenne 311
Phasenmodulation 53
Phasenumtastung, binäre 53
Physical
– Information 163
– Layer 20, 241
– Modes 236
– Packets 218
physikalische Kanäle 109, 131
–, Bündelung 114
–, Teilung 114
physikalische Schicht 21
Piconetz 228
Picozelle 34, 266
–, Funkausbreitung 273
Pilot Bits 252
Pilotkanal 75, 235
PIN 144
PLMN 138
PNCH 185
Point-to-Multipoint-Verbindung (PTM) 181
Point-to-Point (PTP) 177, 181
Polarisationsdiversität 42
Polling 98
Portable Access Rights Keys (PARKs) 217
Portable User Types (PUT) 216
Positionsbestimmung, Methoden 208
positionsbezogene Dienste 108
positionsbezogene Gebühren 208
Positionsverfolgung 208
positive Bestätigung 70
Power
– Control (PC) 153, 163, 198, 259, 306, 309
– Control, Regelungsbereiche 164
– -Reduction (PR) 197
Power Budget 159
– Handover 306
– -Kriterium 160
PPCH 185
PR 197
PRACH 185
Presentation Layer 20
Primary Scrambling Code 253, 256
Primary Synchronization Code 257
Primary Synchronization Code Word 253
Prioritätenklasse 101
Prioritätenvergabe 204
– für den Verbindungsaufbau 203
propagation index 267
Protokoll (protocol) 21
Protokollarchitektur von WAP 206
Prüfung auf Lebenszeichen 241
Pseudo Noise Codes 90
Pseudo-Noise-Sequenzen 72
PSK 56
PTCCH/D 185
PTCCH/U 184
PTM 181
– Group Call 181
– Multicast 181
P-TMSI 189
Public Land Mobile Network (PLMN) 138
Pulse Code Modulation (PCM) 71
Punktierung 236
PUT 216

Q
QAM 58
QoS 193, 263
QPSK 56, 237
Quadratur-Amplitudenmodulation (QAM) 58
Quadratur-Phasenumtastung 56
Quality of Service (QoS) 193, 263
Quaternary Phase Shift Keying (QPSK) 56, 237
Quellencodierung 50

R
RA 187 ff.
RACH 99, 123, 128
Radio
– Handover 240
– Link Control (RLC) 152, 181 f., 199, 241
– Link Failure 153, 165
– Link Protocol (RLP) 171
– Sub-System 133
– -Resource-Management-Schicht 166
Radio Fixed Part (RFP) 213
Radio Fixed Part Identity (RFPI) 216
Radio Network Controller (RNC) 248
Rahmenstruktur der Kontrollkanäle 128, 129

Rahmenstruktur der Paketdatenkanäle 187
Rahmensynchronisation 144
RAI 189
RAKE
--Empfänger 75
--Finger 75
RAND 140
Random (RAND) 140
- Access Channel 251, 253
- Access Feedback Channel 238
- Hopping 112
- Reference 123
Random Access Channel (RACH) 99, 123, 128
Ratenanpassung im FDD-Modus 254
Raumdiversität 42
Raummultiplex 78, 96
Rauschzahl 51
Rayleigh-Fading 38
Rayleigh-Fading-Einbrüche, Wahrscheinlichkeit 39
Ready-Zustand 189
Realisierung von adaptiven Antennen 312
Received Signal Strength Indicator (RSSI) 226
Redundanzbits 61
Regelungstakt 165
Reichweite 231
Reichweitenabschätzungen 272
Reichweitenberechnung 264
Reservierungsverfahren 98
Resource
- Downgrading 176
- Reallocation 196
- Upgrading 176
RFP 213
RFPI 216
Rice-Fading 40
Richtungsdiversität 42
RLC 181, 199
- Broadcast Channel 238
--Blöcke 182, 196
--Dateneinheiten 182
--Schicht 182
RLP 171
RNC 248
Road-Corner-Effect 272
Roaming 24
- zwischen HiperLAN/2- und UMTS-Netzen 235
--Abkommen 150
Routing Area (RA) 187 ff.
Routing Area Identity (RAI) 189
RSSI 226
RTS-Meldung (request to send) 244
Rückgrifftiefe 63
Rufnummer 139
RXLEV 154
RXLEV(b) 147, 153
RXLEV(idle) 153
RXLEV(n) 147, 153
RXLEV_MIN 160
RXQUAL 153

S
SACCH 119, 128, 154
--Periode 126, 154
Satelliten-Mobilfunk 14
Scatternetz 228
SCH 123, 128
schmalbandige Übertragung 37
Schutzperiode 81, 95, 116
SCN 114
SCO 230
Scrambling Codes 72, 90
Scrambling-Code-Gruppen 256
SDCCH 125, 128, 148
SDM 78
SDMA 78, 310
Sector
- Handover 240
Sektorantenne 29, 293
Sektoren 23
Sektorisierung 238, 293
-, Kapazitätsgewinn 296
Sektorzellen 134, 293, 306
-, Cluster-Größe 293
-, UMTS-Netz aus 299
Selection Combining 43
Sendediversität 45
Sendefenstergröße 70
Sendefolgenummer 172
Sendeleistung 231
-, schnelle Regelung 92
Sendeleistungsregelung 232, 241, 259
Sendepegel 154
Senderkenngrößen 27, 277
Serving GPRS Support Nodes (SGSN) 188
Session Layer 20
Setup 151
--Meldung 152
S-Feld 218
SGSN 188
Short Message Gateway 187, 247
Short Message Gateway MSC 177, 188
Short Message Interworking MSC 177
Short Message Service (SMS) 169, 176, 179 f.
Short Message Service Centre 177
short term fading 27
Show Associated Control Channel 126
Sicherheitsdienste 208
Sicherungsschicht 20 f., 220
signal power 52
Signalenergie, Winkelverteilung 34
Signalisierungskanäle 178
Signalisierungsprotokolle in GSM 166

Signalling Point Code (SPC) 140f.
Signalspreizung 50, 71
signal-to-interference-ratio (SIR) 52
signal-to-noise-ratio (SNR) 52
Signed Response (SRES) 142
SIM 22, 133, 137
– Application Toolkit 133
--Karte 133, 144
SIR 52
Sitzungsschicht (Session Layer) 20
Slave 228, 233
Sleep Mode 241
Slotted
--ALOHA-Protokoll 99, 124
--Modus 261
Slow Associated Control Channel (SACCH) 119, 128, 154
SMG 108
SMS 169, 176, 179f.
SNDPC 199
SNR 52
Soft Blocking 97, 304
–, Kapazitätsplanung 298
Soft Handover 93, 163, 248, 260, 276, 306
Software Management 136
Space Division Multiplex (SDM) 78
Space Division Multiple Access (SDMA) 78, 310
SPC 140f.
Special Mobile Groups (SMG) 108
Speech Codec 255
Spezifikationen
–, Bluetooth 333
–, WAP 333
Spezifikationsdokumente
–, DECT 332
–, GSM 330
–, HiperLAN/2 333
–, UMTS 332
Sprachcodierung 71
Sprachdatenrate 117
Sprachdienste 230, 245, 289
Spracherzeugung, Prinzip 72
Sprachkanal, Rahmenstruktur 119
Sprachkanäle 220
Sprachnachbildung, Prinzip 72
Sprachqualität 49
Sprachrahmen 117
Sprachrundrufe 202
Sprachübertragung 121, 255
–, Interleaving 117
–, Kanalcodierung 117
Spreizcodes 258
Spreizfaktoren 73, 87, 252, 253
Spreiztechnik 86
Spreizungsgewinn 73
SRES 142
Stand Alone Dedicated Control Channel (SDCCH) 125, 128, 148
Standby
--Modus 189
--Zustand, Zellwahl 189
Stationen
–, verborgene 103
–, versteckte 244
Stealing Bits 116, 127
Stealing Flag 127
Steuerungsinformationen 196
Steuerungskanäle 109, 120
–, Haupttransportformat 122
Stop-and-Wait-Protokoll 70
Störfestigkeit 52, 58, 65, 75
Störleistungen
–, lokaler Mittelwert 264
Störungen, Durchmischung 113
Strahlformung 311
Stromsparbetrieb 241
Sub-Channel Number (SCN) 114
Subnetwork Dependent Convergence Protocol (SNDPC) 199
Subscriber Identity Module (SIM) 22, 133, 137
Switching Sub-System 133, 135
symmetrische Verbindung 230
Synchronisation 87
Synchronisierung 257
Synchronization Burst 127
Synchronization Channel (SCH) 123, 128
Synchronous Connection-Oriented Link (SCO) 230
System Information 156
System Information Channel 222
Systeminformationen 121
Systemkonfigurationen 213

T
TA 154
Tailbits (T) 116, 127
TCH-Multiframe 119, 126
TD-CDMA 94
TDD 82
TDD-Modus 93, 246, 257
–, physikalische Kanäle 258
TDM (Time Division Multiplex) 78
TDMA (Time Division Multiple Access) 78
--frame 80, 111
--Mobilfunksysteme, Beispiele 84
--Rahmen 80, 111
--Rahmennummer 123
--Verfahren, Grenzen 85
TDM-FDM-Systeme, kombinierte 81
TD-SCDMA 247
Teilnehmer, zufriedene 264
Teilnehmeradressen im Paketdatennetz 189
Teilnehmerdichte 297

Teilnehmeridentität, Vertraulichkeit 140
Teilnehmerkennung, temporäre 139
Teilnehmerverhalten 283
Teilnehmerverwaltung 136
Teilnehmerzahl in einer GSM-Funkzelle 287
Teilnehmerzahl pro Funkzelle 297
Teledienste 108, 213
Telefon, schnurloses 213
Telekommunikationsdienste 22
Telekommunikationssysteme
–, Beschreibung 18
–, Schichten zur Beschreibung 21
Telemetrie 213
Teleservice 22
temporäre Kennungen 213
Temporary Flow Identifier (TFI) 197
Temporary Flow Identity (TFI) 194
Temporary Logical Link Identifier (TLLI) 189, 194, 197
Temporary Logical Link Identity 194
Temporary Mobile Subscriber Identity (TMSI) 139 ff.
Temporary User Identity (TPUI) 217
Terminal
– Adaption Function 170
– Mobility 23
TETRA 15
TFI 197
–-Vergabe 194
Time Division Duplex (TDD) 82
Time Division Multiplex (TDM) 78
Time Division Multiple Access (TDMA) 78
Time of Arrival (TOA) 208
Time Slot Number 113
time slots 80
Timing Advance (TA) 124, 154, 163
– Control 153
TLLI 189, 194, 197
TMSI 139 ff.
–, Zuweisung einer neuen 149
–-Reallocation-Meldung 149
TOA 208
Topographie 267
TPC 252
TPUI 217
Traffic Channel Multiframe 119
Träger 219
Trägerabstand 78, 217, 235, 249
Trägerdienst 22, 108, 213
Training Sequence Code (TSC) 116
Trainingssequenz 116, 127, 257
Transceiver 234
Transcoding und Rate Adaption Unit (TRAU) 135, 137
Trans-European Trunked Radio (TETRA) 15
Transmission Power Control 241
Transmission Power Control Bits (TPC) 252
Transparent (T) 170
Transport Layer 20
Transportformat der Paketdatenkanäle 181
Transportformate 218, 230, 237
Transportkanäle für den FDD-Modus 250
Transportschicht (Transport Layer) 20
TRAU 135, 137
Triband 110
trunking gain 287
TSC 116
Turbo-Code 65, 255
TXPWR 154, 321

U
Überbringerdienst 22
Überlastsituationen 101
Überlaufmechanismus 288
Überlaufverkehr 308
Übertragung
–, breitbandige 37
–, schmalbandige 37
Übertragungsarten in HiperLAN/2 237
Übertragungskapazitäten, Zuteilung 244
Übertragungsmodus
–, geschützter 218
–, ungeschützter 218
Übertragungsqualität 263
Übertragungsverfahren, Störfestigkeit 50
UDP 205
UE 248
UMTS 88, 207, 246, 299
–, Mindestempfangspegel bei 265
–-Frequenzbereich 249
–-Netz 235
–-Netz aus Sektorzellen 300
–-Netz, Frequenzverteilung 250
–-Standard, Spezifikationsdokumente 332
–-System 86, 89, 93
–-Systemarchitektur 247
UMTS Radio Access Network (UTRAN) 248, 258
UMTS Subscriber Identity Module (USIM) 248
UMTS Terrestrial Radio Access (UTRA) 246
Underlay-Overlay-Planung 306, 308
unit loss (Verlust bei 1 km Entfernung) 267
Universal Mobile Telecommunications System (UMTS) 246
Universalität 17
Unterbrechung bestehender Gespräche 204
Unterträger 95
Uplink (UL) 19, 111, 253
Uplink State Flag (USF) 196, 197
User
– Broadcast Channel 238
– Data Channel 238
– Multicast Channel 238
User Datagram Protocol (UDP) 205
User Equipment (UE) 248
USF 196, 197

USIM 248
UTRA 246
UTRAN 248, 258
UWC-136 247

V
VAD 115
Verbindung
–, asymmetrische 230
–, symmetrische 230
Verbindungsarten 104
Verbindungsaufbau 150, 151, 191, 222, 232, 238
–, Bitsynchronisation bei 124
–, positionsabhängiger 208
–, Vergabe von Prioritäten 203
Verbindungsaufbauprozeduren, beschleunigte 204
Verbindungsaufbausignalisierung 173
Verbindungskontext 105
Verbindungsqualität, Steuerung 196
Verbindungssteuerung 152, 239
Verbindungstypen 171, 230
Verdrängung bestehender Gespräche 204
Vergleich zwischen GSM und DECT 226
Verhältnis aus Nutz- und Störleistung nach der Entspreizung 76, 91
Verkehr pro Kanal 301
Verkehrsangebot pro Teilnehmer 284
Verkehrsaufkommen 284
Verkehrsdichte 297
Verkehrslast 284
– pro Teilnehmer 286
Verkehrsrest 284
Verkehrsverteilung, räumliche 301
Verkehrswert 284
Vermittlungsprinzipien 104
Vermittlungsschicht (Network Layer) 20f.
Vermittlungsteilsystem 133, 246
Vernetzung, Systeme für drahtlose lokale 211
Verschlüsselung (Ciphering) 140, 143f., 207, 213
Verschlüsselungsmodus 149, 239
Versorgung 300
– innerhalb von Gebäuden 273
Versorgungsplanung 274, 279
Versorgungswahrscheinlichkeit 263, 275, 283
Verwaltung der Funkressourcen 239
virtuelle Verbindung 105
VLR (Visitor Location Register) 136f.
Voice Activity Detection (VAD) 115
Voice Broadcast Service 202
Vollratenkanäle 114
Vorwärtsfehlerkorrektur 61

W
WAE 205, 206
Wanddämpfung 283
WAP 204
–, Trägerdienste 207
--Forum 204
--Gateway 205
--Netzarchitektur 205
--Protokollarchitektur 206
--Spezifikationen 333
W-CDMA 246
WDP 207
Wegesuche 150
Wellenlänge 25
Wettbewerbsverfahren 98
Wideband CDMA (W-CDMA) 246
Wiederverwendungsabstand 294, 299, 308
Winkelverteilung der Signalenergie 34
Wireless Application Environment (WAE) 205, 206
Wireless Application Protocol (WAP) 204
Wireless Datagram Protocol (WDP) 207
Wireless-Local-Loop (WLL) 215
Wireless Markup Language (WML) 204
Wireless Relay Station (WRS) 216
Wireless Session Protocol (WSP) 206f.
Wireless Telephony Application (WTA) 205
Wireless Transaction Layer (WTP) 206
Wireless Transport Layer Security (WTLS) 206
WLL 215
WML 204
WRS 216
WSP 206f.
WTA 205
WTLS 206
WTP 206

X
X.25-Standard 180
X-Feld 218

Z
Zeichengabesystem Nr. 7 135
Zeitdiversität 40
Zeitduplex 82, 230, 237
--Modus 93, 246, 257
--Verfahren 217
Zeitmultiplex 80, 217, 237
–, Vorteile 82
--Verfahren 78, 111
Zeitschlitze 80
–, asymmetrische Aufteilung 81
–, Bündelung 114
Zeitschlitznummer 111, 113
Zellgrenzen 282
Zellgröße
–, Abhängigkeit 278
–, Abschätzung 276
Zellneuwahl 146
Zellstruktur in einem realen Funknetz 277
Zellstrukturen, hierarchische 306
Zellsuche im FDD-Modus 256
Zelltypen 266

zellulares Prinzip 290
Zellwahl 144, 222
Zellwechsel 239
Z-Feld 219
Zielzellenliste 161
Zugang, anonymer 181
Zugangsberechtigungsprüfung 207, 233, 239
Zugangsnetze, drahtlose 215
Zugriffskanäle 99
Zugriffsmechanismus, dezentraler 245
Zugriffssteuerung im FDD-Modus 256
Zugriffsverfahren 98
Zusammenhang zwischen Störfestigkeit und Cluster-Größe K 295
Zusatzdienste 22, 108, 213
Zuteilungsverfahren 97